Teubner-Reihe UMWELT

R. Scholz / M. Beckmann / F. Schulenburg
Abfallbehandlung in thermischen Verfahren

Teubner-Reihe UMWELT

Herausgegeben von
Prof. Dr. mult. Dr. h.c. Müfit Bahadir, Braunschweig
Prof. Dr. Hans-Jürgen Collins, Braunschweig
Prof. Dr. Bertold Hock, Freising

Diese Buchreihe ist ein Forum für Veröffentlichungen zum gesamten Themenbereich Umwelt. Es erscheinen einführende Lehrbücher, Monographien und Forschungsberichte, die den aktuellen Stand der Wissenschaft wiedergeben.

Das inhaltliche Spektrum reicht von den naturwissenschaftlich-technischen Grundlagen über umwelttechnische Fragestellungen bis hin zu juristisch, sozial- und gesellschaftswissenschaftlich ausgerichteten Titeln. Besonderer Wert wird dabei auf eine allgemeinverständliche, dennoch exakte und präzise Darstellung gelegt. Jeder Band ist in sich abgeschlossen.

Die Autoren der Reihe wenden sich vorwiegend an Studierende, Lehrende sowie in der Praxis tätige Fachleute.

Abfallbehandlung in thermischen Verfahren

Verbrennung, Vergasung, Pyrolyse, Verfahrens- und Anlagenkonzepte

Von Prof. Dr.-Ing. Reinhard Scholz
Technische Universität Clausthal

Prof. Dr.-Ing. Michael Beckmann
Bauhaus-Universität Weimar

Dr.-Ing. Frank Schulenburg
Technische Universität Clausthal

B.G.Teubner Stuttgart · Leipzig · Wiesbaden

Prof. Dr.-Ing. Reinhard Scholz

Geboren 1943 in Breslau. Von 1962 bis 1968 Maschinenbaustudium, Vertiefungsrichtung Kraft- und Arbeitsmaschinen an der Technischen Universität Hannover. Von 1968 bis 1971 Tätigkeit als Versuchsingenieur bei der Thyssen-Niederrhein AG in Oberhausen. Von 1971 bis 1972 wissenschaftlicher Assistent am Institut für Wärmetechnik und Industrieofenbau der Technischen Universität Clausthal in Clausthal-Zellerfeld. Promotion zum Dr.-Ing. am vorgenannten Institut. Von 1973 bis 1976 Oberingenieur am vorgenannten Institut. Von 1976 bis 1983 Professur an der Hochschule Bremerhaven, Schwerpunkt Heizungs-, Lüftungs- und Klimatechnik. Seit 1983 Professor am Institut für Energieverfahrenstechnik und Brennstofftechnik der Technischen Universität Clausthal, Leitung der Abteilung Thermische Thermodynamik und Energiewandlung. Seit 1998 geschäftsführender Leiter des vorgenannten Institutes.

Prof. Dr.-Ing. Michael Beckmann

Geboren 1964 in Dresden. Von 1984 bis 1989 Studium der Grundstoffverfahrenstechnik, Vertiefungsrichtung Brennstofftechnik an der TU Bergakademie Freiberg. Von 1989 bis 1990 Verfahrensingenieur im Bereich der Braunkohlentrocknung, Braunkohlenkombinat Senftenberg. Von 1990 bis 1995 wissenschaftlicher Mitarbeiter, Abteilung Energieverfahrenstechnik und Thermische Reststoffbehandlung der Clausthaler Umwelttechnik-Institut GmbH (CUTEC-Institut GmbH) in Clausthal-Zellerfeld. 1995 Promotion zum Dr.-Ing. am Institut für Energieverfahrenstechnik und Brennstofftechnik der Technischen Universität Clausthal. Von 1995 bis 2000 Abteilungsleiter Thermische Reststoffbehandlung und Energieverfahrenstechnik und von 1996 bis 2000 Hauptabteilungsleiter Umweltverfahrenstechnik der CUTEC-Institut GmbH. Seit 2000 Professor für Verfahren und Umwelt an der Bauhaus-Universität Weimar.

Dr.-Ing. Frank Schulenburg

Geboren 1958 in Coswig/Anhalt. Von 1975 bis 1978 Lehre bei der Preussag AG in Oker. 1979 Betriebsschlosser bei der Preussag AG in Oker. 1980 bis 1982 Techniker der Fachrichtung Maschinenbau in der Vertiefungsrichtung Konstruktion an der Technikerschule der Stadt Braunschweig. Von 1982 bis 1986 Studium der Versorgungstechnik an der Fachhochschule Wolfenbüttel. Von 1986 bis 1991 Studium der Verfahrenstechnik an der Technischen Universität Clausthal. Seit 1991 wissenschaftlicher Assistent am Institut für Energieverfahrenstechnik und Brennstofftechnik der Technischen Universität Clausthal. 1999 Promotion zum Dr.-Ing. am vorgenannten Institut.

Die Deutsche Bibliothek – CIP-Einheitsaufnahme
Ein Titeldatensatz für diese Publikation ist bei
Der Deutschen Bibliothek erhältlich.

1. Auflage Februar 2001

Alle Rechte vorbehalten
© B. G. Teubner GmbH, Stuttgart/Leipzig/Wiesbaden, 2001

Der Verlag Teubner ist ein Unternehmen der Fachverlagsgruppe BertelsmannSpringer.

Das Werk einschließlich aller seiner Teile ist urheberrechtlich geschützt. Jede Verwertung außerhalb der engen Grenzen des Urheberrechtsgesetzes ist ohne Zustimmung des Verlages unzulässig und strafbar. Das gilt besonders für Vervielfältigungen, Übersetzungen, Mikroverfilmungen und die Einspeicherung und Verarbeitung in elektronischen Systemen.

www.teubner.de

Umschlaggestaltung: Peter Pfitz, Stuttgart

ISBN 978-3-519-00402-8   ISBN 978-3-322-90854-4 (eBook)
DOI 10.1007/978-3-322-90854-4

Vorwort

In seinem Buch „Elektrizität aus Kehricht" beschrieb E. de Fodor im Jahr 1911 den Stand der Technik bei der Abfallbehandlung. Dabei waren Zusammensetzung, Sammlung, Sortierung und Verwertung von Abfällen bereits damals aktuelle Themen.

Inzwischen hat das Fachgebiet der Abfallbehandlung eine vielseitige Erweiterung erfahren, wobei immer wieder von Erkenntnissen grundlegender natur- und ingenieurwissenschaftlicher Zusammenhänge in den Bereichen der mechanischen Verfahrenstechnik und der Aufbereitungstechnik, der Reaktions- und Brennstofftechnik, des Industrieofenbaus, der Biotechnologie sowie nicht zuletzt auch der Analytik von Schadstoffen Impulse auf die Abfallbehandlung ausgingen. Trotz großer Fortschritte sind die Kenntnisse über die Behandlung von Abfällen und die Reduzierung der Umweltbeeinflussungen ebenso wie die Möglichkeiten zur Verbesserung der Wirtschaftlichkeit nicht abgeschlossen.

Selbst wenn man eine Unterteilung in die Bereiche mechanische, biologische und thermische Abfallbehandlung vornimmt, fällt eine umfassende Darstellung der Einzelaspekte schwer. Zahlreiche Forschungsberichte, Berichte über praktische Erfahrungen und über Konzepte liegen veröffentlicht in Zeitschriften und Konferenzberichten, in Fachbüchern und Monografien vor und zeigen, wie sprungartig die Weiterentwicklung vorangeht.
Vor diesem Hintergrund der bekannten zahlreichen Verfahrens- und Einzelaspekte wird in dem vorliegenden Buch der Versuch unternommen, bei der Abfallbehandlung in thermischen Verfahren allgemeine verfahrenstechnische Grundbausteine aufzuzeigen und zu beschreiben, weil damit verschiedene Prozesse prinzipiell eingeteilt, aber auch systematisch aufgebaut werden können. Ausgehend von der Art des Abfalls und den Haupteinflußgrößen lassen sich im Zusammenhang mit den aus den Grundbausteinen folgenden Randbedingungen und Anforderungen sowie den zur Verfügung stehenden Apparaten und Apparateelementen Verfahren systematisch zusammensetzen und analysieren. Weiter können auf diese Weise künftige Entwicklungen abgeschätzt und abgeleitet werden. Darüber hinaus erhält man einheitliche Bilanzgrenzen für den Vergleich ganz unterschiedlicher Verfahren oder auch Verfahrensketten, z.B. aus mechanisch-biologischer und thermischer Behandlung. Nach der Abhandlung und Bewertung des Standes der Technik und der derzeit diskutierten künftigen Entwicklungen wird auf den Einsatz von Ersatzbrennstoffen aus Abfall in der Grundstoffindustrie eingegangen und eine Bewertung verschiedener Anwendungsfälle im Vergleich zu der herkömmlichen thermischen Abfallbehandlung aufgezeigt. Abschließend wird auf die

Möglichkeiten einer Modellierung bei der thermischen Abfallbehandlung und den Einsatz von Prozeßmodellen zur Projektierung und Betriebsoptimierung eingegangen.

In dem Buch sind eine Vielzahl experimenteller und theoretischer Arbeiten aus dem Institut für Energieverfahrenstechnik und Brennstofftechnik der Technischen Universität Clausthal und aus der Zusammenarbeit mit der Clausthaler Umwelttechnik-Institut GmbH eingeflossen. Hierbei haben eine Reihe von Mitarbeitern und Studenten mitgewirkt. Namentlich seien stellvertretend die Herren Dr.-Ing. Gerd Klöppner, Dr.-Ing. Christian Malek, Dr.-Ing. Norbert Schopf, Dipl.-Ing. Jost Sternberg, Dr.-Ing. Christian Weichert, sowie Dipl.-Ing. Milan Davidovic, Dipl.-Ing. Hans-Joachim Gehrmann, Dipl.-Ing. Olaf Neese und Dipl.-Ing. Christian Wiese erwähnt. Besonderen Dank möchten in diesem Zusammenhang die Verfasser an das Werkstattpersonal, insbesondere Herrn Herbert Hillebrecht, für die umfangreiche Betreuung der Versuchsanlagen und die meßtechnische Begleitung richten. Ebenso sei Herrn Tobias Kirchner für die Umsetzung der Abbildungen und Tabellen sowie der redaktionellen Satzbearbeitung gedankt.

Die Verfasser widmen dieses Buch Herrn Prof. Dr.-Ing. Dr.-Ing. E.h. Rudolf Jeschar, Technische Universität Clausthal, zum 70. Geburtstag. Außerdem sei Herrn Prof. Dr.-Ing. Hans-Jürgen Collins und dem Verlag für das Entgegenkommen beim Gestalten und Herausgeben des Buches gedankt.

Clausthal-Zellerfeld und Weimar, im November 2000   Reinhard Scholz
                                                      Michael Beckmann
                                                      Frank Schulenburg

Inhalt

1	**Einleitung und Problemstellung**	13
2	**Abfallcharakterisierung und -vorbehandlung**	20
2.1	Abfallcharakterisierung und Mengen	20
2.1.1	Begriffsbestimmung	20
2.1.2	Hausmüll, hausmüllähnlicher Gewerbeabfall und Sperrmüll	22
2.1.3	Sonderabfall	26
2.1.4	Klärschlamm	27
2.1.5	Sonstige Abfälle	28
2.2	Abfallvorbehandlung	29
2.2.1	Allgemeines	30
2.2.2	Mechanische Vorbehandlung	31
2.2.3	Biologische Vorbehandlung	34
2.2.4	Beispielhafte Verfahrenslinien zur mechanischen und biologischen Vorbehandlung von Restabfällen aus Hausmüll	37
3	**Haupteinflußgrößen**	45
3.1	Einsatzstoff	45
3.2	Sauerstoffangebot	47
3.3	Reaktionsgas	50
3.4	Reaktorverhalten	51
3.5	Art der Stoffzufuhr	53
3.6	Verweilzeit	53
3.7	Temperatur	54
3.8	Druck	56
3.9	Zusatzstoffe	57
4	**Verbrennung**	58
4.1	Allgemeines	58
4.2	Stöchiometrie	59
4.2.1	Stöchiometrie für feste und flüssige Brennstoffe	59
4.2.2	Stöchiometrie für gasförmige Brennstoffe	65
4.3	Reaktions- und Abgasmengen	70

4.3.1	Stöchiometriezahl	70
4.3.2	Reaktionsgasmengen	71
4.3.3	Abgasmengen	74
4.4	**Energiebilanz**	78
4.4.1	Allgemeines	78
4.4.2	Kalorische Verbrennungstemperatur (Verbrennungstemperatur)	81
4.4.3	Theoretische Verbrennungstemperatur	85
4.4.4	Bilanztemperatur	85
4.4.5	Sauerstoffanreicherung	86
5	**Vergasung**	**92**
5.1	Allgemeines	92
5.2	Stöchiometrie	96
5.3	Gleichgewicht	96
5.4	Vergasungsrechnung	101
6	**Pyrolyse**	**115**
6.1	Allgemeines	115
6.2	Haupteinflußgrößen	116
6.3	Massen- und Energiebilanz	120
7	**Mechanismen zur Schadstoffentstehung und -verminderung in Feuerungen**	**122**
7.1	Allgemeines	122
7.2	Primärmaßnahmen	124
7.2.1	Ausbrand (Kohlenmonoxid, Ruß, Flugkoks, Kohlenwasserstoffe)	124
7.2.2	Stickstoffoxide	135
7.2.3	Ausbrand und Stickstoffoxide	140
7.3	Sekundärmaßnahmen	150
7.3.1	Schwefeldioxid, Chlor- und Fluorwasserstoff	150
7.3.2	Schwermetalle	154
8	**Systematischer Aufbau von Prozeßführungen**	**156**
8.1	Prozeßführung bei gasförmigen, flüssigen oder staubförmigen Abfällen	156
8.1.1	Anforderungen an die Vermischung	156

8.1.2	Trennung von Reaktion und Wärmeübertragung	160
8.1.3	Temperaturniveau und Temperaturverteilung	160
8.1.4	Bedingungen und Forderungen aus der Schadstoffbegrenzung	162
8.2	Prozeßführung bei stückigen Abfällen	168

9 Apparate ... 172

9.1	Brennkammersysteme	172
9.2	Drehrohrsysteme	175
9.3	Rostsysteme	179
9.4	Etagenöfen	186
9.5	Wirbelschichtreaktoren	190
9.6	Durchlauföfen	192
9.7	Schachtreaktoren	194

10 Systematische Darstellung, Bilanzierung und Bewertung ... 198

10.1	Systematische Darstellung	198
10.2	Sachbilanzen	203
10.2.1	Massenbilanz	203
10.2.2	Stoffbilanz	206
10.2.3	Energiebilanz	207
10.3	Bewertungskriterien	208
10.3.1	Bildung von Wirkungsgraden	208
10.3.2	Anlagenwirkungsgrad	212
10.3.3	Primärwirkungsgrad	216
10.3.4	Nettoprimärwirkungsgrad und Aufwandsgrad	216
10.3.5	Bewertung von Hochtemperaturprozessen zur Produktion von Grundstoffen	221
10.3.6	Wirkungsgrade von thermischen Abfallbehandlungsanlagen im Verbund mit anderen Verfahren	222
10.3.7	Abgasmassenverhältnis, Emissionskonzentration und Emissionsfracht	224
10.4	Beispiel anhand einer klassischen Hausmüllverbrennung; konstanter Abfallheizwert	225
10.4.1	Systematische Darstellung	227
10.4.2	Sachbilanzen	228
10.4.3	Wirkungsgrade	228
10.4.4	Zusammenfassende Darstellung von Vorlasten	245

10.5 Beispiel anhand einer klassischen Hausmüllverbrennung; veränderlicher Abfallheizwert 248

11 Derzeitiger Stand der Technik von thermischen Abfallbehandlungsverfahren 258

11.1 Restabfall aus Hausmüll, hausmüllähnlichem Gewerbemüll und Sperrmüll 258
11.1.1 Klassische thermische Restabfallbehandlung 258
11.1.2 Hausmüllpyrolyse 265
11.2 Überwachungsbedürftige Abfälle (Sonderabfall) 268
11.3 Klärschlamm 275

12 Entwicklungstendenzen thermischer Abfallbehandlungsverfahren 277

12.1 Optimierung des klassischen Verfahrens für Restabfall aus Hausmüll 278
12.2 Optimierung des klassischen Verfahrens für Sonderabfall 287
12.3 Weiterentwicklung des klassischen Verfahrens für Hausmüll zu einem Vergasungs-Verbrennungs-Verfahren 287
12.4 Wikonex-Verfahren 292
12.5 VS-Verfahren 296
12.6 RCP-Verfahren 299
12.7 ECO-Gas-Verfahren (früher auch Öko-Gas-Verfahren) 304
12.8 Schwel-Brenn-Verfahren 308
12.9 Optimierung für die Hausmüllpyrolyse nach Kapitel 11.1.2 312
12.10 PYROPLEQ-Verfahren 312
12.11 Plasmox-Verfahren 316
12.12 PyroMelt-Verfahren 320
12.13 Thermoselect-Verfahren 324
12.14 NOELL-Konversionsverfahren 329
12.15 Sonstige Verfahren 333

Inhalt

13 Konzepte aus mechanischen, biologischen und thermischen Verfahrensbausteinen ... 336
13.1 Einsatz in Müllkraftwerken ... 338
13.1.1 Allgemeines ... 338
13.1.2 Herkömmliches System (HkS) ... 340
13.1.3 Verbundsystem (VbS) ... 340
13.1.4 Vergleich des herkömmlichen Systems mit Verbundsystemen ... 345
13.2 Einsatz in Hochtemperaturprozessen zur Produktion von Grundstoffen ... 354
13.2.1 Allgemeines ... 354
13.2.2 Herkömmliches System ... 362
13.2.3 Verbundsystem ... 362
13.2.4 Vergleich des herkömmlichen Systems mit Verbundsystemen ... 364
13.3 Allgemeines zum Einsatzbereich von Ersatzbrennstoffen ... 372

14 Mathematische Modellierung thermischer Prozesse zur Abfallbehandlung – Beispiele ... 374
14.1 Anforderungen an mathematische Modelle für Prozesse der Abfallbehandlung ... 374
14.2 Beschreibung des Reaktorverhaltens am Beispiel des Feststofftransportes auf dem Rost ... 376
14.2.1 Feststofftransport auf dem Rost ... 376
14.2.2 Kaltmodell-Versuchsanordnung und Versuchsdurchführung ... 377
14.2.3 Ermittlung der mittleren Verweilzeit, Varianz und Rührkessel-Anzahl 379
14.2.4 Auswirkungen konstruktiver und betrieblicher Einflußgrößen auf das Verweilzeitverhalten ... 381
14.3 Einsatz von fossilen Brennstoffen und von Ersatzbrennstoffen aus Abfällen in Feuerungen ... 388
14.3.1 Bewertung von Brennstoffen ... 388
14.3.2 Energieaustauschverhältnis ... 389
14.3.3 Einstufige Prozeßführung bei konstanten Wärmeübertragungsbedingungen ... 392
14.3.4 Einfluß der Wärmeübertragungsbedingungen ... 394
14.3.5 Mehrstufige Prozeßführung ... 396
14.4 Vereinfachte mathematische Modellierung bei festen, stückigen Abfällen in Rostsystemen ... 400
14.4.1 Modellannahmen ... 401

14.4.2 Zellenmodell 403
14.4.3 Kontinuierliches Rost-Modell 409
14.4.4 Künftige Entwicklungen 413

Literatur 417

Symbolverzeichnis 444

Sachverzeichnis 454

1 Einleitung und Problemstellung

Die zunehmende Entwicklung von abfallarmen Produktionsverfahren (Vermeidung von Abfällen) und von Herstellungstechnologien, die sich in einen Stoffkreislauf einordnen lassen (Recycling), führt zu zurückgehenden Abfallmengen. Es ist jedoch davon auszugehen, daß nach den Strategien Vermeiden und Vermindern stets Abfall übrig bleibt. Deswegen wird auch in Zukunft eine entsprechende Bedeutung auf der Verwertung und Beseitigung von Abfall liegen. Hierzu ist, in Abhängigkeit gegebener Randbedingungen, jeweils die zugehörige Verfahrenstechnik anzuwenden oder zu entwickeln.
Thermische Verfahren sind zu einem großen Teil in den Bereich der Hochtemperaturstoffbehandlung einzureihen. Hierzu gehören Produktionsverfahren, wie das Brennen von Zement in Drehrohren, die Erzeugung von Roheisen in Hochöfen, die Herstellung von gebranntem Kalk in Schachtöfen, das Schmelzen von Glas in Feuerfestwannen, das Brennen von Ziegeln, Sanitärgut usw. in Tunnelöfen, das Sintern von Erz auf Rosten usw. Solche Prozesse finden in einem Temperaturbereich von 500 °C bis 2000 °C statt und werden ganz überwiegend mit fossilem Energieeinsatz betrieben. Dieser Einsatz von sog. Prozeßenergie für industrielle Produktionsprozesse ist neben den anderen Bereichen des fossilen Energieeinsatzes (Kraftwerke, Heizungen und Verkehr) ein wesentlicher Teil des gesamten fossilen Energieaufwandes.
Thermische Verfahren zur Verwertung und Beseitigung von Abfällen laufen ebenfalls in dem genannten Temperaturbereich ab und sind als Stoffbehandlungsverfahren einzuordnen. Unter dem Begriff „Thermische Behandlung von Abfällen" wird, wie weiter unten noch dargestellt, nicht nur der Begriff Verbrennung, sondern eine Vielzahl möglicher Prozesse, die ihrerseits in mehrere Stufen unterteilt sind, verstanden. „Thermische Behandlung" stellt somit einen Oberbegriff dar und kann, je nach Verfahren und Randbedingungen, zur Entsorgung bzw. Beseitigung und zur energetischen und/oder stofflichen Verwertung führen. Es wird somit hier die „thermische Behandlung" nicht mit „Beseitigung" gleichgesetzt, wie dies in Abgrenzung zur „Verwertung" häufig geschieht. Wichtig ist ohnehin aus verfahrenstechnischer Sicht, nicht Abgrenzungskriterien zu finden, sondern Behandlungsverfahren zu entwickeln, die

- eine Zerstörung/Beseitigung von Schadstoffen (Mineralisieren, Inertisieren, usw.)
- und falls möglich eine energetische Verwertung
- und falls möglich eine stoffliche Verwertung

zulassen (siehe auch z.B. [1.1]). Verfahrenstechnisch sollte somit das jeweilige Verfahren nach Möglichkeit immer additiv alle Gesichtspunkte in der genannten Reihenfolge integriert berücksichtigen. Eine Einordnung nach Verwertung oder Beseitigung ist aus verfahrenstechnischer Sicht weniger sinnvoll.

Für die thermische Behandlung von Abfällen kann vor dem Hintergrund beispielhaft erwähnter Hochtemperaturprozesse, je nach Konsistenz des Abfalls, auf eine Vielzahl bewährter Verfahrensschritte und Apparate zurückgegriffen werden, auf denen erforderliche Weiterentwicklungen für die Abfallbehandlung erfolgen können. So sind das Drehrohr für Sonderabfall, der Tunnelofen für das Ausglühen hochtoxisch kontaminierter Gegenstände, das Einschmelzen von Aschen in Gefäßen, die aus der Glasindustrie entlehnt sind, zu nennen.

Einleitend sei jedoch zunächst deutlich darauf hingewiesen, daß vor einer Abfallbehandlung grundsätzlich überlegt werden sollte, ob eine thermische Behandlung notwendig erscheint. Abb. 1.1 stellt beispielhaft einige verfahrenstechnische Grundoperationen dar.

Bei Abfällen wie Bauschutt kann bereits durch mechanische Schritte ein Teil erneut der Verwertung zugeführt werden. Bei anderen Abfällen, wie z.B. Papier, müssen sich nach mechanischen noch chemisch-physikalische Verfahren anschließen, ehe sie wenigstens teilweise einer Verwertung zugeführt werden können. Für unbedenklich nativ-organische

	mechanisch	physikalisch	chemisch	biologisch
kalte Behandlung "niedrige" Temperatur Beispiele	Zerlegen Trennen Zerkleinern	Lösen Trocknen Adsorbieren	Neutralisieren Naßoxidieren Fällen	anaerob aerob
thermische Behandlung "hohe" Temperatur Beispiele	Heißentstauben	Trocknen Entgasen Schmelzen	Verbrennen Vergasen Pyrolysieren Hydrieren	—

Abb. 1.1: Einteilung von Behandlungsmöglichkeiten für Abfälle anhand einiger Beispiele.

Abfälle kann man eine biologische Behandlung durch aerobe oder anaerobe Prozesse in Erwägung ziehen. Insgesamt kann davon ausgegangen werden, daß es kein Verfahren gibt, das für die Entsorgung aller Abfallstoffe gleichermaßen geeignet ist. Will man eine Schonung der zur Verfügung stehenden Ressourcen erreichen, so ist für jede Abfallart eine bestimmte Entsorgungskonzeption zu entwickeln. Dabei werden die in Abb. 1.1 aufgeführten Grundoperationen in geeigneter Weise zu einer Prozeßkette zusammengeschaltet. Hierbei ist darauf zu achten, daß in den Einzelschritten nicht unverhältnismäßig hoher Aufwand betrieben wird. So ist bei Abfällen mit nur sehr wenig Anteil an biologisch abbaubaren Stoffen zu fragen, ob sich z.B. eine Abtrennung und eine sich weiter anschließende biologische Behandlung dieser Teile lohnt im Vergleich zu der Möglichkeit, den

Einleitung und Problemstellung

gesamten Abfall einer thermischen Behandlung zuzuführen, da letztere ohnehin in solchen Fällen nicht zu umgehen ist. Umgekehrt ist zu fragen, ob es bei einem hohen Anteil an leicht abtrennbaren Inertstoffen oder nativ-organischen Stoffen sinnvoll ist, alle Fraktionen einer thermischen Behandlung (z.B. Verbrennung) zuzuführen oder ob es besser wäre, eine vorgeschaltete Trennstufe zu benutzen. In der Regel verbleibt jedoch bei allen Kombinationen von Verfahrensschritten am Ende ein Rest (Abfall), für den nur eine Entsorgung durch thermische Behandlung in Frage kommt. Dieser nur thermisch zu behandelnde Abfall sollte mit vertretbarem Aufwand so klein wie möglich sein.

Alle Arten von Behandlungsanlagen haben im Hinblick auf das Einleiten bzw. Deponieren von Schadstoffen in Luft, Wasser und Boden in der Regel die Grenzwerte in Tab. 1.1 zu erfüllen.

Hier ist insbesondere auf den Glühverlust und den TOC-Wert, d.h. alle restlichen organischen Bestandteile der aus den Behandlungsanlagen austretenden Rückstände zu verweisen, da nur

LUFT:

Schadstoffe	TA-Luft (Deutschland, 1986) Tages-Mittelwert	1/2-h	Schadstoffe	17. BImSchV (Deutschland, 1990) Tages-Mittelwert	1/2-h
Gesamtstaub	30	60	Gesamtstaub	10	30
organische Stoffe	20	40	organische Stoffe	10	20
HCl	50	100	HCl	10	60
HF	2	4	HF	1	4
SO_2	100	200	SO_2	50	200
NO_2	500	1000	NO_2	200	400
CO	100	80/200	CO	50	100 *)
Klasse I Cd, Tl, Hg	0,2		Mittelwerte über jeweilige Probenahmezeit		
			Cd, Tl	0,05	
Klasse II As, Co, Ni, Se, Te	1,0		Hg	0,05	
Klasse III Sb, Pb, Cr, CN, F, Cu, Mn, Pt, Pd, Rh, V, Sn	5,0		Sb, As, Pb, Cr Co, Cu, Mn, Ni, V, Sn	gesamt 0,5	
			PCDD, PCDF (TEQ)	0,1ng/m3	

Angaben in [mg/m³] bei 11 Vol% O_2 (trocken)   *) Stundenmittelwert

WASSER: Rahmen - Abwasser VwV, Anhang 47, 2.2.3, Deutschland, 1992: Einleitungsverbot für Abwasser aus der Abgasreinigung

BODEN:

	TA-Siedlungsabfall, Deutschland, 1994; Anhang B	Deponieklasse I	Deponieklasse II	Einheit
Festigkeit	Flügelscherfestigkeit	≥ 25	≥ 25	[kN / m²]
	Axiale Verformung	≤ 20	≤ 20	[%]
	Einaxiale Druckfestigkeit	≥ 50	≥ 50	[kN / m²]
Org. Anteil des Trockenrückstandes der Originalsubstanz	Glühverlust	≤ 3	≤ 5	[Ma. - %]
	TOC	≤ 1	≤ 3	[Ma. - %]
Eluatkriterien	pH - Wert	5,5 – 13,0	5,5 – 13,0	[-]
	Leitfähigkeit	≤ 10000	≤ 50000	[µS / cm]
	TOC	≤ 20	≤ 100	[mg / l]
	Phenole	≤ 0,2	≤ 50	[mg / l]
	Arsen	≤ 0,2	≤ 0,5	[mg / l]
	Blei	≤ 0,2	≤ 1,0	[mg / l]
	Cadmium	≤ 0,05	≤ 0,1	[mg / l]
	Chrom - VI	≤ 0,05	≤ 0,1	[mg / l]
	Kupfer	≤ 1,0	≤ 5,0	[mg / l]
	Nickel	≤ 0,2	≤ 1,0	[mg / l]
	Quecksilber	≤ 0,005	≤ 0,02	[mg / l]
	Zink	≤ 2,0	≤ 5,0	[mg / l]
	Fluorid	≤ 5,0	≤ 25	[mg / l]
	Ammonium - N	≤ 4,0	≤ 200	[mg / l]
	Cyanide, leicht freisetzbar	≤ 0,1	≤ 0,5	[mg / l]
	AOX	≤ 0,3	≤ 1,5	[mg / l]
	Wasserlöslicher Anteil (Abdampfrückstand)	≤ 3,0	≤ 6,0	[Ma.-%]

Tab. 1.1: Grenzwerte beim Einleiten von Schadstoffen in Luft, Wasser und beim Ablagern von Reststoffen [1.2 bis 1.5].

solche Rückstände deponiert werden dürfen, die die in der Tabelle genannten Werte des Glühverlustes und TOC-Wertes unterschreiten. Biologische Behandlungsmethoden ermöglichen das Einhalten dieser Werte derzeit nicht. Allerdings wird auch häufig darauf hingewiesen, daß man bei einer sog. Humifizierung der organischen Stoffe auch Reststoffe mit hohen Werten für Glühverluste und TOC gefahrlos deponieren kann. Es wird sich zeigen, ob dies künftig die Gesetzgebung berücksichtigt. Wegen der festgelegten Grenzen für Glühverlust und TOC-Wert werden die thermischen Behandlungsanlagen derzeit favorisiert.

Die thermische Behandlung beginnt sich bereits zu Beginn dieses Jahrhunderts als Verbrennung zu etablieren [z.B. 1.6]. Hieraus entwickelte sich im Laufe der Zeit die für Hausmüll, hausmüllähnlichen Gewerbemüll und Sperrmüll angewendete Verbrennung des stückigen Materials auf einem sog. Rost und die sich anschließende Verbrennung (häufig auch Nachverbrennung genannt) von Brennbarem in Flugstäuben sowie von auf dem Rost entstandenen, noch unverbrannten Gasen. Diese gesamte Anordnung wird häufig mit „Rostfeuerung" abgekürzt und hat sich bislang als klassisches und ganz überwiegendes Verfahren für Hausmüll, hausmüllähnlichen Gewerbemüll und Sperrmüll behauptet.

Bevor

- auf die systematische Diskussion von Haupteinflußgrößen,

- auf Bausteine sowie

- auf Apparate der Verfahrenstechnik

eingegangen wird und weiter daraus

- verschiedene vorhandene Verfahren,

- derzeit in der Entwicklung befindliche und

- mögliche künftige Verfahren,

d.h. der allgemeine Aufbau und die Verfahrenstechnik von thermischen Abfallbehandlungsanlagen, abgeleitet werden können [1.7], soll einleitend eine klassische Rostfeuerung beschrieben werden, um einen Eindruck einer beispielhaften Anlagenanordnung und apparativen Ausstattung zu vermitteln.

In Abb. 1.2 ist die Anlieferung (Nr.1) für Hausmüll, hausmüllähnlichen Gewerbemüll und Sperrmüll dargestellt. Für eine Rostfeuerung ist eine Vorbehandlung des Mülls nicht erforderlich, sofern bestimmte Stückgrößen, die durch die Geometrie von Beschick- und Austragvorrichtungen bestimmt sind, nicht überschritten werden. Sperrmüll ist daher vorab über Brecher, Scheren o.ä. (Nr.2) entsprechend zu zerkleinern. Der Müllbunker (Nr.3) selbst hat als erste Funktion die eines Speichers, um für einen Zeitraum von

Einleitung und Problemstellung

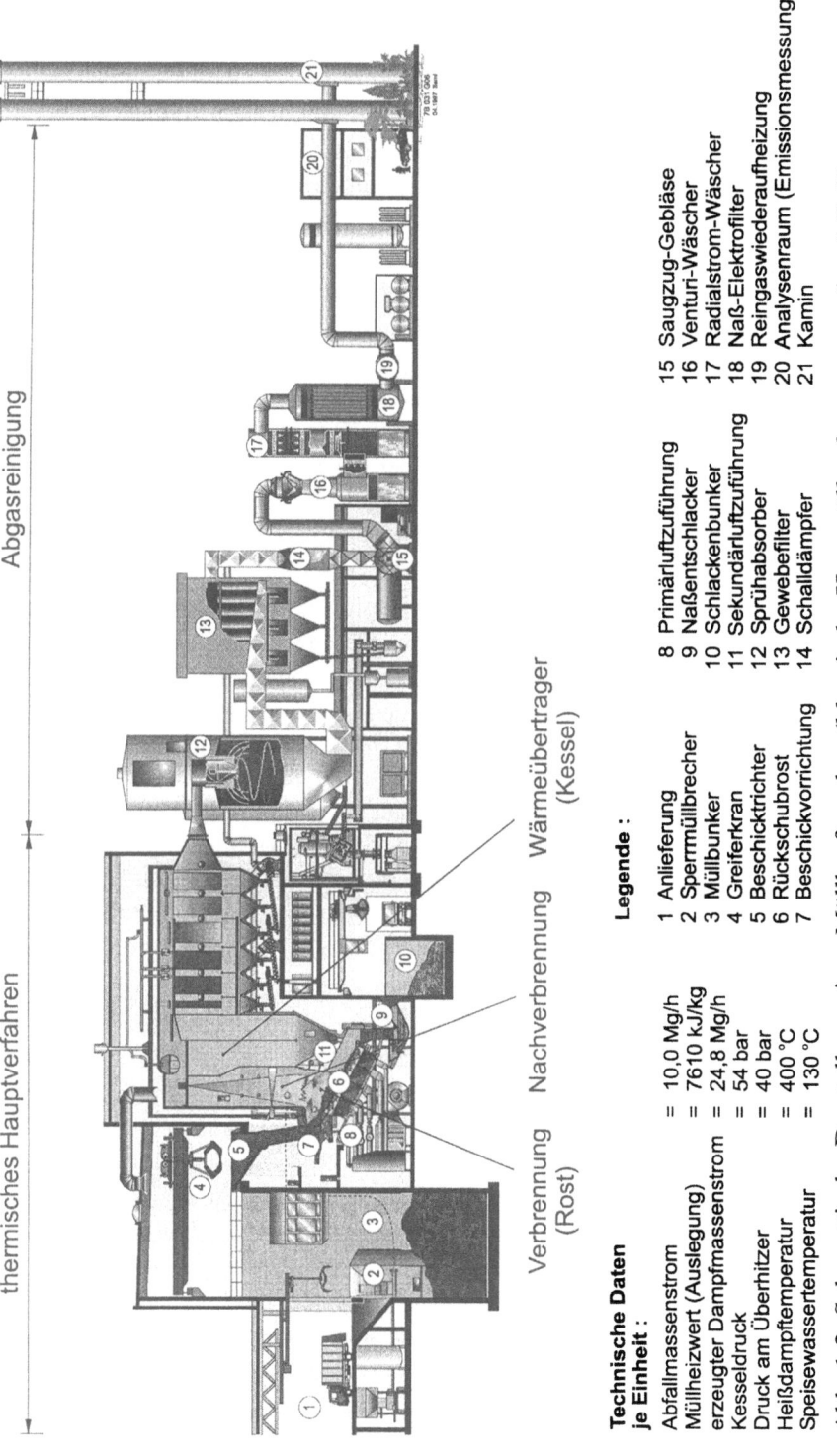

Legende:

1. Anlieferung
2. Sperrmüllbrecher
3. Müllbunker
4. Greiferkran
5. Beschicktrichter
6. Rückschubrost
7. Beschickvorrichtung
8. Primärluftzuführung
9. Naßentschlacker
10. Schlackenbunker
11. Sekundärluftzuführung
12. Sprühabsorber
13. Gewebefilter
14. Schalldämpfer
15. Saugzug-Gebläse
16. Venturi-Wäscher
17. Radialstrom-Wäscher
18. Naß-Elektrofilter
19. Reingaswiederaufheizung
20. Analysenraum (Emissionsmessung)
21. Kamin

Technische Daten je Einheit:

Abfallmassenstrom	=	10,0 Mg/h
Müllheizwert (Auslegung)	=	7610 kJ/kg
erzeugter Dampfmassenstrom	=	24,8 Mg/h
Kesseldruck	=	54 bar
Druck am Überhitzer	=	40 bar
Heißdampftemperatur	=	400 °C
Speisewassertemperatur	=	130 °C

Abb. 1.2: Schematische Darstellung eines Müllkraftwerkes (klassische Hausmüllverbrennungsanlage) [1.8].

wenigstens mehreren Tagen, bei diskontinuierlicher Anlieferung (Wochenende usw.), einen kontinuierlichen Betrieb der Gesamtanlage zu ermöglichen. Die zweite Funktion des Müllbunkers ist die eines Mischplatzes zur Vergleichmäßigung der Mülleigenschaften, um einen zeitlich möglichst gleichmäßigen Verbrennungsablauf und damit einen entsprechend gleichmäßigen Betrieb auch der nachgeschalteten Anlagenteile zu gewährleisten. Das Mischen erfolgt durch den Greiferkran (Nr.4). Der so vergleichmäßigte Müll gelangt mit dem Greiferkran in den Beschicktrichter (Nr.5). Dieser wird stets voll gefüllt, damit die Verbrennung auf dem Rost (Nr.6) gegenüber dem Bunker abgetrennt ist. Zur Vermeidung von Geruchsbelästigungen in der Umgebung wird die Luft aus dem Bunker abgesaugt und als Verbrennungsluft dem Rost zugeführt. Der Müll wird aus dem Beschicktrichter heraus mit einer sog. Beschickvorrichtung (Nr.7) (z.B. Stößeldosierung) dosiert und in die 1. Zone des Rostes geschoben. Der einzustellende Müllmassenstrom wird von der Anlagenregelung festgelegt. Der Rost selbst besteht aus verschiedenen Zonen und dient dem Transport des reagierenden Mülls zum Austrag und der Verteilung der Primärluft. Die Rostelemente können ganz unterschiedlicher Konstruktion sein. Wichtig ist, daß der Müll in den Zonen mit jeweils unterschiedlich einstellbarer Geschwindigkeit transportiert und wiederum je nach Konstruktion unterschiedlich gemischt werden kann (z.B. Vorschub-, Rückschubrost, usw.). In den einzelnen Zonen werden weiter von unten durch die Rostelemente und das bewegte Müllbett hindurch jeweils dem Verbrennungsverlauf angepaßt unterschiedliche Mengenströme an Luft (Primärluft) geblasen (Nr.8). Die Geschwindigkeit der Rostelemente sowie die Aufteilung der Primärluft längs des Reaktionsweges ermöglicht es, die im Müllbett ablaufenden Vorgänge Trocknung, Entgasung, Vergasung, Verbrennung so zu steuern, daß die Grenzwerte im Hinblick auf Glühverlust und TOC (siehe Tabelle 1.1) eingehalten werden. Am Rostende werden die noch heißen nicht brennbaren Rückstände (Aschen, Schlacken), die ca. 30 % der eingebrachten Müllmasse betragen, in ein Wasserbad gegeben und über das Schlackeaustragsystem (Nr.9) in den Schlackenbunker (Nr.10) transportiert. Die Schlacke bzw. Asche selbst kann nach Aussortierung von Metallen und ggf. erforderlicher Nachbehandlung im Straßenbau Verwendung finden. Vom Prozeß auf dem Rost stammende unverbrannte Gase sowie Flugstäube werden oberhalb des Rostes in der sog. Nachverbrennungszone ausgebrannt. Hierzu benötigte Sekundärluft wird über Düsen zugegeben (Nr.11), wobei die Luft über den Schlackebunker abgesaugt wird. Die thermische Energie der heißen Abgase aus der Nachverbrennung wird in einem Kessel zur Dampferzeugung und anschließend in einer Turbine zur Stromerzeugung genutzt. Die Abgase aus dem Kessel werden durch eine Abgasreinigung (Nr.12 bis Nr.19) geleitet und nach meßtechnischer Erfas-

Einleitung und Problemstellung

sung der Emissionen (Nr.20) über einen Kamin (Nr.21) in die Umgebung entlassen. Die bei der Abgasreinigung anfallenden Filterstäube werden zu einer Deponie verbracht. Es sei nochmals betont, daß in Abb. 1.2 nur ein Beispiel von vielen möglichen Varianten dargestellt ist, wie weiter unten noch erläutert wird.

In den letzten Jahren ist sehr viel über die Ablösung von klassischen Verfahren - wie in Abb. 1.2 dargestellt - durch sog. „neue" Verfahren - wie dem Schwel-Brenn-Verfahren nach Siemens, dem Konversionsverfahren nach NOELL, dem Thermoselect-Verfahren usw. - diskutiert und berichtet worden. Es hat sich gezeigt, daß auch bei dem „klassischen Verfahren" mit lang erprobter und bewährter Technik erhebliche Entwicklungsschritte stattgefunden haben und noch ein enormes Entwicklungspotential vorhanden ist, was noch weiter ausgeschöpft werden kann. Von einer Ablösung „klassischer" Verfahren durch neue kann derzeit nicht gesprochen werden. Welche Verfahren sich letztlich behaupten werden, ist zur Zeit nicht die Frage, da es so scheint, daß sich in Abhängigkeit der am jeweiligen Standort zu berücksichtigenden Randbedingungen derzeit für jedes Verfahren Möglichkeiten zur Verwirklichung ergeben. Es ist daher sinnvoll, kein Verfahren auszuschließen, da es wichtig erscheint, die Leistungsfähigkeit durch künftig zu erbringende Betriebsergebnisse an industriell ausgeführten Anlagen jeweils nachzuweisen. Dann lassen sich auch Stärken und Schwächen der einzelnen Verfahren aufzeigen und Vergleiche mit zugehörigen Bewertungen durchführen.

In einem letzten Abschnitt werden schließlich Ansätze zur mathematischen Modellierung von Prozessen zur thermischen Abfallbehandlung in sehr verkürzter Form dargestellt, um zu verdeutlichen, wie man Grundlagen z.B. zur Projektierung von Anlagen, zur betriebstechnischen Simulation und Optimierung oder auch zur Einbindung von Prozeßmodellen in Anlagenregelungen erstellen kann.

2 Abfallcharakterisierung und -vorbehandlung

Die Verfahrenstechnik, die Prozeßführung und die Größe einer thermischen Behandlungsanlage sind wesentlich von den anfallenden Mengen und der Charakterisierung des Abfalls abhängig. So können Abfälle allgemein durch

- hohen Inertanteil (Asche, Wasser, CO_2, N_2, Metalle usw.),
- hohe Gehalte an Schadstoffen (S-, Cl-, F-Verbindungen usw.),
- wenig Flüchtiges (bei Feststoffen),
- heterogene Zusammensetzung und damit schwankende Heizwerte,
- Konsistenz, d.h. Unterscheidung zwischen stückigen, pastösen, staubförmigen, flüssigen oder gasförmigen Abfällen sowie Gemischen aus stückigen, staubförmigen, pastösen und flüssigen Abfällen,
- toxische Inhaltsstoffe,
- stark variierende Korngrößen
- usw.

gekennzeichnet werden. Bedingt durch diese Abfalleigenschaften werden häufig zur Verbesserung der Prozeßbedingungen, zum Erreichen einer besseren Qualität der verbleibenden Reststoffe usw. vor der thermischen Behandlung eine oder mehrere Vorbehandlungseinheiten angeordnet (Reihenschaltung). Im folgenden wird zuerst auf die Charakterisierung einzelner Abfallarten und dann kurz auf Möglichkeiten einer Abfallvorbehandlung eingegangen, mit denen die Abfallcharakteristiken beeinflußt werden können.

2.1 Abfallcharakterisierung und Mengen

2.1.1 Begriffsbestimmung

Die wichtigsten thermisch zu behandelnden Abfälle können grob in die Gruppen

- Hausmüll, hausmüllähnlicher Gewerbeabfall und Sperrmüll (überwiegend stückig),
- Sonderabfall (stückig, pastös, flüssig und entsprechende Gemische),
- Klärschlamm (pastös) und
- sonstige Abfälle

Abfallcharakterisierung und Mengen

aufgeteilt werden. Dementsprechend lassen sich auch die meisten thermischen Behandlungsanlagen diesen Abfallarten zuordnen.

Dabei ist **Hausmüll** der Sammelbegriff für Abfälle (Speisereste, Küchenabfälle, Verpackungsmaterialien, unbrauchbar gewordene kleinere Gegenstände usw.), die regelmäßig aus einem Haushalt entfernt werden. War früher die Abfallwirtschaftslogistik durch den Transport des gemischten Hausmülls zur Deponie oder Hausmüllverbrennungsanlage (MVA) gekennzeichnet, so fordert heute das Kreislaufwirtschaftsgesetz eine Differenzierung und Trennung der verschiedenen Abfallarten mit dem Zweck der Förderung der Kreislaufwirtschaft zur Schonung der natürlichen Ressourcen und der Sicherung der umweltverträglichen Beseitigung von Abfällen [2.1]. Entsprechend dieser Forderung haben sich z.B. für den Bereich der Hausmüllentsorgung verschiedene Sammelsysteme, wie z.B. Grüne-Tonne (Bioabfälle), Graue-Tonne (Restabfälle aus Hausmüll), Glas- und Papierbehälter, Kunststoffsammlung über DSD (**D**uales **S**ystem **D**eutschland) usw. entwickelt.

Als **hausmüllähnlicher Gewerbeabfall** werden Abfälle angesehen, die in Gewerbebetrieben, Geschäften, Dienstleistungsbetrieben usw. anfallen und gemeinsam mit dem Hausmüll entsorgt werden können.

Sperrmüll sind feste Abfälle, die wegen ihrer Sperrigkeit (Möbel usw.) nicht in die vorgeschriebenen Entsorgungsbehälter passen und deshalb getrennt gesammelt und transportiert werden müssen.

Der Begriff „**Sonderabfall**" bzw. Sondermüll ist bislang in Deutschland nicht einheitlich definiert. Im engeren Sinne werden unter Sonderabfall solche Abfälle verstanden, die im besonderen Maße gesundheits-, luft- oder wassergefährdend, explosiv oder brennbar sind oder Erreger übertragbarer Krankheiten enthalten bzw. hervorbringen können. Darüber hinaus werden Abfälle, die von der Entsorgungspflicht öffentlicher Entsorgungsträger ausgeschlossen sind und einer besonderen Nachweispflicht unterliegen, als Sonderabfall eingeordnet.

Unter **Klärschlamm** werden Schlämme (trocken, entwässert oder in sonstiger Form behandelt) bezeichnet, die bei der Behandlung von Abwässern in kommunalen und entsprechenden industriellen Abwasserbehandlungsanlagen anfallen.

Der Begriff **Siedlungsabfall** umfaßt als Sammelbegriff die Abfälle Hausmüll, Sperrmüll, hausmüllähnliche Gewerbeabfälle, Garten- und Parkabfälle, Marktabfälle, Straßenkehricht, Bauabfälle, Klärschlamm, Fäkalien, Fäkalschlamm usw. [2.1].

Der Begriff **Restabfall** ist gesetzlich nicht näher definiert (siehe z.B. TA Siedlungsabfall [1.2]) und findet deshalb in der Literatur eine vielschichtige Verwendung, wie z.B. für Restabfälle aus Hausmüll, die mit der sog. Grauen-Tonne entsorgt werden.

Im folgenden wird nun einzeln auf die verschiedenen Abfallarten kurz eingegangen.

2.1.2 Hausmüll, hausmüllähnlicher Gewerbeabfall und Sperrmüll

Insgesamt wurden 1993 in Deutschland 34,8 Mio. Mg Abfall aus Haushalten durch kommunale und private Entsorgungsbetriebe eingesammelt. Diese Menge (100 Ma.-%) beinhaltet sowohl den Hausmüll als auch den hausmüllähnlichen Gewerbeabfall und den Sperrmüll. Wird die insgesamt eingesammelte Abfallmenge auf die Einwohnerzahl in Deutschland bezogen, so ergeben sich 428 kg Abfall/(Einwohner * Jahr). Die verwertbaren Abfälle, in der Regel Kunststoff, Papier, Pappe, Glas und Bioabfall, betragen ca. 11,8 Mio. Mg (ca. 34 %) und wurden getrennt, teilweise im Auftrag des DSD und teilweise im Verantwortungsbereich der Kommunen, eingesammelt. Der Anteil des Kunststoffs ist dabei ca. 0,36 Mio. Mg. Von dem verbleibenden Restabfall, d.h. 23 Mio. Mg (ca. 66 Ma.-%) wurden 6,4 Mio. Mg (ca. 18 Ma.-%) einer thermischen Abfallbehandlung zugeführt und der verbleibende Rest von 16,6 Mio. Mg (ca. 47 Ma.-%) deponiert [2.2].

Die stoffliche Zusammensetzung des Hausmülls ist regional und saisonbedingt verschieden. So zeigt Tab. 2.1 die mögliche Schwankungsbreite der wesentlichen Inhaltsstoffe. Infolge heterogener Zusammensetzung und großer variierender Korngrößen des Hausmülls ist eine direkte Probennahme für eine Elementaranalyse in der Regel nicht möglich, so daß hier sogenannte Sortieranalysen zur Anwendung kommen. Dabei werden die Inhaltsstoffe einer größeren Menge an Hausmüll von Hand oder maschinell bestimmten Stoffgruppen zugeordnet. Die Abb. 2.1 zeigt auf der linken Seite beispielhaft die Stoffgruppen einer entsprechenden Sortier-

Komponente	Symbol	Einheit	Schwankungsbreite		
Kohlenstoff	ξ_C	Ma.-%	28	bis	40
Wasserstoff	ξ_H	Ma.-%	4	bis	5
Sauerstoff	ξ_O	Ma.-%	16	bis	22
Stickstoff	ξ_N	Ma.-%	0,2	bis	1,3
Schwefel	ξ_S	Ma.-%	0,3	bis	0,5
Chlor	ξ_{Cl}	Ma.-%	0,4	bis	1
Cadmium	ξ_{Cd}	Ma.-%	0,0001	bis	0,0033
Blei	ξ_{Pb}	Ma.-%	0,039	bis	0,18
Kupfer	ξ_{Cu}	Ma.-%	0,006	bis	0,21
Zink	ξ_{Zn}	Ma.-%	0,047	bis	0,65
Chrom	ξ_{Cr}	Ma.-%	0,003	bis	0,27
Eisen	ξ_{Fe}	Ma.-%	3	bis	5
Quecksilber	ξ_{Hg}	Ma.-%	0,00005	bis	0,0011
Dioxine	–	ng/kg	10	bis	256
Asche	ξ_{In}	Ma.-%	25	bis	35
Wasser	ξ_{H2O}	Ma.-%	15	bis	35
Anteil Brennbares	ξ_{Brenn}	Ma.-%	40	bis	60
Heizwert	h_u	kJ/kg BS	7000	bis	15000

Tab. 2.1: Die wichtigsten physikalischen und chemischen Eigenschaften des Abfallstoffs Hausmüll und deren mögliche Schwankungsbreite (Anhaltswerte nach [2.3] und [2.4]).

Abfallcharakterisierung und Mengen

analyse eines Hausmülls nach [2.5] (bezogen auf 1 Mg AF_{An}; Bezeichnung AF für „Abfall" und Index An für „Anfang", d.h. vor Beginn der Behandlung). Die dargestellte Massenverteilung der einzelnen Hausmüllstoffgruppen bildet die Grundlage für die weiteren Betrachtungen. Vereinfacht werden die Hausmüllstoffgruppen hier auf die Komponenten „Wasser", „Inertstoff [1])", „Kunststoff" und „sonstige organische Komponenten" aufgeteilt. Auf die Berechnung des Heizwertes (Abb. 2.1 rechte Seite) wird in Kap. 4 noch näher eingegangen. Für 1 Mg des hier betrachteten Hausmülls ergibt sich in Abb. 2.1 die angegebene Komponentenverteilung mit dem daraus resultierenden Anfangsabfallheizwert des Hausmülls von $h_{u,AF,An} = 8$ MJ/kg AF_{An}. Durch Variation der einzelnen Hausmüllstoffgruppen lassen sich schließlich verschiedene Zusammensetzungen und damit auch ein üblicher Heizwertbereich des Restabfalls aus Hausmüll von 6 bis 12 MJ/kg AF_{An} für die weiteren Betrachtungen simulieren (näheres siehe [2.6]). Weiter ist zu erkennen, daß der mittlere Heizwert insbesondere durch Fraktionen, deren Heizwert sehr stark nach oben (z.B.

STOFFGRUPPEN	AUFTEILUNG IN KOMPONENTEN				HEIZWERT der Stoffgruppen [MJ/kg$_{An}$]
Hausmüll [kg/Mg AF_{An}]	Wasser [kg/Mg AF_{An}]	Inertstoff [kg/Mg AF_{An}]	Kunststoff [kg/Mg AF_{An}]	sonst. org. Komponenten [kg/Mg AF_{An}]	
Kunststoff 40			40		32,50
Feinmüll 200	80	80	20	20	4,29
Steine, Keramik, Metall, Glas 100		100			0
Verbundmaterial 40		10	30		24,38
Papier, Pappe, Windeln, Textilien, Leder, Gummi 210	64	21	10	115	11,96
Vegetablien, Holz 410	204	62		144	5,83
Gesamt 1000	348	273	100	279	8,00

Abb. 2.1: Darstellung eines Hausmülls durch unterschiedliche Stoffgruppen und deren Aufteilung auf die Komponenten Wasser, Inertstoff, Kunststoff und sonstige organische Komponenten [2.5, 2.6].

---

[1]) Inertstoffe sind hier Stoffe oder Stoffgemische, die keine „brennbaren Bestandteile" haben.

Kunststoffe) bzw. nach unten (z.B. Inertmaterial wie z.B. Steine, Keramik, Metall usw.) von dem mittleren Wert abweicht, beeinflußt werden kann. Eine Änderung in der Stoffgruppe Papier, Pappe, Windeln, Textilien, Leder und Gummi hat hingegen weniger Einfluß, da der Heizwert in der Größe des Gesamtheizwertes liegt. In Abb. 2.2 ist der Einfluß einer getrennten Wertstoffsammlung dargestellt (siehe auch [2.7]). Ausgehend von der Müllzusammensetzung in Abb. 2.1 (Punkt 1 in Abb. 2.2) wirken sich gleichzeitige Reduzierungen der Massenkonzentrationen an Papier/Pappe und Glas nur gering auf den Gesamtheizwert aus (z.B. Punkt 2 in Abb. 2.2).

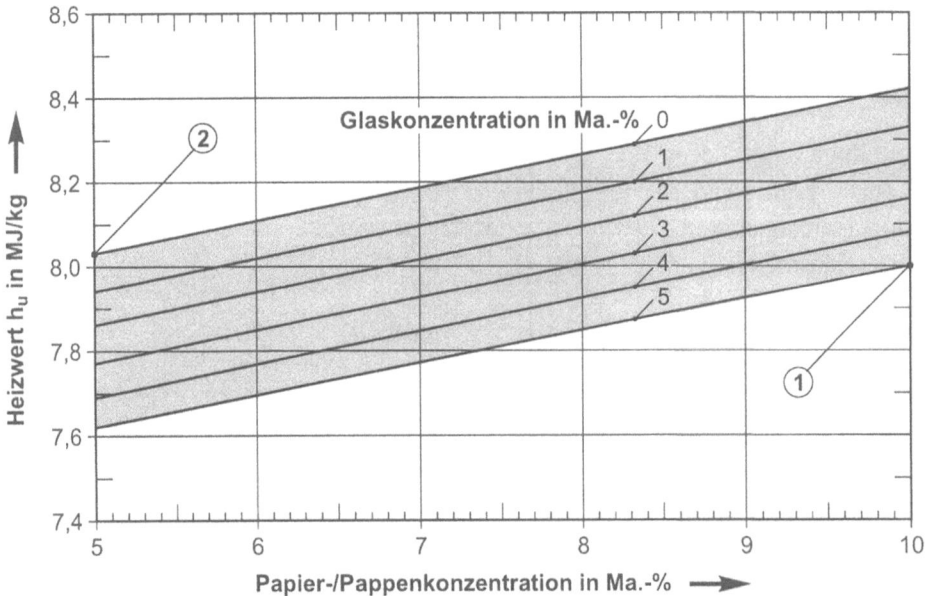

Abb. 2.2: Abhängigkeit des Heizwertes h_u von Glas- und Papier-/Pappekonzentrationen im Hausmüll mit der Zusammensetzung aus Abb. 2.1 (Punkt ①) und der Reduzierung der Massenkonzentration von Papier/Pappen auf 5 Ma.-% und Glas auf 0 Ma.-% (Punkt ②).

Mit Hilfe von Einzelanalysen der jeweiligen Stoffgruppen läßt sich schließlich die Elementaranalyse des Restabfalls vom Hausmüll abschätzend bestimmen. Für das Beispiel in Abb. 2.1 kann so die folgende Elementaranalyse (Vernachlässigung des Chlor- und Schwefelgehaltes) angegeben werden:

Kohlenstoff ξ_C = 22,20 Ma.-%
Wasserstoff ξ_H = 2,55 Ma.-%
Sauerstoff ξ_O = 12,27 Ma.-%

Abfallcharakterisierung und Mengen 25

Stickstoff ξ_N = 0,86 Ma.-%

Wasser ξ_{H_2O} = 34,84 Ma.-%

Inertstoff ξ_{In} = 27,28 Ma.-%.

Aus dieser Zusammensetzung des Abfalls können erste Aussagen z.B. zu verbrennungstechnischen Eigenschaften abgeleitet werden. Mit einer Verbrennungsrechnung (siehe Kap. 4) und der o.g. Elementaranalyse kann der Mindestluftbedarf $L_{m,min}$ = 2,88 kg L/kg AF und die sich damit ergebende feuchte Mindestabgasmasse $AG_{m,min,f}$ = 3,61 kg AG_f/kg AF bestimmt werden. Weiter kann mit entsprechenden Randbedingungen (zugeführter Luftmassenstrom, Wärmeverluste usw.) auf die zu erwartenden Verbrennungstemperaturen geschlossen werden (siehe Kap. 4.4). Für den Verbrennungsprozeß weiter von Bedeutung sind

- das Reaktions- und Zündverhalten (Zündtemperatur oberhalb $\vartheta_{Zü}$ = 400 °C);
- die Schüttdichte, sie schwankt in Abhängigkeit vom Wassergehalt des Abfalls zwischen

ρ_{Sch} = 150 kg AF/m³AF (ξ_{H_2O} = 10 Ma.-%)

und

ρ_{Sch} = 350 kg AF/m³AF (ξ_{H_2O} = 50 Ma.-%);

- der Strömungswiderstand der Schüttung, z.B. für ein Rostsystem, er ist von der Zusammensetzung, Vorverdichtung, Feuchtigkeit, Schütthöhe usw. abhängig und beträgt bei einem Restabfall aus Hausmüll von ρ_{Sch} = 250 kg AF/m³AF etwa p_{Sch} = 2 mbar pro z_{Sch} = 100 mm Schütthöhe;
- der Schmelzpunkt der verbleibenden Asche, in der Regel ca. ϑ_{Schm} = 1000 °C und höher.

Eine Erfassung aller im Hausmüll enthaltenen Schadstoffe und Spurenstoffe ist praktisch nicht möglich. Einzelne vorliegende Erhebungen lassen aufgrund der jeweils stark unterschiedlichen stofflichen Zusammensetzungen einen Vergleich nur schwer zu (siehe Tab. 2.1). Verglichen mit fossilen Brennstoffen sind die Gehalte an Schwermetallen und Chlor im Hausmüll häufig um mehrere Zehnerpotenzen höher. Dieser Tatsache ist einerseits Rechnung zu tragen durch eine entsprechende Prozeßführung (Reststoffqualitäten, Flugstaubanteil, Ausbrand der Abgase, integrierte Schlackenbehandlung usw.) und andererseits durch nachgeschaltete Einrichtungen wie Abgasreinigung, Schlacken- und Filterstaubnachbehandlung usw. (siehe Kap. 11 und 12).

2.1.3 Sonderabfall

Die Festlegung „besonders überwachungsbedürftiger Abfallarten" durch sog. Abfallschlüssel werden durch entsprechende Verordnungen und Gesetze geregelt. Die Entsorgung für die einzelnen Abfallarten wird durch die „Technische Anleitung zur Lagerung, chemisch/physikalischen, biologischen Behandlung, Verbrennung und Ablagerung von besonders überwachungsbedürftigen Abfällen" festgelegt [2.8].

In den Produktionsbetrieben und Krankenhäusern Deutschlands fallen ca. 9 Mio. Mg/a besonders überwachungsbedürftiger Abfälle an. Für die thermische Behandlung der Sonderabfälle stehen in Deutschland 32 größere Anlagen mit einer Gesamtkapazität von derzeit 1,1 Mio. Mg/a zur Verfügung [2.2].
Fallen Sonderabfälle in nur einer bestimmten Konsistenz (z.B. gasförmig) mit bestimmter gleichbleibender Zusammensetzung an, so ist ihre thermische Behandlung u.U. „einfacher" als die Behandlung von Hausmüll, weil bei gleichbleibenden Bedingungen ein stationärer Prozeß (z.B. Brennkammer mit Gasfeuerung) verwirklicht werden kann. Häufig fallen Sonderabfälle als Gemische aus stückigen, pastösen und flüssigen Stoffen (eventuell auch Fässer) an. Dann stellen sie aufgrund der heterogenen Konsistenz, der hohen Schadstoffgehalte und der Komplexität der Schadstoffe besondere Anforderungen an die Apparate- und die Verfahrenstechnik. Bei der in Tab. 2.2 dargestellten Zusammensetzung handelt es sich um ein Beispiel eines aus verschiedenen Bereichen der Industrie stammenden Sonderabfalls, der zu einem sog. „Abfallmenü" zusammengestellt wurde. Es ist darauf hinzuweisen, daß Sonderabfälle aus einzelnen Industriezweigen sehr stark von den hier angegebenen Zusammensetzungen (Elementaranalyse, Spurenanalyse) und Heizwerten abweichen können. So sind mittlere Heizwerte von $h_{u,AF} = 18$ MJ/kgAF bis $h_{u,AF} = 25$ MJ/kgAF aus der chemischen Industrie häufig anzutreffen. Während bei diesen Abfällen aufgrund des hohen Heizwertes in der Regel problemlos ausreichend hohe Temperaturen (z.B. 1200 °C) erreicht werden, müssen bei dem in Tab. 2.2 enthaltenen Beispiel ($h_{u,AF} = 11,5$ MJ/kgAF) entsprechende verfahrenstechnische Maßnahmen (z.B. Zusatzbrennstoff, Sauerstoffanreicherung, Absenkung der Luftzahl) in Betracht gezogen werden, um die gesetzlich geforderten Temperaturen zu erreichen. Wie diese Maßnahmen im einzelnen insbesondere im Hinblick auf Wirkungsgrade, Abgasmassenströme usw. zu bewerten sind, wird beispielhaft weiter unten gezeigt.

Abfallcharakterisierung und Mengen

Konsistenz	[Ma.-%]
feste Abfälle und Gebinde	60
pastöse Abfälle	20
flüssige Abfälle	20
Summe	100

Elementaranalyse					
Stoff		fest	pastös	flüssig	Gemisch
Kohlenstoff		23,7	22,8	44,7	27,6
Wasserstoff		2,5	3,4	6,0	3,4
Sauerstoff		10,0	12,7	0,0	8,5
Stickstoff		0,7	0,8	0,7	0,7
Schwefel		0,2	0,8	0,2	0,3
Chlor		0,8	1,7	7,7	2,4
Fluor		0,3	0,3	0,3	0,3
Wassergehalt		25,5	29,6	40,4	29,6
Inertanteil		36,3	27,9	—	27,2
Summe	[Ma.-%]	100	100	100	100
Heizwert h_u	[kJ / kg]	8900	9200	21300	11500

Spurenanalyse			
Quecksilber	25 mg/kg	Arsen	200 mg/kg
Blei	1000 mg/kg	PCB	500 mg/kg
Cadmium	20 mg/kg	PAK	500 mg/kg
Kupfer	1000 mg/kg	Σ PCDD/PCDF (TEQ)	10000 ng/kg

Tab. 2.2: Beispielhafte Zusammensetzung für ein Sonderabfallmenü.

2.1.4 Klärschlamm

Gegenwärtig werden in Deutschland ca. 60 Mio. Mg/a Klärschlamm einer Entsorgung zugeführt. Dies entspricht ca. 3,0 Mio. Mg/a Trockensubstanz (TS). Als Entsorgungswege werden derzeit genutzt [2.9]:

ca. 60 Ma.-% Deponie

ca. 30 Ma.-% Landwirtschaft

ca. 10 Ma.-% thermische Behandlung.

Es ist davon auszugehen, daß vor dem Hintergrund der TA-Siedlungsabfall (Tab. 1.1) der Anteil des derzeit auf die Deponie gegebenen Klärschlamms künftig abnehmen wird. Weiter bestehen auch gegenüber Schlämmen, die für die landwirtschaftliche Nutzung geeignet scheinen, Vorbehalte in Bezug auf mögliche Folgeschäden der Nutzflächen. Damit kommt als Entsorgungsweg für belastete Schlämme immer häufiger die thermische Behandlung in Frage. Sie erfolgt für ca. 300.000 Mg TS/a in Klärschlammverbrennungsanlagen (10 Wirbelschichtreaktoren, 2 Etagenöfen) oder in Form einer Mitverbrennung in Kohlekraftwerken und Hausmüllbehandlungsanlagen [2.2]. Die Tab. 2.3 zeigt beispielhaft eine Elementar- und Spurenanalyse einer Trockensubstanz. Aus verbrennungstechnischer Sicht ist vor allem der relativ hohe organisch gebundene Stickstoff im Hinblick auf die Prozeßführung zu beachten (Stickoxidbildung). Daneben ist weiter im Zusammenhang mit den zu erreichenden Temperaturen der Heizwert wichtig, der insbesondere vom Entwässerungsgrad des Schlamms (Wassergehalt) beeinflußt wird.

Elementaranalyse		Spurenanalyse		
Element	Ma.-%	Element		[mg/kg]
Kohlenstoff (C)	30,5	Arsen	(As)	18
Wasserstoff (H)	1,9	Cadmium	(Cd)	2
Sauerstoff (O)	9,0	Chlor	(Cl)	361
Stickstoff (N)	2,8	Cobalt	(Co)	15
Schwefel (S)	1,4	Chrom	(Cr)	309
Inertstoff (In)	54,4	Fluor	(F)	91
Summe	100,0	Quecksilber	(Hg)	3,1
		Mangan	(Mn)	467
h_u [MJ/kg]	10,8	Nickel	(Ni)	819
		Blei	(Pb)	127
Σ AOX	192 [mg/kg]	Antimon	(Sb)	7
		Zinn	(Sn)	26
Σ PCB	0,16 [mg/kg]	Titan	(Ti)	< 2
		Vanadium	(V)	31
PCDD/F	38,6 [ng/kg] TE	Zink	(Zn)	1750

Tab. 2.3: Beispielhafte Zusammensetzung der Trockensubstanz eines Klärschlamms [2.10, 2.11].

Für einen angenommenen Wassergehalt von $\xi_{H_2O} = 30$ Ma.-% errechnet sich mit der in Tab. 2.2 angegebenen Zusammensetzung bei einer Luftzahl $\lambda = 1,5$ eine Verbrennungstemperatur von $\vartheta_{kal} = 1150$ °C. Bei einem Wassergehalt von $\xi_{H_2O} = 50$ Ma.-% ergibt sich eine Temperatur von $\vartheta_{kal} = 890$ °C. Bei Schlämmen mit hohem Wassergehalt müssen dann entsprechende verfahrenstechnische Maßnahmen, wie Wärmerückgewinnung usw. angewendet werden.

2.1.5 Sonstige Abfälle

Über die in den vorangegangenen Abschnitten beispielhaft genannten Abfälle hinaus gibt es weiter eine Reihe von mehr oder weniger kompliziert zusammengesetzten Abfällen, wie

- Bauschutt,
- Altautos,
- Elektronikschrott
- usw.,

auf die in dem hier vorgegebenen Rahmen nicht näher eingegangen werden kann. Zum Teil sind hier noch entsprechende Entsorgungswege zu entwickeln. Insgesamt kann davon ausgegangen werden, daß für diese Abfälle bzw. für bestimmte abgetrennte Fraktionen auch thermische Behandlungsverfahren künftig in Frage kommen.

2.2 Abfallvorbehandlung

Wie bereits oben erwähnt, handelt es sich bei Abfällen um sehr heterogene Stoffgemische, sowohl bezüglich ihrer stofflichen Zusammensetzung als auch ihrer Konsistenz, Form und Größe. Die Eigenschaften können bei fehlenden Vorbehandlungsstufen in der thermischen Behandlung zu relativ großen Luftzahlen (großen Abgasmassenströmen), zu stark schwankenden Betriebszuständen und daraus resultierenden Temperatur- und Schadstoffspitzen führen. Große Abgasmassenströme und Schadstoffspitzen führen weiter zu vergleichsweise großen Abgasreinigungsanlagen, Reststoffmengen und ausgetragenen Schadstofffrachten. Außerdem werden mit nicht vorbehandeltem Abfall erhebliche Mengen an Inertstoffen durch die thermische Behandlungsanlage gefördert und damit die benötigte Anlagenkapazität erhöht sowie der Wirkungsgrad (s.u.) gemindert. Ein unter Umständen positiver Einfluß des Inertstoffgehaltes auf den thermischen Prozeß, z.B. auf den Ausbrand oder die Qualität der Schlackenbildung, muß dabei mit dem Vorteil einer Durchsatzerhöhung bei vorgeschalteter Inertstoffabtrennung im Vergleich betrachtet werden. Zur Zeit wird überlegt, ob es sinnvoll ist, durch eine stoffspezifische Abfallbehandlung in Form einer Kombination aus mehreren Grundoperationen (Abb. 1.1) (Reihenschaltung, sog. Verfahrenslinien), diese Fragestellungen zu behandeln. Gedacht wird z.B. an Kombinationen aus mechanischen, biologischen und thermischen Grundoperationen. Dabei ist anzumerken, daß Reihenschaltungen von ganz unterschiedlichen Behandlungsschritten bei der Produktion von Gütern in allen Bereichen der Industrie üblich sind, bei der Entsorgung von Gütern (Abfällen) jedoch erst in den Anfängen vorhanden sind.
Im folgenden wird nur kurz auf die Möglichkeiten unterschiedlicher Vorbehandlungsmethoden für Restabfall aus Hausmüll eingegangen (vgl. jedoch auch Kap. 13).

2.2.1 Allgemeines

Die Vorbehandlung kann aus einer oder auch mehreren Einheiten (Reihenschaltung, sog. Verfahrenslinien) bestehen und soll für das eigentliche thermische Behandlungsverfahren

- eine Vergleichmäßigung der chemisch/physikalischen Eigenschaften des Einsatzstoffes (Abfall),
- möglichst gleichbleibende Bedingungen für die thermischen Teilprozesse Trocknung, Entgasung, Vergasung, Zündung usw. und damit insgesamt eine Verbesserung des Prozeßablaufes,
- eine Herabsetzung der Gefahr von Strähnenbildungen im Feuerraum,
- eine einfache Leistungsregelung (z.B. Dampferzeugung),
- eine Minderung der Schadstoffemissionen durch vorherige Schadstoffentfrachtung,
- eine Verbesserung der Reststoffqualität,
- eine Verkleinerung der Abgasreinigung
- usw.

bewirken.
Dabei ist insbesondere darauf zu achten, daß der zusätzliche Aufwand an Energie und Betriebshilfsstoffen im Vergleich zur ausschließlichen thermischen Behandlung des Abfalls gerechtfertigt ist. Außerdem sollte für alle entstehenden Reststoffe eine Verwertung, mindestens aber eine gesicherte Ablagerung möglich sein. Grundlage für die Ablagerung bildet die Einhaltung der Zuordnungswerte der TA-Siedlungsabfall (Tab. 1.1).
Der Aufwand und die Art der Zusammenschaltung der verschiedenen mechanischen, physikalischen und biologischen Grundoperationen (siehe Abb. 1.1) richtet sich in erster Linie nach dem zu behandelnden Abfall, also im wesentlichen nach deren Zusammensetzung und Eigenschaften und dem eingesetzten Apparat (siehe Kap. 9) im sog. thermischen Hauptverfahren. So muß in Bezug auf die Homogenisierung und die Korngrößenverteilung beim Einsatz eines Wirbelschichtreaktors ein wesentlich höherer Aufwand betrieben werden als für ein Drehrohr- oder Rostsystem.

2.2.2 Mechanische Vorbehandlung

Der Einsatz einer mechanischen Vorbehandlung für Restabfall aus Hausmüll, Sperrmüll usw. beschränkt sich heute in der Regel auf den Einsatz von Zerkleinerungsapparaten (Grobzerkleinerung), wie z.B. Walzenbrecher oder Schneidmühlen, wobei diese in den Betrieb einer thermischen Behandlungsanlage integriert sind. Daneben sind natürlich auch aufwendigere dezentrale Einrichtungen, wie in Abb. 2.3 dargestellt, möglich.

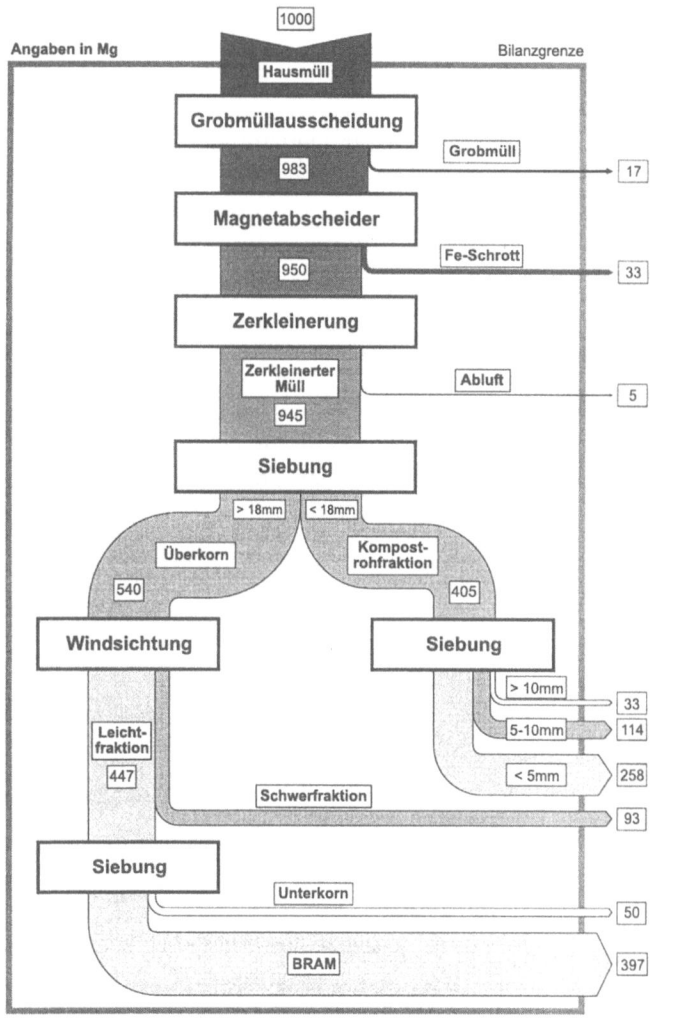

Abb. 2.3: Vereinfachte Darstellung der Massenbilanz einer mechanischen Aufbereitung [2.12].

Hier können Hausmüll, Sperrmüll, Baustellenabfälle, hausmüllähnlicher Gewerbeabfall und Restmüll aus Verpackungen (DSD) gemeinsam mechanisch behandelt werden. Ziel des dargestellten Verfahrens ist die Aufbereitung des Abfallinputs in verschiedene Fraktionen, wie z.B. einer Schrottfraktion, einer heizwertreichen Fraktion (BRAM = **B**rennstoff **a**us **M**üll) oder einer Kompostrohfraktion, die dann einer weiteren Behandlung zugeführt werden können. Inwieweit der Aufwand gerechtfertigt ist, muß im einzelnen durch Massen- und Energiebilanzen und darauf aufbauend durch Wirtschaftlichkeitsüberlegungen nachgewiesen werden. In der Regel können ganz allgemein für die mechanische Behandlung folgende verfahrenstechnische Grundelemente eingesetzt werden:

- **Sortierung**
  - Abtrennung von Wertstoffen,
  - Abtrennung von direkt ablagerbaren Inertstoffen,
  - Schadstoffentfrachtung,
  - Störstoffentfrachtung
  - usw.

- **Zerkleinerung**

- **Homogenisierung** bzw. **Mischung**

- **Klassierung**
  - Aufkonzentration einer org. Fraktion für die biologische Behandlung,
  - Aufkonzentration einer heizwertreichen Fraktion (z.B. zur Substitution von Brennstoffen)
  - usw.

- **Agglomeration**
  - Brikettierung,
  - Pelletierung
  - usw.

- **Aufbereitung**
  - Zusammenfassung der vorgenannten Maßnahmen, jedoch auch zusätzlich thermische Vorbehandlung, wie z.B. Trocknen,
  - chemische Vorbehandlung, wie z.B. Ozonisierung
  - usw.

Im einzelnen lassen sich die o.g. Vorbehandlungsschritte wie folgt charakterisieren:

Sortierung
Für die mechanische Abfallaufbereitung werden das Handklauben (Unterschied nach Form und Farbe), die Magnetabscheidung, die Dichte- und die Elektrosortie-

rung als Sortierverfahren eingesetzt. Eine Sortierung und damit Abtrennung von Wertstoffen aus Hausmüll ist in der Regel schon durch die Nutzung getrennter Sammelsysteme (z.B. Glas- und Papiercontainer, DSD-Sammlung, Biotonne usw.) möglich. Dabei ist insbesondere darauf zu achten, daß eine ausreichende Sortenreinheit mit der Sortierung erzielt wird, um die erfaßten Wertstoffe leicht weiterverarbeiten zu können. Eine direkte sortenreine maschinelle Abtrennung von Wertstoffen aus dem Restabfall des Hausmülls läßt sich mit wenig Aufwand nur für Fe-Fraktionen erreichen. Für die Abtrennung von Stör- (z.B. Teppichboden) bzw. Schadstoffen (z.B. Batterien) kommt zur Zeit nur eine Handsortierung (Klaubung) bzw. eine handgesteuerte Sortierung in Frage [2.13]. Diese Technik der Handsortierung ist jedoch wegen der Hygiene und den Arbeitsplatzbedingungen kaum noch zumutbar.

Zerkleinerung
Die Zerkleinerung dient in erster Linie zur Vergleichmäßigung der Korn(Stück-)-größe des Abfalls. Je nach Aufgabenstellung werden eine Vielzahl von Zerkleinerungsaggregaten bei der mechanischen Aufbereitung eingesetzt. Insbesondere sind dies Mühlen (Messer-, Prall- oder Hammermühle) oder Prallreißer. Die bei der Zerkleinerung gleichzeitig erreichte Vergrößerung der Gesamtoberfläche des Abfalls kommt der thermischen Behandlung ebenfalls entgegen.

Homogenisierung
Eine Vergleichmäßigung im Hinblick auf die Zusammensetzung erreicht man durch Mischung des Abfalls (dies kann schon durch das Mischen mit dem Greiferkran im Müllbunker geschehen) oder durch Einmischung von Zusatzstoffen, wie Klärschlämme usw. in Homogenisierungstrommeln [2.14].

Klassierung
Mit dem Klassieren können Abfallfraktionen in ihre Korngrößenklassen aufgetrennt werden, in denen bestimmte Abfall- oder Schadstoffkomponenten angereichert werden können. So kann z.B. die Abtrennung einer direkt ablagerungsfähigen Inertstofffraktion als Ziel verfolgt werden, um den Durchsatz für die nachfolgenden Einheiten wie z.B. biologische und/oder thermische Behandlungsverfahren zu reduzieren. Inwieweit diese Inertfraktion die künftigen Werte der TASi einhalten kann, ist noch zu prüfen. Für die Klassierung von Abfällen können grundsätzlich die verfahrenstechnischen Prinzipien der Siebklassierung z.B. durch Trommelsieb, Vibrationssieb, Spannwellensieb usw. und der Stromklassierung z.B. durch Windsichter, Zick-Zack-Windsichter, Rotationswindsichter, Hydroklassierer usw. angewendet werden [2.15].

Agglomeration

Die Agglomeration beinhaltet die Vereinigung feinkörniger Stoffe zu gröberen Stücken. Dies kann z.B. durch mechanisches Zusammenpressen (Brikettierung), oder durch Rotation in einer Trommel (Pelletierung) erfolgen.

Aufbereitung

Die Aufbereitung beinhaltet neben den vorgenannten Maßnahmen auch thermische und chemische vorbehandelnde Maßnahmen. So erfolgt die thermische Trocknung entweder direkt z.B. mit heißen Abgasen oder indirekt z.B. mit Dampf in einem Drehrohrtrockner oder Stromrohrtrockner. Zum Abtöten von Bakterien und Keimen wird an eine Ozonisierung als weiteres Aufbereitungsverfahren gedacht usw. Die Aufbereitung kann als eigenständiges, sehr weit gefaßtes Gebiet für viele Produktionsabfälle ausreichende Verfahrenslinien zur Wiederverwertung bereitstellen, ohne z.B. auf das „klassische Instrument der Verbrennung" angewiesen zu sein.

2.2.3 Biologische Vorbehandlung

Die biologische Vorbehandlung von Restabfällen ist in den letzten Jahren verstärkt weiterentwickelt [z.B. 2.14, 2.16 bis 2.32] worden. Es werden dabei die aeroben Verfahren (Kompostierung unter Sauerstoffzufuhr) und die anaeroben Verfahren (Vergärung unter Sauerstoffabschluß) angewendet. Aerobe wie anaerobe Verfahren sind grundsätzlich mit einer mechanischen Aufbereitung gekoppelt.

Kompostierung

Die Kompostierung oder Verrottung erfolgt in der Regel mit einer Intensivrotte und einer Nachrotte. Zur Ausführung der einzelnen Kompostierungssysteme (z.B. Mieten-, Boxen- oder Tunnelkompostierung) sei auf die entsprechende Literatur verwiesen [z.B. 2.16, 2.17]. Den wesentlichen Aufbau und die Massenströme einer Kompostierung zeigt die vereinfachte Darstellung einer pojektierten Anlage in Abb. 2.4.

Durch die Kompostierung werden die folgenden wesentlichen Ziele verfolgt:

1) Abbau der nativorganischen Substanz nach mehreren Monaten Rotte und damit entsprechende Massenreduzierung,
2) Massenreduktion in der Rotte durch Wasserverlust,
3) Vermeidung von Eisen- und Kalkverbindungsausfällungen im Deponieentwässerungssystem und dort Unterbindung von Anbackungen,
4) Weitgehende Stabilisierung der Restabfälle durch Humifizierung,
5) Abbau organischer Schadstoffe.

Abfallvorbehandlung

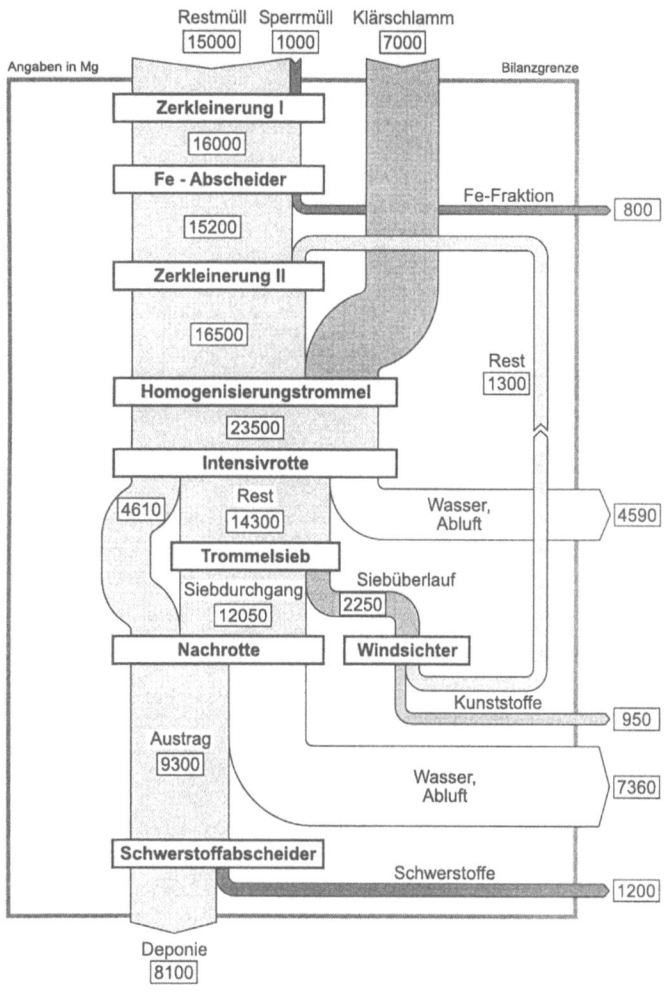

Abb. 2.4: Vereinfachte Massenbilanz einer Kompostierungsanlage mit den wesentlichen verfahrenstechnischen Bausteinen [2.21].

Vergärung
Bei der Vergärung werden organische Kohlenstoffverbindungen zum Teil zu Methan (Biogas) und Kohlendioxid umgewandelt. Die anaerobe Behandlung ist im wesentlichen zur Behandlung von organisch leicht bis mittelschwer abbaubaren Reststoffen geeignet. Nach der anaeroben Behandlung ist eine Nachkompostierung erforderlich, bei der im wesentlichen die mittel bis schwer abbaubaren Stoffe umgewandelt werden. Mit dieser so erforderlichen zweistufigen Behandlung ist der technische und apparative Aufwand bei einer Vergärung wesentlich

höher als bei der Kompostierung. Sie sollte deshalb nur eingesetzt werden, wenn der zusätzliche Aufwand signifikante Vorteile z.B. durch eine thermische Verwertung des Biogases ermöglicht [2.18]. Abb. 2.5 zeigt ein vereinfachtes Anlagenschema einer Vergärung mit den wichtigsten ein- und austretenden Massenströmen.

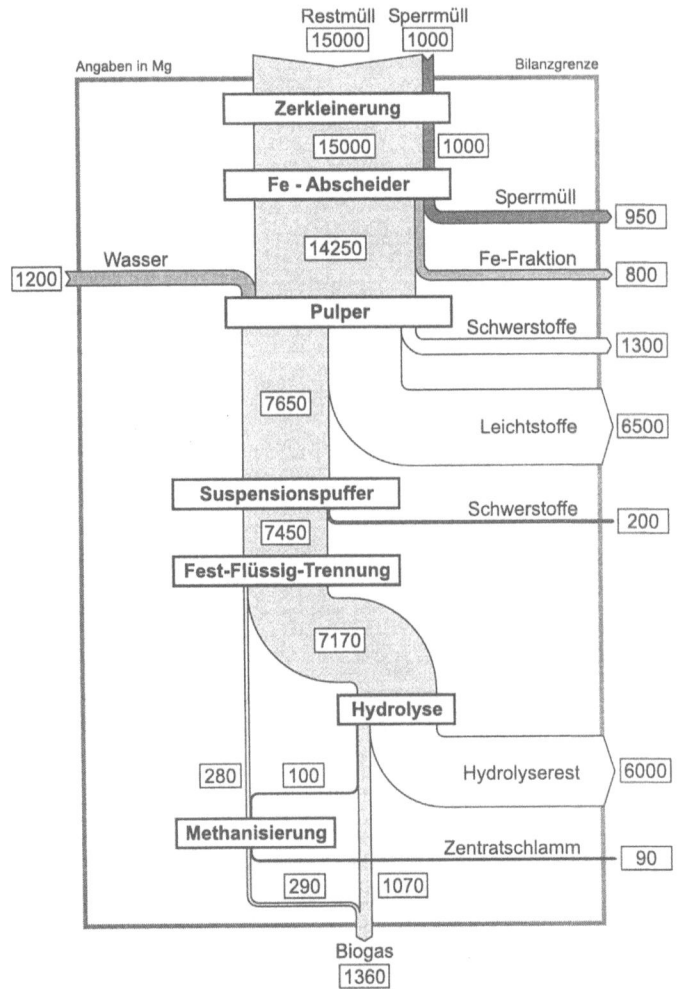

Abb. 2.5: Vereinfachte Massenbilanz einer projektierten Vergärungsanlage mit den wesentlichen verfahrenstechnischen Bausteinen [2.21].

Insgesamt sei darauf hingewiesen, daß entsprechende Massen- und Energiebilanzen, wie sie heute für thermische Behandlungsverfahren üblich sind, von ausgeführten Kompost- und Vergärungsverfahren derzeit noch nicht vollständig vorliegen. Vergleiche zwischen mechanisch/biologischen und thermischen oder Gesamtbilanzen von Verfahrenslinien aus mechanisch/biologischen und thermischen Verfahren liegen daher zur Zeit nur als Abschätzungen vor. Zu Ansätzen, wie hier verfahren werden kann, sei auf z.B. [2.33] oder Kap. 13 verwiesen.

2.2.4 Beispielhafte Verfahrenslinien zur mechanischen und biologischen Vorbehandlung von Restabfällen aus Hausmüll

Im folgenden soll im Hinblick auf die **t**hermische **B**ehandlung (TB) eine Vorbehandlung zur Inertstoffabtrennung, Wasserreduzierung, Heizwertanhebung usw. anhand einiger Verfahrenslinien, die aus reinen **m**echanischen **A**ufbereitungsschritten (MA) [z.B. 2.34] oder **m**echanischen und **b**iologischen **A**ufbereitungsschritten (MBA) bestehen, betrachtet werden. Die Auswirkung auf die z.T. nachfolgende thermische Behandlung wird später in Kap. 13 näher erläutert.

Die Abb. 2.6 zeigt schematisch die Gegenüberstellung einer üblichen Abfallvorbehandlung vor einer klassischen Hausmüllverbrennungsanlage (Verfahrenslinie (A1)) mit verschiedenen anderen Vorbehandlungsverfahren (Verfahrenslinie (A2) bis (A6)). Die Breite der senkrechten Balken stellt dabei die Größe des Feststoffmassenstromes längs des Behandlungsweges dar. Die Feststoffmasse kann z.B. durch Trocknung, biologischen Umsatz, d.h. Überführung in die Gasphase, abnehmen. Dies ist jeweils durch einen schräg schraffierten Balken (siehe Rotte) gekennzeichnet. Aus Gründen der Vergleichbarkeit werden für jede der in Abb. 2.6 dargestellten Verfahrenslinien die gleiche Anfangsabfallart (Restabfall aus Hausmüll; $AF_{1,A1} = AF_{1,A2} = \ldots = AF_1 = AF_{An}$), die gleiche bezogene Anfangsabfallmasse ($m_{AF_1}^{\Delta} = 1000$ kg AF_1/Mg AF_1) und der gleiche Anfangsabfallheizwert ($h_{u,AF_1} = 8{,}0$ MJ/kgAF_1 nach Abb. 2.1) angenommen.

Qualitative Darstellung

Verfahrenslinie (A1) (Abb. 2.6): In dieser Verfahrenslinie wird ausgehend vom Anfangsabfall ($AF_{1,A1}$) lediglich eine Grobzerkleinerung des Restabfalls aus Hausmüll als Aufbereitungsstufe herangezogen. Diese Grobzerkleinerung findet üblicherweise im Bunker der klassischen Hausmüllverbrennungsanlage statt. Nach der Vorbehandlung wird die Fraktion ($AF_{2,TB,A1}$) (grauer Balken), die mit der Anfangsabfallmasse ($AF_{1,A1}$) übereinstimmt, der thermischen Behandlung (TB) zugeführt.

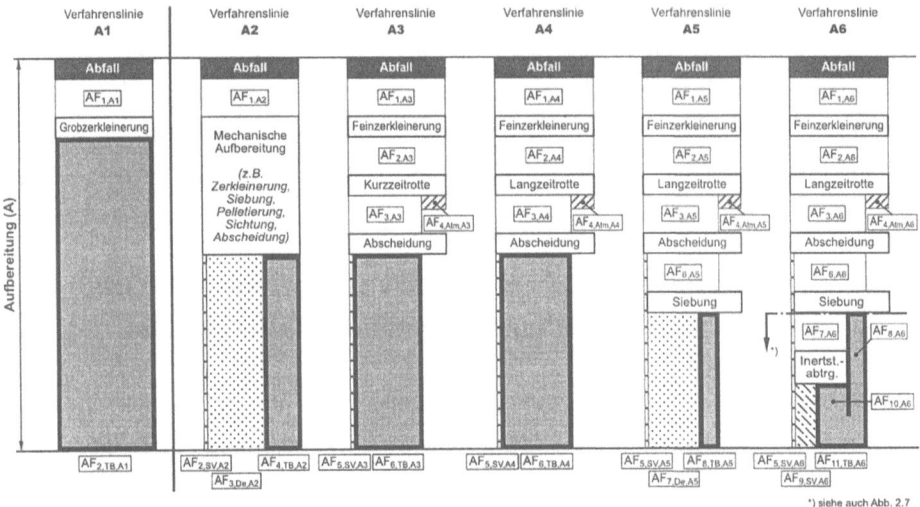

Abb. 2.6: Feststoffmassen längs des Behandlungsweges einer Abfallaufbereitung und deren Aufteilung zur thermischen Behandlung (TB), Deponie (De) und stofflichen Verwertung (SV) (Feststoffabnahme durch Trocknung, biologischen Umsatz, Verbrennung usw. an den mit ▨ gekennzeichneten Stellen) (Massen- und Energiebilanzen der verschiedenen Verfahrenslinien siehe Abb. 2.7 und Kap. 13) [2.33, 2.35].

Verfahrenslinie (A2) (Abb. 2.6): Ausgehend vom Anfangsabfall ($AF_{1,A2}$) wird eine reine mechanische Abfallaufbereitung (MA) mit den in Abb. 2.6 angegebenen verfahrenstechnischen Elementen [z.B. nach 2.34] durchgeführt. Die abgeschiedene Metallfraktion ($AF_{2,SV,A2}$; waagerecht gestrichelter Balken) wird einer stofflichen Verwertung (SV) zugeführt, die heizwertarme Restabfallfraktion ($AF_{3,De,A2}$; punktierter Balken) deponiert (De) und die verbleibende heizwertreiche Restabfallfraktion ($AF_{4,TB,A2}$; grauer Balken) einer thermischen Behandlung (TB) zugeführt.

Verfahrenslinie (A3) (Abb. 2.6): Ausgehend vom Anfangsabfall ($AF_{1,A3}$) erfolgt zunächst eine mechanische Aufbereitung durch eine Feinzerkleinerung. Der dabei entstehende Restabfall ($AF_{2,A3}$) wird anschließend einer biologischen Abfallaufbereitung (MBA) in Form einer Kurzzeitrotte[2)] [z.B. 2.28] zugeführt. Die nach der Kurzzeitrotte verbleibende Restabfallfraktion ($AF_{3,A3}$) wird einer Metallabscheidung zugeführt. Der sogenannte „Rotteverlust" ($AF_{4,Atm,A3}$; schräg schraffierter Balken) geht als Abluft (Wasserdampf, gasförmige Umsatzprodukte aus der Bio-

---

[2)] Bei der Kurzzeitrotte ergeben sich Rottezeiten von mehreren Tagen, so daß sich in der Regel nur eine Abfalltrocknung (Wasserreduzierung) bei geringem biologischen Umsatz einstellt.

logie usw.) in die Umgebung. Die abgeschiedene Metallfraktion ($AF_{5,SV,A3}$; waagerecht gestrichelter Balken) wird stofflich verwertet und die verbleibende heizwertreiche Restabfallfraktion ($AF_{6,TB,A3}$; grauer Balken) einer thermischen Behandlung zugeführt.

Verfahrenslinie (A4) (Abb. 2.6): Ausgehend vom Anfangsabfall ($AF_{1,A4}$) erfolgt zunächst wieder eine mechanische Aufbereitung durch eine Feinzerkleinerung. Der dabei entstehende Restabfall ($AF_{2,A4}$) wird anschließend einer biologischen Abfallaufbereitung (MBA) in Form einer Langzeitrotte[3]) [z.B. 2.23] zugeführt. Die nach der Langzeitrotte verbleibende Restabfallfraktion ($AF_{3,A4}$) wird einer Metallabscheidung zugeführt. Der „Rotteverlust" ($AF_{4,Atm,A4}$; schräg schraffierter Balken) geht als Abluft in die Umgebung. Die abgeschiedene Metallfraktion ($AF_{5,SV,A4}$; waagerecht gestrichelter Balken) wird stofflich verwertet und die verbleibende heizwertreiche Restabfallfraktion ($AF_{6,TB,A4}$; grauer Balken) einer thermischen Behandlung zugeführt.

Verfahrenslinie (A5) (Abb. 2.6): Diese Verfahrenslinie entspricht einschließlich der Abscheidung der Verfahrenslinie (A4). Die abgeschiedene Metallfraktion ($AF_{5,SV,A5}$; waagerecht gestrichelter Balken) wird stofflich verwertet. Die nach der Abscheidung verbleibende Restabfallfraktion ($AF_{6,A5}$) wird einer Siebung zugeführt. Die dabei erzeugte heizwertarme Restabfallfraktion ($AF_{7,De,A5}$; punktierter Balken) wird deponiert und die erzeugte heizwertreiche Restabfallfraktion ($AF_{8,TB,A5}$; grauer Balken) einer thermischen Behandlung zugeführt.

Verfahrenslinie (A6) (Abb. 2.6): Diese Verfahrenslinie entspricht bis einschließlich der Siebung der Verfahrenslinie (A5). Die nach der Siebung verbleibende heizwertarme Restabfallfraktion ($AF_{7,A6}$) wird einer Inertstoffabtrennung zugeführt. Dabei entsteht sowohl eine Inertstofffraktion (z.B. Kies, Sand) ($AF_{9,SV,A6}$; schräg strichpunktierter Balken), die einer stofflichen Verwertung zugeführt werden kann, als auch eine heizwertreiche Restabfallfraktion ($AF_{10,A6}$; grauer Balken). Diese heizwertreiche Fraktion wird anschließend mit der heizwertreichen Restabfallfraktion ($AF_{8,A6}$; grauer Balken) aus der Siebung gemischt. Die dabei entstehende heizwertreiche Restabfallfraktion ($AF_{11,TB,A6}$; grauer Balken) wird schließlich einer thermischen Behandlung zugeführt.

Quantitative Darstellung

Durch die Zusammenschaltung unterschiedlicher Vorbehandlungseinheiten ergeben sich, je nach Verfahrenslinie, unterschiedliche heizwertreiche Restabfallfraktionen, die anschließend einer thermischen Behandlung zugeführt werden. Die quantitative Zusammensetzung ergibt sich aus der Abb. 2.7 und Tab. 2.4.

---

[3]) Bei der Langzeitrotte ergeben sich Rottezeiten von mehreren Monaten, so daß sich neben der Abfalltrocknung noch ein entsprechender biologischer Umsatz einstellt.

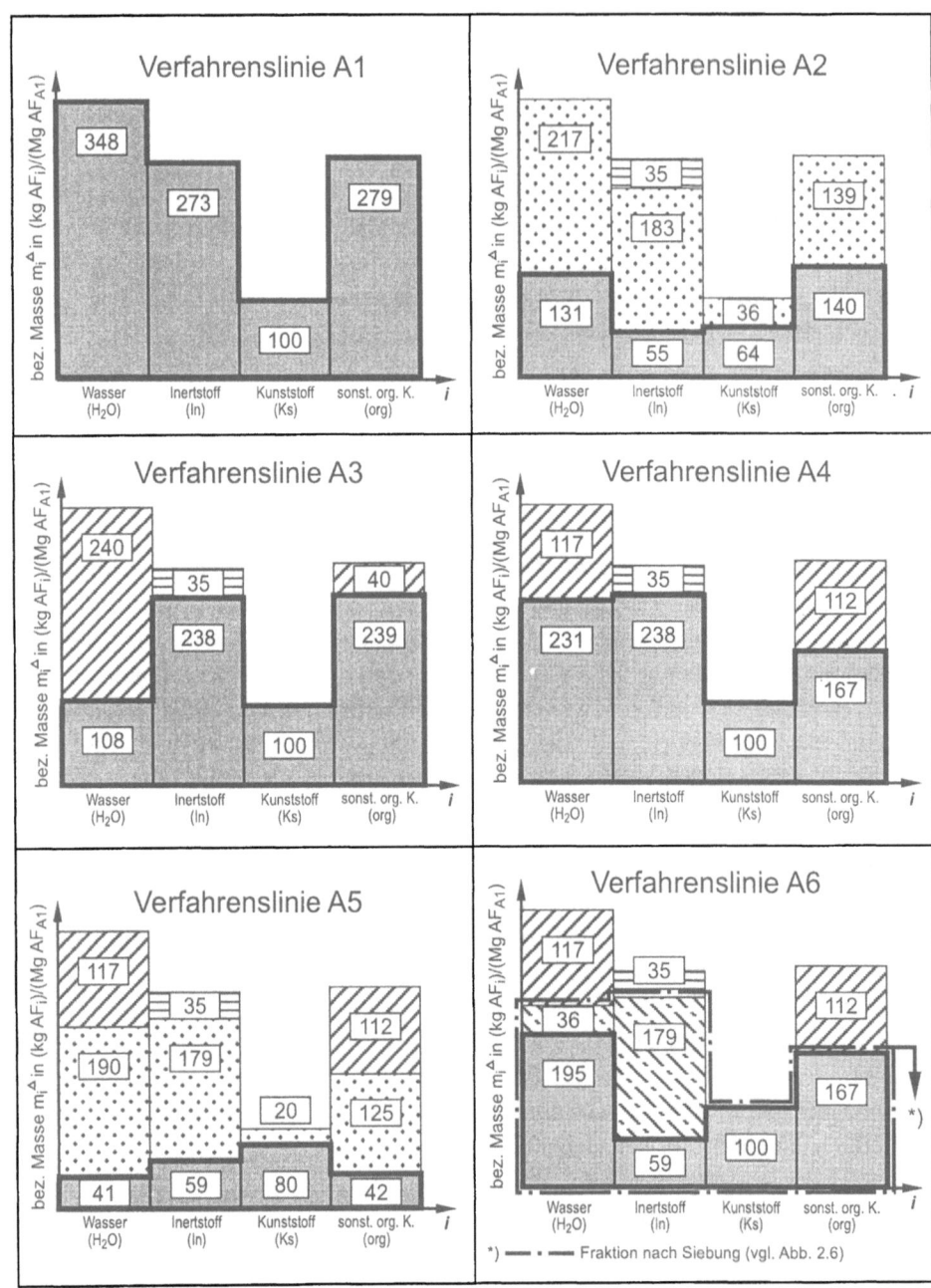

Abb. 2.7: Veränderung der Abfallzusammensetzung durch unterschiedliche Abfallvorbehandlung für die Verfahrenslinien A1 bis A6 (siehe Abb. 2.6 und Tab. 2.4) [2.33].

Abfallvorbehandlung 41

Verfahrenslinie (A1) (Abb. 2.7): Die Darstellung zeigt die Restabfallfraktion ($AF_{1,A1}$) aus Abb. 2.6 mit deren Komponentenaufteilung aus Abb. 2.1, die hier der Vollständigkeit wegen wiederholt wird.

Verfahrenslinie (A2) (Abb. 2.7): Die Aufteilung der Restabfallmengen nach der mechanischen Aufbereitung (vgl. Abb. 2.6) erfolgt mit Hilfe von Literaturdaten aus [2.34]. In Abb. 2.7 sind jeweils zusätzlich neben den verbleibenden thermisch zu behandelnden Komponenten (fett schwarze Umrandung mit grauem Balken, Gesamtmasse 390 kg) noch die abgetrennten Komponenten (schwach schwarze Umrandung) dargestellt, um die Ausgangssituation zu verdeutlichen. Die Verminderung der Komponente „Inertstoff" (gestrichelter Balken; 35 kg Metall) erfolgt durch Magnetabscheidung. Die heizwertschwache Restabfallfraktion (punktierte Balken; Gesamtmasse 575 kg) wird deponiert.

Verfahrenslinie (A3) (Abb. 2.7): Durch Rotteverlust (schräg schraffierter Balken) ergibt sich eine Wasserabtrennung (Trocknung 240 kg) als auch ein Abbau von „sonstigen organischen Komponenten" (Abbau und Überführung in die Gasphase; 40 kg) [2.28]. Die heizwertreiche Restabfallfraktion, die einer thermischen Behandlung zugeführt wird, beträgt insgesamt 685 kg (grauer Balken). Die Verminderung der Komponente „Inertstoff" (waagerecht gestrichelter Balken; 35 kg Metall) erfolgt wieder durch Magnetabscheidung.

Verfahrenslinie (A4) (Abb. 2.7): Durch Rotteverlust (schräg schraffierter Balken) ergibt sich eine Wasserabtrennung (Trocknung 117 kg) als auch ein Abbau von „sonstigen organischen Komponenten" (Abbau und Überführung in die Gasphase; 112 kg) [2.30, 2.32, 2.36]. Als heizwertreiche Restabfallfraktion werden 736 kg (graue Balken) einer thermischen Behandlung zugeführt. Durch die Magnetabscheidung werden 35 kg „Inertstoff" (waagerecht gestrichelter Balken) abgetrennt.

Verfahrenslinie (A5) (Abb. 2.7): Die Vorbehandlung in Verfahrenslinie (A4) wird um eine Siebung erweitert. Die entstehende heizwertarme Restabfallfraktion (punktierte Balken; Gesamtmasse 514 kg) wird deponiert und die verbleibende heizwertreiche Restabfallfraktion (graue Balken; Gesamtmasse 222 kg) einer thermischen Behandlung zugeführt. Durch die Magnetabscheidung werden 35 kg „Inertstoff" (waagerecht gestrichelter Balken) abgetrennt.

Verfahrenslinie (A6) (Abb. 2.7): Die Vorbehandlung in Verfahrenslinie (A5) wird um eine Inertstoffabtrennung erweitert. Die dabei abgeschiedene feuchte Inertstofffraktion (schräg strichpunktierte Balken; Gesamtmasse 215 kg) wird einer hohen Verwertung zugeführt und die verbleibende heizwertreiche Restabfallfraktion (graue Balken; Gesamtmasse 521 kg) thermisch behandelt. Durch die Magnetabscheidung werden wieder 35 kg „Inertstoff" (waagerecht gestrichelter Balken) abgetrennt.

Zusammenfassend sind in der Tab. 2.4 von den erzeugten Fraktionen der Verfahrenslinien (A1) bis (A6) (vgl. Abb. 2.6 und 2.7) jeweils die bezogene Masse m_i^Δ, d.h. die Masse der jeweils betrachteten Fraktion bezogen auf die Anfangsabfallmasse $m_{AF,An} = m_{AF,A1}$ (hier $m_{AF,A1} = 1\ MgAF_{A1}$), der Heizwert h_u, die bezogene Energie e_i^Δ, d.h. die in der bezogenen Masse m_i^Δ enthaltene Energie $e_i^\Delta = m_i^\Delta \cdot h_u$, also in der jeweils betrachteten Restabfallfraktion noch vorhandenen Energie, sowie der sog. jeweilige Energieverteilungsfaktor f_i [2.33, 2.37] dargestellt. Letzteren einzuführen ist im Zusammenhang mit den später noch aufzuzeigenden Bewertungen und Vergleichen von unterschiedlichen Verfahrenslinien sinnvoll. Dabei werden jeweils die bezogenen Restabfallenergien e_i^Δ der Fraktionen zur thermischen Behandlung e_{TB}^Δ, zur Deponie e_{De}^Δ, zur stofflichen Verwertung e_{SV}^Δ und zur Atmosphäre (Gasphase, Rotteverluste) e_{Atm}^Δ auf die Anfangsenergie des Abfalls $e_{AF,An}^\Delta = e_{AF,A1}^\Delta = m_{AF,A1}^\Delta \cdot h_{u,A1}$ bezogen, d.h. man erhält für den erzeugten heizwertreichen Restabfall zur thermischen Behandlung

		Symbol	\multicolumn{6}{c}{Verfahrenslinie}	Einheit
			A1	A2	A3	A4	A5	A6	
zur thermischen Behandlung (TB)	bezogene Masse	m_{TB}^Δ	1000	390	685	736	222	521	kg AF_{TB} / Mg AF_{A1}
	Heizwert	$h_{u,TB}$	8,00	11,74	11,38	8,22	15,09	11,79	MJ / kg AF_{TB}
	bezogene Energie	e_{TB}^Δ	8000	4580	7800	6050	3350	6140	MJ / Mg AF_{A1}
	Energieverteilungsfaktor	f_{TB}	1,000	0,572	0,975	0,756	0,419	0,767	1
zur Deponie (De)	bezogene Masse	m_{De}^Δ	0	575	0	0	514	0	kg AF_{De} / Mg AF_{A1}
	Heizwert	$h_{u,De}$	0	5,95	0	0	5,25	0	MJ / kg AF_{De}
	bezogene Energie	e_{De}^Δ	0	3420	0	0	2700	0	MJ / Mg AF_{A1}
	Energieverteilungsfaktor	f_{De}	0	0,428	0	0	0,337	0	1
zur stoffl. Verwertung (SV)	bezogene Masse	m_{SV}^Δ	0	35	35	35	35	250	kg AF_{SV} / Mg AF_{A1}
	Heizwert	$h_{u,SV}$	0	0	0	0	0	- 0,36	MJ / kg AF_{SV}
	bezogene Energie	e_{SV}^Δ	0	0	0	0	0	- 90	MJ / Mg AF_{A1}
	Energieverteilungsfaktor	f_{SV}	0	0	0	0	0	- 0,011 [*)]	1
zur Atmosphäre (Atm)	bezogene Masse	m_{Atm}^Δ	0	0	280	229	229	229	kg AF_{Atm} / Mg AF_{A1}
	Heizwert	$h_{u,Atm}$	0	0	0,71	8,52	8,52	8,52	MJ / kg AF_{Atm}
	bezogene Energie	e_{Atm}^Δ	0	0	200	1950	1950	1950	MJ / Mg AF_{A1}
	Energieverteilungsfaktor	f_{Atm}	0	0	0,025	0,244	0,244	0,244	1
Σ Energieverteilungsfaktoren ($f_{TB} + f_{De} + f_{SV} + f_{Atm}$)			1,000	1,000	1,000	1,000	1,000	1,000	1

*) vgl. Hinweise in Kap. 13.1

Tab. 2.4: Verteilung von Masse, Heizwert, Energieinhalt und Energieverteilungsfaktor bei verschiedenen Pfaden der Vorbehandlung (Verfahrenslinie A1 bis A6 nach Abb. 2.6) [2.33].

Abfallvorbehandlung

$$f_{TB} = \frac{e_{TB}{}^\Delta}{e_{AF,A1}{}^\Delta} = \frac{m_{TB}{}^\Delta \cdot h_{u,TB}}{m_{AF,A1}{}^\Delta \cdot h_{u,AF,A1}} \tag{2-1}$$

für einen eventuellen Restabfall zur Deponie

$$f_{De} = \frac{e_{De}{}^\Delta}{e_{AF,A1}{}^\Delta} = \frac{m_{De}{}^\Delta \cdot h_{u,De}}{m_{AF,A1}{}^\Delta \cdot h_{u,AF,A1}} \tag{2-2}$$

für eine eventuelle Fraktion zur stofflichen Verwertung

$$f_{SV} = \frac{e_{SV}{}^\Delta}{e_{AF,A1}{}^\Delta} = \frac{m_{SV}{}^\Delta \cdot h_{u,SV}}{m_{AF,A1}{}^\Delta \cdot h_{u,AF,An}} \tag{2-3}$$

und für einen eventuellen Rotteverlust (zur Atmosphäre)

$$f_{Atm} = \frac{e_{Atm}{}^\Delta}{e_{AF,A1}{}^\Delta} = \frac{m_{Atm}{}^\Delta \cdot h_{u,Atm}}{m_{AF,A1}{}^\Delta \cdot h_{u,AF,A1}}, \tag{2-4}$$

wobei natürlich insgesamt immer

$$\Sigma f_i = 1 \tag{2-5}$$

sein muß. Die Werte f_i der einzelnen Energieverteilungsfaktoren werden insbesondere durch die verwendete Verfahrenstechnik im Vorbehandlungsverfahren festgelegt.

Basis der Gegenüberstellung in Tab. 2.4 bildet, wie bereits erwähnt, eine Anfangsabfallmasse von $m_{AF,A1} = m_{AF,An} = 1\ MgAF_{A1}$ mit einem Anfangsabfallheizwert von $h_{u,AF,A1} = h_{u,AF,An} = 8\ MJ/kgAF_{A1}$, so daß sich ein bezogener Anfangsabfallenergieinhalt von $e_{AF,A1}{}^\Delta = e_{AF,An}{}^\Delta = 8000\ MJ/MgAF_{A1}$ ergibt. Da die Verfahrenslinie (A1) nur aus einer Grobzerkleinerung im Müllbunker eines klassischen Müllverbrennungsverfahrens besteht, bilden unter der Annahme, daß sich während dieser Vorbehandlung die Zusammensetzung in Bezug auf Wasser, Inertstoff, Kunststoff und sonstige organische Komponenten nicht verändert, die o.g. Basiswerte hier gleichzeitig die Anfangswerte für die Fraktion zur thermischen Behandlung. Insgesamt zeigt sich, daß mit einer Vorbehandlung die Masse der anschließend thermisch zu behandelnden Fraktion natürlich abnimmt und gleichzeitig der Heizwert gesteigert werden kann. Dabei ist aber zu berücksichtigen, daß der zur Verfügung stehende bez. Energieinhalt in der thermischen Fraktion e_{TB}^{Δ} in der Regel abnimmt. Beispielsweise ergibt sich für den heizwertreichen Restabfall in der MBA von Verfahrenslinie (A5) ein Energieverteilungsfaktor von $f_{TB,A5} = 41,9\ \%$, d.h. 41,9 % der eingesetzten Anfangsabfallenergie gehen in die thermische Behandlung. Somit gehen 58,1 % durch Deponierung ($f_{De} = 33,7\ \%$) und Rotteverlust ($f_{Atm} = 24,4\ \%$) „verloren" und sind energetisch nicht mehr nutzbar. Wird auf eine MBA verzichtet, so ergibt sich selbstverständlich für die Restabfallfraktion zur thermischen Behandlung als Energieverteilungsfaktor der Wert eins (Verfahrenslinie (A1) Tab. 2.4).

Wie die Tab. 2.4 weiter verdeutlicht, kann der Abluft (Rotteverlust), die der Atmosphäre zugeführt wird, ebenfalls wie den anderen festen Fraktionen ein Heizwert $h_{u,Atm}$ zugewiesen werden. Es sei darauf hingewiesen, daß es im Rahmen der folgenden Betrachtungen nicht notwendig ist, auf die eigentliche Rottereaktionen einzugehen, d.h. wieviel gasförmige Anteile als CH_4, CO_2 usw. letztlich in die Atmosphäre gelangen.

Im Zusammenhang mit den Energieverteilungsfaktoren sei zum Schluß darauf hingewiesen, daß Werte „kleiner als Null" (vgl. Tab. 2.4, Verfahrenslinie (A6)) wie auch Werte „größer als eins" (hier nicht weiter dargestellt) auftreten können. Dies liegt daran, daß in der Regel die Energiebilanzen auf Basis des Heizwertes (früher unterer Heizwert genannt, vgl. auch Kap. 4.4.1) erstellt werden. Wird ein Teil des Wassers, z.B. durch eine mechanische Abtrennung, einer Fraktion entzogen, vermindert sich entsprechend in einer anschließenden Feuerung die noch aufzubringende Energie, um die verbleibende Wassermenge in die Dampfphase zu überführen. Für die abgetrennte Fraktion (siehe Verfahrenslinie (A6) in Tab. 2.4, Fraktion zur stofflichen Verwertung) ergibt sich auf Basis des Heizwertes durch den vorhandenen Wasseranteil ein negativer bez. Energieinhalt e_i^{Δ} und damit ein negativer Energieverteilungsfaktor f_i. Zur näheren Ausführung des Sachverhaltes vgl. die Ausführungen in Kap. 13.

3 Haupteinflußgrößen

Um prozeßtechnische Möglichkeiten, wie z.B. Optimierungen von Teilprozessen, Beeinflussung der Schlacke- oder Aschequalität usw. erörtern zu können, müssen zunächst die Haupteinflußgrößen des thermischen Behandlungsverfahrens näher betrachtet werden (Abb. 3.1). Dabei ist zu beachten,

- daß die Haupteinflußgrößen mehr oder weniger miteinander gekoppelt sind,
- daß die Möglichkeiten ihrer Steuerung u.a. von dem jeweils verwendeten Apparat abhängen und
- daß nicht nur das jeweilige Niveau, sondern auch die Verteilung der Haupteinflußgrößen längs des Reaktionsweges bzw. über der Reaktionszeit zu beachten ist.

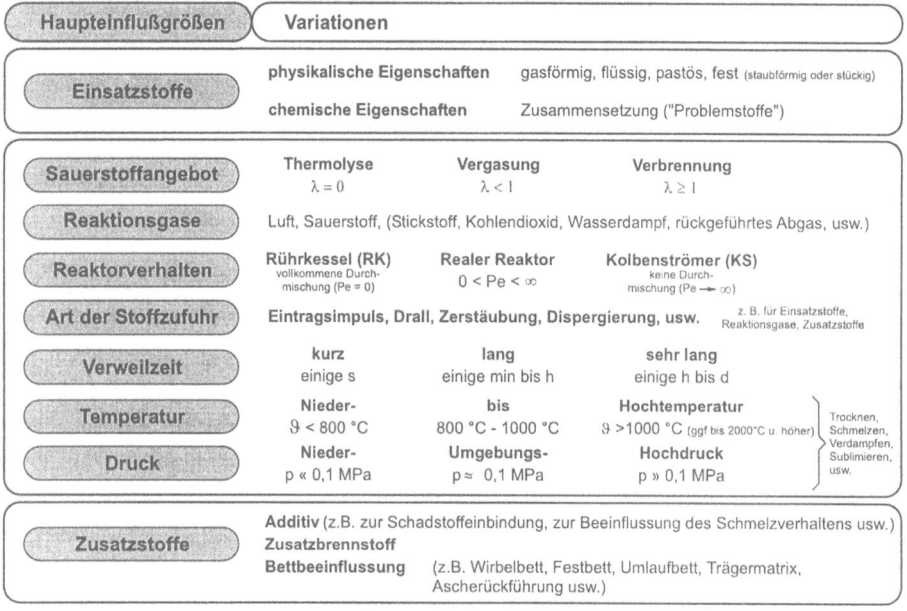

Abb. 3.1: Haupteinflußgrößen bei thermischen Behandlungsverfahren [3.1].

3.1 Einsatzstoff

Der Einsatzstoff, bezeichnet als Input, Abfall, Restabfall, Rückstand usw., ist in der Regel vorgegeben. Er ist im Hinblick auf seine

- physikalischen Eigenschaften, insbesondere Aggregatzustand und Konsistenz sowie bezüglich der

- chemischen Eigenschaften, wie z.B. der Zusammensetzung und des Anteils organischer bzw. inerter Komponenten und der

- anfallenden Mengen

in Abhängigkeit von der Zeit zu beschreiben (siehe auch Kap. 2). Dabei wird hier der Ausdruck „inert" im Zusammenhang mit Stoffen gebraucht, die keine Anteile organischer Komponenten enthalten.
Bei einer Beurteilung oder Auswahl eines thermischen Behandlungsverfahrens muß zunächst danach gefragt werden, in welcher Weise die in Frage kommenden Einsatzstoffe thermisch behandelt werden sollen und welche Variationen der in Abb. 3.1 weiter aufgeführten Haupteinflußgrößen sinnvoll erscheinen.

Beispielsweise ist für stückige Abfälle mit einem entsprechend hohen Anteil an Inertstoffen, an denen nicht abtrennbare kleine Mengen organischer Komponenten haften, eine selbstgängige Verbrennung nicht möglich. Zur Erzielung ausreichend hoher Verbrennungstemperaturen ist die direkte Wärmezufuhr aus Verbrennungsgasen hochwertiger Zusatzbrennstoffe in diesem Fall nicht zweckmäßig, da dann der gesamte große Abgasstrom kontaminiert wird und damit die Abgasreinigung entsprechend groß sein muß und erhöhte energetische Verluste verursacht. Geeigneter ist in einem solchen Fall, daß man den zu behandelnden Abfall durch indirekte Zufuhr von Wärme z.B. über sog. Strahlungsrohre aufheizt, die durch Abgase aus einer separaten Verbrennung innen beheizt werden und Wärme über den Mechanismus der Strahlung dem Abfall zuführen und auf diese Weise die Temperatureinstellung ermöglichen. In diesem Fall muß dem Abfall selbst nur soviel Luft (Sauerstoff) zugeführt werden, wie für eine Überführung der kleinen Mengen an organischen Bestandteilen in die Gasphase (Verbrennung) erforderlich ist. Die aus dem zu behandelnden Abfall erzeugten geringen Abgasmengen bedingen dann auch eine entsprechend kleine Abgasreinigung. Die Verbrennungsgase aus der Strahlungsrohrbeheizung müssen wegen der getrennten Verbrennungsführung nur einer wenig aufwendigen oder gar keiner Abgasreinigung zugeführt werden.

Diese Betrachtung macht deutlich, daß aufgrund der chemischen und physikalischen Eigenschaften der Abfälle bereits eine erste Abwägung im Hinblick auf zu wählende Maßnahmen (hier getrennte Einstellung der Haupteinflußgrößen Temperatur und Sauerstoffangebot) erfolgen muß. Allgemein sei auch darauf hingewiesen, daß bei hohem Inertanteil in Abfällen auch an die Einrichtung von Vorwärm- und Kühlzonen gedacht werden kann, wie sie bei Hochtemperaturproduktionsprozessen im Bereich der Industrieöfen häufig zu finden sind (z.B. Luftvorwärmung durch Klinkerkühlung bei der Zementherstellung, Luftvorwärmung durch heiße Abgase usw.). Auf diese Weise wäre in dem o.g. Beispiel, bei dem angenommen wurde, daß die Inertstoffe nicht abtrennbar sind, ein Teil der Abwärme aus den Abgasen der Strahlungsrohre für den eigenen Prozeß unmittelbar zurückzugewinnen.

3.2 Sauerstoffangebot

Der stoffliche Umwandlungsprozeß für stückige Brenn- oder Abfallstoffe setzt sich allgemein aus den Teilschritten Trocknung, Verdampfung, Entgasung, Vergasung und Restausbrand zusammen. Eine der maßgeblichen Haupteinflußgrößen für den Umwandlungsprozeß ist das zur Verfügung gestellte Sauerstoffangebot. Der grundsätzliche Einfluß der Sauerstoffkonzentration auf die Umwandlung organischer Komponenten ist bekannt.

Es werden dabei Prozesse unterschieden, die

- unter Sauerstoffabschluß (Pyrolyse $\lambda = 0$)
- unterstöchiometrisch (Vergasung $\lambda < 1$)
- stöchiometrisch bis überstöchiometrisch (Verbrennung $\lambda \geq 1$)

ablaufen.

Pyrolyse

Führt man eine Behandlung, z.B. von Hausmüll unter Sauerstoffabschluß, d.h. ohne Sauerstoffzufuhr von außen, nur durch Wärmezufuhr durch (Pyrolyse), so finden Trocknungs-, Verdampfungs-, Entgasungs- und chemische Spaltvorgänge statt, wobei ein relativ heizwertreiches Pyrolysegas mit kondensierbaren Komponenten und ein koksartiger Rückstand, Pyrolysekoks, verbleiben. Beim Restabfall aus Hausmüll liegt das Temperaturniveau der Pyrolyse häufig in einem Bereich von 400 bis 700 °C. Für ein Pyrolysegas eines Hausmüllabfalls ergibt sich bei einer Temperatur von 700 °C beispielsweise die wasserdampffreie Zusammensetzung [3.2]

Wasserstoff: $\psi_{H_2} = 0,425$

Methan: $\psi_{CH_4} = 0,165$

Kohlenmonoxid: $\psi_{CO} = 0,116$

Kohlendioxid: $\psi_{CO_2} = 0,256$

Σ Kohlenwasserstoffe: $\psi_{C_xH_y} = 0,038$

mit einem Prozeßgasheizwert von $h_u = 14,2 \text{ MJ/m}^3$ (i.N.) [1].

Eine Pyrolyse wird mit der Absicht durchgeführt, um z.B. aus den Pyrolyserückständen Wertstoffe aussortieren zu können. Allerdings muß der Pyrolysekoks nach der Abtrennung in der Regel noch weiter thermisch behandelt werden.

Vergasung

Führt man Sauerstoff in einem Umfang zu, der eine Unterstöchiometrie bedingt, so finden bei entsprechenden Temperaturen zusätzlich zu den Vorgängen bei der Pyrolyse noch Teiloxidationen statt, auf die unten noch eingegangen wird. Während Pyrolysevorgänge endotherm sind, verläuft bei der Vergasung wegen der Teiloxidationen der Gesamtvorgang exotherm. Leitet man zunächst nur soviel Sauerstoff oder Luft (allgemein Vergasungsgas) durch ein Festbett, daß der zu vergasende (feste) Abfall, als Brennstoff betrachtet, im Überschuß vorliegt, so kann angenommen werden, daß der zugeführte Sauerstoff einen Teil des Brennstoffes bis zur höchsten Stufe zunächst oxidiert (Verbrennung) und die so entstandenen Verbrennungsprodukte mit einem weiteren Teil des Abfalls zu einem Vergasungsgas bei einer, sich aus einer Energiebilanz ergebenden, Reaktionstemperatur weiter reagieren (Boudouard-Reaktion, heterogene Wassergasreaktion usw. (vgl. Kap. 5.3)). Führt man nun weiter Sauerstoff zu, bleibt jedoch immer noch im unterstöchiometrischen Bereich, so finden zusätzlich noch weitere Teiloxidationen in der Gasphase statt, wobei die homogene Wassergasreaktion (siehe Kap. 5) eine wesentliche Rolle spielt. Um alle Teilvorgänge kann man sich eine Bilanzgrenze denken und spricht dann insgesamt von Vergasung, ohne auf Einzelheiten einzugehen. Wie bei der Verbrennung werden zunächst Verweilzeiten angenommen, die die Einstellung von Gleichgewichten erlauben. Die so entstehenden sog. Vergasungsgase oder auch Prozeßgase sind bei gleichen Ausgangsprodukten schwachkaloriger als die bei der Pyrolyse entstehenden Gase. Beispielsweise ergibt sich für die Vergasung von Altholz mit Luft bei einer Luftzahl $\lambda = 0,6$ und einer Vergasungstemperatur von ca. 850 °C die Zusammensetzung des Vergasungsgases zu

---

[1]) Da grundsätzlich hier ausschließlich mit dem Normvolumen gearbeitet wird, erfolgt im weiteren keine Kennzeichnung des Volumens mit der Klammer „(i.N.)".

Wasserstoff: $\psi_{H_2} = 0{,}03$

Methan: $\psi_{CH_4} = 0{,}02$

Kohlenmonoxid: $\psi_{CO} = 0{,}10$

Kohlendioxid: $\psi_{CO_2} = 0{,}15$

Stickstoff: $\psi_{N_2} = 0{,}69$

Sauerstoff: $\psi_{O_2} = 0{,}01$

mit einem Vergasungsgasheizwert von $h_u = 2{,}3 \text{ MJ/m}^3$.

Im Vergleich zur Pyrolyse benötigt man bei ausreichend hoher Unterstöchiometrie wegen der exothermen Teilreaktionen (z.B. des Kohlenstoffes zu CO) keine Wärmezufuhr von außen. Man kann zudem erreichen, daß der fixe Kohlenstoff soweit zu CO oxidiert wird, daß die Glühverluste bzw. TOC-Werte nach Tab. 1.1 unterschritten werden, so daß kein Pyrolysekoks verbleibt bzw. bezogen auf den festen Abfall ein „ausreichender Ausbrand" erzielt wird. Das Vergasungsgas fällt bei hohen Temperaturen an. Daher reicht sein relativ kleiner Heizwert aus, weitere Teilschritte der thermischen Behandlung eigenständig, d.h. beispielsweise eine selbstgängige und damit besser steuerbare Verbrennung, durchzuführen. Die Vergasung wird häufig bei Recyclingverfahren von Verbundmaterialien unter möglichst niedrigen Temperaturen durchgeführt. So kann z.B. bei kunststoffbeschichteten oder gummierten Metallkörpern, die wiederverwendet werden sollen, durch Vergasung die Kunststoffschicht entfernt werden (thermisches Entschichten).

Verbrennung

Wird Sauerstoff in einem Umfang zugeführt, daß insgesamt Stöchiometrie bzw. Überstöchiometrie erreicht wird, spricht man von Verbrennung. Über die bei der Vergasung stattfindenden Teiloxidationen hinaus werden nun auch die restlichen Bestandteile oxidiert. Dabei handelt es sich im Falle organischer Abfälle in der Regel überwiegend um die Oxidation bis zum Kohlendioxid (CO_2) und Wasser (H_2O). Auch hier ist auf einen ausreichenden Restausbrand, z.B. durch gute Mischung, Vermeidung von Abkühlvorgängen an kalten Wänden usw. zu achten, um die vorgeschriebenen Emissionsgrenzwerte nach Möglichkeit schon hier einzuhalten und damit den Aufwand in der Abgasreinigung zu minimieren. Bei stückigen Stoffen (wie z.B. Restabfall aus Hausmüll) finden unter überstöchiometrischen Bedingungen insgesamt die Teilschritte Trocknung, Entgasung, Vergasung und Restausbrand statt. Dieser Gesamtvorgang wird unter dem Begriff „Verbrennung" zusammmengefaßt (vgl. auch Kap. 4). Die Teilschritte finden auch bei der Verbrennung flüssiger und staubförmiger Abfallstoffe in sehr schneller Abfolge in einer „Flamme" statt. Insgesamt bemüht man sich bei Verbrennungsvorgängen zur Erzielung möglichst großer energetischer Wirkungsgrade bei ausreichend großem Ausbrand um die Senkung der Luftzahlen. Waren bei früheren Konstruktionen klassischer Verfahren durchaus Luftzahlen um $\lambda = 2{,}0$ üblich, so sind sie heute bereits bis auf $\lambda = 1{,}5$ gesenkt worden. Es sei erwähnt, daß sich im Zusammenhang mit der Vergasung von stückigen Abfällen und einer anschließenden Verbrennung des entstandenen Prozeßgases (Vergasungsgases) durchaus je nach Verfahren Gesamtluftzahlen im Bereich um $\lambda = 1{,}1$ bis $1{,}2$ erzielen lassen (siehe auch Kap. 12).

Insgesamt ist zur Haupteinflußgröße „Sauerstoffangebot" zu bemerken, daß es, je nach Reststoff, zweckmäßig sein kann, ganz bestimmte Teilschritte der thermischen Behandlung unter Sauerstoffabschluß, unter reduzierenden oder oxidierenden Verhältnissen zu führen, um die Eigenschaften der Abgase, Asche, Schlacke usw. zu beeinflussen. Beispielsweise kann bei Kunststoffen mit relativ hohen Gehalten an organisch gebundenem Chlor dieses unter Sauerstoffabschluß bei Temperaturen um 200 °C zu einem sehr hohen Anteil abgespalten und dann getrennt ausgeschleust werden [3.3]. Bei dem Feststoffausbrand stückiger Abfälle mit nennenswerten Metallgehalten scheint es im Hinblick auf die Weiterverwertung der Metalle sinnvoll zu sein, stark unterstöchiometrisch die organischen Bestandteile in die Gasphase zu überführen, um damit im Feststoff unerwünschte Oxidationen der Metalle zu vermeiden. Im Zusammenhang mit dem Sauerstoffangebot ist auch auf bekannte Schadstoffbildungsreaktionen, wie z.B. NO_x-Bildungsmechanismen usw., Rücksicht zu nehmen (siehe Kap. 7). In Abhängigkeit des zu behandelnden Abfalls kommen daher unterschiedliche Verfahrenseinheiten in Betracht.

3.3 Reaktionsgas

Die Beeinflussung der Prozeßführung, z.B. in Form der Einstellung des Niveaus einzelner Haupteinflußgrößen und deren Verteilung längs des Reaktionsweges, kann je nach Bedarf in vielfältiger Weise geschehen. So kann das Sauerstoffangebot während des Prozeßablaufs durch die Variation der Reaktionsgase beeinflußt werden. Das geschieht entweder durch die Variation des Massenstromes des zugeführten Reaktionsgases bei konstanter Sauerstoffkonzentration oder durch die Veränderung der Sauerstoffkonzentration im Reaktionsgas. So kann als Oxidationsmittel nicht nur Luft, sondern auch mit Sauerstoff angereicherte Luft, zurückgeführte Abgase (Abgasrückführung) oder auch reiner Sauerstoff in Frage kommen. Es sind diesbezüglich auch bei Hausmüllverbrennungsanlagen Versuche mit sauerstoffangereicherter Luft unternommen worden [3.4]. Entsprechend verringert sich dann der Abgasmassenstrom. Neben den oben aufgeführten Sauerstoffträgern können auch Kohlendioxid oder Wasserdampf als Reaktionsgase bei der Vergasung zugeführt werden.

3.4 Reaktorverhalten

In der Verfahrenstechnik werden hinsichtlich des Reaktorverhaltens die zwei Grenzfälle

- Rührkessel (RK) und

- Kolbenströmer (KS)

unterschieden. Bei einem Rührkessel geht man von einer vollständig durchmischten Gas- und Feststoffphase im Reaktorraum aus, weshalb sich hier über dem gesamten Reaktorvolumen einheitliche Größen wie Konzentrationen oder Temperatur (Abb. 3.2) ausbilden. Bei einem Kolbenströmer findet dagegen keine Durchmischung der Komponenten statt (Abb. 3.2), weshalb sich über der Reaktorlänge ein Temperaturprofil ausbildet.

Charakterisiert wird die Durchmischung durch die Bodenstein-Zahl (Bo). Sie ist definiert als

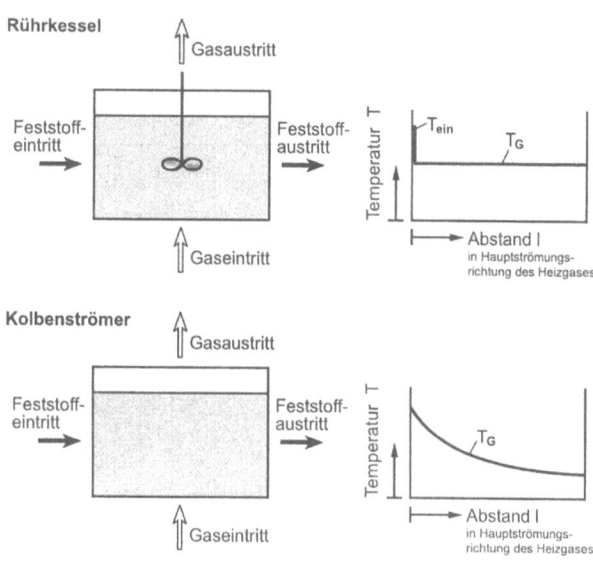

Abb. 3.2: Modellvorstellung zum Verhalten eines Rührkessels und eines Kolbenströmers.

$$Bo = \frac{w \cdot d}{D} \qquad (3-1)$$

mit w = Geschwindigkeit
     d = Durchmesser
     D = Dispersionskoeffizient.

Bei vollkommener Durchmischung wird Bo = 0 und bei vollständig fehlender Durchmischung Bo → ∞. Reale Reaktoren liegen natürlich zwischen diesen beiden Extremfällen. Für die Verbrennung von gasförmigen, flüssigen und staubförmigen Brenn- oder Abfallstoffen in einer Brennkammer ergeben sich beispielsweise Größenordnungen von etwa Bo = 10.
Wie sich im Zusammenhang mit der Verbrennungsführung bei gasförmigen, flüssigen, staubförmigen und festen Abfällen zeigen läßt [3.5 bis 3.9] (vgl. auch Kap. 8), können aus der Behandlung der Grenzfälle (Bo = 0 und Bo → ∞) des Reaktorverhaltens Schlußfolgerungen für den Anlagenaufbau und die Anlagenschaltung gezogen werden.

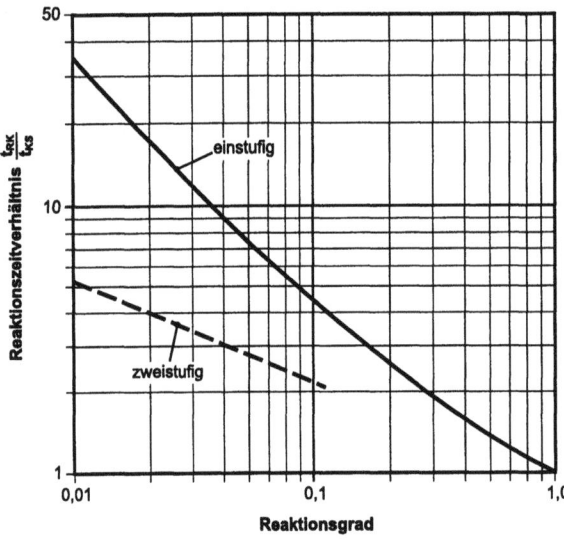

Abb. 3.3: Reaktionszeiten von Rührkessel (RK) und Kolbenströmer (KS) [3.10].

In Abb. 3.3 ist, abhängig von dem Umsatzgrad, beispielhaft die in einem Rührkesselreaktor erforderliche Verweilzeit, bezogen auf die in einem Kolbenströmer notwendige dargestellt [3.10]. Es zeigt sich dabei, daß die für einen beabsichtigten Reaktionsgrad notwendigen Verweilzeiten bei einem Kolbenströmerreaktor kürzer als bei einem Rührkesselreaktor sind. Die relative Verkürzung der Reaktionszeiten durch Übergang von einem auf zwei hintereinandergeschaltete Rührkessel-Elemente ist ebenfalls in Abb. 3.3 dargestellt. Bei Hintereinanderschaltung sehr vieler (gedanklich unendlich vieler) Rührkessel-Elemente kann man sich der Verweilzeitcharakteristik eines Kolbenströmerreaktors entsprechend annähern. Es ist zu beachten, daß sehr häufig zur Einleitung von Reaktionen Rührkessel-Elemente erforderlich sind, wie beispielsweise das Mischen von Stoffen vor ihrer Reaktion (z.B. Brennstoff und Luft vor Verbrennungsbeginn). Erst danach kann man auf eine Kolbenströmer-Charakteristik zur Erzielung eines ausreichend hohen Umsatzes übergehen.

Diese Vorgehensweise zeigt bereits, daß z.B. hier für die Verbrennung von Brenn- und Abfallstoffen eine Reihenschaltung von Rührkessel- und Kolbenströmerelementen häufig vorteilhaft ist.

3.5 Art der Stoffzufuhr

Unter der Art der Stoffzufuhr ist die Gestaltung des Eintragsimpulses, die Zerstäubung des Einsatzstoffes, Dispergierung eines Zusatzmittels usw. zu verstehen.
So kann z.B. der Eintragsimpuls eines Brenngases in Form eines Freistrahls dazu benutzt werden, die erforderliche Luft anzusaugen, d.h. den Mischvorgang zu bewerkstelligen und damit einem Rührkessel anzunähern. Das Mischen kann auch durch Erzeugung einer Drallströmung in Gasen oder durch Rühren von Schüttgut (Abfall) auf einen Rost mit Schüttbewegungen usw. erfolgen. Der Einfluß der Art der Stoffzufuhr auf Mischungsvorgänge ist auch bei der Zugabe von Additiven sehr wichtig. Ohne eine intensive Mischung kann z.B. ein sehr kleiner Kalksteinmassenstrom nicht effektiv über einen großen Abgasmassenstrom verteilt werden. Die intensive Mischung ist notwendig, um einen hohen Umsatzgrad von Kalkstein mit Schwefeldioxid zu Gips zu erreichen.
Häufig ist ein „richtig angeordneter" Impulsstrom geeignet, vorgegebene Stoffmengen nur an bestimmten Stellen des Reaktionsweges zuzugeben, so daß auf rein strömungstechnischen Wegen gestufte Prozeßführungen (Luft- und Brennstoffstufung, Kühlung usw.) möglich werden.

3.6 Verweilzeit

Die für bestimmte Prozeßabläufe erforderlichen mittleren Verweilzeiten werden hauptsächlich durch die Konstruktion (Geometrie des Apparates) und die durchgesetzten Massenströme (Geschwindigkeit) festgelegt.
Für den notwendigen hohen Umsatz von gasförmigen, flüssigen und staubförmigen Einsatzstoffen sind in der Regel vergleichsweise niedrigere Verweilzeiten im Bereich von wenigen zehntel Sekunden bis zu einigen Sekunden erforderlich. Bei stückigen Einsatzstoffen liegen die notwendigen Verweilzeiten deutlich höher in einem Bereich von bis zu 2 Stunden. Für bestimmte Sonderabfälle aus dem Bereich der Rüstungsaltlasten werden aus Sicherheitsgründen Verweilzeiten u.U. von mehreren Stunden bis Tagen gewählt.
Die Beeinflussung der Verweilzeitverteilung längs des Reaktionsweges, z.B. der Feststoffe in einzelnen Reaktionszonen auf einem Rost, ist hauptsächlich von kon-

struktiven Elementen abhängig, wie z.B. unabhängige Steuerung der Elemente bei einem Rost oder Austragselemente am Ende von Reaktoren usw.

3.7 Temperatur

Das Temperaturniveau ist bei der Betrachtung von chemischen Reaktionsgleichgewichten und Reaktionsgeschwindigkeiten, d.h. insgesamt für den beabsichtigten jeweiligen Umsatz, wichtig. Weiter übt die Temperatur einen wichtigen Einfluß auf physikalische Vorgänge, wie z.B. Trocknen, Entgasen, Verdampfen, Schmelzen usw. aus. Des weiteren ist, wie auch bei anderen Haupteinflußgrößen, die Temperaturverteilung längs des Reaktionsweges wichtig.
Im Hinblick auf die Eigenschaften der verbleibenden festen Reststoffe ist es erforderlich, zu prüfen, welche qualitativen Veränderungen sich aufgrund unterschiedlichen Temperaturniveaus ergeben (Asche, angesinterte Asche, Schlacke).

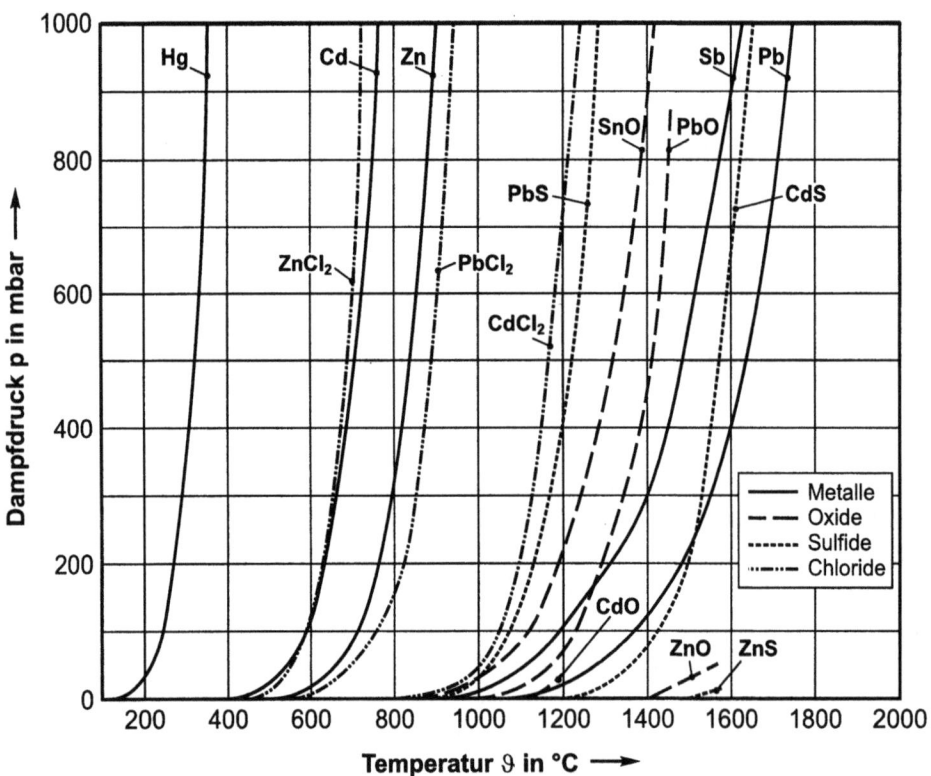

Abb. 3.4: Die Dampfdruckkurven einiger Metalle, Oxide, Chloride und Sulfide [z.B. 3.11].

So zeigt Abb. 3.4 beispielhaft die Dampfdruckkurven verschiedener bei der thermischen Behandlung eventuell auftretender Verbindungen. Man kann erkennen, daß je nach Temperaturniveau auch Schwermetalle bzw. Schwermetallverbindungen in nennenswerten Mengen verdampfen können und dann u.U. einen zusätzlichen Aufwand in der Abgasreinigung darstellen. Es ist allerdings auch möglich, daß solche Umwandlungen für bestimmte Stoffe gezielt herbeigeführt werden, um deren Gehalte in den festen verbleibenden Reststoffen einer ersten Stufe zu reduzieren. Durch gezielte Kondensation stromabwärts können dann Ausschleusungen aus dem Prozeß vorgenommen werden.

Prozeßtechnisch ist es erforderlich, daß Temperaturen in bestimmten Grenzen je nach Erfordernis steuerbar sind. Hierzu stehen folgende Möglichkeiten zur Verfügung:

- **Vorwärmung des Reaktionsgases** (Luft usw.)

  Bei geringem Luftbedarf ist eine Luftvorwärmung häufig wenig lohnend.

- **Vorwärmung des Einsatzstoffes**

  Diese ist nur unter bestimmten Randbedingungen sinnvoll.

- **Einstellung der Stöchiometrie**

  Die Einstellung der Temperatur durch stark überstöchiometrische Verhältnisse, verbunden mit höheren Abgasmassenströmen ist zwar möglich, aber wegen der damit verbundenen höheren Abgasverluste häufig nicht sinnvoll.

- **Zufuhr von Inertgasen**

  Die Zufuhr von Inertgasen ist hauptsächlich durch rückgeführte Abgase, durch von außen zugeführten Stickstoff usw., möglich. Enthält das rückgeführte Gas noch nennenswerte Anteile an Sauerstoff, so ist zusätzlich auch auf die Stöchiometrie zu achten.

- **Wassereindüsung**

  Bei einer Wassereindüsung sind prinzipiell zwei Wirkungsweisen auf das sich einstellende Temperaturniveau zu unterscheiden. Zunächst hat eine Wassereindüsung über Verdampfung und Dampferwärmung Einfluß auf die Bilanztemperatur des Reaktionsraumes. Darüber hinaus kann der entstehende Wasserdampf auch ein Vergasungsmittel darstellen, das über endotherme Reaktionen die Temperatur herabsetzt.

- **Zufuhr von Bettmaterial**
  Die Steuerung des Temperaturniveaus durch die Enthalpie von zugeführtem Bettmaterial (Vorwärmung oder Kühlung) ist ebenfalls möglich.

- **Wärmeein- bzw. -auskopplung**

  Die Wärmeein- bzw. -auskopplung kann indirekt (ohne Stoffaustausch z.B. über Strahlungsflächen) oder direkt (mit Stoffaustausch z.B. über Zufuhr von Verbrennungsgasen usw.) erfolgen.

Bei der Wahl der Temperaturen für die thermische Behandlung des Abfallstoffes sollte im Zusammenhang mit den übrigen Haupteinflußgrößen jeweils nur ein Mindestniveau gewählt werden. Zu hohe Temperaturen können sich nachteilig z.B. auf die thermische NO_x-Bildung (siehe Kap. 7) und Wärmeverluste auswirken.

3.8 Druck

Die Beeinflussung der Reaktionsgleichgewichte und -geschwindigkeiten ist durch unterschiedlich hohe Drücke bei Pyrolyse-, Vergasungs- und Verbrennungsverfahren je nach angestrebter Ausbeute der gewünschten „Produkte" (siehe z.B. auch Kap. 5) möglich.

Verbrennungsverfahren unter erhöhtem Druck sind selten, werden aber im Zusammenhang mit produktionsinternem Recycling durchgeführt. Ein Beispiel hierfür ist die Verbrennung von flüssigen chlorierten Kohlenwasserstoffen mit Sauerstoff bei Prozeßdrücken von ca. 1 MPa in Chlorkreisläufen [3.12]. Auch die thermische Behandlung des Abfalls bei der Hochdruckvergasung erfolgt zur Produktion eines bestimmten Prozeßgases bei Prozeßdrücken um ca. 20 bis 40 MPa [3.13].

Überwiegend werden klassische thermische Behandlungsverfahren häufig aus Sicherheitsgründen mit leichtem Unterdruck gegenüber der Umgebung betrieben, um den Austritt von Gasen zu verhindern. Zu hoher Unterdruck hingegen bedingt wiederum einen Zustrom von Umgebungsluft, der sog. Falschluft, und damit eine Prozeßverschlechterung.

3.9 Zusatzstoffe

Zusatzstoffe, die für thermische Verfahren in Frage kommen, sind:

- Additive zur Schadstoffeinbindung in Aschen oder Schlacken oder zur Beeinflussung des Schmelzverhaltens von Inertstoffen usw.,

- Additive als Stäube in Abgasströmen, wie z.B. Kalkstein oder Kalziumhydroxid, Additive als Dämpfe in Abgasströmen (z.B. Amoniak-Wasserdampfgemische zur Verminderung von Stickstoffoxiden usw.),

- Zusatzbrennstoffe, um eine geforderte Mindesttemperatur einhalten zu können,

- Stoffe (soweit erforderlich), die zur Betterzeugung und -beeinflussung dienen, wie die Verbesserung von fluiddynamischen Eigenschaften (z.B. Wirbelbett, Festbett) oder aber auch die Steuerung von Inertanteilen.
  Es kann beispielsweise daran gedacht werden, bei niedrig schmelzenden stückigen Kunststoffrückständen zur Steuerung des Entgasungsteilschrittes ein vorgewärmtes Umlaufbett einzusetzen. Dieses stellt dann gleichzeitig eine sogenannte Trägermatrix für eventuell geschmolzene Teilchen dar, wodurch die Gefahr von Anbackungen bzw. Verklebungen der Apparatekonstruktion verringert werden kann.

- Ungeachtet der Ziele, welche mit den Zusatzstoffen beabsichtigt sind, müssen diese selbstverständlich in die Stoff- und Energiebilanzen mit einbezogen werden.

4 Verbrennung

4.1 Allgemeines

Die Vorgänge bei der Verbrennung sind grundsätzlich bekannt und sind z.B. ausführlich in [4.1, 4.2] dargestellt. Im folgenden wird daher nur kurz auf die wesentlichen Grundlagen der Verbrennung von Brenn- und Abfallstoffen eingegangen, wobei jedoch auf die Besonderheiten von Abfällen im Vergleich zu üblichen Brennstoffen, d.h. die Einordnung von Abfall als Brennstoff, jeweils besonders hingewiesen wird. Bei der Verbrennung von gasförmigen, flüssigen oder festen Brennstoffen oder Abfällen, wobei Abfälle sog. „schwierige" Brennstoffe sind, wird die gebundene chemische Energie (latente Energie) in der Regel mit Sauerstoffträgern wie Luft in Abgasenthalpie umgesetzt. Abb. 4.1 zeigt vereinfacht in prinzipieller Darstellung eine Massenbilanz einer technischen Feuerung für die thermische Abfallbehandlung eines Feststoffes mit dem Apparat Rost.

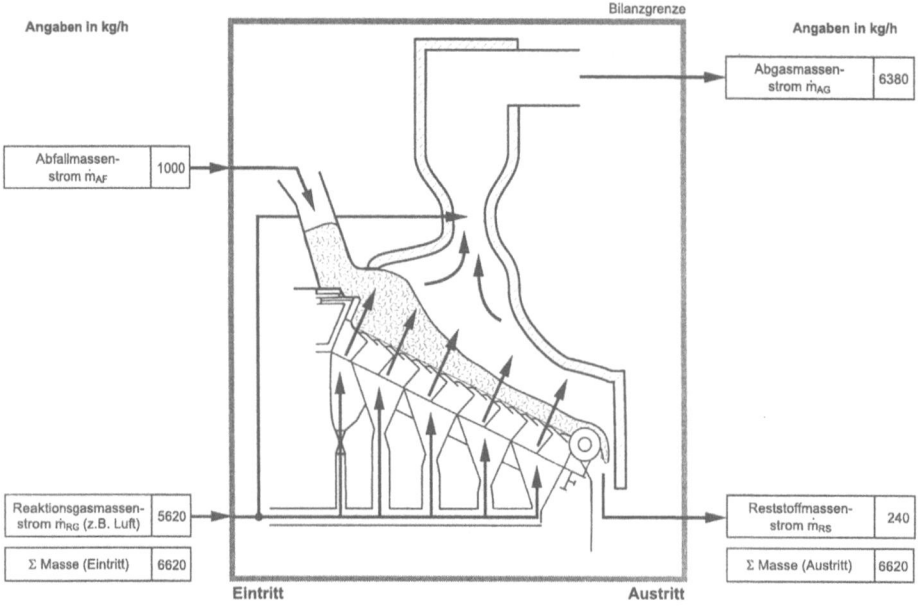

Abb. 4.1: Beispiel für eine vereinfachte Massenbilanz einer Abfallstoffverbrennung auf einem Rost.

Der Stoffumsatz bei heutigen Anlagen ist so hoch, daß man zunächst in erster Näherung für Massen- und Energiebilanzen sowie den Verbrennungsvorgang

Stöchiometrie

selbst annehmen kann, daß die brennbaren Bestandteile des Abfalls $\dot{m}_{AF}$ wie Kohlenstoff (C), Wasserstoff (H) und Schwefel (S) mit dem im Abfall vorhandenen Sauerstoff (O) und dem molekularen Sauerstoff (O_2) des Reaktionsgases $\dot{m}_{RG}$ (z.B. Luft) vollständig zu den Bestandteilen CO_2, H_2O, SO_2 in dem Abgas $\dot{m}_{AG}$ umgesetzt werden. Als feste Reststoffe $\dot{m}_{RS}$ können z.B. Asche oder Schlacke den Apparat verlassen. Auf Unverbranntes, Emissionen usw. wird in Zusammenhang mit der Betrachtung zur Entstehung und Verminderung von Emissionen (Kap. 7) eingegangen.

4.2 Stöchiometrie

4.2.1 Stöchiometrie für feste und flüssige Brennstoffe

Bei festen bzw. flüssigen Brennstoffen werden die Mengen der vorhandenen Elemente durch eine sog. Elementaranalyse dargestellt und in Massenanteilen angegeben, da die chemischen Verbindungen, in denen die Elemente gebunden sind, nicht bekannt sind (beispielsweise hat man allein in so „einfachen" Brennstoffen wie Heizöl mit mehreren tausend chemischen Verbindungen zu rechnen). In der Regel ist es ausreichend, mit den einzelnen Elementen C, H, O, N, S sowie einem Inertanteil (In) als auch Wasser (H_2O) im Brennstoff zu rechnen. Damit wird die Zusammensetzung in der Form

$$\xi_C + \xi_H + \xi_O + \xi_N + \xi_S + \xi_{H_2O} + \xi_{In} = 1 \tag{4-1}$$

dargestellt, wobei je nach Elementen gegebenenfalls weitere Massenanteile hinzuzufügen sind. Im folgenden soll jedoch die Gl. (4-1) ausreichend sein, was in der Regel auch angenommen werden kann.
In Tab. 4.1 und 4.2 sind für einige wichtige feste und flüssige Brennstoffe beispielhafte Elementaranalysen dargestellt. Bei den Analysen ist zu berücksichtigen, daß es sich nur um Anhaltswerte handelt. Die Werte unterliegen gerade bei Feststoffen, bedingt z.B. durch Herkunft oder Feuchtigkeit (siehe Tab. 4.1, Steinkohle, Rohbraunkohle), starken Schwankungen. In Tab. 4.3 sind für einige feste Abfallstoffe die Elementaranalysen dargestellt. Auch hier handelt es sich um Anhaltswerte. In diesem Zusammenhang sei noch einmal auf die Tab. 2.1 hingewiesen, die beispielhaft die möglichen Schwankungsbreiten der wesentlichen Komponenten des Abfallstoffes „Hausmüll" darstellt.

		Massenanteil							Heizwert	Brennwert
	Symbol	ξ_C	ξ_H	ξ_O	ξ_N	ξ_S	ξ_{H2O}	ξ_{In}	h_U	h_O
	Einheit	$\frac{kg\,C}{kg\,BS}$	$\frac{kg\,H}{kg\,BS}$	$\frac{kg\,O}{kg\,BS}$	$\frac{kg\,N}{kg\,BS}$	$\frac{kg\,S}{kg\,BS}$	$\frac{kg\,H_2O}{kg\,BS}$	$\frac{kg\,In}{kg\,BS}$	$\frac{kJ}{kg\,BS}$	$\frac{kJ}{kg\,BS}$
Brennstoff	Steinkohle von bis	0,700 0,830	0,034 0,053	0,018 0,120	0,011	0,006 0,009	0,030 0,050	0,030 0,080	28050 33070	28870 34360
	Rohbraunkohle von bis	0,250 0,320	0,020 0,025	0,090 0,124	0,003 0,004	0,002 0,010	0,500 0,600	0,030 0,057	7530 10460	9190 12470
	Braunkohlebriketts (Mitteldeutschland)	0,530	0,045	0,159	0,006	0,021	0,150	0,089	20930	22280
	Koks (Gaskoks)	0,840	0,003	0,010	0,005	0,007	0,015	0,120	29300	29400
	Torf, luftgetrocknet	0,400	0,050	0,250	0,020	0,010	0,200	0,070	15490	17070
	Holz, luftgetrocknet	0,440	0,050	0,350	0,005	0	0,150	0,005	15490	16950
	Anthrazit (Ruhr)	0,850	0,030	0,020	0,010	0,010	0,030	0,050	31400	32130
	reiner Kohlenstoff	1	0	0	0	0	0	0	33820	33820

Tab. 4.1: Zusammensetzung von festen Brennstoffen (Anhaltswerte nach [4.3]).

		Massenanteil							Heizwert	Brennwert
	Symbol	ξ_C	ξ_H	ξ_O	ξ_N	ξ_S	ξ_{H2O}	ξ_{In}	h_U	h_O
	Einheit	$\frac{kg\,C}{kg\,BS}$	$\frac{kg\,H}{kg\,BS}$	$\frac{kg\,O}{kg\,BS}$	$\frac{kg\,N}{kg\,BS}$	$\frac{kg\,S}{kg\,BS}$	$\frac{kg\,H_2O}{kg\,BS}$	$\frac{kg\,In}{kg\,BS}$	$\frac{kJ}{kg\,BS}$	$\frac{kJ}{kg\,BS}$
Brennstoff	Methanol	0,375	0,125	0,500	0	0	0	0	19510	22310
	Äthanol	0,520	0,130	0,350	0	0	0	0	26960	29890
	Benzol, rein	0,922	0,078	0	0	0	0	0	40230	41940
	Benzin (Mittelwert)	0,850	0,150	0	0	0	0	0	42500	46700
	Heizöl EL	0,860	0,130	0,004	0	≤ 0,002	0,004	0	42700	45400
	Heizöl S	0,840	0,110	0,015	0,003	≤ 0,028	0,004	0	40200	42300

Tab. 4.2: Zusammensetzung von flüssigen Brennstoffen (Anhaltswerte nach [4.3]).

		Massenanteil								Heizwert	Brennwert
	Symbol	ξ_C	ξ_H	ξ_O	ξ_N	ξ_S	ξ_{Cl}	ξ_{H2O}	ξ_{In}	h_U	h_O
	Einheit	$\frac{kg\,C}{kg\,AF}$	$\frac{kg\,H}{kg\,AF}$	$\frac{kg\,O}{kg\,AF}$	$\frac{kg\,N}{kg\,AF}$	$\frac{kg\,S}{kg\,AF}$	$\frac{kg\,Cl}{kg\,AF}$	$\frac{kg\,H_2O}{kg\,AF}$	$\frac{kg\,In}{kg\,AF}$	$\frac{kJ}{kg\,AF}$	$\frac{kJ}{kg\,AF}$
Abfallstoff	Hausmüll	0,284	0,039	0,227	0,009	0,001	0,005	0,241	0,194	10600	12030
	Hausmüll (Kap. 2)	0,222	0,026	0,123	0,009	–	–	0,347	0,273	8000	9400
	Klärschlamm luftgetr.	0,237	0,046	0,289	0,031	0,013	k.A.	0,040	0,344	12110	12950
	Klärschlamm entw.	0,078	0,012	0,064	0,008	0,004	k.A.	0,742	0,092	1210	12950
	Autoreifen	0,794	0,073	0,059	0,012	0,014	k.A.	0,022	0,026	35960	37640
	Zeitungen	0,365	0,047	0,318	0,001	0,002	0,001	0,250	0,016	14460	16090
	Kunststoffabfälle	0,563	0,078	0,081	0,009	0,003	0,030	0,150	0,086	26920	28900
	Gummi, Leder	0,430	0,054	0,116	0,013	0,012	0,050	0,100	0,225	19590	21010
	Textilien	0,371	0,050	0,272	0,031	0,003	0,003	0,250	0,020	15320	17030
	Gartenabfälle	0,233	0,029	0,175	0,009	0,002	0,001	0,450	0,101	9300	11040

Tab. 4.3: Zusammensetzung von festen Abfällen (Anhaltswerte nach [4.4]).

Stöchiometrie

Anhand der stöchiometrischen Koeffizienten und bekannten Reaktionsgleichungen für die Verbrennung von

Kohlenstoff

$$1 \text{ kmol C} + 1 \text{ kmol O}_2 \rightarrow 1 \text{ kmol CO}_2 \tag{4-2}$$

Wasserstoff

$$1 \text{ kmol H}_2 + \frac{1}{2} \text{ kmol O}_2 \rightarrow 1 \text{ kmol H}_2\text{O} \tag{4-3}$$

Schwefel

$$1 \text{ kmol S} + 1 \text{ kmol O}_2 \rightarrow 1 \text{ kmol SO}_2 \tag{4-4}$$

werden die reagierenden Mol-Mengen miteinander verknüpft. Eine andere Schreibweise verbindet die reagierenden Massen mit Hilfe der Molmassen. So gilt für

Kohlenstoff

$$1 \text{ kg C} + \frac{M_{O_2}}{M_C} \text{ kg O}_2 = \frac{M_{CO_2}}{M_C} \text{ kg CO}_2 \tag{4-5}$$

Wasserstoff

$$1 \text{ kg H} + \frac{M_{O_2}}{2 \cdot M_{H_2}} \text{ kg O}_2 = \frac{M_{H_2O}}{M_{H_2}} \text{ kg H}_2\text{O} \tag{4-6}$$

Schwefel

$$1 \text{ kg S} + \frac{M_{O_2}}{M_S} \text{ kg O}_2 = \frac{M_{SO_2}}{M_S} \text{ kg SO}_2 \tag{4-7}$$

Wird die Gl. (4-5) bzw. (4-6) bzw. (4-7) jeweils mit dem Massenanteil ξ_C bzw. ξ_H bzw. ξ_S multipliziert, erhält man für die betrachtete Reaktion jeweils die je

Massenanteil Brennstoff (kg BS) benötigte Sauerstoff- bzw. sich ergebende Abgasmasse. Diese Vorgehensweise der Berechnung, vorn (d.h. mit dem Input) zu beginnen und mit dem Abgas (d.h. mit dem Output) zu enden, nennt man auch „Vorwärtsrechnung". Im Gegensatz dazu wird bei der „Rückwärtsrechnung" die am Ende der Verbrennung entstandene Abgaszusammensetzung als Grundlage der Berechnung herangezogen. Es wird dann auf die Eingangsbedingungen rückgerechnet, d.h. unter anderem auf die Abfallzusammensetzungen geschlossen, die eine entsprechende Abgasmenge erzeugt haben könnte.

Die Verbrennungsrechnung selbst kann mit Hilfe von sog. Brennstoffkenngrößen [4.2, siehe auch schon 4.5] durchgeführt werden, was im folgenden erläutert wird.

Kohlenstoff

Im Zusammenhang mit den Stoffgleichungen für die Verbrennungsrechnung (s.u.) ist es zweckmäßig, zunächst die vorhandene Kohlenstoffmolmenge je Einheit Brennstoff[1])

$$k_{mo} = \frac{\xi_C}{M_C} \qquad \left[\frac{kmol\ C}{kg\ BS}\right] \qquad (4\text{-}8)$$

darzustellen. Aufgrund der stöchiometrischen Koeffizienten (siehe Gl. 4-2) ergibt sich bei der Verbrennung die entstehende Kohlendioxidmolmenge je Einheit Brennstoff[1]) zu

$$k_{mo} = \frac{\xi_C}{M_C} \qquad \left[\frac{kmol\ CO_2}{kg\ BS}\right] \qquad (4\text{-}9)$$

bzw. das bei der Verbrennung entstehende Kohlendioxidvolumen je Einheit Brennstoff

$$k = \frac{\xi_C}{M_C} \cdot v_{mo,n} \qquad \left[\frac{m^3\ CO_2}{kg\ BS}\right]. \qquad (4\text{-}10)$$

Dabei ist $v_{mo,n}$ das molare Normvolumen, das bei allen hier verwendeten Gasen (i) näherungsweise den Wert $v_{mo,n} = 22{,}414\ m^3(i)/kmol(i)$ [2]) hat.

---

[1]) Die Einheit Brennstoff ist bei festen und flüssigen Brennstoffen in der Regel 1 kg (1kg BS).
[2]) Falls nichts anderes erwähnt wird, wird im folgenden unter der Einheit m^3 das Volumen im Normzustand verstanden.

Stöchiometrie 63

Wasserstoff

Für die weiteren Rechnungen ergeben sich nach [4.2] einfache Ausdrücke, wenn die in kmol je kg Brennstoff ausgedrückten Größen ξ_i / M_i auf ξ_C / M_C, d.h. auf die je Brennstoffeinheit entstehende Kohlendioxidmenge bzw. die je Brennstoffeinheit vorhandene Kohlenstoffmenge bezogen werden. So beschreibt die Brennstoffkenngröße ω^* den aus dem Brennstoffwasserstoff ξ_H gebildeten Wasserdampf (vgl. stöchiometrische Koeffizienten in Gl. (4-3)).

$$\omega^* = \frac{\xi_H / M_{H_2}}{\xi_C / M_C} = \frac{M_C}{M_{H_2}} \cdot \frac{\xi_H}{\xi_C} \qquad \left[\frac{kmol\ H_2O}{kmol\ CO_2}\right] \text{ oder } \left[\frac{m^3\ H_2O}{m^3\ CO_2}\right], \qquad (4\text{-}11)$$

da das molare Normvolumen für alle hier verwendeten Gase näherungsweise gleich ist.

Sauerstoff

Als Brennstoffkenngröße Ω ergibt sich

$$\Omega = \frac{M_C}{M_{O_2}} \cdot \frac{\xi_O}{\xi_C} \qquad \left[\frac{m^3\ O_2}{m^3\ CO_2}\right]. \qquad (4\text{-}12)$$

Stickstoff

Für die Verbrennungsrechnung wird die Annahme getroffen, daß der Brennstoffstickstoff ξ_N aus den Verbindungen mit anderen Bestandteilen gelöst wird und als molekulare Gaskomponente (N_2) in das Abgas übergeht. Auf NO_x-Emissionen, d.h. Reaktionen zwischen Sauerstoff und Stickstoff usw., wird später eingegangen (Kap. 7). Die Brennstoffkenngröße ν für den Stickstoff im Brennstoff wird

$$\nu = \frac{M_C}{M_{N_2}} \cdot \frac{\xi_N}{\xi_C} \qquad \left[\frac{m^3\ N_2}{m^3\ CO_2}\right]. \qquad (4\text{-}13)$$

Schwefel

In gleicher Weise kann nun die Brennstoffkenngröße ζ für den Schwefel gebildet werden, wobei die Annahme getroffen wird, daß der gesamte Schwefelgehalt ξ_S im Brennstoff als Schwefeldioxid in das Abgas übergeht (s.u.)

$$\zeta = \frac{M_C}{M_S} \cdot \frac{\xi_S}{\xi_C} \qquad \left[\frac{m^3 \ SO_2}{m^3 \ CO_2}\right]. \qquad (4\text{-}14)$$

An dieser Stelle sei darauf hingewiesen, daß in Brenn- und Abfallstoffen sowohl „unverbrennlicher" Schwefel in den mineralischen Bestandteilen als auch „verbrennlicher" Schwefel in Form von meist organisch gebundenem Schwefel vorliegen kann. Neben dem verbrennlichen Schwefel können aber auch Anteile des unverbrennlichen Schwefels zu SO_2 reagieren. Letzteres kann im allgemeinen mit genügender Genauigkeit für die Verbrennungsrechnung vernachlässigt werden.

Wasser

In festen und flüssigen Brennstoffen ist häufig Feuchtigkeit in Form von Wasser ξ_{H_2O} enthalten. Dieses Wasser wird beim Verbrennungsvorgang verdampft und durchläuft als sog. „Ballaststoff" (d.h. ohne an Reaktionen teilzunehmen) die Verbrennungsanlage und geht schließlich als Wasserdampf in das Abgas. Die Brennstoffkenngröße ω^{**} für den aus dem Wasseranteil ξ_{H_2O} gebildeten Wasserdampf ergibt sich aus der Gleichung

$$\omega^{**} = \frac{M_C}{M_{H_2O}} \cdot \frac{\xi_{H_2O}}{\xi_C} \qquad \left[\frac{m^3 \ H_2O}{m^3 \ CO_2}\right]. \qquad (4\text{-}15)$$

Die beiden Brennstoffkenngrößen ω^* (Gl. (4-11)) und ω^{**} werden häufig auch als Summe

$$\omega = \omega^* + \omega^{**} \qquad \left[\frac{m^3 \ H_2O}{m^3 \ CO_2}\right] \qquad (4\text{-}16)$$

zusammengefaßt.

Inertstoff

Der Inertanteil ξ_{In} des Brennstoffes fällt nach dem thermischen Behandlungsprozeß als fester Reststoff an. Je nach Höhe der Prozeßtemperatur ergibt sich dabei Asche, angesinterte Asche oder Schlacke.

Stöchiometrie 65

Mindestsauerstoffbedarf

Nachdem die Brennstoffkenngrößen festgelegt sind, ergibt sich als weitere wichtige Größe der sog. Mindestsauerstoffbedarf $O_{2\,mo,min}$. Dieser gibt die Sauerstoffmenge an, die notwendig ist, um alle brennbaren Bestandteile des Brennstoffes in Verbrennungsprodukte mit der höchsten Oxidationsstufe zu überführen. Den Mindestsauerstoffbedarf berechnet man mit Hilfe der Gl. (4-5) bis (4-7) zu

$$O_{2\,mo,min} = \frac{\xi_C}{M_C} + \frac{\xi_H}{2 \cdot M_{H_2}} + \frac{\xi_S}{M_S} - \frac{\xi_O}{M_{O_2}} \qquad \left[\frac{kmol\,O_2}{kg\,BS}\right] \qquad (4\text{-}17)$$

oder als Brennstoffkenngröße, d.h. bezogen auf die bei der Verbrennung entstehende Kohlendioxidmenge,

$$\sigma = O_{2\,mo,min} \cdot \frac{M_C}{\xi_C} \qquad \left[\frac{m^3\,O_2}{m^3\,CO_2}\right] \qquad (4\text{-}18)$$

oder durch Einsetzen von Gl. (4-17)

$$\sigma = 1 + \frac{M_C}{2 \cdot M_{H_2}} \cdot \frac{\xi_H}{\xi_C} + \frac{M_C}{M_S} \cdot \frac{\xi_S}{\xi_C} - \frac{M_C}{M_{O_2}} \cdot \frac{\xi_O}{\xi_C} \qquad \left[\frac{m^3\,O_2}{m^3\,CO_2}\right]. \qquad (4\text{-}19)$$

Eine Vereinfachung ist durch das Einsetzen der Brennstoffkenngrößen aus den Gl. (4-11), (4-12) und (4-14) möglich:

$$\sigma = 1 + \frac{1}{2} \cdot \omega^* + \zeta - \Omega \qquad \left[\frac{m^3\,O_2}{m^3\,CO_2}\right]. \qquad (4\text{-}20)$$

Damit wird deutlich, daß die Brennstoffkenngröße σ keine neue Brennstoffkenngröße ist, sondern sich aus den anderen Brennstoffkenngrößen zusammensetzt und damit eine Hilfsgröße darstellt.

4.2.2 Stöchiometrie für gasförmige Brennstoffe

Die oben genannten Brennstoffkenngrößen gelten auch für Brenngase, wenn von ihnen eine Elementaranalyse vorliegt. In der Regel werden jedoch die einzelnen Gaskomponenten, d.h. die einzelnen chemischen Verbindungen in Volumen-

teilen angegeben. Damit ändert sich die Berechnung der oben aufgeführten Brennstoffkenngrößen ein wenig, wie im folgenden dargestellt wird.
Grundlage für die weiteren Berechnungen sei ein Brenngas mit den Komponenten Kohlenmonoxid (CO), Wasserstoff (H_2), Methan (CH_4), allgemein für Kohlenwasserstoffe (C_xH_y), Schwefelwasserstoff (H_2S), Sauerstoff (O_2), Stickstoff (N_2), Kohlendioxid (CO_2), Schwefeldioxid (SO_2) und Wasserdampf (H_2O), was für viele Anwendungsfälle ausreichend ist. Damit kann die Zusammensetzung des Brenngases in der Form

$$\psi_{CO,G} + \psi_{H_2,G} + \psi_{CH_4,G} + \psi_{C_xH_y,G} + \psi_{H_2S,G} + \psi_{O_2,G} +$$

$$+ \psi_{N_2,G} + \psi_{CO_2,G} + \psi_{SO_2,G} + \psi_{H_2O,G} = 1 \qquad (4\text{-}21)$$

dargestellt werden. Für einige Brenngase sind in Tab. 4.4 die Zusammensetzungen in Volumenanteilen angegeben.

	Symbol	ψ_{CO}	ψ_{H_2}	ψ_{CH_4}	$\psi_{C_2H_4}$	$\psi_{C_2H_6}$	$\psi_{C_3H_8}$	$\psi_{C_4H_{10}}$	$\psi_{\Sigma C_xH_y}$	ψ_{O_2}	ψ_{N_2}	ψ_{CO_2}	h_u	h_o
	Einheit	$\frac{m^3 CO}{m^3 BS}$	$\frac{m^3 H_2}{m^3 BS}$	$\frac{m^3 CH_4}{m^3 BS}$	$\frac{m^3 C_2H_4}{m^3 BS}$	$\frac{m^3 C_2H_6}{m^3 BS}$	$\frac{m^3 C_3H_8}{m^3 BS}$	$\frac{m^3 C_4H_{10}}{m^3 BS}$	$\frac{m^3 \Sigma C_xH_y}{m^3 BS}$	$\frac{m^3 O_2}{m^3 BS}$	$\frac{m^3 N_2}{m^3 BS}$	$\frac{m^3 CO_2}{m^3 BS}$	$\frac{kJ}{m^3 BS}$	$\frac{kJ}{m^3 BS}$
Brenngas	Hochofengas	0,214	0,041	0	0	0	0	0	0	0	0,525	0,220	3150	3230
	Generatorgas	0,280	0,120	0,005	0	0	0	0	0	0	0,545	0,050	5010	5270
	Stadtgas	0,180	0,510	0,190	0	0	0	0	0,020	0	0,060	0,040	16340	18210
	Kokereigas	0,055	0,545	0,253	0	0	0	0	0,023	0,005	0,096	0,023	17480	19680
	Erdgas L	0	0	0,818	0	0,028	0,004	0,002	0	0	0,140	0,008	31740	35170
	Erdgas H	0	0	0,930	0	0,030	0,013	0,006	0	0	0,011	0,010	37350	41340
	Wasserstoff	0	1	0	0	0	0	0	0	0	0	0	10780	12750
	Deponiegas	0	0	0,550	0	0	0	0	0	0	0	0,450	19740	21900
	Prozeßgas aus Abfallholz-Vergasung	0,100	0,030	0,020	0	0	0	0	0	0,010	0,690	0,150	2300	2440
	Prozeßgas aus Hausmüll-Pyrolyse	0,335	0,056	0,125	0,005	0,031	0	0	0	0	0	0,448	11600	12420

Tab. 4.4: Zusammensetzung von Brenngasen (Anhaltswerte nach [4.6 bis 4.7, 3.2]).

Für die weiteren Berechnungen sind die bekannten Reaktionsgleichungen mit ihren stöchiometrischen Koeffizienten maßgeblich:

Kohlenmonoxid

$$1 \text{ kmol CO} + \frac{1}{2} \text{ kmol O}_2 = 1 \text{ kmol CO}_2 \qquad (4\text{-}22)$$

Stöchiometrie 67

Wasserstoff

$$1 \text{ kmol } H_2 + \frac{1}{2} \text{ kmol } O_2 = 1 \text{ kmol } H_2O \qquad (4\text{-}23)$$

Methan

$$1 \text{ kmol } CH_4 + 2 \text{ kmol } O_2 = 1 \text{ kmol } CO_2 + 2 \text{ kmol } H_2O \qquad (4\text{-}24)$$

Kohlenwasserstoffe (allgemein)

$$1 \text{ kmol } C_xH_y + \left(x + \frac{y}{4}\right) \text{ kmol } O_2 = x \text{ kmol } CO_2 + \frac{y}{2} \text{ kmol } H_2O \qquad (4\text{-}25)$$

Schwefelwasserstoff

$$1 \text{ kmol } H_2S + \frac{3}{2} \text{ kmol } O_2 = 1 \text{ kmol } SO_2 + 1 \text{ kmol } H_2O \quad . \qquad (4\text{-}26)$$

Multipliziert man die Gl. (4-22) bis (4-26) jeweils mit den entsprechenden brennbaren Volumenanteilen im Brenngas $\psi_{CO,G}, \psi_{H_2,G}, \psi_{CH_4,G}, \psi_{C_xH_y,G}$ bzw. $\psi_{H_2S,G}$, erhält man für die betrachteten Reaktionen jeweils die je Einheit Brennstoff (kmol Br) benötigte Sauerstoff- bzw. die sich ergebende Abgasmenge. Die einzelnen Brenngaskomponenten Stickstoff ($\psi_{N_2,G}$), Kohlendioxid ($\psi_{CO_2,G}$), Schwefeldioxid ($\psi_{SO_2,G}$) und Wasser ($\psi_{H_2O,G}$) werden in der Verbrennungsrechnung als inerte Stoffe, d.h. als „Ballast" betrachtet.

Das weitere Vorgehen geschieht nun analog zu dem Vorgehen, das bei festen Brennstoffen (s.o.) dargestellt wurde.

Kohlenstoff

Zunächst ist es wieder zweckmäßig, die im Brenngas vorhandene Kohlenstoffmolmenge, wie bei der Verbrennungsrechung für feste Brennstoffe, je Einheit Brennstoff[3]) darzustellen:

$$k_{G,mo} = \psi_{CO,G} + \psi_{CH_4,G} + x \cdot \psi_{C_xH_y,G} + \psi_{CO_2,G} \qquad \left[\frac{\text{kmol C}}{\text{kmol BS}}\right]. \qquad (4\text{-}27)$$

---

[3]) Die Einheit Brennstoff ist bei gasförmigen Brennstoffen in der Regel 1 kmol (1kmol BS) oder 1m³ (1m³ BS).

Aufgrund der stöchiometrischen Koeffizienten in Gl. (4-22), (4-24) und (4-25) ergibt sich die bei der Verbrennung entstehende Kohlendioxidmolmenge je Einheit Brennstoff zu

$$k_{G,mo} = \psi_{CO,G} + \psi_{CH_4,G} + x \cdot \psi_{C_xH_y,G} + \psi_{CO_2,G} \qquad \left[\frac{kmol\ CO_2}{kmol\ BS}\right]. \qquad (4\text{-}28)$$

Bei Gasen gilt dabei unmittelbar auch

$$k_G = \psi_{CO,G} + \psi_{CH_4,G} + x \cdot \psi_{C_xH_y,G} + \psi_{CO_2,G} \qquad \left[\frac{m^3 CO_2}{m^3 BS}\right]. \qquad (4\text{-}29)$$

Wasserstoff

Die Brennstoffkenngröße ω_G^* beschreibt den Wasserdampf, der aus dem im Brenngas enthaltenen Wasserstoff der brennbaren Gaskomponenten mit Sauerstoff gebildet wird. Bezieht man wieder auf die entstehende Kohlendioxidmenge, so ergibt sich

$$\omega_G^* = (\psi_{H_2,G} + 2 \cdot \psi_{CH_4,G} + \frac{y}{2} \cdot \psi_{C_xH_y,G} + \psi_{H_2S,G}) \cdot \frac{1}{k_G} \qquad \left[\frac{m^3 H_2O}{m^3 CO_2}\right]. \qquad (4\text{-}30)$$

Sauerstoff

Als Brennstoffkenngröße Ω_G ergibt sich

$$\Omega_G = \psi_{O_2,G} \cdot \frac{1}{k_G} \qquad \left[\frac{m^3 O_2}{m^3 CO_2}\right]. \qquad (4\text{-}31)$$

Stickstoff

Die Brennstoffkenngröße ν_G für die Berücksichtigung des im Brenngases enthaltenen Stickstoffanteils als Bestandteil des Abgases ist

$$\nu_G = \psi_{N_2,G} \cdot \frac{1}{k_G} \qquad \left[\frac{m^3 N_2}{m^3 CO_2}\right]. \qquad (4\text{-}32)$$

Schwefel

Die Brennstoffkenngröße ζ_G für die Berücksichtigung des im Brenngases enthaltenen Schwefelanteils als Schwefeldioxidbestandteil im Abgas ist

Stöchiometrie 69

$$\zeta_G = (\psi_{H_2S,G} + \psi_{SO_2,G}) \cdot \frac{1}{k_G} \qquad \left[\frac{m^3\,SO_2}{m^3\,CO_2}\right]. \quad (4\text{-}33)$$

Wasser

Die Berücksichtigung des Wasseranteils in dem Brenngas (Gasfeuchte) erfolgt durch die Brennstoffkenngröße ω_G^{**}. Dieser Wasseranteil geht unmittelbar als Wasserdampf in das Abgas

$$\omega_G^{**} = \psi_{H_2O,G} \cdot \frac{1}{k_G} \qquad \left[\frac{m^3\,H_2O}{m^3\,CO_2}\right]. \quad (4\text{-}34)$$

Die Summe der Anteile, die das entstehende Wasser (Wasserdampf) im Abgas bezogen auf die entstehende Kohlendioxidmenge bilden, werden zur Brennstoffkenngröße

$$\omega_G = \omega_G^* + \omega_G^{**} \qquad \left[\frac{m^3\,H_2O}{m^3\,CO_2}\right] \quad (4\text{-}35)$$

zusammengezogen.

Mindestsauerstoffbedarf

Der Mindestsauerstoffbedarf für Brenngase ergibt sich mit Hilfe der Gl. (4-22) bis (4-26) zu

$$O_{2\,min,G} = \frac{1}{2} \cdot (\psi_{CO,G} + \psi_{H_2,G}) + 2 \cdot \psi_{CH_4,G} + \left(x + \frac{y}{4}\right) \cdot \psi_{C_xH_y,G} + \frac{3}{2} \cdot \psi_{H_2S,G} - \psi_{O_2,G}$$

$$\left[\frac{m^3\,O_2}{m^3\,BS}\right], \quad (4\text{-}36)$$

und bezogen auf die entstehende Kohlendioxidmenge

$$\sigma_G = O_{2\,min,G} \cdot \frac{1}{k_G} \qquad \left[\frac{m^3\,O_2}{m^3\,CO_2}\right] \quad (4\text{-}37)$$

bzw. (vgl. Gl. (4-20))

$$\sigma_G = 1 + \frac{1}{2} \cdot \omega_G^* + \zeta_G - \Omega_G - \frac{1}{k_G} \cdot \left(\frac{1}{2} \psi_{CO,G} + \psi_{CO_2,G} + \psi_{SO_2,G}\right) \left[\frac{m^3\,O_2}{m^3\,CO_2}\right].$$

$$(4\text{-}38)$$

4.3 Reaktions- und Abgasmengen

Mit den Brennstoffkenngrößen für feste bzw. flüssige und gasförmige Brennstoffe lassen sich die Reaktions- und Abgasmengen, jeweils als Volumen oder Massen, bezogen auf die Einheit Brennstoff einfach darstellen. Für feste und flüssige Brennstoffe sei hierauf im folgenden kurz eingegangen. Die Ergebnisse werden in Form von Tabellen dargestellt. In diesen finden sich dann in gleicher Weise wie für flüssige und feste Brennstoffe auch die Ergebnisse für gasförmige Brennstoffe aufgelistet wieder.

4.3.1 Stöchiometriezahl

Als Reaktionsgas für den Verbrennungsprozeß wird meistens Umgebungsluft eingesetzt. Es gibt natürlich auch Anwendungsfälle mit reinem Sauerstoff, mit Sauerstoff angereicherter Luft oder mit Restsauerstoff aus Abgasen (Abgasrückführung). Für die Verbrennung entscheidend ist die zugeführte Sauerstoffmenge. Damit in einem technischen Verbrennungsprozeß jedes brennbare Teilchen die zur Verbrennung erforderlichen Sauerstoffmoleküle finden kann, wird mehr als die theoretische Mindestsauerstoffmenge mit dem Reaktionsgas zugeführt, um eine eventuell auftretende unvollkommene Vermischung auszugleichen. Das Verhältnis von tatsächlich zugeführtem Sauerstoff zur Mindestsauerstoffmenge wird Stöchiometriezahl λ genannt:

$$\lambda = \frac{m_{O_2}}{m_{min,O_2}} = \frac{O_{2m}}{O_{2m,min}} \qquad (4\text{-}39)$$

oder

$$\lambda = \frac{m_{RG}}{m_{min,RG}}. \qquad (4\text{-}40)$$

Wird der Sauerstoff mit der Umgebungsluft als Reaktionsgas dem System zugeführt, so wird die Stöchiometriezahl auch Luftzahl λ_L genannt

$$\lambda_L = \lambda = \frac{m_L}{m_{min,L}} = \frac{L_m}{L_{m,min}}, \qquad (4\text{-}41)$$

wobei L der Luftbedarf je Einheit Brennstoff ist.

Reaktions- und Abgasmengen

Bei einer Feuerung mit $\lambda = 1$ spricht man von einer stöchiometrischen und bei $\lambda > 1$ von einer überstöchiometrischen Verbrennung. Der unterstöchiometrische Fall $\lambda < 1$ wird in Kap. 5 näher behandelt.

Der für die Verbrennungsreaktion nicht benötigte Sauerstoff- bzw. Luftüberschuß sollte wegen der damit verbundenen Abgasverluste, Größe der Abgasreinigung, Einfluß auf die Verbrennungstemperaturen usw. möglichst klein sein. Entsprechende Erfahrungswerte für feste, flüssige oder gasförmige Brenn- und Abfallstoffe befinden sich in Tab. 4.5. Es sei jedoch insbesondere auf Kap. 12 hingewiesen, wo dargestellt ist, wie die Luftzahlen bei der thermischen Behandlung des Restabfalls aus Hausmüll gesenkt werden können.

Brenn- und Abfallstoff	Stöchiometriezahl λ		
Erdgas, Koksofengas	1,05	bis	1,1
Generatorgas	1,1	bis	1,2
Heizöl	1,1	bis	1,2
Kohlenstaub	1,1	bis	1,3
Kohle, mechanische Roste	1,3	bis	1,5
Kohle, handbeschickte Roste	1,4	bis	2
Hausmüll	1,5	bis	2,5

Tab. 4.5: Übliche Werte für die Luftzahl λ bei der Verbrennung unterschiedlicher Brenn- und Abfallstoffe.

4.3.2 Reaktionsgasmengen

Im weiteren soll kurz auf die Berechnung des tatsächlich benötigten Reaktionsgasvolumens für eine überstöchiometrische Verbrennung von festen bzw. flüssigen Brennstoffen eingegangen werden (Tab. 4.6a und 4.6b).

spezifisches Volumen				
Gleichungen für feste bzw. flüssige Brenn- oder Abfallstoffe	Einheit	Gleichungen für gasförmige Brenn- oder Abfallstoffe	Einheit
$O_{2\,V,\,min} = k \cdot \sigma$	$\frac{m^3\,O_2}{kg\,BS}$	$O_{2\,V,\,min} = k_G \cdot \sigma_G$	$\frac{m^3\,O_2}{m^3\,BS}$
$L_{V,\,min,\,tr} = k \cdot \sigma\,(1/\psi_{O2,\,L,\,tr})$	$\frac{m^3\,L_{tr}}{kg\,BS}$	$L_{V,\,min,\,tr} = k_G \cdot \sigma_G\,(1/\psi_{O2,\,L,\,tr})$	$\frac{m^3\,L_{tr}}{m^3\,BS}$
$L_{V,\,tr} = k \cdot \sigma \cdot \lambda\,(1/\psi_{O2,\,L,\,tr})$	$\frac{m^3\,L_{tr}}{kg\,BS}$	$L_{V,\,tr} = k_G \cdot \sigma_G \cdot \lambda\,(1/\psi_{O2,\,L,\,tr})$	$\frac{m^3\,L_{tr}}{m^3\,BS}$
$L_{V,\,min,\,f} = k\,[\sigma\,(1/\psi_{O2,\,L,\,tr}) + \omega^{***}]$	$\frac{m^3\,L_f}{kg\,BS}$	$L_{V,\,min,\,f} = k_G\,[\sigma_G\,(1/\psi_{O2,\,L,\,tr}) + \omega_G^{***}]$	$\frac{m^3\,L_f}{m^3\,BS}$
$L_{V,\,f} = k \cdot \lambda\,[\sigma\,(1/\psi_{O2,\,L,\,tr}) + \omega^{***}]$	$\frac{m^3\,L_f}{kg\,BS}$	$L_{V,\,f} = k_G \cdot \lambda\,[\sigma_G\,(1/\psi_{O2,\,L,\,tr}) + \omega_G^{***}]$	$\frac{m^3\,L_f}{m^3\,BS}$
$RG_{V,\,min,\,tr} = k \cdot \sigma\,(1/\psi_{O2,\,RG,\,tr})$	$\frac{m^3\,RG_{tr}}{kg\,BS}$	$RG_{V,\,min,\,tr} = k_G \cdot \sigma_G\,(1/\psi_{O2,\,RG,\,tr})$	$\frac{m^3\,RG_{tr}}{m^3\,BS}$
$RG_{V,\,tr} = k \cdot \sigma \cdot \lambda\,(1/\psi_{O2,\,RG,\,tr})$	$\frac{m^3\,RG_{tr}}{kg\,BS}$	$RG_{V,\,tr} = k_G \cdot \sigma_G \cdot \lambda\,(1/\psi_{O2,\,RG,\,tr})$	$\frac{m^3\,RG_{tr}}{m^3\,BS}$
$RG_{V,\,min,\,f} = k\,[\sigma\,(1/\psi_{O2,\,RG,\,tr}) + \omega^{***}]$	$\frac{m^3\,RG_f}{kg\,BS}$	$RG_{V,\,min,\,f} = k_G\,[\sigma_G\,(1/\psi_{O2,\,RG,\,tr}) + \omega_G^{***}]$	$\frac{m^3\,RG_f}{m^3\,BS}$
$RG_{V,\,f} = k \cdot \lambda\,[\sigma\,(1/\psi_{O2,\,RG,\,tr}) + \omega^{***}]$	$\frac{m^3\,RG_f}{kg\,BS}$	$RG_{V,\,f} = k_G \cdot \lambda\,[\sigma_G\,(1/\psi_{O2,\,RG,\,tr}) + \omega_G^{***}]$	$\frac{m^3\,RG_f}{m^3\,BS}$

Tab. 4.6a: Gleichungen für die Berechnung verschiedener spezifischer Reaktionsgasvolumina für feste, flüssige und gasförmige Brenn- und Abfallstoffe.

spezifische Masse			
Gleichungen für feste bzw. flüssige Brenn- oder Abfallstoffe	Einheit	Gleichungen für gasförmige Brenn- oder Abfallstoffe	Einheit
$O_{2\,m,min} = k \cdot \sigma \cdot \rho_{O2}$	$\frac{kg\,O_2}{kg\,BS}$	$O_{2\,m,min} = k_G \cdot \sigma_G \cdot \rho_{O2}$	$\frac{kg\,O_2}{m^3\,BS}$
$L_{m,min,tr} = k \cdot \sigma \cdot \rho_L \cdot (1/\psi_{O2,L,tr})$	$\frac{kg\,L_{tr}}{kg\,BS}$	$L_{m,min,tr} = k_G \cdot \sigma_G \cdot \rho_L \cdot (1/\psi_{O2,L,tr})$	$\frac{kg\,L_{tr}}{m^3\,BS}$
$L_{m,tr} = k \cdot \sigma \cdot \rho_L \cdot \lambda \cdot (1/\psi_{O2,L,tr})$	$\frac{kg\,L_{tr}}{kg\,BS}$	$L_{m,tr} = k_G \cdot \sigma_G \cdot \rho_L \cdot \lambda \cdot (1/\psi_{O2,L,tr})$	$\frac{kg\,L_{tr}}{m^3\,BS}$
$L_{m,min,f} = k\,[\sigma \cdot \rho_L \cdot (1/\psi_{O2,L,tr}) + \rho_{H2O,Da} \cdot \omega^{***}]$	$\frac{kg\,L_f}{kg\,BS}$	$L_{m,min,f} = k_G\,[\sigma_G \cdot \rho_L \cdot (1/\psi_{O2,L,tr}) + \rho_{H2O,Da} \cdot \omega_G^{***}]$	$\frac{kg\,L_f}{m^3\,BS}$
$L_{m,f} = k \cdot \lambda\,[\sigma \cdot \rho_L \cdot (1/\psi_{O2,L,tr}) + \rho_{H2O,Da} \cdot \omega^{***}]$	$\frac{kg\,L_f}{kg\,BS}$	$L_{m,f} = k_G \cdot \lambda\,[\sigma_G \cdot \rho_L \cdot (1/\psi_{O2,L,tr}) + \rho_{H2O,Da} \cdot \omega_G^{***}]$	$\frac{kg\,L_f}{m^3\,BS}$
$RG_{m,min,tr} = k \cdot \sigma \cdot \rho_{RG} \cdot (1/\psi_{O2,RG,tr})$	$\frac{kg\,RG_{tr}}{kg\,BS}$	$RG_{m,min,tr} = k_G \cdot \sigma_G \cdot \rho_{RG} \cdot (1/\psi_{O2,RG,tr})$	$\frac{kg\,RG_{tr}}{m^3\,BS}$
$RG_{m,tr} = k \cdot \sigma \cdot \rho_{RG} \cdot \lambda \cdot (1/\psi_{O2,RG,tr})$	$\frac{kg\,RG_{tr}}{kg\,BS}$	$RG_{m,tr} = k_G \cdot \sigma_G \cdot \rho_{RG} \cdot \lambda \cdot (1/\psi_{O2,RG,tr})$	$\frac{kg\,RG_{tr}}{m^3\,BS}$
$RG_{m,min,f} = k\,[\sigma \cdot \rho_{RG} \cdot (1/\psi_{O2,RG,tr}) + \rho_{H2O,Da} \cdot \omega^{***}]$	$\frac{kg\,RG_f}{kg\,BS}$	$RG_{m,min,f} = k_G\,[\sigma_G \cdot \rho_{RG} \cdot (1/\psi_{O2,RG,tr}) + \rho_{H2O,Da} \cdot \omega_G^{***}]$	$\frac{kg\,RG_f}{m^3\,BS}$
$RG_{m,f} = k \cdot \lambda\,[\sigma \cdot \rho_{RG} \cdot (1/\psi_{O2,RG,tr}) + \rho_{H2O,Da} \cdot \omega^{***}]$	$\frac{kg\,RG_f}{kg\,BS}$	$RG_{m,f} = k_G \cdot \lambda\,[\sigma_G \cdot \rho_{RG} \cdot (1/\psi_{O2,RG,tr}) + \rho_{H2O,Da} \cdot \omega_G^{***}]$	$\frac{kg\,RG_f}{m^3\,BS}$

Tab. 4.6b: Gleichungen für die Berechnung verschiedener spezifischer Reaktionsgasmassen für feste, flüssige und gasförmige Brenn- und Abfallstoffe.

Spez. Mindestsauerstoffvolumen

$$O_{2\,V,min} = k \cdot \sigma \qquad \left[\frac{m^3\,O_2}{kg\,BS}\right]. \tag{4-42}$$

Trockenes Reaktionsgas

Wird trockene Luft als Reaktionsgas benutzt, so erhält man allgemein das spez. trockene Mindestluftvolumen (Mindestluftbedarf) aus

$$L_{min,V,tr} = \frac{k \cdot \sigma}{\psi_{O_2,L,tr}} \qquad \left[\frac{m^3\,L_{tr}}{kg\,BS}\right]. \tag{4-43}$$

Mit

$$\psi_{O_2} = \frac{M_L}{M_{O_2}} \cdot \xi_{O_2,L,tr} \qquad \left[\frac{kmol\,O_2}{kmol\,L}\right] \tag{4-44}$$

und

$$M_L = \Sigma(\psi_i \cdot M_i) = \psi_{O_2,L,tr} \cdot M_{O_2} + \psi_{N_2,L,tr} \cdot M_{N_2} \qquad \left[\frac{kg\,L}{kmol\,L}\right] \tag{4-45}$$

wird auch

$$L_{min,V,tr} = \frac{k \cdot \sigma \cdot M_{O_2}}{\xi_{O_2,L,tr} \cdot M_L} \qquad \left[\frac{m^3\,L_{tr}}{kg\,BS}\right]. \tag{4-46}$$

Reaktions- und Abgasmengen

Dabei kann mit guter Näherung für Luft

$$\psi_{O_2,L,tr} = 0{,}210 \qquad \left[\frac{kmolO_2}{kmolL}\right] \quad (4\text{-}47)$$

oder

$$\xi_{O_2,L,tr} = 0{,}233 \qquad \left[\frac{kgO_2}{kgL}\right] \quad (4\text{-}48)$$

angenommen werden. Bei überstöchiometrischer Verbrennung mit trockener Luft erhält man das trockene spez. Luftvolumen (Luftbedarf)

$$L_{V,tr} = \frac{k \cdot \sigma \cdot \lambda}{\psi_{O_2,L,tr}} \qquad \left[\frac{m^3 L_{tr}}{kg\,BS}\right]. \quad (4\text{-}49)$$

Wird als Reaktionsgas trockene Luft mit angereichertem Sauerstoff genutzt, so ergibt sich für das trockene spez. Mindestreaktionsgasvolumen

$$RG_{min,V,tr} = \frac{k \cdot \sigma}{\psi_{O_2,RG,tr}} \qquad \left[\frac{m^3 RG_{tr}}{kg\,BS}\right]. \quad (4\text{-}50)$$

Weitere Gleichungen sind der Tab. 4.6a und 4.6b zu entnehmen.

Feuchtes Reaktionsgas

Die Brennstoffkenngröße ω^{***} berücksichtigt die vorhandene, häufig jedoch vernachlässigbare Feuchtigkeit des Reaktionsgases. Sie ergibt sich für feste bzw. flüssige Brennstoffe aus

$$\omega^{***} = \frac{\sigma}{\psi_{O_2,RG,tr}} \cdot M_{RG} \cdot \frac{m_{H_2O,RG}}{m_{RG,tr}} \cdot \frac{1}{M_{H_2O}} \qquad \left[\frac{m^3\,H_2O}{m^3\,CO_2}\right] \quad (4\text{-}51)$$

und für gasförmige Brennstoffe aus

$$\omega_G^{***} = \frac{\sigma_G}{\psi_{O_2,RG,tr}} \cdot M_{RG} \cdot \frac{m_{H_2O,RG}}{m_{RG,tr}} \cdot \frac{1}{M_{H_2O}} \qquad \left[\frac{m^3\,H_2O}{m^3\,CO_2}\right]. \quad (4\text{-}52)$$

Die Größe ($m_{H_2O,RG} / m_{RG,tr}$) wird als Wassergehalt bezeichnet und mit Hilfe der Gesetze für Gas-Wasserdampf-Gemische bestimmt. Für Luft kann im Jahresmittel ein Wert 0,0054 kg Wasser/kg trockene Luft nach [4.2] angenommen werden. Wird feuchte Luft als Reaktionsgas genutzt, so ergibt sich das feuchte spez. Luftvolumen für die überstöchiometrische Verbrennung eines festen Brennstoffes aus

$$L_{V,f} = k \cdot \lambda \cdot \left(\frac{\sigma}{\psi_{O_2,L,tr}} + \omega^{***} \right) \quad \left[\frac{m^3 L_f}{kg\, BS} \right]. \quad (4-53)$$

Weitere Gleichungen sind der Tab. 4.6a und 4.6b zu entnehmen.

4.3.3 Abgasmengen

spezifisches Abgasvolumen		
Komponente	Gleichungen für feste bzw. flüssige Brenn- oder Abfallstoffe	Einheit
CO_2	$AG_{V,CO2} = k$	$\frac{m^3\, CO_2}{kg\, BS}$
SO_2	$AG_{V,SO2} = k \cdot \zeta$	$\frac{m^3\, SO_2}{kg\, BS}$
N_2	$AG_{V,N2} = k\,[\nu + \sigma \cdot \lambda\,(\psi_{N2,RG,tr} / \psi_{O2,RG,tr})]$	$\frac{m^3\, N_2}{kg\, BS}$
O_2	$AG_{V,O2} = k \cdot \sigma\,(\lambda - 1)$	$\frac{m^3\, O_2}{kg\, BS}$
H_2O	$AG_{V,H2O} = k\,(\omega + \omega^{***} \cdot \lambda)$	$\frac{m^3\, H_2O}{kg\, BS}$
ges. Abgas, trocken	$AG_{V,tr} = k\,[1 + \zeta + \nu + \sigma \cdot \lambda\,(1 + (\psi_{N2,RG,tr} / \psi_{O2,RG,tr})) - \sigma]$	$\frac{m^3\, AG_{tr}}{kg\, BS}$
ges. Abgas, feucht	$AG_{V,f} = k\,[1 + \zeta + \nu + \sigma \cdot \lambda\,(1 + (\psi_{N2,RG,tr} / \psi_{O2,RG,tr})) - \sigma + \omega + \omega^{***} \cdot \lambda]$	$\frac{m^3\, AG_f}{kg\, BS}$

Komponente	Gleichungen für gasförmige Brenn- oder Abfallstoffe	Einheit
CO_2	$AG_{V,CO2} = k_G$	$\frac{m^3\, CO_2}{m^3\, BS}$
SO_2	$AG_{V,SO2} = k_G \cdot \zeta_G$	$\frac{m^3\, SO_2}{m^3\, BS}$
N_2	$AG_{V,N2} = k_G\,[\nu_G + \sigma_G \cdot \lambda\,(\psi_{N2,RG,tr} / \psi_{O2,RG,tr})]$	$\frac{m^3\, N_2}{m^3\, BS}$
O_2	$AG_{V,O2} = k_G \cdot \sigma_G\,(\lambda - 1)$	$\frac{m^3\, O_2}{m^3\, BS}$
H_2O	$AG_{V,H2O} = k_G\,(\omega_G + \omega_G^{***} \cdot \lambda)$	$\frac{m^3\, H_2O}{m^3\, BS}$
ges. Abgas, trocken	$AG_{V,tr} = k_G\,[1 + \zeta_G + \nu_G + \sigma_G \cdot \lambda\,(1 + (\psi_{N2,RG,tr} / \psi_{O2,RG,tr})) - \sigma_G]$	$\frac{m^3\, AG_{tr}}{m^3\, BS}$
ges. Abgas, feucht	$AG_{V,f} = k_G\,[1 + \zeta_G + \nu_G + \sigma_G \cdot \lambda\,(1 + (\psi_{N2,RG,tr} / \psi_{O2,RG,tr})) - \sigma_G + \omega_G + \omega_G^{***} \cdot \lambda]$	$\frac{m^3\, AG_f}{m^3\, BS}$

Tab. 4.7a: Gleichungen für die Berechnung verschiedener spezifischer Abgasvolumen für feste, flüssige und gasförmige Brenn- und Abfallstoffe.

Reaktions- und Abgasmengen

Das Abgas aus einem Verbrennungsprozeß setzt sich, je nach Zusammensetzung des Brenn- oder Abfallstoffs, aus der Summe der betrachteten Einzelkomponenten des Abgases, wie Kohlendioxid (CO_2), Wasser (H_2O), eventuell verbleibender Restsauerstoff (O_2), Stickstoff (N_2) und Schwefeldioxid (SO_2) zusammen. Die Berechnung erfolgt mit Hilfe der Brennstoffkenngrößen. Als Ergebnis erhält man die spez. Abgasmasse oder das spez. Abgasvolumen der einzelnen Abgaskomponenten, sowie als Summe der Komponenten die spez. trockene oder feuchte Gesamtabgasmenge. Im folgenden werden für die Verbrennung eines festen Brennstoffes die sog. Stoffbilanzen kurz dargestellt (vgl. Tab. 4.7a und 4.7b).

Komponente	spezifische Abgasmasse	Einheit
	Gleichungen für feste bzw. flüssige Brenn- oder Abfallstoffe	
CO_2	$AG_{m,CO2} = k \cdot \rho_{CO2}$	$\frac{kg\ CO_2}{kg\ BS}$
SO_2	$AG_{m,SO2} = k \cdot \zeta \cdot \rho_{SO2}$	$\frac{kg\ SO_2}{kg\ BS}$
N_2	$AG_{m,N2} = k \cdot \rho_{N2}\ [\nu + \sigma \cdot \lambda\ (\psi_{N2,RG,tr} / \psi_{O2,RG,tr})]$	$\frac{kg\ N_2}{kg\ BS}$
O_2	$AG_{m,O2} = k \cdot \sigma \cdot \rho_{O2}\ (\lambda - 1)$	$\frac{kg\ O_2}{kg\ BS}$
H_2O	$AG_{m,H2O} = k \cdot \rho_{H2O,Da}\ (\omega + \omega^{***} \cdot \lambda)$	$\frac{kg\ H_2O}{kg\ BS}$
ges. Abgas, trocken	$AG_{m,tr} = k\ [\rho_{CO2} + \rho_{SO2} \cdot \zeta + \rho_{N2} \cdot \nu + \sigma \cdot \lambda\ (\rho_{N2}\ (\psi_{N2,RG,tr} / \psi_{O2,RG,tr}) + \rho_{O2}) - \sigma \cdot \rho_{O2}]$	$\frac{kg\ AG_{tr}}{kg\ BS}$
ges. Abgas, feucht	$AG_{m,f} = k\ [\rho_{CO2} + \rho_{SO2} \cdot \zeta + \rho_{N2} \cdot \nu + \sigma \cdot \lambda\ (\rho_{N2}\ (\psi_{N2,RG,tr} / \psi_{O2,RG,tr}) + \rho_{O2}) - \sigma \cdot \rho_{O2} + \rho_{H2O,Da}\ (\omega + \omega^{***} \cdot \lambda)]$	$\frac{kg\ AG_f}{kg\ BS}$

Komponente	Gleichungen für gasförmige Brenn- oder Abfallstoffe	Einheit
CO_2	$AG_{m,CO2} = k_G \cdot \rho_{CO2}$	$\frac{kg\ CO_2}{m^3\ BS}$
SO_2	$AG_{m,SO2} = k_G \cdot \zeta_G \cdot \rho_{SO2}$	$\frac{kg\ SO_2}{m^3\ BS}$
N_2	$AG_{m,N2} = k_G \cdot \rho_{N2}\ [\nu_G + \sigma_G \cdot \lambda\ (\psi_{N2,RG,tr} / \psi_{O2,RG,tr})]$	$\frac{kg\ N_2}{m^3\ BS}$
O_2	$AG_{m,O2} = k_G \cdot \sigma_G \cdot \rho_{O2}\ (\lambda - 1)$	$\frac{kg\ O_2}{m^3\ BS}$
H_2O	$AG_{m,H2O} = k_G \cdot \rho_{H2O,Da}\ (\omega_G + \omega^{***} \cdot \lambda)$	$\frac{kg\ H_2O}{m^3\ BS}$
ges. Abgas, trocken	$AG_{m,tr} = k_G\ [\rho_{CO2} + \rho_{SO2} \cdot \zeta_G + \rho_{N2} \cdot \nu_G + \sigma_G \cdot \lambda\ (\rho_{N2}\ (\psi_{N2,RG,tr} / \psi_{O2,RG,tr}) + \rho_{O2}) - \sigma_G \cdot \rho_{O2}]$	$\frac{kg\ AG_{tr}}{m^3\ BS}$
ges. Abgas, feucht	$AG_{m,f} = k_G\ [\rho_{CO2} + \rho_{SO2} \cdot \zeta_G + \rho_{N2} \cdot \nu_G + \sigma_G \cdot \lambda\ (\rho_{N2}\ (\psi_{N2,RG,tr} / \psi_{O2,RG,tr}) + \rho_{O2}) - \sigma_G \cdot \rho_{O2} + \rho_{H2O,Da}\ (\omega_G + \omega_G^{***} \cdot \lambda)]$	$\frac{kg\ AG_f}{m^3\ BS}$

Tab. 4.7b: Gleichungen für die Berechnung verschiedener spezifischer Abgasmassen für feste, flüssige und gasförmige Brenn- und Abfallstoffe.

Kohlenstoffbilanz

Das im Abgas vorhandene Kohlendioxid ergibt sich aus der eingetragenen Kohlenstoffmenge durch den Brennstoff, die mit Hilfe der Größe k bestimmt wird

$$AG_{V,CO_2} = k \qquad \left[\frac{m^3\ CO_2}{kg\ BS}\right]. \qquad (4\text{-}54)$$

Wasserbilanz

Der im Abgas vorhandene Wasserdampf wird

    1. gebildet aus dem Brennstoffwasserstoff (ω^*),
    2. aus der Brennstoffeuchtigkeit (ω^{**}) und
    3. aus der vorhandenen Feuchtigkeit des Reaktionsgases (ω^{***})

und ergibt sich aus

$$AG_{V,H_2O} = k \cdot (\omega^* + \omega^{**} + \lambda \cdot \omega^{***}) = k \cdot (\omega + \lambda \cdot \omega^{***}) \qquad \left[\frac{m^3 H_2O}{kg BS}\right]. \qquad (4\text{-}55)$$

Sauerstoffbilanz

Der im Abgas bei überstöchiometrischer Verbrennung verbleibende Sauerstoff ist

$$AG_{V,O_2} = k \cdot \sigma \cdot (\lambda - 1) \qquad \left[\frac{m^3 O_2}{kg BS}\right]. \qquad (4\text{-}56)$$

Stickstoffbilanz

Der Stickstoff setzt sich aus dem Anteil, der aus dem Brennstoff kommt, und dem Anteil, der durch das Reaktionsgas in das Abgas gelangt,

$$AG_{V,N_2} = k \cdot \left[\nu + \sigma \cdot \lambda \cdot \left(\frac{\Psi_{N_2,RG,tr}}{\Psi_{O_2,RG,tr}}\right)\right] \qquad \left[\frac{m^3 N_2}{kg BS}\right] \qquad (4\text{-}57)$$

zusammen.

Schwefelbilanz

Das Schwefeldioxid im Abgas ergibt sich aus

$$AG_{V,SO_2} = k \cdot \zeta \qquad \left[\frac{m^3 SO_2}{kg BS}\right]. \qquad (4\text{-}58)$$

Weitere Gleichungen sind der Tab. 4.7a und 4.7b zu entnehmen.

Reaktions- und Abgasmengen

Werden die spezifischen Mengen der Abgaskomponenten jeweils mit der Gesamtabgasmenge (trocken oder feucht) ins Verhältnis gesetzt, so erhält man je nach Einheit die Abgaskonzentration (trocken oder feucht) ($\psi_{i,AG,tr}$ oder $\psi_{i,AG,f}$) oder ($\xi_{i,AG,tr}$ oder $\xi_{i,AG,f}$) (Tab. 4.8).

In Abb. 4.2 ist das feuchte spez. Abgasvolumen $AG_{V,f}$ für verschiedene Brenn- und Abfallstoffe aus den Tabellen in Abhängigkeit von der Luftzahl dargestellt. Die Abgasmenge wird natürlich neben dem Luftüberschuß auch von der Menge der brennbaren Komponenten des Brenn- oder Abfallstoffes bestimmt. So führen niedrige Luftzahlen bei heizwertreichen Brenn- und Abfallstoffen besonders deutlich zu einer Reduzierung des spez. Abgasvolumens. Die Kenntnis des spez. Abgasvolumens und dessen Abhängigkeit von der Luftzahl ist für die Auslegung eines Feuerraumes und der nachgeschalteten Einrichtungen wichtig.

trockenes Abgas				
Volumenkonzentration			**Massenkonzentration**	
Gleichung		Einheit	Gleichung	Einheit
$\psi_{CO2,AG,tr} =$	$\dfrac{AG_{V,CO2}}{AG_{V,tr}}$	$\dfrac{m^3\,CO_2}{m^3\,AG_{tr}}$	$\xi_{CO2,AG,tr} = \dfrac{AG_{m,CO2}}{AG_{m,tr}}$	$\dfrac{kg\,CO_2}{kg\,AG_{tr}}$
$\psi_{SO2,AG,tr} =$	$\dfrac{AG_{V,SO2}}{AG_{V,tr}}$	$\dfrac{m^3\,SO_2}{m^3\,AG_{tr}}$	$\xi_{SO2,AG,tr} = \dfrac{AG_{m,SO2}}{AG_{m,tr}}$	$\dfrac{kg\,SO_2}{kg\,AG_{tr}}$
$\psi_{N2,AG,tr} =$	$\dfrac{AG_{V,N2}}{AG_{V,tr}}$	$\dfrac{m^3\,N_2}{m^3\,AG_{tr}}$	$\xi_{N2,AG,tr} = \dfrac{AG_{m,N2}}{AG_{m,tr}}$	$\dfrac{kg\,N_2}{kg\,AG_{tr}}$
$\psi_{O2,AG,tr} =$	$\dfrac{AG_{V,O2}}{AG_{V,tr}}$	$\dfrac{m^3\,O_2}{m^3\,AG_{tr}}$	$\xi_{O2,AG,tr} = \dfrac{AG_{m,O2}}{AG_{m,tr}}$	$\dfrac{kg\,O_2}{kg\,AG_{tr}}$
$\psi_{H2O,AG,tr} =$	—	$\dfrac{m^3\,H_2O}{m^3\,AG_{tr}}$	$\xi_{H2O,AG,tr} =$ —	$\dfrac{kg\,H_2O}{kg\,AG_{tr}}$

feuchtes Abgas				
Volumenkonzentration			**Massenkonzentration**	
Gleichung		Einheit	Gleichung	Einheit
$\psi_{CO2,AG,f} =$	$\dfrac{AG_{V,CO2}}{AG_{V,f}}$	$\dfrac{m^3\,CO_2}{m^3\,AG_f}$	$\xi_{CO2,AG,f} = \dfrac{AG_{m,CO2}}{AG_{m,f}}$	$\dfrac{kg\,CO_2}{kg\,AG_f}$
$\psi_{SO2,AG,f} =$	$\dfrac{AG_{V,SO2}}{AG_{V,f}}$	$\dfrac{m^3\,SO_2}{m^3\,AG_f}$	$\xi_{SO2,AG,f} = \dfrac{AG_{m,SO2}}{AG_{m,f}}$	$\dfrac{kg\,SO_2}{kg\,AG_f}$
$\psi_{N2,AG,f} =$	$\dfrac{AG_{V,N2}}{AG_{V,f}}$	$\dfrac{m^3\,N_2}{m^3\,AG_f}$	$\xi_{N2,AG,f} = \dfrac{AG_{m,N2}}{AG_{m,f}}$	$\dfrac{kg\,N_2}{kg\,AG_f}$
$\psi_{O2,AG,f} =$	$\dfrac{AG_{V,O2}}{AG_{V,f}}$	$\dfrac{m^3\,O_2}{m^3\,AG_f}$	$\xi_{O2,AG,f} = \dfrac{AG_{m,O2}}{AG_{m,f}}$	$\dfrac{kg\,O_2}{kg\,AG_f}$
$\psi_{H2O,AG,f} =$	$\dfrac{AG_{V,H2O}}{AG_{V,f}}$	$\dfrac{m^3\,H_2O}{m^3\,AG_f}$	$\xi_{H2O,AG,f} = \dfrac{AG_{m,H2O}}{AG_{m,f}}$	$\dfrac{kg\,H_2O}{kg\,AG_f}$

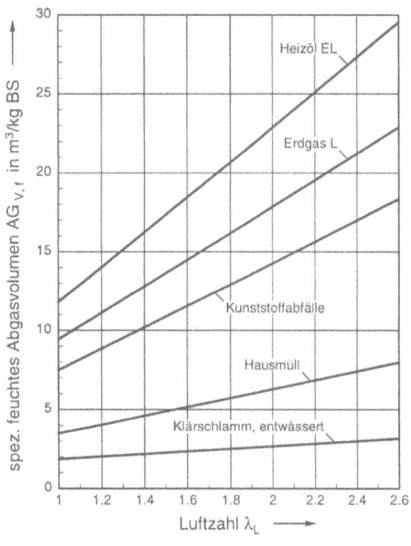

Tab. 4.8: Gleichungen für die Berechnung verschiedener Abgaskonzentrationen für feste bzw. flüssige und gasförmige Brenn- und Abfallstoffe.

Abb. 4.2: Abhängigkeit des feuchten spez. Abgasvolumens $AG_{V,f}$ von der Luftzahl λ_L für verschiedene Brenn- und Abfallstoffe.

4.4 Energiebilanz

4.4.1 Allgemeines

Der 1. Hauptsatz der Thermodynamik für offene Systeme, worunter auch technische Feuerungen usw. fallen, lautet:

$$d\dot{Q} + d\dot{W}_{tech} = d\dot{H} + \dot{m} \cdot d\left(\frac{w^2}{2}\right) + \dot{m} \cdot d(g \cdot z). \qquad (4\text{-}59)$$

In Abb. 4.3 (prinzipielle Darstellung) werden einem Verbrennungsprozeß die an Massenströme gebundenen Enthalpieströme $\dot{H}_{RG}$ (Reaktionsgasenthalpiestrom, hier Luft) und $\dot{H}_{AF}$ (Abfallenthalpiestrom) zugeführt, sowie $\dot{H}_{AG}$ (Abgasenthalpiestrom) und $\dot{H}_{RS}$ (Reststoffenthalpiestrom) abgeführt. Weiter wird der nicht an einen Massenstrom gebundene Energiestrom $\dot{Q}_{12}$ (der ausgekoppelte Wärmestrom) abgeführt.

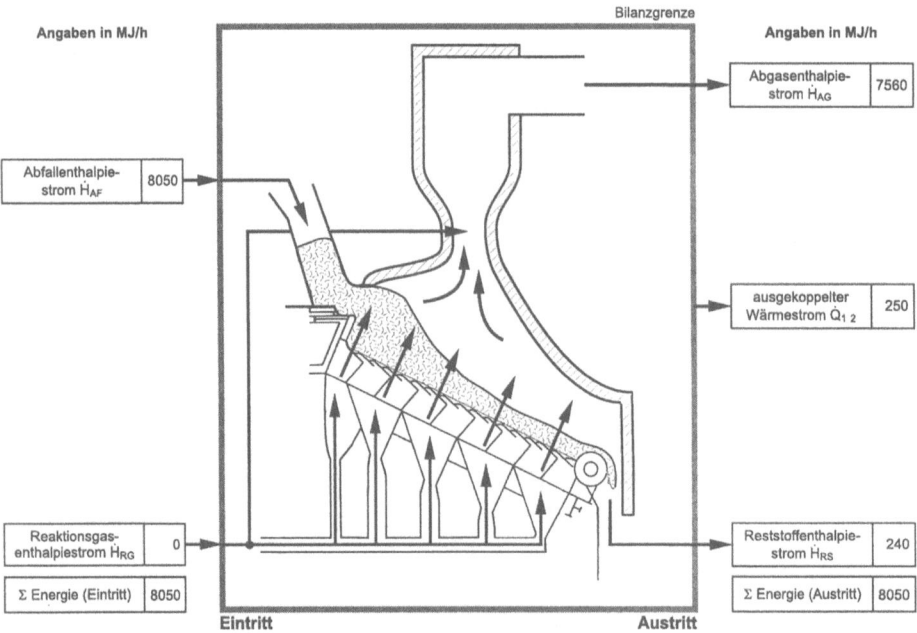

Abb. 4.3: Beispiel für eine vereinfachte Energiebilanz einer Abfallstoffverbrennung auf einem Rost.

Energiebilanz

Da bei derartigen Systemen nicht unmittelbar technische Arbeit ($\dot{W}_{tech}$) geleistet wird und die Änderungen von kinetischer $\left(\dot{m}\cdot d(w^2/2)\right)$ und potentieller $\left(\dot{m}\cdot d(g\cdot z)\right)$ Energie vernachlässigbar sind, ergibt sich aus der Energieerhaltung nach Abb. 4.3

$$\dot{H}_{RG} + \dot{H}_{AF} = \dot{H}_{AG} + \dot{H}_{RS} + \dot{Q}_{12}. \tag{4-60}$$

Der Brennstoff- bzw. Abfallenthalpiestrom $\dot{H}_{AF}$ besteht aus dem sensiblen Enthalpieanteil

$$\dot{H}_{AF,sen} = \dot{m}_{AF} \cdot c_{AF,Bezug} \cdot \left(\vartheta_{AF} - \vartheta_{Bezug}\right), \tag{4-61}$$

der sich über die Temperatur ϑ_{AF} (sensibel) ausdrücken läßt ($c_{AF,Bezug}$ sei die jeweils geeignete mittlere spezifische Wärmekapazität),

und einem latenten Enthalpieanteil

$$\dot{H}_{AF,lat} = \dot{m}_{AF} \cdot h_o, \tag{4-62}$$

der die chemisch gebundene spezifische Energie h_o darstellt. Der Ausdruck h_o wird Brennwert (früher auch „oberer Heizwert") genannt.

Der Brennwert kann in technischen Feuerungen auch bei angenommener „vollständiger" Umsetzung des Brennstoffes in der Regel nur teilweise genutzt werden. Liegt das Wasser - aus der Brennstoffeuchte ξ_{H_2O} und gebildet aus der Verbrennung von Brennstoffwasserstoff ξ_H - nach der Wärmeabgabe im Abgas als Dampf vor, was in der Regel der Fall ist, kann nur

$$h_u = h_o - h_r \cdot (\rho_{H_2O,Da} \cdot k \cdot \omega^* + \xi_{H_2O}) \qquad \left[\frac{kJ}{kg\,BS}\right], \tag{4-63}$$

genutzt werden. Dabei wird h_u als Heizwert (früher unterer Heizwert) bezeichnet. Erst bei Unterschreitung des Taupunktes für Wasser im Abgas kann zunehmend auch die Kondensationsenthalpie h_r des kondensierten Wasseranteils genutzt werden. Der Brennwert h_o ist somit das nutzbare Energiepotential, das sich ergibt, wenn man sich das gesamte durch den Brennstoff eingetragene und durch Wasserstoffverbrennung gebildete Wasser im Abgas vollständig kondensiert vorstellt.

Die beispielsweise bei einer Bezugstemperatur von $\vartheta = 0\ °C$ oder $\vartheta = 25\ °C$ noch in einem m^3 Abgas vorhandene Wasserdampfmenge kann vernachlässigt werden, weil näherungsweise diese Wasserdampfmenge auch in einem m^3 Verbrennungsluft enthalten ist und Verbrennungsluft- sowie Abgasmengenströme häufig nicht sehr verschieden sind. In der Regel wird bei technischen Feuerungen mit dem Heizwert gerechnet. Wird im folgenden davon abgewichen, erfolgt ein entsprechender Hinweis. Für die Kondensationsenthalpie h_r kann mit dem Wert $h_r = 2440\ kJ/kg\ H_2O$ (bei 25 °C) näherungsweise gerechnet werden. Der Heizwert h_u selbst kann hier als temperaturunabhängig betrachtet werden.

Ein exakter Zusammenhang zwischen der Brennstoffzusammensetzung und dem Heizwert besteht nur bei Brenngasen. Hier läßt sich der Heizwert nach der Mischungsregel aus den Volumenteilen der Einzelgase und ihren Heizwerten berechnen

$$h_u = \sum (\psi_{i,G} \cdot h_{u,i}) \qquad \left[\frac{kJ}{m^3\ BS}\right]. \qquad (4\text{-}64)$$

Bei festen und flüssigen Brennstoffen besteht ein solcher Zusammenhang nur, wenn die genaue Brennstoffstruktur bekannt ist. Da diese aber in der Regel durch die Komplexität der chemischen Verbindungen unbekannt ist, muß auf empirische Gleichungen oder Messungen zurückgegriffen werden. In der Literatur finden sich eine Reihe von Gleichungen, wie z.B. die Verbandsformel nach Delong [4.1]

$$h_u = 33{,}91 \cdot \xi_C + 121{,}42 \cdot \left(\xi_H - \frac{\xi_O}{8}\right) + 104{,}67 \cdot \xi_S - 2{,}5 \cdot \xi_{H_2O} \quad \left[\frac{MJ}{kg\ BS}\right] \qquad (4\text{-}65)$$

oder die Gleichung nach Boje [4.2]

$$h_u = 34{,}8 \cdot \xi_C + 93{,}9 \cdot \xi_H + 10{,}5 \cdot \xi_S +$$
$$6{,}3 \cdot \xi_N - 10{,}8 \cdot \xi_O - 2{,}5 \cdot \xi_{H_2O} \qquad \left[\frac{MJ}{kg\ BS}\right]. \qquad (4\text{-}66)$$

Die Gleichungen gehen von der Elementaranalyse des Brennstoffes aus. Sie gelten jedoch streng genommen nur für die Brennstoffart, für die sie durch Versuche empirisch aufgestellt sind. So gelten die hier aufgeführten Gleichungen insbesondere für bestimmte Steinkohlen. Für die Abfallstoffe gibt es derartige Gleichungen kaum. Die Gl. (4-65) oder (4-66) können jedoch erste Anhaltswerte für unbekannte Heizwerte liefern.

Energiebilanz

Weiterhin ist bemerkenswert, daß, wie Abb. 4.4 zeigt, der trockene Mindestluftbedarf statistisch für die meisten bekannten „Brennstoffe" mit dem in Abb. 4.4 angegebenen linearen Zusammenhang mit nur geringer Abweichung angegeben werden kann. Diese Beziehung ist häufig bei ersten Abschätzungen sehr nützlich, wenn vom „Brennstoff" nicht die Zusammensetzung, sondern nur der Heizwert von der Größenordnung her bekannt ist.

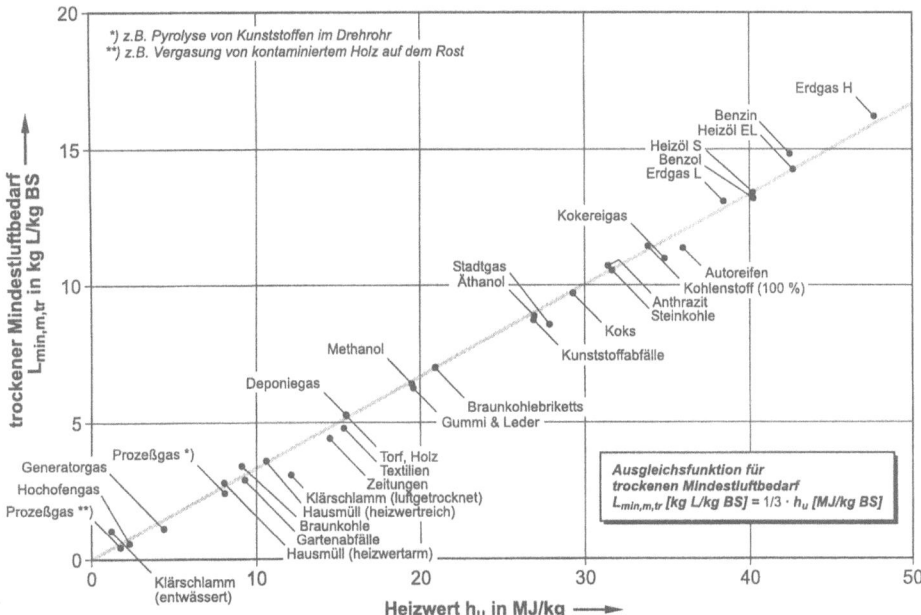

Abb. 4.4: Trockener Mindestluftbedarf in Abhängigkeit vom Heizwert für verschiedene Brenn- und Abfallstoffe.

4.4.2 Kalorische Verbrennungstemperatur (Verbrennungstemperatur)

Bei der Verbrennung eines Abfallstoffes mit Luft erreicht das Abgas die kalorische Verbrennungstemperatur ϑ_{kal}[4]), wenn $\dot{Q}_{12}$ in der Gl. (4-60) Null gesetzt wird, d.h., wenn das System (technische Feuerung) adiabat angenommen wird und alle brennbaren Bestandteile in die höchste Oxidationsstufe umgesetzt werden.

---

[4]) Die kalorische Verbrennungstemperatur wird im folgenden kurz „Verbrennungstemperatur" genannt.

Die Größe ϑ ergibt sich z.B. für das in Abb. 4.3 dargestellte System aus einer Energiebilanz. Für feste Brennstoffe erhält man

$$h_{u,AF} + c_{AF} \cdot \vartheta_{AF} + \lambda_L \cdot L_{m,min,f} \cdot c_{p,L} \cdot \vartheta_L =$$
$$\left[\left(1 - \xi_{In} + \lambda_L \cdot L_{m,min,f}\right) \cdot c_{p,AG} + \xi_{In} \cdot c_{RS}\right] \cdot \vartheta \,, \qquad (4\text{-}67)$$

bzw.

$$\vartheta = \frac{h_{u,AF} + c_{AF} \cdot \vartheta_{AF} + \lambda_L \cdot L_{m,min,f} \cdot c_{p,L} \cdot \vartheta_L}{\left[1 - \xi_{In} + \lambda_L \cdot L_{m,min,f}\right] \cdot c_{p,AG} + \xi_{In} \cdot c_{RS}} \,. \qquad (4\text{-}68)$$

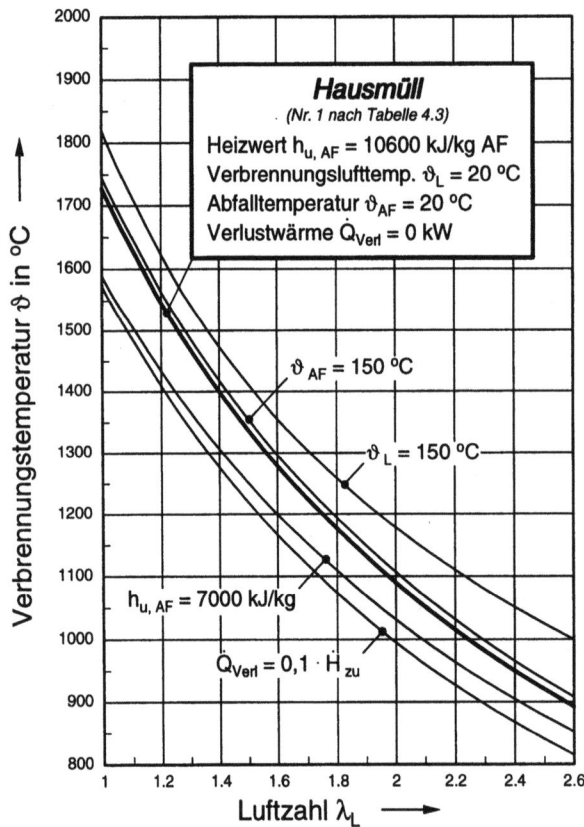

Abb. 4.5: Die Verbrennungstemperatur für Hausmüll in Abhängigkeit von der Luftzahl λ_L bei Variation verschiedener Einflußgrößen.

Die Verbrennungstemperatur ϑ ist damit abhängig von der Art des Abfallstoffes (Heizwert $h_{u,AF}$, Mindestluftbedarf $L_{m,min,f}$, Inertstoffanteil ξ_{In}), des Stöchiometrieverhältnisses λ_L (Luftzahl), der Lufttemperatur ϑ_L und der Abfallstofftemperatur ϑ_{AF}. Die Wärmekapazitäten seien dabei jeweils als geeignete Mittelwerte angegeben. Da diese von der sich ergebenden Verbrennungstemperatur abhängig sind, kann die Gl. (4-68) nur iterativ gelöst werden. In Abb. 4.5 wird der jeweilige Einfluß einiger der oben genannten Parameter auf die Verbrennungstemperatur näher dargestellt.

Energiebilanz

Die Grundlage für die Betrachtungen bildet ein Hausmüll (Nr. 1 aus Tab. 4.3), der mit Luft verbrannt wird. Die Verbrennungstemperatur wird im wesentlichen durch die Luftzahl beeinflußt. So ergibt sich bei der Luftzahl $\lambda = 1$ für $\vartheta_{AF} = 20\,°C$ und $\vartheta_L = 20\,°C$ eine maximale Verbrennungstemperatur von 1730 °C. Für den in klassischen Müllverbrennungsanlagen üblichen Arbeitsbereich von $\lambda = 1{,}5$ bis $2{,}5$ ergeben sich Verbrennungstemperaturen zwischen 1330 °C und 930 °C. Ändert man nun ausgehend von der dick ausgezogenen Kurve in Abb. 4.5 jeweils einen Parameter, so ergeben sich die restlichen dünn ausgezogenen Kurven. Einen relativ großen Einfluß auf die Verbrennungstemperatur üben der Heizwert des Abfallstoffes und die Luftvorwärmung des Reaktionsgases aus. In Abb. 4.5 werden die Heizwerte für einen Hausmüll von 10600 MJ/kg und 7000 kJ/kg gegenübergestellt. Dies entspricht einer in der Praxis vorkommenden Schwankungsbreite. Der Vergleich zeigt, daß die Verbrennungstemperaturen sich bei diesem Beispiel in Abhängigkeit von der Luftzahl um $\Delta\vartheta = 40\,°C$ bis 130 °C ändern können. Ein ähnlicher Einfluß ist bei der Luftvorwärmung festzustellen. Beispielsweise führt unter den jeweiligen Bedingungen, wie abzulesen ist, eine Luftvorwärmtemperatur von 150 °C zu bis zu 100 °C höheren Verbrennungstemperaturen. Diese Möglichkeit wird häufig bei der thermischen Behandlung angewendet, um z.B. die Trocknung und Zündung des Abfalls zu unterstützen. Der Einfluß auf die Verbrennungstemperatur durch eine Abfallvorwärmung (in Abb. 4.5 Vorwärmung des Abfalls auf $\vartheta_{AF} = 150\,°C$) ist gering und technisch nicht sinnvoll. Auf den Einfluß der im realen Prozeß auftretenden Verlustwärme (untere Kurve in Abb. 4.5) wird weiter unten noch näher eingegangen.

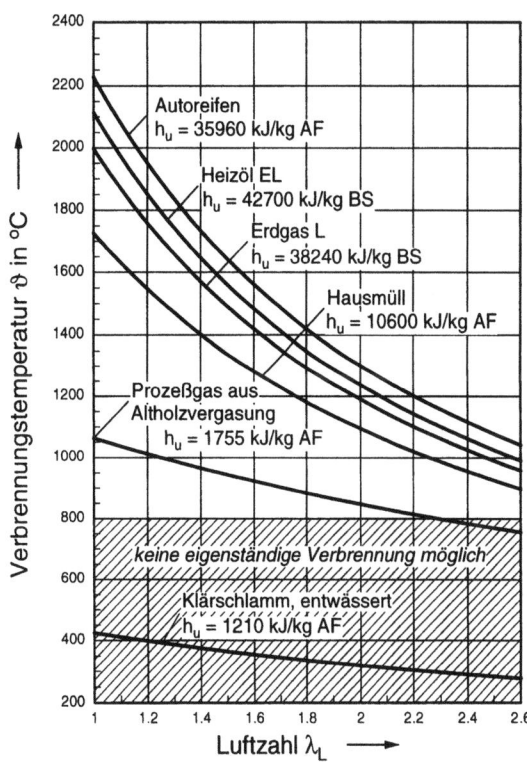

Abb. 4.6: Die Verbrennungstemperatur in Abhängigkeit von der Luftzahl λ_L für verschiedene Brenn- und Abfallstoffe.

In Abb. 4.6 sind für einige Brenn- und Abfallstoffe die Verbrennungstemperaturen ϑ in Abhängigkeit von der Luftzahl λ_L gegenübergestellt. Es zeigt sich, daß sich je nach Brenn- oder Abfallart maximale Verbrennungstemperaturen bis über 2000 °C ergeben. Mit ihrer Hilfe lassen sich für die Verbrennung eines Brenn- oder Abfallstoffs erste Aussagen z.B. über die mögliche thermische Belastung des Apparates (Auskleidung, mechanische Elemente usw.) oder über die Realisierung einer eigenständigen Verbrennung treffen. So kann der in Abb. 4.6 dargestellte mechanisch entwässerte Klärschlamm (Tab. 4.3) mit der noch vorhandenen Restfeuchte von 74,2 % nicht eigenständig verbrannt werden. Hier sind die Verbrennungstemperaturen rein rechnerische Größen, die unter der Zündtemperatur liegen. Eine thermische Behandlung ist hier nur unter Zuführung von Zusatzbrennstoff (z.B. Erdgas), hoher Luftvorwärmung, durch Wärmerückführung aus dem Abgas usw. möglich. Dagegen kann ein aus Abfallholz mittels Vergasung hergestelltes Prozeßgas ohne Zusatzbrennstoff nachverbrannt werden (s.u.).

In Abb. 4.7 ist die Abhängigkeit der Verbrennungstemperatur vom Hausmüllheizwert dargestellt. Wie schon in Tab. 4.3 gezeigt, ändert sich der Heizwert des Hausmülls in Abhängigkeit von der Zusammensetzung. In Abb. 4.7 wird noch einmal deutlich, daß bei einem niedrigen Hausmüllheizwert und hohem Luftüberschuß ohne zusätzliche Maßnahmen, wie Zusatzbrennstoff, Luftvorwärmung, Wärmerückführung aus dem Abgas usw., eine eigenständige Verbrennung kaum möglich ist.

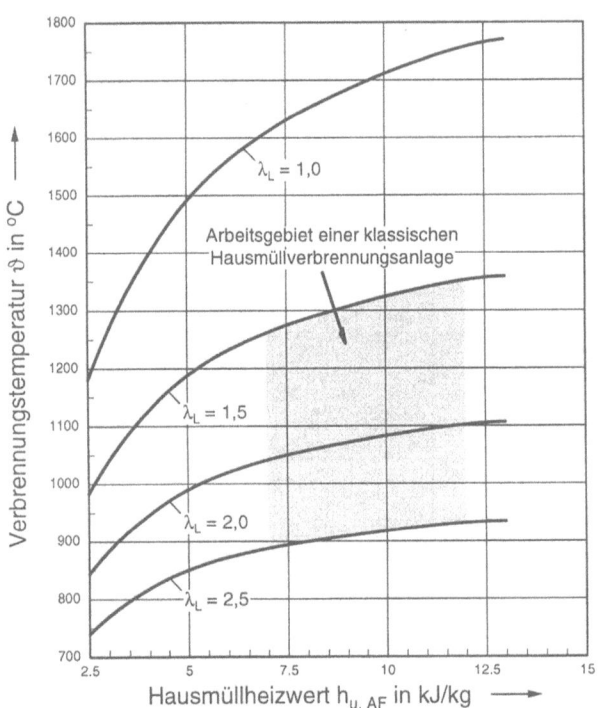

Abb. 4.7: Die Verbrennungstemperatur in Abhängigkeit des Hausmüllheizwertes $h_{u,AF}$ bei verschiedenen Luftzahlen λ_L als Parameter.

Energiebilanz

4.4.3 Theoretische Verbrennungstemperatur

Durch Dissoziieren (Zerfallen) verschiedener Abgaskomponenten (z.B. CO_2 und H_2O) bei höheren Temperaturen wird Energie chemisch gebunden und steht damit nicht für eine Temperaturerhöhung des Systems zur Verfügung. Insgesamt stellt sich dann für das betrachtete System gegenüber der kalorischen Verbrennungstemperatur (adiabate Verbrennung) eine niedrigere sogenannte theoretische Verbrennungstemperatur ein. Diese Temperatur interessiert zumeist aber nur bei solchen Verbrennungsprozessen, deren Temperaturniveau sich oberhalb von 1500 °C bewegt. Für die thermische Abfallbehandlung spielt die theoretische Verbrennungstemperatur zur Beurteilung des Prozesses kaum eine Rolle, da hier in der Regel mit niedrigeren Temperaturen zu rechnen ist.

4.4.4 Bilanztemperatur

Im folgenden wird davon ausgegangen, daß Dissoziationsreaktionen vernachlässigbar sind, so daß zwischen kalorischer und theoretischer Verbrennungstemperatur nicht unterschieden werden muß und damit der Begriff Verbrennungstemperatur ausreicht.
In realen thermischen Behandlungsanlagen erreicht das Abgas die Verbrennungstemperatur wegen gezielter Wärmeabgabe in Form von Nutzwärme (z.B. Dampferzeugung) und Wärmeverluste nicht. Unter Berücksichtigung dieser Energieabgabe ($\dot{Q}_{12}$ setzt sich aus Nutz- und Verlustwärmeströmen zusammen) zwischen Eintritt und Austritt stellt sich die sog. Bilanztemperatur am Abgasaustritt eines Feuerraums ein.
Die Berechnung der Bilanztemperatur ϑ_{Bz} erfolgt mit Hilfe einer um die abgegebene Energie $\dot{Q}_{12}$ erweiterten Energiebilanz. Für den Bilanzraum in Abb. 4.3 ergibt sich für die Verbrennung eines Abfallstoffes mit Luft

$$\vartheta_{Bz} = \frac{h_{u,AF} + c_{AF} \cdot \vartheta_{AF} + \lambda_L \cdot L_{m,min,f} \cdot c_{p,L} \cdot \vartheta_L - \dfrac{\dot{Q}_{12}}{\dot{m}_{AF}}}{\left[1 - \xi_{In} + \lambda_L \cdot L_{m,min,f}\right] \cdot c_{p,AG} + \xi_{In} \cdot c_{RS}}. \qquad (4\text{-}69)$$

In Abb. 4.5 ist ein Beispiel (untere Kurve) für die thermische Behandlung eines Hausmülls (Tab. 4.3 Nr. 1) als Wärmeabgabe lediglich ein Wärmeverlust $\dot{Q}_{12} = \dot{Q}_{Verl}$ von 10 % des gesamten zugeführten Enthalpiestromes $\dot{H}_{zu}$ (Brennstoffenthalpie) angenommen worden ($\dot{Q}_{Verl} = 0{,}1 \cdot \dot{H}_{zu}$). Durch diese Annahme ist die Bilanztemperatur ϑ_{Bz} gegenüber der kalorischen Verbrennungstemperatur ϑ_{kal} ($\vartheta_{AF} = 20\,°C$, $\vartheta_L = 20\,°C$) um ca. 100 °C niedriger. Die dargestellte Abhängigkeit zeigt, daß eine Reduzierung der Verlustwärme, z.B. durch eine Verbesserung der Wärmeisolierung des Apparates, zu einer merklichen Erhöhung der Bilanztemperatur führen kann.

4.4.5 Sauerstoffanreicherung

Der Einsatz von technisch hergestelltem Sauerstoff oder sauerstoffangereicherter Luft als Reaktionsgas für thermische Prozesse ist in der Metallurgie und in der Wärmebehandlung weit verbreitet (z.B. Schmelzprozesse der Stahlherstellung, Umformprozesse usw.) [z.B. 4.8]. Auch für die thermische Behandlung von Abfällen kommt sauerstoffangereicherte Luft ($\psi_{O_2,RG,tr} > 21$ Vol.-%) oder auch reiner Sauerstoff ($\psi_{O_2,RG,tr} \approx 100$ Vol.-%) in Frage [z.B. 3.4, 4.9, 4.10]. Neben den ökonomischen Aspekten, wie z.B. Einsparung von Zusatzbrennstoff, werden im wesentlichen verfahrenstechnische Ziele, wie:

- Reduzierung der schadstoffbeladenen Abgasmenge und damit Verkleinerung der Abgasreinigungsanlage,
- Verringerung der Abgasverluste und damit Steigerung des thermischen Gesamtwirkungsgrades des thermischen Behandlungsverfahrens,
- Erhöhung der Durchsatzleistung vorhandener Anlagen (z.B. bei Schmelzanlagen),
- Steuerung des Temperaturniveaus bei Feststoff- und Gasumsatz und damit die Möglichkeit zur gezielten Beeinflussung der Qualität des verbleibenden Reststoffes,
- Reduzierung der Reaktionsgasmenge und damit Verringerung der Strömungsgeschwindigkeit und der ausgetragenen Staubfracht aus dem thermischen Verfahren,
- usw.

verfolgt. Die Nutzung von zusätzlichem Sauerstoff für die thermische Behandlung von Abfällen erfolgt insbesondere neben den o.g. Punkten, um die gesetzlich vorgeschriebenen Verbrennungstemperaturen auch bei heizwertschwachen Abfällen ohne Zugabe von Primärenergie einzuhalten. Dabei ist zu berücksichten, daß auch für die technische Sauerstofferzeugung Primärenergie erforderlich ist und diese

Energiebilanz

dem thermischen Verfahren als Aufwand „angelastet" werden muß (siehe auch Kap. 10).
Bei der Sauerstoffanreicherung hat man **gleichzeitig** auf die Veränderung der Stöchiometriezahl λ und die Veränderung des Kapazitätsstromes

$$\dot{m}_{RG} \cdot c_{p,RG} = \dot{V}_{RG} \cdot \rho_{RG} \cdot c_{p,RG} \tag{4-70}$$

zu achten, damit man nicht u.U. sogar das Gegenteil dessen, was beabsichtigt ist, erreicht. Dies sei beispielhaft verdeutlicht:

Gegeben sei eine Feuerung, die mit einem Luftvolumenstrom $\dot{V}_{L,AP}$ $\left(\psi_{O_2,L,tr} = 0{,}21\right)$ und der Luftzahl $\lambda_{L,AP}$ betrieben wird. Es soll eine Sauerstoffanreicherung auf $\psi_{O_2,RG,tr} > \psi_{O_2,L,tr}$ durch Zumischung von zur Verfügung stehendem, technisch reinem Sauerstoff zur Verbrennungsluft erreicht werden. Der zuzumischende Sauerstoffvolumenstrom sei $\dot{V}_{O_2}$. Der sich nach der Zumischung ergebende Reaktionsgasvolumenstrom, d.h. mit Sauerstoff angereicherte Verbrennungsluftvolumenstrom, sei $\dot{V}_{RG}$.

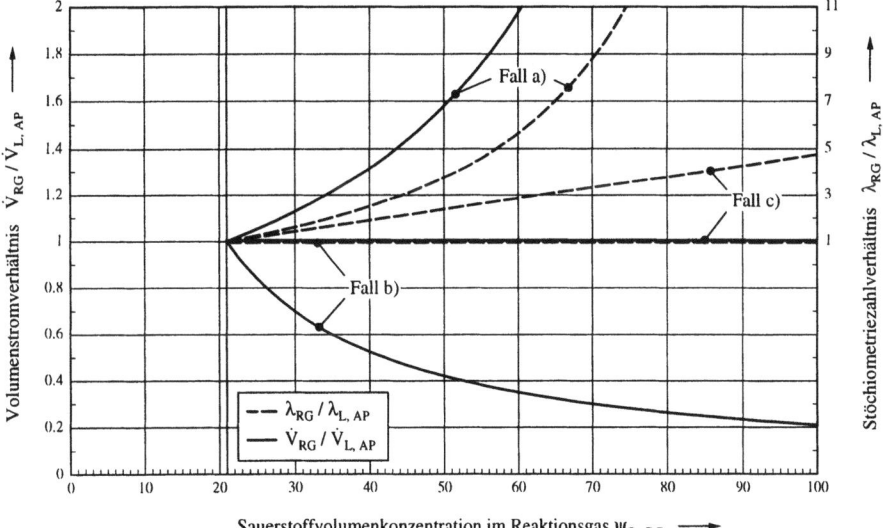

Abb. 4.8: Reaktionsgasvolumenstrom $\dot{V}_{RG}$ und Stöchiometriezahlen λ_{RG} bei Sauerstoffanreicherung auf $\vartheta_{O_2,RG}$ bezogen auf den Luftvolumenstrom $\dot{V}_{L,AP}$ bzw. die Luftzahl $\lambda_{L,AP}$ des Ausgangspunktes für die Fälle a), b) und c) (Erklärung im Text).

Fall a)

Der Volumenstrom $\dot{V}_{L,AP}$ wird im Fall a) nicht verändert. Man erreicht dann eine Sauerstoffanreicherung, in dem man lediglich Sauerstoff hinzufügt, d.h. es ist $\dot{V}_{L,AP}$ = const und $\dot{V}_{RG} > \dot{V}_{L,AP}$. Eine angestrebte Konzentrationserhöhung von $\psi_{O_2,L,tr}$ auf $\psi_{O_2,RG,tr}$ im Reaktionsgas erreicht man, in dem man Sauerstoff im Verhältnis

$$\frac{\dot{V}_{O_2}}{\dot{V}_{L,AP}} = \frac{\psi_{O_2,RG,tr} - \psi_{O_2,L,tr}}{1 - \psi_{O_2,L,tr}} \tag{4-71}$$

zur Verbrennungsluft zumischt. Dies führt zu einer Vergrößerung des nun mit Sauerstoff angereicherten Verbrennungsluftvolumenstromes auf

$$\frac{\dot{V}_{RG}}{\dot{V}_{L,AP}} = \frac{1 - \psi_{O_2,L,tr}}{1 - \psi_{O_2,RG,tr}} \tag{4-72}$$

und zu einer Erhöhung der Stöchiometriezahl von $\lambda_{L,AP}$ auf λ_{RG} (als Verhältnis ausgedrückt)

$$\frac{\lambda_{RG}}{\lambda_{L,AP}} = \frac{\psi_{O_2,RG,tr} \cdot \left(1 - \psi_{O_2,L,tr}\right)}{\psi_{O_2,L,tr} \cdot \left(1 - \psi_{O_2,RG,tr}\right)} \tag{4-73}$$

wie in Abb. 4.8 dargestellt. Die Zufuhr von Sauerstoff bedingt hier lediglich eine Erhöhung des Kapazitätsstromes des Reaktionsgases, was sich in einer entsprechenden Senkung der Verbrennungstemperatur ausdrückt (Abb. 4.9). Die Abbildung zeigt die nach Gl. (4-69) bestimmten Verbrennungstemperaturen eines konkreten Beispiels zur thermischen Behandlung (Verbrennung) eines Sonderabfalles (Zusammensetzung Tab. 2.2) mit Luft ($\psi_{O_2,L,tr} = 0{,}21$) und $\lambda_{L,AP} = 2{,}0$. Der zugeführte Sauerstoff ist als zusätzlicher „Ballaststrom" zu betrachten, der nicht an den Reaktionen teilnimmt! Dies ist natürlich nicht Sinn einer Sauerstoffanreicherung.

Fall b)

Sinnvoll ist vielmehr, die Stöchiometriezahl, d.h. das absolute Sauerstoffangebot nicht zu verändern, d.h.

$$\frac{\lambda_{RG}}{\lambda_{L,AP}} = 1 \tag{4-74}$$

Energiebilanz 89

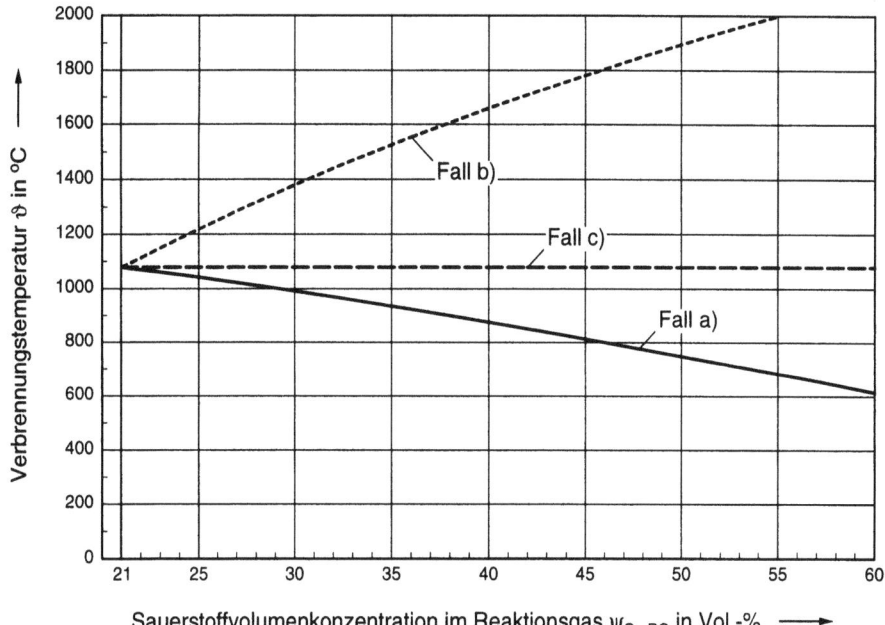

Abb. 4.9: Verbrennungstemperaturen bei verschiedenen Maßnahmen zur Sauerstoffanreicherung der Verbrennungsluft (Erklärung im Text).

vorzugeben und damit λ_{RG} unabhängig von der Anreicherung $\psi_{O_2,RG,tr}$ darzustellen. Hierzu ist es erforderlich, den Volumenstrom $\dot{V}_{L,AP}$ zunächst um das Verhältnis

$$\frac{\dot{V}_{L,red}}{\dot{V}_{L,AP}} = \frac{1-\psi_{O_2,RG,tr}}{1-\psi_{O_2,L,tr}} \cdot \frac{\psi_{O_2,L,tr}}{\psi_{O_2,RG,tr}} \tag{4-75}$$

zu reduzieren und zu $\dot{V}_{L,red}$ einen Sauerstoffvolumenstrom

$$\frac{\dot{V}_{O_2}}{\dot{V}_{L,red}} = \frac{\psi_{O_2,RG,tr} - \psi_{O_2,L,tr}}{1-\psi_{O_2,L,tr}} \tag{4-76}$$

zuzumischen, so daß sich nunmehr ein Reaktionsgasvolumenstrom $\dot{V}_{RG}$ im Verhältnis zum Ausgangsluftvolumenstrom $\dot{V}_{L,AP}$ von

$$\frac{\dot{V}_{RG}}{\dot{V}_{L,AP}} = \frac{\psi_{O_2,L,tr}}{\psi_{O_2,RG,tr}} \tag{4-77}$$

ergibt (siehe Fall b) in Abb. 4.8, d.h. daß nunmehr $\dot{V}_{RG} < \dot{V}_{L,AP}$ ist. Damit ist auch ein entsprechend kleineres Kapazitätsstromverhältnis verbunden, so daß die Verbrennungstemperaturen, wie erwartet, ansteigen (Fall b) in Abb. 4.9. Man sieht für das Beispiel in Abb. 4.9, daß mit einer Sauerstoffanreicherung des Reaktionsgases Luft auf ca. $\psi_{O_2,RG,tr} = 0{,}24$ eine geforderte Mindesttemperatur von 1200 °C erreicht werden kann. Das Vorgehen im Fall b) entspricht der Maßnahme, daß man den Kapazitätsstrom verkleinert, indem man den Stickstoffballaststrom des Verbrennungsluftvolumenstromes $\dot{V}_L$ entsprechend verkleinert (Entfernung von Stickstoff aus $\dot{V}_L$).

Fall c)

Entsprechend vorgegebener Randbedingungen sind neben den Fällen a) und b) beliebig viele weitere Variationen möglich. Zur Veranschaulichung sind als Fall c) in den Abb. 4.8 und 4.9 noch die Verhältnisse dargestellt, die sich ergeben, wenn sich der Reaktionsgasvolumenstrom nicht ändert, d.h. wenn

$$\dot{V}_{RG} = \dot{V}_{L,AP} \tag{4-78}$$

gesetzt wird. In diesem Fall hat man für ein bestimmtes angestrebtes $\psi_{O_2,RG,tr}$ zunächst den Volumenstrom $\dot{V}_{L,AP}$ auf $\dot{V}_{L,red}$ nach der Gleichung

$$\frac{\dot{V}_{L,red}}{\dot{V}_{L,AP}} = \frac{1 - \psi_{O_2,RG,tr}}{1 - \psi_{O_2,L,tr}} \tag{4-79}$$

zu reduzieren und anschließend durch Zufuhr eines reinen Sauerstoffvolumenstromes $\dot{V}_{O_2}$ den Reaktionsgasvolumenstrom $\dot{V}_{RG}$ so einzustellen, daß er dann wieder dem ursprünglichen Luftvolumenstrom $\dot{V}_{L,AP}$ entspricht $\left(\dot{V}_{RG} = \dot{V}_{L,AP}\right)$. Da der Kapazitätsstrom $\dot{V}_{RG} \cdot \rho_{RG} \cdot c_{p,RG}$, sieht man von Dichteunterschieden und Unterschieden bei den spez. Wärmekapazitäten von Sauerstoff und Stickstoff einmal ab, sich dabei nicht bzw. kaum ändert, ändert sich auch die Verbrennungstemperatur in Abb. 4.9 nicht. In Fall c) erhöht sich das Verhältnis der Stöchiometriezahlen nach der Gleichung

$$\lambda_{RG} = \lambda_{L,AP} \cdot \frac{\psi_{O_2,RG,tr}}{\psi_{O_2,L,tr}}.$$ (4-80)

Es wird im Fall c) praktisch Stickstoff als Ballast aus der Luft entfernt und die entfernte Stickstoffmenge durch Sauerstoff als Ballast wieder ersetzt.

Neben der Sauerstoffanreicherung als verfahrenstechnische Maßnahme kann die Temperatur auch durch die Zugabe von Zusatzbrennstoff oder durch das Absenken der Luftzahl (bei entsprechender Vorbehandlung des Abfalls möglich) angehoben werden. Wie später noch ausführlich in Kap. 10 bei der energetischen Bewertung der unterschiedlichen Maßnahmen gezeigt wird, stellt der Einsatz von Zusatzbrennstoff energetisch die schlechteste Maßnahme dar. Danach ordnet sich die Sauerstoffanreichung ein. Die Absenkung der Luftzahl ist, falls diese Maßnahme möglich ist, in der Regel wegen geringster zusätzlicher Primärenergieaufwendungen die geeignetste Maßnahme zur Temperaturanhebung. Werden die entstehenden Abgasmengenströme betrachtet, so erhält man durch die Maßnahme des Zusatzbrennstoffeinsatzes einen starken Anstieg des Abgasmengenstromes gegenüber dem Ursprungsabgasmengenstrom. Die Maßnahme der Sauerstoffanreicherung oder der Absenkung der Luftzahl reduziert die ursprünglichen Abgasmengenströme in gleicher Höhe [4.11].

5 Vergasung

5.1 Allgemeines

Bei der Vergasung wird die chemisch gebundene Energie des Vergasungsstoffes (**VS**)[1]) zusammen mit einem Vergasungsmittel (**VM**) u.a. in chemisch gebundene Energie eines Vergasungsgases (**VG**) umgewandelt. Als verfahrenstechnische Elemente werden zur Realisierung des Vergasungsprozesses

- die gasdurchströmte Schüttung (Festbett),
- die Wirbelschicht und
- die Flugstromwolke

eingesetzt [z.B. 5.1, 5.2].

Element	Input		Output	
	in	als	in	als
C	VS	C in KW-Stoffverbindungen	VG	CO_2, CO, CH_4, C_xH_y
	VM	CO_2 usw.	Teer	C in KW-Stoffverbindungen
			Flugstaub	C als Koks
			Rückstand	C als Koks
H	VS	H in KW-Stoffverbindungen; H_2O als Feuchtigkeit	VG	H_2, CH_4, C_xH_y, H_2S, H_2O
	VM	H_2O als Dampf H_2, CH_4 usw.	Teer	H in KW-Stoffverbindungen
O	VS	O in KW-Stoffverbindungen H_2O als Feuchtigkeit	VG	CO_2, CO, H_2O, ggf. auch wenig O_2
	VM	O_2 technisch rein oder in Luft H_2O als Dampf CO_2 z.B. in Abgasen		
N	VS	N in KW-Stoffverbindungen	VG	N_2
	VM	N_2 in Luft oder o.ä.		
S	VS	S in organischen und anorganischen Verbindungen	VG	H_2S, organisch gebundener S
			Teer	in KW-Stoffverbindungen
			Rückstand	S in organischen Verbindungen

Tab. 5.1: Vorkommen der Elemente in den Eingangsstoffen und Produkten der Vergasung.

Die Tab. 5.1 zeigt eine Übersicht über die möglichen Reaktionspartner und die Reaktionsprodukte der Vergasung. Vergasungsstoffe können feste, flüssige und

---

[1]) Stellt man Vergasung und Verbrennung gegenüber, so entspricht der Vergasungsstoff (VS) dem Brennstoff (BS), das Vergasungsmittel (VM) dem Reaktionsgas (RG) und das Vergasungsgas (VG) dem Abgas (AG).

Allgemeines

gasförmige fossile Brennstoffe, Biomasse und Abfälle sein. Das Vergasungsmittel ist der gasförmige Reaktionspartner des Vergasungsstoffes. Bei Vergasungsprozessen im Bereich der Energieumwandlung wird in der Regel Wasserdampf, Sauerstoff bzw. Luft oder Gemische als Vergasungsmittel eingesetzt. Im Bereich der thermischen Abfallbehandlung kommt in der Regel Luft oder technisch reiner Sauerstoff zum Einsatz. Stofflich werden die Reaktionspartner für die Vergasung durch die wesentlichen Elemente C, H, O, N, S charakterisiert. Als Reaktionsprodukte der Vergasung entstehen neben dem Vergasungsgas (**VG**) weiter höhermolekulare Kohlenwasserstoffverbindungen (Teer), Flugstaub und feste Rückstände. Das Vergasungsgas setzt sich, je nach Prozeßbedingungen, aus Kohlenmonoxid (CO), Wasserstoff (H_2), Methan (CH_4), Kohlenwasserstoffe (C_xH_y), Kohlendioxid (CO_2), Stickstoff (N_2), Schwefelwasserstoff (H_2S) und Wasser (H_2O) zusammen. Je nach Umsatzgrad können auch geringe Konzentrationen an Sauerstoff im Vergasungsgas enthalten sein.

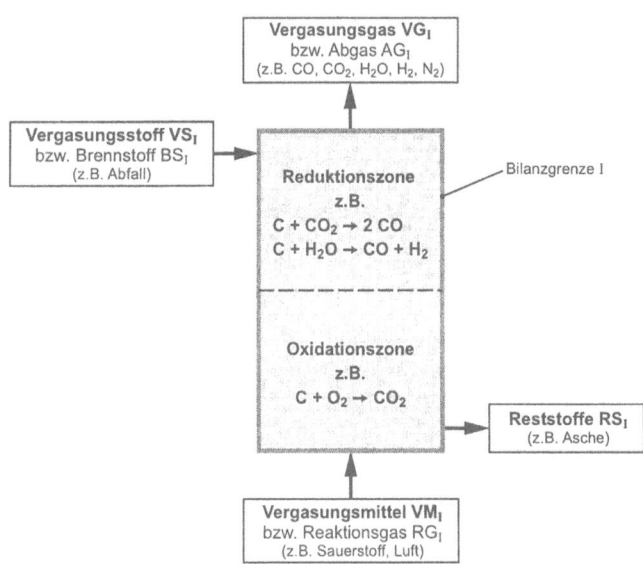

Abb. 5.1: Darstellung der Vergasung in einem Festbett-Reaktor (Index I steht für Bilanzraum I).

Ausgangspunkt für die weiteren Betrachtungen ist eine Schüttung (Festbett, Bilanzraum I) aus Vergasungsstoff (Brennstoff bzw. Abfall) (Abb. 5.1), die mit Sauerstoff bzw. Luft als Vergasungsmittel VM_I durchströmt wird. In einem ersten Schritt kann angenommen werden, daß der zugeführte Sauerstoff einen Teil des im Überschuß vorliegenden Brennstoffes bis zur höchsten Stufe oxidiert (Verbrennungsreaktionen; vgl. z.B. Gl. R1 in Tab. 5.2). Die so entstandenen Verbrennungsprodukte der Oxidationszone reagieren bei der jeweils vorliegenden Reaktionstemperatur in einem zweiten Teil (Reduktionszone) mit dem weit im Überschuß vorliegenden Brennstoff zu einem Vergasungsgas VG_I (vgl. z.B. Gl. R6, R7 und R10 in Tab. 5.2). Dieses System ist insgesamt exotherm, weshalb auch von einer autothermen Vergasung gesprochen wird. Ist genügend Verweilzeit vorhanden, so stellt sich infolge der maßgeblichen Gleichgewichtskonstanten (s.u.) und

Nr.	Reaktionsgleichungen	Reaktionsgas-enthalpie $\Delta H_{R,0}$ [kJ/mol]
	Verbrennungsreaktionen (vollständige Oxidation)	
R1	$C + O_2 \rightarrow CO_2$	-406,4
R2	$CO + \frac{1}{2} O_2 \rightarrow CO_2$	-283,6
R3	$H_2 + \frac{1}{2} O_2 \rightarrow H_2O$	-241,1
R4	$CH_4 + 2 O_2 \rightarrow CO_2 + 2 H_2O$	-801,1
	Teilverbrennungsreaktion (Teiloxidation)	
R5	$C + \frac{1}{2} O_2 \rightarrow CO$	-122,8
	Boudouard - Reaktion	
R6	$C + CO_2 \rightarrow 2 CO$	+160,9
	heterogene Wassergasreaktionen	
R7	$C + H_2O \rightarrow CO + H_2$	+118,4
R8	$C + 2 H_2O \rightarrow CO_2 + 2 H_2$	+75,9
	homogene Wassergasreaktion	
R9	$CO_2 + H_2 \rightarrow CO + H_2O$	+42,5
	heterogene Methanbildungsreaktion	
R10	$C + 2 H_2 \rightarrow CH_4$	-87,4

Tab. 5.2: Reaktionsgleichungen für Vergasungsvorgänge [5.2].

der Bilanztemperatur des Systems die sog. Gleichgewichtszusammensetzung des Vergasungsgases VG_I ein. Der umgesetzte Massenstrom des Vergasungsstoffes (Brennstoff bzw. Abfall) hängt dabei von dem zugeführten Massenstrom des Vergasungsmittels ab (siehe nachfolgenden Berechnungsgang und zugehörige Abb. 5.3 bis 5.8).

Führt man nun dem so entstandenen Vergasungsgas VG_I ein Zusatzreaktionsgas $RG_{Zu,II}$ (z.B. Sauerstoff, Luft o.ä.) oberhalb der Schüttung zu (Bilanzraum II in Abb. 5.2), so wird sich dort bei entsprechender Verweilzeit und den dort bestehenden Temperaturen ein neues Gleichgewicht bzw. ein entsprechendes in seiner Zusammensetzung verändertes Vergasungsgas VG_{II} einstellen. Eine wesentliche Rolle spielt dabei die homogene Wassergasreaktion (Gl. R9 in Tab. 5.2). Hat das Zusatzreaktionsgas $RG_{Zu,II}$ die gleiche Zusammensetzung wie das Vergasungsmittel VM_I, so kann man sich bei realen Vergasungsvorgängen, bei denen in der Schüttung **kein** Gleichgewicht erreicht wird (z.B. Durchbläser), vorstellen, daß das Zusatzreaktionsgas $RG_{Zu,II}$ in Abb. 5.2 nicht an der Schüttung vorbei, sondern als Ersatzschaltbild zusammen mit dem Vergasungsmittel VM_I in die Schüttung eintritt und „ungenutzt" durch die Schüttung strömt (gestrichelt in Abb. 5.2 dargestellt). Erst über dem Bett im Bilanzraum II bildet sich dann aus dem Vergasungsgas VG_I und dem Zusatzreaktionsgas $RG_{Zu,II}$, falls hier genügend Verweilzeit und Vermischungsintensität vorhanden ist, das Vergasungsgas VG_{II}. Die in Bilanzraum II ablaufenden Vorgänge werden häufig auch „unterstöchiometrische Verbrennung" genannt [z.B. 5.1], da hier im eigentlichen Sinne keine Vergasung durch Umsatz eines Feststoffes erfolgt.

Allgemeines 95

Die Bilanzgrenze III in Abb. 5.2 betrachtet nicht Einzelvorgänge, sondern das System als Ganzes. Man bezeichnet den Gesamtvorgang ebenfalls als „Vergasung". Zur weiteren Verdeutlichung werden in den Abb. 5.9 und 5.10 hierzu einige entsprechende Beispiele aufgezeigt. Häufig ist bei realen Vergasungsprozessen der Strom des gestrichelt dargestellten Zusatzreaktionsgases $RG_{Zu,II}$ in Abb. 5.2 im Vergleich zum Strom des Vergasungsmittels VM_I sogar überwiegend.

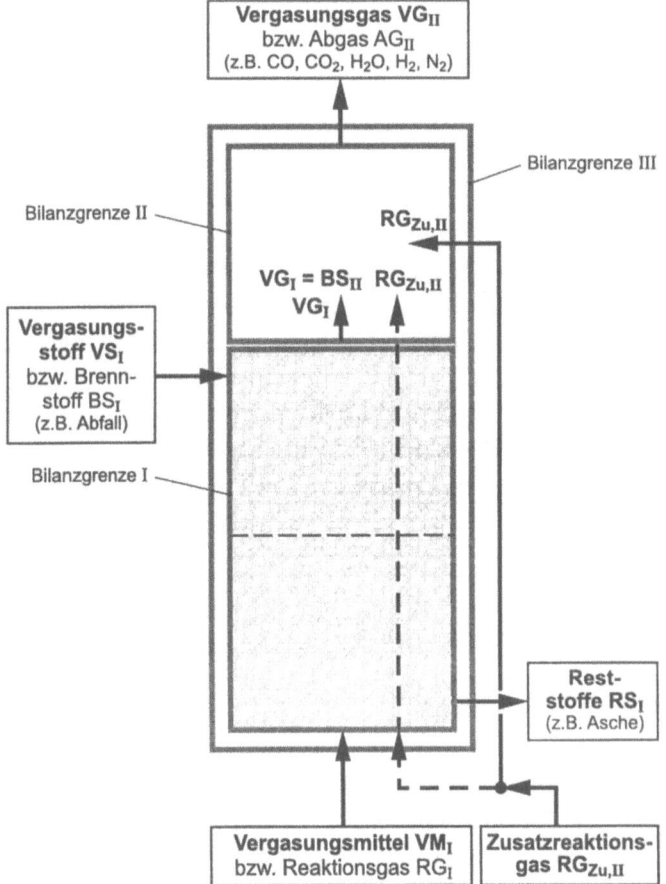

Abb. 5.2: Darstellung der Vergasung in einem Festbett-Reaktor mit Zusatzreaktionsgaszufuhr (Erklärung im Text).

Wie bei der Verbrennung ist natürlich auch bei der Vergasung

- eine „Vorwärtsrechnung", d.h. aufgrund der Eingangsströme eine Berechnung der Vergasungsgaszusammensetzung und des Vergasungsgasmengenstromes,

- als auch eine „Rückwärtsrechnung", d.h. aufgrund der Kenntnis der Vergasungsgaszusammensetzung und des Vergasungsgasmengenstromes eine Berechnung von Vergasungsgasmittel- und Brennstoffstrom

möglich. Die „Rückwärtsrechnung" ist besonders wichtig, wenn aus Messungen im Vergasungsgas auf die Vorgänge im Bilanzraum III bzw. Vorgänge an dessen Eintritt geschlossen werden soll.

5.2 Stöchiometrie

Wichtig im Zusammenhang mit der Vergasung sind zunächst die Reaktionsgleichungen, mit denen sich der Vergasungsprozeß beschreiben läßt. Die Tab. 5.2 zeigt die Gleichungen, mit denen man in der Regel auskommt und die auch die „gebräuchlichsten" darstellen. Es gibt selbstverständlich viele andere Reaktionsgleichungen. Diese lassen sich jedoch zu einem großen Teil bereits aus den angegebenen zusammensetzen. Auch lassen sich einige der angegebenen bereits aus den jeweils verbleibenden der Tab. 5.2 ermitteln. So sieht man z.B., daß sich Gl. R9 unmittelbar aus den Gl. R6 und Gl. R7 ergibt. In der Tabelle sind zusätzlich die Standardreaktionsenthalpien $\Delta H_{R,0}$ mit aufgeführt. Bei positiven Vorzeichen handelt es sich um eine endotherme und bei negativen um eine exotherme Reaktion.

5.3 Gleichgewicht

a) Gleichgewichtskonstanten

In Abhängigkeit von Druck und Temperatur stellt sich bei ausreichend zur Verfügung stehender Reaktionszeit ein thermodynamisches Gleichgewicht ein, das durch gleichgroße Reaktionsgeschwindigkeiten der Hin- und Rückreaktionen in den Gleichungen gekennzeichnet ist. Auf der Basis des Massenwirkungsgesetzes lassen sich die Konzentrationsverhältnisse zwischen den Komponenten im Gleichgewichtszustand beschreiben. Für die Gleichgewichtskonstanten $K_{p,Ri}$ ergeben sich jeweils für die

Boudouard-Reaktion (Gl. R6 in Tab. 5.2)

$$K_{p,R6} = K_{p,B} = \frac{(p_{CO})^2}{p_{CO_2}}. \tag{5-1}$$

Gleichgewicht

Mit Hilfe des Zusammenhanges zwischen Teildruck p_i und Teilvolumen V_i für die Komponente i im feuchten Vergasungsgas VG

$$\frac{p_{VG}}{p_i} = \frac{V_{VG,f}}{V_i} = \frac{VG_{V,f}}{VG_{V,i}}, \quad (5-2)$$

wird auch

$$K_{p,R6} = K_{p,B} = \frac{p_{VG} \cdot (VG_{V,CO})^2}{VG_{V,CO_2} \cdot VG_{V,f}}. \quad (5-3)$$

Heterogene Wassergasreaktion (Gl. R7 in Tab. 5.2)

$$K_{p,R7} = K_{p,W} = \frac{VG_{V,CO} \cdot VG_{V,H_2} \cdot p_{VG}}{VG_{V,H_2O} \cdot VG_{V,f}} \quad (5-4)$$

Methanbildung (Gl. R10 in Tab. 5.2)

$$K_{p,R10} = K_{p,M} = \frac{VG_{V,CH_4} \cdot VG_{V,f}}{p_{VG} \cdot (VG_{V,H_2})^2} \quad (5-5)$$

Teiloxidation (Gl. R5 in Tab. 5.2)

$$K_{p,R5} = \frac{p_{VG} \cdot (VG_{V,CO})^2}{VG_{V,O_2} \cdot VG_{V,f}} \quad (5-6)$$

Vollständige Oxidation (Gl. R1 in Tab. 5.2)

$$K_{p,R1} = \frac{VG_{V,CO_2}}{VG_{V,O_2}} \quad (5-7)$$

Die Gleichgewichtskonstanten $K_{p,R1}$ und $K_{p,R5}$ sind im Vergleich zu den übrigen Reaktionen so außerordentlich hoch, daß im Gleichgewichtszustand in dem für Vergasungsprozesse interessanten Temperaturbereich $VG_{V,O_2} = 0$ gesetzt werden kann, ohne daß ein wesentlicher Fehler entsteht. Maßgeblich für die weiteren

Betrachtungen sind daher im folgenden nur die Gleichgewichte nach Gl. 5.3 bis 5.5.

Vorteilhaft ist es, wie weiter unten noch gezeigt wird, an passender Stelle die Gleichgewichtskonstante der homogenen Wassergasreaktion (Gl. R9 in der Tab. 5.2) zu verwenden. Da sich Gl. R9, wie erwähnt, aus der Kombination der Gl. R6 und R7 in Tab. 5.2 ergibt, wird für die

homogene Wassergasreaktion

$$K_{p,R9} = K_W = \frac{VG_{V,CO} \cdot VG_{V,H_2O}}{VG_{V,CO_2} \cdot VG_{V,H_2}} = \frac{K_{p,B}}{K_{p,W}} \quad , \tag{5-8}$$

d.h. die Gleichgewichtskonstante K_W läßt sich auch aus dem Verhältnis der Gleichgewichtskonstanten der Boudouard-Reaktion und heterogenen Wassergasreaktion bestimmen. Im Gegensatz zu den Gleichgewichtskonstanten $K_{p,B}$ und $K_{p,W}$ ist K_W vom Vergasungsdruck unabhängig.

b) Einfluß der Temperatur auf das Gleichgewicht

Die Gleichgewichtskonstanten sind für die jeweils betrachteten Temperaturen Konstanten. Sie lassen sich durch folgende Ausgleichsfunktionen in Abhängigkeit von der Temperatur T wiedergeben [5.1]

$$\log\left(\frac{K_{p,B}}{p_{Basis}}\right) = 3,26730 - \frac{8820,690}{T} - 1,208714 \cdot 10^{-3} \cdot T +$$
$$+ 0,153734 \cdot 10^{-6} \cdot T^2 + 2,295483 \cdot \log T \qquad [T \text{ in } K], \tag{5-9}$$

$$\log\left(\frac{K_{p,W}}{p_{Basis}}\right) = 0,8255488 \cdot 10^{-6} \cdot T^2 + 14,515760 \cdot \log T -$$
$$- \frac{4825,986}{T} - 5,671122 \cdot 10^{-3} \cdot T - 33,45778 \qquad [T \text{ in } K], \tag{5-10}$$

$$\log(K_{p,M} \cdot p_{Basis}) = \frac{4662,80}{T} - 2,09594 \cdot 10^{-3} \cdot T + 0,38620 \cdot 10^{-6} \cdot T^2 +$$
$$+ 3,034338 \cdot \log T - 13,06361 \qquad [T \text{ in } K], \tag{5-11}$$

Gleichgewicht 99

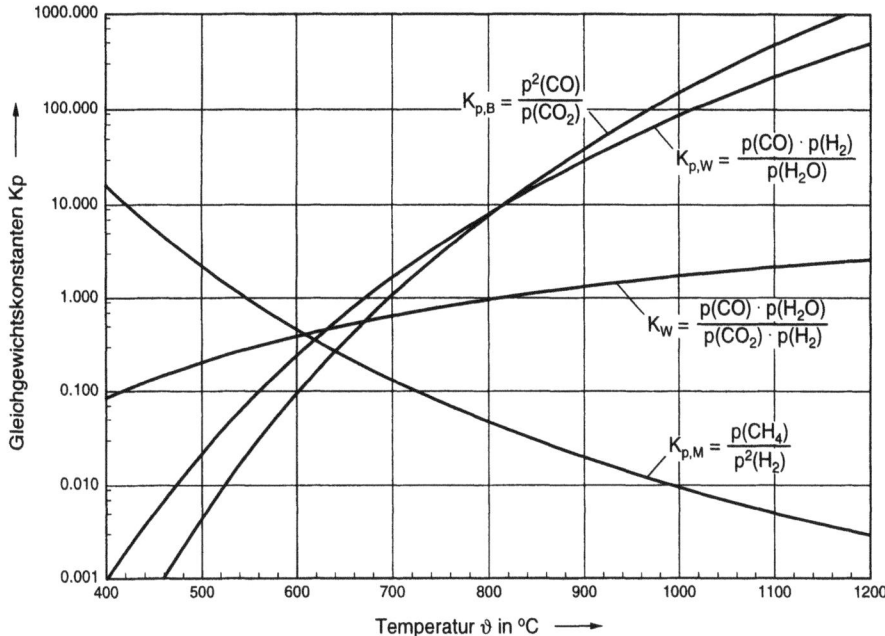

Abb. 5.3: Gleichgewichtskonstanten verschiedener Vergasungsreaktionen in Abhängigkeit von der Temperatur.

mit $p_{Basis} = 1$ bar als Basisdruck zur Darstellung der entsprechenden Einheit der Gleichgewichtskonstanten. Die Abhängigkeiten der Gleichgewichtskonstanten von der Temperatur sind in Abb. 5.3 dargestellt. Bei den endotherm verlaufenden Reaktionen (Boudouard-Reaktion, heterogene und homogene Wassergasreaktion) verschiebt sich das Gleichgewicht mit zunehmender Temperatur in Richtung der Reaktionsprodukte und bei den exothermen Methan-Reaktionen in Richtung der Edukte.

c) Einfluß des Druckes auf das Gleichgewicht

Bei Reaktionen mit Volumenänderungen wird das Gleichgewicht zusätzlich durch den Druck beeinflußt. Bei Druckanstieg verschiebt sich nach dem Gesetz des kleinsten Zwanges das Gleichgewicht in Richtung einer Volumenabnahme und umgekehrt. Eine Druckzunahme bewirkt somit bei der Boudouard-Reaktion weniger Kohlenmonoxid. So zeigt Abb. 5.4 die Abnahme der CO-Konzentration bei einer Druckerhöhung von $p_{VG} = 1$ bar auf $p_{VG} = 30$ bar bei entsprechender Temperatur. Im Gegensatz dazu erhöht sich bei Druckzunahme die Methanbildung über das Methan-Gleichgewicht bei der Vergasung, so daß ein höherwertiges Vergasungsgas entsteht (Abb. 5.5). Dies erklärt, warum einige thermische Verfahren (siehe Kap. 12) u.a. auf die Druckvergasung bei der Behandlung von Abfällen zurückgreifen.

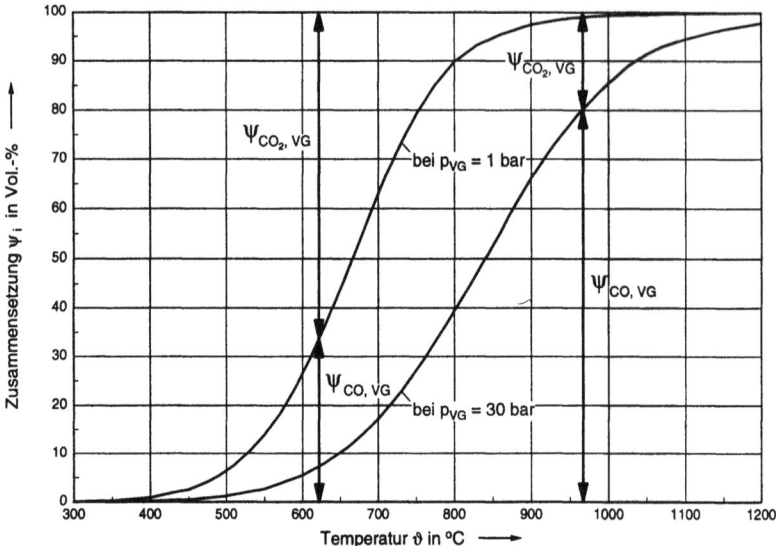

Abb. 5.4: Gleichgewicht der Boudouard-Reaktion bei unterschiedlichem Druck.

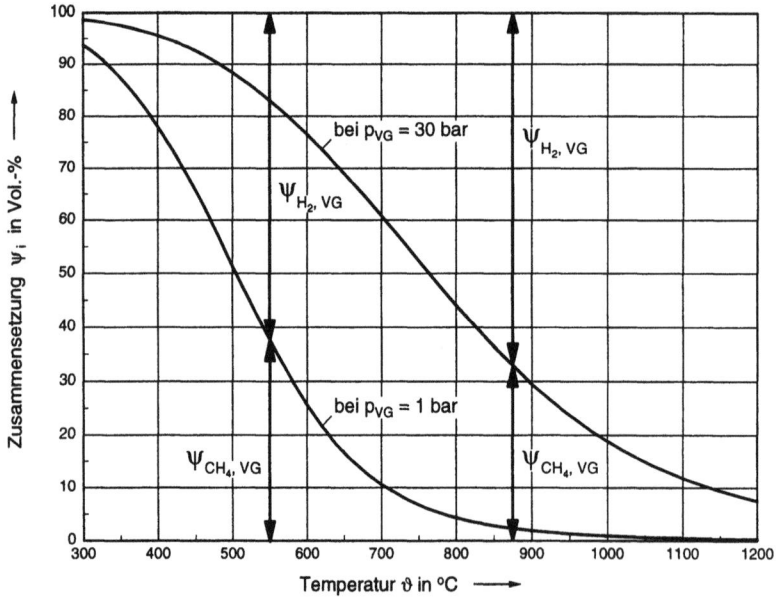

Abb. 5.5: Gleichgewicht der Methanbildungs-Reaktion bei unterschiedlichem Druck.

5.4 Vergasungsrechnung

Für die folgende Vergasungsrechnung wird die Reaktionsgleichung der Methanbildung (Gl. R10 in Tab. 5.2) vernachlässigt. Diese Vereinfachung ist zulässig, wenn die thermische Behandlung von Abfällen bei Umgebungsdruck stattfindet (siehe Abb. 5.5). Außerdem wird der Schwefelanteil im Brennstoff vernachlässigt. Für die Berücksichtigung des Brennstoffschwefels wird auf entsprechende Literatur verwiesen [z.B. 5.1 bis 5.4]. Weiter wird bei der rechnerischen Betrachtung von Vergasungsprozessen hier die Einstellung des Gleichgewichts angenommen.

A) Vergasungsrechnung für Bilanzraum I (Abb. 5.1)

A1) Aufgabenstellung

Als bekannt werden vorausgesetzt:

- Der Gesamtdruck im System (Vergasungsreaktor) p_{VG},

- die Brennstoffzusammensetzung in Form von

$$\xi_C + \xi_H + \xi_O + \xi_N + \xi_{H_2O} + \xi_{In} = 1 , \tag{5-12}$$

- die Zusammensetzung des Vergasungsmittels (Reaktionsgases)

$$\psi_{O_2,VM,f} + \psi_{N_2,VM,f} + \psi_{H_2O,VM} = 1, \tag{5-13}$$

d.h. Sauerstoff, Luft oder mit Sauerstoff angereicherte Luft (falls erforderlich ist aus Gl. (5-13) die trockene Zusammensetzung in Form von $\psi_{O_2,VM,tr} + \psi_{N_2,VM,tr} = 1$ zu ermitteln).

- der zugeführte feuchte Vergasungsmittelvolumenstrom (Reaktionsgasvolumenstrom) $\dot{V}_{VM,f}$.

In Anlehnung an die Verbrennungsrechnung erfolgt auch die Vergasungsrechnung mit Hilfe der Brennstoffkenngrößen (siehe Kap. 4). Die Einheit der Vergasungsstoffmasse (Abfallmasse) m_{VS} ist 1 kg (1 kg VS).

Aus den oben vorgegebenen Daten werden folgende unbekannte Größen bestimmt, wobei zunächst die Temperatur[2]) bekannt oder für eine Iteration als Startwert vorgegeben sei:

---

[2]) Die Temperatur ergibt sich aus einer Energiebilanz, die daher das Gleichungssystem weiter unten noch um eine weitere Gleichung ergänzt.

- Das feuchte spez. Vergasungsgasvolumen $VG_{V,f}$ $\left[\dfrac{m^3 VG}{kg VS}\right]$

- die spez. Einzelvolumina des Vergasungsgases

  $VG_{V,CO}, VG_{V,CO_2}, VG_{V,H_2}, VG_{V,H_2O}, VG_{V,N_2}$ $\left[\dfrac{m^3 i}{kg VS}\right]$

- die Stöchiometriezahl (Luftzahl) λ (damit direkt verbunden ist die spez. Vergasungsmittelmenge $VM_{V,f}$ [m^3VM / kg VS]).

Zu diesen 7 unbekannten Größen werden 7 Gleichungen (G1 bis G7) zur Lösung des Systems benötigt. Sie ergeben sich aus

- den Stoffbilanzen (Stöchiometrie) und
- den Gleichgewichtskonstanten.

A2) Stoffbilanzen

Wie bei der Verbrennungsrechnung (Kap. 4) werden auch bei der Vergasungsrechnung die Stoffbilanzen für die Komponenten Kohlenstoff, Wasserstoff, Sauerstoff und Stickstoff mit Hilfe der Brennstoffkenngrößen aufgestellt (vgl. Gleichungen in Tab. 4.7a und 4.7b).

Kohlenstoff (G1)

$$k = VG_{V,CO} + VG_{V,CO_2} \quad . \tag{5-14}$$

Die Bilanz sagt aus, daß der Kohlenstoffgehalt aus dem Brennstoff (Vergasungsstoff) sich im Kohlenmonoxid und Kohlendioxid des Vergasungsgases wiederfindet. Anteile im Flugstaub werden vernachlässigt.

Wasserstoff (G2)

$$k \cdot (\omega^* + \omega^{**} + \lambda \cdot \omega^{***}) = VG_{V,H_2} + VG_{V,H_2O} \quad . \tag{5-15}$$

Bei der Wasserstoffbilanz wird als zugeführte Stoffmenge der Wasserstoffanteil im Brennstoff (ω^*), in der Brennstofffeuchte (ω^{**}) und in der Feuchtigkeit des Vergasungsgasmittels (z.B. Luft) ($\lambda \cdot \omega^{***}$) berücksichtigt. Im Vergasungsgas findet sich der Wasserstoff als Gas (H_2) und als Wasserdampf (H_2O) wieder.

Vergasungsrechnung

Sauerstoff (G3)

$$k \cdot \left(\Omega + \frac{1}{2} \cdot \omega^{**} + \sigma \cdot \lambda + \frac{1}{2} \cdot \lambda \cdot \omega^{***} \right) = \frac{1}{2} \cdot VG_{V,CO} + VG_{V,CO_2} + \frac{1}{2} \cdot VG_{V,H_2O}.$$
(5-16)

Der Sauerstoffeintrag in die Bilanz (Vergasungsreaktor) erfolgt durch den Sauerstoff im Brennstoff (Ω), die Brennstoffeuchte $(0,5 \cdot \omega^{**})$, den Sauerstoff direkt im Vergasungsgasmittel $(\sigma \cdot \lambda)$ und dessen Feuchte $(0,5 \cdot \lambda \cdot \omega^{***})$. Der Austrag geschieht mit dem Kohlenmonoxid, dem Kohlendioxid und dem Wasserdampf im Vergasungsgas.

Stickstoff (G4)

$$k \cdot \left(\nu + \sigma \cdot \lambda \cdot \frac{\psi_{N_2,RG,tr}}{\psi_{O_2,RG,tr}} \right) = VG_{V,N_2}.$$
(5-17)

In die Stickstoffbilanz geht der mit dem Brennstoff (ν) zugeführte Stickstoff zusammen mit dem Luftstickstoff $(\sigma \cdot \lambda \cdot (\psi_{N_2,RG,tr} / \psi_{O_2,RG,tr}))$ ein und findet sich als N_2 im Vergasungsgas wieder.

Gesamtbilanz (G5) (Vergasungsgasmenge)

Das feuchte Vergasungsgas setzt sich aus den spez. Einzelkomponenten

$$VG_{V,f} = VG_{V,CO} + VG_{V,CO_2} + VG_{V,H_2} + VG_{V,H_2O} + VG_{V,N_2}$$
(5-18)

zusammen.

A3) Gleichgewichtskonstanten

Als weitere Gleichungen für die Lösung des Vergasungssystems werden die Gleichgewichtskonstanten der **Boudouard-Reaktion**

(G6) $\quad K_{p,B} = \dfrac{p_{VG} \cdot (VG_{V,CO})^2}{VG_{V,CO_2} \cdot VG_{V,f}} \quad$ und $\hfill (5\text{-}19)$

der **heterogenen Wassergas-Reaktion**

(G7) $\quad K_{p,W} = \dfrac{VG_{V,CO} \cdot VG_{V,H_2} \cdot p_{VG}}{VG_{V,H_2O} \cdot VG_{V,f}} \hfill (5\text{-}20)$

benutzt.

A4) Lösung des Gleichungssystems

Aus den Gl. (G1) bis (G7) ergeben sich schließlich die quadratischen Gleichungen

$$\left(\dfrac{VG_{V,CO}}{k}\right)^2 \cdot \left(\dfrac{K_{p,B}}{K_{p,W}} - 1\right) - \left(\dfrac{VG_{V,CO}}{k}\right) \cdot \left[(1-\lambda)\cdot 2\cdot\sigma\cdot\left(\dfrac{K_{p,B}}{K_{p,W}} - 1\right) + \dfrac{K_{p,B}}{K_{p,W}} + \omega + \lambda\cdot\omega^{***}\right]$$

$$+ (1-\lambda)\cdot 2\cdot\sigma\cdot \dfrac{K_{p,B}}{K_{p,W}} = 0 \hfill (5\text{-}21)$$

- wobei für den Ausdruck $K_{p,B}/K_{p,W} = K_W$ gesetzt werden kann (siehe Gl. (5.8)) - und

$$\left(\dfrac{VG_{V,CO}}{k}\right)^2 + \dfrac{K_{p,B}}{p_{VG}}\cdot\left(1 + \omega + \lambda\cdot\omega^{***} + \nu + \sigma\cdot\lambda\dfrac{\Psi_{N_2,RG,tr}}{\Psi_{O_2,RG,tr}}\right)\cdot\left(\dfrac{VG_{V,CO}}{k} - 1\right) = 0 \quad (5\text{-}22)$$

mit den Unbekannten λ (hier nicht frei wählbar) und $VG_{V,CO}$. Kennt man die Bilanztemperatur, bei der der Vorgang stattfindet, kann zunächst λ und $VG_{V,CO}$ mit den Gl. (5-21) und Gl. (5-22) iterativ ermittelt werden. Anschließend erfolgt mit dem Gleichungssystem G1 bis G6 die Bestimmung der übrigen Unbekannten.

Für den Sonderfall der Vergasung von reinem Kohlenstoff mit Luft vereinfacht sich das Gleichungssystem auf die Gleichungen

Vergasungsrechnung

$$\lambda = 1 - \frac{1}{2} \cdot \left(\frac{VG_{V,CO}}{k} \right) \tag{5-23}$$

und

$$\left(\frac{VG_{V,CO}}{k} \right)^2 + \frac{K_{p,B}}{p_{VG}} \cdot \left(1 + \lambda \cdot \frac{\psi_{N_2,RG,tr}}{\psi_{O_2,RG,tr}} \right) \cdot \left(\frac{VG_{V,CO}}{k} - 1 \right) = 0. \tag{5-24}$$

Mit der aus den Gl. (5-21) und (5-22) ermittelten Stöchiometriezahl λ kann nun

- das spezifische feuchte Vergasungsmittelvolumen (Reaktionsgas)

$$VM = VM_{V,f} = RG_{V,f} = k \cdot \lambda \cdot \left(\frac{\sigma}{\psi_{O_2,RG,tr}} + \omega^{***} \right), \tag{5-25}$$

- über den zugeführten absoluten Volumenstrom des Vergasungsmittels $\dot{V}_{VM,f}$, der vorgegeben, d.h. von außen aufgeprägt wird, der umgesetzte Vergasungsstoffmassenstrom (Brennstoff)

$$\dot{m}_{VS} = \dot{m}_{BS} = \frac{\dot{V}_{VM,f}}{VM_{V,f}} \tag{5-26}$$

- sowie der abgeführte absolute Volumenstrom des Vergasungsgases $\dot{V}_{VG,f}$ mit dem spezifischen feuchten Vergasungsgasvolumen $VG_{V,f}$ Gl. (5-18) und dem Vergasungsstoffmassenstrom $\dot{m}_{VS}$ Gl. (5-26) zu

$$\dot{V}_{VG,f} = \dot{m}_{VS} \cdot VG_{V,f} \tag{5-27}$$

bestimmt werden. Es sei an dieser Stelle betont, daß der zugeführte Vergasungsmittelvolumen- bzw. Vergasungsmittelmassenstrom den umgesetzten Brennstoffmassenstrom und damit den Vergasungsgasstrom bestimmt, da der Brennstoff im Überschuß vorliegt. Selbstverständlich kann man zu einem gewünschten (d.h. für die Rechnung vorzugebenden) zu vergasenden Brennstoffmassenstrom auch den zugehörigen notwendigen Vergasungsmittelmassenstrom ermitteln.

A5) Beispiele

In Abb. 5.6 ist für ein Beispiel die mit den Gl. (5-21) und (5-22) ermittelte Stöchiometriezahl λ (in Abb. 5.6 als λ_I bezeichnet, da die Betrachtungen sich bislang auf den Bilanzraum I (Abb. 5.1) beziehen) in Abhängigkeit von der jeweils angenommenen Temperatur dargestellt. Als Parameter für die Charakterisierung des Brennstoffes wird das Verhältnis (ξ_C / ξ_H) benutzt, das zwischen dem Wert für reinen Kohlenstoff $\xi_C / \xi_H = \infty$ und $\xi_C / \xi_H = 3$ (Holz hat ein Verhältnis von ca. $\xi_C / \xi_H = 8{,}5$) variiert wird. Die Kurven der Stöchiometriezahl λ_I in Abb. 5.6 streben jeweils bei hohen Vergasungstemperaturen (>1000 °C) gegen einen Grenzwert. So ergibt sich für die Vergasung von reinem Kohlenstoff ($\xi_C / \xi_H = \infty$) mit trockener Luft bei hohen Temperaturen eine Grenzluftzahl von $\lambda_{Grenz} = 0{,}5$ (siehe Abb. 5.6). Bei diesen hohen Temperaturen liegt das Gleichgewicht der hier maßgeblichen Boudouard-Reaktion praktisch ganz auf der Seite des

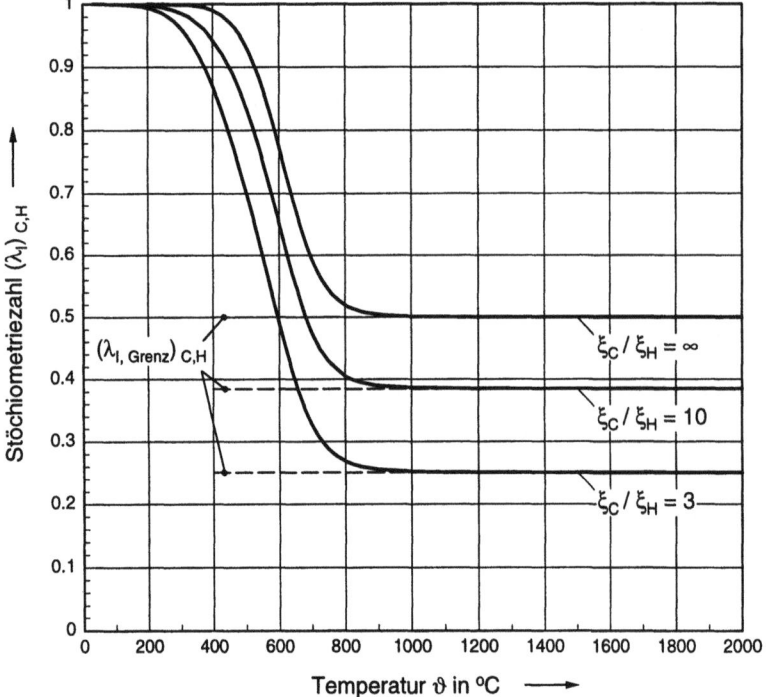

Abb. 5.6: Die Stöchiometriezahl λ_I bei der Vergasung eines aus Kohlenstoff (C) und Wasserstoff (H) ($\xi_C + \xi_H = 1$) bestehenden Brennstoffes in Abhängigkeit von der Vergasungstemperatur ϑ (Vergasungsmittel tr. Luft).

Kohlenmonoxids (CO) (siehe Abb. 5.4), so daß dann die **Näherung** $VG_{V,CO_2} \to 0$ gilt. Setzt sich der Brennstoff aus Kohlenstoff und Wasserstoff zusammen, verschiebt sich der Grenzwert der Stöchiometriezahl durch Zunahme des Wasserstoffgehaltes im Brennstoff zu kleineren Werten (Abb. 5.6). Bei hohen Vergasungstemperaturen (>1000 °C) liegt ganz überwiegend molekularer Wasserstoff (H_2) im Vergleich zum Wasserdampf (H_2O) vor, so daß dann als weitere **Näherung** $VG_{V,H_2O} \to 0$ hinzu kommt. Für einen Brennstoff, der nur aus Kohlenstoff ξ_C und Wasserstoff ξ_H nach Gleichung

$$\xi_C + \xi_H = 1 \tag{5-28}$$

besteht, ergibt sich dann

$$\left(\lambda_{I,Grenz}\right)_{C,H} = \frac{1}{2+\omega^*} = \frac{1}{2 + \dfrac{M_C / M_{H_2}}{\xi_C / \xi_H}} = \frac{\xi_C / \xi_H}{2 \cdot (\xi_C / \xi_H) + M_C / M_{H_2}}. \tag{5-29}$$

Für einen Brennstoff, der aus Kohlenstoff ξ_C, Wasserstoff ξ_H und Sauerstoff ξ_O besteht, ergibt sich

$$\left(\lambda_{I,Grenz}\right)_{C,H,O} = \frac{1-2\Omega}{2+\omega^*-2\Omega}. \tag{5-30}$$

Die beiden Gl. (5-29) und (5-30) gelten für trockene Luft, mit Sauerstoff angereicherte trockene Luft und technisch reinem Sauerstoff als Vergasungsmittel. In Abb. 5.7 ist die Grenzstöchiometriezahl $\left(\lambda_{I,Grenz}\right)_{C,H,O}$ in Abhängigkeit von dem Verhältnis (ξ_C / ξ_H) dargestellt. Es zeigt sich erwartungsgemäß, daß mit Zunahme des Sauerstoffträgers (ξ_O) und des Wasserstoffanteils (ξ_H) im Brennstoff die Grenzstöchiometriezahl sinkt.

Abb. 5.8 zeigt ein Beispiel für die Vergasungsgaszusammensetzung in Abhängigkeit von der Temperatur bei der Vergasung mit trockener Luft. Es sei nochmals betont, daß die bisherigen Rechnungen nur für den Bilanzkreis I (Abb. 5.1) gelten und daß sich ein Gleichgewicht in der Schüttung einstellen kann.

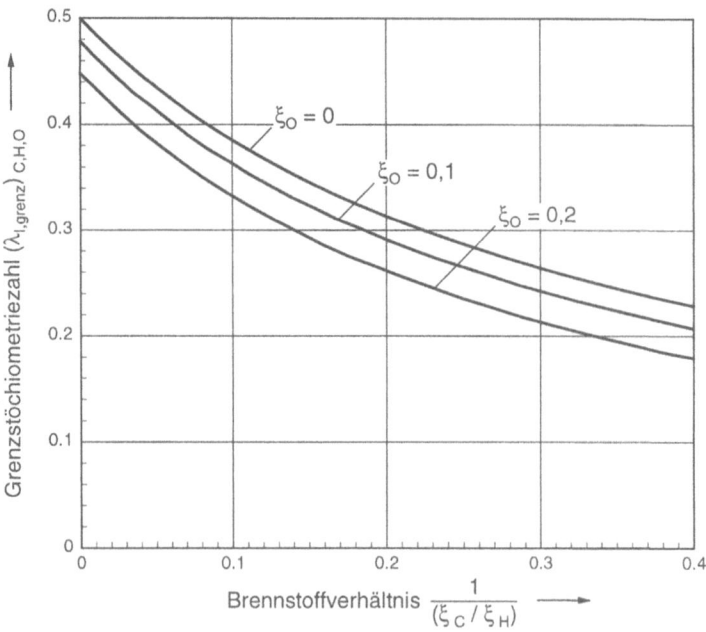

Abb 5.7: Die Grenzstöchiometriezahl $\lambda_{I,grenz}$ in Abhängigkeit vom Brennstoffverhältnis $(1/(\xi_C/\xi_H))$ bei unterschiedlichen Brennstoffzusammensetzungen.

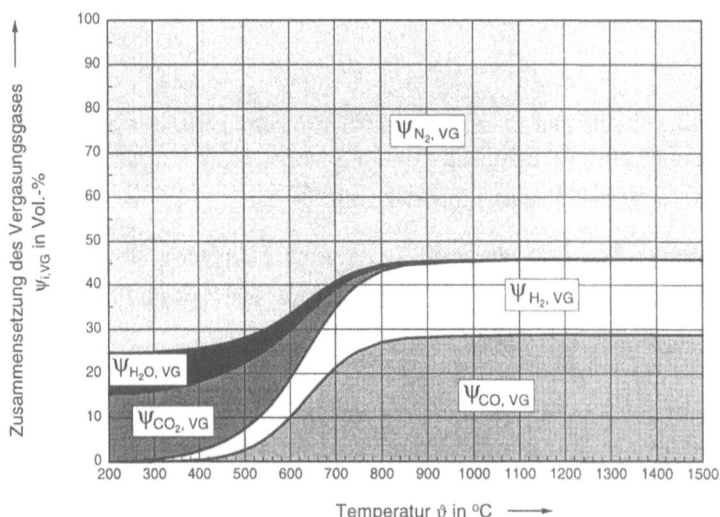

Abb 5.8: Vergasungsgaszusammensetzung $\psi_{i,VG}$ für einen aus Kohlenstoff (C) ($\xi_C = 0{,}91$) und Wasserstoff (H) ($\xi_H = 0{,}09$) bestehenden Brennstoff ($\xi_C / \xi_H = 10$) in Abhängigkeit von der Temperatur (Vergasungsmittel tr. Luft).

Vergasungsrechnung

A6) Hinzufügen der Energiebilanz

Bisher wurde für die Berechnung die Reaktionstemperatur ϑ als bekannt vorausgesetzt. Es läßt sich für die Temperatur jedoch ein Ausdruck über die Energiebilanz herleiten. Dazu erhält jeder der in Abb. 5.1 dargestellten Stoffströme einen Enthalpiestrom zugeordnet. Berücksichtigt man noch einen Verlustwärmestrom $\dot{Q}_{Verl}$, der über die Außenwände des Reaktors an die Umgebung abgegeben wird, ergibt sich

$$\dot{H}_{VS} + \dot{H}_{VM} = \dot{H}_{VG} + \dot{H}_{RS} + \dot{Q}_{Verl} . \tag{5-31}$$

Mit Hilfe der Gleichungen aus Kap. 4.4 und unter der Berücksichtigung, daß das Vergasungsgas neben dem sensiblen auch einen latenten Enthalpieanteil besitzt, läßt sich die Energiebilanz nach der gesuchten Bilanztemperatur auflösen

$$\vartheta = \frac{h_{u,VS} + c_{VS} \cdot \vartheta_{VS} + VM_{m,f} \cdot c_{p,VM} \cdot \vartheta_{VM} - h_{u,VG} \cdot (1 - \xi_{In} + VM_{m,f}) - \dfrac{\dot{Q}_{Verl}}{\dot{m}_{VS}}}{(1 - \xi_{In} + VM_{m,f}) \cdot c_{p,VG} + \xi_{In} \cdot c_{RS}} , \tag{5-32}$$

darin ist nach Gl. (4-64) der Heizwert des Vergasungsgases

$$h_{u,VG} = \psi_{CO,VG} \cdot h_{u,CO} + \psi_{H_2,VG} \cdot h_{u,H_2} . \tag{5-33}$$

Damit ist die Temperatur nur durch Größen beschrieben, die bereits bekannt sind. Das gesamte Gleichungssystem ist also lösbar, wenn man zunächst eine Temperatur - wie bisher dargestellt - annimmt und prüft, ob nach Berechnung der Zusammensetzung des Vergasungsgases die Gl. (5-32) erfüllt ist. Die Rechnung ist iterativ solange zu wiederholen, bis die angenommene mit der sich nach Gl. (5-32) ergebenden Temperatur übereinstimmt.

B) Vergasungsrechnung für Bilanzraum II (Abb. 5.2)

B1) Aufgabenstellung

Das aus dem Bilanzraum II austretende Vergasungsgas VG_I ist aus der vorangegangenen Rechnung bekannt (Vergasungsgasvolumenstrom $(\dot{V}_{VG,f})_I$ nach der

Gl. (5-27) und das spez. Volumen des Vergasungsgases $(VG_{V,f})_I$ nach Gl. (5-18)) und tritt nun als Brennstoff (Vergasungsstoff) BS_{II} ($VG_I = VS_{II} = BS_{II}$) in den Bilanzraum II ein

$$(\dot{m}_{BS})_{II} = (\dot{V}_{VG,f} \cdot \rho_{VG,f})_I. \qquad (5\text{-}34)$$

Führt man nun „von außen", d.h. in Abb. 5.2 an der Schüttung vorbei, dem Bilanzraum II weiter das Zusatzreaktionsgas $RG_{Zu,II}$ mit einem gewählten, d.h. aufgeprägten bzw. vorgegebenen Volumenstrom $(\dot{V}_{RG,f,Zu})_{II}$ zu (Unterstöchiometrie soll im Bilanzraum II erhalten bleiben), so entsteht dabei das Vergasungsgas VG_{II}, d.h. der Volumenstrom $(\dot{V}_{VG,f})_{II}$ mit dem spez. Volumen des Vergasungsgases $(VG_{V,f})_{II}$. Da die zugeführten Ströme $(\dot{m}_{BS})_{II}$ und $(\dot{V}_{RG,f,Zu})_{II}$ bekannt sind, ist bei der Berechnung des Gleichgewichtes im Bilanzraum II die Stöchiometriezahl λ_{II} ebenfalls bekannt. Da nur gasförmige Stoffe im Bilanzraum II miteinander reagieren, steht die homogene Wassergasreaktion Gl. (5-8) im Vordergrund.
Die Aufgabenstellung lautet daher im vorliegenden Fall in Anlehnung an die Vergasungsrechnung für Bilanzraum I:

Gegeben sind

- der Brennstoffstrom $(\dot{m}_{BS})_{II}$,

- die Brennstoffzusammensetzung

$$\xi_C + \xi_H + \xi_O + \xi_N + \xi_{H_2O} + \xi_{In} = 1, \qquad (5\text{-}35)$$

wobei die Massenanteile ξ_i zunächst aus den Volumenanteilen zu errechnen sind (es ist aber auch möglich, die Berechnungsform für gasförmige Brennstoffe zu wählen (vgl. Kennzahlen in Kap. 4.2.2)),

- die Zusammensetzung des Reaktionsgases $RG_{Zu,II}$

$$\psi_{O_2,RG,f} + \psi_{N_2,RG,f} + \psi_{H_2O,RG} = 1, \qquad (5\text{-}36)$$

d.h. Sauerstoff, Luft oder mit Sauerstoff angereicherte Luft (falls erforderlich, ist aus Gl. (5-36) die trockene Zusammensetzung in Form von $\psi_{O_2,RG,tr} + \psi_{N_2,RG,tr} = 1$ zu ermitteln)

- und mit dem zugeführten Reaktionsgasvolumenstrom $\dot{V}_{RG,f}$ (hier als $(\dot{V}_{RG,f,Zu})_{II}$) sowie $(\dot{m}_{BS})_{II}$ somit auch unmittelbar λ (hier als λ_{II}).

Vergasungsrechnung

Gesucht sind

- das feuchte spezifische Vergasungsgasvolumen $VG_{V,f}$ (hier $(VG_{V,f})_{II}$), über das mit dem Brennstoffstrom $(\dot{m}_{BS})_{II}$ dann unmittelbar das feuchte Vergasungsgasvolumen

$$\dot{V}_{VG,f} = \dot{m}_{Br} \cdot VG_{V,f} \qquad (5\text{-}37)$$

bestimmbar ist und

- die spezifischen Einzelvolumina des Vergasungsgases

$VG_{V,CO}$, VG_{V,CO_2}, VG_{V,H_2}, VG_{V,H_2O}, VG_{V,N_2}.

B2) Lösung

Zu diesen 6 unbekannten Größen werden 6 Gleichungen ((G1) bis (G5) und (G8)) zur Lösung des Systems benötigt. Sie ergeben sich in Anlehnung an die Rechnung für Bilanzkreis I aus

(G1) Kohlenstoffbilanz (Gl. (5-14))
(G2) Wasserstoffbilanz (Gl. (5-15))
(G3) Sauerstoffbilanz (Gl. (5-16))
(G4) Stickstoffbilanz (Gl. (5-17))
(G5) Gesamtbilanz (Vergasungsgasmenge) (Gl. (5-18))
(G8) Gleichgewichtskonstante des homogenen Wassergasgleichgewichtes

$$K_W = \frac{VG_{V,CO} \cdot VG_{V,H_2O}}{VG_{V,CO_2} \cdot VG_{V,H_2}} = \frac{K_{p,B}}{K_{p,W}} \,. \qquad (Gl.\ (5\text{-}8))$$

Die Lösung des Gleichungssystems führt in diesem Fall lediglich auf die Gl. (5-21), in der nur $VG_{V,CO}$ unbekannt ist, da λ (hier $\lambda = \lambda_{II}$) $\dot{m}_{BS}$ und $\dot{V}_{RG,f}$ gegeben sind. Die Lösung erfolgt daher ganz analog zu der Rechnung für Bilanzraum I (siehe dort). Auch die Reaktionstemperatur ist wieder iterativ über eine Energiebilanz einzubringen.

Hat das Zusatzreaktionsgas RG$_{Zu,II}$ die gleiche Zusammensetzung wie das Vergasungsmittel VM$_I$, so erfolgt die Rechnung für den Bilanzraum II in der gleichen Weise. Man kann sich jetzt jedoch modellhaft wie oben bereits erläutert die Zufuhr des Reaktionsgases auch über die gestrichelte Linie in Abb. 5.2 vorstellen. Es sei hier nochmals erwähnt, daß die in Bilanzraum II ablaufenden Vorgänge häufig auch „unterstöchiometrische Verbrennung" genannt werden [z.B. 5.1], da hier im eigentlichen Sinne keine Vergasung durch Umsatz eines Feststoffes erfolgt.

C) Vergasungsrechnung für Bilanzraum III (Abb. 5.2)

C1) Aufgabenstellung und Lösung

Die Vorgänge in den Bilanzräumen I und II können zu einem Gesamtvorgang zusammengefaßt werden, wobei nun die Bilanzgrenze III den zugehörigen Bilanzraum bildet.
Über Stoffbilanzen erhält man für den Gesamtvorgang eine Stöchiometriezahl

$$\lambda_{III} = \lambda_I + \lambda_{II} - \lambda_I \cdot \lambda_{II}, \tag{5-38}$$

wobei wie ersichtlich $\lambda_{III} \geq \lambda_I$ ist.
Dem Gesamtvorgang der Vergasung wird der Vergasungsmittel- bzw. Reaktionsgasstrom

$$\left(\dot{V}_{VM,f}\right)_{III} = \left(\dot{V}_{VM,f}\right)_I + \left(\dot{V}_{RG,f,Zu}\right)_{II} \tag{5-39}$$

zugeführt. Gibt man λ_{III} (d.h. $\lambda_{III} \geq \lambda_I$) vor, so ergibt sich unmittelbar aus $\left(\dot{V}_{VM,f}\right)_{III}$ und λ_{III} der umgesetzte **feste** Brennstoffmassenstrom

$$\left(\dot{m}_{BS}\right)_{III} = \left(\dot{m}_{VS}\right)_{III} = \left(\dot{m}_{VS}\right)_I. \tag{5-40}$$

Insgesamt liegt damit eine Aufgabenstellung analog zu Bilanzraum II (s.o.) vor, so daß dann auch das für Bilanzraum II angegebene Gleichungssystem und Lösungsschema auf Bilanzraum III (mit den zugehörigen veränderten Randbedingungen des Gesamtvorganges) übertragen werden kann.

Vergasungsrechnung

C2) Beispiele

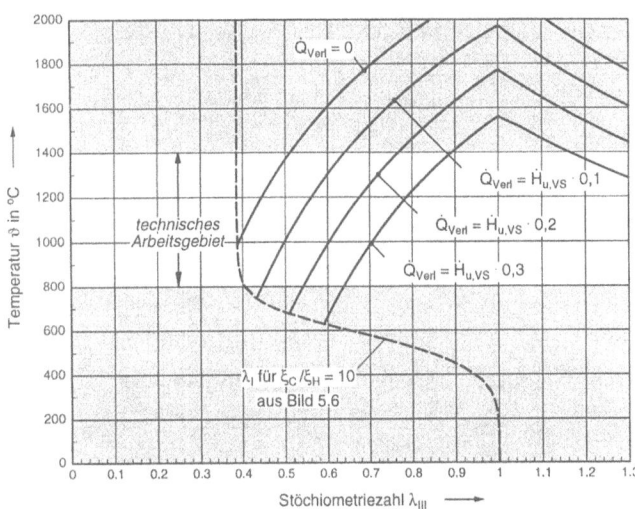

Abb. 5.9: Temperatur in Abhängigkeit von der Stöchiometriezahl λ_{III} bei der Vergasung und Verbrennung eines aus Kohlenstoff (C) und Wasserstoff (H) ($\xi_C / \xi_H = 10$) bestehenden Brennstoffes unter Berücksichtigung von Wärmeverlusten (Vergasungsmittel tr. Luft).

In den Abb. 5.9 und 5.10 sind die Ergebnisse für eine Vergasung aus Kohlenstoff ξ_C und Wasserstoff ξ_H bestehenden Brennstoffes mit einem Verhältnis $\xi_C / \xi_H = 10$ bei Vergasung mit Luft dargestellt, wobei jetzt auch die Energiebilanz iterativ in die Berechnung mit einbezogen ist. Zur Vervollständigung der Übersicht sind die Verhältnisse auch für einen Bereich $\lambda > 1$, d.h. für überstöchiometrische Verhältnisse (vgl. Kap. 4) mit dargestellt. Allerdings werden hier Dissoziationsvorgänge nicht mit einbezogen, da die zugehörigen hohen Temperaturen im Abfallbereich weniger relevant sind. Der grau unterlegte Bereich in Abb. 5.9 ist daher hier nur qualitativ zu werten. Es sei noch darauf hingewiesen, daß bei Kenntnis des Reaktionsgas- bzw. Vergasungsmittelstromes $\left(\dot{V}_{VM,f}\right)_{III}$ sowie Messung der Vergasungsgaszusammensetzung $VG_{VG,i}$ und Reaktionstemperatur die Stöchiometriezahl λ_{III}, den umgesetzten Brennstoffstrom $\dot{m}_{VS}$, usw. bestimmen kann, d.h. insgesamt auch der Gesamtvorgang gedanklich in den Bilanzraum I und II (Rückwärtsrechnung) einschließlich der Bestimmung der ein- und austretenden Ströme zerlegen kann.

Bemerkung:

Die Ergebnisse der Vergasungsrechnung ergeben insgesamt erste Aussagen über den Einfluß

- der Prozeßgaszusammensetzung,
- des Prozeßgasmengenstromes,
- der Prozeßgastemperatur (im adiabaten Fall der maximal möglichen),
- der Abfallzusammensetzung,
- des Vergasungsmittels,
- der Vergasungsmittelzusammensetzung,
- des Systemdruckes
- usw.

Die Zusammensetzung des Prozeßgases hängt bei realen Prozessen jedoch nicht nur von den Gleichgewichtsbedingungen ab, sondern insbesondere auch

- von der Kinetik der Vorgänge (vgl. Kap. 14), d.h. von der Verweilzeitverteilung längs des Reaktorweges und
- von der Art der Strömungsführung, sowohl des Vergasungsmittels als auch des Bettes (Vergasungsstoffes) (vgl. weiter unten Beschreibungen der Vorgänge auf dem Rost usw.).

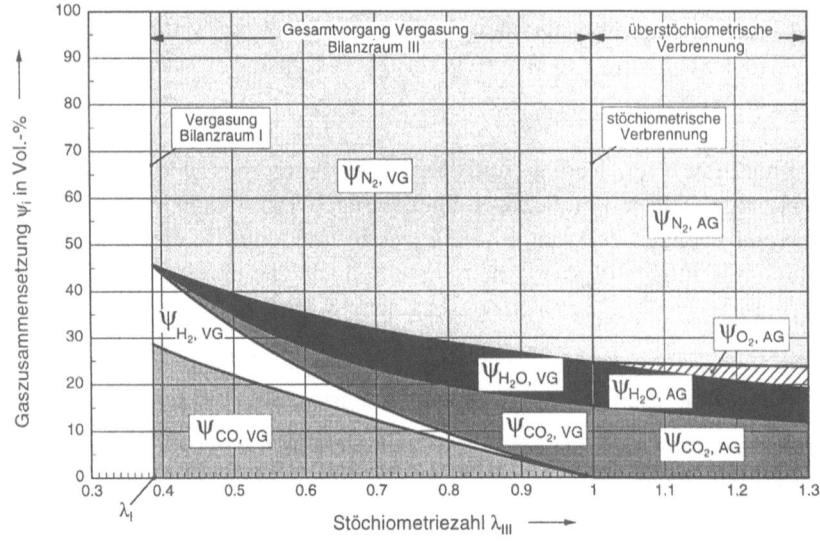

Abb. 5.10: Vergasungsgas- und Abgaszusammensetzung für einen aus Kohlenstoff ($\xi_C = 0{,}91$) und Wasserstoff ($\xi_H = 0{,}09$) bestehenden Brennstoff in Abhängigkeit von der Stöchiometriezahl λ_{III} (Vergasung von tr. Luft, keine Wärmeverluste).

6 Pyrolyse

6.1 Allgemeines

Führt man eine Behandlung von Brennstoff oder Abfall unter Sauerstoffabschluß, d.h. ohne Sauerstoffzufuhr von außen, nur mit Hilfe von Energiezufuhr durch, so finden nacheinander in Abhängigkeit von der Temperatur Trocknungs-, Verdampfungs-, Entgasungs- und chemische Spaltvorgänge statt. Insgesamt wird dieser Prozeß als Pyrolyse bezeichnet. Die Pyrolyse wird, je nach Temperaturniveau, in

- Tieftemperaturpyrolyse (<500 °C),
- Mitteltemperaturpyrolyse (500 °C bis 800 °C) und
- Hochtemperaturpyrolyse (>800 °C)

aufgeteilt. Dabei laufen, in Abhängigkeit von der Temperatur, die Trocknungs-, die Verschwelungs- und die Gasbildungsphase ab.

In der **Trocknungsphase** (bis ca. 200 °C) kommt es zur thermischen Trocknung und damit zur Wasserdampfbildung.

In der **Verschwelungsphase** (200 °C bis 500 °C) kommt es im wesentlichen zur Abspaltung von Seitengruppen höherer molekularer, organischer Substanzen und damit zur thermischen Bildung von Ölen und Teeren.

In der **Gasbildungsphase** zwischen 500 °C und 1200 °C werden die bei der Verschwelungsphase entstandenen Produkte weiter aufgespalten. Es entstehen hauptsächlich Gase wie H_2, CO, CO_2 und CH_4.

Bei der Pyrolyse von Brennstoffen oder Abfällen entstehen somit:

- Koks,
- Teere, Öle, kondensierbare Kohlenwasserstoffe,
- Zersetzungswasser und
- Pyrolysegas (z.B. CO, CO_2, H_2, H_2S, NH_3; siehe Kap. 3).

Bei der Pyrolyse handelt es sich um einen endothermen Prozeß[1]). Dies macht konstruktiv eine direkte oder indirekte Beheizung erforderlich. Bei der direkten

---

[1]) Häufig kommt auch für Pyrolyse der Begriff „Thermolyse" zur Anwendung, um die Bedeutung der Energiezufuhr bei diesem Prozeß herauszustellen. Neben Pyrolyse und Thermolyse werden auch die Begriffe „Verkokung" und „Schwelung" angewendet. Von „Verkokung" spricht man, wenn der Koks als fester Entgasungsrückstand Ziel und Hauptprodukt des Pyrolyseprozesses ist. Bei der „Schwelung" steht hauptsächlich die Teerbildung im Vordergrund.

Beheizung wird z.B. ein inertes Heizgas durch den Reaktor geleitet oder das entstandene Pyrolysegas oberhalb des Brennstoffbettes teilweise mit Sauerstoff oder Luft unterstöchiometrisch umgesetzt (siehe Kap. 12.6, RCP-Verfahren). Die indirekte Beheizung ist dadurch gekennzeichnet, daß zwischen Heizmedium und Einsatzstoff eine räumliche Trennung vorhanden ist. Als Heizmedium kann z.B. Dampf, Thermalöl, thermisch noch verwertbare Abgase aus einem anderen Prozeß, elektrische Energie oder auch Energie aus Verbrennungsprozessen von Erdgas bzw. auch selbsterzeugtem Pyrolysegas angewendet werden.

Die Pyrolyse wird heute bei einigen sog. „neuen" thermischen Abfallbehandlungsverfahren als eigenständige Einheit in einem Drehrohr oder auf einem Rost

- zum thermischen Aufschluß von Abfall ohne Verschlackung,

- zur Inert- und Wertstoffabtrennung nach dem Prozeß,

- zur Zerstörung von Schadstoffen unter Sauerstoffabschluß, wie z.B. PCB und PCDD/F,

- zur Verhinderung von Metalloxidationen,

- zur Erzeugung heizwertreicher Fraktionen in Form von Pyrolysegas und -koks, die anschließend einer weiteren stofflichen oder energetischen Nutzung zugeführt werden können,

- usw.

eingesetzt.

6.2 Haupteinflußgrößen

In Abhängigkeit von der jeweiligen Struktur des Abfallstoffes, insbesondere des organischen Anteils, laufen unter pyrolytischen Bedingungen völlig unterschiedliche Vorgänge ab, die nicht durch Reaktionsgasmechanismen, wie sie bei der Verbrennung oder Vergasung bestehen, beschrieben werden können. Es ist daher üblich, die ablaufenden Vorgänge bei der Pyrolyse durch bruttokinetische Ansätze zu beschreiben, die hier nicht näher erläutert werden sollen [z.B. 6.1]. Der komplizierte Ablauf der Pyrolysereaktion kann in der Regel nur in stark vereinfachten Schemata dargestellt werden, wobei dies für Abfallstoffe mit wechselnden Inhaltsstoffen selbst wieder nur beschränkt möglich ist. Als Haupteinflußgrößen sind insbesondere

- die Zusammensetzung des Einsatzstoffes,

- Temperaturverläufe in Abhängigkeit von der Zeit, d.h.

Haupteinflußgrößen

- Reaktionsdauer,
- Aufheizgeschwindigkeit
- usw.

zu nennen. Damit sind, in Abhängigkeit von der Prozeßführung, erhebliche Unterschiede in der Menge und Zusammensetzung der o.g. Produkte zu erwarten.
So zeigt Tab. 6.1 für Hausmüll, bestehend aus einem Drittel Wasser, einem Drittel organischer Stoffe und einem Drittel Inertstoffe, die möglichen Zersetzungsvorgänge in Abhängigkeit von der Pyrolysetemperatur. Dargestellt sind für die einzelnen Elemente der Verbleib in den einzelnen entstehenden Reaktionsprodukten sowie der Verbleib in der Koks- und Gasphase. Bei den brennbaren Komponenten des Pyrolysegases handelt es sich um Wasserstoff (H_2), Methan (CH_4), aromatische und phenolische Kohlenwasserstoffe (C_xH_y) und Kohlenmonoxid (CO). Außerdem treten als nicht brennbare Komponenten z.B. Kohlendioxid (CO_2) und molekularer Stickstoff (N_2) auf.

Abfall-zusammensetzung	Temperatur	Zersetzungsvorgang	Verbleib der Elemente								
			C	H	S	N	Cl	F	Hg	Cd	Pb
	< 150 °C	Wasserverdampfung Desorption									
	< 350 °C	Destillation Zersetzungswasser Abspaltung von Radikalen	thermisch instabile Öle (aliphatisch) H_2O		H_2S		HCl				
in Ma.-% C: 20 - 30 H: 2 - 10 O: < 5 N: 0,5 - 1 S: < 1 Cl: 0,5 - 1	300 °C bis 500 °C	Aufbruch von C-O- und C-N- Bindungen Abspaltung von Ringsystemen und Radikalen Koksbildung	CO, CO_2 CH_2- C_xH_y COS "Halbkoks" Teer (aromatisch)	HCN	CS_2 H_2S	NH_3 (NH_4Cl)	Organohalogen-verbindungen HF NaCl		Hg	Cd	Pb (Metallsulfide im Koks)
in mg/kg F: 10 - 20 Hg: 0,2 - 4 Cd: 5 - 15 Pb: 300 - 1000	> 500 °C	Sekundärspaltung der hochmolekularen Verbindungen Rekombination Koksverfestigung	CH_4 CO PAH Koks	H_2						(Metallchloride im Gas)	
		Verbleib der Elemente in %	Koks: 50 Gas: 50	100	40 - 50 50 - 60	100	80 - 85 15 - 20	30 - 50 50 - 70	10 90	60 - 75 25 - 40	85 - 95 5 - 15

Tab. 6.1: Zersetzungsvorgänge am Beispiel einer Hausmüllpyrolyse [6.2].

Stöchiometrische Betrachtungen lassen sich beispielsweise mit den folgenden Reaktionsgleichungen anstellen [6.2]:

$$C + H_2O \rightarrow CO + H_2 \tag{6-1}$$

$$C + CO_2 \rightarrow 2CO \tag{6-2}$$

$$CH_4 + H_2O \rightarrow CO + 3H_2 \qquad (6\text{-}3)$$

$$C_xH_y \rightarrow a_1 CH_4 + a_2 H_2 + a_3 C \ . \qquad (6\text{-}4)$$

Bei Temperaturen über 500 °C werden höhermolekulare Kohlenwasserstoffe zu Methan, Wasserstoff und festem Kohlenstoff zersetzt (Gl. (6-4)). Das Methan kann mit Wasser zu Gas (CO, H_2) umgewandelt werden (Gl. (6-3)), während der Kohlenstoff mit Wasser oder Kohlendioxid zu Kohlenmonoxid (Gl. (6-2)) oder zu einem Gemisch aus Kohlenmonoxid und Wasserstoff reagieren kann (Gl. (6-1)).

Einfluß des **Einsatzstoffes**

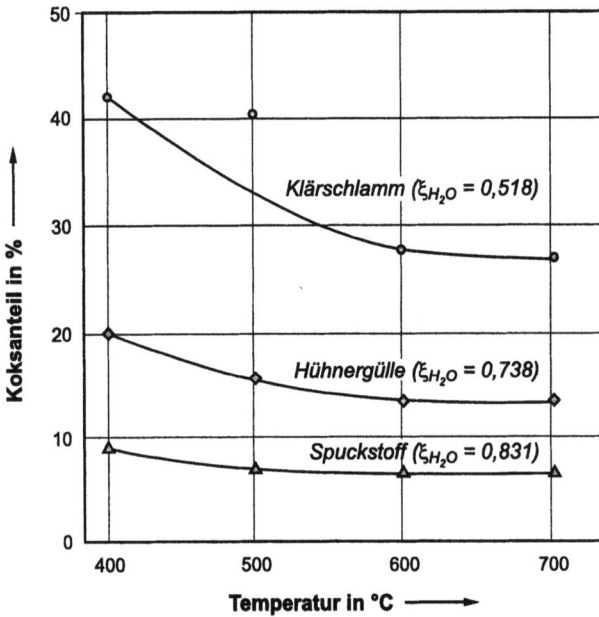

Abb. 6.1: Der Koksanteil in Abhängigkeit von der Pyrolysetemperatur für verschiedene Abfallstoffe [6.3].

Die Pyrolyse ist für den Einsatz in der Kohleverwertung entwickelt worden. Als Produkte treten insbesondere Koks, Teer und Pyrolysegas auf. Inzwischen erfolgt auch der Einsatz zur thermischen Behandlung von Abfällen, worauf in Kap. 11 und 12 noch näher eingegangen wird. In Abb. 6.1 sind für die Abfallstoffe Klärschlamm, Hühnergülle und Spuckstoffe aus der Papierindustrie, die Koksanteile in Abhängigkeit von der Pyrolyseendtemperatur dargestellt. Wie zu erwarten, ist die Koksausbeute nicht nur von der Temperatur, sondern auch von der Art des Einsatzstoffes abhängig. Dabei sind insbesondere das ξ_C / ξ_H-Verhältnis, der gebundene Sauerstoff und die Feuchtigkeit des Brenn- oder Abfallstoffes zu beachten.

Einfluß des **Sauerstoffes**

Wie erwähnt, laufen die Pyrolysereaktionen ohne Zugabe eines Reaktionsgases (Sauerstoff) ab. Trotzdem kann Sauerstoff mit dem Einsatzstoff in Form von

Abfallfeuchtigkeit (ξ_{H_2O}) oder gebunden im Abfallstoff (ξ_O) in das System eingetragen werden und steht damit als Reaktionspartner zur Verfügung.

Einfluß der **Temperatur**

Mit der Temperatur werden im wesentlichen die Menge und die Zusammensetzung der Pyrolyseprodukte sowie die Schadstoffverteilung und -zerstörung beeinflußt. Die Produktausbeute bei der Pyrolyse von Hausmüll in Abhängigkeit von der Pyrolyseendtemperatur nach dem Abkühlen ist in Abb. 6.2 dargestellt.

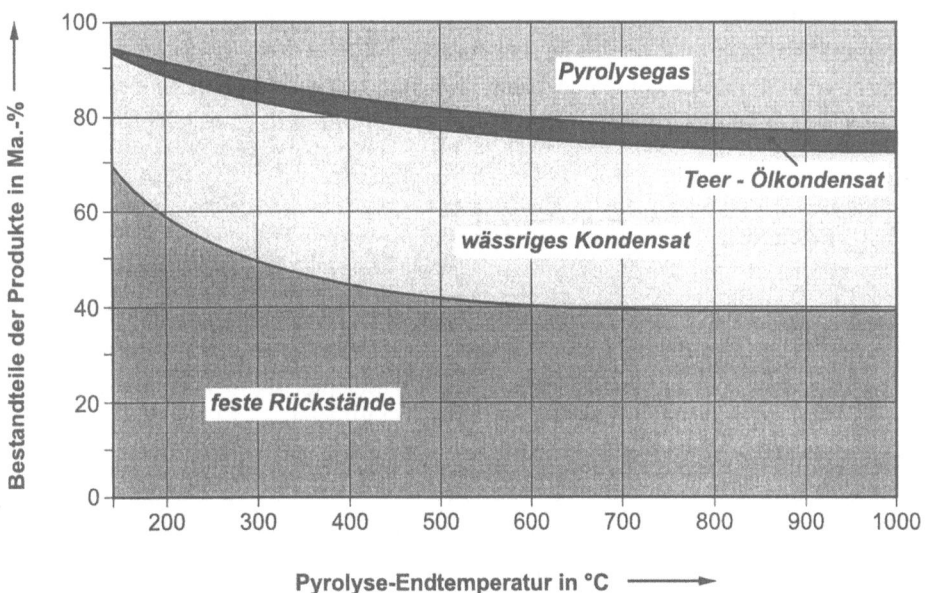

Abb. 6.2: Stoffbilanz der abgekühlten Pyrolyseprodukte von Hausmüll in Abhängigkeit von der Pyrolyse-Endtemperatur [6.4, 6.5].

Hierzu ist folgendes anzumerken:

- Der Gehalt an flüchtigen Bestandteilen im festen Rückstand nimmt mit Zunahme der Temperatur ab, so daß oberhalb 500 °C der feste Rückstand nur noch aus Koks und Inertmaterial besteht.

- Das wässrige Kondensat entsteht durch den Wassergehalt im Abfallstoff (ξ_{H_2O}) oder das anfallende Zersetzungswasser. Die am Ende des Prozesses verbleibende Kondensatmenge steigt mit wachsender Pyrolyseendtemperatur (bis ca. 350 °C) an, bleibt dann über einen großen Bereich konstant und sinkt bei hohen Temperaturen mit Einsetzen der Wassergasreaktion wieder ab.

- Die Teer- und Ölkondensate sind der kleinste Anteil. Sie erreichen ein Maximum im Temperaturbereich von 350 °C bis 500 °C. Bei höheren Pyrolyseendtemperaturen verringert sich die Menge wieder durch auftretende Crackreaktionen.

- Mit zunehmender Pyrolyseendtemperatur und damit zunehmender thermischer Zersetzung steigt die Pyrolysegasmenge stetig an.

Einfluß der **Verweilzeit**

Wie die Temperatur, so beeinflußt auch die Verweilzeit des Abfalles im Reaktor die Menge und die Zusammensetzung der Pyrolyseprodukte sowie die Schadstoffverteilung als auch eine mögliche -zerstörung. Mittlere Verweilzeiten betragen in Drehrohr- oder Rostsystemen je nach Transportgeschwindigkeit in der Größenordnung von 0,5 h bis 1 h (z.B. Schwel-Brenn-Verfahren in Kap. 12.8 mit ca. 1 h).

6.3 Massen- und Energiebilanz

Die Aufstellung einer Massenbilanz bei einer Pyrolyse für den Einsatzstoff Abfall ist in der Regel nur mit Hilfe von Versuchen an einer technischen Thermowaage, an Technikums- oder Großanlagen möglich. Als Beispiel sei hier für den Pyrolysereaktor des Schwel-Brenn-Verfahrens (Kap. 12.8) nach [6.6] eine vereinfachte Massenbilanz dargestellt:

Input:
1000 kg/h Restabfall aus Hausmüll

Output:
581 kg/h feuchtes Pyrolysegas
63 kg/h Flugstaub
260 kg/h Feinrückstand
37 kg/h Metalle
59 kg/h Inertstoff.

Die austretenden Massen ergeben sich bei einer Pyrolyseendtemperatur von 450 °C und einer mittleren Verweilzeit von 1 h. Im feuchten Pyrolysegas sind sowohl das wässrige Kondensat als auch das Teer- und Ölkondensat enthalten, die erst nach Abkühlung des feuchten Pyrolysegases entstehen würden. Der Anteil des Flugstaubes wird mit dem feuchten Pyrolysegas ausgetragen. Insgesamt verbleiben ohne den Flugstaub 356 kg fester Rückstand.

Die zugehörige Energiebilanz ist in Abb. 6.3 dargestellt. Danach ergibt sich

$$\dot{H}_{AF} + \dot{H}_{HM,zu} = \dot{H}_{PG} + \dot{H}_{HM,ab} + \dot{H}_{Rü} + \dot{Q}_{12}. \tag{6-5}$$

Massen- und Energiebilanz

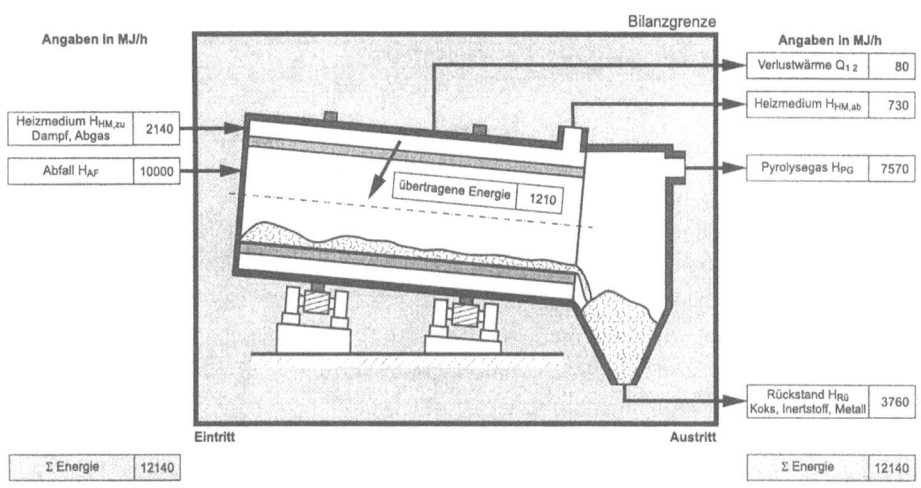

Abb. 6.3: Energiebilanz für eine Pyrolyse zur thermischen Behandlung von Abfällen (berechnet mit den Werten nach [6.6]).

Im allgemeinen ist der Energiebedarf für die Pyrolysereaktionen gegenüber der eingebrachten Abfallenergie gering. Trotzdem wird gerade für die Auslegung des Apparates oder für Wirkungsgradbetrachtungen häufig die Frage nach der zuzuführenden Heizenergie ($\dot{H}_{HM,zu}$) und der zu übertragenden Energie ($\dot{H}_{HM,zu} - \dot{H}_{HM,ab}$) gestellt. Der Energiebedarf läßt sich in der Regel nur experimentell ermitteln.

Als theoretischer Energiebedarf, ohne Einbeziehung der Verluste, ist in der Kohlepyrolyse die „Mindestverkokungswärme" festgelegt worden.
Der Begriff „Mindestverkokungswärme" beschreibt diejenige Energie, die notwendig ist, um eine Masseneinheit (z.B. 1 kg) des Einsatzstoffes mit einem bestimmten Feuchtigkeitsgehalt von 20 °C auf die gewünschte Pyrolyseendtemperatur zu erwärmen und dabei diese in feste, dampfförmige und gasförmige Endprodukte zu überführen [6.7]. Sie beinhaltet damit die fühlbare Enthalpie der Produkte zwischen 20 °C und Pyrolyseendtemperatur, die Verdampfungs- und die Reaktionsenthalpie. Die Mindestverkokungswärme ist insbesondere abhängig vom Gehalt der flüchtigen Bestandteile und des Wassergehaltes des Einsatzstoffes und von der maximalen Pyrolysetemperatur. Bei Pyrolyseprozessen zur thermischen Behandlung von Abfällen liegt die Mindestverkokungswärme in der Regel in einem Bereich von 10 bis 15 % des eingetragenen Heizwertes des Restabfalles aus Hausmüll (siehe auch Abb. 6.3).

7 Mechanismen zur Schadstoffentstehung und -verminderung in Feuerungen

7.1 Allgemeines

Mit Hilfe einer gezielten Verbrennungsprozeßführung, d.h. durch geeignete Mischungsmechanismen in Verbindung mit zugehörigen Temperatur- und Konzentrationsfeldern sowie Verweilzeiten, wird ein möglichst hoher Gas- und Feststoffausbrand unter gleichzeitiger Verminderung von Schadstoffen angestrebt. Voraussetzung für eine entsprechende Prozeßführung sind die Kenntnisse der Bildungs- und Abbaumechanismen sowie die zugehörige Kinetik bei den einzelnen Stoffen. In diesem Kapitel sollen kurz für die wichtigsten Schadstoffe die Mechanismen zur Schadstoffentstehung und -verminderung in Feuerungen erläutert werden, wobei insbesondere auf weiterführende Literatur verwiesen wird.

Bei der chemischen Umsetzung der brennbaren Inhaltsstoffe von Abfällen sind Konzentration und Verteilung der Reaktionsprodukte maßgeblich von den jeweils vorherrschenden Reaktionsbedingungen bzw. den sogenannten Haupteinflußgrößen (siehe Kap. 3) abhängig. Der Abbau und die eventuelle Bildung von Schadstoffen geschieht dabei in komplexen Reaktionsabläufen, deren Mechanismen nur für wenige einfach zusammengesetzte Brennstoffe beschreibbar bzw. berechenbar sind (siehe z.B. [7.1]).

Grundsätzlich lassen sich alle Schadstoffe, die bei der thermischen Abfallbehandlung im Abgas auftreten, in die beiden Gruppen

1. Schadstoffe, die sich durch die thermische Prozeßführung beeinflussen lassen und
2. Schadstoffe, die sich nicht unmittelbar durch die thermische Prozeßführung beeinflussen lassen,

einteilen.

Schadstoffminderungsmaßnahmen durch gezielte Maßnahmen zur Prozeßführung in thermischen Hauptverfahren werden auch **Primärmaßnahmen** genannt. Maßnahmen zur Schadstoffreduzierung, die durch Nachschaltungen von geeigneten Abgasreinigungsanlagen im Anschluß an thermische Hauptverfahren erfolgen, heißen **Sekundärmaßnahmen**.

Zur Gruppe der Schadstoffe, die durch Primärmaßnahmen beeinflußt werden können (Gruppe 1), gehören z.B.:

- Kohlenmonoxid (CO),
- Kohlenwasserstoffe (C_xH_y),

Allgemeines

- Ruß bzw. Flugkoks (C),
- chlorierte Kohlenwasserstoffe, wie z.B. Dioxine und Furane,
- Stickstoffoxide (NO_X)
- usw.

Zur Umsetzung und Ausschöpfung des durch Primärmaßnahmen bestehenden erheblichen Minderungspotentials muß die Prozeßführung durch Optimierung an die jeweilige Abfallart angepaßt werden.

Zur Gruppe der Schadstoffe, die hauptsächlich durch Sekundärmaßnahmen vermindert werden (Gruppe 2), gehören z.B.:

- Schwefeldioxid (SO_2),
- Chlorwasserstoff (HCl),
- Fluorwasserstoff (HF),
- Schwermetalle bzw. Schwermetallverbindungen
- usw.

Selbstverständlich werden auch die unter Gruppe 2 genannten Schadstoffe durch die Prozeßbedingungen beeinflußt. Beispielsweise sei an den Einfluß der Temperatur auf die Schwermetalle und Schwermetallverbindungen erinnert. Die gezielte Steuerung der Prozeßbedingungen zur Beeinflussung der in Gruppe 2 aufgeführten Schadstoffe ist gegenwärtig jedoch bei Verfahren zur thermischen Abfallbehandlung noch nicht Stand der Technik. Daher erfolgt deren Minderung hauptsächlich durch Sekundärmaßnahmen im „kalten" Abgasstrang mit Hilfe von Abgasreinigungsanlagen, wobei zusätzliche Investitions- und Betriebskosten und auch Reststoffe anfallen, die das Gesamtverfahren ökologisch und ökonomisch belasten. Es sei jedoch hier schon auf die Möglichkeit hingewiesen, daß die Schadstoffe SO_2, HCl, HF usw. auch bei bestimmten Prozeßtemperaturen durch Zufuhr von geeigneten Additiven, wie z.B. $Ca(OH)_2$, $CaCO_3$ usw., gebunden werden können. Dabei muß jedoch betont werden, daß im Zuge der sinkenden gesetzlichen Emissionsgrenzwerte diese Verfahren als alleinige Minderungsmaßnahmen häufig nicht ausreichen. In den letzten Jahren wurde für die Sekundärmaßnahmen, d.h. insbesondere in den Abgasreinigungsanlagen, die Technik weiterentwickelt und der Aufwand so erhöht, daß thermische Abfallbehandlungsanlagen den entsprechenden gesetzlichen Emissionsanforderungen auch ohne Primärmaßnahmen genügen. Das erzielte Emissionsergebnis am Kamin der Anlage ist dabei unabhängig von der vorliegenden hohen oder niedrigen Schadstofffracht aus dem thermischen Hauptverfahren. Dieser erste Teil des Gesamtverfahrens bestimmt jedoch maßgeblich die Größe und den Energieaufwand der Abgasreinigung usw. Aus diesem Grund liegt ein Schwerpunkt der derzeitigen Entwicklung auf der Anwendung von Primärmaßnahmen im thermischen Hauptverfahren.

124 Mechanismen zur Schadstoffentstehung und –verminderung in Feuerungen

7.2 Primärmaßnahmen

7.2.1 Ausbrand
(Kohlenmonoxid, Ruß, Flugkoks, Kohlenwasserstoffe)

Das Auftreten von Kohlenmonoxid, Ruß, Flugkoks und Kohlenwasserstoffen in den Abgasen einer insgesamt überstöchiometrisch betriebenen Abfallverbrennung kann z.B. durch

- unzureichende Vermischung (z.B. Strähnenbildung, mangelhafte turbulente Einmischung) zwischen dem Reaktionsgas (Oxidationsmittel Luft usw.) und dem gasförmigen, flüssigen oder staubförmigen Abfallstoff oder den Gasen aus der Feststoffverbrennung,
- Temperaturquencheffekte während des Ausbrandes (z.B. durch Einmischung von kaltem Reaktionsgas, Vorbeiführen von noch nicht ausgebrannten Abgasen an kalten Wänden),
- zu niedrige Verbrennungstemperaturen,
- unzureichende Verweilzeit der Gase in der Verbrennungszone,
- Einwirkung von chemischen Inhibitoren auf den Oxidationsprozeß
- usw.

hervorgerufen werden (vgl. Haupteinflußgrößen in Kapitel 3).

Kohlenmonoxid

Gasförmige Stoffe:

Allen Brenn- und Abfallstoffen ist gemeinsam, daß die Umsetzung zu den gasförmigen Reaktionsprodukten über einen Kettenreaktionsmechanismus abläuft, in dessen Verlauf höhermolekulare Brennstoffbestandteile über Radikalreaktionen abgebaut werden. Am Ende dieser teilweise sehr komplizierten Abbaureaktionen steht unter anderem für den Kohlenstoff das Kohlenmonoxid mit der Gleichung

$$CO + OH \Leftrightarrow CO_2 + H.$$

Als Teilreaktionen ergeben sich z.B. nach [7.2] zusätzlich

$$H + O_2 \Leftrightarrow OH + O,$$
$$O + H_2 \Leftrightarrow OH + H$$

und

Primärmaßnahmen

$OH + H_2 \Leftrightarrow H_2O + H$.

Der o.g. Schritt zur CO-Oxidation läuft vergleichsweise langsam ab. Aus diesem Grunde stellt sie deshalb insbesondere bei gasförmigen und flüssigen Brennstoffen häufig den geschwindigkeitsbestimmenden Schritt zur Verbrennung dar. Für erste Überlegungen kann deshalb der Abbau von Kohlenwasserstoffen, wie z.B. Propan, Erdgas bei der Verbrennung als schnell verglichen mit der nachfolgenden CO-Oxidation betrachtet werden. Es ist dann häufig statthaft, zur Abschätzung des Ausbrandes bei der thermischen Abfallbehandlung nur die CO-Abbaukinetik zu betrachten und CO als Leitkomponente für den Abbau einer Reihe von relativ leicht zersetzbaren, insbesondere nicht chlorierten Kohlenwasserstoffen, wie z.B. Hexan, Toluol, Cyclohexan, Propan usw., heranzuziehen. Zur Beschreibung der Kinetik geben Dreyer und Glassman [7.3] insgesamt den folgenden Ansatz an:

$$-\frac{d[CO]}{dt} = 10^{14,6} \cdot [CO] \cdot [O_2]^{0,5} \cdot [H_2O]^{0,25} \cdot \exp\left(-\frac{40000}{R \cdot T}\right), \qquad (7-1)$$

wobei
R allgemeine Gaskonstante in J/(mol K)
$[CO], [O_2], [H_2O]$ Konzentration in mol/cm^3
t Zeit in s
T absolute Temperatur in K

ist. Es wird deutlich, daß für einen hohen Abbaugrad von CO neben Sauerstoff und ausreichend hohem Temperaturniveau auch Wasserdampf einen entsprechenden Einfluß ausübt. Es ist zu beachten, daß in der Regel der Sauerstoffpartialdruck (Luftüberschuß) und die Temperatur (Bilanztemperatur) über eine Energiebilanz zusammenhängen. Zu hoher Luftüberschuß hat so ein Absinken der Reaktionstemperatur zur Folge, wodurch der CO-Abbau gehemmt wird. Im Zusammenhang mit dem Einfluß der Temperatur auf die Reaktionsgeschwindigkeit sei an dieser Stelle betont, daß für das Erreichen von hohen Umsatzraten über dem Querschnitt des Reaktionsraumes ein einheitliches Temperatur- und Konzentrationsprofil anzustreben ist, d.h. daß Vermischung zu optimieren und Quencheffekte an kalten Wänden zu vermeiden sind [z.B. 3.5], worauf im Kap. 8 noch näher eingegangen wird.

Neben der formalen Reaktionskinetik ist bei technischen Verbrennungsprozessen insbesondere die Betrachtung des Verweilzeitverhaltens bzw. Vermischungsverhaltens wichtig. Diesbezüglich unterscheidet man, wie bereits in Kap. 3.4 dargestellt, in der chemischen Verfahrenstechnik zwei Grenzfälle, den idealen Rührkesselreaktor (**C**ontinious **S**tirred **R**eactor, CSR, vollständige Vermischung) und den

126 Mechanismen zur Schadstoffentstehung und –verminderung in Feuerungen

idealen Kolbenströmreaktor (**P**lug **F**low **R**eactor, PFR, keine Vermischung). Oft ist insbesondere bei hohen Temperaturen das Mischungsgeschehen der zeitlich bestimmende Schritt und die Reaktionszeit vernachlässigbar. Dann gilt die häufig anzutreffende Fomulierung „gemischt gleich verbrannt". In Abb. 7.1 sind für die erwähnten Grenzfälle das Abbauverhalten von CO, d.h. das Verhältnis der laufenden CO-Konzentration C zur Anfangskonzentration C_{An}, in Abhängigkeit von der mittleren Verweilzeit $\bar{\tau}$ nach [7.3] dargestellt. Der ideale Kolbenströmreaktor (Bo = ∞) zeigt hinsichtlich des Abbaugrades C/C_{An} die günstigere Reaktionscharakteristik. Das gilt unter der Voraussetzung, daß zu Beginn über dem Reaktorquerschnitt ein einheitliches Temperatur- und Konzentrationsprofil vorliegt. Dies läßt sich aber nur erreichen, wenn ein Rührkesselelement als fluiddynamisches Mischelement vorgeschaltet wird. Insgesamt wird damit deutlich, daß je nach gewünschtem Abbaugrad und zur Verfügung stehender Reaktionszeit zuerst ein Rührkesselreaktor und daran anschließend ein Kolbenstromreaktor erforderlich ist. Wie diese verfahrenstechnische Reihenschaltung weiter prozeßtechnisch und apparativ in thermischen Behandlungsanlagen umgesetzt wird, ist näher im Kap. 8 erläutert. Insgesamt sollte das Reaktor-

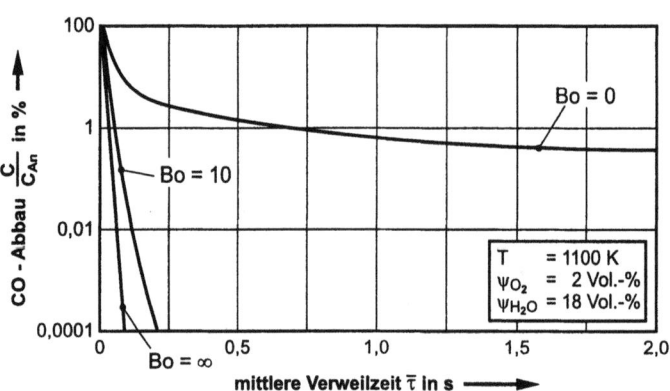

Abb. 7.1: Abhängigkeit des CO-Abbaus C/C_{An} von der mittleren Verweilzeit $\bar{\tau}$ und dem Mischungsverhalten des Reaktors [7.3].
Bo = 0 → Rührkessel,
Bo = ∞ → Kolbenströmer,
Bo = 10 → Beispiel für technischen Reaktor.

verhalten in der Ausbrandzone sich mehr der Eigenschaft eines PFR annähern. Ein für technische Verbrennungsanlagen charakteristisches Mischungsverhalten ist in Abb. 7.1 (Bo = 10) eingetragen. Es zeigt sich, daß bei den angegebenen Randbedingungen mittlere Verweilzeiten von $\bar{\tau}$ = 0,2 s für den CO-Abbau ausreichen.

Qualitativ werden CO-Konzentrationen im Zusammenhang mit der NO_x-Minderung (s.u.) später noch ausführlich dargestellt, und zwar für gasförmige, flüssige, staubförmige und feste Brenn- und Abfallstoffe bei unterschiedlichen Prozeßführungen.

Zusammenfassend läßt sich festhalten, daß Kohlenmonoxid im Abgas durch folgende Maßnahmen gemindert werden kann:

- Vollständige Mischung der Reaktionspartner (z.B. durch Drall oder Freistrahlen),

- ausreichende Abgastemperatur (vom Gesetzgeber für die thermische Behandlung von Hausmüll mit 850 °C und für Sondermüll mit 1200 °C empfohlen [1.4]),

- möglichst gleichmäßiges Temperaturniveau der Gase in den einzelnen Querschnitten der Brennkammern (Vermeidung von Wärmeauskopplung während der Ausbrandphase usw.),

- ausreichende Verweilzeit der Abgase bei entsprechender Temperatur (vom Gesetzgeber für die thermische Behandlung von Abfällen in [1.4] mit 2 s empfohlen) und

- ausreichender Sauerstoffpartialdruck (vom Gesetzgeber ebenfalls in [1.4] für feste Abfälle in der Regel mit mindestens 6 Vol.-% und für flüssige Abfälle mit mindestens 3 Vol.-% empfohlen).

Flüssige Stoffe:

Bei der thermischen Behandlung von flüssigen Abfällen, wie Rückstandsölen, Pyrolyseölen usw., ist in der Regel zunächst der Aufbereitung durch Zerstäuben (Druckzerstäubung, Zerstäuben mit Gasen und Dämpfen) Aufmerksamkeit zu schenken. Nach Entstehen der Tropfen werden diese durch Wärmezufuhr (z.B. infolge Strahlung von heißen Wänden usw.) verdampft. Für den so erzeugten Dampf gelten dann im wesentlichen die zuvor beschriebenen Mechanismen für gasförmige Stoffe. Insbesondere ist bei Verweilzeitbetrachtungen zusätzlich die zum Verdampfen der Tropfen benötigte Zeit zu beachten. Diese ist für einen Öltropfen im wesentlichen proportional zum Quadrat des Tropfendurchmessers. Einen Einfluß üben natürlich auch die Art des Öles und die Umgebungsbedingungen des Tropfens, wie z.B. Temperatur, Sauerstoffpartialdruck, aus [7.4]. In Abb. 7.2 ist beispielhaft die Verdampfungszeit t_{Verd} in Abhängigkeit vom Anfangstropfendurchmesser d_{An} unter den im Bild angegebenen Randbedingungen dargestellt. Erwartungsgemäß ergeben sich bei ungenügender Zerstäubung, d.h. entsprechend großem Tropfendurchmesser, sehr lange Verdampfungszeiten, weshalb bei vorgegebener Brennraumgeometrie die Verweilzeit zum Ausbrennen nicht ausreichen kann und erhöhte Emissionen an unverbranntem CO, Ruß, Flugkoks usw. im Abgas auftreten können. In Abhängigkeit von der Art

128 Mechanismen zur Schadstoffentstehung und –verminderung in Feuerungen

der Zerstäubung, z.B. Druckzerstäuber, Rotationszerstäuber usw., der Viskosität des Öls, dem Öldruck usw., ergeben sich in der Regel Tropfen zwischen 0,05 und 0,4 mm Durchmesser, so daß sich dann nach Abb. 7.2 Verdampfungszeiten bis zu 1,0 s ergeben.

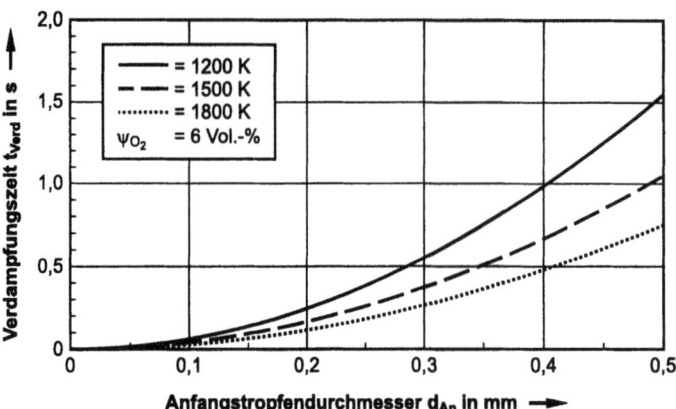

Abb. 7.2: Verdampfungszeit t_{Verd} eines Heizöltropfens in Abhängigkeit vom Anfangstropfendurchmesser d_{An} und der Verdampfungstemperatur T in Kelvin als Parameter.

Staubförmige und stückige Stoffe:

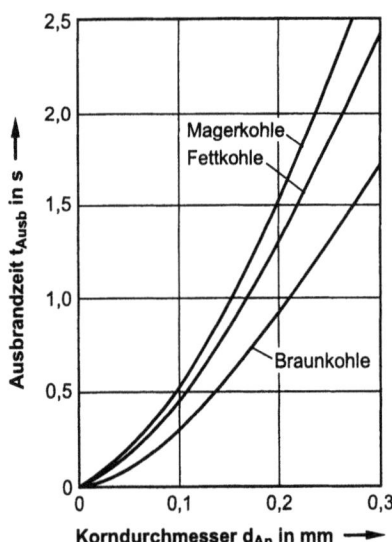

Abb. 7.3: Ausbrandzeit t_{Ausb} von verschiedenen Kohlenstäuben in Abhängigkeit vom Anfangskorndurchmesser d_{An} ($\lambda = 1{,}25$, $\vartheta = 1300\ °C$) [7.6].

Bei der Verbrennung staubförmiger und stückiger Brenn- und Abfallstoffe kommt es zunächst zur Entgasung und Zündung der flüchtigen Bestandteile (homogene Reaktionen). Nach oder auch während der Verbrennung der flüchtigen Bestandteile erfolgt der Ausbrand des Restkokses (heterogene Reaktionen), wobei hier Vorgänge der Vergasung, der unter- und überstöchiometrischen Verbrennung ablaufen (vgl. Kap. 5). Die für den Gesamtvorgang benötigte Zeit wird häufig als Brenn- oder Abbrandzeit bezeichnet. Zusammenhänge zwischen Ausbrandzeit und Korngröße bei der Verbrennung von staubförmigen und stückigen Brenn- und Abfallstoffen können ähnlich wie bei der Ölverbrennung dargestellt werden [z.B. 7.5 bis 7.7]. So zeigt Abb. 7.3 die Ausbrandzeit verschiedener Kohlen bei einem Stöchiometrieverhältnis $\lambda = 1{,}25$ und einer Feuerraumtemperatur von 1300 °C. Will man z.B. Ausbrandzeiten von unter t_{Ausb} = 2 s erreichen, so müssen Korngrößen, die über d_{An} = 0,3 mm liegen, vermieden werden.

Ruß und Flugkoks

Eine Besonderheit bei der Verbrennung von Kohlenwasserstoffen aus Brenn- oder Abfallstoffen besteht darin, daß durch Crackvorgänge in der Gasphase Zwischenprodukte entstehen, die sich aneinanderlagern [z.B. 7.8 bis 7.12]. Diese gebildeten kohlenstoffreichen Festkörper bezeichnet man als **Ruß**. Chemisch gesehen entspricht der Ruß etwa der Formel C_8H [7.11], jedoch werden auch andere Zusammensetzungen genannt. In Feuerungen mit direkter Wärmeauskopplung im Feuerraum ist Ruß als Zwischenprodukt häufig erwünscht, da er die Wärmeabgabe der Flamme durch Strahlung verbessert. Die Rußbildung und -verbrennung muß aber prozeßtechnisch so gesteuert werden, daß am Ende des Brennraumes der Ruß vollständig verbrannt ist. Die Menge des entstehenden Rußes hängt im wesentlichen von

- der Temperatur im Feuerraum,
- den Eigenschaften des Brennstoffes, insbesondere vom Kohlenstoff/Wasserstoff-Verhältnis (hohe C/H-Verhältnisse fördern die Rußbildung),
- der Sauerstoffkonzentration

ab [z.B. 7.10]. Zur Rußvermeidung sollte der Brennstoff nicht zu lange in sauerstoffarmen Bereichen bei hohen Temperaturen verbleiben. Häufig läßt sich dies in einer Flamme jedoch nicht erreichen, so daß gebildeter Ruß anschließend wieder abgebaut werden muß. Der Abbaugrad ist im wesentlichen von

- der Temperatur,
- dem Sauerstoffpartialdruck,
- der Verweilzeit und
- der spez. Oberfläche der Rußpartikel

abhängig [z.B. 7.9]. Insgesamt läßt sich durch eine Temperaturerhöhung und eine Anhebung des Sauerstoffpartialdruckes im Feuerraum der Rußabbau **stark** beschleunigen, wobei eine Temperaturerhöhung einen stärkeren Einfluß auf die Rußabbaugeschwindigkeit ausübt, als eine Erhöhung des Sauerstoffpartialdruckes [7.12]. Es ist zu berücksichtigen, daß bei einem Verbrennungsprozeß häufig beide Haupteinflußgrößen miteinander gekoppelt sind, d.h. eine Temperaturerhöhung über die Einstellung eines niedrigen Stöchiometrieverhältnisses mit einer Verringerung des Sauerstoffpartialdruckes verbunden ist.

Das Ergebnis der Verbrennungsführung wird durch die sog. Rußzahl charakterisiert. Die Messung erfolgt mit Hilfe der Filterpapiermethode nach Bacharach (DIN 51402). Dabei wird mit einer Handpumpe eine bestimmte Abgasmenge durch ein Filterpapier gesaugt, das durch Ruß geschwärzt wird. Der Schwärzungsgrad legt anschließend die sog. Rußzahl mit Hilfe einer Grauskala von 0 (weiß) bis 9 (schwarz) fest.

Der sogenannte **Flugkoks** kann insbesondere bei der Verbrennung flüssiger Abfallstoffe (Pyrolyseöl und schwersiedende Erdölrückstände) entstehen, wenn zerstäubte Flüssigkeitstropfen in zum Teil sauerstoffarmer Umgebung bei hohen Temperaturen verdampfen. Bei diesem Vorgang wird bevorzugt Wasserstoff abgespalten. Es verbleiben die höchstsiedenden Moleküle, die dann ein Kohlenstoffskelett als Flugkoks (Cenosphären) bilden, das die Größe des Ausgangstropfens erreichen kann [7.5]. Die dabei ablaufenden Vorgänge lassen sich nur qualitativ beschreiben. Aus Ölverbrennungsversuchen ergibt sich die Erkenntnis, daß die Flugkoksentstehung mit zunehmenden Asphaltengehalten und zunehmender Viskosität gefördert wird. Demnach ist zur Flugkoksvermeidung eine möglichst feine Zerstäubung des flüssigen Abfallstoffes anzustreben. Dieses läßt sich z.B.

- durch hohe Zerstäubungsdrücke,
- Erniedrigung der Viskosität durch Vorwärmung des flüssigen Abfallstoffes,
- durch hohen Massenanteil des Zerstäubungsmittels (z.B. Luft, Wasserdampf usw.),
- durch Zerstäubung mit Wasserdampf oder
- durch Zerstäubung mit Wasser unter hohem Druck in der Nähe des Siedepunktes (dadurch erfolgt beim Entspannen ein sprungförmiges Übergehen des Zerstäubungsmittels in die Gasphase)

realisieren.

Kohlenwasserstoffe

Für eine Reihe leicht zersetzbarer Kohlenwasserstoffe (KW), die lediglich die Elemente C,H,O,N enthalten, wie z.B. Hexan, Toluol, Cyclohexan, Propan usw., gilt im wesentlichen das, was zuvor im Zusammenhang mit dem Kohlenmonoxidabbau dargestellt worden ist. Als vergleichsweise schwer zersetzbar hingegen gelten Hexachlorbenzol, Methan, Ethan, Tetrachlorkohlenstoff und insbesondere polychlorierte Dibenzodioxine und -furane.

Primärmaßnahmen

Im weiteren wird näher auf die chlorierten Kohlenwasserstoffe eingegangen, da hiermit eng Dioxin- und Furanemissionen verbunden sind [z.B. 7.13 bis 7.21]. Unter den Begriff „Dioxine" werden üblicherweise alle polychlorierten Dibenzodioxine (PCDD) und polychlorierten Dibenzofurane (PCDF) zusammengefaßt. Dies sind zwei Reihen tricyclischer aromatischer Verbindungen mit angelagerten Chloratomen. Die Anzahl der Chloratome kann zwischen 1 und 8 betragen. Abhängig von der Anzahl und der Anordnung der Chloratome ist eine große Anzahl von Stellungsisomeren möglich (75 PCDD, 135 PCDF). Für jede Verbindung ist nach Toxizität ein Gewichtungsfaktor (Äquivalent) festgelegt. Für das 2, 3, 7, 8-PCDD (sog. Seveso-Gift) wurde das Äquivalent „eins" festgelegt. Mit der Summe der Wichtungen erhält man das sogenannte Toxizitätsäquivalent (TE) [7.13].
Die wichtigsten chemischen und physikalischen Eigenschaften der Dioxine sind [7.13]:

- Unempfindlichkeit gegen Säure und Basen,
- stabile Verbindung,
- aufgrund ihrer Schwerflüchtigkeit treten Dioxine größtenteils an Partikel gebunden auf,
- geringe Wasserlöslichkeit und
- sehr große Löslichkeit in Fetten, Ölen und organischen Lösungsmittel.

Für das Auftreten im Abgas einer thermischen Behandlungsanlage können im wesentlichen folgende Ursachen in Betracht gezogen werden [z.B. 7.13 bis 7.21]:

- Dioxine und Furane liegen im Abfall bereits vor und werden durch unzureichende Reaktionsbedingungen während des Verbrennungsprozesses nicht in entsprechendem Maße abgebaut.
- In der Nachverbrennung liegen keine optimierten Reaktionsbedingungen vor, so daß die aus Precursoren, d.h. Vorläufersubstanzen (z.B. PCB (polychlorierte Biphenyle), PCP (Pentachlorphenol)) während des Verbrennungsprozesses gebildeten Dioxine nur ungenügend zerstört werden.
- Dioxine können im Niedertemperaturbereich zwischen 200 °C und 500 °C neu gebildet werden, wenn unverbrannte Kohlenwasserstoffe, z.B. Ruß, C_xH_y usw., geringe Spuren organisch oder anorganisch gebundenes Chlor und Restsauerstoff anwesend sind. Kleine Mengen an Kupfer, Zink oder anderen Schwermetallen können katalytische „Hilfestellung" bei der Bildung geben (sog. de-novo-Synthese).

Aus diesen Herkunfts- und Bildungspfaden ergibt sich im Hinblick auf die Emissionsminderung durch Primärmaßnahmen die Forderung, einen möglichst hohen Ausbrand sowie einen niedrigen Flugstaubgehalt sicherzustellen. Im folgenden soll weniger auf die einzelnen Herkunfts- und Bildungspfade eingegangen werden

132 Mechanismen zur Schadstoffentstehung und -verminderung in Feuerungen

(siehe dazu [7.13 bis 7.21]), vielmehr wird die Wirkung der Haupteinflußgrößen auf den Abbau der Dioxine näher dargestellt. Aus den Ergebnissen der Betrachtungen ergeben sich, wie schon beim Ausbrand von CO, Ruß und Flugkoks, Aussagen für die erforderliche Prozeßführung (siehe Kap. 8).
Wie bereits erläutert, kann das Kohlenmonoxid gegenüber einer Reihe leicht zersetzbarer, insbesondere nicht chlorierter Kohlenwasserstoffe als Leitkomponente für den zeitlichen Abbau von Kohlenwasserstoffen benutzt werden. Diesen Charakter der Leitkomponentenfunktion verliert das Kohlenmonoxid jedoch mit dem Auftreten von chlorierten Kohlenwasserstoffen im Abgas, wie Tetrachlordibenzodioxin (TCDD), Hexachlorbenzol usw., die wesentlich höhere thermische Stabilitäten besitzen. So ergibt sich beispielhaft für das TCDD in Abb. 7.4 erst bei Temperaturen oberhalb 900 °C ein steiler Abbaugrad. Der Einfluß der Verweilzeit wird deutlich, wenn man z.B. bei einer Temperatur von 900 °C für eine Verweilzeit von $\tau = 1,5$ s einen Abbaugrad von 99,999 % und dagegen bei einer Verweilzeit von $\tau = 0,5$ s einen Abbaugrad von nur 99 % abliest. Es zeigt sich, daß Temperaturen um 1000 °C für einen ausreichenden Abbau genügen können.

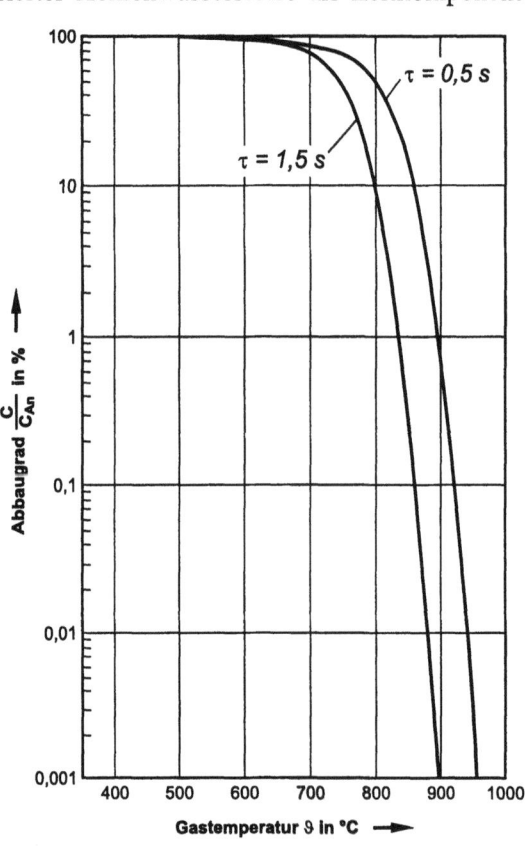

Abb. 7.4: Abbaugrad, d.h. Verhältnis der laufenden Konzentration C zur Anfangskonzentration C_{An}, von TCDD in Luft in Abhängigkeit von der Gastemperatur ϑ und der Verweilzeit τ [7.14].

Der Einfluß der Sauerstoffkonzentration auf den Abbau von TCDD und PCB (PCB ist eine Vorläufersubstanz bei der Dioxinbildung) ist dagegen vergleichsweise gering (siehe Abb. 7.5). So verschieben sich in dem für einen Abfallverbrennungsprozeß üblichen Sauerstoffkonzentrationsbereich im Abgas von $\psi_{O_2} \approx 5$ Vol.-% bis 10 Vol.-% für einen vor-

Primärmaßnahmen 133

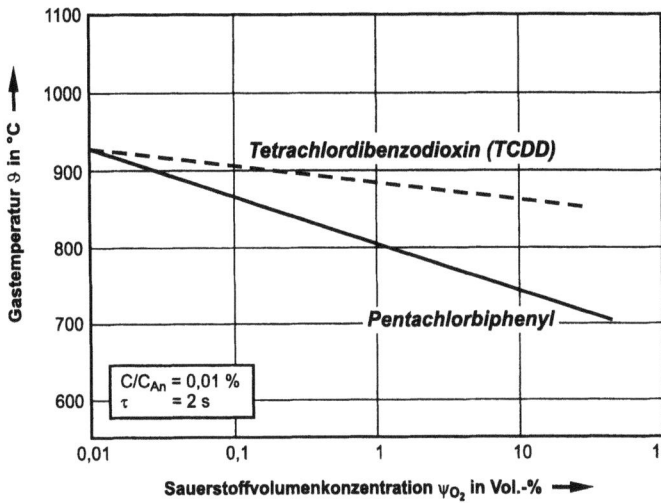

Abb. 7.5: Notwendige Gastemperaturen in Abhängigkeit von der Sauerstoffkonzentration bei gleichem Abbaugrad $C/C_{An} = 0{,}01$ % für Pentachlorbiphenyl und TCDD (Erklärung im Text) [7.14].

gegebenen Abbaugrad von $C/C_{An} = 0{,}01$ % bei gleicher Verweilzeit für TCDD die Temperaturen von $\vartheta \approx 875\,°C$ auf $\vartheta \approx 855\,°C$ und für PCB von $\vartheta \approx 775\,°C$ auf $\vartheta \approx 745\,°C$, also nur um vergleichsweise geringe Beträge. Der Einfluß der Reaktorcharakteristik auf den Abbaugrad von TCDD in Abhängigkeit von der Verweilzeit ist in Abb. 7.6 dargestellt.

Auch hier stellt der ideale Kolbenstromreaktor die günstigere Reaktorcharakteristik dar. Aus Gründen der zunächst erforderlichen Vermischung ist wieder die Reihenschaltung aus CSR und PFR in realen Abfallverbrennungsanlagen vorteilhaft.

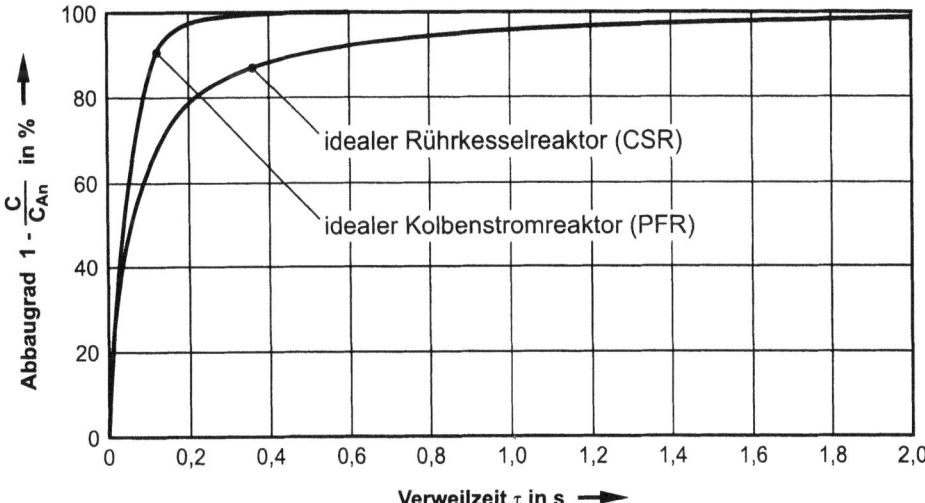

Abb. 7.6: Abbaugrad von PCDD im Kolbenstromreaktor und Rührkesselreaktor bei einer Gastemperatur von $\vartheta = 1000\,°C$ [7.14].

134   Mechanismen zur Schadstoffentstehung und –verminderung in Feuerungen

Zur Vermeidung einer PCDD/F-Neubildung ist weiter auf eine Minimierung des Flugstaubes und auf einen hohen Ausbrand des Flugstaubes zu achten. Dabei besitzen die Feinstäube ein deutlich höheres Bildungspotential für die de-novo-Synthese als die Grobfraktionen [7.22].

Was die Haupteinflußgröße Einsatzstoff (Abfall) betrifft, haben Untersuchungen an einer Pilot-Rostanlage gezeigt, daß ein erhöhter Chloreintrag mit dem Abfall bei einer optimierten Verbrennungsführung keine signifikanten Auswirkungen auf die Bildung chlororganischer Verbindungen hat [7.23]. Bei Versuchen in einer Müllverbrennungsanlage mit einer Feuerraumtemperatur $\vartheta = 850\,°C$ und einer Verweilzeit $\tau = 2\,s$ konnten bei der Mitverbrennung von Auto-Shredderleichtfraktionen weder nach dem Kessel noch nach dem Elektrofilter signifikant höhere PCDD/F-Konzentrationen im Vergleich zur Monoverbrennung von Restmüll nachgewiesen werden [7.24].

Insgesamt ergibt sich, daß die Zerstörung von organischen Spurenschadstoffen nicht allein nur in Verbindung mit einem hohen Temperaturniveau (z.B. 1200 °C) im Prozeß betrachtet werden kann. Weitere Untersuchungen [7.25, 7.26] an einer Pilot-Rostanlage mit Abfallhölzern geben einen weiteren Hinweis auf die Bestätigung des Sachverhaltes, daß zwischen dem Temperaturniveau **allein** und der PCDD/F-Konzentration kein unmittelbarer Zusammenhang besteht (Tab. 7.1). Bei den Untersuchungen wurde die Temperatursteuerung in der Nachbrennkammer im Bereich zwischen ca. 940 °C und 1350 °C durch die Zufuhr von Stickstoff (Simulation einer Abgasrückführung) vorgenommen.

	Symbol	Einheit	Versuch 1	Versuch 2	Versuch 3	Versuch 4
Temperatur in der Nachbrennkammer	ϑ_{NBK}	[°C]	1346	982	1197	936
Sauerstoffkonzentration (gemessen)	$\psi_{O2,mes}$	[Vol.-%] i.N.tr.	5,620	6,140	6,110	5,690
Toxizitäts-Äquivalent nach BGA [1] (bei $\psi_{O2,mes}$)	TE	[ng/m³] i.N.tr.	0,093	0,079	0,015	0,058
Toxizitäts-Äquivalent nach I-TEQ [2] (bei $\psi_{O2,mes}$)	TE	[ng/m³] i.N.tr.	0,079	0,056	0,011	0,036
Toxizitäts-Äquivalent nach BGA [1] (bei 11 Vol.-% O_2)	TE	[ng/m³] i.N.tr.	0,060	0,053	0,010	0,038
Toxizitäts-Äquivalent nach I-TEQ [2] (bei 11 Vol.-% O_2)	TE	[ng/m³] i.N.tr.	0,051	0,038	0,007	0,024

1) Nach Bundesgesundheitsamt (BGA)
2) Nach Internationalem Toxizitätsäquivalent (I-TEQ)

Tab. 7.1: PCDD/F-Konzentrationen im Abgas einer Pilotanlage zur thermischen Behandlung von Altholz [7.25].

Die Ergebnisse in der Tab. 7.1 liegen im Rahmen einer zu erwartenden Schwankungsbreite auf etwa gleichem Niveau. Eine Abhängigkeit von der Temperatur derart, daß mit steigender Temperatur das Toxizitätsäquivalent fällt, ist nicht signifikant festzustellen. Es ist vor diesem Hintergrund zu bemerken, daß sich eine Anhebung des Temperaturniveaus einerseits hinsichtlich der Abbaukinetik von z.B. chlorierten Kohlenwasserstoffen günstig auswirkt, andererseits jedoch die Zähigkeit der Gase mit der Temperatur zunimmt, was dann bei sonst gleichen Bedingungen eine Verschlechterung der Vermischung zur Folge haben kann.

Die Erläuterungen und die Beispiele sollen deutlich machen, daß die für einen optimalen Verbrennungsverlauf wichtigen Haupteinflußgrößen

- Verweilzeit,
- Vermischung,
- Temperatur und
- Sauerstoffkonzentration

im Zusammenhang, d.h. als Gruppe, diskutiert werden müssen. Hierauf wird weiter unten noch eingegangen. In der Regel ist eine Reihenschaltung von einem Rührkesselreaktor, d.h. idealem Vermischer (für Stoffe, die miteinander reagieren sollen) und nachfolgend einem Kolbenströmreaktor, d.h. einer nicht mischenden Strecke (Beruhigungsstrecke zur Ausbrandverbesserung) zu wählen. Bei der Festlegung des Temperaturniveaus sollte im Zusammenhang mit den übrigen Haupteinflußgrößen nur ein Mindestniveau angestrebt werden. Zu hohe Temperaturen können teilweise sogar nachteilig sein (siehe z.B. NO_x-Bildung weiter unten). Das Temperaturniveau kann z.B. durch Luftüberschuß und Abgasrückführung gesteuert werden, wobei letztere die Abgasströme am Kaminaustritt senkt. Wird das rückgeführte Abgas über Injektoren noch als Vermischungshilfe eingesetzt, können mit dieser Verfahrensweise auch Temperaturspitzen z.B. bei der Nachverbrennung vermieden werden.

7.2.2 Stickstoffoxide

Um wirksame verbrennungstechnische Maßnahmen zur NO-Minderung ergreifen zu können, ist es zunächst erforderlich, die Grundlagen der NO-Bildungs- und Abbaumechanismen zu betrachten [z.B. 7.27 bis 7.29].

Nachfolgend wird ausschließlich die NO-Bildung betrachtet. Der bei niedrigen Temperaturen in der Regel außerhalb der Feuerung folgenden NO_2-Bildung wird insofern Rechnung getragen, als man die NO-Konzentration als mögliche NO_2-Konzentration berechnet und angibt. Insgesamt spricht man dann von einer NO_x-Emission.

136   Mechanismen zur Schadstoffentstehung und –verminderung in Feuerungen

Die NO-Bildung läßt sich allgemein nach der Stickstoffquelle und dem Reaktionsort der Stickstoffoxidation in sog.

- Thermisches NO,
- Brennstoff-NO und
- Prompt-NO

unterscheiden (Abb. 7.7).

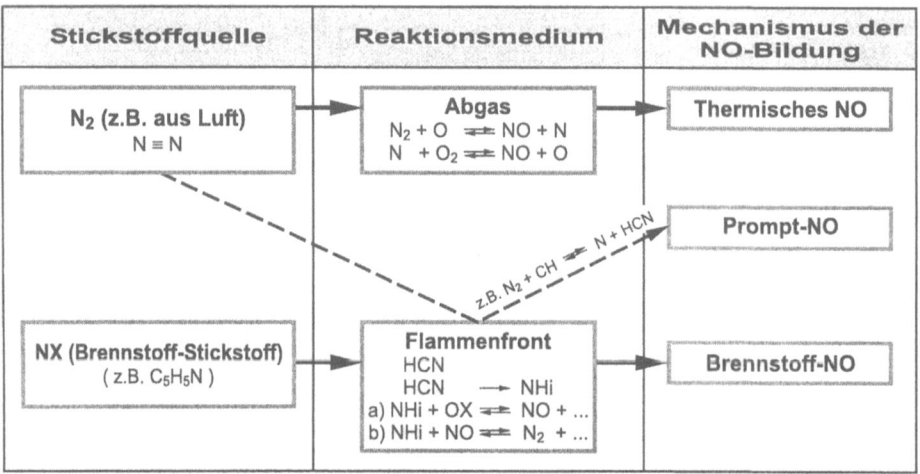

Abb. 7.7: Schematische Darstellung der verschiedenen Mechanismen zur NO-Bildung [7.28].

Thermisches NO

Reagiert mit der Verbrennungsluft (oder auch z.B. in gasförmigen Brennstoffen) zugeführter molekularer Stickstoff mit Sauerstoffradikalen in der Zone der Verbrennungsprodukte zu Stickstoffmonoxid, so wird von thermischem NO gesprochen. Zeldovich [7.27] schlägt den nach ihm benannten Reaktionsmechanismus für die Bildung von thermischen NO vor, bei dem zunächst molekularer Stickstoff mit atomaren Sauerstoff zu Stickstoffmonoxid reagiert

$$N_2 + O \Leftrightarrow NO + N.$$

Das dabei entstehende Stickstoffatom reagiert dann in einer schnellen Folgereaktion mit molekularem Sauerstoff zu weiterem Stickstoffmonoxid

Primärmaßnahmen 137

N + O$_2$ ⇔ NO + O.

Insbesondere bei nahstöchiometrischen Verbrennungsbedingungen ist dieser Zeldovich-Mechanismus um die Reaktion

N + OH ⇔ NO + H

zu erweitern. Für die Kinetik der Bildungsraten gibt z.B. [7.1] die Gleichung:

$$\frac{d[NO]}{dt} = 5{,}74 \cdot 10^{14} \cdot [N_2] \cdot [O_2]^{0,5} \cdot \exp\left(-\frac{561000}{R \cdot T}\right) \quad (7\text{-}2)$$

mit
R   allgemeine Gaskonstante in J/(mol K)
[NO], [N$_2$], [O$_2$]   Konzentration in mol/cm^3
t   Zeit in s
T   absolute Temperatur in K

an. Beispiele für die Bildungsraten und die entsprechenden Gleichgewichtskonzentrationen für die Verbrennung von Erdgas mit Luft sind in Abb. 7.8 dargestellt. Zunächst wird deutlich, daß die Gleichgewichtskonzentrationen in den meisten technischen Verbrennungssystemen mit Temperaturen unter ϑ = 1500 °C in der Regel aufgrund der geringen Verweilzeit nicht erreicht werden.

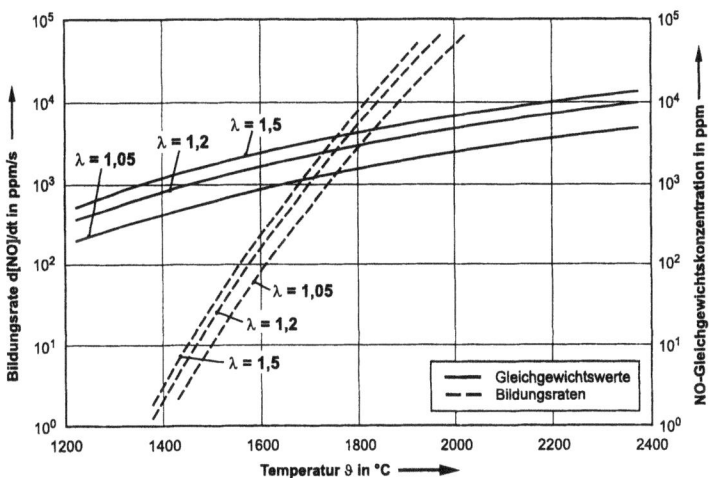

Abb. 7.8: NO-Bildung nach dem Zeldovich – Mechanismus für eine Erdgasverbrennung [7.1].

Der Einfluß des Sauerstoffpartialdruckes, hier charakterisiert durch die verschiedenen Luftzahlen (λ = 1.05 bis 1.5), ist sowohl für die Gleichgewichtskonzentrationen als auch die Bildungsraten im Vergleich zur Temperatur von untergeordneter Bedeutung. Der große Einfluß der Temperatur spiegelt sich in dem Namen „Thermisches NO" wieder. Zwar ist mit steigender

138   Mechanismen zur Schadstoffentstehung und –verminderung in Feuerungen

Temperatur ein steiler Anstieg der Bildungsraten zu verzeichnen, es ist jedoch zu erkennen, daß bei Temperaturen unter 1500 °C die gebildete NO-Konzentration selbst bei Verweilzeiten von einigen Sekunden noch klein ist.
Insgesamt ergibt sich für das Erreichen eines niedrigen thermischen NO-Niveaus die Forderung nach einer niedrigen Bilanztemperatur im Feuerraum. Weiter wirken sich kleine Verweilzeiten und kleine Sauerstoffpartialdrücke günstig aus. Diese Forderungen sind verfahrenstechnisch, wie in Kap. 8 noch ausführlich erläutert wird, z.B. durch eine externe Abgasrückführung, Quenchen (z.B. Wassereindüsung usw.) zu realisieren.

Brennstoff-NO

Die Brennstoff-NO-Bildung läßt sich mit Hilfe einer Modellvorstellung nach Fenimore [7.29] beschreiben. Er geht davon aus, daß im Brennstoff atomar gebundener Stickstoff in der Flammenfront sehr schnell und von der Bindungsart weitgehend unabhängig in einfache Wasserstoff-Stickstoffverbindungen NH_i umgesetzt werden:

Brennstoff-N   → NH_i .

Diese Spezies können dann mit Sauerstoffträgern zu Stickstoffmonoxid oxidieren (a) in Abb. 7.7)

NH_i + OX → NO + ...

Aufgrund seines Sauerstoffatoms kann dabei schon gebildetes Stickstoffmonoxid wieder durch aktivierte Stickstoff-Wasserstoffverbindungen aufgespalten werden und zu molekularem Stickstoff weiterreagieren (b) in Abb. 7.7)

NH_i + NO → N_2 + ...

Obwohl es Vorschläge für sehr viel komplexere Reaktionsmechanismen gibt [z.B. 7.30], läßt sich insgesamt bis heute der Reaktionsmechanismus der Brennstoff-NO-Bildung nicht vollständig beschreiben.
In der Abb. 7.9 ist die nach Fenimore zu erwartende NO-Konzentration [NO] in Abhängigkeit vom Brennstoff-N-Gehalt [N] jeweils auf eine maximal mögliche NO-Konzentration $[NO]_{max}$ bezogen, die wiederum von Luftzahl und Temperatur abhängig ist, dargestellt. Der Abb. 7.9 ist zu entnehmen, daß bei gleichen Reaktionsbedingungen mit steigendem Brennstoff-N-Gehalt der Umsatz von Brennstoff-N in NO abnimmt (Beispiel: Beträgt der Abszissenwert $[N]/[NO]_{max} = 4$, erhält

man als Ordinatenwert [NO]/[NO]$_{max}$ = 0,9, d.h. die Umwandlungsrate von N zu NO ist [NO]/[N] = 0,23).

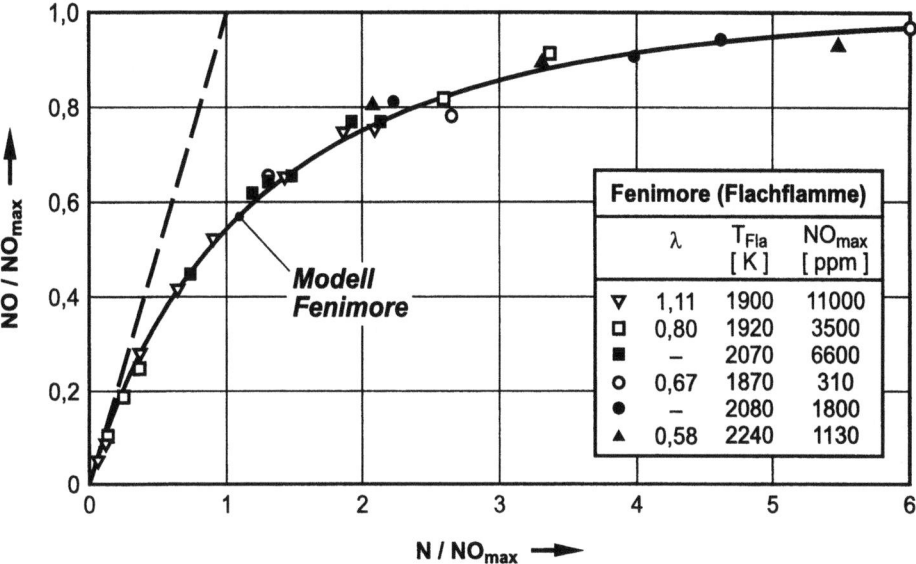

Abb. 7.9: NO-Bildung aus Brennstoff-N in Vormischflammen [7.29].

Hinsichtlich der Brennstoff-NO-Bildung bei der thermischen Behandlung von Abfällen ist, wie der Reaktionsmechanismus zeigt, im wesentlichen auf die Einstellung einer niedrigen Sauerstoffkonzentration über dem Reaktionsweg zu achten, d.h. auf die Einstellung unterstöchiometrischer Zonen. Das kann z.B. durch eine Brennstoff- oder Luftstufung realisiert werden [z.B. 3.5, 7.31 bis 7.35].

- Bei der Luftstufung wird in der ersten Reaktionsstufe nur eine Teilluftmenge zugegeben, so daß sich aufgrund des unterstöchiometrischen Verhältnisses von Brennstoff und Luft reduzierende Bedingungen einstellen. In einer zweiten Stufe wird dann die Restluft für den notwendigen Ausbrand zugegeben (hier zur Vermeidung von thermischem NO möglichst niedrige Bilanztemperatur anstreben). Bei staubförmigen Abfallstoffen, wie z.B. Petrolkoks, kann sogar eine dreistufige Luftstufung erforderlich werden [7.35] (vgl. weiter unten).

- Bei der Brennstoffstufung werden in einer ersten Stufe nahstöchiometrische Bedingungen eingestellt. In der Sekundärstufe wird als Reduktionsmittel zur Schaffung unterstöchiometrischer Reaktionsbedingungen Sekundärbrennstoff, wie z.B. Erdgas oder auch die gleiche Brennstoffart (Abfallart) wie in der ersten Stufe, zugegeben. Der vollständige Ausbrand erfolgt in der dritten Stufe durch weitere Luftzufuhr bei möglichst niedriger Temperatur (Vermeidung von thermischem NO).

140 Mechanismen zur Schadstoffentstehung und –verminderung in Feuerungen

Prompt-NO

Die hohe Reaktivität der Kohlenwasserstoffradikalen in der Flammenfront kann daneben auch zu einer Aufspaltung von molekularem Stickstoff führen, der dann zu Stickstoffmonoxid, dem sogenannten Prompt-NO, weiterreagieren kann. In der Regel ist das Prompt-NO von untergeordneter Bedeutung [7.36].

In Abb. 7.10 sind beispielhaft für eine Kohlestaubverbrennung die unterschiedlichen NO_x-Bildungsarten in Abhängigkeit von der maximalen Feuerraumtemperatur gegenübergestellt. Man erkennt, daß für übliche Verbrennungstemperaturen die NO-Bildung nach dem Prompt-Mechanismus vernachlässigt werden kann.

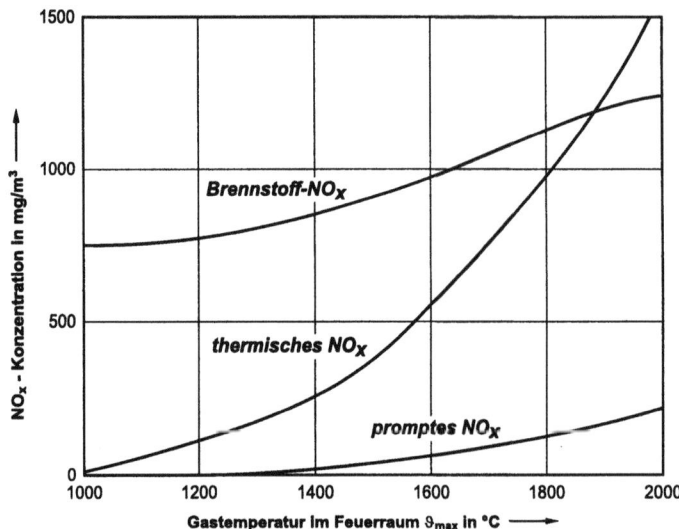

Abb. 7.10: Verlauf der NO_X-Bildung in Abhängigkeit von der maximalen Gastemperatur im Feuerraum für unterschiedliche Bildungsmechanismen in einer Kohlestaubfeuerung [7.31].

7.2.3 Ausbrand und Stickstoffoxide

Möchte man eine NO_X-Minderung bei gleichzeitig hohem Ausbrand erreichen, so ist insbesondere darauf zu achten, daß die vorgenannte mehrstufige Prozeßführung, die insgesamt zu einer verzögerten Verbrennung führt, den ohne diese Maßnahmen erreichbaren Ausbrand nicht verschlechtert. Ist gegebenenfalls der Ausbrand nach der verzögerten Verbrennung noch nicht ausreichend, so ist unter Beachtung eines begrenzenden Temperaturniveaus hier nochmals an die Möglichkeit der Nachschaltung eines Rohrreaktors in Erwägung zu ziehen (s.o.). Insgesamt ist für die jeweilige Problemstellung eine angepaßte Optimierung der Verbrennungsführung erforderlich. Entsprechende technische Realisierungen werden im nachfolgenden Kap. 8 noch erläutert.

Primärmaßnahmen

Im folgenden werden für einige gasförmige, flüssige und feste (staubförmig und stückig) Brenn- und Abfallstoffe beispielhaft Ergebnisse verschiedener Prozeßführungen zur NO_x-Minderung unter Berücksichtigung eines ausreichenden Ausbrandes (hier CO-Konzentration und ggf. Rußzahl) an unterschiedlichen Anlagen dargestellt.

Einstufige Prozeßführung:

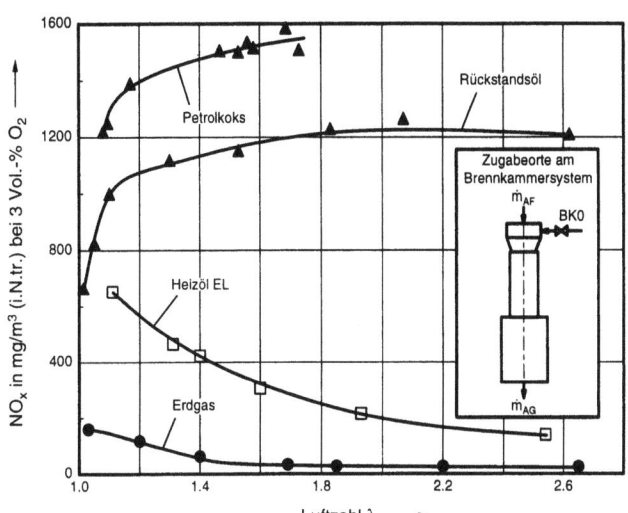

Abb. 7.11: NO_X-Emissionen in Abhängigkeit von der Luftzahl bei einstufiger Verbrennung von Erdgas, Heizöl EL, Rückstandsöl und Petrolkoks in einem Brennkammersystem.

Die Abb. 7.11 zeigt die NO_x-Emissionen in Abhängigkeit vom Stöchiometrieverhältnis (Luftzahl) für unterschiedliche Brenn- und Abfallstoffe bei einstufiger (ungestufter) Verbrennung in einem Brennkammersystem (siehe auch Kap. 9). Die Luftzugabe erfolgt über einen Drallerzeuger zu Beginn der Brennkammer. Der Zugabeort ist mit BK0 bezeichnet. Bei Petrolkoks (ξ_N = 0,54 Ma.-%) und Visbreakerrückstandsöl (ξ_N = 0,58 Ma.-%) nehmen die NO_x-Konzentrationen im Abgas mit kleiner werdenden Luftzahlen ab. Dies ist auf die Abhängigkeit der Brennstoff-NO_x-Bildung von dem Sauerstoffpartialdruck zurückzuführen. Im Vergleich dazu steigt beim Heizöl EL (ξ_N = 0,02 Ma.-%) und Erdgas die NO_x-Konzentration mit fallenden Luftzahlen an. Hier bestimmt die Temperaturabhängigkeit der thermischen NO_x-Bildung maßgeblich das Niveau.

Mehrstufige Prozeßführung (gasförmig):

Die folgende Abb. 7.12 zeigt die Ergebnisse der thermischen Behandlung eines **gasförmigen** Abfallstoffes (Prozeßgas) in einer Technikumsanlage (Bodenfackel) [7.37, 7.38]. Dabei ist der Brennstoffstickstoff hier als NH_3 nachgebildet.

142 Mechanismen zur Schadstoffentstehung und –verminderung in Feuerungen

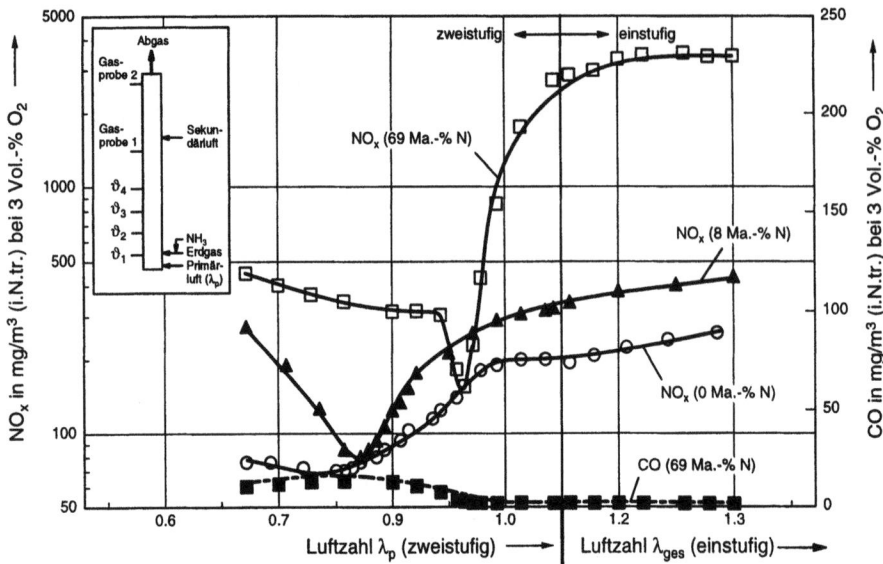

Abb. 7.12: NO$_X$- und CO-Emissionen, d.h. im Abgas am Austritt der Anlage, bei ein- und zweistufiger Verbrennungsführung eines Erdgas-NH$_3$-Gemisches [7.37].

Dargestellt sind die NO$_x$- und CO-Emissionen unterschiedlicher Gemische bei ein- und zweistufiger Verbrennungsführung, wobei bei zweistufigem Betrieb die Gesamtluftzahl bei $\lambda_{ges} = 1{,}1$ festgelegt wird. Um den Anteil des thermischen NO aufzuzeigen, erhält die Abbildung zusätzlich das Ergebnis der ein- und zweistufigen Erdgasverbrennung (0 Ma.% Brennstoff-Stickstoff). Bei der einstufigen Verbrennung ($\lambda_{ges} \geq 1{,}1$) ist zu erkennen, daß die NO$_x$-Emission mit zunehmender NH$_3$-Beladung (in Abb. 7.12 als Ma.-% N dargestellt) deutlich ansteigt, sich dagegen bei Erhöhung der Gesamtluftzahl nur geringfügig ändert. Bei zweistufiger Verbrennungsführung ist zu erkennen, daß die gemessenen NO$_x$-Konzentrationen mit sinkender Primärluftzahl λ_p deutlich bis auf ein Minimum abnehmen und anschließend wieder ansteigen. Das Wiederansteigen läßt sich dadurch erklären, daß unter brennstoffreichen Bedingungen in der Primärstufe NH$_3$ und HCN weniger abgebaut und in der überstöchiometrisch betriebenen Sekundärstufe zu Stickstoffmonoxid umgesetzt werden. Weiter zeigt sich in Abb. 7.12 eine deutliche Abhängigkeit der Lage des NO$_x$-Emissionsminimums, d.h. einer „optimalen Primärluftzahl", von der NH$_3$-Beladung. Dabei fällt auf, daß sich das Minimum bei hohen NH$_3$-Beladungen nur für einen schmalen „optimalen" primären Stöchiometriebereich, bei geringerer Beladung (8 Ma.-% N) – ähnlich wie bei der reinen Erdgasverbrennung (0 Ma.-% N) – über einen breiten Luftbereich in der Primärstufe ausdehnt. Für das Gemisch 69 Ma.-% N ist zusätzlich die CO-

Konzentration dargestellt. Es zeigt sich, daß auch für die gestufte Verbrennungsführung ein ausreichender Ausbrand der Abgase gewährleistet ist.

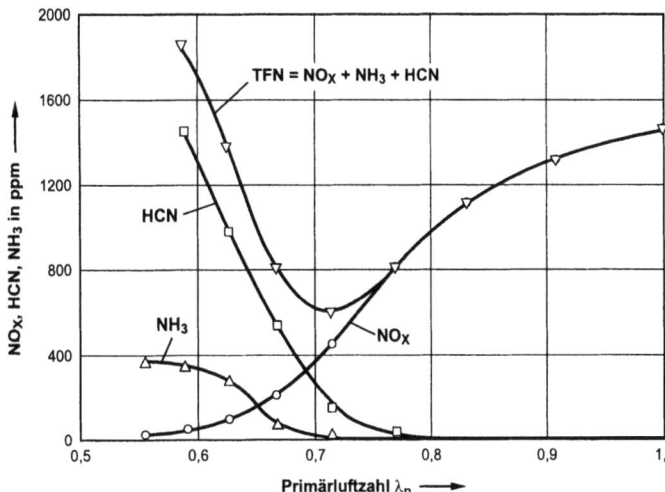

Abb. 7.13: Einfluß der Primärluftzahl λ_p auf die Bildung von NO_X, HCN und NH_3 bei einer mit 2400 ppm Methylamin (CH_3NH_2) dotierten Propan-Luft-Vormischflamme (aus [7.39] nach [7.40]) (Erläuterung im Text).

Zu einer weitergehenden Erläuterung der in Abb. 7.12 dargestellten Verhältnisse ist in Abb. 7.13 die Konzentration verschiedener N-Spezies nach der 1. Stufe (Primärstufe) dargestellt. In diesem Zusammenhang sind vor allem die N-haltigen Verbindungen NH_3, HCN und NO von besonderem Interesse. Die Summe dieser drei Verbindungen ($\Sigma([NH_3] + [HCN] + [NO])$) wird als TFN-Gehalt („Total-Fixed-Nitrogen") bezeichnet. Die Abb. 7.13 zeigt, daß mit Abnahme der Primärluftzahlen ($\lambda_p < 0,8$) die Konzentrationen der Zwischenprodukte in Form von HCN und NH_3 deutlich ansteigen bei gleichzeitigem Abfall der NO_x-Konzentration. Insgesamt ergibt sich eine deutlich höhere HCN-Konzentration gegenüber der NH_3-Konzentration. Infolge dieser Zusammenhänge bildet sich ein Minimum des TFN-Gehaltes aus, was für die Verbrennung mit Luftstufung von großer Bedeutung ist. Das sich letztlich nach der zweiten bzw. letzten Stufe ergebende NO_x-Minimum muß nicht bei dem Wert für λ_p liegen, für den sich nach der ersten Stufe das Minimum für den TFN-Gehalt ergibt.

Mehrstufige Prozeßführung (flüssig):

In Abb. 7.14 und 7.15 sind die Ergebnisse der thermischen Behandlung (Verbrennung) **flüssiger** Abfallstoffe (hier Bitumen ($\xi_N = 1,48$ Ma.-%) und Visbreakerrückstand ($\xi_N = 0,58$ Ma.-%)) an einer Drallbrennkammer dargestellt [3.5, 7.41, 7.42]. Abb. 7.14 zeigt, daß ein gleichbleibend guter Ausbrand bis zu einer bestimmten Primärluftzahl (herab bis zu $\lambda_p \approx 0,6$) realisierbar ist. Wichtig erscheint der Hinweis zu Abb. 7.15, daß es notwendig ist, den Ort der Luftstufung längs des Verbrennungsweges „richtig" zu wählen. Stuft man zu früh (Symbol Δ in Abb. 7.15), so erreicht man sogar eine vermehrte Stickstoffoxidbildung gegenüber dem ungestuften Ausgangsniveau. In diesem Fall wird die Verbrennung unmittelbar nach der Zündung unterstützt und nicht verzögert. Neben der Luftstufung läßt

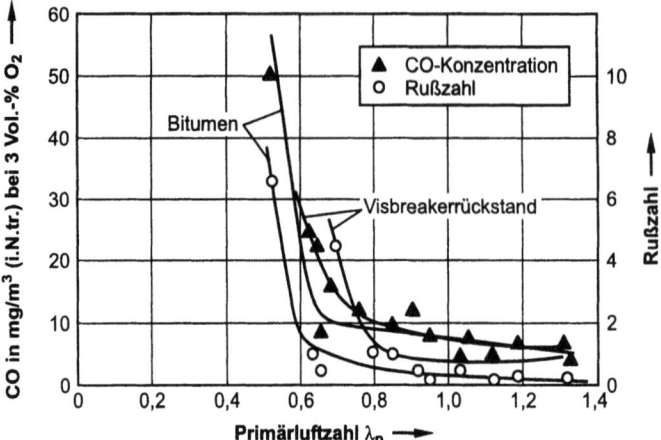

Abb. 7.14: Einfluß der Luftstufung (Primärluftzahl) auf den Ausbrand (CO-Konzentration und Rußzahl) [3.5, 7.41, 7.42].

sich, wie bereits oben erläutert, zusätzlich mit einer Brennstoffstufung das NO_x-Minimum (hier 320 mg/m^3) noch weiter senken (hier 220 mg/m^3 bei $\lambda_p \approx 0{,}5$). Bei der in Abb. 7.16 dargestellten Brennstoffstufung handelt es sich um eine dreistufige Prozeßführung. In der ersten Stufe (Luftzugabe bei BK0) liegen

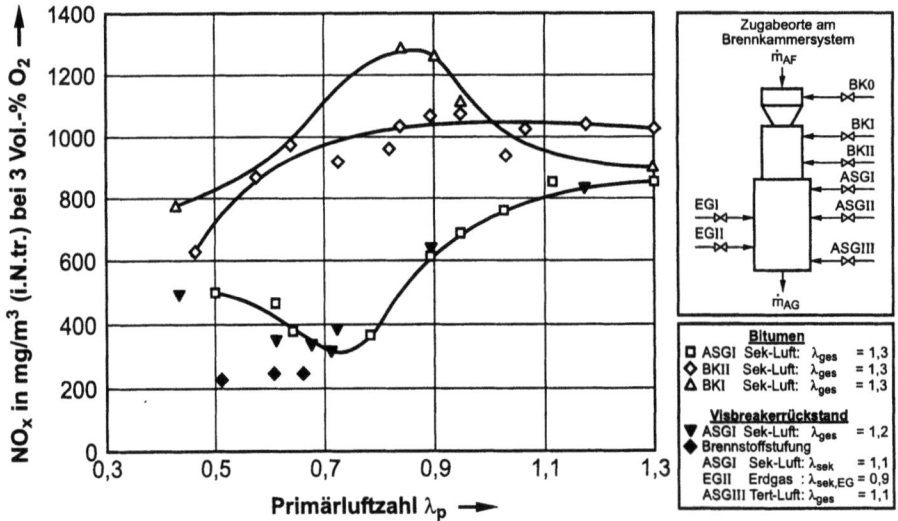

Abb. 7.15: Einfluß der Primärluftzahl λ_p, des Zugabeortes der Sekundärluft und der Brennstoffstufung auf die NO_X-Emissionen bei Bitumen und Visbreakerrückständen (die Primärluftzahl wird jeweils über den Zugabeort BK0 geregelt) [3.5, 7.41, 7.42].

Primärmaßnahmen

nahstöchiometrische Verhältnisse vor. In der zweiten Stufe wird durch die Zugabe von Erdgas an den Stellen EG I oder EG II die Sekundärluftzahl $\lambda_{sek,EG}$ variabel eingestellt. Die für den Ausbrand notwendige Restluft wird in einer Tertiärstufe (Luftzugabe an ASGIII) in der Weise zugegeben, daß sich eine Gesamtluftzahl $\lambda_{ges} = 1,4$ ergibt. Zusätzlich sind die Werte einer einstufigen Prozeßführung mit dargestellt. Es ist zu erkennen, daß durch diese Brennstoffstufung eine Verringerung der NO$_x$-Konzentration bis auf 200 mg/m^3 erreicht werden kann. Durch den unterschiedlichen Ort der Brennstoffzugabe (EG I und EG II) wird die Verweilzeit in der unterstöchiometrischen Zone beeinflußt. Auch die zusätzlich dargestellte dreistufige Luftstufung ohne Erdgaszugabe zeigt NO$_x$-Konzentrationen im Bereich der Brennstoffstufung. Weiter ist dargestellt, daß sich für die einzelnen Prozeßführungen ein ausreichender Ausbrand ergibt.

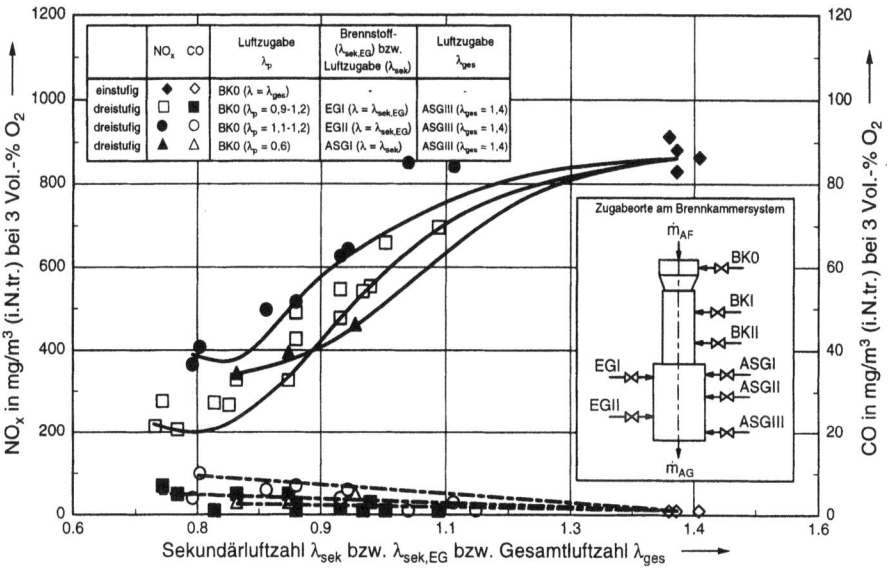

Abb. 7.16: NO$_X$- und CO-Emissionen in Abhängigkeit von unterschiedlichen Luftzahlen bei ein- und dreistufiger Verbrennung von Visbreakerrückstandsöl [7.41].

Mehrstufige Prozeßführung (staubförmig):

In Abb. 7.17 sind die CO- und NO$_x$-Konzentrationen einer ein-, zwei- und dreistufigen Verbrennung eines **staubförmigen** Abfallstoffes (Petrolkoks) dargestellt. Dabei bedeutet hier

- einstufige Verbrennungsführung: gesamte Verbrennungsluftzugabe über BK0,

- zweistufige Verbrennungsführung: Aufteilung der Luftmengen auf die Zugabestellen BK0 und BKII und

- dreistufige Verbrennungsführung: Aufteilung der Luftmengen auf die Zugabestellen BK0, BKII und ASGIII.

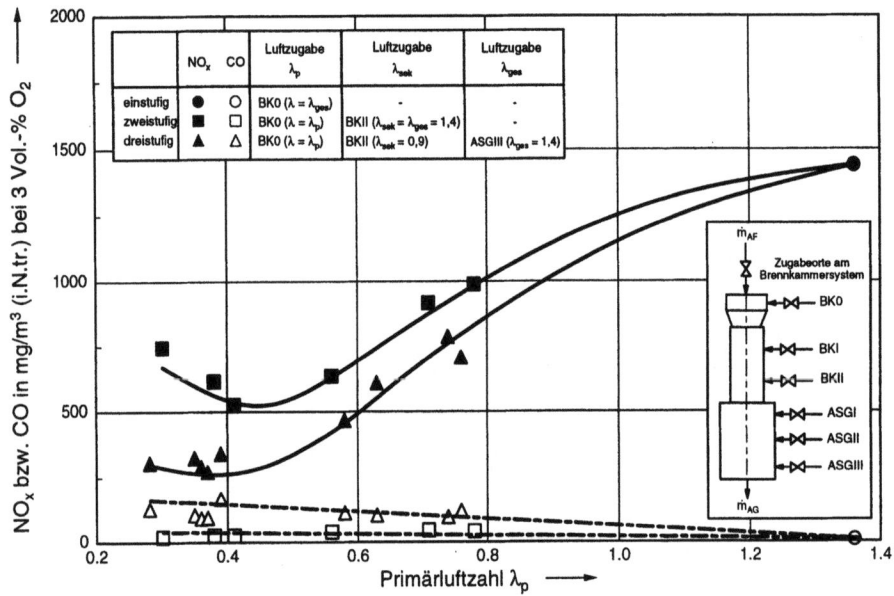

Abb. 7.17: NO_X- und CO-Emissionen in Abhängigkeit von der Primärluftzahl bei ein-, zwei- und dreistufiger Verbrennung von staubförmigem Petrolkoks [7.35].

Es ist zu erkennen, daß man - ausgehend von einer NO_x-Konzentration von 1450 mg/m^3 bei einstufiger Prozeßführung - die NO_x-Konzentration bis auf 250 mg/m^3 bei dreistufiger Prozeßführung bei noch ausreichendem Ausbrand (CO-Konzentration) senken kann. Dabei kommt es in der ersten Stufe trotz kleiner Primärluftzahl (die Luftzahlen sind immer auf den zugeführten Brennstoffmassenstrom bezogen) wegen des geringen Anteils an flüchtigen Bestandteilen im Petrolkoks zu überstöchiometrischen Bedingungen am Korn, was eine Zündung begünstigt [7.35]. In der zweiten Stufe stellen sich unter Berücksichtigung des Abbrandes von Kohlenstoff unterstöchiometrische Bedingungen ein.

Mehrstufige Prozeßführung (stückig):

Im folgenden wird beispielhaft auf den Ausbrand und die NO_x-Minderungsmöglichkeiten bei der thermischen Behandlung von **stückigen** Abfallstoffen eingegangen. Auf einem Rost (oder in einem Drehrohr usw.) wird der Feststoff durch Trocknung, Entgasung, Vergasung und Ausbrand (s.o.) behandelt. Die hierzu erforderliche Luft wird Primärluft genannt. Sie kann im über- oder unterstöchiometrischen Umfang zugegeben werden. In letzterem Falle entsteht ein Vergasungsgas (vgl. Kap. 5). Die NO_x-Minderungsmaßnahmen beziehen sich auf die Vorgänge des Gas- und Staubausbrandes nach der Feststoffbehandlung, d.h. auf eine Nachverbrennung. Im Falle eines Vergasungsgases ist eine eigenständige Nachverbrennung möglich, die ihrerseits wieder gestuft, d.h. – nach Zugabe der Luft für die Feststoffbehandlung (Primärluft) – mit Sekundär-, Tertiärluft usw. durchgeführt wird [z.B. 7.43 bis 7.45]. Die getrennte Prozeßführung mit der Vergasung des Feststoffes und der anschließenden Nachverbrennung der Vergasungsgase in einer Brennkammer gestattet eine unabhängige Optimierung des Feststoffausbrandes als auch eine Reduzierung von Schadstoffen, wie Kohlenmonoxid, Stickstoffoxid usw. im Nachverbrennungsprozeß. Die Abb. 7.18 zeigt den Ausbrand (Glühverlust) des festen Reststoffes (Asche) eines stückigen Abfallstoffes (mit Steinkohlenteerpech behandelte Eisenbahnschwellen) bei verschiedenen Prozeßführungen auf einem Rost. Insgesamt wird mit den Ergebnissen aus der Abb. 7.18 deut-

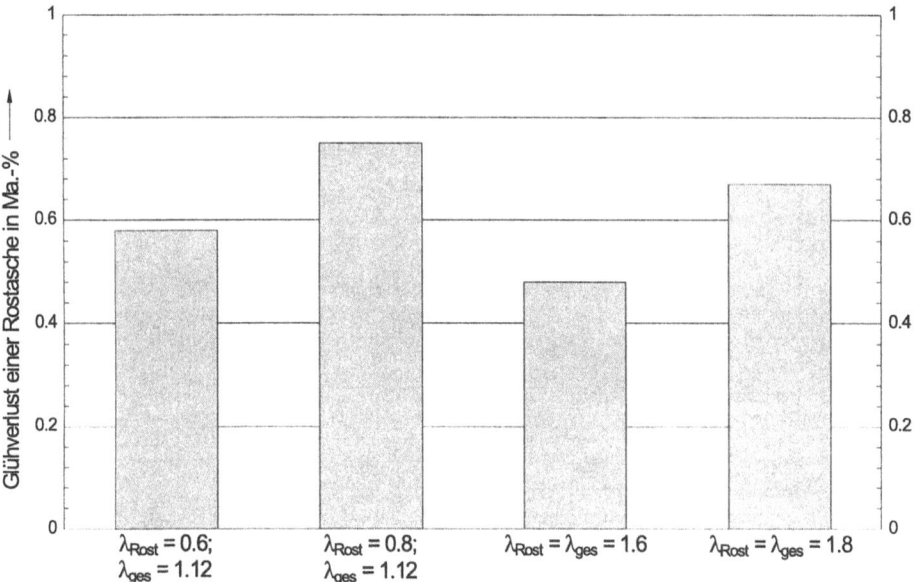

Abb. 7.18: Glühverluste der festen Reststoffe (Asche) bei unterschiedlichen Prozeßführungen auf einem Rost [7.43].

148   Mechanismen zur Schadstoffentstehung und -verminderung in Feuerungen

lich, daß sowohl für eine überstöchiometrische (Verbrennung) als auch unterstöchiometrische (Vergasung) Betriebsweise des Prozesses niedrige Glühverluste erreichbar sind. Im Zusammenhang mit der Vergasung auf dem Rost sei bereits an dieser Stelle darauf hingewiesen, daß bei einer insgesamt unterstöchiometrischen Betriebsweise im Bereich der Feststoffausbrandzone, lokale überstöchiometrische Bedingungen eingestellt werden können. Damit ist es möglich, einen kleinen Glühverlust zu erzeugen, der dem bei insgesamt überstöchiometrischen Verhältnissen gleicht (siehe Abb. 7.18 linke Seite) [7.43 bis 7.45]. Die Abb. 7.19 zeigt die NO_x- und die CO-Konzentrationen (jeweils am Ende der Nachbrennkammer) in Abhängigkeit von der Luftzahl in der ersten Stufe der Nachbrennkammer λ_{NBKI} für zwei unterschiedliche Stöchiometrieverhältnisse auf einem Rost ($\lambda_{Rost} \approx 0,4$ und $\lambda_{Rost} \approx 0,6$). Es ist zu erkennen, daß die NO_x-Werte bei einer Primärluftzahl von $\lambda_{Rost} \approx 0,6$ deutlich niedriger sind als bei $\lambda_{Rost} \approx 0,4$. Das höhere Primärluftverhältnis in der Rostanlage bedeutet eine Erhöhung des Sauerstoffangebotes und ein Anstieg des Temperaturniveaus. Damit ist bereits in der Rosteinheit eine höhere Abbaurate von flüchtigen Brennstoff-N-Komponenten, wie HCN und NH_i über NO sowie eine Reduzierung von NO zu N_2 verbunden (vgl. Abb. 7.13). Im vorliegenden Fall (Abb. 7.19) ergibt sich, ausgehend von $\psi_{NO_2,AG,tr} \approx 450 mg/m^3$ (bei $\lambda_{Rost} \approx 0,4$ und einer ungestuften Nachverbrennung mit $\lambda_{NBKI} \approx 1,8$) eine NO_x-Minderung auf ein Niveau von $\psi_{NO_2,AG,tr} \approx 100 mg/m^3$. Wie die Abb. 7.19 weiter zeigt, wird dabei ein gleichbleibend niedriges CO-Niveau erreicht.

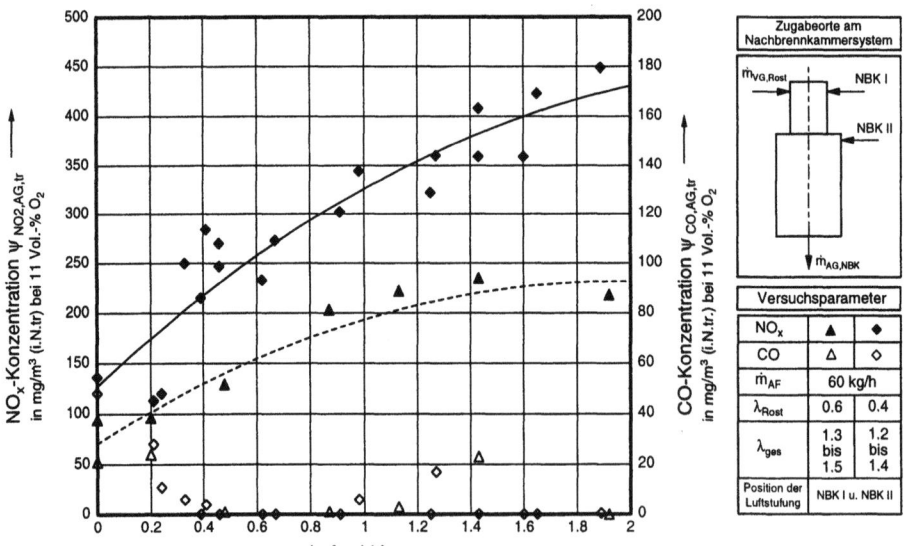

Abb. 7.19: NO_x- und CO-Konzentrationen in Abhängigkeit von der Luftzahl λ_{NBKI} bei verschiedenen Luftzahlen λ_{Rost} [7.44].

Primärmaßnahmen

Abgasrückführung:

Wie bereits näher beschrieben, hat auch die **externe Rückführung von kalten Abgasen**, d.h. aus dem Abgasstrom nach einem Wärmetauscher abgezweigt, einen NO_x-Minderungseffekt insbesondere aufgrund der Absenkung der Temperatur in dem Anlagenteil, in dem das Abgas zugemischt wird. So zeigt Abb. 7.20 beispielhaft für Erdgas und ein Visbreakerrückstandsöl die NO_x-Konzentration in Abhängigkeit der Abgasrückführungsrate. Die Abbildung zeigt, daß die Abgasrückführung auf die NO_x-Konzentration beim Rückstandsöl keinen und beim Erdgas einen erheblichen Einfluß bei einstufiger Prozeßführung ausübt. Dies liegt daran, daß es sich beim Visbreakerrückstandsöl um Brennstoff-NO, bei Erdgas aber um Thermisches-NO handelt. Letzteres verringert sich erheblich, wenn man das Temperaturniveau absenkt und durch intensive Mischung Temperaturspitzen vermeidet (wie hier durch Zumischung rückgeführter kalter Abgase).

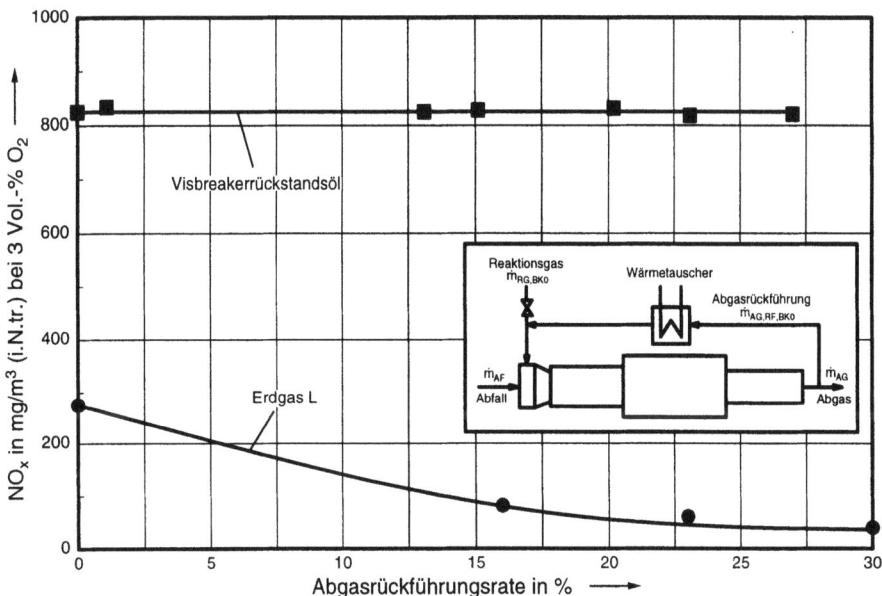

Abb. 7.20: NO_X-Emissionen in Abhängigkeit von der Abgasrückführungsrate bei einstufiger Verbrennung von Erdgas und Visbreakerrückstandsöl [7.46].

Am Beispiel einer Vergasung von BRAM (**Brennstoff aus Müll**) mit Luft auf einem Rost und der sich anschließenden eigenständigen Nachverbrennung der erzeugten Vergasungsgase wird kurz auf die Kombination aus **Abgasrückführung und Luftstufung** in der Nachverbrennungseinheit eingegangen. So zeigt Abb. 7.21 die NO_x- und CO-Konzentration für drei verschiedene Prozeßführungen (Luftstufung) einer Nachverbrennung in Abhängigkeit des rückgeführten Abgasstromes, bezogen auf den der Nachverbrennung insgesamt zugeführten Luftstrom (Sekundär- und Tertiärluft). Der sog. Primärluftstrom wird dem Rostsystem zugeführt. Bei einer mit Hilfe der Luftstufung optimierten NO_x-Reduzierung ist, wie Abb. 7.21 zeigt, der durch Abgasrückführung zusätzlich zu erzielende Effekt relativ gering. Insgesamt bleiben die CO-Konzentrationen auf einem gleichbleibend niedrigen Niveau.

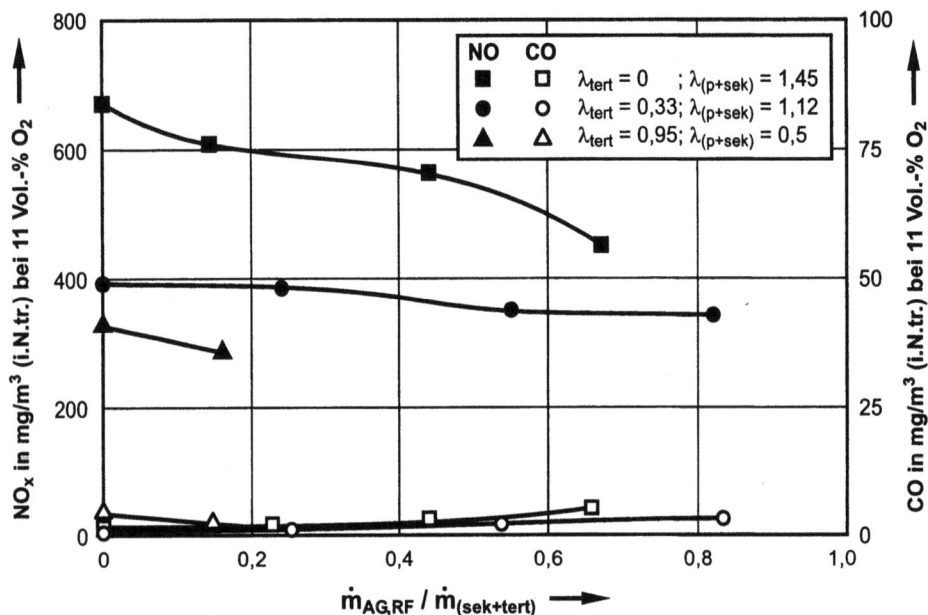

Abb. 7.21: Einfluß der Kombination von Abgasrückführung und Luftstufung auf die NO_X- und CO-Konzentration in einem Nachbrennkammersystem bei einer Gesamtluftzahl von $\lambda_{ges} = 1,45$ und einer Luftzahl auf dem Rost von $\lambda_{Rost} = \lambda_p = 0,5$ [7.47].

7.3 Sekundärmaßnahmen

7.3.1 Schwefeldioxid, Chlor- und Fluorwasserstoff

Im Gegensatz zu den oben genannten Schadstoffen, deren Bildung und Abbau sich durch eine angepaßte Verbrennungsführung beeinflussen lassen, soll im folgenden kurz auf gasförmige Schadstoffe eingegangen werden, die mehr oder weniger unabhängig von den in der Verbrennungseinrichtung vorliegenden Temperatur-, Konzentrationsfeldern und Verweilzeiten aus Begleitkomponenten des Abfallstoffes wie Schwefel, Chlor und Fluor gebildet werden. Auf die entsprechenden

Sekundärmaßnahmen 151

Schwefel-, Chlor- und Fluorverbindungen in den verbleibenden festen Reststoffen, wie Asche, Schlacke, Filterstäube usw., wird hier nicht eingegangen.

Schwefeldioxid

Technisch wird die SO_2-Einbindung sowohl bei niedrigen Temperaturen (Niedertemperaturentschwefelung in der Abgasreinigung, siehe Kap. 11 und 12) als auch bei hohen Temperaturen (Heißentschwefelung bei ca. 800 °C bis 1000 °C) durchgeführt. Die Heißentschwefelung erfolgt direkt in der Feuerung entweder durch Additivzugabe gemeinsam mit dem Abfallstoff [z.B. 7.48] oder separat an geeigneter Stelle in den Abgasen [z.B. 7.49]. Im folgenden wird näher auf die sogenannte „Heißentschwefelung" eingegangen.

Die Heißentschwefelung mit z.B. calciumhaltigen Additiven (Calciumhydroxid $Ca(OH)_2$ oder Calciumkarbonat $CaCO_3$) hat insbesondere bei kleinen und mittleren Feuerungsanlagen wegen des geringen Investitionsaufwandes gegenüber der Niedertemperaturentschwefelung ihren Anwendungsbereich. Unter welchen Randbedingungen die Entschwefelung bei hohen Temperaturen optimal abläuft, geht aus Abb. 7.22 hervor.

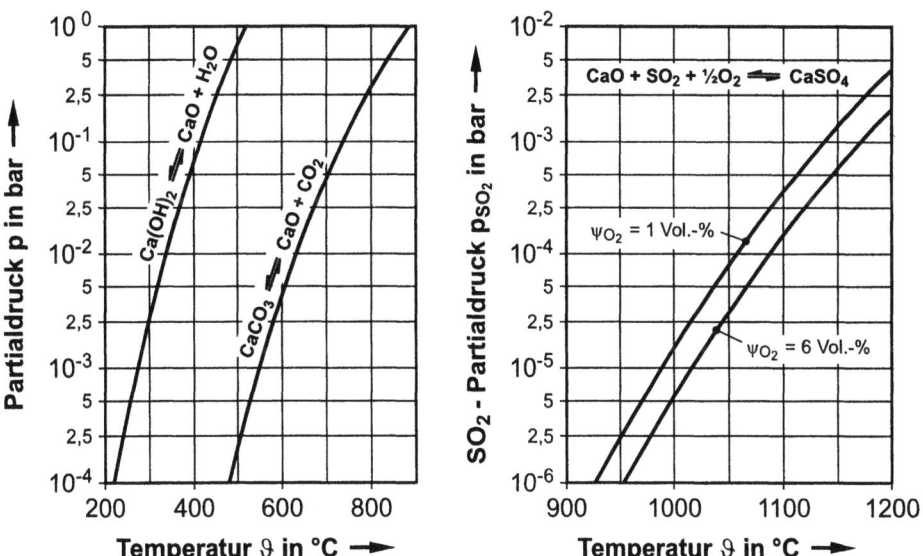

Abb. 7.22: Gleichgewichtspartialdrücke für die Zersetzung von Additiven und Bildung von Sulfat.

Zunächst findet die Zersetzung des Additivs entsprechend den Reaktionsgleichungen

$Ca(OH)_2 \Leftrightarrow CaO + H_2O$
$CaCO_3 \Leftrightarrow CaO + CO_2$

statt. Nach Abb. 7.22 (linke Seite) ergeben sich für die Gleichgewichtspartialdrücke von Wasserdampf (H_2O) und Kohlendioxid (CO_2) bei charakteristischen Abgaswerten $p_{H_2O,AG} = 0{,}2\,\text{bar}$ und $p_{CO_2,AG} = 0{,}1\,\text{bar}$ Zersetzungstemperaturen für $Ca(OH)_2$ oberhalb von ca. 450 °C und für das $CaCO_3$ oberhalb von ca. 750 °C. Nach dieser Zersetzung des Additivs kann das gebildete CaO mit dem SO_2 aus dem Verbrennungsgas nach der Reaktionsgleichung

$CaO + SO_2 + \tfrac{1}{2} O_2 \Leftrightarrow CaSO_4$

reagieren. Dabei ist darauf zu achten, daß das Temperaturniveau nicht zu hoch liegt, weil mit zunehmender Temperatur das Gleichgewicht dieser Reaktion auf die Eduktseite verschoben wird, d.h. die SO_2-Einbindung verschlechtert wird. Dieser Zusammenhang ist im rechten Teil von Abb. 7.22 als Abhängigkeit des SO_2-Gleichgewichtspartialdruckes von der Temperatur und dem Sauerstoffpartialdruck dargestellt. Wenn die SO_2-Konzentration bei einem Sauerstoffgehalt von 6 Vol.-% unter 100 ppm bleiben soll, darf eine Gleichgewichtstemperatur von 1100 °C nicht überschritten werden. Calciumadditive beginnen zudem bei Temperaturen über 1200 °C an der Oberfläche zu sintern, wodurch die Poren verschlossen werden (Totbrennen). Aus diesen Überlegungen ergibt sich, daß man für die Heißentschwefelung mit calciumhaltigen Additiven ein Temperaturfenster von 850 °C bis 1000 °C einhalten sollte.

Auf die Kinetik bei der Entschwefelung mit calciumhaltigen Additiven bei hohen Temperaturen soll hier nur kurz qualitativ eingegangen werden. Zur Zersetzung eines Additivkornes muß zunächst Wärme auf das Korn übertragen werden. Ist an der Oberfläche die Zersetzungstemperatur erreicht, diffundiert das entstandene CO_2 durch die Grenzschicht in die Umgebung. Die Reaktionsfront wandert im Korn von außen nach innen, wobei sich um den dichten Additivkern eine poröse Schale ausbildet. In der Regel verläuft die Zersetzung des Additives so schnell, daß die SO_2-Einbindung als zeitlich darauffolgend betrachtet werden kann. Dabei diffundiert SO_2 aus der Umgebung durch die Grenzschicht und reagiert unter Wärmefreisetzung an der Oberfläche des porösen Kornes. Da diese Reaktion von außen nach innen verläuft, kommt es zu einem Verstopfen der Poren durch gebildetes $CaSO_4$ und damit zu einer Erhöhung des Diffusionswiderstandes, wodurch die Reaktionsgeschwindigkeit der SO_2-Einbindung stark verlangsamt wird. Da die SO_2-Einbindung somit sehr stark von der zur Verfügung stehenden Oberfläche beeinflußt wird, ist eine möglichst feine Korngrößenverteilung des Additives anzustreben. Der Reaktionsmechanismus läßt sich mit dem sog. Kern-Schale-Modell beschreiben [siehe z.B. 7.50].

Abb. 7.23 zeigt Ergebnisse von Heißentschwefelungsversuchen bei der Verbrennung von SO$_2$-dotiertem Erdgas. Das Bild zeigt den Entschwefelungsgrad

$$\eta_{SO_2} = \frac{\psi_{SO_2,An} - \psi_{SO_2,En}}{\psi_{SO_2,An}} \qquad (7\text{-}3)$$

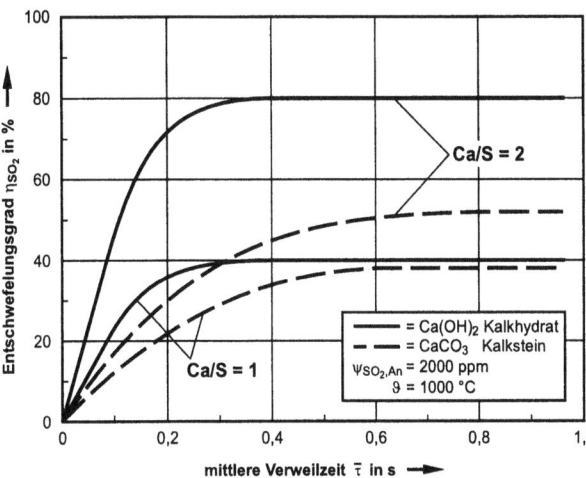

Abb. 7.23: Entschwefelungsgrad η_{SO2} in einem Rohrreaktor für verschiedene Additive in Abhängigkeit von der mittleren Verweilzeit $\bar{\tau}$ [7.50].

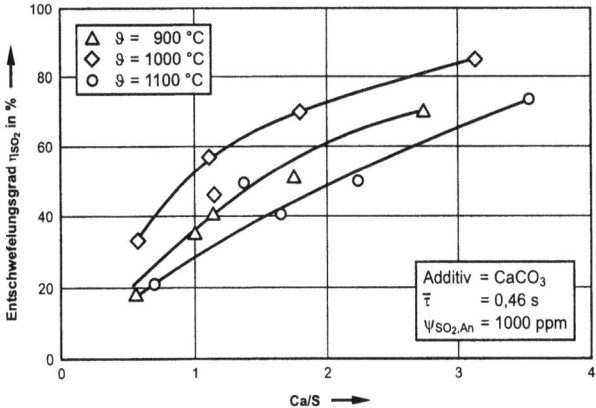

Abb. 7.24: Der Entschwefelungsgrad η_{SO_2} in Abhängigkeit vom Ca/S-Verhältnis und der mittleren Temperatur ϑ in einem Brennkammersystem [7.50].

in Abhängigkeit von der Verweilzeit τ und dem Stöchiometrieverhältnis Ca/S. Es ist zu ersehen, daß der SO$_2$-Einbindungsvorgang nach relativ kurzer Zeit zum Erliegen kommt (asymptotischer Verlauf). In Abb. 7.24 sind für ein Calciumkarbonat bei verschiedenen Temperaturen die erzielten Entschwefelungsgrade in Abhängigkeit vom molaren Ca/S-Verhältnis dargestellt. Insgesamt lassen sich bei der Heißentschwefelung der Abgase Entschwefelungsgrade von über 80 % erreichen. Die Bilder sollen nur einen Eindruck vermitteln. Zu Details sei auf die angegebene Literatur verwiesen. Wichtig erscheint der Hinweis, daß auch hier neben dem Reaktionsablauf insbesondere der Mischungsmechanismus zur Verteilung des Additivs, d.h. einer kleinen Menge, auf einen großen Reaktionsraum von entscheidender Bedeutung

154 Mechanismen zur Schadstoffentstehung und –verminderung in Feuerungen

für den Vorgang ist. Vor der Reaktion selbst hat man deshalb die Reaktionspartner mit Hilfe eines Rührkesselelementes (s.o.) zueinander zu bringen.

Chlor- und Fluorwasserstoff

Die Einbindung von Chlorwasserstoff (Salzsäure, HCl) und Fluorwasserstoff (Flußsäure, HF) läßt sich ebenfalls durch Zugabe von calciumhaltigen Additiven ($Ca(OH)_2$, $CaCO_3$) in das heiße Abgas erreichen. Dabei können folgende chemische Bruttoreaktionen ablaufen:

$$Ca(OH)_2 + 2HCl \Leftrightarrow CaCl_2 + 2H_2O$$
$$CaCO_3 + 2HCl \Leftrightarrow CaCl_2 + CO_2 + H_2O$$
$$Ca(OH)_2 + 2HF \Leftrightarrow CaF_2 + 2H_2O$$
$$CaCO_3 + 2HF \Leftrightarrow CaF_2 + CO_2 + H_2O \ .$$

Aufgrund der erhöhten Reaktivität der Halogene im Vergleich zum SO_2 ist mit höheren Einbindungsraten zu rechnen. Die obere Temperaturgrenze der Einbindungsreaktion ist wieder durch die Sinterung begrenzt, da sie mit einer Deaktivierung der Oberfläche einhergeht.

7.3.2 Schwermetalle

Wie bereits in Kapitel 2 erwähnt, sind in den Abfallstoffen Hausmüll (Tab. 2.1), Sonderabfall (Tab. 2.2) und Klärschlamm (Tab. 2.3) unterschiedliche Schwermetalle bzw. Schwermetallverbindungen enthalten. In Abhängigkeit von den Haupteinflußgrößen, insbesondere der Behandlungstemperatur, lassen sich diese Schwermetalle bzw. Schwermetallverbindungen thermisch unterschiedlich mobilisieren. Dabei können sie aus dem Abfall in die Gasphase (Prozeßgas, Abgas) übergehen, sich im Flugstaub wiederfinden oder im festen Reststoff (Asche, angesinterte Asche oder Schlacke) verbleiben. Mit Hilfe der Dampfdruckkurven (siehe Abb. 3.4) lassen sich von den unterschiedlichen Schwermetallen bzw. Schwermetallverbindungen erste Mobilitätsgrenzen abschätzen.
Das Verhalten der Schwermetalle im Abfallbehandlungsprozeß ist sehr komplex [z.B. 7.51 bis 7.53]; einzelne Mechanismen sind in großem Umfang noch zu erforschen. Mit Hilfe von Stoffbilanzen wird deshalb untersucht, wie sich die Mengen eines mit dem Abfall eingetragenen Schwermetalls in dem thermischen Behandlungsverfahren auf die verbleibenden festen Reststoffe (Asche bzw. Schlacke, Kesselstaub und Reststoffe aus der Abgasreinigung) und das Abgas

verteilen (z.B. Abb. 7.25). Bei einer entsprechenden gezielten Anreicherung an bestimmten Orten im Prozeß kann dann eine Ausschleusung erfolgen [7.52]. Die Verteilung läßt sich durch die Prozeßführung mehr oder weniger steuern [z.B. 7.26, 7.54]. Neben der schon erwähnten Temperatur hat auch die Verweilzeit und die Zusammensetzung des jeweils vorliegenden Vielstoffgemisches einen entscheidenden Einfluß. Insgesamt kann man z.B. davon ausgehen, daß lange Verweilzeiten des Feststoffes bei hohen Temperaturen (vgl. Dampf-Druckkurve in Abb. 3.4) eine Schwermetallverflüchtigung im verbleibenden festen Reststoff begünstigen. Dabei ist zu beachten, daß es nicht erforderlich ist, den verbleibenden Reststoff so hohen Temperaturen auszusetzen, daß dieser als Schlacke abgezogen wird. Vielmehr reicht es aus, die Asche im angesinterten Zustand abzuziehen, um die Ablagerungskriterien (z.B. Eluatwerte nach TA-Siedlungsabfall [1.2]) zu erfüllen. Die verbleibenden Schwermetalle werden vermutlich beim Sinterprozeß soweit in die Struktur eingebunden, daß eine spätere Auslaugung unterbunden wird [7.53]. Hier ist noch erheblicher Forschungsbedarf vorhanden. Die bei hohen Temperaturen flüchtigen Stoffe werden bei der Abkühlung des Abgases kondensiert und reichern sich im Filterstaub und dgl. an, wodurch eine Ausschleusung möglich ist.

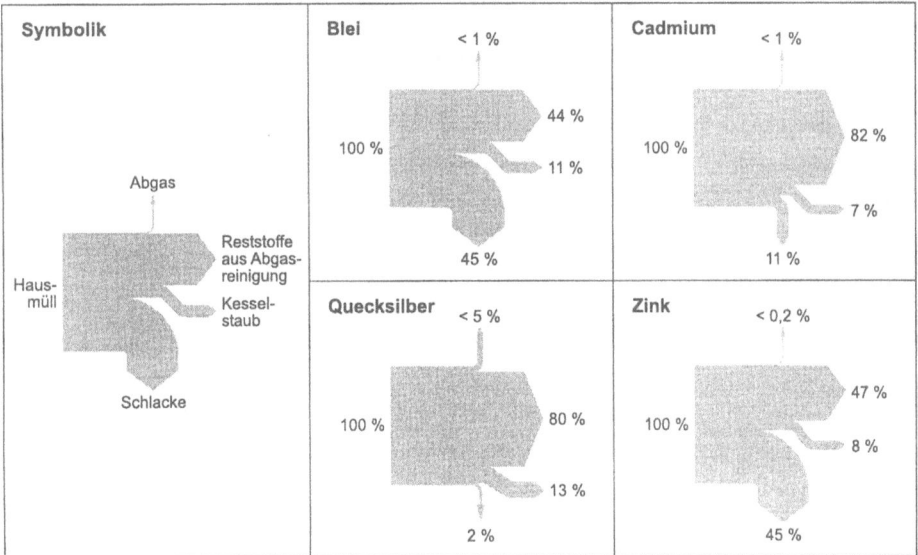

Abb. 7.25: Stoffbilanz von 4 Schwermetallen aus Hausmüll für eine klassische Müllverbrennungsanlage [7.52, 7.53].

8 Systematischer Aufbau von Prozeßführungen

Es ist zweckmäßig,

- nach gasförmigen, flüssigen bzw. staubförmigen Abfällen
- sowie stückigen Abfällen und solchen, die Gemische aus stückigen, pastösen, flüssigen usw. Anteilen sind,

zu unterscheiden. Im folgenden wird dargelegt, wie verfahrenstechnische Elemente zusammenzustellen sind, um Forderungen nach Ausbrand und Schadstoffbegrenzung, die in den vorangegangenen Kapiteln beschrieben sind, zunächst qualitativ zu erfüllen. Bei dem Zusammenwirken verschiedener Elemente gibt es natürlich viele Variationen, wie weiter unten noch in den Kap. 11 und 12 anhand ausgeführter Verfahren gezeigt wird. Die folgende Darstellung ist daher nur exemplarisch zu verstehen, soll aber die prinzipiellen Möglichkeiten erläutern.

8.1 Prozeßführung bei gasförmigen, flüssigen oder staubförmigen Abfällen

8.1.1 Anforderungen an die Vermischung

Um gleichmäßige Reaktionsbedingungen im Brennraum zu erzeugen, müssen Brennstoff und Reaktionsgas sorgfältig miteinander vermischt werden, d.h. wie im Zusammenhang mit dem CO-Abbau bereits beschrieben, ist zur Vergleichmäßigung der Temperatur- und Konzentrationsverhältnisse zunächst ein Rührkesselelement und zur weiteren Erhöhung des Abbaugrades in Reihe dahinter geschaltet ein Rohrreaktor (Kolbenströmer) vorzusehen (Abb. 8.1).
Durch die Art der Brennstoffaufgabe ist für flüssige Brennstoffe eine ausreichende feine Tröpfchenverteilung bzw. für staubförmige Brennstoffe eine ausreichende Dispergierung zu gewährleisten. Für die Durchmischung von Brennstoff und Luft scheiden wegen des hohen Temperaturniveaus, der Korrosion usw. mechanische Einbauten in der Regel aus. Es bieten sich im wesentlichen zwei fluiddynamische Rührmechanismen an:

- sog. überkritische Drallströmungen mit interner Rückführung bzw. Rückvermischung heißer Abgase oder
- einzelne oder mehrfach nebeneinander angeordnete Freistrahlen, die als Injektoren das umgebende Medium ansaugen, es so vermischen und umwälzen.

Prozeßführungen bei gasförmigen, flüssigen oder staubförmigen Abfällen 157

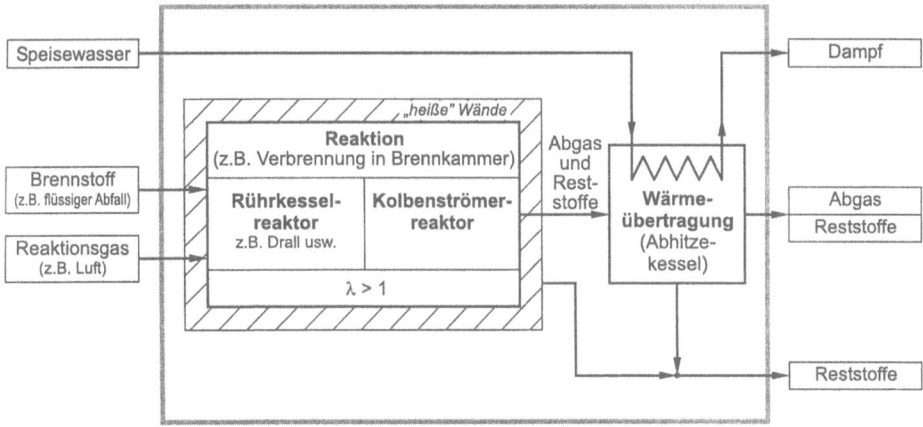

Abb. 8.1: Schematische Darstellung eines Konzeptes mit Entkopplung von Verbrennung und Wärmeübertragung [z.B. 3.5].

In Abb. 8.2 sind die Wirkungsweise und die Strömungsverhältnisse einer sog. überkritischen Drallströmung dargestellt. In einem zylindrischen Brennraum werden axial der Brennstoff und tangential die Verbrennungsluft eingebracht. Durch die tangentiale Luftzuführung wird der axialen Vorwärtsströmung das in Abb. 8.2 rechts dargestellte tangentiale Geschwindigkeitsprofil überlagert. Der tangentiale Impuls wird so groß gewählt, daß durch die auftretenden Fliehkräfte im Bereich um die Achse (Gebiet 2 in Abb. 8.2) ein Unterdruckgebiet erzeugt wird (überkritischer Drall), in das Abgase vom Brennraumaustritt zurückströmen. Insbesondere für den Einsatz heizwertreicher Brennstoffe bzw. Abfälle mit großem spezifischen Luftbedarf sind Drallströmungen mit großen Mischungsintensitäten möglich.

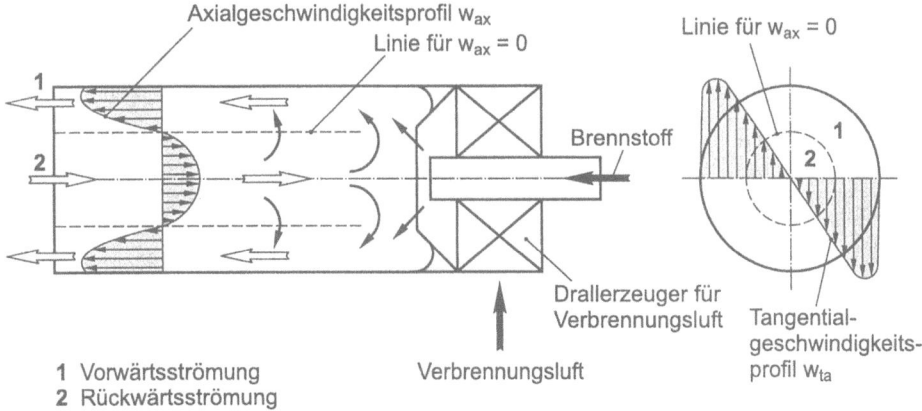

Abb. 8.2: Darstellung der Geschwindigkeitsverteilung einer überkritischen Drallströmung in einer zylindrischen Brennkammer.

Beim Einsatz von heizwertschwachen Brennstoffen bzw. Abfällen mit nur geringem spezifischen Luftbedarf ist mitunter der tangentiale Impuls so gering, daß durch gleichzeitige tangentiale Zuführung von Brennstoff bzw. Abfall oder von heißen Abgasen der Mischimpuls erhöht werden muß. Eine Verbesserung der Mischungsintensität kann zusätzlich durch eine Querschnittserweiterung am Brennraumaustritt erreicht werden. Dadurch wird hinter der Brennkammer die tangentiale Geschwindigkeitskomponente der Rückwärtsströmung deutlich verringert, so daß an der Trennlinie zwischen Vor- und Rückströmung (Linie $w_{ax} = 0$, Abb. 8.2) Wirbelfäden erzeugt werden und somit eine Turbulenzerhöhung erreicht wird. Nach [8.1] sind Durchmesservergrößerungen um 50 % ausreichend.

Die Wirkungsweise von Freistrahlinjektoren ist anhand von Abb. 8.3 und 8.4 erklärt [z.B. 8.2, 8.3]. Als eintretende Strahlen kommen sowohl Primär- wie Sekundärluft, rückgeführtes Abgas, aber auch Hochgeschwindigkeitsbrenner, bei denen das unmittelbar bei der Verbrennung entstehende heiße Abgas mit hoher Geschwindigkeit aus einer Düse strömt, usw. in Frage. Der Eintrittsimpuls, gebildet aus der Eintrittsgeschwindigkeit w_{An} und dem Eintrittsmas-

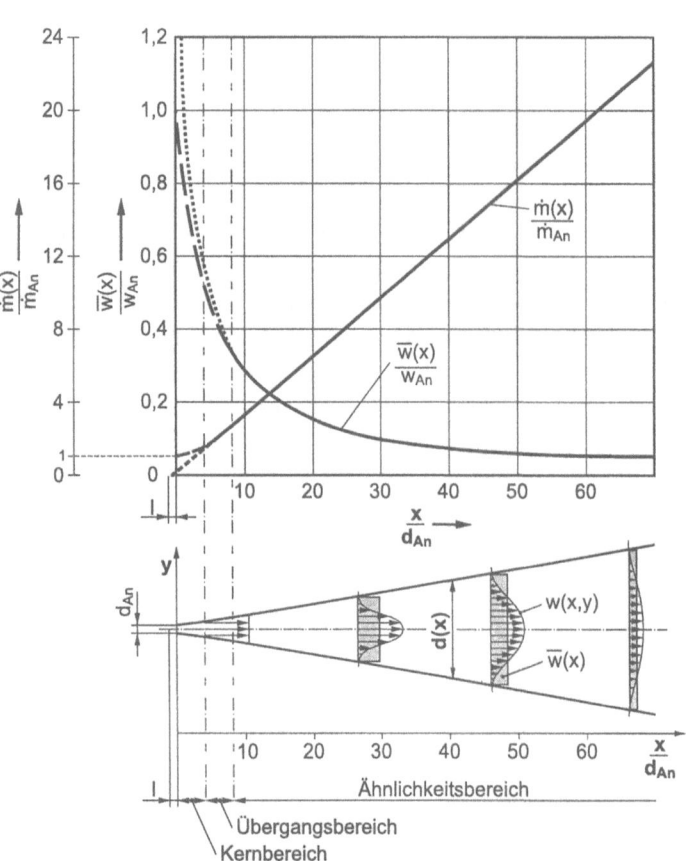

Abb. 8.3: Bezogener Massenstrom $\dot{m}(x)/\dot{m}_{An}$ und bezogene mittlere Geschwindigkeit $\overline{w}(x)/w_{An}$ in Abhängigkeit des bezogenen Düsenabstandes x/d_{An} für den turbulenten Freistrahl (Erklärung im Text).

Prozeßführungen bei gasförmigen, flüssigen oder staubförmigen Abfällen 159

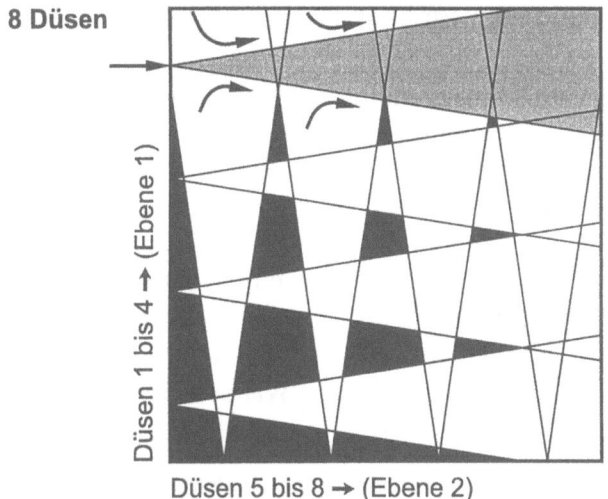

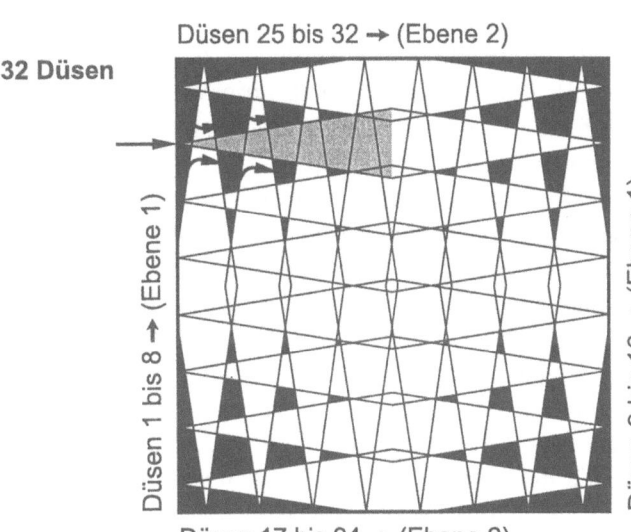

Abb. 8.4: Möglichkeiten der Anordnung von Freistrahldüsenfeldern in zwei Ebenen über einem Strömungsquerschnitt zur Herstellung eines „Rührkessel"-Elementes [2.7].

senstrom $\dot{m}_{An}$, bleibt über dem Mischungsweg konstant. Durch den Impulsaustausch mit der Umgebung wird das umgebende Medium erfaßt, wodurch der Strahldurchmesser $d(x)$ und der Massenstrom $\dot{m}(x)$ zunehmen und die Geschwindigkeit des Strahles $w(x,y)$ und die mittlere Geschwindigkeit $\overline{w}(x)$ längs des Weges (x) abnehmen. Die dargestellte Freistrahlausbreitung gilt strenggenommen nur für ruhende Umgebungen. In vielen technischen Anwendungen muß dagegen die absolute Geschwindigkeit der Hauptströmung und deren strahlablenkende Wirkung mit berücksichtigt werden. Zur Überdeckung eines größeren Querschnitts (Vermischung über dem Querschnitt) sind, wie in Abb. 8.4 dargestellt, Freistrahl- bzw. Düsenfelder u.U. auch versetzt in mehreren Ebenen übereinander anzuordnen.

8.1.2 Trennung von Reaktion und Wärmeübertragung

Wird, wie in Abb. 8.1 schematisch dargestellt, auf eine Wärmeauskopplung im Reaktionsraum im Gegensatz zu herkömmlichen Kesselfeuerungen zur Energieerzeugung verzichtet, was durch eine entsprechende isolierende Feuerfestauskleidung erreicht werden kann, so kann auch bei Abfällen mit niedrigen Heizwerten in Verbindung mit niedrigen Luftzahlen ein ausreichend hohes Temperaturniveau ermöglicht werden (nahezu adiabate Reaktionen). Der Einfluß einer Wärmeauskopplung auf die Feuerraumtemperatur in Abhängigkeit von der Luftzahl λ ist für einen Heizwert von $h_u = 10,6$ MJ/kg in Abb. 4.5 (dort als Verlustglied $\dot{Q}_{Verl} = 0,1 \cdot \dot{H}_{zu}$) dargestellt. Bereits bei einer Wärmeauskopplung von $\dot{Q}_{Verl} = 0,1 \cdot \dot{H}_{zu}$ ist mit einer erheblichen Herabsetzung der Feuerraumtemperatur zu rechnen. Die Abhängigkeit der kalorischen Verbrennungstemperatur von dem Heizwert ist für verschiedene Luftzahlen λ in Abb. 4.7 dargestellt. Häufig kann man auf Verbrennungsluftvorwärmung und/oder Zusatzfeuerung mit einem höherwertigen Brennstoff verzichten. Weiterhin wird durch Vermeidung der Wärmeauskopplung während der Reaktion und wegen der damit verbundenen „heißen" Wände (feuerfest, z.B. $\vartheta_{Wa} > 1000$ °C) ein „Einfrieren" von Reaktionen an den Wänden (Quencheffekte) verhindert. Die Wärmeauskopplung (Kessel) selbst erfolgt im Anschluß an den Reaktionsraum (Abb. 8.1).

Enthält der eingesetzte Brennstoff Asche, so ist zu beachten, daß hohe Temperaturen nicht dazu führen, daß die Ascheerweichungstemperatur überschritten wird und Anbackungen an den Wänden entstehen. Andererseits kann es auch Ziel sein, durch den Aufbau einer isolierenden Schicht aus Anbackungen (Gleichgewichtsschlackendicke) den schmelzflüssigen Zustand zu erreichen. In solchen Fällen ist durch Senkrechtstellen des Brennraumes ein Abfließen und damit Abscheiden eines großen Teils der Inertanteile des Abfalls zu erreichen. Die Trennung von Reaktion und Wärmeübergang hat den generellen Vorteil, daß man die Aufgaben aus den Anforderungen an die Reaktionsführung (siehe auch weiter unten) unabhängig von den Aufgaben aus der Wärmeübertragung erfüllen kann.

8.1.3 Temperaturniveau und Temperaturverteilung

Die durch die Entkopplung von Reaktion und Wärmeübertragung bei Abfällen mit höheren Heizwerten wegen annähernd adiabater Verhältnisse auftretenden hohen Temperaturen begünstigen zwar den Reaktionsablauf und damit eine Vermeidung von Schadstoffen, die durch unvollständigen Ausbrand bedingt sind, führen jedoch andererseits zu einer verstärkten Stickstoffoxidbildung. Es ist daher notwendig, die Möglichkeit vorzusehen, das Temperaturniveau senken zu können. Darüber hinaus ist es erforderlich, die Einstellung bzw. Einregelung auf ein bestimmtes gewünschtes Temperaturniveau zu ermöglichen, um optimale Reaktionsbedingungen für andere Gesichtspunkte schaffen zu können (z.B. Vermeidung von Überschreitung des Ascheerweichungspunktes, Vermeidung von thermischem NO, Einstellen günstiger Temperaturbereiche für Sorptionsvorgänge wie Heißentschwefelung usw.). Diese geforderte Regelung der Temperaturen kann mit Hilfe hoher Luftzahlen oder feuerungstechnisch effektiver durch eine Rückführung kälterer Abgase erreicht werden. Dabei hat die Erhöhung der Luftzahl zur Temperaturabsenkung die Nachteile, neben einer Vergrößerung der Abgasverluste die Brennstoff-NO-Bildung durch die Erhöhung des Sauerstoffpartialdruckes zu begünstigen. Die Rückführung kälterer Abgase ist als Prinzip in Abb. 8.5 dargestellt.

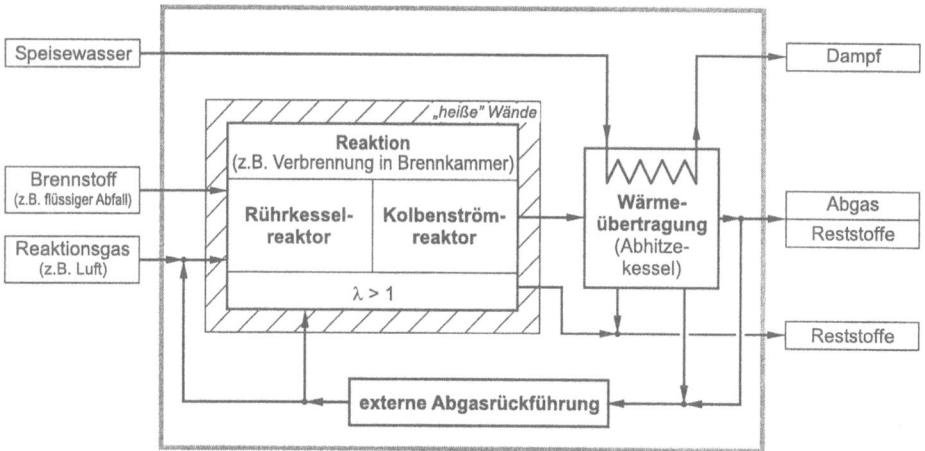

Abb. 8.5: Schematische Darstellung eines Konzeptes mit Entkopplung von Reaktion und Wärmeübertragung sowie einer externen Abgasrückführung [z.B. 3.5].

Sie können dabei nach einem Teil oder hinter der Wärmeübertragung abgezweigt und mit Hilfe eines Ventilators entweder in das Reaktionsgas oder in den Brennraum eingemischt werden. Dabei ist auf eine sorgfältige Auslegung der in Kap. 8.1.1 genannten Rührmechanismen (z.B. durch Freistrahlwirkung) zu achten. Eine schlechte Einmischung kann angestrebte Vorteile zunichte machen und Nachteile durch instabile Zündung, Störung der Gleichmäßigkeit des Temperaturfeldes durch Strähnen usw. hervorrufen. Bei „richtiger" Auslegung der Einmischung von rückgeführtem Abgas werden Temperaturspitzen durch Inhomogenitäten wirksam vermieden und im Vergleich zu fehlender Abgasrückführung die Bildung von thermischem NO wirksam unterdrückt.

Häufig kommt auch eine Wassereindüsung zur Temperatursteuerung im Brennraum in Betracht.

Abb. 8.6 zeigt beispielhaft die mit dem Rührmechanismus „überkritischer Drall" erreichbare Gleichmäßigkeit eines auf einem Niveau von etwa 1000 °C bis 1100 °C eingestellten Temperaturfeldes eines Feuerraums mit gleichzeitiger Verbrennung (näheres siehe [8.4, 8.5]). Obwohl hier wegen relativ geringer Feuerfestauskleidung nur Innenwandtemperaturen um 850 °C erreicht werden (begrenzte Wärmeauskopplung durch Verluste), erhält man ein Feld wenig unterschiedlicher Temperaturen mit der Folge, daß praktisch der gesamte Reaktionsraum genutzt werden kann.

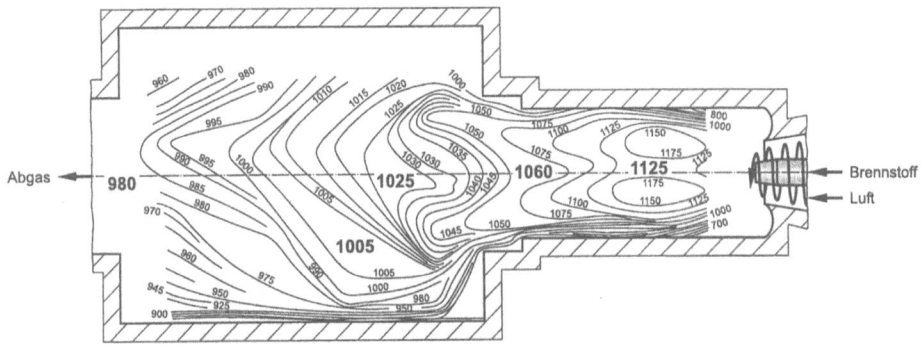

Abb. 8.6: Temperaturfeld in einer Brennkammer (Angaben in °C) [8.4, 8.5].

8.1.4 Bedingungen und Forderungen aus der Schadstoffbegrenzung

Stickstoffoxide (NO_x)

Unter Berücksichtigung der in Kap. 7 beschriebenen Schadstoffbildungs- und Abbaumechanismen und der vorstehend genannten Möglichkeiten zur Einflußnahme auf die Prozeßführung müssen jeweils abgestimmt auf die zu behandelnden Abfälle Konzepte entwickelt werden. Durch die teilweise gegenläufigen Anforderungen ist für eine optimale Prozeßführung häufig die Hintereinanderschaltung entkoppelter Prozeßstufen erforderlich. Abb. 8.7 zeigt beispielhaft einzelne Schaltungsmöglichkeiten.

Die Rückführung kalter Abgase ist wie oben erwähnt geeignet, die Bildung thermischer Stickstoffoxide zu vermeiden, da zum einen der Sauerstoffpartialdruck im Abgas abgesenkt und die Temperatur selbst bei nahestöchiometrischer Verbrennung unter $\vartheta = 1500$ °C gehalten werden kann.

Zur Reduzierung der Bildung von Stickstoffoxiden aus brennstoffgebundenem Stickstoff muß eine weitestgehende Überführung der N-Spezies zu molekularem Stickstoff erreicht werden. Dieses läßt sich ebenso wie die Reduktion bereits bestehender Stickstoffoxide durch die Schaffung reduzierender Reaktionsbedingungen erreichen, wobei man die mehrstufige Prozeßführung nach Luft- bzw. Brennstoffstufung unterscheidet. Beide Varianten sind ebenfalls schematisch in Abb. 8.7 dargestellt. Bei der Luftstufung wird dem gesamten Brennstoffstrom in einer ersten Stufe nur ein Teil des Reaktionsgases (z.B. Luft usw.) zugeführt ($\lambda_1 < 1$), so daß sich dort wegen des Sauerstoffmangels vornehmlich molekularer Stickstoff bildet. Zur beschleunigten Umsetzung ist dabei eine hohe Prozeßtemperatur anzustreben. Der Ausbrand der Abgase aus der ersten Stufe erfolgt nach Zugabe der Restluft ($\lambda_2 > 1$). Bei der Brennstoffstufung erfolgt zunächst in der ersten Stufe eine nahestöchiometrische Umsetzung ($\lambda_1 \approx 1$). In der zweiten Stufe werden durch Zugabe von Reduktionsbrennstoff ($\lambda_2 < 1$) (z.B. Erdgas, Heizöl usw.) bereits gebildete Stickstoffoxide aus der ersten Stufe reduziert. Der Ausbrand erfolgt dann erst in der dritten Stufe ($\lambda_3 > 1$) unter erneuter Zugabe von Reaktionsgas. Steigen die Reaktionstemperaturen in der Ausbrandstufe soweit an, daß mit einer erhöhten Bildung von thermischem NO zu rechnen ist, so läßt sich das Temperaturniveau wiederum durch Rückführung „kälterer" Abgase erniedrigen. Da insgesamt die verbrennungstechnischen Maßnahmen zur Stickstoffoxidminderung zu einer verzögerten Umsetzung des eingesetzten Brennstoffes führen, muß darauf geachtet werden, daß sie den Ausbrand (CO, C_xH_y, Ruß usw.) nicht verschlechtern. Gegebenenfalls ist dann ein Kolbenströmreaktor nachzuschalten.

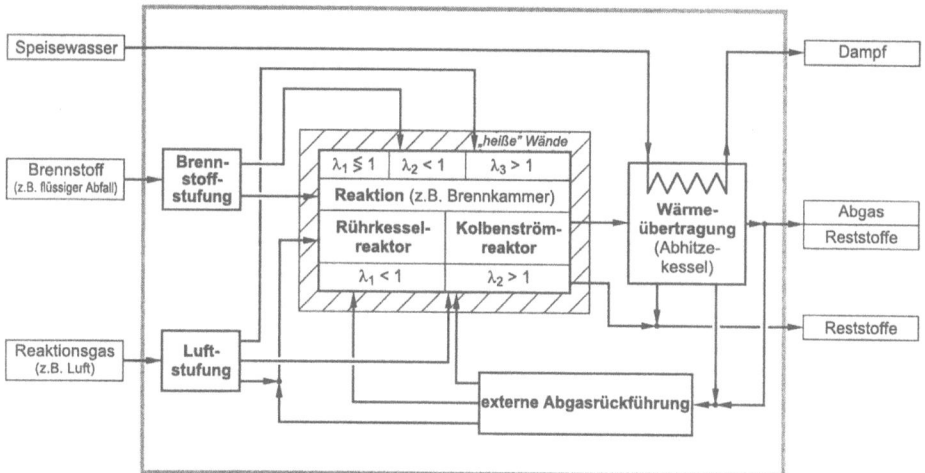

Abb. 8.7: Schematische Darstellung der Kombination von Reaktionsgas- (z.B. Luft-) und Brennstoffstufung mit externer Abgasrückführung [z.B. 3.5].

Wie beispielhaft anhand der Versuchsergebnisse zur mehrstufigen Verbrennung von Bitumen- und Visbreakerrückständen in Abb. 7.15 dargestellt, hat die Wahl des Zugabeortes für die Stufenluft sehr sorgfältig zu erfolgen, da sonst sogar eine Verschlechterung bezüglich der Stickstoffoxidemissionen eintreten kann. Erst bei ausreichend starker Trennung von Primär- und Sekundärstufe wird eine deutliche Reduktion erreicht.

An dieser Stelle sei deutlich darauf hingewiesen, daß die Ergebnisse für NO_x-Konzentrationen durch die Maßnahmen der „Brennstoff- und Luftstufung" nicht direkt vergleichbar sind, da bei der Brennstoffstufung neben der Reduktion durch Zugabe von Stufenbrennstoff auch eine erhebliche Vergrößerung des Abgasstromes und damit ein Verdünnungseffekt verbunden ist.

Ausbrand

Insgesamt führen die Maßnahmen zur NO_x-Minderung zu einer „verzögerten Verbrennung", weshalb man darauf zu achten hat, daß der ohne diese Maßnahmen erreichte Ausbrand (CO, C_xH_y, Ruß etc.) nicht wieder verschlechtert wird. In diesem Zusammenhang sei an die Möglichkeit der Nachschaltung eines Kolbenströmreaktors erinnert (s.o. Kap. 8.1.1). Liegen am Ende der Rührkesselstrecke (Vermischungsstrecke) noch in unzulässigem Maße Schadstoffe vor, so sind sie doch gleichmäßig zu Beginn des folgenden Kolbenströmreaktors über dessen Querschnitt verteilt, so daß die Restreaktionen im Idealfall ohne Rückvermischungserscheinungen und Strähnenbildungen in einer abschließenden Kolbenströmung ablaufen können (vgl. Abb. 7.1).

Bei Brennstoffen mit wenig Flüchtigem ist es oft notwendig, nicht sofort die gesamte Luft, sondern nur einen Bruchteil (z.B. Luftzahl $\lambda = 0,3$) zuzuführen, um Zündreaktionen nicht durch zuviel Ballast, z.B. Luftstickstoff, zu behindern. Erst nach Erreichen entsprechender Temperaturen und dem Aufheizen der Brennstoffpartikel ist es sinnvoll, die erforderliche Restluft zuzuführen. Es zeigt sich also, daß diese sog. Luftstufung schon alleine für eine stabile Zündung und auch für eine Temperaturführung über dem Verbrennungsweg wichtig sein kann und nicht nur aus Gründen der Stickstoffoxidminderung durchgeführt werden sollte. Extremes Beispiel ist die Verbrennung von Petrolkoks, wo in einer ersten Stufe zur sicheren Zündung nur etwa 20 % der gesamten erforderlichen Luft zugeführt werden sollten. Auch bei Brennstoffen wie Kohle-Wasser-Gemischen (Slurry) ist eine solche Stufung sinnvoll.

Ausbrand und Dioxine/Furane

Obwohl bei Dioxinen/Furanen z.T. die Bildungsmechanismen noch nicht endgültig geklärt sind, findet man ähnliche summarische Darstellungen für deren Abbau wie für Kohlenmonoxid nach Abb. 7.1 (vgl. z.B. Abb. 7.6).

Für das Auftreten von Dioxinen und Furanen sind die im Kap. 7.2.1 erläuterten Herkunftspfade verantwortlich.

Dies bedeutet für die Umsetzung in einer technischen Feuerung, daß man zunächst mit den bisher beschriebenen Mitteln der Verbrennungsführung für einen möglichst weitgehenden Ausbrand zu sorgen hat, weil dann entsprechend weniger Kohlenwasserstoffe vorhanden und auch die erwähnten Precursoren in gleichem Maße reduziert und somit die Grundlage für eine Neubildung in der Abkühlphase der Abgase nach der Verbrennung fehlen würden. Für den Ingenieur heißt dies, geeignete Vermischungsmechanismen, ausreichendes (gleichmäßiges über den Reaktionsraum verteiltes) Temperaturniveau, Temperatursteuerungsmaßnahmen sowie genügend Größe des Brennraumes zur Verfügung zu stellen. Dabei kann nach [7.14] davon ausgegangen werden, daß für einen Abbaugrad (thermische Zersetzung) der Größenordnung $C/C_{An} = 10^{-10}$ von in Spuren im Brennstoff vorhandenen oder während der Verbrennung gebildeten Dioxinen/Furanen bei einer Temperatur um 1200 °C eine mittlere Verweilzeit von 0,1 s ausreicht. Bedenkt man, daß man bei 1000 °C etwa 2 s benötigt, so ist beispielsweise in einer gewählten Anordnung mit einer mittleren Verweilzeit von 2 s bei 1200 °C eine hohe „Temperaturreserve" vorhanden. Nimmt man andererseits an, daß ungünstigerweise ein derartiges Verweilzeitspektrum vorhanden ist, daß es einigen Teilchen auf Wegen mit nur 10 % der mittleren Verweilzeit (also sehr schnell in nur 0,2 s) durch das System zu eilen erlaubt, so sollte auch bei diesen die Zeit zur thermischen Zerstörung bei 1200 °C ausreichen. Untersuchungen wie z.B. [7.25] zeigen (siehe oben Kap. 7.2.1), daß die alleinige Forderung nach 1200 °C nicht zwingend ist. Insgesamt darf bei entsprechender Auslegung eine Zerstörung von Dioxinen und Furanen von der gasförmigen Seite her bis unterhalb einer Konzentration von 0,1 ng/m³ TE unmittelbar am Feuerraumaustritt erwartet werden.

Hat man mit nennenswerten Staubkonzentrationen im Abgas zu rechnen, was in der Regel der Fall ist, muß wie oben erwähnt im Abgas bei Temperaturen vornehmlich zwischen 250 °C und 450 °C - also nach der Verbrennung beim Abkühlen - mit der Neubildung von Dioxinen/Furanen gerechnet werden [8.6, 8.7]. Um dies zu vermeiden bzw. zu vermindern, sind zunächst feuerungstechnische Möglichkeiten zum Herabsetzen des Flugstaubanteiles und dessen möglichst vollständiger Ausbrand in Betracht zu ziehen. So kann z.B. durch Herabsetzen der Durchströmungsgeschwindigkeit der Flugstaubaustrag verringert werden. Kleinere Strömungsgeschwindigkeiten führen weiterhin zu kleineren Flugstaubpartikeln und längeren Verweilzeiten des Flugstaubes und verbessern dadurch den Ausbrand dieser Teilchen. Eine weitere Möglichkeit, den Flugstaubanteil herabzusetzen, stellt eine Schmelzkammerfeuerung dar. Durch entsprechende Temperatur- und Strömungsführung (s.o.) bei der Verbrennung von aschehaltigen Brennstoffen wird der Ascheerweichungspunkt gezielt überschritten, so daß eine weitgehende

Einbindung des Flugstaubes in die entstehende Schlacke erreichbar ist. Der Ausbrand der Schlacke kann insbesondere durch lange Verweilzeiten bei höheren Temperaturen erreicht werden (z.B. 2 Stunden bei 1100 °C: „Schlackebad"). Zweckmäßiger Weise ist zu überlegen, diese Maßnahme in die Feuerung zu integrieren (Schlackebadanordnung z.B. am Feuerraumboden mit entsprechender Aufenthaltszeit), um auf eine getrennte thermische Nachbehandlung verzichten zu können.

Häufig sind die genannten feuerungstechnischen Einflußmöglichkeiten nicht ausreichend zu realisieren. Dann sind abgasseitige Maßnahmen zur Dioxin/Furan-Begrenzung erforderlich, z.B. gezielte schnelle Abkühlung oder getrennte Nachbehandlungsverfahren mit Aktivkohlefiltern oder anderen Apparaten, worauf an dieser Stelle nicht weiter eingegangen wird.

Nicht durch Verbrennung beeinflußbare Schadstoffe

Stoffe wie HCl, HF, SO_2, Schwermetalle oder Schwermetalloxyde werden nach der Wärmeübertragung in einer kalten Abgasstrecke durch trockene, halbtrockene und nasse Verfahren ausgeschieden. Diese Verfahren sind hier nicht Gegenstand der Betrachtung. Ausnahmen können bei kleineren und mittleren Feuerungsanlagen in Betracht gezogen werden, und zwar als Heißentschwefelung (auch HF und HCl) mit Trockenadditiven [z.B. 7.49, 7.50]. Sie kann z.B. zwischen die Verfahrensschritte Verbrennung (Prozeßführung nach Abb. 8.1, 8.5, 8.7) und Wärmeübertragung geschaltet werden (Abb. 8.8).

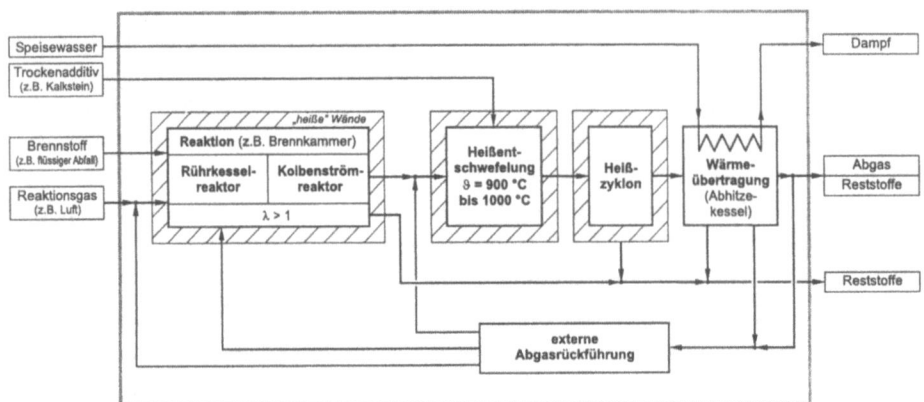

Abb. 8.8: Schematische Darstellung der Einbindung einer Heißentschwefelung in die Verbrennungsführung [z.B. 3.5].

Da für eine optimale Heißentschwefelung bei Einsatz von Trockenadditiven auf Kalziumbasis ein „Temperaturfenster" von 900 °C bis 1100 °C besteht, ist es notwendig, das Verbrennungsgas entweder durch Zumischen von Luft oder kälteren

Prozeßführungen bei gasförmigen, flüssigen oder staubförmigen Abfällen 167

rückgeführten Abgasen auf dieses Temperaturniveau einzustellen. Durch die Zugabe von Trockenadditiven steigt allerdings der Staubgehalt im Abgas, so daß ein z.B. der Entschwefelungsstufe nachgeschalteter Heißzyklon zur Staubabscheidung vorteilhaft wäre. Neben der Abscheidung von Additiv- und Aschestaub wäre dadurch zusätzlich eine Rückführung nicht ausreagierten Additivs möglich.

Zusammenfassung

Faßt man alle geschilderten Maßnahmen der Beeinflussung und Steuerung zur Prozeßführung zusammen, so erhält man eine komplizierte und aufwendige Anlagentechnik. Man muß je nach Brennstoffzusammensetzung und Aufgabenstellung in jedem Einzelfall prüfen, welche der Maßnahmen einerseits nötig und andererseits noch vertretbar sind. Im folgenden wird dies an Beispielen noch deutlich. Bislang sind heute nicht alle Wege zur verbrennungstechnischen Optimierung ausgeschöpft, so daß in Zukunft weitere Entwicklungen und Varianten zu erwarten sind. Es gibt eine Vielzahl von Untersuchungen an Versuchsanlagen im halbtechnischen Maßstab. Eine solche Pilotanlage mit einer maximalen thermischen Leistung von 1 MW_t ist in Abb. 8.9 und 8.10 dargestellt, an der viele der o.g. verbrennungstechnischen Bausteine ausgeführt und untersucht worden sind [z.B. 7.42, 8.4, 8.5, 8.8].

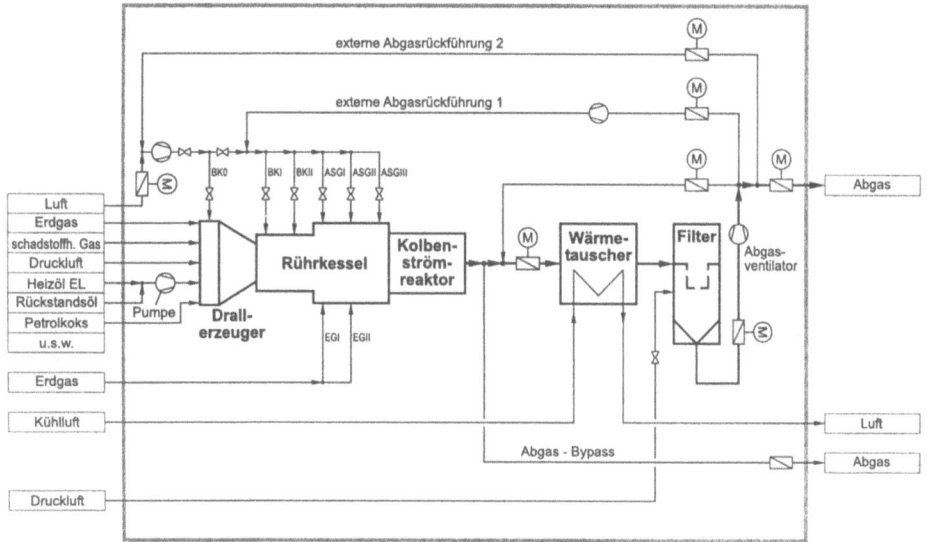

Abb. 8.9: Beispiel für den Aufbau einer Anlage zur Verbrennung gasförmiger, flüssiger und staubförmiger Abfälle (Rückstände).

Abb. 8.10: Versuchsanlage zur thermischen Behandlung von gasförmigen, flüssigen und staubförmigen Abfällen (thermische Leistung 1 MW_t).

8.2 Prozeßführung bei stückigen Abfällen

Prinzipiell lassen sich die gleichen Forderungen, die an ein Konzept für gasförmige, flüssige und staubförmige Abfälle (Brennstoffe) gestellt werden, auch auf die Prozeßführung bei stückigen Abfällen (Brennstoffe) übertragen. Bei diesen hat man jedoch in Abhängigkeit von Stückgröße und stofflicher Zusammensetzung mit wesentlich höheren Reaktionszeiten zu rechnen, wobei besonders auf Gas-Feststoff-Reaktionen zu achten ist. Bei dem Reaktionsablauf ist auf die Teilschritte

a) Trocknung,

b) Entgasung,

c) Vergasung,

d) Ausbrand des Feststoffes,

e) Nachbehandlung der gasförmigen Bestandteile,

f) Nachbehandlung von Flugstäuben, Pyrolysekoks usw.

zu achten. Sind die einzelnen Zonen, in denen Teilschritte ablaufen, ungenügend voneinander getrennt, d.h. werden mehrere Zielstellungen in einem Reaktionsraum angestrebt, so sind eine Vielzahl von Ziel- und Einflußgrößen überlagert und damit eine Optimierung im Hinblick auf Ausbrand und Reduzierung von Schadstoffen durch die Prozeßführung schwierig. Durch eine Auftrennung der Prozeßführung wird eine Verkleinerung der Ziel- und Einflußgrößen in jeder einzelnen Prozeßeinheit erreicht.

Es ist zweckmäßig, zunächst den Prozeß in die selbständigen Teilsysteme

- Feststoffumsatz mit den Teilschritten a) bis d) (1. Einheit)

und - vollständig davon getrennt, in Reihe geschalteter –

- Nachbehandlungsprozeß von Gasen, Flugstäuben, Pyrolysekoks usw.; Teilschritte e) und f) (2. Einheit)

aufzuteilen, wobei die Einheiten ihrerseits wieder in entsprechende Teilsysteme zu untergliedern sind.

Beim Feststoffumsatz in der ersten Einheit sind die prinzipiellen Möglichkeiten der Prozeßführung stärker durch Randbedingungen des jeweiligen Apparates eingeschränkt als bei gasförmigen, flüssigen oder staubförmigen Abfällen. So fällt z.B. bei einer Rostanlage eine gestufte Prozeßführung wesentlich leichter als in einer Drehrohranlage. Weiter können in einer Rostanlage überwiegend nur stückige Abfälle verarbeitet werden, in einer Drehrohranlage hingegen auch Abfälle, die aus Mischungen von flüssigen und stückigen Stoffen bestehen, und auch Gebinde (Fässer usw.) enthalten dürfen. Die Vielzahl der Randbedingungen wird weiter unten bei der Ausführung von Anlagen behandelt. Dennoch lassen sich auch hier bereits einige allgemeine Grundsätze der Prozeßführung formulieren.

So sollten

- die Prozeßführung im Hinblick auf die einzelnen Teilprozesse, je nach Sauerstoffpartialdruck von Pyrolyse bis Verbrennung über dem Reaktionsweg in einzelne Zonen aufgeteilt und gut steuerbar sein. Dies bedeutet nach Möglichkeit eine Stufung des Reaktionsgases (z.B. Luft) je nach Absicht längs des Reaktionsweges wie in Abb. 8.11 dargestellt. Auch eine Sauerstoffanreicherung des Reaktionsgases ist in einzelnen Zonen zur Erhöhung des Umsatzes des fixen Kohlenstoffes in Erwägung zu ziehen.

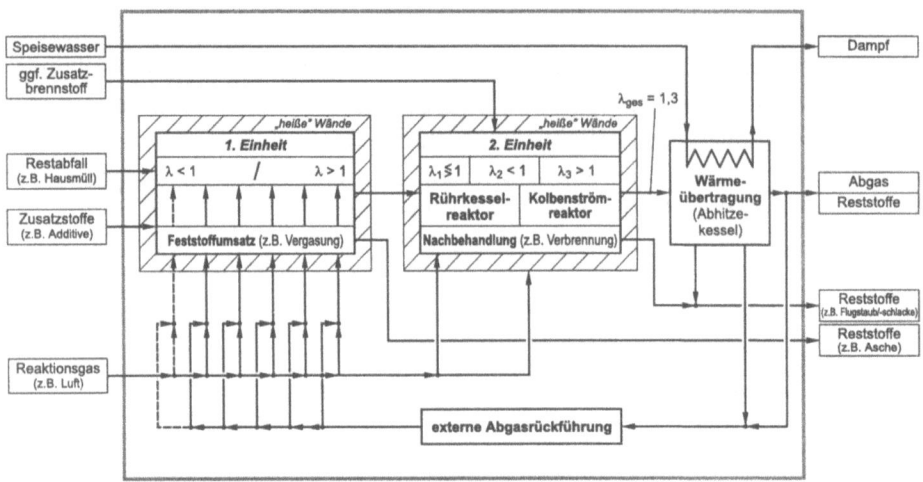

Abb. 8.11: Schematische Darstellung der getrennten Prozeßführung bei stückigen Abfällen (Beispiel) [2.7, 4.10].

- durch die Entkopplung von Reaktion und Wärmeübertragung wie bereits erwähnt auch bei Brennstoffen mit relativ geringen Heizwerten ausreichend hohe Temperaturen beim Feststoffumsatz erreicht werden.

- durch externe Abgasrückführung (Abb. 8.11) in einzelnen Zonen eine Temperatursteuerung möglich sein. Insbesondere ist die Abgasrückführung auch geeignet, die Trocknung zu Beginn des Prozesses zu unterstützen. Hier könnte man dann z.B. auf Luftzufuhr verzichten.

- die Durchströmungs- und Mischungsbedingungen des Abfallbettes in den Einzelzonen beeinflußbar sein.

- durch Einstellung der Betthöhe und Beeinflussung der Geschwindigkeit, mit der sich der Abfall durch die Anlage bewegt, eine ausreichende Verweilzeitbeeinflussung für den Feststoffumsatz gegeben sein.

Für kontinuierliche Verfahren kommen Apparate wie

- Rost,
- Drehrohr,
- Etagenofen,
- Wirbelschicht
- usw.

und für diskontinuierliche Verfahren

- Chargenöfen

- usw.

in Betracht (siehe auch Kap. 9).

Die 2. Einheit ist selbst wie eine eigenständige Feuerung für gasförmige, flüssige und staubförmige Brennstoffe wie im vorangestellten Kap. 8.1 dargestellt auszubilden und vollständig von der ersten Einheit zu trennen. Die aus der 1. Einheit stammenden Gase können dann wie ein „schwieriger" Brennstoff (Vergasungsgas), Pyrolysekoks, als Schadstoff beladenes Abgas oder dgl. betrachtet werden. Somit können auch bei stückigen Abfällen durch eine mehrstufige Prozeßführung in der 2. Einheit Primärmaßnahmen angewendet werden. Der Aufbau der 2. Einheit kann daher aus Kap. 8.1 hier übernommen werden und ist entsprechend in Abb. 8.11 integriert.

Die Entkopplung des Feststoffumsatzes von der thermischen Nachbehandlung ist weiterhin eine notwendige Voraussetzung, um Freiheitsgrade zur „Einstellung" bestimmter Eigenschaften der verbleibenden festen Reststoffe der ersten Einheit zu erhalten, ohne daß dadurch eine Verschlechterung in der Nachbehandlungseinheit, z.B. des Ausbrandes der Abgase, eintritt.

9 Apparate

Bei der Realisierung eines thermischen Behandlungsverfahren bestimmen einerseits die Einsatzstoffe (Abfall) die in Frage kommenden Apparate, andererseits legen diese wiederum das mögliche Niveau der Haupteinflußgrößen und deren Steuermöglichkeiten längs des Apparateweges (Reaktionsweg) zumindest teilweise fest. Für die Umsetzung der verschiedenen Prozeßeinheiten (Kap. 8) können unter anderem folgende grundlegenden Apparate eingesetzt werden:

- Brennkammern (Abb. 9.1),
- Drehrohre (Abb. 9.2),
- Rostsysteme (Abb. 9.5),
- Etagenöfen (Abb. 9.11),
- Wirbelschichtreaktoren (Abb. 9.12),
- Durchlauföfen (Abb. 9.13) und
- Schachtreaktoren (Abb. 9.14).

Diese Apparatetypen sind im Zusammenhang mit Stoffbehandlungs- bzw. Energieumwandlungsverfahren aus den Fachgebieten des Industrieofenbaus, der Verbrennungs- und Brennstofftechnik bekannt, weshalb hier auf entsprechende Literatur der Stahl-, Glas-, Keramikindustrie usw. verwiesen wird. An dieser Stelle sei besonders anzumerken, daß zwischen den Begriffen „Verfahren" und „Apparat" sorgfältig unterschieden werden muß. So kann ein Apparat in ganz unterschiedlichen Verfahren eingesetzt werden. Beispielsweise wird das Drehrohr nicht nur in der „Sonderabfallverbrennung", sondern auch bei Pyrolyseprozessen [z.B. 9.1, 9.2] eingesetzt. Ähnliches gilt auch für den Apparat Rost. Häufig benutzte Begriffe wie „Drehrohrverfahren" oder „Rostverfahren" sagen über das eigentliche Verfahren nur wenig aus und können sogar irreführend sein.

9.1 Brennkammersysteme

In Abb. 9.1 ist beispielhaft der Schnitt eines Brennkammersystems dargestellt, wie es für die thermische Entsorgung von gasförmigen, flüssigen und staubförmigen Abfallstoffen (z.B. kontaminierte Ablüfte, Rückstandsöle, Petrolkoks) Anwendung finden kann. Dabei läßt sich häufig auch ein kombinierter Betrieb (z.B. Gas und Flüssigkeit) mit entsprechender Brennertechnologie realisieren. Im Hinblick auf den Ausbrand lassen sich die Haupteinflußgrößen (Sauerstoffkonzentration, Temperatur und Verweilzeit) in einem breiten Variationsbereich sehr gut steuern. Eine entsprechende Charakterisierung der Haupteinflußgrößen für Brennkammersysteme zeigt die Tab. 9.1. Auf die eigentliche Prozeßführung (Vermischung, Trennung von Reaktion und Wärmeübertragung, Schadstoffbegrenzung usw.) wurde bereits in Kap. 8 eingegangen.

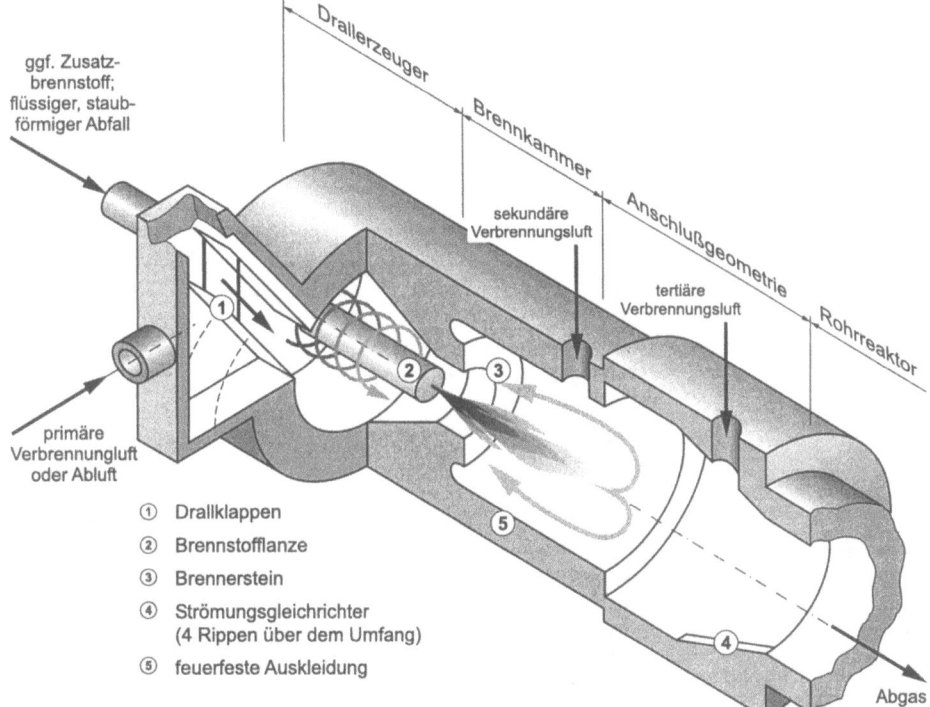

Abb. 9.1: Beispiel eines Brennkammersystems (Drallbrennkammer) [8.4].

Ein weiteres wichtiges Anwendungsgebiet ist die Nachverbrennung von Gasen und Flugstäuben, welche in vorgeschalteten thermischen Verfahrenseinheiten für die Behandlung von festen stückigen Abfällen entstehen. Dabei ist darauf zu achten, daß für die Verbrennung von Abfällen die vorgeschriebenen gesetzlichen Anforderungen nach [1.4], wie

- Feuerraumtemperatur (z.B. 1200 °C bei Sonderabfällen oder 850 °C bei Restabfällen aus Hausmüll) und
- Verweilzeiten der Abgase,

erfüllt werden. Ist die Nachverbrennungseinheit (Brennkammer) geometrisch bzw. auch strömungstechnisch von anderen Anlagenteilen getrennt ausgeführt, können die vorgeschalteten Einheiten ausschließlich im Hinblick auf den Ausbrand des festen Abfalls und die Eigenschaften des verbleibenden festen Reststoffes optimiert werden. Die im Zusammenhang mit gasförmigen, flüssigen und staubförmigen Abfallstoffen gewonnenen Erfahrungen und Kenntnisse, insbesondere zur Reduzierung der Emissionen, sind in der Nachverbrennungseinheit dann entsprechend getrennt durchführbar bzw. übertragbar.

Haupteinflußgrößen		Bemerkungen
Einsatzstoffe		gasförmig, flüssig, staubförmig
Sauerstoffangebot	Niveau	unter- bis überstöchiometrisch; in weiten Bereichen variabel; falls am Reaktoraustritt Überstöchiometrie: Bezeichnung „Brennkammer"; falls am Ende Unterstöchiometrie: Bezeichnung „Vergasungsreaktor"
	Steuerung längs des Reaktionsweges	durch Stufung von Oxidationsmittel und Brennstoff längs des Verbrennungsweges sehr gut möglich (einbringen über Rührkesselelemente)
Temperatur	Niveau	Verbrennungstemperaturen im Bereich von 1000 °C bis 2000 °C ggf. auch höher; Bereich sehr variabel
	Steuerung längs des Reaktionsweges	neben der Stufung von Oxidationsmittel und Brennstoff über dem Reaktionsweg, insbesondere Eingriffe durch Abgasrückführung, Wassereindüsung usw. möglich; indirekte Wärmeein- bzw. -auskopplung durch entsprechende Heiz- bzw. Kühlsysteme
Druck		bei Umgebungsdruck in der Regel aus anlagentechnischen Gründen wenige Pa Unterdruck; Hochdruckvergasung und Hochdruckverbrennung seltener
Reaktorverhalten	Staub/Gas	strömungstechnisch können sowohl RK- als auch KS-Charakteristiken für Staub und Gas angenähert werden
Verweilzeit (Gas)	Niveau	im Bereich von Sekunden (bei höherem Druck entsprechend länger); durch Lastzustand einstellbar und bei Projektierung durch geometrische Abmessungen beeinflußbar
	Steuerung längs des Reaktionsweges	nur schwer möglich; Verweilzeitverteilung über Reaktorverhalten steuerbar
Zusatzstoffe		Additive insbesondere über Rührkesselelemente einbringen, sowohl zur Schadstoffeinbindung (z.B. Schwefeldioxid, Stickstoffoxide) als auch zur Beeinflussung der Schlackeeigenschaften und Schmelztemperaturen der Stäube (falls flüssiger Abzug gewünscht)
Einsatzbereiche (Beispiele)		Verbrennung von flüssigen Rückständen; Nachverbrennung von Gasen und Stäuben in der letzten thermischen Einheit des Behandlungsverfahrens; Hochtemperatur-Vergasung von Rückständen zur Erzeugung von Prozeßgas

Tab. 9.1: Charakterisierung von Brennkammersystemen [3.1].

Ein weiterer Anwendungsbereich für Brennkammersysteme ist die Hochtemperaturvergasung. Hier erfolgt die Vergasung von festen, flüssigen oder gasförmigen Rückständen, z.B. im Flugstrom bei Temperaturen bis 1600 °C (siehe Kap. 12).

9.2 Drehrohrsysteme

Abfälle, die sich aus Gemischen flüssiger, pastöser und stückiger Stoffe einschließlich von Gebinden und Fässern zusammensetzen, stellen aufgrund der stofflichen Heterogenität an die thermische Behandlungsanlage hohe Anforderungen hinsichtlich der thermischen und mechanischen Belastbarkeit (Aufreißen von Fässern und anschließende Verpuffung usw.). Für diese Abfälle (Sonderabfälle) ist deshalb in der Regel als 1. Einheit (z.B. Verbrennung) nur eine Drehrohranlage, wie beispielhaft in Abb. 9.2 dargestellt, geeignet. Daran schließt sich als 2. Einheit die Nachbehandlung der Gase und Stäube (Restausbrand durch Nachverbrennung) in einer sog. Nachbrennkammer bzw. Brennkammersystem (s.o.) an [z.B. 9.3 bis 9.5]. Die Einkopplung der Energie in die 1. Einheit erfolgt entweder direkt durch die Verbrennung des Abfalls oder durch die Zugabe von Zusatzbrennstoff. Wird das Drehrohr als Pyrolysereaktor genutzt, erfolgt die Energieeinkopplung indirekt über einen Doppelmantel durch Energieaustausch mit Thermalöl, Dampf, heißen Abgasen usw. (in Abb. 9.2 nicht dargestellt) oder durch im Drehrohr verlegte Heizrohrschlangen.

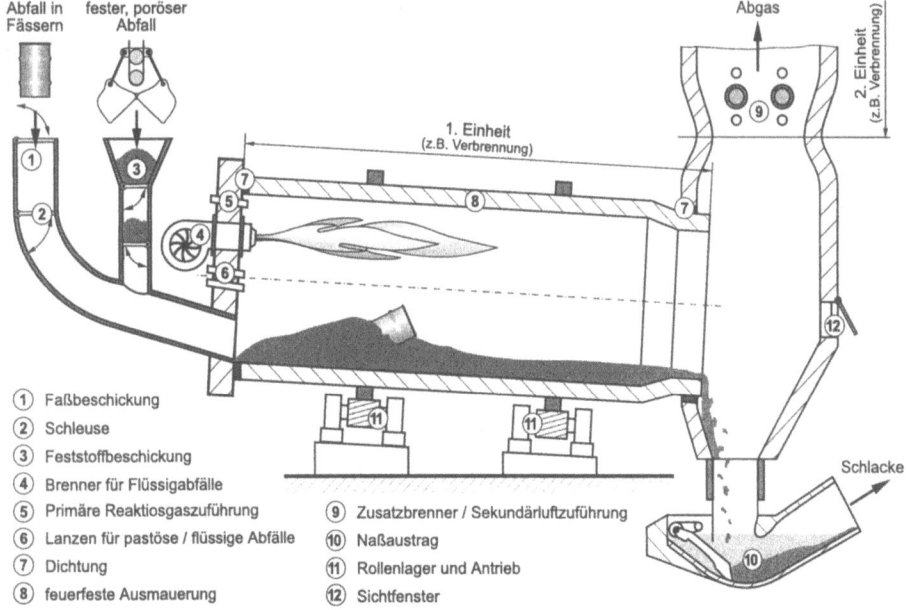

Abb. 9.2: Schematische Darstellung eines Drehrohrsystems.

Die Abfälle (Abb. 9.2) werden an der Stirnfläche durch verschiedene Aufgabevorrichtungen eingekoppelt. Feste Abfälle werden über eine Beschickung zugeführt, Fässer mit einer Faßbeschickung aufgegeben, pastöse Abfälle mit speziellen Pumpen über Lanzen zugegeben und für Flüssigkeiten sind spezielle Brenner oder Lanzen installiert. Die Drehrohre sind in Förderrichtung geneigt und werden mit Durchmessern zwischen 1 bis 5 m sowie Längen zwischen 8 bis 12 m, in Ausnahmefällen bis 20 m gebaut. Die Verweilzeit des Feststoffes (ca. 0,5 bis 1 h) kann durch stufenlose Drehzahlverstellung (typische Werte sind 0,05 bis 2 U/min) sowie durch den Befüllungsgrad des Rohres (typischerweise ca. 20 % Bedeckung des Rohrquerschnitts mit Abfall) über den Abfallmassenstrom variiert werden. Typische Abfallmassenströme liegen zwischen 0,3 bis 20 Mg/h.

Die Durchmischung des zu behandelnden Stoffgemisches sowie dessen Verweilzeit sind durch Durchmesser und Länge des Drehrohres bei der Projektierung und durch Füllungsgrad und Drehzahl im Betrieb beeinflußbar. Bei Drehrohren besteht im allgemeinen nicht die Möglichkeit einer Reaktionsgasstufung längs des Weges (z.B. Luftaufteilung über dem Verbrennungsweg). Die Zonen Trocknung, Entgasung, Vergasung und Restausbrand des Feststoffes überdecken sich, wie in Abb. 9.3 dargestellt, wobei die Gase den am Boden langsam rotierenden Abfall nicht durch- sondern nur überströmen. Spontan eintretende Schwankungen des Sauerstoffbedarfes - u.a. durch Aufreißen von Fässern - versucht man z.B. durch schnell variierende Luftzufuhr (oder auch Sauerstoff) am Drehrohreintrag bzw. über verschiedene Lanzen, die in das Drehrohr hineinragen, auszugleichen.

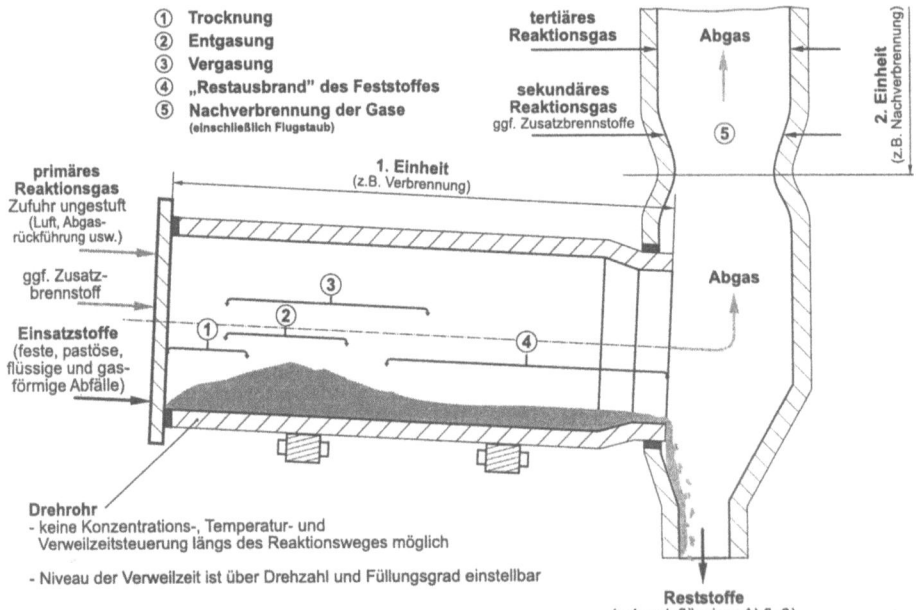

Abb. 9.3: Feststoffumsatz in einem Drehrohrsystem.

Drehrohrsysteme

Bedingt durch den sehr heterogenen Abfall werden Luftzahlen von ca. $\lambda = 1{,}8$ bis $2{,}0$ eingestellt. Im Drehrohr selbst wird in der Regel keine Wärmeauskopplung (bis auf Verluste) vorgenommen. Bei einer feuerfesten Ausmauerung lassen sich entsprechend hohe Temperaturen (bis 1600 °C und ggf. höher) einstellen, so daß verbleibende Reststoffe am Drehrohrende schmelzflüssig abgezogen werden können und in einem anschließenden Wasserbad zu Schlacke erstarren (siehe Abb. 9.2). Man spricht in diesem Zusammenhang auch von einer integrierten Schlackebehandlung.

Das Drehrohr kann sowohl als Gleichstrom- (siehe Abb. 9.3) als auch als Gegenstromapparat ausgeführt werden. Für den in der Regel heizwertreichen Sonderabfall hat sich der Gleichstrombetrieb durchgesetzt. Der Gegenstrombetrieb wird bei der Verbrennung von Abfällen mit niedrigem Heizwert ($h_u < 8$ MJ/kg) zum Aufheizen des Einsatzstoffes angewendet. Bei sehr heizwertarmen Reststoffen kann zur Gewährleistung der für den flüssigen Austrag erforderlichen Temperaturen eine Sauerstoffanreicherung der Verbrennungsluft bzw. die Zufuhr von Zusatzbrennstoff in Erwägung gezogen werden.

Ist die Umsetzung im Drehrohr aufgrund schnell und stark schwankender Abfallzusammensetzung sehr ungleichmäßig, weisen die in die Nachverbrennungseinheit gelangenden Gase ebenfalls stark schwankende Zusammensetzungen und z.T. auch hohe Konzentrationsspitzen von CO, C_xH_y usw. auf. Es sind deshalb an die sich anschließende 2. Einheit sehr hohe Anforderungen zu richten. Bei Anlagen mit relativ hoher Überstöchiometrie im Drehrohr kann eventuell in der Nachverbrennungszone die Zufuhr von Fremdbrennstoff erforderlich werden (falls möglich, flüssige Abfallstoffe verwenden). Insgesamt ergibt sich schließlich für die thermische Behandlung von Abfällen die in Abb. 9.4 dargestellte schematische

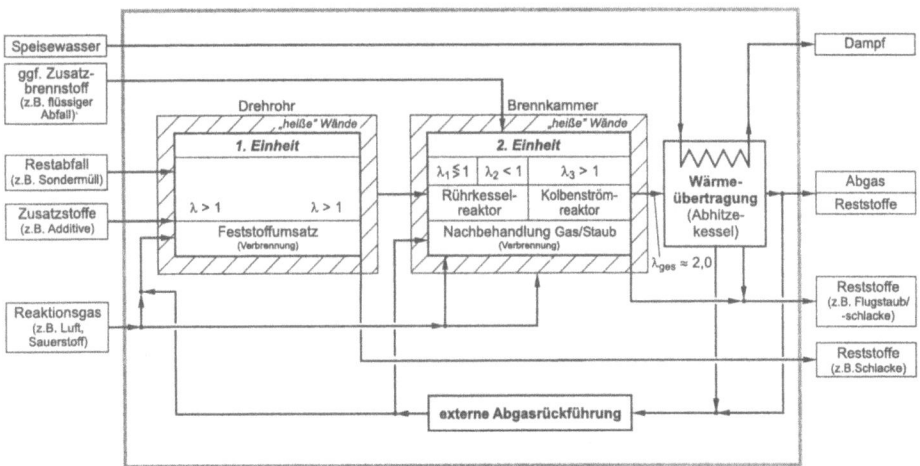

Abb. 9.4: Schematische Darstellung der getrennten Prozeßführung für stückige Abfälle (Beispiel Sonderabfall).

Prozeßführung mit den entsprechenden Einflußmöglichkeiten (siehe Kap. 8 und Tab. 9.2). Die Abbildung zeigt eine getrennte Prozeßführung, bei der die Haupteinflußgrößen im Rahmen der prozeßtechnischen Möglichkeiten in der 1. und 2. Einheit eigenständig optimiert werden können.

Haupteinflußgrößen		Bemerkungen
Einsatzstoffe		flüssig, pastös, stückig
Sauerstoffangebot	Niveau	Sauerstoffabschluß (Thermolyse) oder überstöchiometrisch (Verbrennung); unterstöchiometrisch (Vergasung) nicht üblich
	Steuerung längs des Reaktionsweges	in der Regel nicht möglich; in Einzelfällen durch spezielle Sauerstofflanzen
Temperatur	Niveau	Niedertemperatur (z.B. Pyrolyse, indirekte Beheizung, z.B. 400 °C) bis Hochtemperatur (z.B. 1500 °C ggf. höher) bei entsprechender feuerfester Auskleidung
	Steuerung längs des Reaktionsweges	direkte und indirekte Wärmeein- bzw. -auskopplung durch Gegen- und Gleichstromführung; Steuerung darüber hinaus schwierig
Druck		bei Umgebungsdruck in der Regel aus anlagentechnischen Gründen wenige Pa Unterdruck
Reaktorverhalten	Feststoff	einzelne Abschnitte sind über dem Querschnitt wegen der Feststoffumwälzung angenähert als Rührkessel zu betrachten, über der gesamten Reaktorlänge ergibt sich angenähert eine KS-Charakteristik
	Gas	das Reaktorverhalten der Gasphase ist angenähert durch eine KS-Charakteristik zu beschreiben; Gas überströmt den Feststoff und ist getrennt nachzuverbrennen
Verweilzeit (Feststoff)	Niveau	im Bereich von mehreren Minuten bis Stunden; durch Drehzahl und Füllungsgrad einstellbar; bei Projektierung durch Drehrohrdurchmesser und -länge beeinflußbar
	Steuerung längs des Reaktionsweges	kaum möglich
Zusatzstoffe		Additive z.B. zur Beeinflussung der Schlackeeigenschaften und Schmelztemperaturen
Einsatzbereiche (Beispiele)		in der 1. Einheit bei Sonderabfallverbrennungsanlagen oder als Thermolyseeinheit für die Hausmüllbehandlung

Tab. 9.2: Charakterisierung von Drehrohrsystemen [3.1].

Wie bereits erwähnt, werden Drehrohrsysteme auch als Pyrolyseeinheiten eingesetzt. Dabei wird insbesondere das Ziel einer Wertstoffseparierung (z.B. Metallabtrennung bei Verbundstoffen), Inertstoffauskopplung usw. verfolgt (näheres siehe Kap. 11 und 12).

9.3 Rostsysteme

Der Vorteil bei Drehrohranlagen, fast alle Abfallstoffarten aufgeben zu können, ist wie erwähnt mit dem Nachteil verbunden, daß sich die Feuerungsführung über der Drehrohrlänge relativ wenig beeinflussen läßt. Aus diesem Grund sollten daher für nur stückige Abfälle andere Möglichkeiten in Betracht gezogen werden. Für die Verwendung von stückigem Restabfall aus Hausmüll und hausmüllähnlichem Gewerbemüll, BRAM, Abfallholz und dgl. kommen häufig Rostsysteme zum Einsatz. Zunehmend wird auch überlegt, pastöse Stoffe, z.B. entwässerten Klärschlamm, auf das Gutbett zu streuen [9.7].

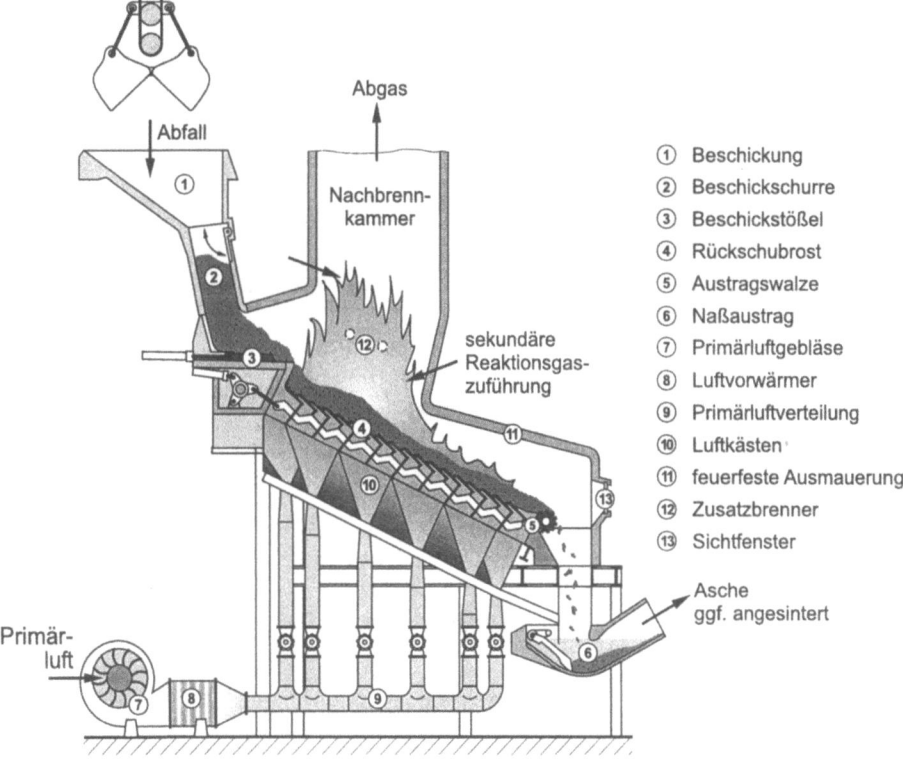

Abb. 9.5: Schematische Darstellung eines Rostsystemes (Rückschubrost nach [9.6]).

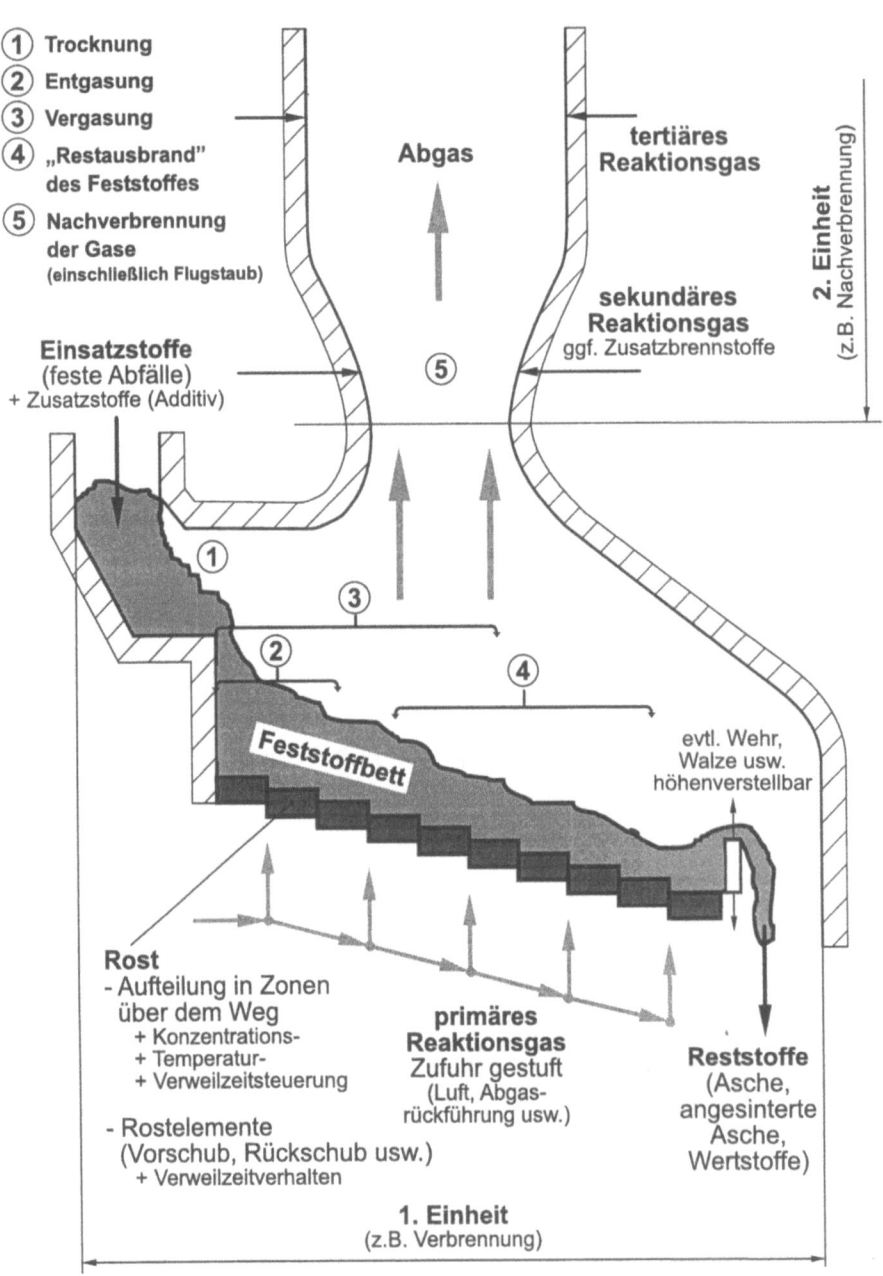

Abb. 9.6: Feststoffumsatz auf einem Rost [3.1].

Das Rostsystem (z.B. Abb. 9.5) besteht in der Regel aus einer Trägerkonstruktion, in dem sich im unteren Teil die Unterwindzonen mit den Rostdurchfalltrichtern befinden und darüber die gemauerten feuerfesten Seitenwände aufliegen. Dazwischen angeordnet liegt der Rostbelag aus einzelnen zusammengesetzten Roststäben, Rostwalzen, Stahlbändern o. dgl. Nach vorne wird das Rostsystem durch die Abfallaufgabe und den Beschickstößel begrenzt. Am Ende befindet sich der Schlackeabzug. Der Schlackeaustrag kann naß oder trocken erfolgen. Oberhalb des Rostes schließt sich ein Feuerraum mit dem Übergang zur Nachverbrennungszone an. Dort befinden sich sowohl die Sekundär- und Tertiärluftzugabeorte als auch Zusatzbrenner, die je nach Gegebenheiten die Einhaltung der Mindestverbrennungstemperatur (> 850 °C nach [1.4]) gewährleisten. Die typischen Durchsätze können pro Linie zwischen 5 bis 23 Mg/h liegen.

Beim Rost durchströmt das Reaktionsgas (Primärluft in Abb. 9.5) direkt zwangsweise das Bett von unten nach oben. Damit stellen sich entsprechend intensive Vermischungs- und Reaktionsbedingungen zwischen Feststoff (Abfall) und Reaktionsgas ein. Von der Projektierung her kann durch den Rosttyp (Wander-, Walzen-, Vorschub- und Rückschubrost usw.; in Abb. 9.5 Rückschubrost) und die Gasführung unmittelbar über dem Rost (Gleich-, Gegen- und Mittelstromführung; in Abb. 9.5 Gegenstromführung) auf die Prozeßführung Einfluß genommen werden. Weiter kann der Feststoffumsatz auf dem Rost längs seines Weges durch verschiedene Maßnahmen beeinflußt werden (siehe Abb. 9.6 und z.B. [2.7, 7.54]). Das hat den Vorteil, daß bei sich ständig ändernder Zusammensetzung, Menge und Reaktionsverhaltens des Abfalls (Hausmüll), entsprechende Anpassungen und Regelungen auch während des Betriebs möglich sind. Zu nennen sind vor allem:

- Änderung der Primärluftverteilung (in Abb. 9.5 fünf Zuführungen) und Primärluftmassenstrom,
- Änderung der Rostelementgeschwindigkeit (Transportgeschwindigkeit) zur Änderung von Verweilzeit und Verweilzeitverhalten (z.B. 0,5 bis 2 h) im Bett,
- Steuerung der Betthöhe zusätzlich über Geschwindigkeit der Beschickung,
- Zugabe von Zusatzstoffen auf das Bett (Kalkprodukte zur Behandlung von Schadstoffen und Aschebeeinflussung usw.) [z.B. 7.48],
- Steuerung der Austragswalze.

Mit diesen Maßnahmen können sowohl Trocknungs-, Entgasungs-, Vergasungs- und Ausbrandvorgänge sowie auch Eigenschaften der Aschen beeinflußt werden [7.54]. Eine Zusammenfassung der Charakterisierungen der Haupteinflußgrößen ist in Tab. 9.3 dargestellt.

Haupteinflußgrößen		Bemerkungen
Einsatzstoffe		stückig, in Verbindung mit einem Feststoffbett auch pastös
Sauerstoffangebot	Niveau	überstöchiometrisch (Verbrennung) üblich; unterstöchiometrisch (Vergasung) möglich; Sauerstoffabschluß (Thermolyse) nicht üblich, jedoch auch möglich
	Steuerung längs des Reaktionsweges	getrennt in einzelnen Zonen sehr gut einstellbar (z.B. Luft- / Sauerstoffstufung, Abgasrückführung, usw.); in Verbindung mit Temperatursteuerung sind die Teilschritte Trocknen, Entgasen, Vergasen, Restausbrand des Feststoffes beeinflußbar
Temperatur	Niveau	Bettoberflächentemperatur bis ca. 1000 °C; mittlere Bettemperaturen niedriger
	Steuerung längs des Reaktionsweges	durch Einteilung in mehrere Zonen ebenfalls sehr gut möglich, wie bei der Steuerung der Sauerstoffkonzentration (Luftvorwärmung, Abgasrückführung, Wasser- / Dampfkühlung)
Druck		bei Umgebungsdruck in der Regel aus anlagentechnischen Gründen wenige Pa Unterdruck
Reaktorverhalten	Staub/Gas	je nach Bewegung der Rostelemente können die einzelnen Zonen einer RK-Charakteristik (z.B. Rückschubrost) oder eine KS-Charakteristik (z.B. Walzenrost) angenähert werden; über der gesamten Reaktorlänge ergibt sich angenähert eine KS-Charakteristik
	Gas	a) Oxidationsmittel usw. strömt zwangsweise durch das Bett und wird gleichmäßig über dem Rost verteilt; damit sehr guter Kontakt zwischen Gas und Feststoff b) Strömungsführung über dem Bett im Gegen- und Gleichstrom möglich, Nachverbrennung erforderlich
Verweilzeit (Feststoff)	Niveau	im Bereich von Minuten bis Stunden; durch Rostelementgeschwindigkeit und Massenstrom einstellbar; bei Projektierung durch Gesamtlänge und -breite beeinflußbar
	Steuerung längs des Reaktionsweges	durch getrennte Geschwindigkeitseinstellungen der Rostelemente in den einzelnen Zonen sehr gute Anpassung möglich; falls erforderlich für zusätzliche Verbesserung des Ausbrandes am Rostende Steuerung durch Austragswalze
Zusatzstoffe		Additive z.B. zur Schadstoffeinbindung in den Feststoff und Beeinflussung der Eigenschaften der verbleibenden Reststoffe (Asche, angeschmolzene Asche, Schlacke); Inertbett z.B. Trägermatrix für eventuell leicht schmelzende Stoffe (z.B. Kunststoff)
Einsatzbereiche (Beispiele)		Feststoffumsatz in der 1. Einheit bei Hausmüllverbrennungsanlagen; Separieren von Metallen aus Verbundstoffen durch Vergasung bei niedrigen Temperaturen

Tab. 9.3: Charakterisierung von Rostsystemen [3.1].

Ausgehend von einer Betriebsweise, bei der Rost und Nachverbrennung praktisch eine Einheit bilden, wie schematisch in Abb. 9.7 dargestellt ist, sollte bereits bei

Rostsysteme

der Projektierung auf eine sorgfältige Trennung der Einheiten Feststoffumsatz, Nachverbrennung und Wärmeübertragung geachtet werden (Abb. 9.8 und 8.11). Gegenüber einer nahezu einstufigen Prozeßführung ist nun eine weitergehende Optimierung möglich.

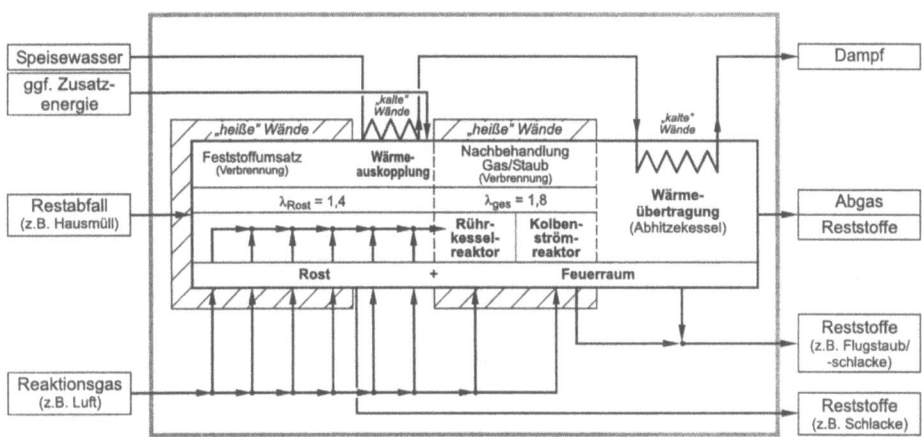

Abb. 9.7: Schematische Darstellung einer Verbrennungsführung in Rostfeuerungsanlagen mit überlappenden Reaktionszonen [2.7].

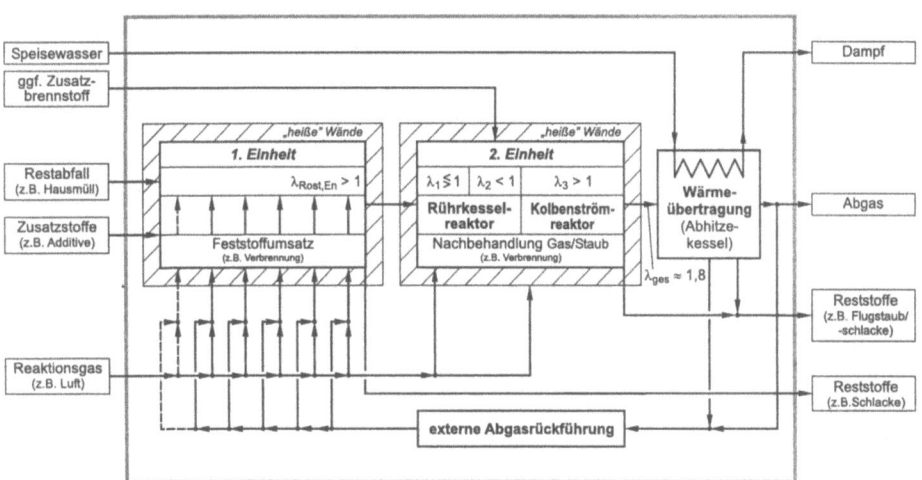

Abb. 9.8: Schematische Darstellung der getrennten Prozeßführung bei stückigen Abfällen (Beispiel) [2.7].

Verbrennung auf dem Rost (Abb. 9.8)

In der Regel wird auf eine Wasserkühlung der Rostelemente verzichtet, so daß dann die Primärluft auch die Aufgabe übernehmen muß, die Rostelemente zu kühlen. Um sie vor Überhitzung zu schützen, ist häufig ein großer Primärluftvolumenstrom notwendig. Es stellt sich dann bereits für den Rost alleine (1. Einheit) ein Luftüberschuß von ca. $\lambda = 1{,}4$ ein. Dies bedeutet, daß sich bei „normalem" Hausmüll Aschetemperaturen um 850 °C erzielen lassen, sich also die verbleibenden Reststoffe nicht als Schlacke (flüssig) abziehen lassen. Will man die Luftzahl stärker absenken bzw. zur Steuerung des Feststoffumsatzes in einem breiten Bereich bis nahe $\lambda \approx 1$ (auch örtlich längs des Rostweges) variieren, ist zur Vermeidung von Überhitzungen eine von der jeweiligen reaktionstechnischen Einstellung unabhängige Wasserkühlung erforderlich. Dann lassen sich auch ggf. höhere Aschetemperaturen bis zur Ansinterung gezielt einstellen. Im Hinblick auf das Eluatverhalten zeigt sich [9.8], daß 950 °C ausreichend sein können. Es muß jedoch deutlich betont werden, daß, wenn Schmelzfluß (Schlacke) erreicht werden soll, ein zusätzliches Einschmelzaggregat [z.B. 9.9] nachzuschalten ist. Kann bei nahstöchiometrischer Fahrweise die Einhaltung der Temperaturverhältnisse nicht allein durch eine Wärmeauskopplung gesichert werden, so ist, wie in Abb. 9.8 schematisch dargestellt, zusätzlich die Rückführung kalter ggf. gereinigter Abgase in Erwägung zu ziehen. Insbesondere bei sehr feuchten Abfällen unterstützt die Abgasrückführung die Trocknung am Rostanfang. Der rückgeführte Abgasstrom sollte wenigstens eine Temperatur um $\vartheta_{AG,RF} = 150\ °C$ aufweisen. Im Zusammenhang mit dem Trocknungsprozeß am Rostanfang kann man weiter daran denken, auf eine Luftzufuhr in der ersten Stufe des Rostes (in Abb. 9.8 gestrichelt dargestellt) zu verzichten, da für den Brennstoffumsatz an dieser Stelle noch keine Reaktionsluft erforderlich ist. Bei einer solchen Schaltung hat man mit einer Erhöhung des Abgasvolumenstromes in dem Teil der Anlagen bis zur Abzweigstelle der Abgasrückführung zu rechnen.

Vergasung auf dem Rost (Abb. 8.11)

Für den Feststoffumsatz kann eine Luftzahl von $\lambda_{Rost} \approx 0{,}4$ (vgl. Kap. 5 Vergasung) ausreichend sein. Die dann in die Nachverbrennungseinheit eintretenden Vergasungsgase weisen einen für die eigenständige Verbrennung ausreichend hohen Heizwert auf, so daß auf die Zufuhr von Zusatzbrennstoff verzichtet werden kann. Bei einer solchen eigenständigen Nachverbrennungseinheit lassen sich, wie oben dargestellt, wieder Stufungen durchführen, wie in Kap. 8.1 beschrieben. Die unterstöchiometrische Fahrweise in der Rosteinheit hat die weitere wichtige Folge, daß durch die Verringerung des Primärluftmassenstromes auch die Strömungsgeschwindigkeit und somit die Flugstaubkonzentration erheblich herabgesetzt werden. Wenn auch bei niedrigen Luftzahlen $\lambda \approx 0{,}4$ bis $0{,}5$ die Reaktionstemperaturen so gering sind (vgl. Kap.5 Vergasung), daß eine separate Rostkühlung nicht notwendig erscheint, so ist eine Wasserkühlung neben anderen Vorteilen wie Verschleißminderung, Verminderung von Rostdurchfall hier besonders geeignet, einen Freiheitsgrad durch die Möglichkeit einer unabhängigen Variation

der Luftzahl zusätzlich zu gewinnen, um das Vergasungsgas selbst sowie Emissionen, z.B. Stickstoffemissionen und Ascheeigenschaften, zu beeinflussen.
Unabhängig von der Betriebsweise in der Rosteinheit ist bereits bei der Projektierung eines Rostes darauf zu achten, daß der Druckverlust in der Rostkonstruktion wesentlich größer sein sollte als der Druckverlust des Brennstoffbettes. Damit wird eine gleichmäßige Luftverteilung in den einzelnen Rostzonen erreicht und bekanntlich „Durchbläser" vermieden.
Zur Flugstaubvermeidung sei wiederholt, daß die Strömungsgeschwindigkeiten so klein wie möglich gehalten werden sollten. Die Absenkung der Strömungsgeschwindigkeiten im Brennstoffbett kann einerseits, wie bereits erwähnt, durch eine unterstöchiometrische Fahrweise aufgrund der herabgesetzten Luftvolumenströme erreicht werden, andererseits kann auch die Anreicherung von Sauerstoff zur Verbrennungsluft eine Verminderung der Luftvolumenströme bewirken. Die Sauerstoffanreicherung der Verbrennungsluft in bestimmten Rostzonen ist sowohl bei unter- als auch bei überstöchiometrischer Fahrweise für eine schnellere Zündung und einen besseren Umsatz des fixen Kohlenstoffes von Vorteil.
Abschließend sei zu den erwähnten Möglichkeiten einer Beeinflussung der Prozeßführung in der Rosteinheit erwähnt, daß durch die Zugabe von Additiven auf der Basis von Kalksteinmehl zum Abfall eine Einbindung von Schwefel und Chlor möglich ist. Wie in Abb. 9.9 dargestellt, lassen sich dadurch die SO_2-

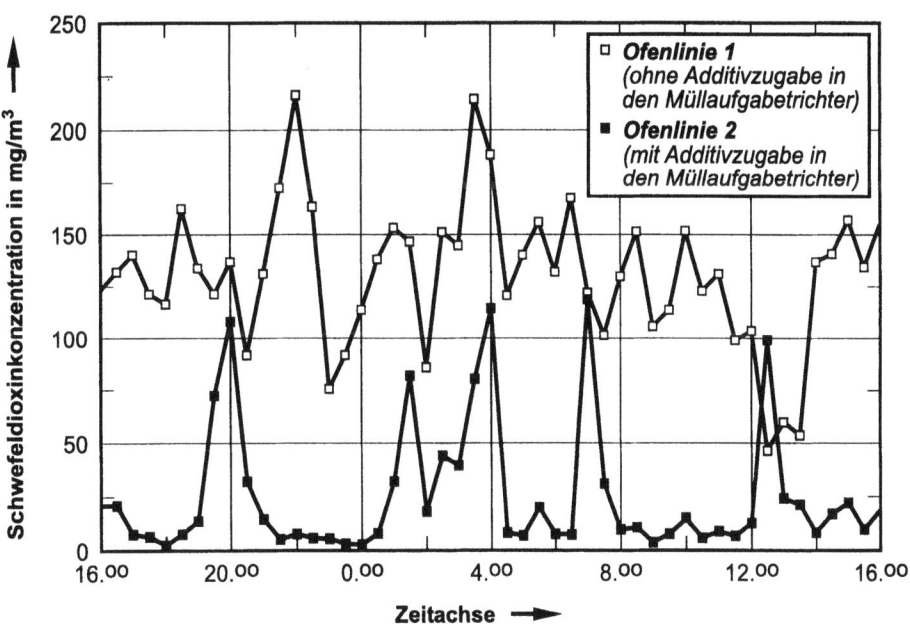

Abb. 9.9: Halbstundenmittelwerte der SO_2-Rohgaskonzentrationen zweier Ofenlinien in einer Müllverbrennungsanlage [7.48].

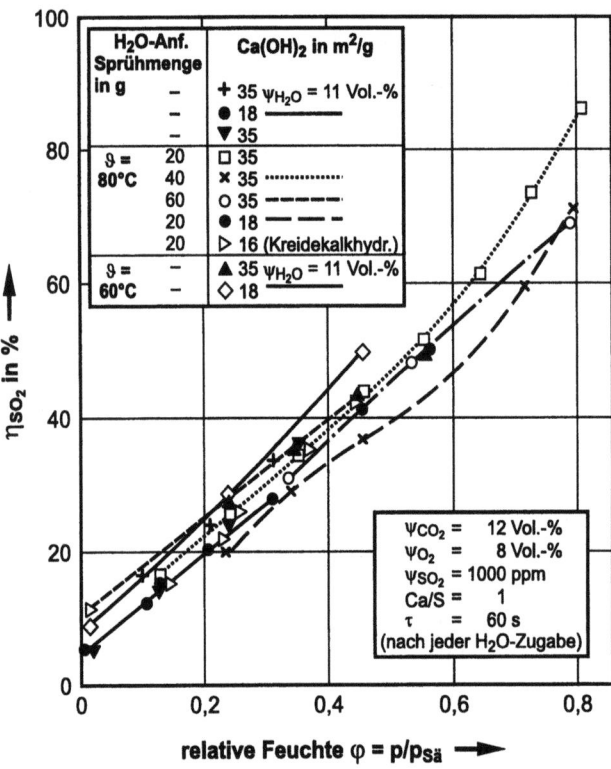

Abb. 9.10: SO$_2$-Einbindung durch Kalkmilchsuspensionen bei verschiedenen Temperaturen in Abhängigkeit von der relativen Feuchte φ in einem Modellreaktor [9.10].

Rohgaskonzentrationen erheblich herabsetzen, was eine Entlastung der Sekundärreinigungsverfahren bedeutet. Grundlagenuntersuchungen haben ergeben, daß auch im Bereich niedriger Temperaturen bei entsprechenden Feuchtegehalten über die flüssige Phase eine hohe SO$_2$-Einbindung erfolgt (Abb. 9.10). Die dafür erforderlichen Reaktionszeiten liegen im Bereich von mehreren Minuten. Die Aufenthaltszeiten des Brennstoff/Additiv-Gemisches, die Temperaturverhältnisse und die Feuchtegehalte im Aufgabetrichter erscheinen damit für eine Einbindung über die flüssige Phase als ausreichend.

Auf die der Rosteinheit folgende Nachverbrennungseinheit wird hier nicht mehr eingegangen, da die gleichen Gesichtspunkte, wie im Kap. 8.1 beschrieben, gelten. Die zugehörige Schaltung ist ebenfalls in den Abb. 8.11 und 9.8 mit dargestellt.

9.4 Etagenöfen

Etagenöfen, auch Telleröfen genannt, werden vor allem für die thermische Behandlung von pastösen und stückigen Abfällen mit enger Korngrößenverteilung und geringen Heizwerten (z.B. Klärschlamm, Fangstoffe aus der Papierindustrie) angewendet. Der Etagenofen (Abb. 9.11) besteht aus einem zylindrischen Stahlmantel mit einem Durchmesser von 2 bis 8 m, der stehend angeordnet ist. Er ist

Etagenöfen

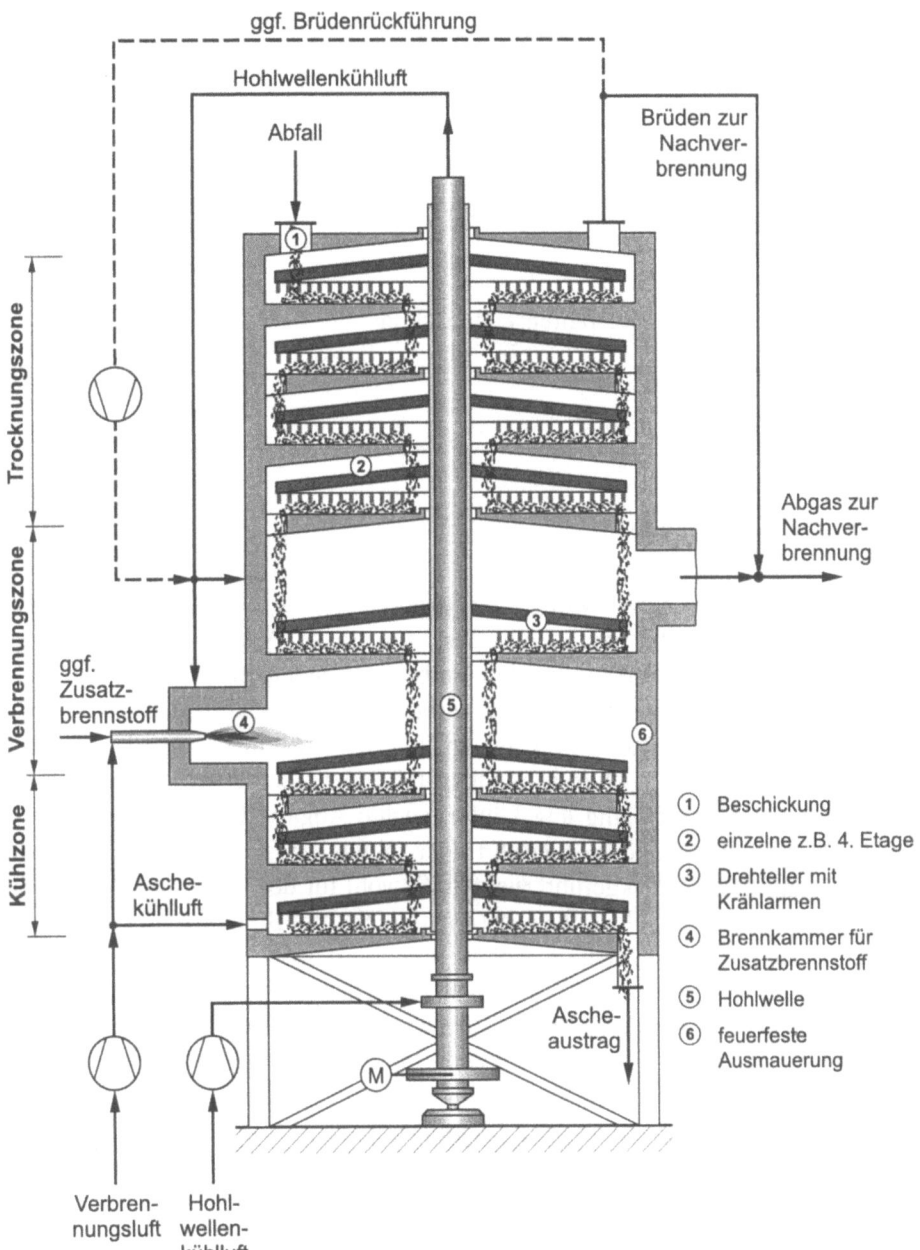

Abb. 9.11: Schematische Darstellung eines Etagenofens.

innen mit feuerfesten Steinen ausgekleidet und wird durch horizontale Etagen (Teller) unterteilt. In seinem Zentrum befindet sich eine vertikal drehbare Hohlwelle, an der die Rührarme mit den Rührzähnen befestigt sind. Die Rührzähne bewegen den von oben aufgegebenen Abfall quer über die einzelnen Etagen (bis zu 14 Stück), wobei dieser entweder innen oder außen der nächsten Etage zugeführt wird. Die Etagen besitzen jeweils eine Rührkesselcharakteristik und die Hintereinanderschaltung der Etagen führt schließlich insgesamt zu einer Kolbenströmercharakteristik.

Der Etagenofen läßt sich verfahrenstechnisch in

- Trockenzone,

- Verbrennungszone und

- Kühlzone

aufteilen (siehe Abb. 9.11).

Der zu verbrennende Abfall wird in der Regel von den heißen Abgasen im Gegenstrom aufgewärmt und getrocknet. Die eigentliche Verbrennung erfolgt im mittleren Bereich des Etagenofens bei Verbrennungstemperaturen von 800 °C bis 900 °C. In der Kühlzone werden die verbleibenden Reststoffe (Asche oder angesinterte Asche) mit einer Teilmenge an Verbrennungsluft im Gegenstrom abgekühlt und verlassen den Ofen schließlich mit einer Temperatur von ca. 100 °C. Das durch die Vortrocknung abgekühlte feuchte Abgas (Brüden) kann entweder direkt der Nachverbrennung zugeführt oder mittels eines Umwälzgebläses in die Verbrennungszone zurückgeführt werden. Sowohl für den An- und Abfahrbetrieb als auch zum Einkoppeln von Zusatzenergie ist ein Brennkammersystem vorhanden. Die zusammengefaßten Abgase treten am Kopf der Verbrennungszone seitlich am Etagenofen aus und werden einer Nachbrennkammer zugeführt. Insbesondere ergibt sich bei dieser beschriebenen Gegenstromführung von Abfall und Gas eine günstige Energieausnutzung durch Wärmerückgewinnung. Zur Steuerung der Reaktionsbedingungen entlang des Reaktionsweges können Gasströme relativ einfach zu- bzw. abgeführt werden. Die Charakterisierung des Etagenofens mit Hilfe der Haupteinflußgrößen ist in Tab. 9.4 dargestellt.

Haupteinflußgrößen		Bemerkungen
Einsatzstoffe		stückig mit enger Korngrößenverteilung, pastös
Sauerstoffangebot	Niveau	überstöchiometrisch (Verbrennung) üblich; unterstöchiometrisch (Vergasung) denkbar
	Steuerung längs des Reaktionsweges	Zu- und Abfuhr von Gasströmen in den einzelnen Etagenböden möglich (z.B. Luftstufung, Sauerstoffzuführung, Abgasrückführung); Verteilung schwierig
Temperatur	Niveau	in den Hauptreaktionszonen bei ca. 950 °C
	Steuerung längs des Reaktionsweges	Wärmeein- bzw. -auskopplung durch Gegen- und Gleichstromführung; darüber hinaus in den einzelnen Etagen Steuerung durch Luftstufung, Abgasrückführung usw.
Druck		bei Umgebungsdruck in der Regel aus anlagentechnischen Gründen wenige Pa Unterdruck
Reaktorverhalten	Feststoff	Durchmischung des Feststoffes in den einzelnen Etagen ähnelt RK-Charakteristik; insgesamt kann das Reaktorverhalten durch eine KS-Charakteristik angenähert werden
	Gas	Das Verhalten des Gases ähnelt einem Kolbenströmer; bei Gegenstromführung wird die Enthalpie (Energie) des ausgebrannten Feststoffes (Asche) durch Abkühlung genutzt (Wärmerückgewinnung); Gasbehandlung im nachfolgenden Verfahrensteilschritt notwendig (z.B. Nachverbrennung)
Verweilzeit (Feststoff)	Niveau	im Minuten- bis Stundenbereich; durch Drehzahl und Füllgrad einstellbar; bei Projektierung durch Etagenanzahl und Durchmesser beeinflußbar
	Steuerung längs des Reaktionsweges	kaum möglich; da alle Transporteinrichtungen (z.B. Krählarme) in der Regel gleiche Geschwindigkeit besitzen
Zusatzstoffe		Additive z.B. zur Einbindung von Schadstoffen
Einsatzbereiche (Beispiele)		Verbrennung als Verfahrensteilschritt (z.B. Schlamm aus verschiedenen Bereichen); gut geeignet für eine Wärmerückgewinnung aus der Asche

Tab. 9.4: Charakterisierung von Etagenöfen [3.1].

9.5 Wirbelschichtreaktoren

Wirbelschichtreaktoren (Abb. 9.12) können ebenso wie Etagenöfen für die thermische Behandlung von pastösen und stückigen Abfällen und darüber hinaus auch für flüssige Abfälle eingesetzt werden. Dabei kann die Wirbelschicht sowohl als Pyrolyse-, Vergasungs- als auch Verbrennungsreaktor betrieben werden [z.B. 9.11 bis 9.13]. Der durchgesetzte Massenstrom kann je nach Reaktortyp zwischen 0,5 Mg/h und 20 Mg/h variieren.

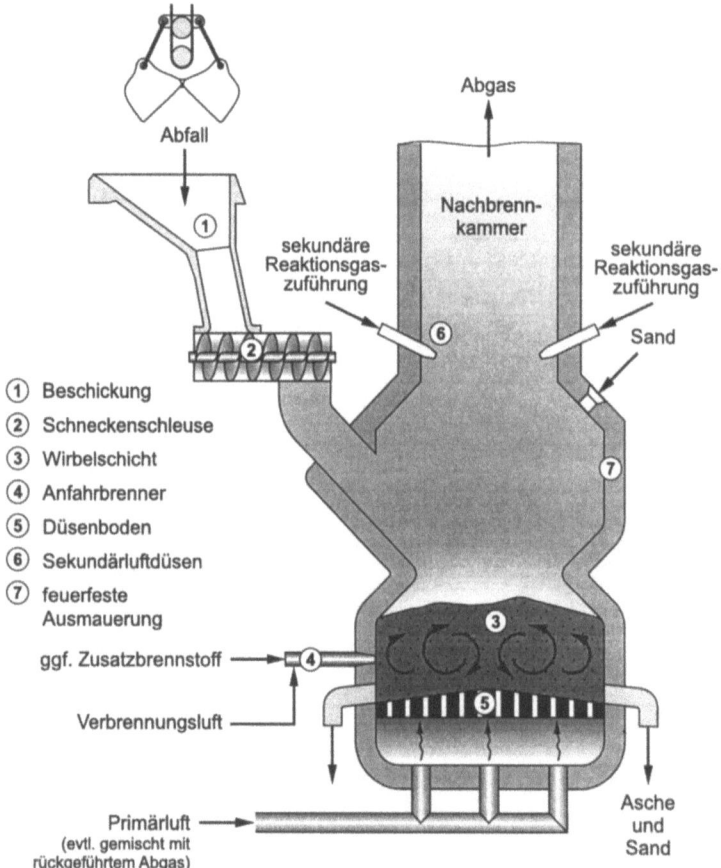

Abb. 9.12: Schematische Darstellung eines Wirbelschichtreaktors.

Bei der Wirbelschicht wird der körnige Einsatzstoff in der Regel zusammen mit einem ebenfalls körnigen Inertmaterial (z.B. Sand) in einem Reaktor von unten über einen Düsenboden von dem Reaktionsgas angeströmt und in einen schwebeähnlichen Zustand versetzt. Um dies zu erreichen, müssen hohe Anforderungen an die Korngrößen und die Korngrößenzusammensetzung gestellt werden. Dies setzt

Wirbelschichtreaktoren 191

für einige heterogene Abfallstoffe eine mechanische Vorbehandlung voraus. Der Reaktionsraum des Reaktors (siehe Abb. 9.12) bildet nahezu einen Rührkessel und es stellen sich damit sehr homogene Reaktionsbedingungen ein (siehe auch Tab. 9.5). Hohe Strömungs- und Relativgeschwindigkeiten wirken sich positiv auf den Stoff- und Wärmeübergang aus, wodurch sich u.a. hohe Aufheizgeschwindigkeiten erreichen lassen. Bei heizwertschwachen Abfällen kann ein Zusatzbrennstoff (z.B. flüssiger Abfallstoff) zur Temperaturerhöhung eingesetzt werden.

Haupteinflußgrößen		Bemerkungen
Einsatzstoffe		staubförmig bis stückig mit enger Korngrößenverteilung, pastös, flüssig
Sauerstoffangebot	Niveau	unterstöchiometrisch (Vergasung) oder überstöchiometrisch (Verbrennung); Sauerstoffabschluß (Thermolyse) nicht üblich
	Steuerung längs des Reaktionsweges	bedingt möglich, durch Zuführung über die Reaktorhöhe; besser möglich bei mehreren übereinander angeordneten Wirbelschichten
Temperatur	Niveau	bis ca. 850 °C und höher
	Steuerung längs des Reaktionsweges	nur bedingt möglich durch über die Reaktorhöhe angeordnete Zuführungen von Gas und/oder Feststoff (z.B. Luftstufung, Abgasrückführung, Wasser- oder Dampfzugabe)
Druck		zwischen Umgebungsdruck bis Hochdruck bei ca. 2 MPa
Reaktorverhalten	Feststoff /Gas	die Verwirbelung von Gas und Feststoff im „Wirbelbett" realisiert eine RK-Charakteristik; hohe Strömungs- und Relativgeschwindigkeiten bedingen sehr guten Kontakt zwischen Feststoff und Gas
Verweilzeit (Feststoff)	Niveau	im Minutenbereich; falls erforderlich durch Feststoffrückführung (Zirkulation) höher; durch Gas- und Feststoffmassenstrom steuerbar
	Steuerung längs des Reaktionsweges	nicht möglich
Zusatzstoffe		Additive z.B. zur Schadstoffeinbindung (z.B. Schwefeldioxideinbindung); Bett zur Optimierung der fluiddynamischen Eigenschaften
Einsatzbereiche (Beispiele)		Verbrennung als Verfahrensschritt (z.B. Klärschlamm aus verschiedenen Bereichen) oder anderer Rückstände sehr gleichmäßiger Konsistenz; Vergasung (auch unter hohem Druck)

Tab. 9.5: Charakterisierung von Wirbelschichtreaktoren [3.1].

192   Apparate

Innerhalb eines Wirbelschichtreaktors lassen sich die Prozeßbedingungen wegen der Rührkesselcharakteristik nur bedingt durch Zu- oder Abführungen (z.B. Luft, Rezirkulationsgas, Inertgas) über die Höhe beeinflussen. Eine getrennte Steuerung über den Reaktionsverlauf wird nur durch die Hintereinanderschaltung mehrerer Wirbelschichtreaktoren z.B. über die Höhe möglich. Wird der Wirbelschichtreaktor als Verbrennungseinheit betrieben, so schließt sich eine Nachverbrennungseinheit (Brennkammer) an.

9.6   Durchlauföfen

Durchlauföfen (Abb. 9.13) -feuerfest ausgekleidet- werden häufig in der Keramik- und Ziegelindustrie zum Brennen (Stoffbehandlung) von entsprechendem Gut eingesetzt. Im Zusammenhang mit den hier in Rede stehenden Verfahren zur thermischen Behandlung können derartige Öfen insbesondere für Abfälle, die u.U. längere Verweilzeiten erfordern, zur Anwendung kommen (z.B. aus dem Bereich der Rüstungsaltlasten). Ein weiterer Anwendungsbereich ist die thermische Behandlung von Abfällen mit hohen Inertanteilen. Durch Beheizung mit Strahlrohrbrennern erfolgt die Beheizung indirekt über strahlende Feuerfestwände. Die Gase der Brenner werden nicht dem Raum, in dem der Abfall behandelt wird, zugeführt, sondern getrennt abgeführt. Sie brauchen dann z.B. bei einer Erdgasbeheizung nicht gereinigt werden.

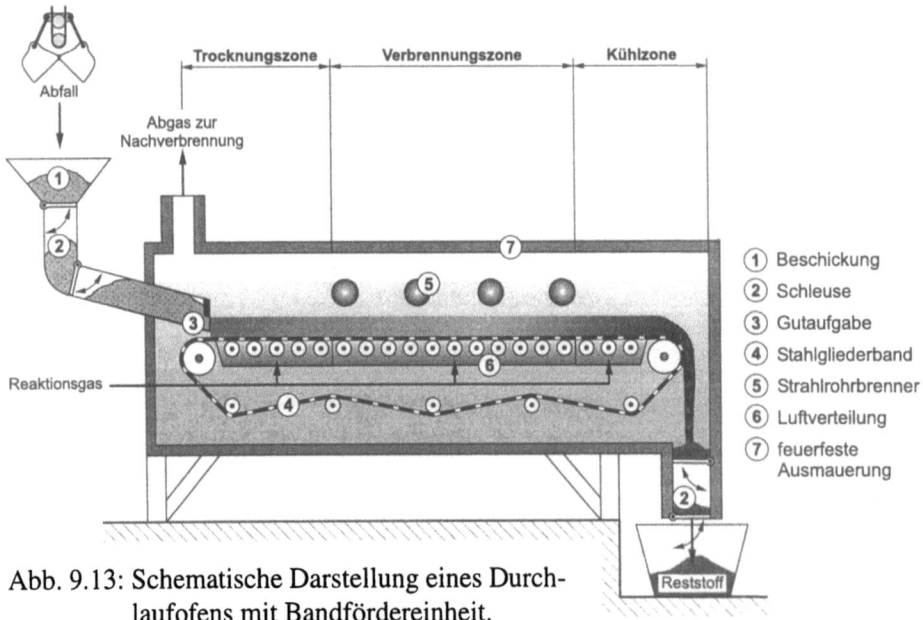

Abb. 9.13: Schematische Darstellung eines Durchlaufofens mit Bandfördereinheit.

Haupteinflußgrößen		Bemerkungen
Einsatzstoffe		stückig, auch größere Gegenstände
Sauerstoffangebot	Niveau	unterstöchiometrische (reduzierende) und überstöchiometrische (oxidierende) Fahrweise üblich
	Steuerung längs des Reaktionsweges	durch Einteilung in mehreren Zonen zu- und abführen von Gasen längs des Weges sehr gut steuerbar (z.B. Luft-/Sauerstoffstufung, Abgasrückführung)
Temperatur	Niveau	in der Heizzone bei ca. 800 °C bis 1500 °C
	Steuerung längs des Reaktionsweges	in den einzelnen Zonen (Vorwärm-, Heiz- und Kühlzone) können unterschiedliche Temperaturen durch direkte und indirekte Wärmeein- bzw. -auskopplung eingestellt werden (Gegen- und Gleichstromführung, Luftstufung, Abgasrückführung usw.)
Druck		bei Umgebungsdruck in der Regel aus anlagentechnischen Gründen wenige Pa Unterdruck
Reaktorverhalten	Feststoff	der Feststoff wird auf einem Transportmittel gefördert, dabei kann er darauf ruhen (Transportwagen oder -band) oder auch durchmischt werden (z.B. Rührwerk über einem Transportband)
	Gas	in der Regel KS-Charakteristik; Einrichten von RK-Charakteristik in Zonen möglich (z.B. Impulsbrenner)
Verweilzeit (Feststoff)	Niveau	im Bereich von mehreren Minuten, Stunden bis Tagen; durch die Vorschubgeschwindigkeit des Transportmittels im weiten Bereich einstellbar
	Steuerung längs des Reaktionsweges	nicht möglich; alle Elemente des Ofens haben gleiche Transportgeschwindigkeit
Zusatzstoffe		in der Regel Zusatzbrennstoff; Additive unüblich
Einsatzbereiche (Beispiele)		Verbrennung bei extrem hohen Verweilzeiten; thermische Behandlung von Stoffen mit sehr hohem Inertanteil, da Vorwärm- und Kühlzone zur Wärmerückgewinnung aus dem Feststoff möglich

Tab. 9.6: Charakterisierung von Durchlauföfen (z.B. Tunnelofen, Bandofen) [3.1].

Bei hohen Inertanteilen des Abfalls (z.B. kontaminierte Böden) ist infolge der indirekten Beheizung nur die Zufuhr eines so kleinen Reaktionsgasmassenstromes notwendig, wie für die Oxidierung des geringen „Verbrennlichem" erforderlich ist. Damit bleiben die zu reinigenden Abgasströme, die Nachbrennkammer und die Abgasreinigungsanlage klein. Der Abfall kann z.B. mit einem endlosen Stahlband (Bandofen, siehe Abb. 9.13) oder mit Wagen (Tunnelofen) durch den Ofen transportiert werden. Für einen optimalen Energieeinsatz können weiter getrennte Vorwärm-, Heiz- und Kühlzonen für das Transportmittel und den Abfall („Gut") eingerichtet werden. Eine Durchmischung des festen Abfallstoffes findet in der Regel nicht statt. In Durchlauföfen lassen sich die Temperatur- und Konzentrationsverhältnisse besonders gut steuern, weil das Reaktionsgas über dem Weg verteilt zu- und abgeführt werden kann. Einzelne Zonen lassen sich durch diese Maßnahmen relativ gut voneinander trennen. Es sind sowohl Gegen- als auch Gleichstromführungen des „Gutes" mit dem Gas, auch getrennt auf einzelne Zonen des Durchlaufofens bezogen, möglich (in Abb. 9.13 Gegenstromführung). Einen Überblick über die charakteristischen Merkmale des Durchlaufofens zeigt Tab. 9.6.

9.7 Schachtreaktoren

Schachtreaktoren (Abb. 9.14) werden vornehmlich zum Erwärmen, Brennen, Reduzieren, Schmelzen usw. von stückigen Einsatzstoffen eingesetzt. Im Bereich der Brennstoffveredelung haben sie auch für Verkokungs-, Schwel- und Vergasungsprozesse (Druckvergasung) Bedeutung erlangt. Schachtreaktoren gehören zu den Wanderbettreaktoren, bei denen sich eine Schüttung infolge der Schwerkraft von oben nach unten bewegt. Das Reaktionsgas kann zwangsweise sowohl im Gegen- als auch im Gleichstrom zum Feststoff geführt werden. Ein enges Korngrößenspektrum des Einsatzstoffes wirkt sich dabei günstig auf das fluiddynamische Verhalten aus. Grundsätzlich können Schachtreaktoren danach unterschieden werden, ob der eventuell benötigte Zusatzbrennstoff in fester Form schichtweise mit dem Einsatzstoff aufgegeben wird oder im unteren Teil des Reaktors über Brenner zugeführt wird. Bei Schachtreaktoren, die zur thermischen Behandlung von Abfall eingesetzt werden, erfolgt die Beschickung entweder oben oder seitlich. Der Austrag der Reststoffe ist häufig schmelzflüssig. In Abhängigkeit von der feuerfesten Ausmauerung können Temperaturen bis zu 1600 °C erzielt werden. Eine getrennte Steuerung der Temperatur- und Konzentrationsverhältnisse ist aufgrund der Kopplung durch die kontinuierlich nachrutschende Schüttung in der Regel schwierig. Zwar lassen sich Zu- und Abführungen von Reaktionsgas über dem Reaktionsweg realisieren, jedoch sind dann zum Abbau von Konzentrations- und Temperaturgradienten über dem Querschnitt zusätzliche Einbauten erforderlich (siehe Tab. 9.7).

Schachtreaktoren

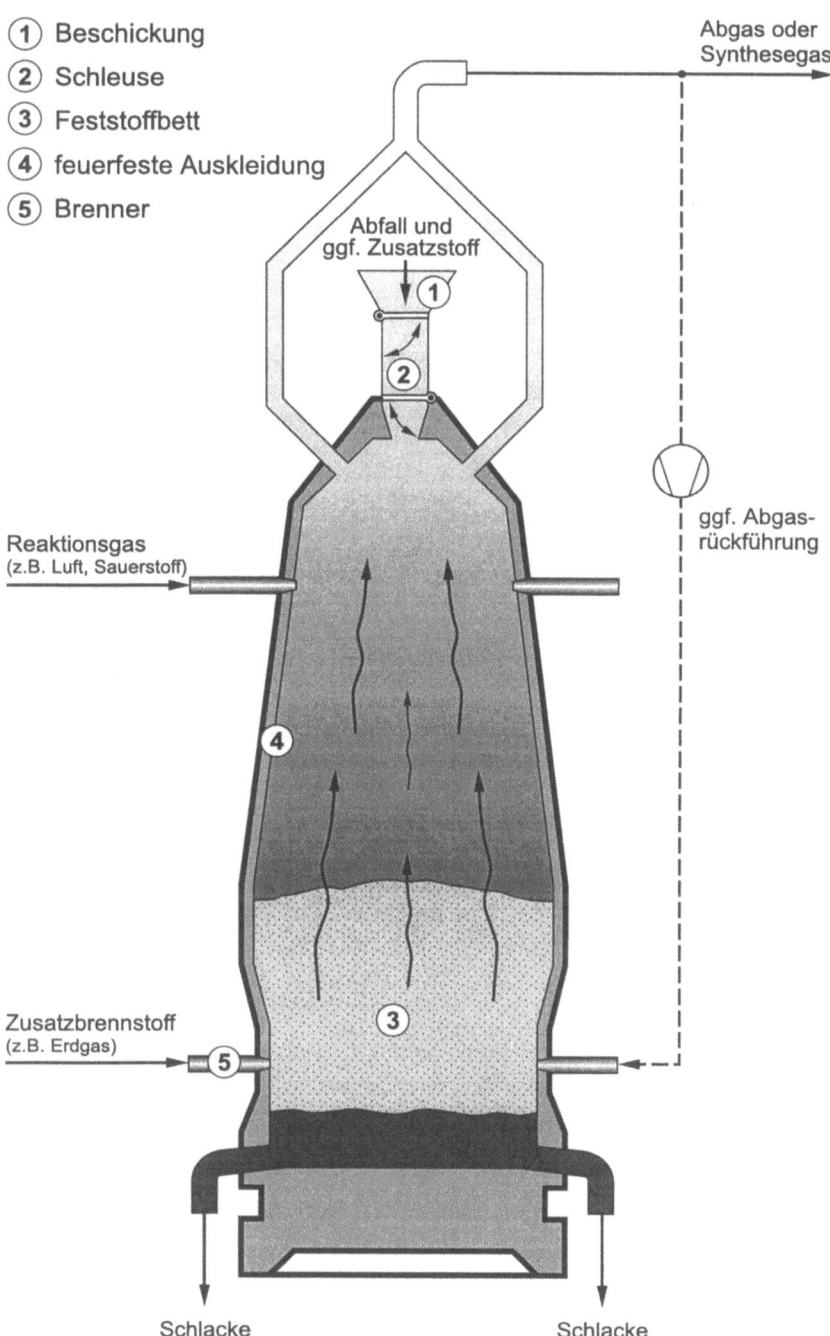

Abb. 9.14: Schematische Darstellung eines Schachtreaktors.

Haupteinflußgrößen		Bemerkungen
Einsatzstoffe		stückig
Sauerstoffangebot	Niveau	häufig reduzierende Atmosphäre üblich (Vergasungsreaktor)
	Steuerung längs des Reaktionsweges	über Zu- und Abführungen von Gasströmen bedingt möglich; Verteilung über den Querschnitt schwierig; eine optimale Verteilung erfordert häufig Einbauten, deren Anbringung schwierig ist
Temperatur	Niveau	Temperatur z.B. von 1000 °C bis 1600 °C; ggf. auch höher bei entsprechender feuerfester Auskleidung (z.B. Einschmelzen von Schrott)
	Steuerung längs des Reaktionsweges	direkte und indirekte Wärmeeinkopplung durch Gegen- und Gleichstromführung; Steuerung darüber hinaus schwierig; Zu- und Abführungen von Gasströmen möglich
Druck		von Umgebungsdruck bis Hochdruck (bis 2 MPa und mehr) möglich
Reaktorverhalten	Feststoff	der Schacht entspricht angenähert einer KS-Charakteristik; eine Vermischung des Feststoffes findet beim Absinken nur bedingt statt
	Gas	zwangsweise Durchströmung der Schüttung als Kolbenströmer; Vermischung über dem Querschnitt begrenzt
Verweilzeit (Feststoff)	Niveau	im Bereich von mehreren Stunden; über die zu- und abgeführten Massenströme bedingt steuerbar
	Steuerung längs des Reaktionsweges	aufgrund der kontinuierlich nachrutschenden Schüttung kaum möglich
Zusatzstoffe		Additive z.B. zur Beeinflussung der Schlackeeigenschaften, Schmelztemperaturen usw. möglich; Zusatzbrennstoff als Reduktionsmittel z.B. Koks
Einsatzbereiche (Beispiele)		Vergasung als Verfahrensteilschritt (z.B. Druckvergasung)

Tabelle 9.7: Charakterisierung von Schachtreaktoren [3.1].

Insgesamt gibt es noch eine Vielzahl von anderen Apparatetypen, die sich aber in der Regel auf die hier dargestellten Typen reduzieren lassen. Die Wahl des Apparates für ein thermisches Behandlungsverfahren wird häufig von der Art des Einsatzstoffes und der angestrebten Prozeßführung abhängig gemacht. Eine Zusammenfassung und Gegenüberstellung der wesentlichen Einflußgrößen der verschiedenen Apparatetypen zeigt Tab. 9.8. Für die thermische Abfallbehandlung haben sich insbesondere Rost-, Drehrohr- und Brennkammersysteme durchgesetzt. Aber auch die anderen Apparatetypen besitzen noch erhebliche Entwicklungsmöglichkeiten, so daß in Zukunft mit entsprechenden Verfahrenskonzepten zu rechnen ist.

Apparatetyp	Einsatzstoff	Temperatur	Verweilzeit	Vermischung des Abfalls (Bett)	Vermischung des Abfalls mit Reaktionsgas	Steuerung der Prozeßbedingungen über den Reaktionsweg	Beispiele für den Einsatzbereich
Brennkammer	flüssig, gasförmig, staubförmig	bis 1500°C	im Sekundenbereich	sehr gut	sehr gut	sehr gut möglich	Nachverbrennung (Stäube, Abgase) Vergasungsreaktion, Verbrennung
Drehrohr	stückig, pastös, flüssig	bis 1200°C	ca. 1 h	gut	bedingt	nicht möglich	Thermolyse (z.B. Hausmüll) Verbrennung (z.B. Sondermüll)
Rost	stückig, pastös	ca. 850°C	ca. 2 h	gut	sehr gut	sehr gut möglich	Verbrennung (z.B. Hausmüll) Vergasung (z.B. Hausmüll)
Etagenofen	stückig, pastös	ca. 950°C	ca. ½ h	gut	bedingt bis gut	möglich	Verbrennung (z.B. Schlämme)
Wirbelschicht	Feststoff mit enger Korngrößenverteilung, flüssig	ca. 850°C	im Minutenbereich	sehr gut	sehr gut	nicht möglich	Verbrennung (z.B. Klärschlamm) Druckvergasung
Durchlaufofen	stückig	bis 1400°C	mehrere Stunden bis Tage	in der Regel nicht vorhanden	bedingt bis gut	sehr gut möglich	Verbrennung (z.B. Militäraltlasten, Abfälle mit hohem Inertanteil)
Schachtreaktor	Schüttgut (fest), flüssig	bis 1600°C	Stunden- bis Tagebereich	bedingt	sehr gut	bedingt möglich	Druckvergasung, Schlackeeinschmelzung

Tab. 9.8: Zusammenfassung der wesentlichen Haupteinflußgrößen bei den verschiedenen Apparatetypen.

10 Systematische Darstellung, Bilanzierung und Bewertung

10.1 Systematische Darstellung

Für eine systematische Darstellung ist es zunächst zweckmäßig, einen inneren Bilanzraum für das sogenannte „thermische Hauptverfahren" festzulegen. Grundlage bildet dabei die Kopplung unterschiedlicher Verfahrensbausteine (z.B. Thermolyse, Vergasung, Verbrennung usw.). Ausgehend von diesem Bilanzraum werden danach je nach Bedarf in mehreren Schritten sich erweiternde Bilanzkreise gezogen bzw. gebildet, bis das „Gesamtverfahren" unter Hinzunahme von Abgasreinigung, Nutzung der erzeugten Gase, Verfahren zur Herstellung von Hilfsstoffen usw. erfaßt ist.

Beginnt man mit dem thermischen Hauptverfahren, so läßt sich dieses zunächst grob in zwei thermische Einheiten gemäß Tab. 10.1 aufteilen:

a) Die erste Einheit dient der Behandlung stückiger Abfälle oder auch Gemischen aus stückigen und teilweise pastösen und flüssigen Abfällen mittels Thermolyse, Vergasung oder Verbrennung zum Zwecke der

- Produktion eines inerten Reststoffes (Asche, angesinterte Asche oder Schlacke) mit entsprechend hohem Ausbrand (kleine Werte für Glühverlust und TOC) und/oder
- Stofftrennung bei Verbundwerkstoffen (z.B. Kunststoff- und Metallteile) und/oder
- Wertstoff- bzw. Rohstoffrückgewinnung usw.

Dabei können zusätzlich zur Prozeßbeeinflussung Primärbrennstoffe in Form von Erdgas, Heizöl erforderlich sein und/oder auch gas- und staubförmige Abfallstoffe eingesetzt werden.

b) Die zweite Einheit dient dazu, mittels Verbrennung oder Vergasung das aus der ersten Einheit

- stammende Gas (Abgas, Pyrolysegas, Vergasungsgas)

sowie

- die damit verbundenen Flugstäube

und

- je nach Absicht den gegebenenfalls in der 1. Einheit erzeugten und weiter aufzubereitenden Pyrolysekoks oder auch erzeugtes Pyrolyseöl und Kondensat

Systematische Darstellung

thermisch weiter umzusetzen. Auch hier können zur Prozeßbeeinflussung zusätzlich Primärbrennstoffe erforderlich sein bzw. auch gasförmige, flüssige oder staubförmige Abfallstoffe mit eingesetzt werden.

Ver-fahrens-Kurzbez.	1. Einheit	2. Einheit	Verfahren
V1	Verbrennung ***)	Verbrennung	Verbrennungs-Verbrennungs-Verfahren
V2	Thermolyse *)	Verbrennung	Thermolyse-Verbrennungs-Verfahren
V3	Vergasung **)	Verbrennung	Vergasungs-Verbrennungs-Verfahren
V4	Thermolyse	Vergasung	Thermolyse-Vergasungs-Verfahren
V5	Vergasung	Vergasung	Vergasungs-Vergasungs-Verfahren

*) zusammenfassende Bezeichnung für Trocknungs-, Entgasungs- und Pyrolysevorgänge
**) zusammenfassende Bezeichnung für Trocknungs-, Entgasungs- und Vergasungsvorgänge
***) zusammenfassende Bezeichnung für Trocknungs-, Entgasungs-, Vergasungs- und Verbrennungsvorgänge

Tab. 10.1: Systematische Einordnung von thermischen Hauptverfahren [4.11].

Wird in der 1. Einheit die Prozeßführung bis zur Verbrennung geführt, so wird der anschließende Ausbrand von Abgas, Flugstaub, Zusatzbrennstoff und zusätzlich eingesetzter Abfallstoffe in der folgenden 2. Einheit häufig auch „Nachverbrennung" genannt. Stellt die 2. Einheit als letzter Verfahrensbaustein eine Verbrennung dar (siehe Tab. 10.1 Verfahren V1 bis V3), wird in der Regel Dampf in einem Kessel erzeugt und entweder als Prozeßdampf in einem Stoffbehandlungsprozeß (z.B. Papierherstellung usw.) oder über eine Turbine zur energetischen Verwertung (elektrische Energie) genutzt. Ist die 2. Einheit eine Vergasung oder Nachvergasung (z.B. Verfahren V4 oder V5 in Tab. 10.1), so besteht häufig die Option, das erzeugte Prozeß- bzw. Synthesegas nach einer Gasreinigung entweder direkt einer stofflichen Verwertung (z.B. chemische Industrie) oder einer nachgeschalteten Verbrennung (auch motorisch) zur Erzeugung von elektrischer Energie zuzuführen.

Die grobe Einteilung nach Tab. 10.1 dient zunächst nur der Orientierung. Je nach Bedarf sind die Einheiten weiter zu untergliedern, insbesondere wenn Verfahrensbausteine nicht streng zu trennen (Überlappungen) oder unterschiedliche Einordnungen möglich sind. Hierauf wird an passender Stelle jeweils unten nach Bedarf weiter eingegangen.

Im Hinblick auf die Vergleichbarkeit der Verfahren müssen zunächst gleiche Zielvorgaben (s.u.) festgelegt werden. Danach müssen so viele Teilschritte bzw. verfahrenstechnische Bausteine durch entsprechende Bilanzkreise miteinander gekoppelt werden, bis die so entstehenden Blockfließbilder der unterschiedlichen Verfahren bei gleicher Abfallart und gleichem Abfallmassenstrom

- die gleiche Zielstellung der thermischen Behandlung erfüllen (siehe Kap. 1), d.h.
    - ausschließlich thermische Entsorgung,
    - und ggf. zusätzlich energetische Verwertung, wie z.B. Umwandlung der Abfallenergie in Dampfenergie und anschließender Umwandlung in hochwertige elektrische Energie und
    - ggf. zusätzlich stoffliche Verwertung durch Umwandlung der Abfallenergie in Prozeßdampf oder Synthesegas

und

- die austretenden Stoffströme (verbleibende Reststoffe) jeweils den gleichen Anforderungen genügen, wie z.B.
    - Eluierbarkeit und Glühverlust der Reststoffe nach TA-Siedlungsabfall [1.2],
    - Einhaltung der Schadstoffkonzentrationen der Abgase nach 17. BImSchV [1.4],

und

- die einzelnen austretenden Stoffströme jeweils direkt in die Umwelt entlassen bzw. direkt einer vorgesehenen stofflichen Nutzung zugeführt werden können.

Wie bereits erwähnt, erweist es sich dabei als zweckmäßig, die Bilanzgrenzen zunächst nur für das thermische Hauptverfahren festzulegen. Danach ist unter gleicher Zielvorgabe (s.o.) und gleicher Vorgabe der Anforderungen an die austretenden Stoffe der Bilanzraum auf das Gesamtverfahren zu erweitern. Für den Fall einer beabsichtigten Erzeugung von elektrischer Energie, ist z.B.

- bei einem klassischen Verfahren (Müllkraftwerk nach Abb. 1.2) in den Bilanzraum des Gesamtverfahrens die Abgasreinigungsanlage, die Turbinenanlage und der Generator usw. und

- bei einem Verfahren mit Gaserzeugung in den Bilanzraum des Gesamtverfahrens die zusätzliche Verbrennung, z.B. mit einem Gasmotor, die Reinigung der zugehörigen Motorabgase, der Generator usw.

Systematische Darstellung

mit einzubeziehen. Diese Vorgehensweise kann man zusammenfassend mit „Festlegung einheitlicher Bilanzgrenzen für das Gesamtverfahren" bezeichnen. Bei Bilanzgrenzen, die unterschiedliche Anforderungen bei verschiedenen Verfahren festlegen, sind Verfahrensvergleiche und Bewertungen nicht möglich.

Zunächst sei hier in vereinfachter Weise das Prinzip der systematischen Darstellung, Bilanzierung und Bewertung erläutert, ehe in Kap. 10.4 ein bereits mehr in das Detail gehendes Beispiel erläutert wird.

Für das in Tab. 10.1 genannte Verfahrenskonzept V1 ist in Abb. 10.1 das Blockfließbild mit den Bilanzräumen für das thermische Hauptverfahren und für das Gesamtverfahren einer klassischen Hausmüllverbrennung dargestellt. Bei der Erstellung des Blockfließbildes werden innerhalb der Bilanzgrenzen die wichtigsten Bausteine und deren Kopplung dargestellt. Dabei sollten schon hier die zusätzlich erforderlichen Ströme (Betriebshilfsstoffe, elektrische Energie) bzw. auch entstehende Ströme (Nutzenergie, Wärmeverlust, Abgasströme, Reststoffe) prinzipiell aufgeführt sein. Je nach Konsistenz des eingesetzten Abfalls kann in der 1. Einheit z.B. ein Rostsystem oder ein Drehrohr eingesetzt werden. In der Regel werden derzeit für die Hausmüllverbrennung Rostsysteme und für die Sondermüllverbrennung Drehrohre verwendet. Als Reaktionsgas für die Verbrennungsprozesse wird in den meisten Fällen Luft, gelegentlich auch Luft mit Zusatzsauerstoff verwendet. Gegenwärtig werden die Abfälle im Hinblick auf eine Vergleichmäßigung der Verbrennungsbedingungen häufig nur sehr grob vorbehandelt, weshalb u.a. zum Erreichen eines niedrigen Glühverlustes am Ende der ersten Prozeßeinheit häufig ein hoher Luftüberschuß erforderlich ist. Bei einem Rostsystem werden die Reststoffe in der Regel als Asche bzw. in angesintertem Zustand und bei einem Drehrohr schmelzflüssig (Schlacke) abgezogen. Falls zur Nachbehandlung von Asche oder Schlacke aus Gründen der Vergleichbarkeit weitere Behandlungseinheiten erforderlich sind, so müssen diese in den Bilanzraum des thermischen Hauptverfahrens mit aufgenommen werden (in Abb. 10.1 als „ggf. Nachbehandlung" wie z.B. Ascheeinschmelzung und Aufbereitung der Schlacke dargestellt). Bei dieser Betrachtungsweise können dann auch Verfahren, die eine sogenannte integrierte Reststoffbehandlung (z.B. mit schmelzflüssigem Abzug) vorsehen, mit Verfahren, bei denen eine zusätzliche Nachbehandlung der Reststoffe erforderlich ist, auf gleicher Basis („einheitliche Bilanzgrenzen") bewertet werden. Bei dem Verfahrenskonzept V1 (Tab. 10.1) wird in der Regel zunächst Dampf erzeugt, der für eine energetische Nutzung oder aber auch, wie bereits erwähnt, als Prozeßdampf einer stofflichen Nutzung zugeführt werden kann.

202 Systematische Darstellung, Bilanzierung und Bewertung

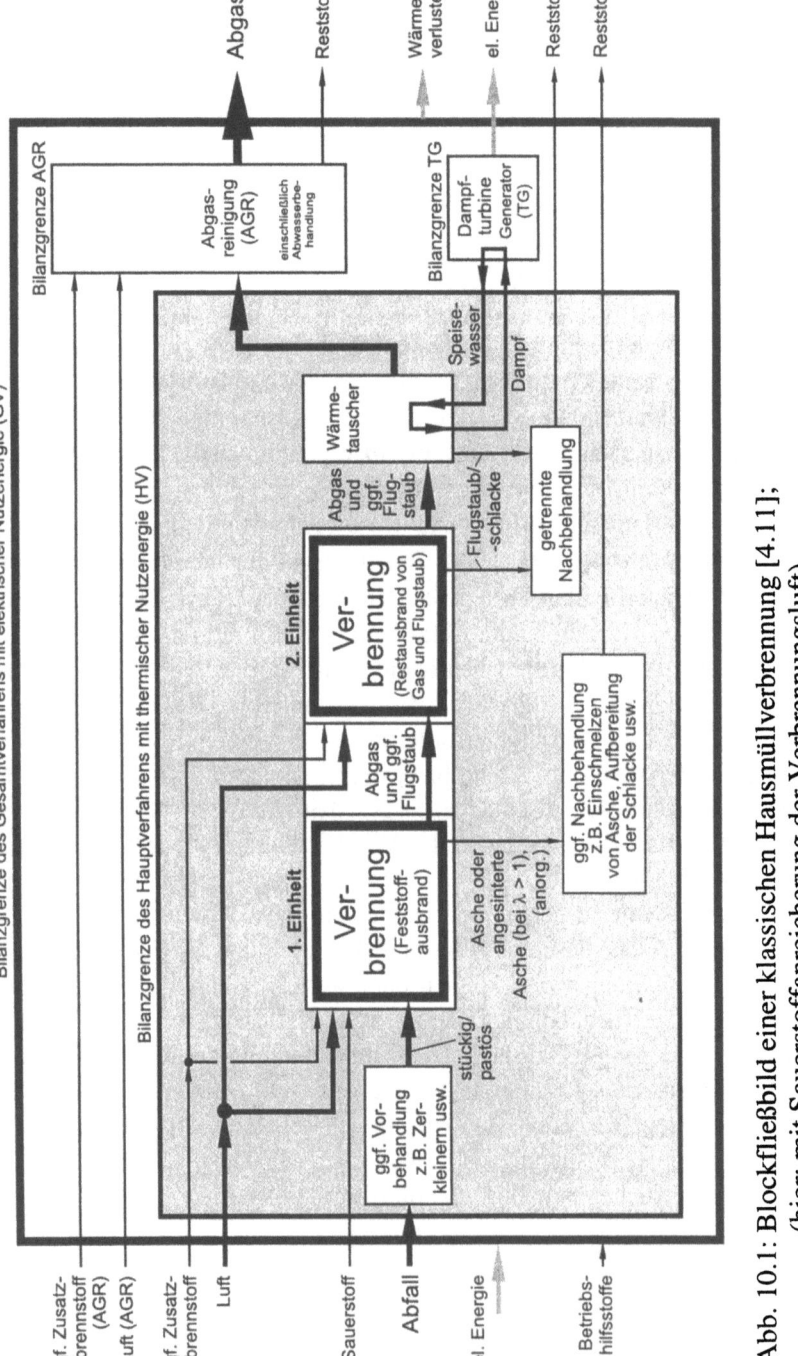

Abb. 10.1: Blockfließbild einer klassischen Hausmüllverbrennung [4.11]; (hier: mit Sauerstoffanreicherung der Verbrennungsluft).

10.2 Sachbilanzen

Bei den unterschiedlichen Bilanzarten stellen sog. „Ökobilanzen" die umfangreichsten dar. Allgemein umfaßt eine Ökobilanz die folgenden vier Bereiche [10.1]:

a) Systemdefinition mit der allgemeinen Systembeschreibung und der Definition von Bilanzraum und -grenzen,
b) Sachbilanzen zur Bilanzierung von Massen-, Stoff- und Energieströmen,
c) Wirkungsbilanz und
d) Bewertung mit Gewichtung unterschiedlicher Umweltbeeinflussungen (Technologiefolgeabschätzung).

Von diesen vier genannten Bereichen einer **„Ökobilanz"** können in der Regel nur die Punkte a) und b) konkret erfaßt werden. Fragestellungen zur Wirkungsbilanz, die die mögliche Auswirkung auf die Umwelt in globalen, regionalen oder lokalen Räumen beschreiben und Fragestellungen, die die Gewichtung unterschiedlicher Umweltauswirkungen bewerten sollen, können derzeit kaum oder nur sehr schwer (häufig nur subjektiv) beantwortet werden. Wie im folgenden gezeigt wird, lassen jedoch Sachbilanzen, bestehend aus Massen-, Stoff- und Energiebilanzen, bei Vergleichen bereits eine Vielzahl von Folgerungen im Hinblick auf Verbesserungs- und Optimierungsmaßnahmen sowie Bewertungen zu.

10.2.1 Massenbilanz

Der Begriff der Bilanz beinhaltet zunächst die Gegenüberstellung der Summe der ein- und austretenden Ströme für einen festgelegten Bilanzraum bei identischen Einheiten. Es erweist sich als zweckmäßig, bei Stoffumwandlungen eventuelle Quellen als Zufuhr (eintretend) und Senken als Abfuhr (austretend) an den Bilanzgrenzen anzutragen, so daß die Summe eintretender gleich der Summe austretender Ströme wird. Es empfiehlt sich weiter, in einem ersten Schritt zunächst nur das sogenannte „thermische Hauptverfahren" und danach das „Gesamtverfahren" zu bilanzieren. Für ein Verfahren nach Abb. 10.1 zeigt die Abb. 10.2 beispielhaft zugehörig eine Massenbilanz des Gesamtverfahrens [z.B. 3.4]. Für eine übersichtliche Darstellung sollten die einzelnen Massenströme numeriert sein und jeder Massenstrom die gleiche Nummer haben wie der zugehörige Energiestrom. Dabei treten aus formalen Gründen auch „Leerströme" auf. So ist z.B. Nr. 5 in der Massenbilanz nach Abb. 10.2 ein „Leerstrom", weil die Nr. 5 in der folgenden Energiebilanz (Abb. 10.3) eine elektrische Energie und damit eine Prozeßgröße, die nicht an Masse gebunden ist, darstellt.

204 Systematische Darstellung, Bilanzierung und Bewertung

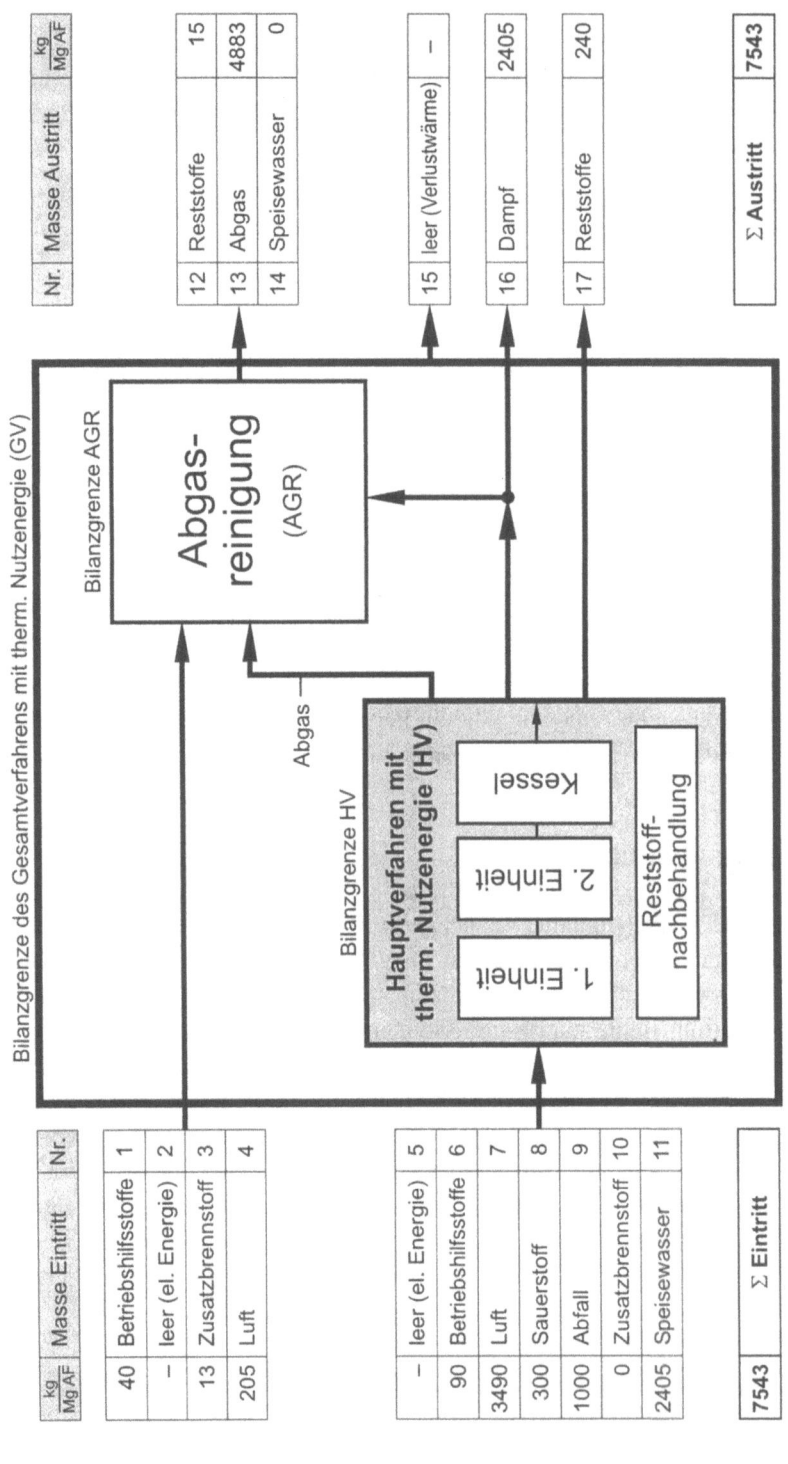

Abb. 10.2: Vereinfachte Massenbilanz einer klassischen Hausmüllverbrennung (hier mit Sauerstoffanreicherung der Verbrennungsluft).

Sachbilanzen

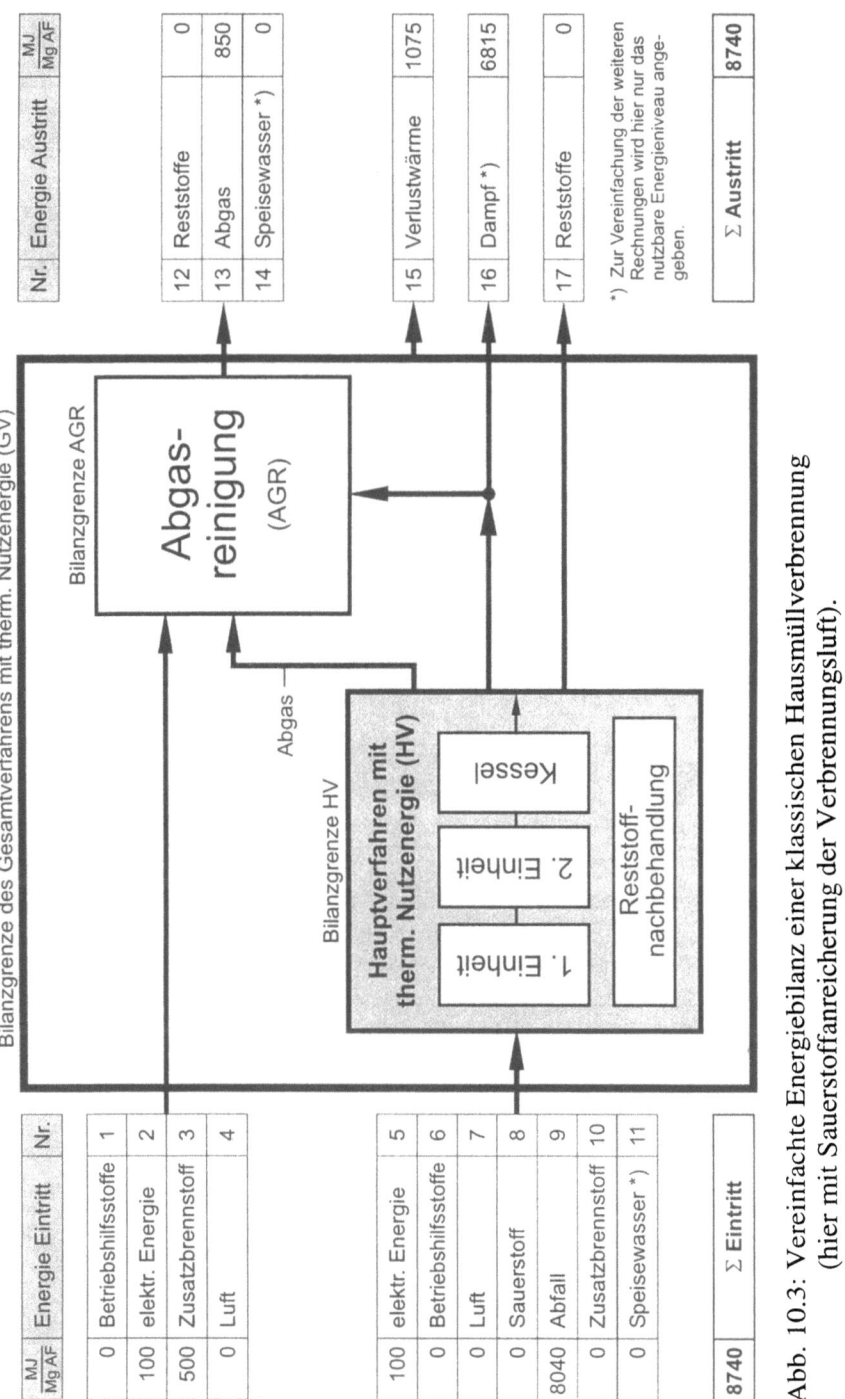

Abb. 10.3: Vereinfachte Energiebilanz einer klassischen Hausmüllverbrennung (hier mit Sauerstoffanreicherung der Verbrennungsluft).

Diese Formalisierung scheint geboten, da bei kumulierten Primärenergie- oder Primärstoffbetrachtungen auf solche „Leerströme" zurückzugreifen ist. So muß z.B. bei der Erstellung einer kumulativen Kohlendioxidbilanz, d.h. einer Bilanz unter Berücksichtigung der Primärenergieumwandlung bei der elektrischen Energieumwandlung, der eben erwähnte „Leerstrom" Nr. 5 in Abb. 10.2 dann mit den CO_2-Mengen, die in einem externen Kraftwerk bei der elektrischen Energieumwandlung entstehen, belegt werden. Des weiteren ergibt sich bei einer solchen Formalisierung eine übersichtliche Darstellung, bei der alle Massen-, Stoff- und Energiebilanzen mit identischen Fließbildern bearbeitet werden können. Es ist weiter zweckmäßig, bei der Massenbilanzierung nach

- Einsatzstoffen (Abfälle),
- Zusatzbrennstoffen (Erdgas, Heizöl usw.),
- Betriebshilfsstoffen (Sauerstoff, Luft, Wasser, Kalk usw.),
- Reststoffen (Schlacke, Metall usw.) (in Abb. 10.2 nicht näher aufgeschlüsselt)

zu unterscheiden.

Insgesamt muß bei der Bilanzierung erkennbar sein, welche zusätzlichen Massen zum eingetragenen Einsatzstoff (Abfall) eintreten, wie sich die Stoffe innerhalb des Verfahrens aufteilen und welche Stoffe aus dem Bilanzraum im einzelnen austreten.

10.2.2 Stoffbilanz

Bei Stoffbilanzen werden im Gegensatz zu Massenbilanzen einzelne Stoffgruppen (z.B. Kohlenwasserstoffe), Stoffe (z.B. Kohlendioxid) oder Elemente (z.B. Blei, Kupfer) bilanziert. Mit Stoffbilanzen kann z.B. ermittelt werden, wie sich die Mengen eines mit dem Abfall eingetragenen Elementes (z.B. eines Schwermetalles) in einem thermischen Behandlungsverfahren

- auf die Reststoffe (Asche, Schlacke usw.) der 1. Einheit,
- auf die Reststoffe (Asche, Schlacke usw.) der 2. Einheit,
- auf die Reststoffe der Abgasreinigung,
- auf die Reststoffe der Abwasserreinigung (wenn vorhanden) und
- auf die den Kamin verlassenden Abgase

Sachbilanzen

aufteilen. Bei Anreicherungen an bestimmten Stellen im Prozeß kann eine entsprechende Ausschleusung an diesen Positionen angestrebt werden [7.52]. Ein Beispiel für eine Kohlendioxidbilanz wird weiter unten noch näher erläutert.

10.2.3 Energiebilanz

In Abb. 10.3 ist die Energiebilanz dargestellt. Angelehnt an die Massenbilanz gilt bei der Energiebilanz die gleiche Vorgehensweise. Für die Energiebilanz sind die „Energiearten",

- die an Masse gebunden sind („Enthalpie"), wobei wieder zu unterteilen ist nach
  - latenter (verborgener) Enthalpie, wie z.B. Heizwert des Abfalls, Heizwerte der Zusatzbrennstoffe wie Erdgas, Heizöl usw., Bildungsenthalpien anderer Stoffe wie z.B. Additiven usw.,
  - sensibler (fühlbarer) Enthalpie, wie z.B. bei vorgewärmter Luft,
  - sonstigen Reaktionsenthalpien

und solchen,

- die nicht an Masse gebunden sind, wie die sog. Prozeßgrößen elektrische Energie, Wärme usw.

zu unterscheiden. Weiter ist vor jeder energetischen Bilanzierung das „Enthalpienullniveau" festzulegen. In der Regel wird der Umgebungszustand als „Nullpunkt" gewählt. Durch die Art der Darstellung der Energiebilanzierung (siehe Abb. 10.3) wird sofort erkennbar,

- welcher „Aufwand" als Summe aller eintretenden Energien pro Einheit Abfall (hier 1 Mg) für die thermische Abfallbehandlung erforderlich ist,
- wie sich die Energien auf die einzelnen Bilanzräume aufteilen und
- wie sich die austretenden Energien auf den „Nutzen", wie hochgespannter Dampf (in Abb. 10.3), elektrische Energie usw., sowie auf den „Verlust" (Verlustwärmen usw.) aufteilen.

Zur Ermittlung eventuell benötigter Primärenergieaufwendungen ist eine nochmals erweiterte Bilanzgrenze bei gleicher Vorgehensweise zu wählen. Hierauf wird weiter unten näher eingegangen.

10.3 Bewertungskriterien

10.3.1 Bildung von Wirkungsgraden

Mit Hilfe der dargestellten Sachbilanzen besteht nun die Möglichkeit, für die einzelnen o.g. Bilanzräume Bewertungskriterien in Form von Wirkungsgraden zu bilden. Allgemein versteht man unter einem Wirkungsgrad

$$\eta = \frac{\text{Erfolg}}{\text{Aufwand}} \quad \text{bzw.} \quad \eta = \frac{\text{Nutzen}}{\text{Aufwand}} \ . \tag{10-1}$$

Wirkungsgrade kann man auch über Verluste bilden. Dabei ist allgemein Verlust die Differenz zwischen Aufwand und Nutzen (Verlust = Aufwand minus Nutzen bzw. Nutzen = Aufwand minus Verlust). Damit können Wirkungsgrade auch als

$$\eta = 1 - \frac{\text{Verlust}}{\text{Aufwand}} \tag{10-2}$$

dargestellt werden. Beide Schreibweisen bzw. Vorgehensweisen bei der Ermittlung müssen natürlich jeweils zum gleichen Ergebnis führen. Dies ist nicht selbstverständlich, da häufig in Bilanzen Verlustströme wesentlich schwieriger „zu finden" sind als Nutzströme. Häufig sind beide Vorgehensweisen zur Rechnungskontrolle sinnvoll.

Je nachdem, was als „Erfolg" bzw. „Nutzen" und als „Aufwand" angesehen wird, ergeben sich ganz unterschiedliche Wirkungsgrade [z.B. 1.7, 2.33, 4.11, 10.2]. Dies sei prinzipiell an einem einfachen Beispiel erläutert (Abb. 10.4a). Der betrachteten Anlage im Bilanzraum GV (Gesamtverfahren GV) werde die Abfallenergie H_{AF}[1]) und die benötigten Zusatzenergien ΣE_{zus} zugeführt. Die Anlage gebe die Nutzenergie H_{Nutz} und die Summe der Energieverluste $\Sigma E_{Verl,GV}$ ab. Der sog. „Anlagenwirkungsgrad" ist dann

$$\eta_a = \frac{H_{Nutz}}{H_{AF} + \Sigma E_{zus}} \ . \tag{10-3}$$

---

[1]) Im allgemeinen werden Energien als Ströme dargestellt. Im folgenden wird hier die absolute Energie auf 1000 kg Abfall bezogen (MJ/Mg AF) und dafür ein Großbuchstabe (H, E usw.) gewählt.

Bewertungskriterien 209

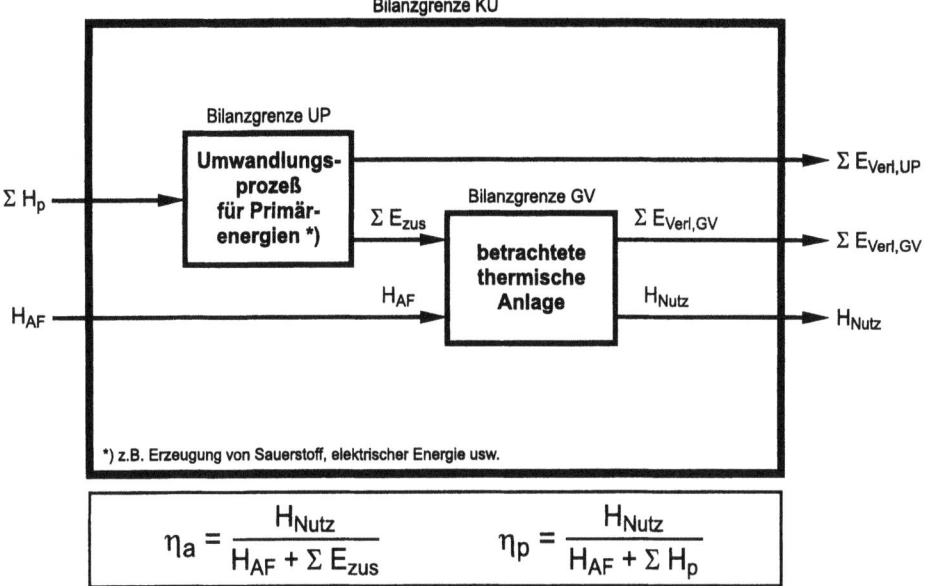

Abb. 10.4a: Vereinfachte Energiebilanz zur Bildung des Anlagenwirkungsgrades η_a und des Primärwirkungsgrades η_p (Erklärung im Text).

Zählt man neben den zusätzlich zum Betrieb der Anlage zuzuführenden Energien ΣE_{zus} noch die Verlustenergien $\Sigma E_{Verl,UP}$ bei den zugehörigen Umwandlungsprozessen für Primärenergien als Aufwand hinzu (Bilanzraum UP), d.h. wertet man die für den Betrieb der Anlage erforderlichen Primärenergien ΣH_p **insgesamt** jeweils als Aufwand, d.h. z.B. Primärenergie für die Bereitstellung der elektrischen Energie, Primärenergie für eine eventuelle Sauerstofferzeugung, Primärenergie zur Erzeugung von anderen Betriebs- und Hilfsstoffen usw., dann erhält man den kumulierten Bilanzraum KU und entsprechend aus dem Verhältnis von Erfolg zu Aufwand den sogenannten Primärwirkungsgrad

$$\eta_p = \frac{H_{Nutz}}{H_{AF} + \Sigma H_p} , \qquad (10\text{-}4)$$

der erheblich kleiner sein kann als der Anlagenwirkungsgrad η_a. Bei dieser Betrachtungsweise handelt es sich um eine sogenannte „kumulierte" Darstellung der wichtigsten vor- und eventuell nachgeschalteten Prozeßkettenglieder. Ausgangspunkt der kumulierten Betrachtung sind die benötigten Primärenergien und Rohstoffe für die thermische Behandlung des Abfalls. Endpunkt der Betrachtung ist dann an der Bilanzgrenze, wo schließlich die umweltverträgliche Ablagerung der verbleibenden Reststoffe und/oder die Eingliederung von verbleibenden Wertstoffen in einen Wiederverarbeitungsprozeß möglich ist. Die energetische Betrachtung der Bereitstellung (Förderung, Reinigung, Transport usw.) von Primärenergie,

Transportvorgänge für den Abfall, der Bau von Anlagen, Bau von Deponieflächen für die verbleibenden Reststoffe usw. sollen nicht näher betrachtet werden [vgl. z.B. 10.3]. In diesem Zusammenhang sei aber darauf hingewiesen, daß bei der Bereitstellung von Primärenergie bereits ein erheblicher energetischer Aufwand entsteht. So werden für die Bereitstellung von Erdgas nach [10.4] ca. 10,7 % der geförderten Primärenergie aufgewendet.

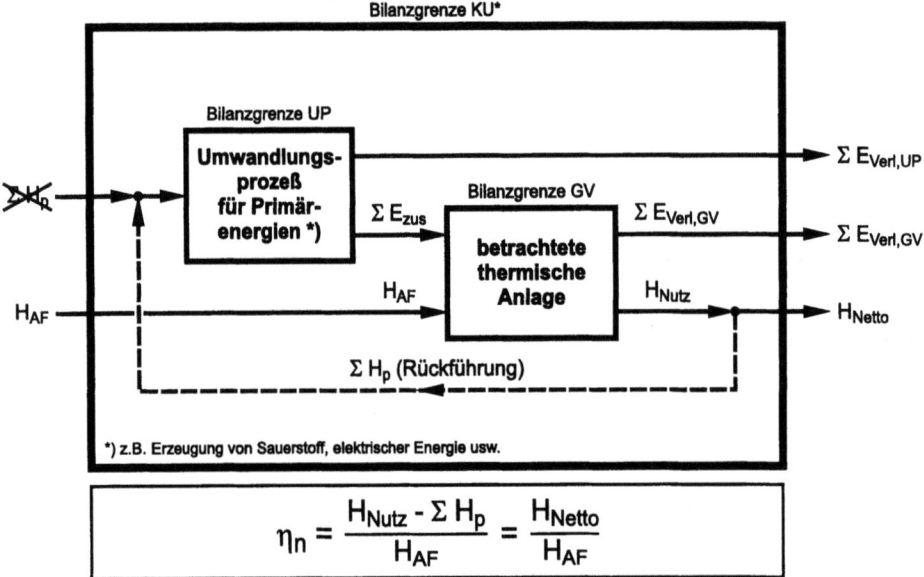

Abb. 10.4b: Vereinfachte Energiebilanz zur Bildung des Nettoprimärwirkungsgrades η_n (Erklärung im Text).

Der zur Behandlung erforderliche Primärenergieaufwand könnte als Ressource geschont werden, wenn es den zu behandelnden Abfall nicht gäbe. Man kann folglich einen „Abfallnutzen" H_{Netto} bilden, in dem man von der Nutzenergie H_{Nutz} die benötigten Primärenergien ΣH_p abzieht. Es würde also die Primärressource dann durch „eigene erzeugte" Nutzenergie ersetzt bzw. substituiert bzw. gedanklich rückgeführt [2]), wie in Abb. 10.4b gestrichelt dargestellt. Es verbleibt damit als

---

[2]) Hier ist es sehr wichtig darauf hinzuweisen, daß die Substitution von einer Energieart (z.B. Erdgasenthalpie) durch eine andere (z.B. erzeugte Dampfenthalpie) in der Regel nicht im gleichen Verhältnis (1:1) erfolgen kann, d.h. daß in der Regel die zu substituierende Energiemenge (z.B. an Erdgas gebunden) nicht durch eine gleich hohe, sondern durch eine höhere Ersatzenergiemenge (z.B. an Dampf gebunden) zu ersetzen ist. Dieser Sachverhalt wird durch das sog. Energieaustauschverhältnis EA als Verhältnis von Substitutionsenergie zu der zu substituierenden Energie ausgedrückt. Gewöhnlich ist EA > 1 und hängt von vielen Faktoren ab. Der Übersichtlichkeit wegen wird hier EA = 1 gesetzt, um das Prinzip der Substitution bzw. der Energierückführung so einfach, wie in Abb. 10.4b dargestellt, zu veranschaulichen. Die Möglichkeit für EA ≠ 1 wird jedoch in den folgenden Kapiteln in den Gleichungen berücksichtigt. Was die Ermittlung von EA betrifft, wird auf Kap. 13 und 14 verwiesen (vgl. auch [2.37, 10.5, 10.6]).

Bewertungskriterien

Aufwand nur noch die zugeführte Abfallenergie H_{AF} und als Nutzen die Nettoenergie H_{Netto}, so daß sich auf diese Weise der sog. Nettoprimärwirkungsgrad

$$\eta_n = \frac{H_{Nutz} - \Sigma H_p}{H_{AF}} = \frac{H_{Netto}}{H_{AF}} \qquad \text{für den Fall } (H_{Nutz} - \Sigma H_p) \geq 0 \qquad (10\text{-}5)$$

ergibt. Wegen einer besseren Übersichtlichkeit wird im folgenden bei einer Primärenergiesubstitution (-rückführung) die zugehörige Bilanzgrenze zusätzlich mit dem Hochindex „*" versehen (in Abb. 10.4b also „KU*").
Im Falle eines hohen benötigten Primärenergieeinsatzes kann die Differenz $(H_{Nutz} - \Sigma H_p)$ bei der Bildung der Nettoenergie auch negative Werte annehmen, d.h. für die Behandlung des Abfalls wird dann mehr Energie benötigt, als der Abfall selbst der Verfahrenslinie zuführt. In diesem Fall wird die Definition für einen Wirkungsgrad negativ. Deshalb wird in solchen Fällen von einem Aufwandsgrad gesprochen. Es wird zweckmäßig als Bezugsgröße $|H_{AF} - H_{Netto}|$ gewählt, d.h. der Aufwandsgrad a als

$$a = \frac{H_{Nutz} - \Sigma H_p}{H_{AF} + |H_{Nutz} - \Sigma H_p|} = \frac{H_{Netto}}{H_{AF} + |H_{Netto}|} \text{ für den Fall } (H_{Nutz} - \Sigma H_p) < 0 \quad (10\text{-}6)$$

definiert, damit aus formalen Gründen der kleinste Wert für den Aufwandsgrad den Wert $a_{min} = -1$ annimmt.

Die Bildung eines Nettoprimärwirkungsgrades ist vor dem Hintergrund sinnvoll, daß man sich bemühen sollte, für eine Abfallbehandlung möglichst wenig Primärenergie einzusetzen. Verwendet man z.B. bei gleich bleibender Abfallenthalpie H_{AF} zusätzlich z.B. eine steigende Primärenthalpie ΣH_p (z.B. Erdgas), so ergeben sich sowohl für den Anlagenwirkungsgrad η_a als auch den Primärwirkungsgrad η_p steigende Werte (vgl. Abb. 10.29). Dies ist physikalisch und technisch zwar richtig, bringt aber nicht unmittelbar zum Ausdruck, daß der steigende Wirkungsgrad durch „zusätzlichen Verbrauch von Primärressourcen" „erkauft" wird. Der Nettoprimärwirkungsgrad sinkt jedoch in diesem Fall, d.h. er verdeutlicht den Zusatzaufwand an Primärenergie.

Die Bildung der Größen η_a, η_p und η_n soll im folgenden detaillierter dargestellt werden.

10.3.2 Anlagenwirkungsgrad

Betrachtet man als erstes den Bilanzraum des thermischen Hauptverfahrens (Index „HV") (Abb. 10.5), so kann die aus dem Abgas ausgekoppelte thermische (Index „t") Nutzenergie $H_{t,Nutz,HV}$, z.B. in Form von Dampf, als „Erfolg" gewertet werden. Aufwand sind neben der Abfallenthalpie H_{AF} die Summe der benötigten Zusatzenergien E_{HV}. Das Verhältnis Erfolg zu Aufwand ergibt dann den in Abb. 10.5 dargestellten thermischen (Index „t") Anlagenwirkungsgrad (Index „a") für den Bilanzraum Hauptverfahren (Index „HV") $\eta_{t,a,HV}$.

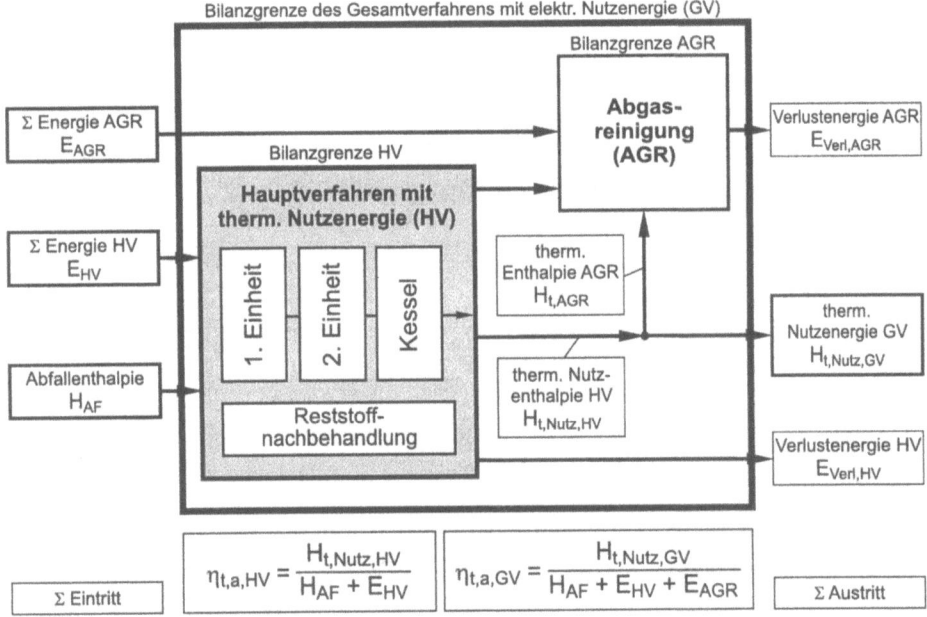

Abb. 10.5: Definition des thermischen Anlagenwirkungsgrades $\eta_{t,a}$ für das Haupt- und Gesamtverfahren.

Erweitert man diese Betrachtung auf das Gesamtverfahren unter Berücksichtigung der Abgasreinigung mit der zusätzlich benötigten Energie E_{AGR}, ergibt sich entsprechend der Abb. 10.5 der thermische Anlagenwirkungsgrad für das Gesamtverfahren $\eta_{t,a,GV}$ (die Energie H_{AF} und E_{HV} überschreiten sowohl die Bilanzgrenze HV als auch GV; die Nutzenergie des Gesamtverfahrens $H_{t,Nutz,GV}$ ist kleiner als die Nutzenergie des Hauptverfahrens $H_{t,Nutz,HV}$, da für die Abgasreinigung ein Energieanteil $H_{t,AGR}$ abgezweigt werde).

Der thermische Anlagenwirkungsgrad des Gesamtverfahrens bewertet die reine thermische Behandlung des Abfalls mit der Umwandlung der Abfallenergie in Dampfenergie. Dieser Prozeß wird in der Regel angewendet, um die Zielstellung

Bewertungskriterien

der energetischen Verwertung zu erfüllen. Anschließend wird häufig zusätzlich eine „Veredelung" der Dampfenergie in elektrische Energie durchgeführt, so daß in einem weiteren Schritt nun unter Berücksichtigung eines Dampfkraftprozesses (Bilanzgrenze TG in Abb. 10.6) und dessen elektrischen (Index e) Umwandlungswirkungsgrades (Anlagenwirkungsgrad $\eta_{e,a,TG}$) der elektrische Anlagenwirkungsgrad für das Gesamtverfahren $\eta_{e,a,GV}$ bestimmt werden kann.

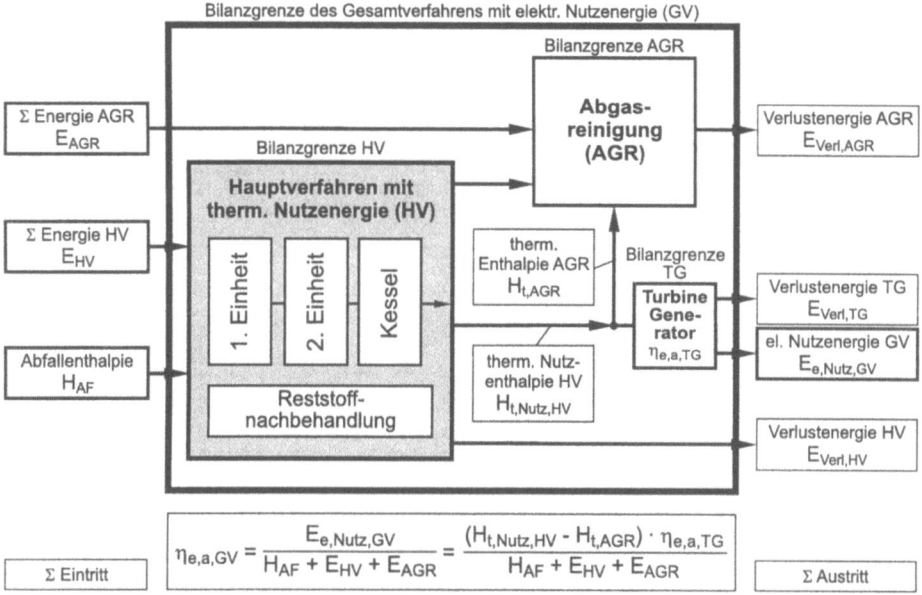

Abb. 10.6: Definition des elektrischen Anlagenwirkungsgrades $\eta_{e,a}$ für das Gesamtverfahren.

Je nachdem welche Nutzenergieform ausgekoppelt wird, kann es sich also bei der energetischen Bewertung um einen thermischen ($\eta_{t,a}$), elektrischen ($\eta_{e,a}$), chemischen (Index c) ($\eta_{c,a}$) (z.B. bei Synthesegaserzeugung) Anlagenwirkungsgrad usw. handeln. Die Angabe der Nutzenergieform und auch des betreffenden Bilanzraumes ist für eine spätere vergleichende Bewertung zwingend erforderlich.

Wie bereits erwähnt, zeigt die Abb. 10.6 nur eine vereinfachte Darstellung, die nach Bedarf entsprechend erweitert werden muß. So erhält man z.B. in Abb. 10.7 für das Gesamtverfahren (hier als Bilanzraum F bezeichnet) eines Müllkraftwerkes mit Dampfkraftprozeß den dargestellten elektrischen Anlagenwirkungsgrad. Die eventuell benötigte Zusatzenergie setzt sich dabei aus der elektrischen Energie $E_{e,F}$ und der Zusatzbrennstoffenthalpie $H_{ZB,F}$, wie z.B. Erdgas, Heizöl usw. zusammen.

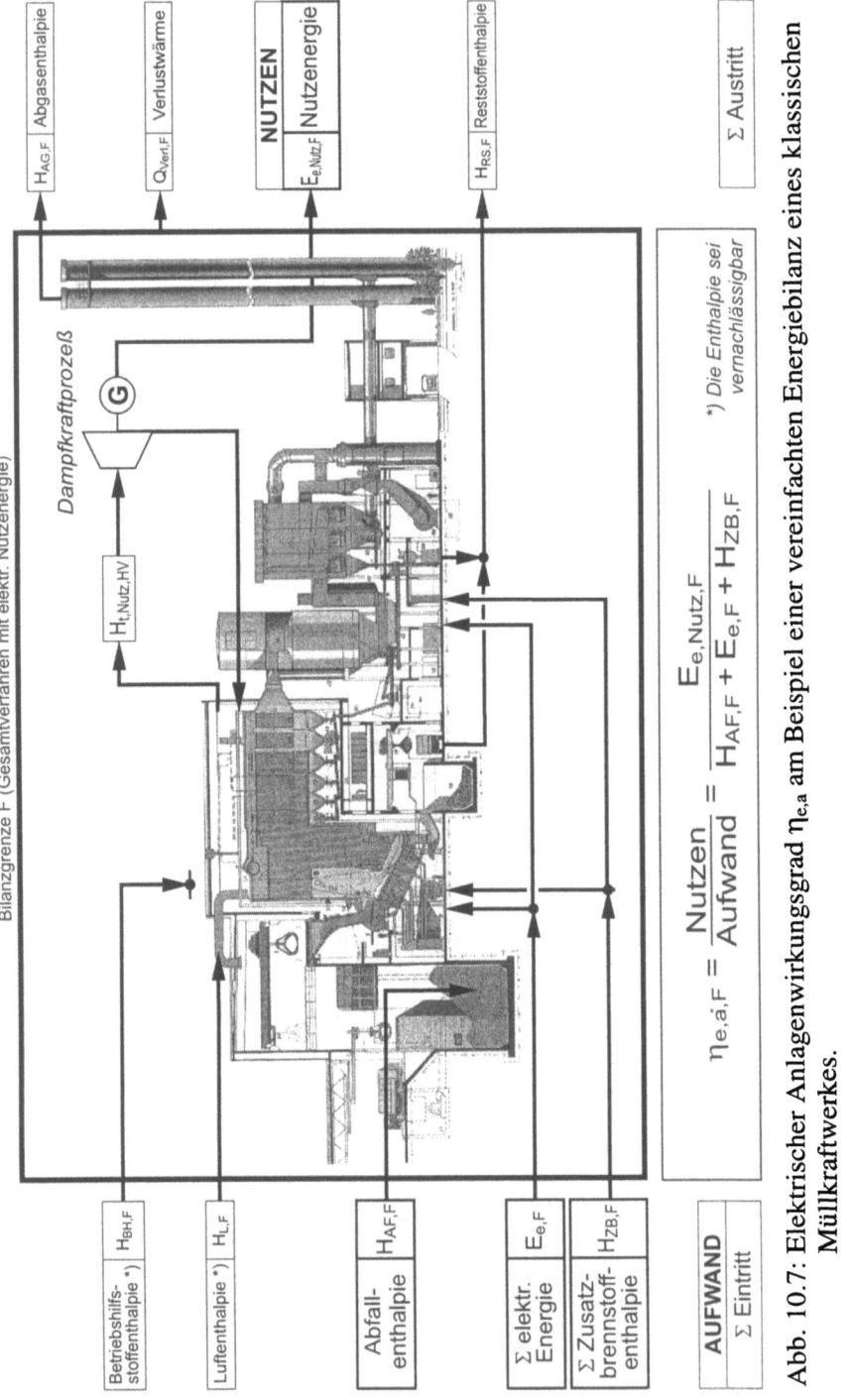

Abb. 10.7: Elektrischer Anlagenwirkungsgrad $\eta_{e,a}$ am Beispiel einer vereinfachten Energiebilanz eines klassischen Müllkraftwerkes.

Bewertungskriterien

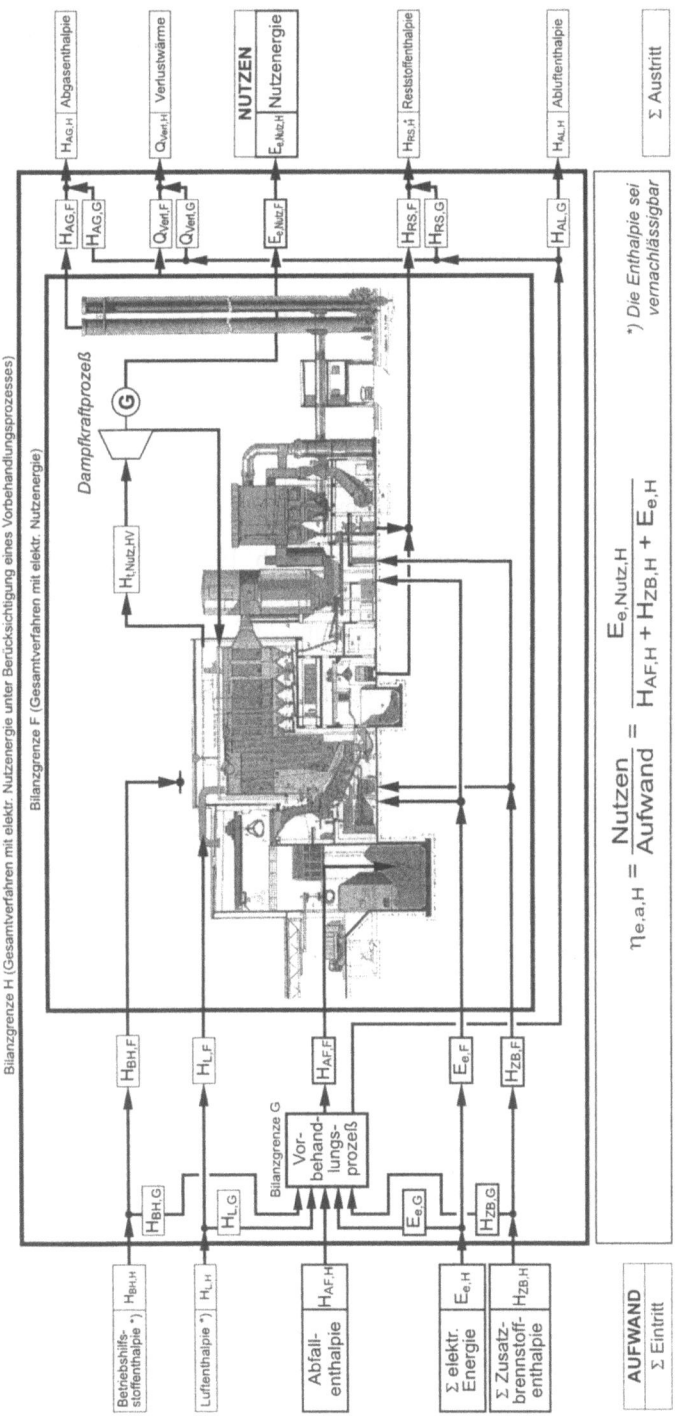

Abb. 10.8: Elektrischer Anlagenwirkungsgrad $\eta_{e,a}$ am Beispiel einer vereinfachten Energiebilanz einer Verfahrenskette aus Vorbehandlungsprozeß und klassischem Müllkraftwerk.

Diese Betrachtungsweise kann natürlich auch auf zusätzliche vor- oder nachgeschaltete Prozesse erweitert werden. So zeigt die Abb. 10.8 ausgehend von der Situation in Abb. 10.7 die energetische Bewertung (Anlagenwirkungsgrad) einer Verfahrenskette (Bilanzraum H), die aus einem Müllkraftwerk (Bilanzraum F) und einem Vorbehandlungsprozeß (Bilanzraum G, z.B. MBA) besteht. Es erfolgt also eine Erweiterung des Bilanzraumes F in Abb. 10.7 um den Vorbehandlungsprozeß (Bilanzraum G) bis zum Bilanzraum H. Die im Vorbehandlungsprozeß entstehenden Verluste $Q_{Verl,G}$, Abgase $H_{AG,G}$, Ablüfte $H_{AL,G}$ und verbleibende Reststoffe $H_{RS,G}$ sind natürlich zu berücksichtigen.

10.3.3 Primärwirkungsgrad

Die Abb. 10.9 zeigt für das Beispiel in Abb. 10.8 die Darstellung des elektrischen Primärwirkungsgrades $\eta_{e,p}$. Der Bilanzraum H in Abb. 10.8 ist um die wichtigsten (externen) vorgeschalteten Umwandlungsprozesse, wie

- Energieumwandlungsprozesse (Bilanzraum I in Abb. 10.9), z.B. externes Kraftwerk für elektrische „Energieerzeugung" zur Deckung des elektrischen Energiebedarfs der Bilanzräume F ($E_{e,F}$), G ($E_{e,G}$), und J ($E_{e,J}$),

- Stoffumwandlungsprozesse (Bilanzraum J in Abb. 10.9) zur Herstellung von benötigten Betriebshilfsstoffen (z.B. Sauerstofferzeugung usw.),

bis zum Bilanzraum K erweitert. Man erhält dann für den Gesamtbilanzraum K die Summe der zugeführten Primärenergien $H_{p,K}$ in Form von z.B. Erdgas, Heizöl, Kohle usw. als zusätzlichen Aufwand. Die aus den externen Prozessen austretenden Stoffe, wie z.B. Abgase oder Reststoffe sowie die auftretenden Energieverluste in Form von Abgasenthalpien und Wärmeverlusten, sind wieder entsprechend zu berücksichtigen.

10.3.4 Nettoprimärwirkungsgrad und Aufwandsgrad

Wie bereits erwähnt, sollte der zusätzlich benötigte Primärenergieaufwand für die Behandlung des Abfalls (in Abb. 10.9 $H_{p,K}$, wobei $H_{L,K}$ und $H_{Ro,K}$ vernachlässigbar seien) durch „erzeugte" Eigenenergie aufgebracht werden (Substitution). Ausgehend von der in Abb. 10.9 aufgezeigten Situation, ist dies in Abb. 10.10 dargestellt. Da sich die Rückführung in Abb. 10.10 (gestrichelte Darstellung) aus einer elektrischen ($E_{e,RF}$) und einer thermischen ($E_{t,RF}$) Rückführung zusammensetzt, ist es zweckmäßig, als Ausgangspunkt für die Substitution die erzeugte Dampfenergie nach dem thermischen Hauptverfahren $H_{t,Nutz,HV}$ (in Abb. 10.10 zusätzlich mit dargestellt) zu wählen.

Bewertungskriterien

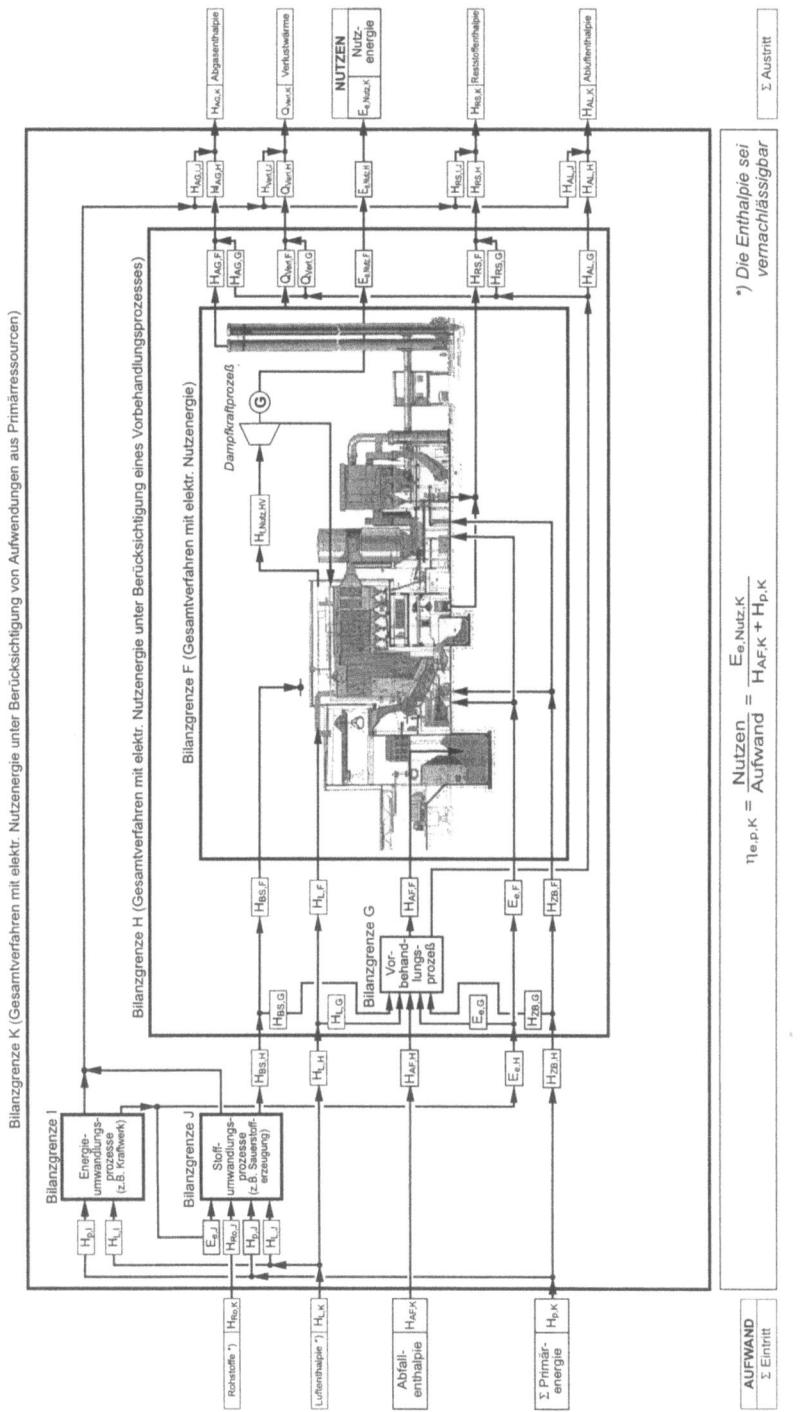

Abb. 10.9: Definition des elektrischen Primärwirkungsgrades $\eta_{e,p}$ für eine Verfahrenskette am Beispiel einer vereinfachten Energiebilanz unter Berücksichtigung von Aufwendungen aus Primärressourcen.

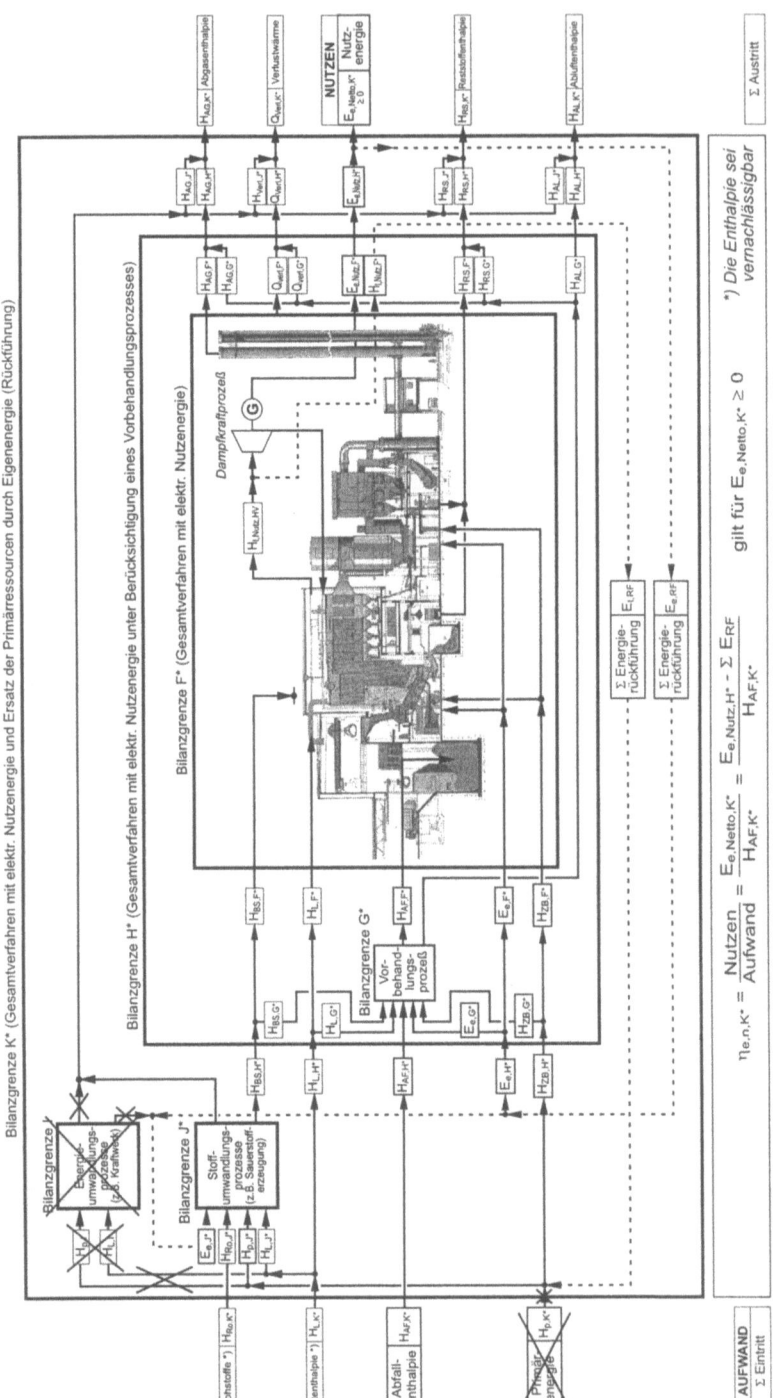

Abb. 10.10: Definition des elektrischen Nettoprimärwirkungsgrades $\eta_{e,n}$ für eine Verfahrenslinie am Beispiel einer vereinfachten Energiebilanz bei Ersatz der Primärressourcen durch Eigenenergie (Rückführung) (Erklärung im Text).

Von dieser thermischen Energie wird in einem ersten Schritt zunächst die thermische Nutzenergie $H_{t,Nutz,F^*}$ [3]) rückgeführt. Diese setzt sich im Beispiel aus der benötigten thermischen Energie für den Stoffumwandlungsprozeß (Bilanzraum J^*) sowie für die Vorbehandlung (Bilanzraum G^*) und das Müllkraftwerk (Bilanzraum F^*) unter Berücksichtigung der entsprechenden Energieaustauschverhältnisse (vgl. Fußnote bei Herleitung der Gl. 10-5 und 10-6) zusammen

$$H_{t,Nutz,F^*} = H_{p,J^*} \cdot EA_{p,J} + H_{p,G^*} \cdot EA_{p,G} + H_{p,F^*} \cdot EA_{p,F}. \qquad (10\text{-}7)$$

Durch die kumulierte Betrachtungsweise verbleibt im Müllkraftwerk damit zunächst als thermische Nutzenergie der Betrag $H_{t,Nutz,HV} - H_{t,Nutz,F^*}$. Diese Nutzenergie wird anschließend unter Berücksichtigung des elektrischen Anlagenwirkungsgrades des Dampfkraftprozesses $\eta_{e,a,TG}$ (vgl. Abb. 10.6) in elektrische Nutzenergie umgewandelt $[(H_{t,Nutz,HV} - H_{t,Nutz,F^*}) \cdot \eta_{e,a,TG}]$. Von dieser Nutzenergie $E_{e,Nutz,F^*}$ können dann die benötigten elektrischen Energien E_{e,J^*} (Bilanzraum J^*), E_{e,G^*} (Bilanzraum G^*) und E_{e,F^*} (Bilanzraum F^*) unter Berücksichtigung der entsprechenden Energieaustauschverhältnisse $EA_{e,J}$, $EA_{e,G}$ und $EA_{e,F}$ [4]) abgezogen (rückgeführt) werden. Man erhält dann für das Beispiel in Abb. 10.10 die elektri-

---

[3]) Zur Kennzeichnung erhalten die Bilanzräume bei der Einführung von energetischen Rückführungen („Netto"-Betrachtung) einen „*" als Hochindex.

[4]) Es ist selbstverständlich, daß die benötigte elektrische Energie für das Gesamtverfahren E_{e,F^*} bei einer am Standort vorhandenen elektrischen Energieumwandlungseinheit durch die „erzeugte" elektrische Nutzenergie $E_{e,Nutz,F^*}$ unter Berücksichtigung eines Energieaustauschverhältnisses von $EA_{e,F} = 1$ ersetzt (rückgeführt) wird. Ausgehend vom Gesamtverfahren (Bilanzraum F^*) wird die erforderliche elektrische Energie von vor- oder nachgelagerten Prozessen (in Abb. 10.10 E_{e,G^*} und E_{e,J^*}) ebenfalls durch elektrische Nutzenergie aus dem Bilanzraum F^* ersetzt. Die dabei auftretenden Energieaustauschverhältnisse $EA_{e,J}$ und $EA_{e,G}$ müssen dabei nicht zwingend auch den Wert 1 annehmen, da bei den jeweiligen Rückführungen z.B. Leitungsverluste usw. zu berücksichtigen sind, wenn sich kein elektrisches Kraftwerk vor Ort, d.h. unmittelbar an den Orten der vor- und nachgeschalteten Prozesse, befindet. Das Energieaustauschverhältnis berücksichtigt somit nicht nur die Wertigkeit unterschiedlicher Energiearten (vgl. Fußnote bei Herleitung der Gl. (10-5) und (10-6)), sondern auch Wertigkeitsunterschiede gleicher Energiearten infolge unterschiedlicher Randbedingungen. So ist z.B. bei der Substitution von Dampf eines bestimmten Zustandes für einen Prozeß a) durch Dampf gleichen Zustandes erzeugt durch den Substitutionsprozeß b) zu fragen, welche Verluste z.B. beim Transport (Leitung) von a) nach b) auftreten usw., d.h. wieviel mehr Energie erforderlich ist usw. und ob sich der Mehraufwand im Gesamtzusammenhang mit der Bewertung „lohnt".

sche Nettoenergie $E_{e,Netto,K^*}$ und folglich einen elektrischen Nettoprimärwirkungsgrad für den Bilanzraum K^*

$$\eta_{e,n,K^*} = \frac{(H_{t,HV} - (H_{p,J^*} \cdot EA_{p,J} + H_{p,G^*} \cdot EA_{p,G} + H_{p,F^*} \cdot EA_{p,F})) \cdot \eta_{e,a,TG}}{H_{AF,K^*}} +$$

$$+ \left(-\frac{E_{e,J^*} \cdot EA_{e,J} + E_{e,G^*} \cdot EA_{e,G} + E_{e,F^*} \cdot EA_{e,F}}{H_{AF,K^*}} \right)$$

$$= \frac{E_{e,Netto,K^*}}{H_{AF,K^*}} \qquad \text{gilt für } E_{e,Netto,K^*} \geq 0. \qquad (10\text{-}8)$$

Als alleiniger Aufwand verbleibt die Abfallenergie H_{AF,K^*}. Durch Umformung kann die Gl. (10-8) auch in der Form

$$\eta_{e,n,K^*} = \frac{E_{e,NutzH} - (H_{p,J^*} \cdot EA_{p,J} + H_{p,H^*} \cdot EA_{p,H}) \cdot \eta_{e,a,TG} - E_{e,J^*} \cdot EA_{e,J} - E_{e,H^*} \cdot EA_{e,H}}{H_{AF,K^*}}$$

$$= \frac{E_{e,Netto,K^*}}{H_{AF,K^*}} \qquad \text{gilt für } E_{e,Netto,K^*} \geq 0 \qquad (10\text{-}9)$$

dargestellt werden. Diese Schreibweise entspricht der vereinfachten Gleichung in Abb. 10.10.

Wie bereits erwähnt, gelten die dargestellten Wirkungsgradausführungen nur für die Bedingung $E_{e,Netto,K^*} \geq 0$. Wird diese Bedingung nicht erfüllt, ergibt sich für das Beispiel in Abb. 10.10 (Bilanzraum K^*) der negative elektrische Aufwandsgrad in der Form

$$a_{e,K^*} = \frac{E_{e,NutzH} - (H_{p,J^*} \cdot EA_{p,J} + H_{p,H^*} \cdot EA_{p,H}) \cdot \eta_{e,a,TG} - E_{e,J^*} \cdot EA_{e,J} - E_{e,H^*} \cdot EA_{e,H}}{H_{AF,K^*} + \left| E_{e,NutzH} - (H_{p,J^*} \cdot EA_{p,J} + H_{p,H^*} \cdot EA_{p,H}) \cdot \eta_{e,a,TG} - E_{e,J^*} \cdot EA_{e,J} - E_{e,H^*} \cdot EA_{e,H} \right|}$$

$$a_{e,K^*} = \frac{E_{e,Netto,K^*}}{H_{AF,K^*} + |E_{e,Netto,K^*}|} \qquad \text{gilt für } E_{e,Netto,K^*} < 0. \quad (10\text{-}10)$$

10.3.5 Bewertung von Hochtemperaturprozessen zur Produktion von Grundstoffen

Energetische Wirkungsgrade sind auch bei **Hochtemperaturprozessen zur Produktion von Grundstoffen** (HPG) zur Beurteilung der technischen Funktion von Anlagenteilen, -abschnitten usw. sinnvoll, nicht jedoch zur Bewertung im Sinne einer energetischen Effektivität der Gesamtanlage. Dies liegt daran, daß der Nutzen letztlich das Produkt ist, das nach Herstellung bei Umgebungstemperatur vorliegt. Unterstellt man der Einfachheit und Übersichtlichkeit wegen hier zunächst, daß Reaktionsenthalpien während der Behandlung im Stoff von vernachlässigbarer Größe sind[5]), so hat der behandelte Massenstrom vor und nach dem Produktionsverfahren das gleiche Energieniveau. Somit liegt ein energetischer Nutzen von „Null" vor. Der Energieeinsatz bei solchen Produktionsverfahren dient also nur zur Deckung von Verlusten. Zur Beurteilung von Stoffbehandlungsverfahren wird daher üblicherweise der **spezifische Energiebedarf**

$$\frac{\text{Aufwand an Energie}}{\text{Masse des behandelten (erzeugten) Gutes (Produktes)}} = \frac{\Sigma \dot{E}_{GV}}{\dot{m}_{Gut(Prod.)}} \quad (10\text{-}11)$$

herangezogen. Durch die Ausnutzung der Abgas- und Gutenergie (Produktenergie) durch Wärmerückgewinnung kann der spezifische Energiebedarf erheblich gesenkt werden. Er ist damit von der jeweiligen Prozeßführung abhängig.

Kann der elektrische Energiebedarf und sonstiger Energiebedarf von Betriebshilfsstoffen (wie Sauerstoff usw.) nicht vernachlässigt werden, müssen zur Bestimmung des **spezifischen Primärenergiebedarfs** die Verlustenergieströme bei der Primärenergieumwandlung (z.B. in einem externen Kraftwerk) und ggf. Betriebshilfsstofferzeugungsprozesse (z.B. Sauerstoff) mit berücksichtigt werden.

---

[5]) Häufig sind die Reaktionsenthalpien bei der Bilanzierung nicht zu vernachlässigen. So benötigt z.B. beim Klinkerbrennprozeß der Kalkstein eine Reaktionsenthalpie nach [10.7] von ca. 1780 kJ/kg $CaCO_3$.

10.3.6 Wirkungsgrade von thermischen Abfallbehandlungsanlagen im Verbund mit anderen Verfahren

Die Betrachtungen in Kap. 10.3.1 haben ausschließlich die Bewertungen von Abfallbehandlungsanlagen zum Ziel. Man kann jedoch eine Abfallbehandlungsanlage als Teil eines größeren Energieverbundsystems ansehen. Beispielsweise ergeben sich häufig Fragestellungen, wie **Abfall** als Sekundärbrennstoff (Ersatzbrennstoff) zu bewerten ist,

- wenn er bei Hochtemperaturprozessen zur Produktion von Grundstoffen, wie z.B. der Stahl-, Zement- und Kalkindustrie usw. sog. Regelbrennstoffe bzw. Primärenergieressourcen substituiert (vgl. Abb. 10.11),

oder

- wenn er bei Verfahren der Energiebereitstellung (z.B. elektr. Energieumwandlung im Kraftwerk) Regelbrennstoffe bzw. Primärenergieressourcen substituiert.

Um diese Fragestellungen beantworten zu können, sind komplexe Vergleiche durchzuführen. Eine Möglichkeit zeigt Abb. 10.11. Es wird verglichen zwischen

- einem **herkömmlichen System (HkS)**, bestehend aus den getrennten Einzelprozessen mit
  - dem Einsatz des Restabfalls aus Hausmüll in einem klassischen Müllkraftwerk und
  - einem Hochtemperaturprozeß zur Produktion von Grundstoffen
- und einem **Verbundsystem (VbS)** bestehend aus
  - einer Abfallvorbehandlung,
  - dem Einsatz einer heizwertreichen Restabfallfraktion in einem HPG-Prozeß,
  - der Behandlung einer eventuell verbleibenden heizwertarmen Restabfallfraktion in einem Müllkraftwerk und
  - der gedanklichen Umsetzung der eingesparten Regelbrennstoffenergie in elektr. Energie in einem konventionellen Kraftwerk, da die energetische Gegenüberstellung der Systeme hier auf Basis der elektrischen Energie erfolgen soll. Letzteres erfolgt unter dem Aspekt, daß für das herkömmliche und Verbundsystem gleiche Ströme an Abfall, Regelbrennstoff, Rohstoff usw. zugrunde gelegt werden, um so bei gleichen Eintrittsbedingungen (Inputgleichheit) den erzielten Nutzen (z.B. elektr. Energie) jeweils **unmittelbar** miteinander vergleichen zu können.

Bewertungskriterien 223

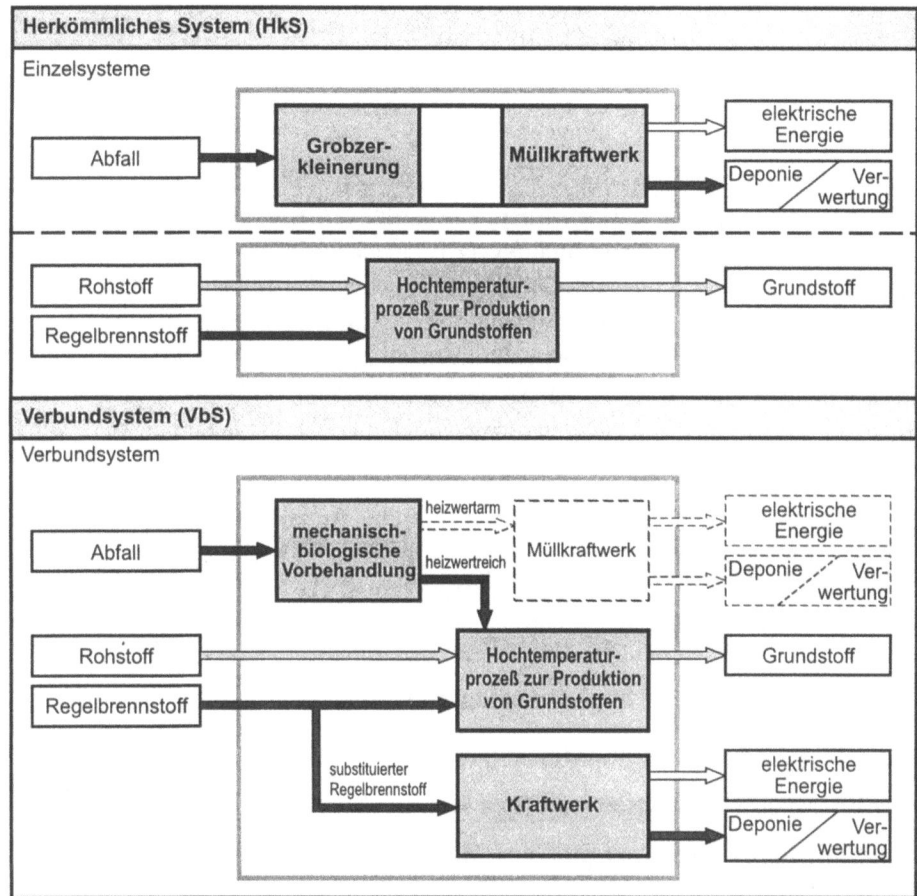

Abb. 10.11: Herkömmliches System bestehend aus Abfallbehandlung in einem Müllkraftwerk und Regelbrennstoffeinsatz in einem Hochtemperaturprozeß zur Produktion von Grundstoffen im Vergleich zu einem Verbundsystem bestehend aus Vorbehandlung und anschließendem Einsatz einer heizwertreichen Restabfallfraktion in einem Grundstoffherstellungsprozeß und einer evtl. verbleibenden heizwertarmen Restabfallfraktion in einem Müllkraftwerk.

Erst durch solch einen Vergleich ist die Beurteilung möglich, wieviel Primärenergie durch Brennstoffsubstitution tatsächlich eingespart oder eventuell zusätzlich aufgebracht werden muß.
Für eine energetische Bewertung kann dann die erhaltene elektrische Nutzenergie aus dem Verbundsystem $E_{e,VbS}$ ins Verhältnis zur elektrischen Nutzenergie aus

dem herkömmlichen System $E_{e,HkS}$ gesetzt werden. Das sich ergebende sog. elektrische Nutzenergieverhältnis [2.33]

$$Z_e = \frac{E_{e,VbS}}{E_{e,HkS}} \tag{10-12}$$

ist dabei abhängig vom jeweiligen Wirkungsgrad der Müllkraftwerke $\eta_{n,MKW}$, des Kohlekraftwerkes $\eta_{n,KW}$, von den Energieaustauschverhältnissen EA, dem elektr. Eigenenergiebedarf der Vorbehandlung (z.B. mechanisch-biologische Aufbereitung) $E_{e,MBA}$, dem Anfangsabfallheizwert $h_{u,AF}$ usw. Ergibt sich für die in Abb. 10.11 dargestellte Gegenüberstellung ein Nutzenergieverhältnis von $Z_e > 1$, wäre der Abfalleinsatz im Hochtemperaturprozeß zur Grundstoffherstellung energetisch günstiger und bei $Z_e < 1$ der Abfalleinsatz im Müllkraftwerk. In Kapitel 13 wird später noch näher auf die Bewertungsmöglichkeiten eingegangen [vgl. auch 2.33, 2.37, 10.5, 10.6].

10.3.7 Abgasmassenverhältnis, Emissionskonzentration und Emissionsfracht

Massen- und Stoffbilanzen können zur Bewertung

a) der Abgasmassenverhältnisse (kg Abgasmasse / kg Mindestabgasmasse)

b) der Emissionsaustrittskonzentrationen (mg Emission / kg Abgasmasse) und

c) der Emissionsfrachten (mg Emission/Mg Abfall)

herangezogen werden.

Zu a) Basis für das Abgasmassenverhältnis bildet die sog. spezifische Mindestabgasmasse. Diese ergibt sich für stöchiometrische Verhältnisse ($\lambda = 1$) beim Umsatz der oxidierbaren Abfallbestandteile mit reinem Sauerstoff und ist von Interesse, weil sie auch bei kalten (biologischen) Verfahren für Vergleichszwecke herangezogen werden kann. Das Abgasmassenverhältnis ist damit das Verhältnis von tatsächlicher Abgasmasse zu der physikalisch kleinstmöglichen Abgasmasse.

Zu b) Die Bewertung der Konzentration bestimmter Emissionen (z.B. Hg, CO_2, Cd usw.) im Abgas des Verfahrens erfolgt mit Hilfe der entsprechenden Stoffbilanzen. Als Bezugsgröße wird entweder der Abgasmassenstrom oder der häufiger benutzte Abgasnormvolumenstrom verwendet.

Beispiel anhand einer klassischen Müllverbrennung; konst. Abfallheizwert 225

Zu c) Bei den Emissionen ist es sinnvoll, **nicht** auf die Abgasmenge (vgl. b)) sondern auf die Abfallmenge zu beziehen. Damit erhält man sog. Schadstofffrachten, d.h. Größen, die auf die Eingangsmenge des zu behandelnden Abfalls bezogen sind. Bei Verfahrensvergleichen sollten ausschließlich Schadstofffrachten im Abgas herangezogen werden.

10.4 Beispiel anhand einer klassischen Hausmüllverbrennung; konstanter Abfallheizwert

Im folgenden wird anhand des in Abb. 10.1 dargestellten Verfahrens der klassischen Hausmüllverbrennung die Bewertung mit Hilfe der unterschiedlichen Wirkungsgrade beispielhaft ausführlicher dargestellt. Bei idealem Gas- und Feststoffausbrand, sowie ohne Berücksichtigung von Lastwechseln der Anlage sollen für die Berechnungen folgende Randbedingungen gelten:

Anfangsabfallheizwert: $h_{u,AF,An}$ = 6 MJ/kg
Luftvorwärmung mit erzeugtem Prozeßdampf: ϑ_L = 120 °C
Sauerstoffanreicherung der Verbrennungsluft: $\psi_{O_2,RG}$ = 23,0 Vol.-%
Luftzahl: λ_{O_2} = 1,9
Prozeßtemperatur der Nachverbrennung: $\vartheta_{AG,NV}$ = 1000 °C
Dampfparameter: p_{Da} = 40 bar
ϑ_{Da} = 400 °C
Austrittstemperatur der Abgase aus dem Kessel: $\vartheta_{AG,Ke,Aus}$ = 220 °C
Abgastemperatur aus der Abgasreinigung: $\vartheta_{AG,AGR,Aus}$ = 60 °C
Wiederaufheizung der Abgase mit Erdgas: $\vartheta_{AG,WA,Aus}$ = 120 °C
Anlagenwirkungsgrad der elektr. Energieumwandlung: $\eta_{e,a}$ = 30 %.

Es werden in diesem Beispiel der Heizwert niedrig sowie die Luftzahl und die Prozeßtemperatur der Nachverbrennung hoch gewählt, um mögliche Zusatzmaßnahmen, wie die Sauerstoffanreicherung und die Luftvorwärmung der Verbrennungsluft, in ihrer Wirkung zu verdeutlichen und um die Auswirkung auf die verschiedenen Bilanzkreise (Einsatz von Primärenergie, Rückführung von Energie usw.) besser hervorheben zu können. Der eingesetzte technische Sauerstoff wird in einer externen Sauerstofferzeugungsanlage mit elektrischer Energie hergestellt. Das Abgas verläßt die Reinigung im gesättigten Zustand (Wassersättigung). Die Abgaswiederaufheizung nach der Abgasreinigung erfolge mit einer direkten Erdgasverbrennung im Abgasmassenstrom. Die sensible Enthalpie von Betriebshilfsstoffen, Verbrennungsluft und Sauerstoff werde vernachlässigt (Umgebungstemperaturniveau 0 °C).

226 Systematische Darstellung, Bilanzierung und Bewertung

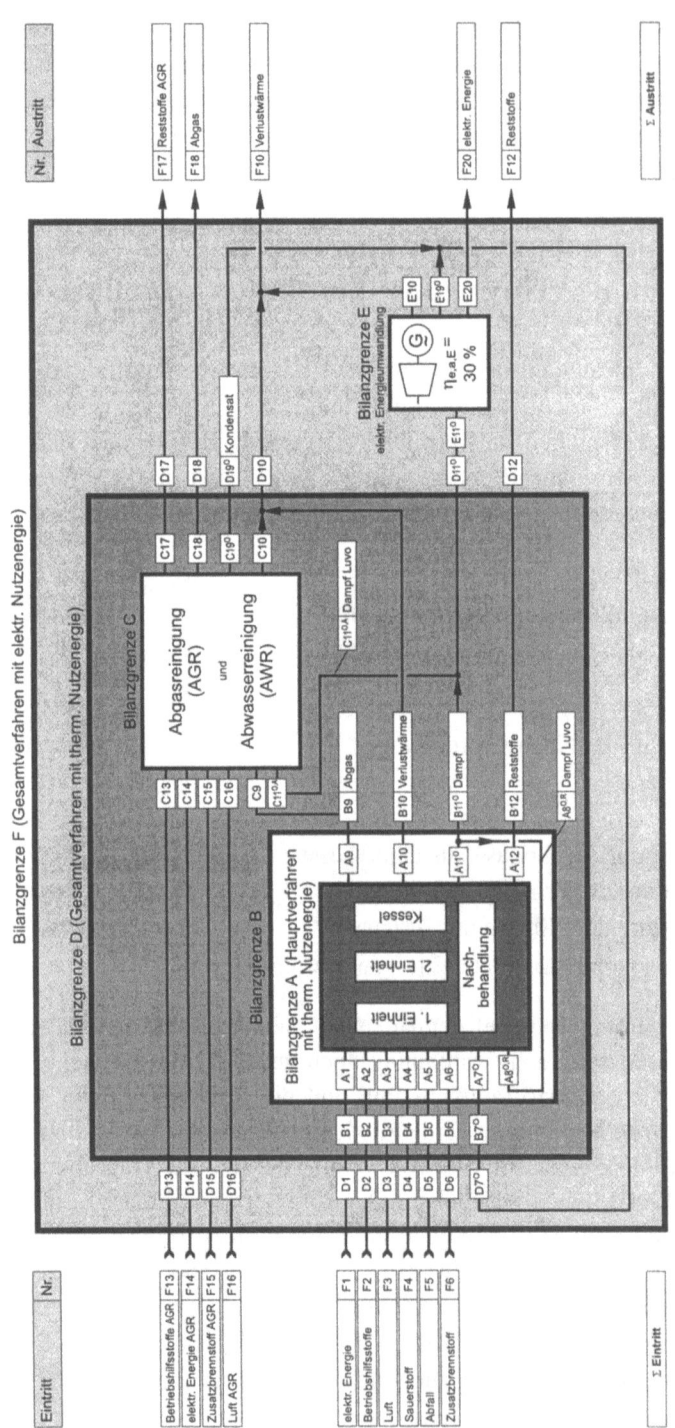

Abb. 10.12: Blockfließbild einer klassischen Hausmüllverbrennung (hier mit Sauerstoffanreicherung der Verbrennungsluft).

10.4.1 Systematische Darstellung

Mit der Abb. 10.1 als Grundlage wird zunächst eine detailliertere Aufteilung des Gesamtverfahrens in die Bilanzgrenzen A bis F vorgenommen (vgl. Abb. 10.12):

- **Bilanzgrenze A** umfaßt das sog. thermische Hauptverfahren mit thermischer Nutzenergie (HV). Es besteht aus der 1. Einheit (Rost) und der 2. Einheit (Nachverbrennungszone), der Wärmeübertragungseinheit (Kessel) und eventuell benötigter Nachbehandlungsprozesse.
- **Bilanzgrenze B** umfaßt den Bilanzraum A mit einer internen thermischen Rückführung (hier: Rückführung von Dampf zur Luftvorwärmung) [z.B. 10.8].
- **Bilanzgrenze C** umfaßt die Abgas- und Abwasserreinigung.
- **Bilanzgrenze D** umfaßt den Bilanzraum B und C und bildet damit das Gesamtverfahren (GV) mit dem Ziel der thermischen Nutzenergieauskopplung (hier: Dampf).
- **Bilanzgrenze E** umfaßt den Dampfkraftprozeß (Umwandlung des Dampfes in elektrische Energie mit einer Turbine und einem Generator).
- **Bilanzgrenze F** umfaßt den Bilanzraum D und E und bildet damit das Gesamtverfahren mit dem Ziel der elektrischen Nutzenergieauskopplung.

Für eine übersichtliche Darstellung werden weiter die einzelnen ein- und austretenden Komponenten

- numeriert, wobei diese Numerierung, beginnend mit der innersten Bilanz, nach außen fortgeführt wird und bei der Massen-, Stoff- und Energiebilanz beibehalten wird und
- mit den Buchstaben der betrachteten Bilanzgrenze zusätzlich gekennzeichnet.

Für die Bewertung ist es vorteilhaft, einzelne besondere Stoffströme in den Bilanzen zusätzlich zur Unterscheidung mit einem hochgestellten Index zu kennzeichnen:

O = Kreislaufmedium

Es ist sinnvoll, den Nullpunkt für die Enthalpie eines Kreislaufmediums (hier Wasser/Dampfkreislauf) bei der tiefsten Temperatur (hier Speisewassertemperatur) anzusetzen.

R = Rückführung

Mit einer energetischen Rückführung wird „erzeugte" thermische, elektrische oder chemische Energie von der Austritts- auf die Eintrittsseite eines Bilanzraumes „zurückgeführt", um Energie zu substituieren (siehe z.B. Dampfrückführung für Bilanzraum B in Abb. 10.12).

228   Systematische Darstellung, Bilanzierung und Bewertung

A = Abzweig
Durch einen Abzweig wird ein Strom geteilt und „erzeugte" thermische, elektrische oder chemische Energie einem folgenden Bilanzraum zugeführt (siehe z.B. Dampfabzweigung für AGR in Bilanzraum D der Abb. 10.12).

10.4.2 Sachbilanzen

Entsprechend den festgelegten Bilanzgrenzen erfolgt als nächster Schritt die Aufstellung der Massen- (Abb. 10.13), Stoff- (Abb. 10.14; hier als Beispiel Kohlendioxidbilanz) und Energiebilanzen (Abb. 10.15).
Die Zahlenangaben der Komponenten erfolgen in Abb. 10.13 als spez. Massen (kg/Mg Abfall), in Abb. 10.14 als spez. Kohlendioxidmengen (kg CO_2/Mg Abfall) und in Abb. 10.15 als spez. Energie (MJ/Mg Abfall). Zur Verdeutlichung wird zusätzlich die Darstellung als Sankeydiagramm gewählt. Zu Abb. 10.14 ist zu erwähnen, daß die Art, wie der Kohlenstoff gebunden ist, durch die Angabe „gasförmig (g)" (als Kohlendioxid) oder „fest eingebunden (b)" (im betrachteten Stoff und umgerechnet als Kohlendioxid) erfolgt.

10.4.3 Wirkungsgrade

Anlagenwirkungsgrad

Von besonderem Interesse ist zunächst die Bewertung des thermischen Hauptverfahrens, das von der Bilanzgrenze A umschlossen wird. So ergibt sich nach Gl. (10.1) und Gl. (10.3) für den Bilanzraum A der thermische Anlagenwirkungsgrad

$$\eta_{t,a,A} = \frac{\text{Nutzen}}{\text{Aufwand}} = \frac{H_{A11O}}{\Sigma(H_{A1} \text{ bis } H_{A6}) + H_{A7O} + H_{A8O,R}} = 72{,}2\,\% \;, \quad (10\text{-}13)$$

was natürlich identisch ist mit der Schreibweise nach Gl. (10-2):

$$\eta_{t,a,A} = 1 - \frac{\text{Verlust}}{\text{Aufwand}} = 1 - \frac{H_{A9} + H_{A10} + H_{A12}}{\Sigma(H_{A1} \text{ bis } H_{A6}) + H_{A7O} + H_{A8O,R}} = 72{,}2\,\% \;. \quad (10\text{-}14)$$

Der Zahlenwert ergibt sich im vorliegenden Beispiel, wenn keine Energie zur Nachbehandlung der verbleibenden Asche erforderlich ist. Dann wird in Anlehnung an den Bereich der Kraftwerks- und Heizungstechnik von dem sog. „Kesselwirkungsgrad" gesprochen.

Beispiel anhand einer klassischen Müllverbrennung; konst. Abfallheizwert 229

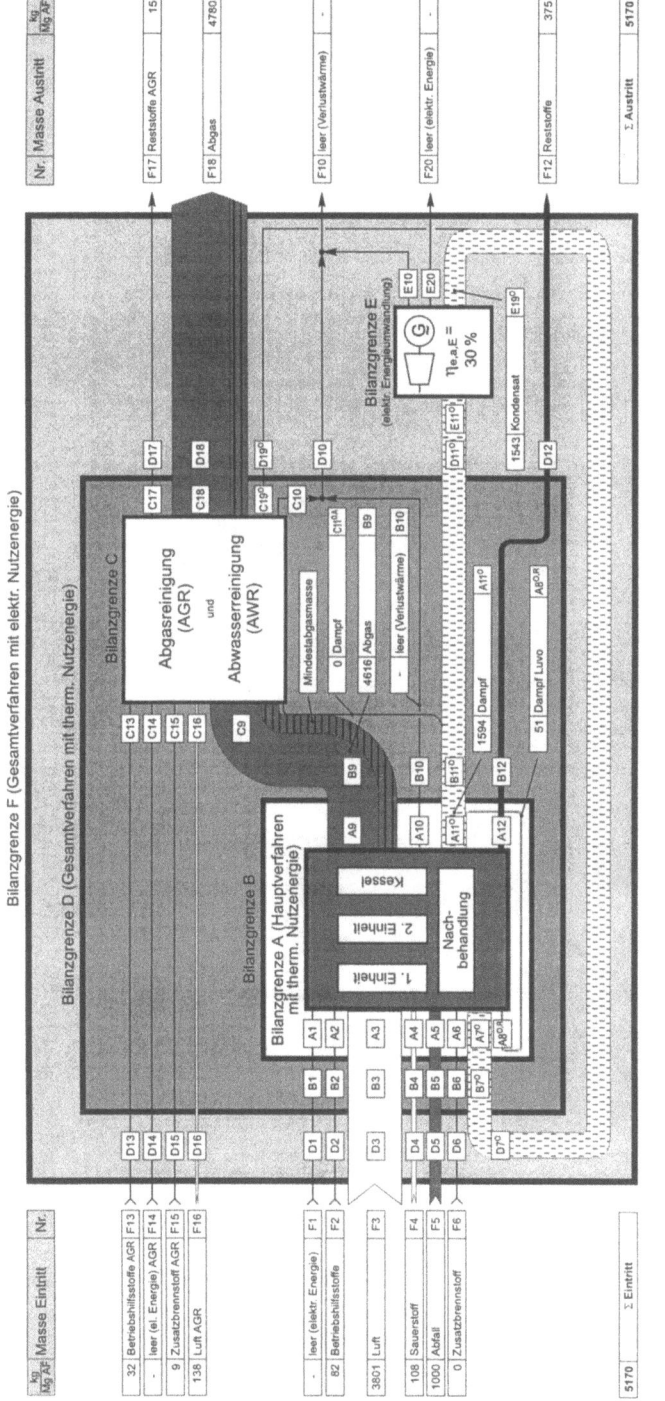

Abb. 10.13: Vereinfachtes Massenflußdiagramm einer klassischen Hausmüllverbrennung (hier mit Sauerstoffanreicherung der Verbrennungsluft).

230 Systematische Darstellung, Bilanzierung und Bewertung

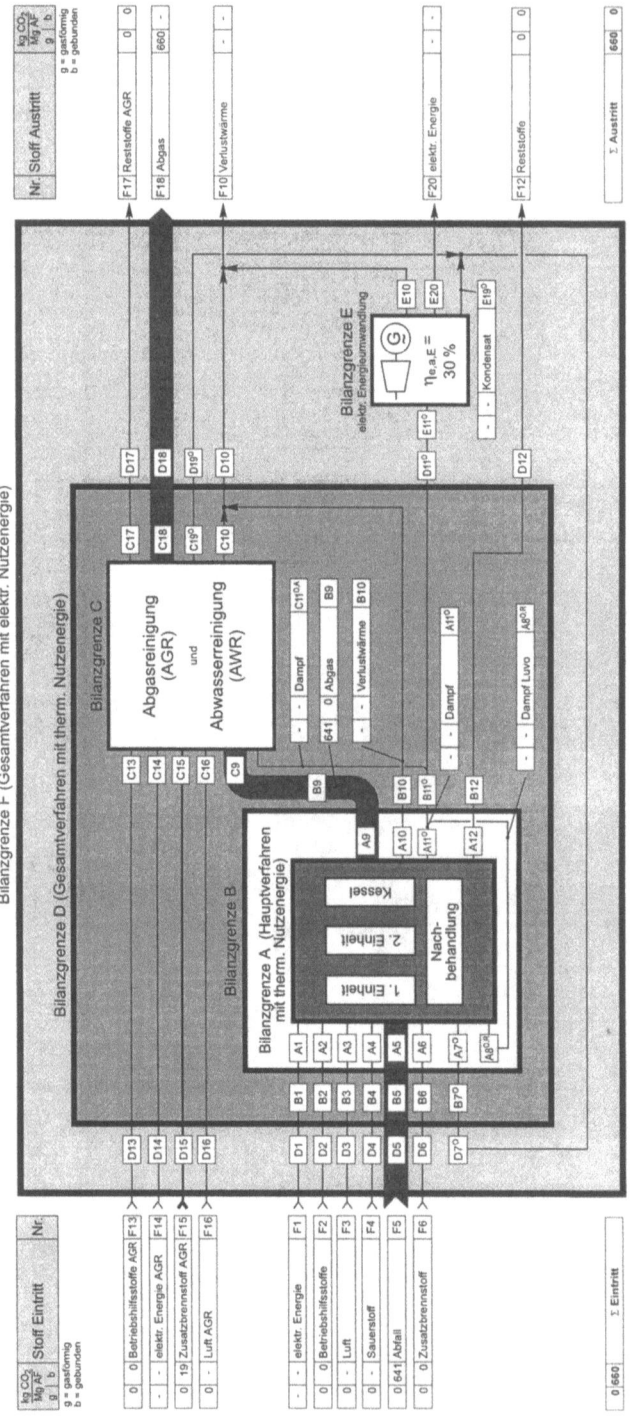

Abb. 10.14: Vereinfachtes Kohlendioxidflußdiagramm einer klassischen Hausmüllverbrennung (hier mit Sauerstoffanreicherung der Verbrennungsluft).

Beispiel anhand einer klassischen Müllverbrennung; konst. Abfallheizwert 231

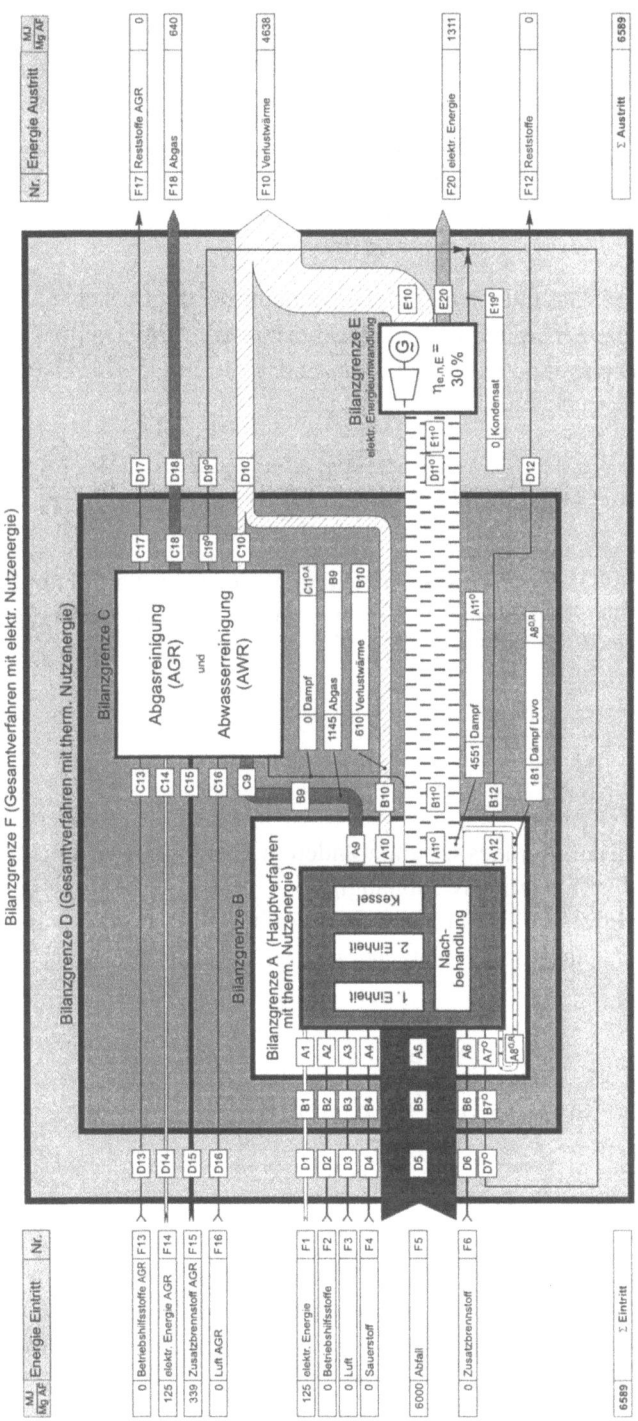

Abb. 10.15: Vereinfachtes Energieflußdiagramm einer klassischen Hausmüllverbrennung (hier mit Sauerstoffanreicherung der Verbrennungsluft).

Berücksichtigt man bei der Bewertung der thermischen Anlage zusätzlich die Dampfrückführung zur Luftvorwärmung (Bilanzgrenze B), ergibt sich ein thermischer Anlagenwirkungsgrad von

$$\eta_{t,a,B} = \frac{\text{Nutzen}}{\text{Aufwand}} = \frac{H_{B11}O}{\Sigma(H_{B1} \text{ bis } H_{B6}) + H_{B7}O} = \frac{H_{A11}O - H_{A8}O,R}{\Sigma(H_{B1} \text{ bis } H_{B6}) + H_{B7}O} = 71,3\,\%.$$
(10-15)

Für das thermische Gesamtverfahren (Bilanzraum D) ergibt sich (Auskopplung von thermischer Nutzenergie in Form von hochgespanntem Dampf) ein thermischer Anlagenwirkungsgrad von

$$\eta_{t,a,D} = \frac{\text{Nutzen}}{\text{Aufwand}} = \frac{H_{D11}O}{\Sigma(H_{D1} \text{ bis } H_{D6}) + H_{D7}O + \Sigma(H_{D13} \text{ bis } H_{D16})} = 66,3\,\%. \quad (10\text{-}16)$$

Die Bewertung des energetischen Umwandlungsprozesses von Dampfenergie in elektrische Energie (Bilanzraum E) erfolgt durch den elektrischen Anlagenwirkungsgrad

$$\eta_{e,a,E} = \frac{\text{Nutzen}}{\text{Aufwand}} = \frac{E_{E20}}{H_{E11}O}. \quad (10\text{-}17)$$

Die Größe des Wirkungsgrades ist unter anderem von der verwendeten Turbinengröße, den Dampfparametern usw. abhängig.

Für das Gesamtverfahren (Bilanzraum F in Abb. 10.15) ergibt sich schließlich (Auskopplung von elektrischer Nutzenergie) ein elektrischer Anlagenwirkungsgrad von

$$\eta_{e,a,F} = \frac{\text{Nutzen}}{\text{Aufwand}} = \frac{E_{F20}}{\Sigma(H_{F1} \text{ bis } H_{F6}) + \Sigma(H_{F13} \text{ bis } H_{F16})} = 19,9\,\%. \quad (10\text{-}18)$$

Primärwirkungsgrad

Für die Bewertung werden die Abb. 10.13 bis 10.15 des Beispiels in Anlehnung an Abb. 10.9 bis zur Bilanzgrenze K erweitert (Abb. 10.16 bis 10.18). Dabei werde hier auf eine Abfallvorbehandlung (siehe z.B. Bilanzraum G in Abb. 10.9) verzichtet.

Beispiel anhand einer klassischen Müllverbrennung; konst. Abfallheizwert 233

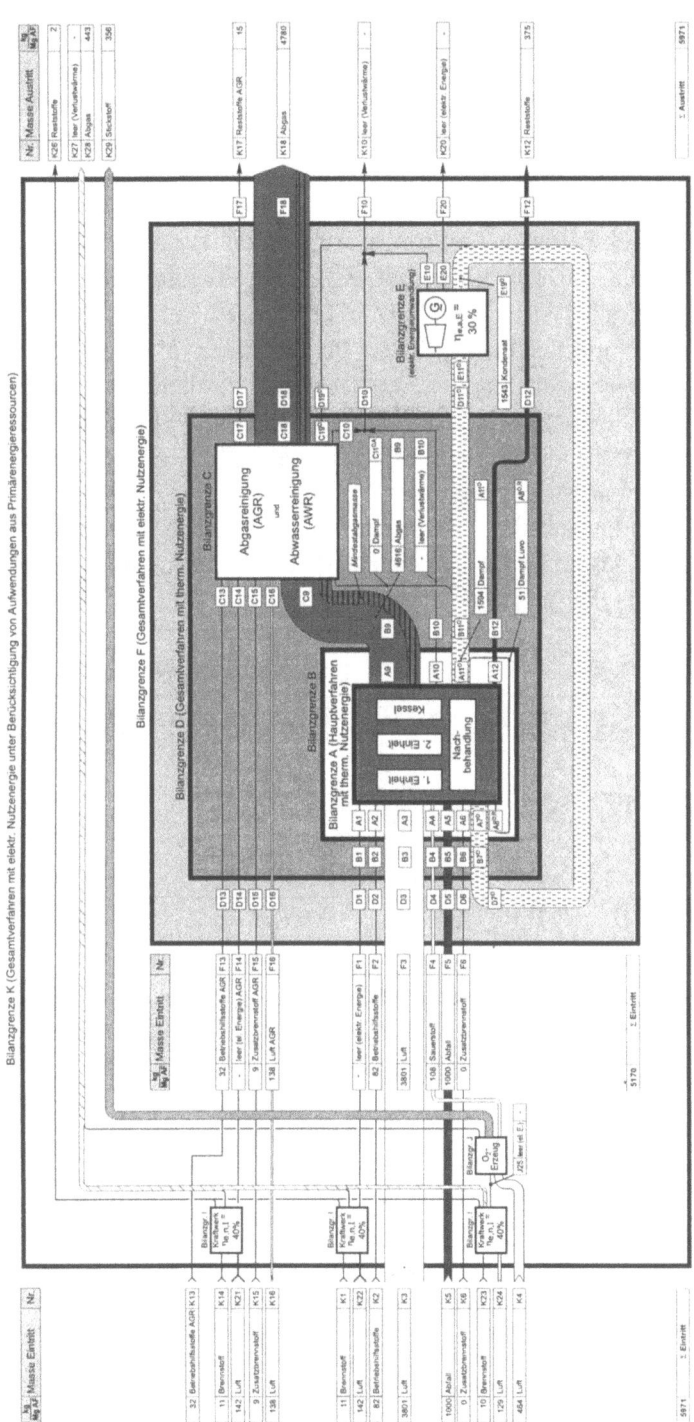

Abb. 10.16: Vereinfachtes Massenflußdiagramm einer klassischen Hausmüllverbrennung unter Berücksichtigung von Aufwendungen aus Primärenergieressourcen (hier mit Sauerstoffanreicherung der Verbrennungsluft).

Unter der Annahme eines elektrischen Wirkungsgrades eines externen Kraftwerkes zur elektrischen Energiebereitstellung (in Abb. 10.16 und folgende als Bilanzgrenze I jeweils zum besseren Verständnis für jeden Verbraucher separat dargestellt) von $\eta_{e,n,I} = 40\,\%$ [6]) ergibt sich nun als zusätzlicher **Aufwand** die Primärenergie zur elektrischen Energiebereitstellung für die Abgasreinigung (Nr. K14), für das thermische Hauptverfahren (Nr. K1) und für die externe Sauerstofferzeugung (Nr. K23).

Aus diesen zusätzlich betrachteten Prozessen treten die zusammengefaßten Reststoffe (Nr. K26), die Verlustwärmen (Nr. K27), die Abgase (Nr. K28) und der Stickstoff (Nr. K29) aus.

Als spezifischer elektrischer Energiebedarf für die Sauerstofferzeugung wird ein Wert von 1,08 MJ elektrische Energie / kg Sauerstoff für die Bewertung zugrunde gelegt [z.B. 10.9]. Damit ergibt sich die benötigte elektrische Energie Nr. J25.

Eventuell zusätzlich benötigte Betriebshilfsstoffe für die Bilanzräume I und J bleiben im Beispiel unberücksichtigt.

Als **Nutzen** wird die aus dem Bilanzraum K austretende elektrische Energie (Nr. K20) gewertet. Damit ergibt sich ein elektrischer Primärwirkungsgrad für das Gesamtverfahren mit den Werten aus Abb. 10.18 von

$$\eta_{e,p,K} = \frac{\text{Nutzen}}{\text{Aufwand}} = \frac{E_{K20}}{\Sigma(H_{K1}\text{ bis }H_{K6}) + \Sigma(H_{K13}\text{ bis }H_{K16}) + \Sigma(H_{K21}\text{ bis }H_{K24})} = 18{,}1\,\%$$

(10-19)

oder auch in der Form

$$\eta_{e,p,K} = \frac{H_{E11}O \cdot \eta_{e,a,E}}{\Sigma(H_{K1}\text{ bis }H_{K6}) + \Sigma(H_{K13}\text{ bis }H_{K16}) + \Sigma(H_{K21}\text{ bis }H_{K24})} = 18{,}1\,\% .\quad (10\text{-}20)$$

Der thermische Primärwirkungsgrad ergibt sich im vorliegenden Beispiel für den Bilanzraum K unter der Annahme, daß die elektrische Energieumwandlung (Bilanzraum E) gedanklich wegfällt (es folgt Nr. D11^O = Nr. F11^O = Nr. K11^O), zu

$$\eta_{t,p,K} = \frac{\text{Nutzen}}{\text{Aufwand}} = \frac{H_{D11}O}{\Sigma(H_{K1}\text{ bis }H_{K6}) + \Sigma(H_{K13}\text{ bis }H_{K16}) + \Sigma(H_{K21}\text{ bis }H_{K24})} = 60{,}2\,\%$$

(10-21)

---

[6]) In diesem Zusammenhang sei noch einmal darauf hingewiesen, das Wirkungsgrade von Kraftwerksprozessen in der Regel ohne den Aufwand für die Bereitstellung der Primärenergie angegeben werden. So besitzt z.B. ein Erdgaskraftwerk, welches unter Vernachlässigung der Bereitstellungsverluste einen Wirkungsgrad von ca. 45 % aufweist, tatsächlich unter Berücksichtigung von 10,7 % Primärenergieaufwand für die Bereitstellung [vgl. 10.4] einen Wirkungsgrad von 40,2 %.

Beispiel anhand einer klassischen Müllverbrennung; konst. Abfallheizwert 235

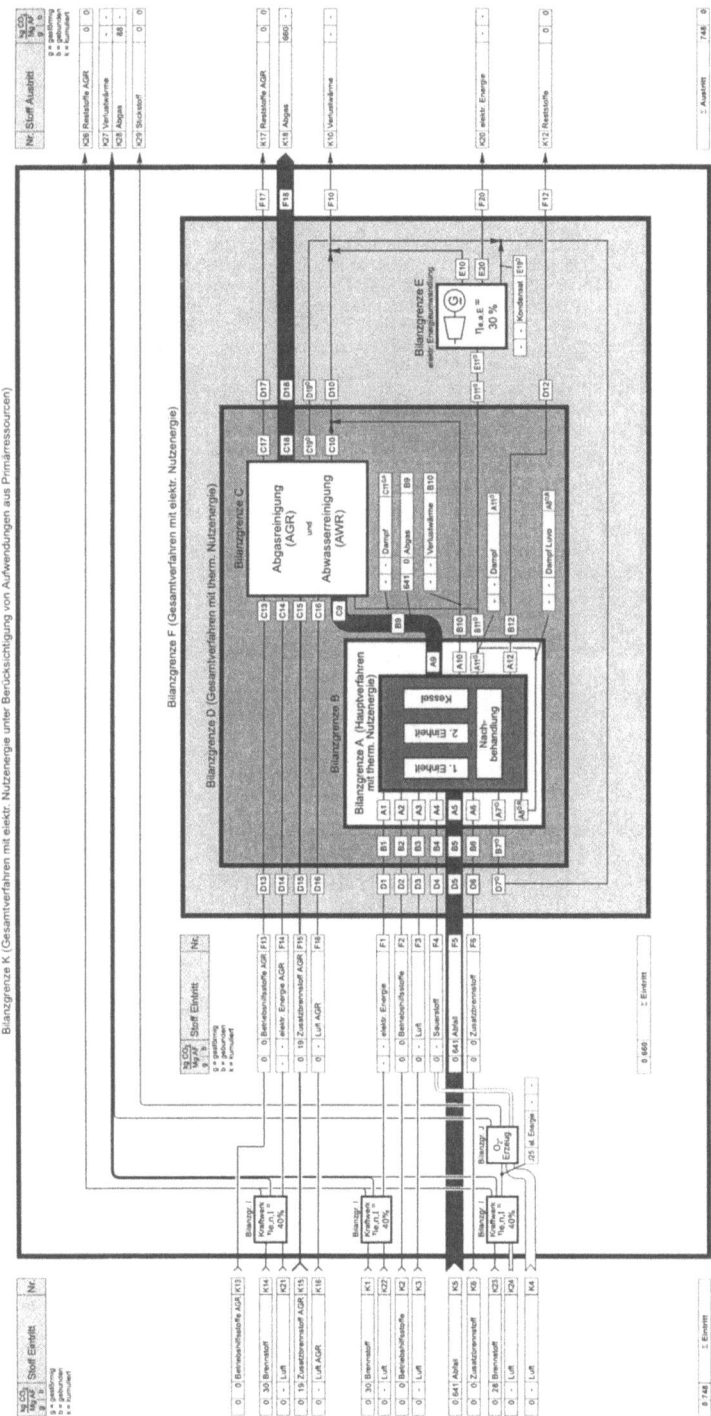

Abb. 10.17: Vereinfachtes Kohlendioxidflußdiagramm einer klassischen Hausmüllverbrennung (hier mit Sauerstoffanreicherung der Verbrennungsluft) unter Berücksichtigung von Aufwendungen aus Primärressourcen.

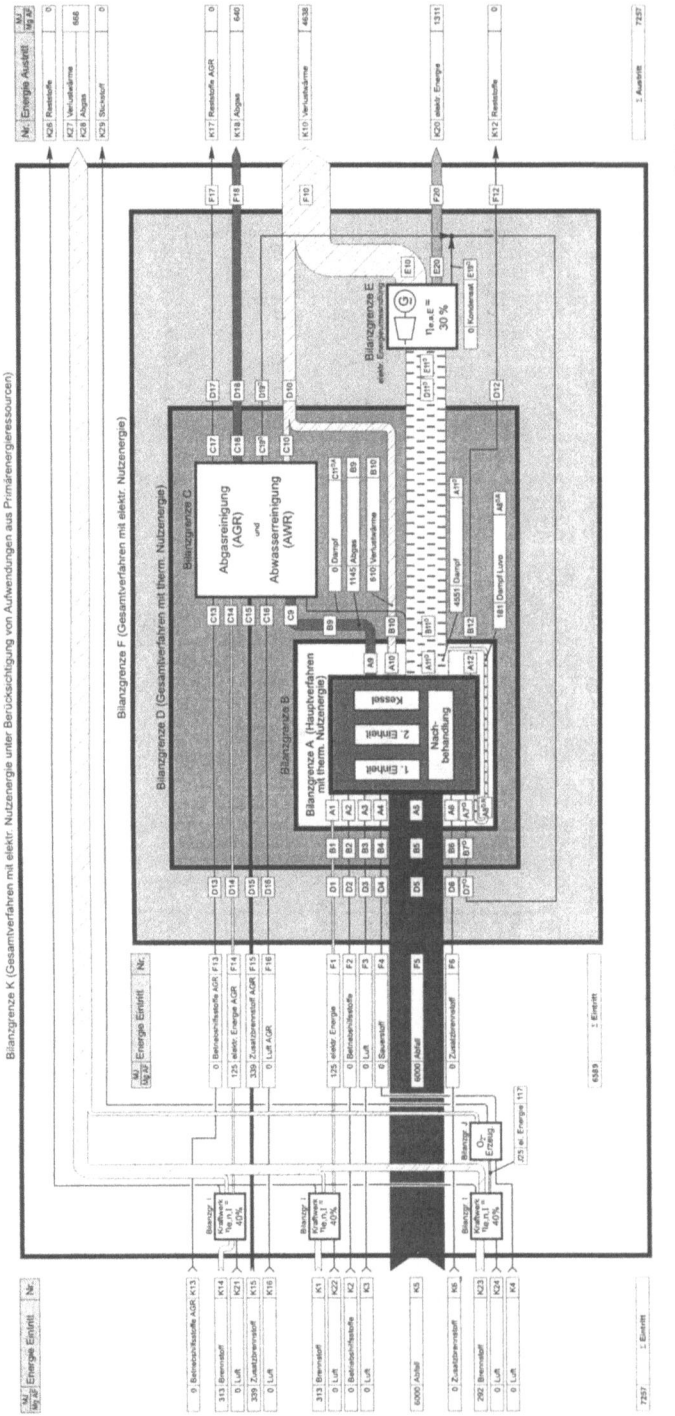

Abb. 10.18: Vereinfachtes Energieflußdiagramm einer klassischen Hausmüllverbrennung unter Berücksichtigung von Aufwendungen aus Primärenergieressourcen (hier mit Sauerstoffanreicherung der Verbrennungsluft).

Beispiel anhand einer klassischen Müllverbrennung; konst. Abfallheizwert 237

oder auch aus

$$\eta_{t,p,K} = \frac{\eta_{e,p,K}}{\eta_{e,a,E}} = 60,2\,\% \ . \tag{10-22}$$

Mit den vorgenannten Randbedingungen fehlender Rückführungen und Abzweigungen hängen der thermische und der elektrische Primärwirkungsgrad nur vom Wirkungsgrad $\eta_{e,a,E}$ der eigenen Energieumwandlungseinheit ab.

Nettoprimärwirkungsgrad

Schließlich kann man noch die Substitution der Primärenergie durch „erzeugte" Eigenenergie (Energierückführung) des Abfallbehandlungsverfahrens betrachten (Abb. 10.19 und Abb. 10.20; vgl. auch Abb. 10.10). Zur Verdeutlichung zeigt Abb. 10.19 im Vergleich zu Abb. 10.20, welche Ströme durch die Einführung der Rückführung wegfallen. Die Abb. 10.21 und 10.22 zeigen die Massen- und Kohlendioxidbilanzen, wie sie sich ergeben, wenn die Energierückführung nach Abb. 10.19 durchgeführt wurde.
Folgende verschiedene Rückführungen zur Bewertung des Verfahrens sind dargestellt:

1) Die Rückführung von **thermischer Nutzenergie** (Dampf) Nr. $D^*11^{O,R}$ ersetzt die Primärenergie Nr. K15 (Erdgas, für die Wiederaufheizung der Abgase) unter der Annahme eines Energieaustauschverhältnisses von EA = 1. Gleichzeitig entfällt damit (vgl. Abb. 10.19), neben der primären Brennstoffmasse Nr. K15, auch die Luftmasse Nr. K16, so daß sich die Abgasmasse Nr. K^*18 entsprechend gegenüber Nr. K18 reduziert.

2) Die Rückführung von **elektrischer Nutzenergie** Nr. E^*20^R ersetzt (vgl. Abb. 10.19) die Primärenergien Nr. K14 und Nr. K1 zur Bereitstellung der elektrischen Energie Nr. F^*14 und Nr. F^*1. Durch diese Rückführung entfallen die Luft Nr. K21 und Nr. K22, der Primärbrennstoff Nr. K14 und Nr. K1 und die damit verbundenen Reststoffe Nr. K26, Verlustwärmen der Bilanzräume I und Abgase Nr. K28.

3) Die Rückführung von **elektrischer Nutzenergie** Nr. F^*20^R ersetzt (vgl. Abb. 10.19) die Primärenergie Nr. K23 zur Bereitstellung der externen elektrischen Energie für die Sauerstofferzeugungsanlage Nr. J^*25. Damit verbunden ist ebenfalls der Wegfall der Luft Nr. K24 und der entsprechenden Reststoffe Nr. K26, der Verlustwärmen des Bilanzraumes I und der Abgase Nr. K28.

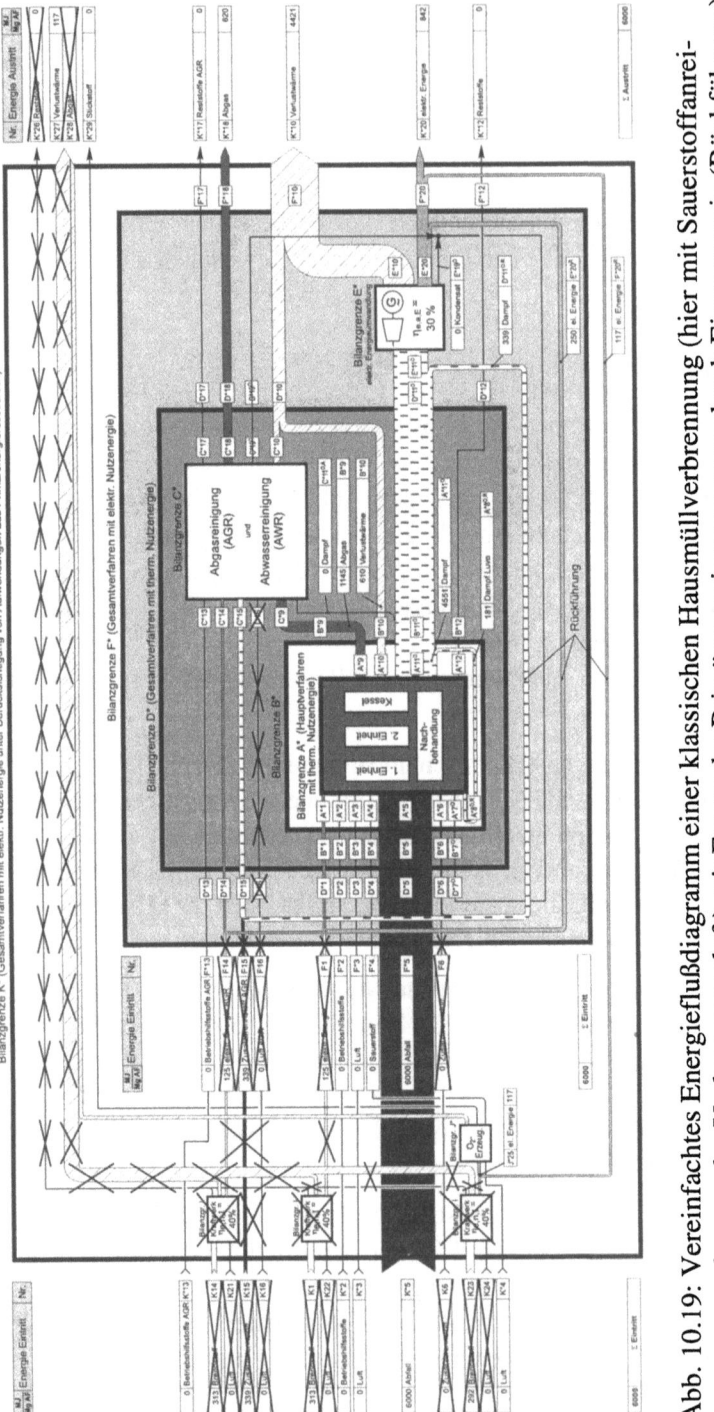

Abb. 10.19: Vereinfachtes Energieflußdiagramm einer klassischen Hausmüllverbrennung (hier mit Sauerstoffanreicherung der Verbrennungsluft) mit Ersatz der Primärenergieressourcen durch Eigenenergie (Rückführung).

Beispiel anhand einer klassischen Müllverbrennung; konst. Abfallheizwert

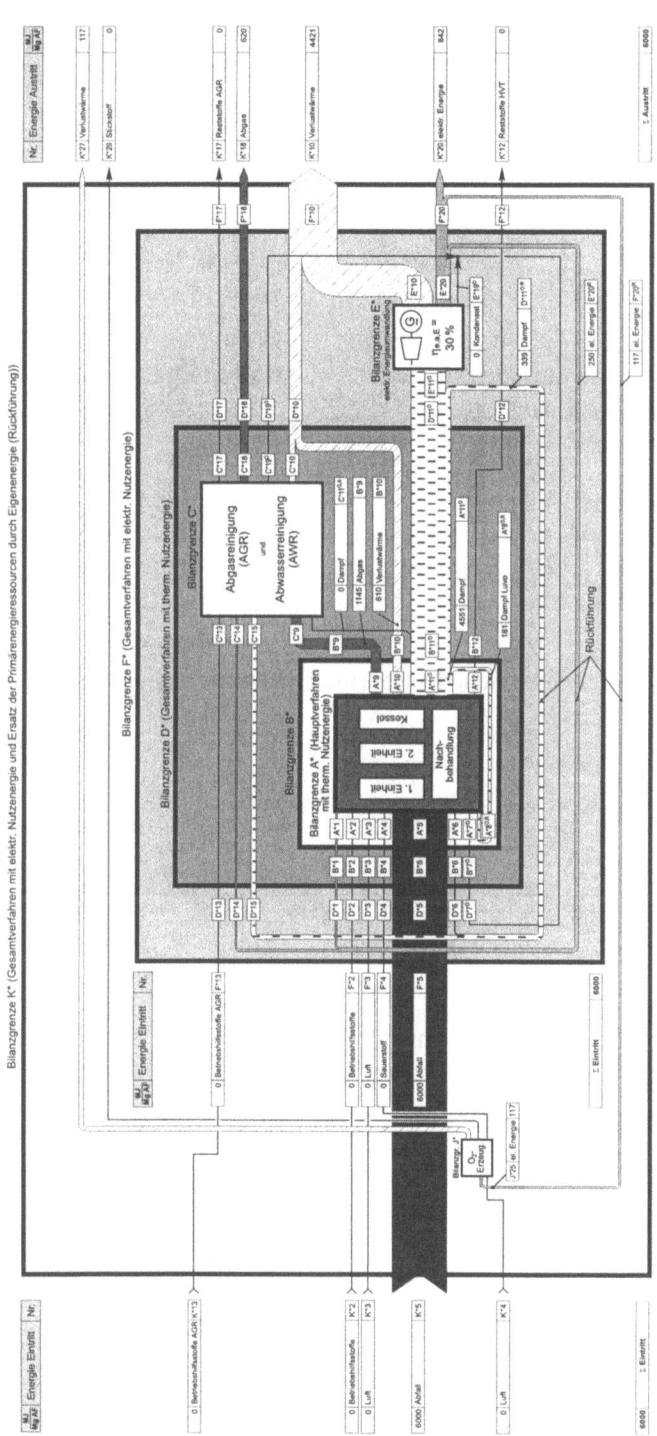

Abb. 10.20: Vereinfachtes Energieflußdiagramm einer klassischen Hausmüllverbrennung (hier mit Sauerstoffanreicherung der Verbrennungsluft) mit Ersatz der Primärenergieressourcen durch Eigenenergie (Rückführung).

240 Systematische Darstellung, Bilanzierung und Bewertung

Für die Wirkungsgradbestimmung wird die aus dem Bilanzraum K^* austretende elektrische Energie (Nr. K^*20) als **Nutzen** gewertet. Es ergibt sich dann nach Gl. (10-1) und in Anlehnung an Abb. 10.10 der elektrische Nettoprimärwirkungsgrad η_{e,n,K^*} für das dargestellte Gesamtverfahren

$$\eta_{e,n,K^*} = \frac{\text{Nutzen}}{\text{Aufwand}} = \frac{E_{K^*20}}{\Sigma(H_{K^*2} \text{ bis } H_{K^*5}) + H_{K^*13}} = 14{,}0\,\% \,. \tag{10-23}$$

Mit der Annahme, daß die Substitution von Erdgas mit Dampf (Nr. $D11^{O,R}$) mit einem Energieaustauschverhältnis von $EA = 1$ erfolgt, ergibt sich mit den Teilbilanzgleichungen aus Abb. 10.19

$$E_{K^*20} = E_{F^*20} - E_{F^*20^R} \tag{10-24}$$

$$E_{F^*20} = E_{E^*20} - E_{E^*20^R} \tag{10-25}$$

$$E_{E^*20} = (H_{A^*11^O} - H_{A^*8^{O,R}} - H_{D^*11^{O,R}}) \cdot \eta_{e,a,E^*} \tag{10-26}$$

und der Gl. (10-23) der elektrische Nettoprimärwirkungsgrad auch aus

$$\eta_{e,n,K^*} = \frac{\text{Nutzen}}{\text{Aufwand}}$$

$$= \frac{(H_{A^*11^O} - H_{A^*8^{O,R}} - H_{D^*11^{O,R}}) \cdot \eta_{e,a,E^*} - E_{E^*20^R} - E_{F^*20^R}}{\Sigma(H_{K^*2} \text{ bis } H_{K^*5}) + H_{K^*13}} = 14{,}0\,\% \,. \tag{10-27}$$

Im Zähler ist der Abzug der unterschiedlichen energetischen Rückführungen vom thermischen **Nutzen** Nr. A^*11° zu erkennen. Mit den weiteren Teilbilanzen für die einzelnen Rückführungen aus Abb. 10.19 folgt:

$$H_{D^*11^{O,R}} = H_{K15} \tag{10-28}$$

$$E_{E^*20^R} = E_{D14} + E_{D1} \tag{10-29}$$

$$E_{D14} = H_{K14} \cdot \eta_{e,n,I} \tag{10-30}$$

$$E_{D1} = H_{K1} \cdot \eta_{e,n,I} \tag{10-31}$$

$$E_{F^*20^R} = H_{K23} \cdot \eta_{e,n,I} \,. \tag{10-32}$$

Beispiel anhand einer klassischen Müllverbrennung; konst. Abfallheizwert 241

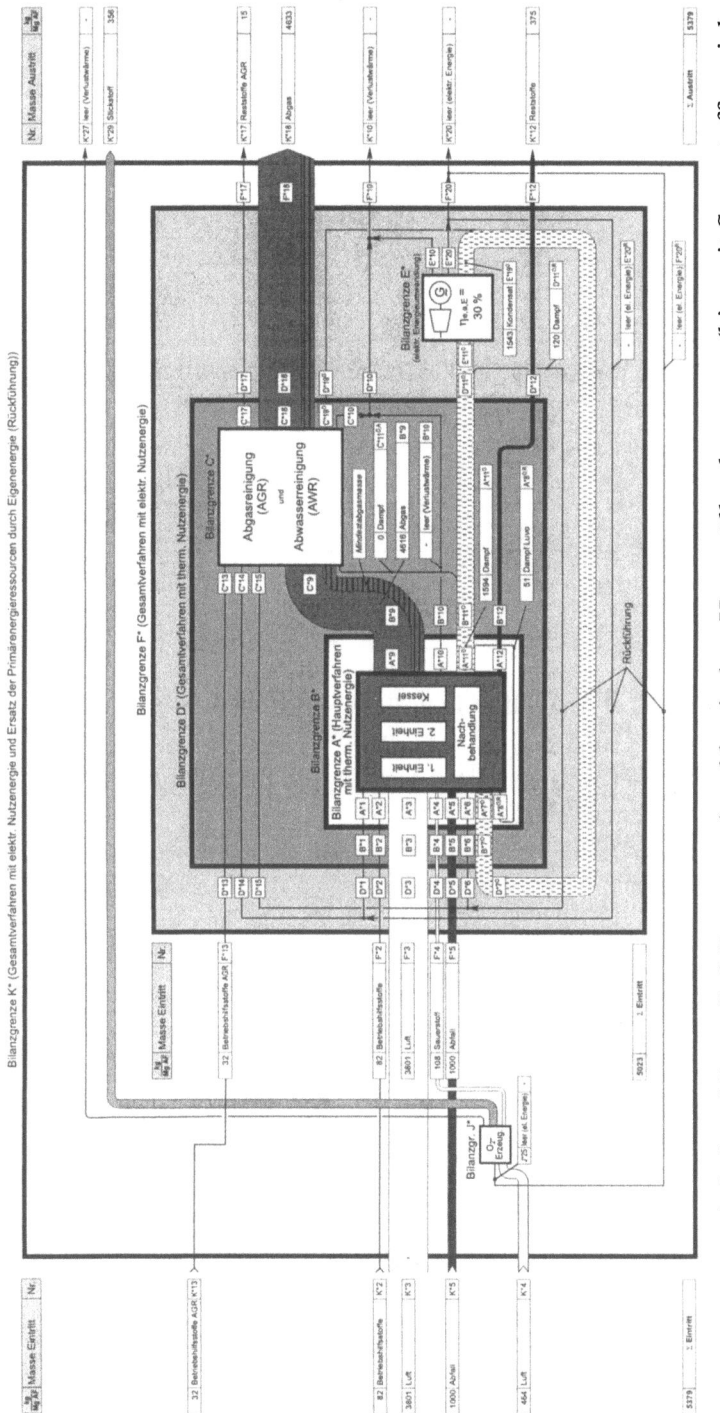

Abb. 10.21: Vereinfachtes Massenflußdiagramm einer klassischen Hausmüllverbrennung (hier mit Sauerstoffanreicherung der Verbrennungsluft) mit Ersatz der Primärenergieressourcen durch Eigenenergie (Rückführung).

Damit ergibt sich aus Gl. (10-27) schließlich

$$\eta_{e,n,K^*} = \frac{\text{Nutzen}}{\text{Aufwand}}$$

$$= \frac{(H_{A^*_{11}O} - H_{A^*_{8}O} - H_{K15}) \cdot \eta_{e,a,E} - (H_{K14} + H_{K1} + H_{K23}) \cdot \eta_{e,n,I}}{\Sigma(H_{K^*_2} \text{ bis } H_{K^*_5}) + H_{K^*_{13}}} = 14,0\,\%.$$

(10-33)

Wäre der angestrebte **Nutzen** nicht elektrische, sondern thermische Energie (Prozeßdampf), so ergäbe sich ein thermischer Nettoprimärwirkungsgrad für den Bilanzraum K^* von

$$\eta_{t,n,K^*} = \frac{\text{Nutzen}}{\text{Aufwand}} = \frac{H_{A^*_{11}O} - H_{A^*_{8}O} - H_{K15} - \dfrac{(H_{K14} + H_{K1} + H_{K23}) \cdot \eta_{e,n,I}}{\eta_{e,a,E}}}{\Sigma(H_{K^*_2} \text{ bis } H_{K^*_5}) + H_{K^*_{13}}} = 46,8\,\%.$$

(10-34)

Bei dieser Form der Bewertung wird davon ausgegangen, daß ein Teil der thermischen Nutzenergie Nr. $A11^O$ mit dem Wirkungsgrad $\eta_{e,a,E}$ in elektrische Nutzenergie umgewandelt wird und diese dann für die Rückführungen Nr. E^*20^R und Nr. F^*20^R zur Verfügung steht.

Mit der Methode, die benötigten Primärenergien durch Rückführungen von „erzeugter" Eigenenergie zu ersetzen, ist die Bewertung des thermischen Abfallbehandlungsverfahrens aus energetischer und stofflicher (hier Kohlendioxid) Sicht in sich geschlossen,

- da als **Aufwand** nur noch die Abfallenergie verbleibt und

- Abgase und Verluste, die in vorgeschalteten Verfahren zur Primärenergieumwandlung entstehen, dem Abfallbehandlungsverfahren angelastet werden.

Beispiel anhand einer klassischen Müllverbrennung; konst. Abfallheizwert 243

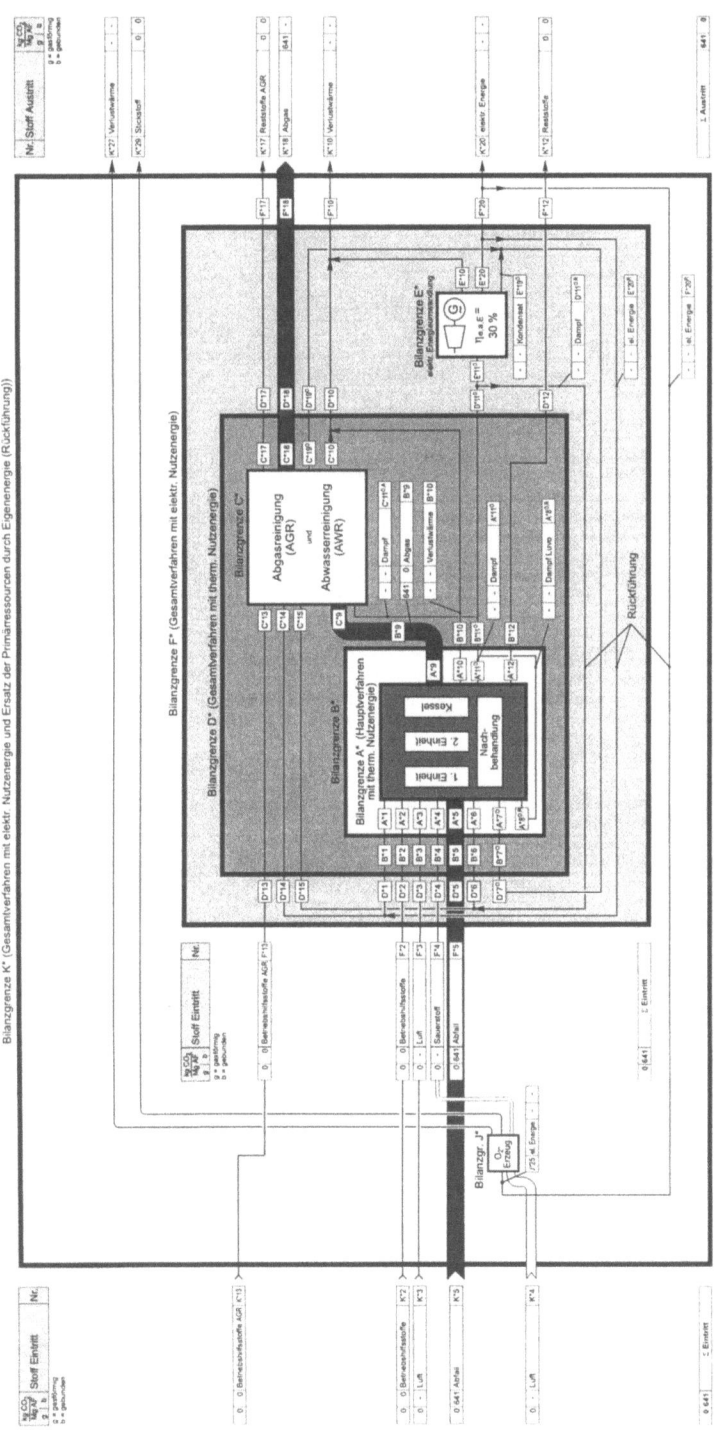

Abb. 10.22: Vereinfachtes Kohlendioxidflußdiagramm einer klassischen Hausmüllverbrennung (hier mit Sauerstoffanreicherung der Verbrennungsluft) mit Ersatz der Primärressourcen durch Eigenenergie (Rückführung).

Zusammenfassend ergeben sich für das Beispiel (hier Behandlung von 1 Mg Abfall mit einem Energieinhalt von 6000 MJ/Mg AF) die in Tab. 10.2 dargestellten Werte. Dabei wird deutlich, daß je nach Interpretation und Absicht, für die Bewertung des Verfahrens ganz unterschiedliche Größen herangezogen werden können. So wundert in diesem Zusammenhang z.B. nicht, daß häufig für ein und dasselbe Verfahren „Wirkungsgrade" zwischen wenigen Prozent und über 80 % angegeben werden.

Bilanzraum	Wirkungsgrad	Nutzenergie [MJ/Mg AF]	bez. Abgasmasse [Mg/Mg AF]	bez. Kohlendioxidmasse [Mg/Mg AF]
Bilanzraum A Hauptverfahren mit therm. Nutzenergie	$\eta_{t,a,A} =$ 72,2 %	4551	4616	641
Bilanzraum B Hauptverfahren mit therm. Nutzenergie und Dampfrückführung	$\eta_{t,a,B} =$ 71,3 %	4370	4616	641
Bilanzraum D Gesamtverfahren mit therm. Nutzenergie	$\eta_{t,a,D} =$ 66,3 %	4370	4780	660
Bilanzraum K Gesamtverfahren mit therm. Nutzenergie und zusätzlichen Primärenergieaufwendungen	$\eta_{t,p,K} =$ 60,2 %	4370	5223	748
Bilanzraum K* Gesamtverfahren mit therm. Nutzenergie und Rückführung von Primärenergieaufwendungen	$\eta_{t,n,K^*} =$ 46,8 %	2807	4633	641
Bilanzraum F Gesamtverfahren mit elektr. Nutzenergie	$\eta_{e,a,F} =$ 19,9 %	1311	4780	660
Bilanzraum K Gesamtverfahren mit elektr. Nutzenergie und zusätzlichen Primärenergieaufwendungen	$\eta_{e,p,K} =$ 18,1 %	1311	5223	748
Bilanzraum K* Gesamtverfahren mit elektr. Nutzenergie und Rückführung von Primärenergieaufwendungen	$\eta_{e,n,K^*} =$ 14,0 %	842	4633	641

Randbedingungen:
- Anfangsabfallheizwert $h_{u,AF,An}$ = 6 MJ/kg
- Verbrennungsluftvorwärmung ϑ_{Bz} = 120 °C
- Sauerstoffvolumenkonzentration $\psi_{O_2,RG}$ = 23,9 Vol.-%
- Luftzahl λ = 1,9
- Behandlungstemperatur $\vartheta_{AG,NV}$ = 1000 °C
- Abgastemperatur nach Kessel $\vartheta_{AG,Ke,Aus}$ = 220 °C
- Abgastemperatur nach Abgasreinigung $\vartheta_{AG,AGR,Aus}$ = 60 °C
- Abgastemperatur nach Wiederaufheizung $\vartheta_{AG,WA,Aus}$ = 120 °C
- Anlagenwirkungsgrad der elektr. Energieumwandlung $\eta_{e,a}$ = 30 %

Tab. 10.2: Beispielhafte Darstellung der Bewertung einer Abfallbehandlung (Beispiele siehe Text) nach [2.33].

10.4.4 Zusammenfassende Darstellung von Vorlasten

Im Zusammenhang mit der Bewertung von Verfahren unter Berücksichtigung von vor- und nachgeschalteten Prozessen wird von einer sog. kumulierten Betrachtungsweise [z.B. 10.3] gesprochen. Diese Vorgehensweise, vor- und nachgeschaltete Prozesse dem betrachteten Verfahren anzulasten, ist bereits mit der Einführung des Primär- und Nettoprimärwirkungsgrades (hier Bilanzraum K und K*) verwirklicht.

Möchte man die Darstellung der erweiterten Bilanzräume vermeiden und sich auf den „Kern" (hier Bilanzgrenze F) beschränken, ist es sinnvoll, „Vorlasten" als kumulativen Anteil in der Bilanz getrennt auszuweisen. Als Ergänzung bzw. zusammenfassende Darstellung ist dies zweckmäßig; die alleinige Ausweisung von Vorlasten läßt jedoch keinen Einblick in die vor- und nachgeschalteten Prozesse (Energierückführungen usw.) mehr zu. Für die Kohlendioxidbilanz des vorangehenden Beispieles soll die Ausweisung von Vorlasten kurz erläutert werden.

Betrachtet man nur die thermische Anlage, so ergibt sich die in Abb. 10.23 dargestellte erweiterte Kohlendioxidbilanz für den Bilanzraum F (vgl. auch Abb. 10.14). Dabei erhält die elektrische Energie für die Abgasreinigung (Nr. F14) und das Hauptverfahren (Nr. F1) sowie der extern erzeugte Sauerstoff (Nr. F4) die entsprechenden Vorlasten in Form der kumulierten (Kennzeichnung „k") Kohlendioxidmenge, die bei der „Erzeugung" der elektrischen Energie im externen Kraftwerk (Bilanzraum I in Abb. 10.17) entstanden ist. Im Beispiel ergeben sich für die benötigte elektrische Energie (Nr. F14 und Nr. F1) des Gesamtverfahrens (Bilanzraum F) jeweils eine Vorlast von 30 kg CO_2/Mg AF und für die Sauerstofferzeugung (Nr. F4) von 28 kg CO_2/Mg AF. Insgesamt werden damit in gebundener Form durch den Abfall und den Zusatzbrennstoff 660 kg CO_2/Mg AF und als Vorlast 88 kg CO_2/Mg AF dem Bilanzraum F zugeführt. Die sich am Bilanzraumaustritt F ergebende kumulierte spezifische Kohlendioxidmasse von 748 kg CO_2/Mg AF (660 + 88) kann nun der verbleibenden elektrischen Nutzenergie Nr. F20 (Abb. 10.15 mit 1311 MJ/Mg AF) „angelastet" werden. Damit ergibt sich eine kumulierte Kohlendioxidfracht von 1,75 kg CO_2/MJ$_e$.

Erweitert man die kumulierte Betrachtungsweise auf die wesentlichen vorgeschalteten Prozeßglieder (im Beispiel Bilanzraum K), ergibt sich die Darstellung in Abb. 10.24 (vgl. Abb. 10.17). Betrachtet man den Bilanzraum K als den, bei dem benötigte Primärressourcen ausreichend berücksichtigt sind, ergibt sich am Eintritt des Bilanzraumes K natürlich eine kumulierte Vorlast von „Null"; am Austritt ergibt sich die bereits angesprochene kumulierte spez. Kohlendioxidmasse von 748 kg CO_2/Mg AF, die natürlich auch in der Darstellung von Abb. 10.17 als Vorlast für eventuell nachfolgende Prozesse enthalten ist. Betrachtet man für den Bilanzraum K noch Vorschaltprozesse wie den Bau von Anlagen, Transport- und Fördereinrichtungen usw., so müssen diese analog der dargestellten Vorgehensweise untersucht werden. Die sich ergebenden Vorlasten werden dann im Bilanzraum K berücksichtigt (analog wie am Bilanzraum F gezeigt).

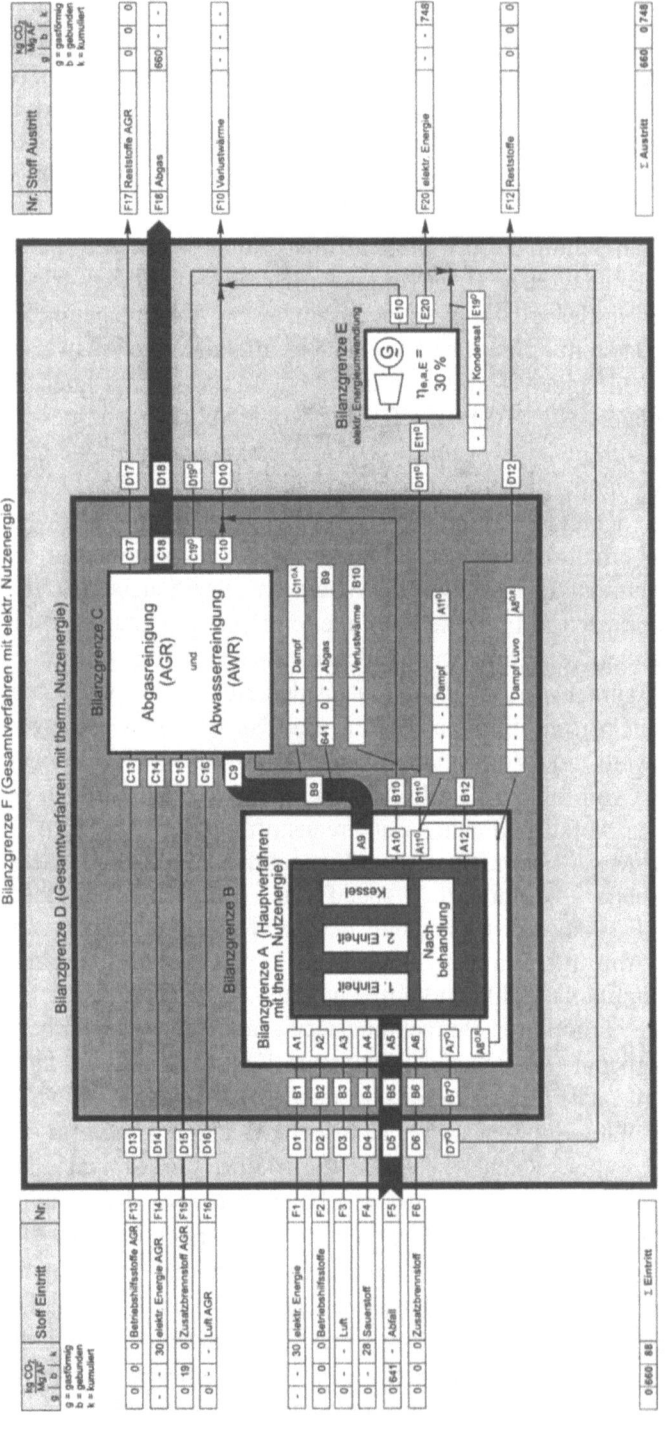

Abb. 10.23: Vereinfachtes Kohlendioxidflußdiagramm einer klassischen Hausmüllverbrennung (hier mit Sauerstoffanreicherung der Verbrennungsluft) bei Beschränkung auf den Bilanzkreis F (Darstellung von Vorlasten, Erklärung im Text).

Beispiel anhand einer klassischen Müllverbrennung; konst. Abfallheizwert 247

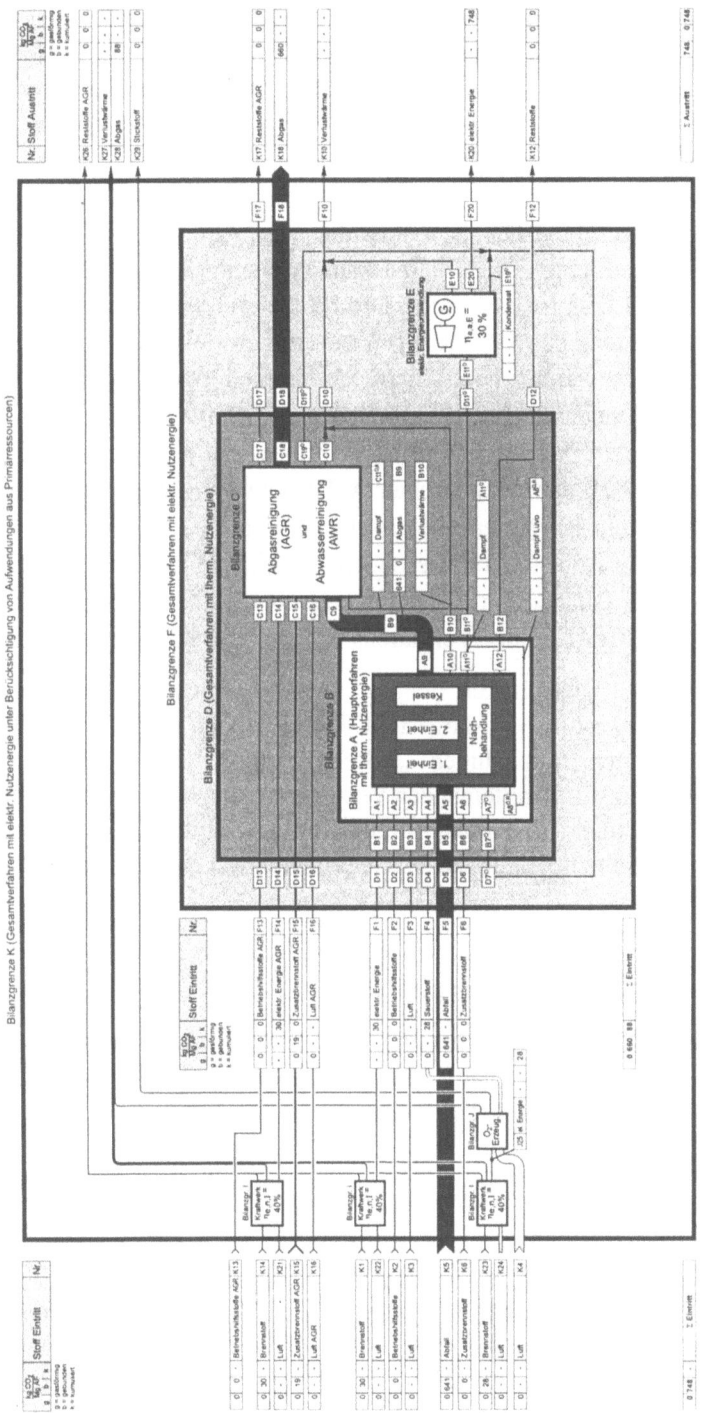

Abb. 10.24: Vereinfachtes Kohlendioxidflußdiagramm einer klassischen Hausmüllverbrennung (hier mit Sauerstoffanreicherung der Verbrennungsluft) unter Berücksichtigung von Aufwendungen aus Primärressourcen (Darstellung von Vorlasten) (Erklärung im Text).

10.5 Beispiel anhand einer klassischen Hausmüllverbrennung; veränderlicher Abfallheizwert

In dem vorangegangenen Kap. 10.4 wurde beispielhaft mit einem konstanten Anfangsabfallheizwert von $h_{u,AF,An} = 6$ MJ/kgAF$_{An}$ (sehr niedrig gewählt) gerechnet. Im folgenden werden nun die gleichen Betrachtungen wie zuvor, jedoch für unterschiedliche Heizwerte (Variation zwischen $h_{u,AF,An} = 6$ MJ/kgAF$_{An}$ und 10 MJ/kgAF$_{An}$) durchgeführt. Die Veränderung des Anfangsabfallheizwertes erfolgt dabei ausgehend von der Abfallzusammensetzung der Abb. 2.1 durch Variation der einzelnen Fraktionen (Abb. 2.1 rechte Seite). Als Randbedingungen werden dabei die zu Anfang des Kap. 10.4 genannten übernommen.

Als Bewertungskriterien werden neben dem thermischen Anlagenwirkungsgrad für das Hauptverfahren und das Gesamtverfahren $\eta_{t,a}$ (hier für Bilanzraum A und D, siehe Abb. 10.12), dem thermischen Primärwirkungsgrad $\eta_{t,p}$ (hier für Bilanzraum K, siehe Abb. 10.9), dem elektrischen Anlagenwirkungsgrad $\eta_{e,a}$ (hier für Bilanzraum F, siehe Abb. 10.7), dem elektrischen Primärwirkungsgrad $\eta_{e,p}$ (hier für Bilanzraum K, siehe Abb. 10.9) insbesondere der elektrische Nettoprimärwirkungsgrad $\eta_{e,n}$ (hier für Bilanzraum K*, siehe Abb. 10.10) und die bezogene Abgasmasse AG [MgAG/MgAF$_{An}$] des Verfahrens (Bilanzraum K*) herangezogen.

In Abb. 10.25 wird die Abhängigkeit der o.g. unterschiedlichen Wirkungsgrade vom Anfangsabfallheizwert $h_{u,AF,An}$ dargestellt. Dabei werden zusätzlich zunächst die häufig angewendeten Maßnahmen „λ-Reduzierung", „Sauerstoffanreicherung" und „Zusatzbrennstoff" miteinander verglichen. Die Maßnahmen werden angewendet, um bei fallendem Anfangsabfallheizwert die jeweils vorgegebene Temperatur (hier Prozeßtemperatur der Nachverbrennung) einhalten zu können. Es bedeutet

- die Maßnahme „**λ-Reduzierung**", daß eine Reduzierung der Stöchiometriezahl[6]) (Gesamtluftzahl $\lambda_{AF,GV}$) vorgenommen wird,

- die Maßnahme „**Sauerstoffanreicherung**", daß eine Erhöhung der Sauerstoffkonzentration der Verbrennungsluft (Reaktionsgas) für den Feststoffumsatz gemäß Kapitel 4.4.5 Fall b) vorgenommen wird,

- die Maßnahme „**Zusatzbrennstoff**" (hier Erdgas), daß eine Zugabe von Erdgas in die 1. Einheit (Erdgasverbrennung mit einer Stöchiometriezahl von $\lambda_{EG} = 1,2$) vorgenommen wird.

---

[6]) Zur „λ-Reduzierung" ist anzumerken, daß diese häufig nur durch eine entsprechende Abfallvorbehandlung und ggf. auch konstruktive Änderung des Rostes (z.B. wassergekühlter Rost) ermöglicht werden kann. Dies ist im Einzelfall näher zu klären, soll aber hier nicht Gegenstand der Betrachtungen sein.

Beispiel anhand einer klassischen Müllverbrennung; veränderl. Abfallheizwert

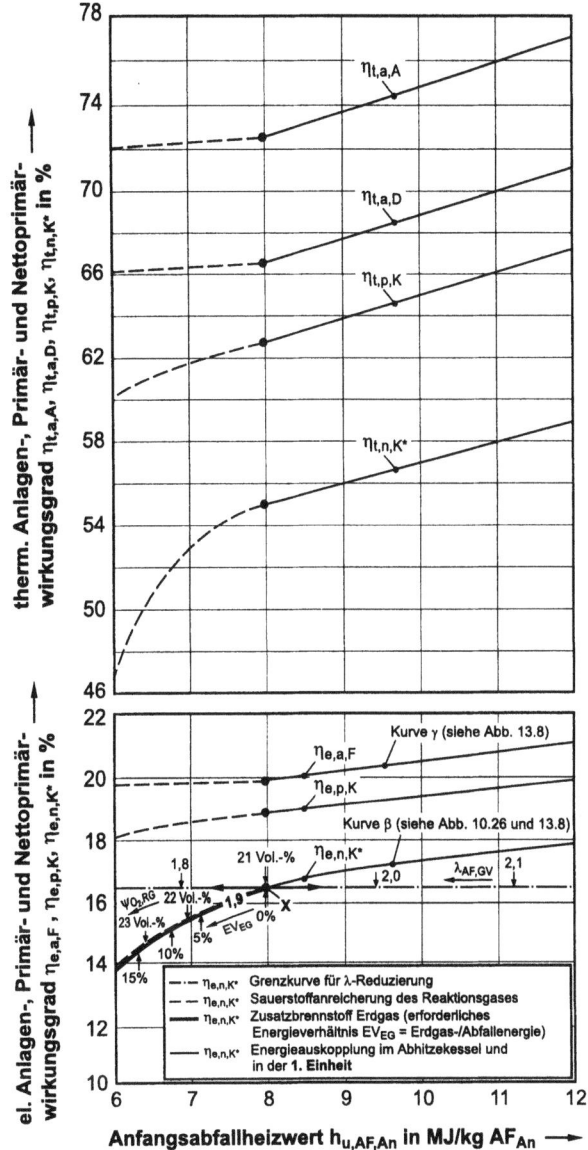

Abb. 10.25: Elektr. und therm. Anlagen-, Primär- und Nettoprimärwirkungsgrade ($\eta_{t,a,A}$, $\eta_{t,a,D}$, $\eta_{t,p,K}$, η_{t,n,K^*}, $\eta_{e,a,F}$, $\eta_{e,p,K}$ und η_{e,n,K^*}) in Abhängigkeit vom Anfangsabfallheizwert $h_{u,AF,An}$ (klass. Müllkraftwerk; $\vartheta_{AG,NV}$ = 1000 °C, $\lambda_{AF,GV}$ = 1,9, $\vartheta_{AG,Ke,aus}$ = 220 °C, $\eta_{e,a,E}$ = 30 %) (Erklärung im Text).

Zunächst werden die o.g. Maßnahmen anhand des Nettoprimärwirkungsgrades näher erläutert. Die Kurve β (η_{e,n,K^*}) verdeutlicht, daß z.B. für ein klassisches Müllkraftwerk bei den vorgegebenen Randbedingungen (Behandlungstemperatur $\vartheta_{AG,NV}$ = 1000 °C, Stöchiometriezahl $\lambda_{AF,GV}$ = 1,9 usw.) eine „Sauerstoffanreicherung", eine Zuführung von „Zusatzbrennstoff" oder eine „λ-Reduzierung" erst ab einem Anfangsabfallheizwert von kleiner ca. $h_{u,AF,An}$ = 8 MJ/kgAF$_{An}$ (Punkt X in Abb. 10.25) erforderlich ist, um die geforderte Behandlungstemperatur einhalten zu können. Sinkt beispielsweise im Betrieb der Anfangsabfallheizwert unter diesen Wert, so wird die geforderte Behandlungstemperatur z.B. durch eine „λ-Reduzierung" eingehalten, in dem man sich dann vom Punkt X auf der strichpunktierten Kurve nach links bewegt. Wäre im betrachteten Beispiel der Anfangsabfallheizwert größer als $h_{u,AF,An}$ = 8 MJ/kgAF$_{An}$, müßte man zur Einhaltung der geforderten Behandlungstemperatur $\vartheta_{AG,NV}$ = 1000 °C die Luftzahl vergrößern, d.h.

man würde sich dann vom Punkt X auf der strichpunktierten Kurve nach rechts bewegen. Dies wäre energetisch nicht sinnvoll. Vielmehr böte es sich an, in diesem Fall die Luftzahl $\lambda_{AF,GV} = 1{,}9$ konstant zu halten und nicht nur aus dem Abhitzekessel, sondern auch aus der 1. Einheit entsprechend Energie auszukoppeln, was zu der dünn ausgezogenen Kurve führt. In diesem Sinne stellt die strichpunktierte Linie rechts des Punktes X eine „Grenzkurve" dar, oberhalb derer Energie ausgekoppelt werden kann (Grenzkurve für „λ-Reduzierung"). Energetisch ungünstiger ist es, mit sinkendem Anfangsabfallheizwert eine größer werdende „Sauerstoffanreicherung der Verbrennungsluft" anzuwenden, um die Behandlungstemperatur einzuhalten, wie man durch Vergleich der gestrichelten mit der strichpunktierten Linie erkennt. Bei der Sauerstoffanreicherung ist natürlich für η_{e,n,K^*} die zur Sauerstoffherstellung erforderliche Primärenergie entsprechend berücksichtigt. Führt man bei sinkendem Anfangsabfallheizwert die Maßnahme „Zusatzbrennstoff" zur Aufrechterhaltung der geforderten Prozeßtemperatur durch (dick ausgezogene Kurve), so ist zu erkennen, daß dies die ungünstigste Prozeßführung darstellt. Wie die Abb. 10.25 zeigt, ist bei niedrigen Anfangsabfallheizwerten zusätzlich Energie bis ca. $EV_{EG} = 20\,\%$ erforderlich (bei ca. $h_{uAF,An} = 6$ MJ/kgAF$_{An}$), d.h. 20 % der eingetragenen Abfallenergie ist in Form von Erdgasenergie zuzuführen, um die gestellten Anforderungen einhalten zu können. Zur Maßnahme „λ-Reduzierung" ist noch anzumerken, daß diese häufig ohne zusätzliche Abfallaufbereitung (z.B. Homogenisierung) nicht möglich ist. Zur Zeit werden Anstrengungen unternommen, die Abfallaufbereitung des Restabfalls aus Hausmüll, z.B. durch eine mechanisch-biologische Aufbereitung (vgl. Kap. 13) zu verbessern. Ob sich mit dieser oder anderen Technologien dann die Stöchiometriezahl senken läßt, muß noch näher untersucht werden.

Zur besseren Übersicht werden die übrigen Wirkungsgrade in der Abb. 10.25 nur für die Maßnahme „Sauerstoffanreicherung" dargestellt. Bei den Wirkungsgraden $\eta_{e,a,F}$ und $\eta_{e,p,K}$ ergeben sich bei kleinen Heizwerten, trotz Anwendung der Maßnahme „Sauerstoffanreicherung" zur Einhaltung der Behandlungstemperatur, nur geringe Wirkungsgradveränderungen, was aufgrund der Bemerkung bei der Einführung der Wirkungsgrade auch zu erwarten ist.

Im oberen Teil der Abb. 10.25 sind die zugehörigen thermischen Anlagenwirkungsgrade $\eta_{t,a}$ für die Bilanzräume A und D (siehe Abb. 10.12) sowie der Primär- ($\eta_{t,p,K}$) und Nettoprimärwirkungsgrad (η_{t,n,K^*}) dargestellt. Dabei wird der Übersichtlichkeit wegen, wie bereits oben erwähnt, für kleine Heizwerte nur die Maßnahme „Sauerstoffanreicherung" dargestellt.

Beispiel anhand einer klassischen Müllverbrennung; veränderl. Abfallheizwert   251

Anhand des elektrischen Nettoprimärwirkungsgrades η_{e,n,K^*} ist in Abb. 10.26 noch der Einfluß einiger weiterer Prozeßführungen dargestellt. So zeigt sich z.B. für Luftzahlen unterhalb von $\lambda_{AF,GV} = 1,6$, daß zur Einhaltung der Behandlungstemperatur bei variierendem Anfangsabfallheizwert keine der o.g. Prozeßführungen erforderlich ist. Ein Vergleich der zusätzlich in Abb. 10.26 mit dargestellten bezogenen Abgasmassen für Bilanzraum K^* verdeutlicht, daß bei den Maßnahmen „λ-Reduzierung" und „Sauerstoffanreicherung" (Reduzierung der Stickstoffmenge im Reaktionsgas Luft) die niedrigsten Abgasmassen entstehen. Die bezogenen Abgasmassen bei „λ-Reduzierung" und „Sauerstoffanreicherung" unterscheiden sich deswegen kaum, weil bei der Sauerstoffanreicherung auch die Abgasmassen bei der Sauerstoffherstellung Berücksichtigung finden (entsprechend Bilanzgrenze K^*). Die Verwendung eines Zusatzbrennstoffes führt wie erwartet zu einem Anstieg der bezogenen Abgasmasse gegenüber den anderen Maßnahmen, da die zusätzlich entstehende Abgasmasse aus der Erdgasverbrennung mit berücksichtigt ist.

Im weiteren (Abb. 10.27) soll unter Beibehaltung der o.g. Randbedingungen für eine Behandlungstemperatur $\vartheta_{AG,NV} = 1200\,^\circ C$ und einer Stöchiometriezahl $\lambda_{AF,GV} = 1,6$ neben dem Einsatz einer „λ-Reduzierung", einer „Sauerstoffanreicherung" und eines „Zusatzbrennstoffes" zusätzlich der Einfluß der Maßnahmen

- **„Reaktionsgasvorwärmung mit Abgas"** (häufig eine Luftvorwärmung), d.h. Ausnutzung der verbleibenden Abgasrestenergie nach dem Kessel (Parameter: Abgastemperatur nach der Wärmeübertragung gleich Abgaseintrittstemperatur in die Abgasreinigungsanlage $\vartheta_{AG,AGR,Ein}$)

und

- **„Reaktionsgasvorwärmung mit Prozeßdampf"**, d.h. Verwendung von Prozeßdampf für die Verbrennungsluftvorwärmung auf die Reaktionsgastemperatur ϑ_{RG}

untersucht werden. Ausgangspunkt der folgenden Betrachtung sei ein Abfall mit dem Anfangsabfallheizwert von ca. $h_{u,AF,An} = 10,6\,MJ/kgAF_{An}$ (Punkt Y in Abb. 10.27). Für die in der Legende der Abb. 10.27 erläuterten Prozeßführungen ergeben sich folgende Aussagen:

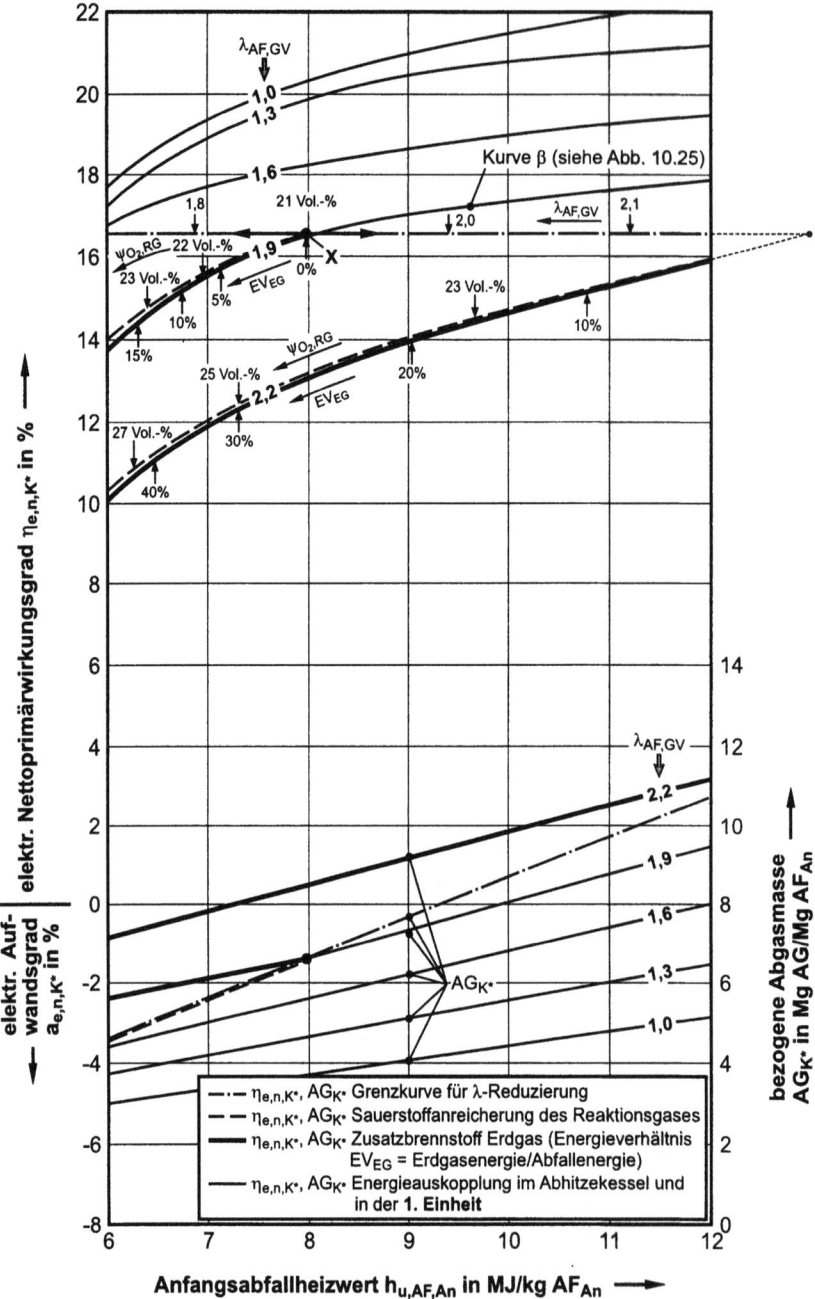

Abb. 10.26: Elektr. Nettoprimärwirkungsgrad $\eta_{e,n,K*}$ und bez. Abgasmasse AG_{K*} in Abhängigkeit vom Anfangsabfallheizwert $h_{u,AF,An}$ bei unterschiedlichen Maßnahmen (klass. Müllkraftwerk; Abgastemperatur $\vartheta_{AG,NV}$ = 1000 °C, $\vartheta_{AG,Ke,aus}$ = 220 °C, $\eta_{e,a,E}$ = 30 %) (Erklärung im Text).

Beispiel anhand einer klassischen Müllverbrennung; veränderl. Abfallheizwert 253

- Die günstigste Prozeßführung bei sinkendem Anfangsabfallheizwert ergibt sich für den Fall, daß der Abgasverlust durch die „Reaktionsgasvorwärmung mit Abgas" verringert wird. In Abhängigkeit von dem zur Verfügung stehenden Abgastemperaturniveau (in Abb. 10.27 $\vartheta_{AG,Ke,Aus} = \vartheta_{AG,AGR,Ein} = 220\,°C$) sind der Wärmeübertragung, z.B. durch erforderliche Temperaturdifferenzen, Vermeidung von Kondensation usw., technische Grenzen gesetzt. Im Beispiel wird eine Absenkung der Abgastemperatur nach der Wärmeübertragung bis herunter auf $\vartheta_{AG,AGR,Ein} = 100\,°C$ dargestellt.

- Ebenfalls günstig ist die Absenkung der Stöchiometriezahl („λ-Reduzierung"), was bereits oben ausführlich dargestellt wurde.

- Die Prozeßführung mit der Maßnahme „Reaktionsgaserwärmung mit Dampf" bei sinkendem Abfallheizwert bewirkt ein größeres Absinken des Wirkungsgrades als bei der Maßnahme „λ-Reduzierung".

- Der verbleibende energetische Nutzen bei der Maßnahme „Sauerstoffanreicherung des Reaktionsgases" ist insbesondere abhängig vom benötigten Energiebedarf für die Sauerstofferzeugung (Annahme in Abb. 10.27: externe Sauerstofferzeugung mit elektrischer Energie; Variation des elektrischen Eigenenergiebedarfs $e_{e,SE} = 0{,}5,\ 1{,}08$ und $1{,}5\ MJ/kgO_2$). Es wird z.B. deutlich, daß bereits mit relativ geringer Anreicherung (z.B. bei $h_{u,AF,An} = 8\ MJ/kgAF_{An}$ mit der Anreicherung auf ca. $\psi_{O_2,RG} = 23\ Vol.\text{-}\%$) die Einhaltung der geforderten Behandlungstemperatur möglich ist.

- Es wird auch deutlich, wie erwartet, daß die Maßnahme, Zusatzbrennstoff zuzugeben, um die Prozeßtemperatur bei sinkenden Abfallheizwerten zu halten, mit die schlechteste ist.

In Abb. 10.28 werden nun noch einige unterschiedliche Verfahren (klassische Müllkraftwerke (V1 nach Tab. 10.1) und Vergasungs-Verbrennungs-Verfahren (V 3 nach Tab. 10.1) mit verschiedenen Prozeßführungen (Variation der Luftzahl, Ausnutzung der Abgasrestenergie nach Kessel usw.) gegenübergestellt. Basis für den Vergleich der unterschiedlichen Prozeßführungen bildet Kurve 1 in Abb. 10.28 mit einer üblichen Behandlungstemperatur auf dem Rost von $\vartheta_{AG,NV} = 850\,°C$, einer Gesamtluftzahl $\lambda_{AF,GV} = 1{,}9$ und einer Kesselaustritts- gleich Abgasreinigungseintrittstemperatur $\vartheta_{AG,AGR,Ein} = 220\,°C$.

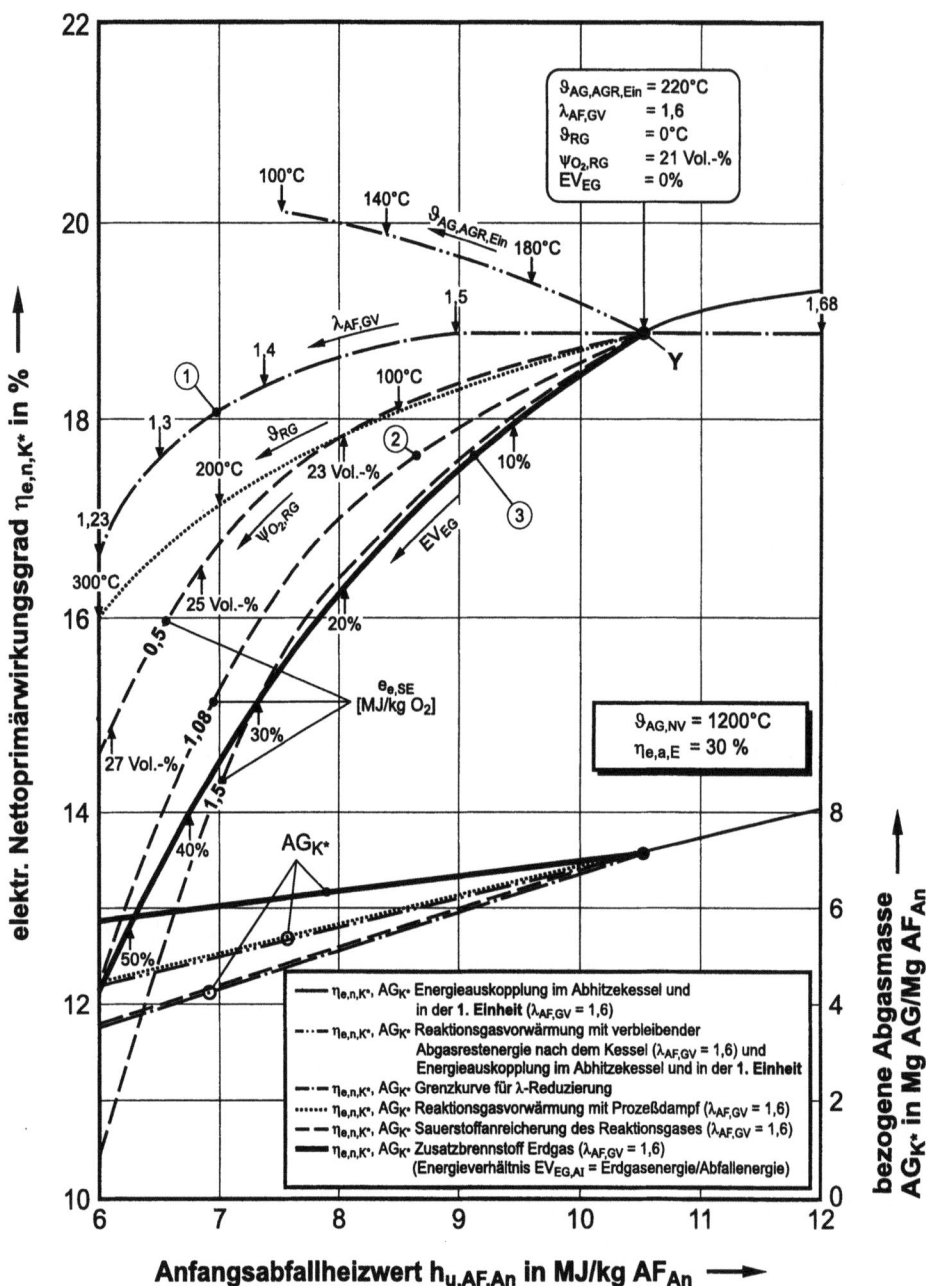

Abb. 10.27: Elektr. Nettoprimärwirkungsgrad η_{e,n,K^*} und bezogene Abgasmasse AG_{K^*} in Abhängigkeit vom Anfangsabfallheizwert $h_{u,AF,An}$ bei unterschiedlichen Maßnahmen (klassisches Müllkraftwerk; Abgastemperatur $\vartheta_{AG,NV}$ = 1200 °C) (Erklärung im Text).

Beispiel anhand einer klassischen Müllverbrennung; veränderl. Abfallheizwert

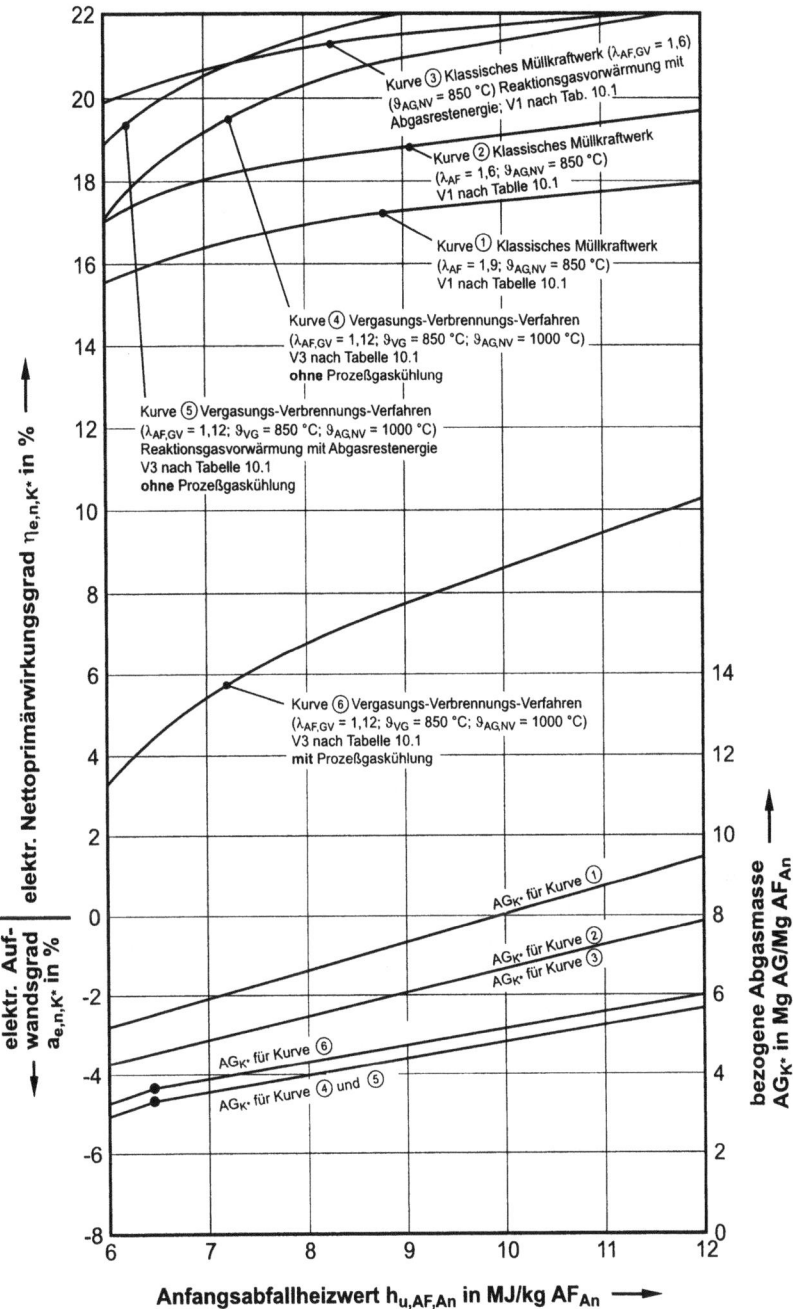

Abb. 10.28: Elektr. Nettoprimärwirkungsgrad $\eta_{e,n,K*}$ und bezogene Abgasmasse AG_{K*} in Abhängigkeit vom Anfangsabfallheizwert $h_{u,AF,An}$ für verschiedene thermische Abfallbehandlungsverfahren.

- Bei Kurve 2 ist gegenüber Kurve 1 die Luftzahl $\lambda_{AF,GV} = 1,9$ auf 1,6 geändert, bei sonst gleichen Randbedingungen.

- Bei Kurve 3 ist gegenüber Kurve 2 noch zusätzlich eine „Abgasrestenergieausnutzung nach Kessel" von $\vartheta_{AG,AGR,Ein} = 220\,°C$ auf $110\,°C$ verwirklicht.

Weiter sind in der Abb.10.28 drei Vergasungs-Verbennungs-Verfahren mit den Prozeßführungen

- Kurve 4 mit $\vartheta_{VG} = 850\,°C$, $\vartheta_{AG,NV} = 1000\,°C$, $\lambda_{AF,GV} = 1,12$, $\vartheta_{AG,AGR,Ein} = 220\,°C$, **ohne** Prozeßgaskühlung nach der 1. Einheit,

- Kurve 5 mit $\vartheta_{VG} = 850\,°C$, $\vartheta_{AG,NV} = 1000\,°C$, $\lambda_{AF,GV} = 1,12$ mit Reaktionsgasvorwärmung durch Abgasrestenergieausnutzung ($\vartheta_{AG,AGR,Ein} = 150\,°C$), **ohne** Prozeßgaskühlung nach der 1. Einheit und

- Kurve 6 mit $\vartheta_{VG} = 850\,°C$, $\vartheta_{AG,NV} = 1000\,°C$, $\lambda_{AF,GV} = 1,12$, $\vartheta_{AG,AGR,Ein} = 220\,°C$, **mit** Prozeßgaskühlung nach der 1. Einheit

gegenübergestellt. Die Potentiale zur Wirkungsgradsteigerung für die unterschiedlichen Prozeßführungen sind aus der Abb. 10.28 ersichtlich. Es sei besonders darauf hingewiesen, welchen großen Einfluß die Kühlung des erzeugten Prozeßgases (z.B. für Reinigungszwecke usw.) auf die Wirkungsgraderniedrigung bei Vergasungsverfahren hat (Kurve 6 in Abb. 10.28).

Abschließend sei noch einmal deutlich anhand der Abb. 10.29 auf die Wirkung des Einsatzes von Primärenergie auf die verschiedenen hier vorgestellten Wirkungsgrade hingewiesen. Geht man z.B. bei einem klassischen Müllkraftwerk von der in Abb. 10.25 mit Punkt X bezeichneten Situation aus und erhebt nun die Forderung, die Behandlungstemperatur anzuheben, so soll dies durch Einsatz von Zusatzbrennstoff geschehen. In der Abb. 10.29 erkennt man, daß je nach geforderter Anheben der Prozeßtemperatur in der Nachverbrennungszone $\vartheta_{AG,NV}$ erhebliche Anteile an Zusatzenergie $EV_{EG} = H_{EG}/H_{AF,An}$ erforderlich sind. Erhöht man beispielsweise $\vartheta_{AG,NV}$ von $1000\,°C$ auf $1100\,°C$ (d.h. von Punkt X auf Punkt XX in Abb. 10.29), so erkennt man, daß hierzu bereits ca. 25 % der eingetragenen Abfallenergie als Zusatzenergie in Form von Erdgas notwendig werden. Dies hat ein Absinken des elektr. Nettoprimärwirkungsgrades η_{e,n,K^*} von 16,5 % z.B. auf ca. 14 % und erwartungsgemäß einen aus der Abb. 10.29 ersichtlichen Anstieg des Primärwirkungsgrades $\eta_{e,p,K}$ und des Anlagenwirkungsgrades $\eta_{e,a,F}$ zur Folge.

Aus letzterem wird wie bereits mehrfach erläutert deutlich, wie Primärzusatzenergieeinsatz Wirkungsgrade unmittelbar steigern kann. Dies kann aber vor dem

Hintergrund des Zweckes einer Abfallbehandlung nicht sinnvoll sein. Daher wird hier noch einmal der Sinn der Einführung eines Nettoprimärwirkungsgrades deutlich, der bei Einsatz von Primärzusatzenergie sinkt. Ein möglichst großer Nettoprimärwirkungsgrad zeigt damit auch eine entsprechend große Schonung von Primärenergieressourcen an.

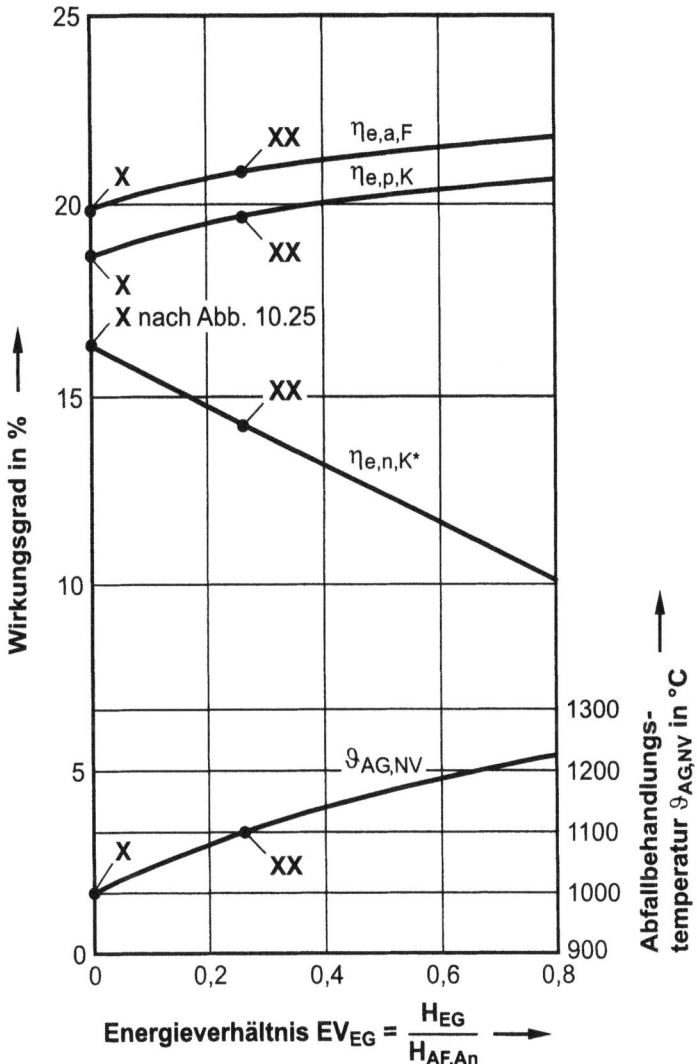

Abb. 10.29: Elektrischer Anlagen- ($\eta_{e,a,F}$), Primär- ($\eta_{e,p,K}$) und Nettoprimärwirkungsgrad (η_{e,n,K^*}) sowie Abfallbehandlungstemperatur $\vartheta_{AG,NV}$ in Abhängigkeit vom Energieverhältnis EV_{EG} für einen Anfangsabfallheizwert von ca. $h_{u,AF,An} = 8,0$ MJ/kg AF_{An}.

11 Derzeitiger Stand der Technik von thermischen Abfallbehandlungsverfahren

11.1 Restabfall aus Hausmüll, hausmüllähnlichem Gewerbemüll und Sperrmüll

11.1.1 Klassische thermische Restabfallbehandlung

Verfahrenseinordnung:

1. Einheit **Verbrennung** (Feststoff)

2. Einheit **Nachverbrennung** (Flugstaub und Gase).

Das klassische thermische Behandlungsverfahren kann somit in die sog. Verbrennungs-Verbrennungs-Verfahren (siehe Abb. 1.2 und Tab. 10.1) eingeordnet werden. Es wird häufig als „MVA" (Müllverbrennungsanlage) bzw. „MKW" (Müllkraftwerk) bzw. „MHKW" (Müllheizkraftwerk) abgekürzt. Ziel des Verfahrens ist es, einen festen Reststoff nach der Behandlung (Asche oder angesinterte Asche) zu erhalten, der einer Verwertung oder sicheren Ablagerung zugeführt werden kann. Zusätzlich wird in der Regel eine thermische und elektrische Energienutzung (Wärme und elektrischer Strom) bei hohem Wirkungsgrad angestrebt.

Apparate: Die 1. Einheit ist ein Rostsystem, dem sich die 2. Einheit (in der Regel geometrisch nicht vom Rostsystem getrennt) unmittelbar als Nachverbrennungszone anschließt. Letztere kann als apparatetechnischer Baustein zu „Brennkammersystemen" gerechnet werden.

Entwicklungsstand: Zur thermischen Behandlung von Hausmüll wurden schon Anfang dieses Jahrhunderts Rostfeuerungsanlagen benutzt, wie entsprechende Literatur belegt [1.6], in der von ersten Erfahrungen mit dem Apparat „Rost" berichtet wird. In der Regel wurde der Rost damals jedoch zur Energieumwandlung der stückigen Einsatzstoffe Braun- und Steinkohle zu Prozeßdampf eingesetzt. Mit der Entwicklung der Kohlestaubfeuerung verlor die Rosttechnologie an Bedeutung. Aufbauend auf den Erfahrungen der Verbrennung stückiger Braun- und Steinkohle [z.B. 11.1 bis 11.8] setzte sich dann der Apparat Rost in den 60 er Jahren für die thermische Behandlung des Einsatzstoffes „Hausmüll" durch.

Von derzeit 54 Anlagen in Deutschland sind 53 in der ersten Einheit mit einem Rostsystem ausgerüstet, 1 Anlage hat in der 1. Einheit ein Drehrohr (vgl. Kap. 11.1.2). Diese 54 Anlagen (Stand Jan. 1998) zur thermischen Behandlung von Restabfall aus Siedlungsabfällen haben zusammen eine Kapazität von ca. 12.000.000 Mg/a [11.9].

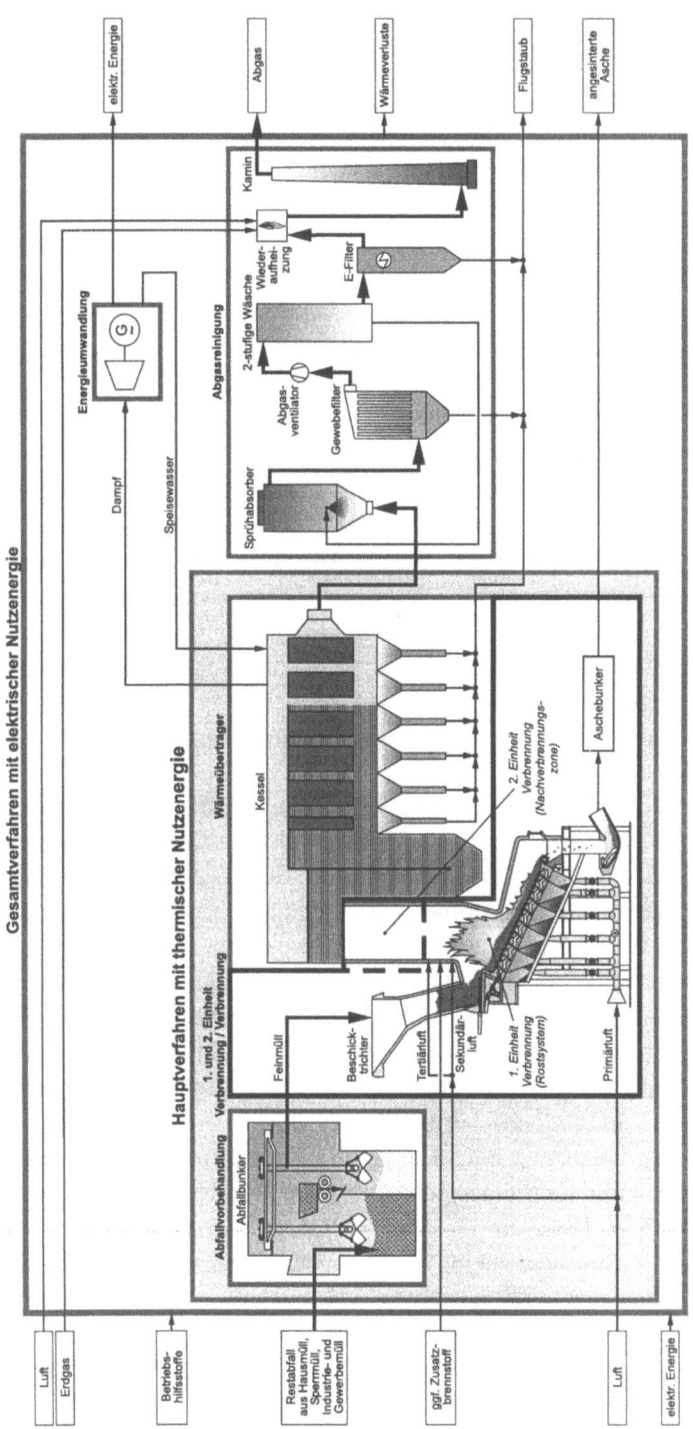

Abb. 11.1: Schematische Darstellung einer klassischen Hausmüllverbrennung [1.8].

260 Derzeitiger Stand der Technik von thermischen Abfallbehandlungsverfahren

Weitere 12 Anlagen sind in Bau oder im Planfeststellungsverfahren, so daß sich die Gesamtkapazität bis ins Jahr 2005 unter Berücksichtigung von Stillegungen auf ca. 14.000.000 Mg/a erhöhen wird [11.9]. In den neuen Bundesländern wurde bislang ausschließlich eine Deponierung des Hausmülls betrieben. Künftig werden jedoch auch hier Müllverbrennungsanlagen entstehen.
Häufig sind an einem Standort mehrere Linien vorhanden. Der Restabfalldurchsatz wird dabei an das Einzugsgebiet angepaßt und liegt pro installierter Linie in einem Bereich von 2 bis 23 Mg/h bei einer Gesamtkapazität je Standort von 15.000 bis 660.000 Mg/a.
Zu dem stückigen Restabfall aus Hausmüll kann auch zu einem gewissen Grad entwässerter Klärschlamm (pastös) mit auf den Rost aufgegeben werden [z.B. 11.10].

Verfahrensbeschreibung: In Abb. 1.2 ist beispielhaft eine heute übliche thermische Behandlungsanlage für Restabfall aus Hausmüll als Verbrennungs-Verbrennungs-Verfahren im Schnitt dargestellt. Die Abb. 10.1 zeigt dafür das entsprechende vereinfachte Blockfließbild und die Abb. 11.1 die schematischen Darstellungen der Einzelkomponenten. Die wesentlichen Komponenten sind nach Abb. 11.1 neben Abfallbunker mit Sperrmüllbrecher, Beschickungsanlage und Beschicktrichter hauptsächlich das Rostsystem, die Nachverbrennungszone, der Wärmetauscher (Kesselanlage) sowie der Aschebunker. Die beiden Einheiten „Rostsystem" und „Nachverbrennungszone" stellen den Kern der thermischen Behandlung dar.
Am Eintritt der Nachverbrennungszone wird Sekundärluft zur Intensivierung der Vermischung der nachzuverbrennenden Gase und Flugstäube eingeblasen (Rührkesselelement vgl. Abb. 8.4). Danach stellt der Rest der Nachverbrennungszone eine Ausbrandstrecke (Kolbenströmer) dar. Der oben erwähnte, für den Rost erforderliche hohe Primärluftstrom macht es erforderlich, daß je nach Abfallheizwert und geforderter Temperatur (häufig 850 °C bis 900 °C) während der Nachverbrennung Zusatzbrennstoff und Tertiärluft benötigt wird. Bei mehreren Anlagen werden zunehmend auch prozeßtechnische Maßnahmen, wie Abgasrückführung (auch zum Ersatz der Sekundärluft) und Luftstufung zur NO_x-Minderung (falls erforderlich und möglich), verwendet.
Erweitert man den Bilanzraum des Hauptverfahrens auf das Gesamtverfahren, so sind für die Abgasreinigung beispielsweise Sprühabsorber, Gewebefilter, Abgasventilator, 2-stufiger Wäscher, E-Filter, Wiederaufheizung sowie Energieumwandlungseinheit („Stromerzeugung") und Kamin zu nennen. Die Abgasreinigung gehört zu den sog. Sekundärmaßnahmen (vgl. auch Kap. 7.3). Sie beinhaltet die Aufgabenstellungen Abscheiden, Reduktion, Zerstörung von Schadstoffen aus dem Prozeßgas oder Abgas (z.B. HF, HCl, SO_2, Schwermetalle, organische Spurenstoffe, NO_x, PCDD/F). Dazu stehen eine Vielzahl unterschiedlicher Verfahren

zur Verfügung, die wiederum mit unterschiedlichen verfahrenstechnischen Elementen durchgeführt werden. Im folgenden seien nur die wesentlichen Verfahrensbausteine aufgezählt:

1) **Filterungsverfahren:** Entfernung von partikelförmigen Verunreinigungen mit Gewebefiltern oder trockenen bzw. nassen E-Filtern.

2) **Trockenverfahren:** Entfernung der Abgasbestandteile SO_2, HF, HCl, Schwermetall usw. durch Einblasen von trockenen Additiven wie z.B. Aktivkoks- oder Kalkhydrat in Flugstrom-, Festbett- oder Wanderbettreaktoren.

3) **Quasitrockenverfahren:** Entfernung der Abgasbestandteile SO_2, HF, HCl, Schwermetalle usw. durch Einblasen von Waschlösungen (Wasser und Additive), die im Abgasstrom verdampfen.

4) **Naßverfahren:** Entfernung der Abgasbestandteile SO_2, HF, HCl, Schwermetalle usw. durch Wäschen (Wasser und Additive).

5) **SCR-Verfahren:** Reduktion von Stickoxid mit Hilfe von Ammoniak und Katalysatoren in einem Temperaturbereich um 170 °C bis 350 °C.

6) **SNCR-Verfahren:** Reduktion von Stickoxiden mit Hilfe von Ammoniak in einem Temperaturbereich um 850 °C bis 1000 °C.

7) **Aktivkoksfilter:** Entfernung der Abgasbestandteile (PCDD/F, Hg usw.).

Die Reinigungskonzepte und damit auch Schaltungsmöglichkeiten sind außerordentlich zahlreich. Die Abb. 11.1 zeigt lediglich ein Beispiel.

Anzumerken ist bei der Abgasreinigung noch die geforderte Abwasserfreiheit der Anlagen, da ein Verbot der Einleitung von Abwasser in Naturgewässer besteht (vgl. Tab. 1.1). Ob diese Forderung bei Vorhandensein einer entsprechenden Abwasserreinigung immer aus energetischer und ökologischer Sicht sinnvoll ist, wird derzeit diskutiert.

Wichtig erscheint auch der Hinweis, daß alle Abgasreinigungsanlagen die Grenzwerte nach Tab. 1.1 für die Einleitung von Schadstoffen in die Luft durch entsprechende Technik einhalten können, unabhängig von einem schlechten oder guten Ergebnis im thermischen Hauptverfahren. Von daher ist es verständlich, daß der Schwerpunkt der künftigen Entwicklung auf der Verbesserung des thermischen Hauptverfahrens liegt (siehe Kap.12), um z.B. die Größe der nachgeschalteten Reinigungsanlagen zu verkleinern usw.

Für den Betrieb eines üblichen Müllkraftwerkes werden eine Reihe von Betriebshilfsstoffen, wie z.B. Verbrennungsluft, Sauerstoff, Stickstoff, Wasser, Salzsäure, Natronlauge, Ammoniaklösung und Kalkstein benötigt. Die Anzahl und die Menge der Betriebshilfsstoffe richtet sich dabei stark nach der Zusammensetzung des

Abfalls, der Anlagentechnik und insbesondere auch nach der Ausführung der Abgasreinigungsanlage.

Reststoffverwertung:
Bei der thermischen Behandlung von Abfällen und anschließender Reinigung der Abgase verbleiben grundsätzlich Reststoffe in Form von Schlacke, Asche und Staub. Die Menge, Konsistenz und Zusammensetzung der Reststoffe hängt stark von der Zusammensetzung des Abfalls, der Prozeßführung und der verwendeten Anlagentechnik ab. Einen Überblick über die Art und Menge der Reststoffe gibt beispielhaft Abb. 11.2. Dabei muß nach der Art der Abgasreinigung zwischen Naßverfahren (siehe linke Seite von Abb. 11.2) und Trocken- / Quasitrockenverfahren (siehe rechte Seite von Abb. 11.2) unterschieden werden. Die abzuführenden Reststoffe lassen sich dabei grob den vier folgenden Bereichen zuordnen [z.B. 11.12]:

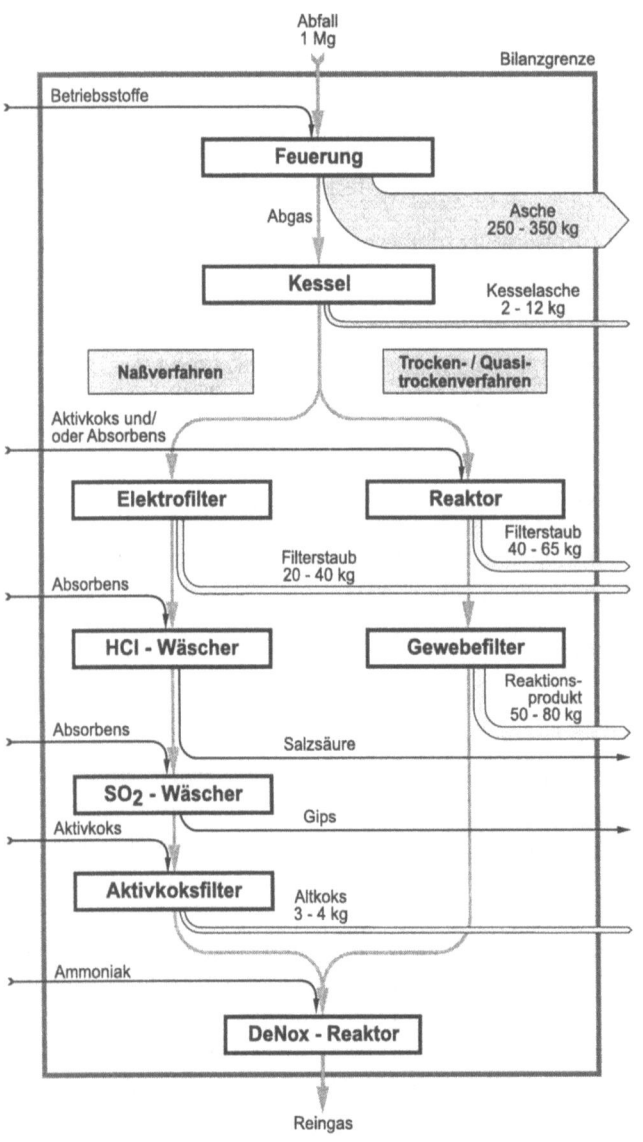

Abb. 11.2: Reststoffe aus der thermischen Restabfallbehandlung von Hausmüll [11.11].

1) **Asche** vom Rost, Nachverbrennungszone und Kessel

   Der Hauptreststoffmassenstrom aus dem Verfahren ist mit ca. 300 kg/(Mg Abfall) die Rostasche. Aus ihr lassen sich ca. 40 kg/Mg Abfall Eisenschrott abtrennen. Insgesamt verbleiben in Deutschland zur Zeit ca. 3 Mio. Mg/a Rostasche zur Verwertung/Entsorgung, wovon ca. 50 bis 60 % im wesentlichen als sekundäres Baumaterial im Straßen- und Wegebau zum Einsatz kommt und der übrige Anteil auf oberirdischen Deponien abgelagert wird [11.13].

2) **Filterstaub** aus der Entstaubung

   Der Filterstaub (ca. 0,21 Mio. Mg/a) beinhaltet hauptsächlich Schwermetalle, lösliche Salze und organische Schadstoffe. Er wird entweder direkt einer Ober- oder Untertageablagerung zugeführt oder mit Zuschlagstoffen, wie z.B. Zement, gebunden und dann eingelagert oder kann in Schmelzverfahren nachbehandelt werden [z.B. 11.14].

3) **Reaktionssalze** (z.B. $NaCl$, $CaCl_2$), **Salzsäure, Gips, Wasser, Schlämme, Additive** aus der Abgasreinigung

   Die Art der Reststoffe aus der Abgasreinigung (ca. 0,11 Mio. Mg/a) richtet sich in erster Linie nach den eingesetzten Reinigungsverfahren und den Zusatzstoffen (Betriebshilfsstoffe).

4) **Abdampfreststoff** aus der Eindampfung

   Da nach den gesetzlichen Anforderungen eine thermische Abfallbehandlungsanlage „abwasserfrei" sein muß [1.4], wird häufig, je nach Art der Abgasreinigungstechnik, eine Eindampfanlage für die Prozeßwasser- und Schlammentsorgung eingesetzt. Der Abdampfrückstand wird in der Regel einer Untertagedeponie zugeführt.

Bei dem klassischen Verfahren kann sich eine Reststoffnachbehandlung, wenn sie gefordert wird, nur als Zusatzbehandlung (innerhalb des Bilanzkreises des thermischen Hauptverfahrens berücksichtigen) anschließen. Je nach gestellten Anforderungen an den verbleibenden Reststoff ergeben sich eine Reihe unterschiedlicher Nachbehandlungsverfahren wie z.B.

- Aufbereitungsverfahren (z.B. Separieren von Metall aus Aschen),

- Verfestigungsverfahren (z.B. Einsatz von Bindemitteln bei der Deponierung von Flugstaub),

- Schmelzverfahren (z.B. Schmelzen von Aschen und Flugstaub, um diese in einen auslaugfesten, verwertbaren Reststoff zu überführen),

264   Derzeitiger Stand der Technik von thermischen Abfallbehandlungsverfahren

- Waschverfahren (z.B. die Entfernung von leichtlöslichen Salzen und Schwermetallen).

Auf eine detaillierte Beschreibung der einzelnen Verfahren wird hier verzichtet und auf die einschlägige Literatur verwiesen [z.B. 11.15 bis 11.19].

Massen- und Energiebilanzen: Wie bereits in Kap. 1 erwähnt, ist die erste Zielstellung der thermischen Behandlung von Restabfall aus Hausmüll zunächst die Entsorgung, d.h. die Aufgabe, die mit dem Abfall eingetragenen organischen Substanzen weitgehend abzubauen, eine gezielte Senke für einzelne Schadstoffe zu bilden, eine Inertisierung der Reststoffe zu erreichen und die Deponieflächen zu entlasten. Erst an zweiter Stelle steht das Ziel einer energetischen Nutzung des Abfalls in Form von Dampf und weitere Umwandlung in elektrische Energie. Läßt es der Standort zu, wird häufig zusätzlich ein Fernwärmenetz betrieben. Die stoffliche Nutzung, z.B. der Einsatz des Dampfes als Prozeßdampf in der Industrie ist selten.

Mit Hilfe der in Kap. 10 dargestellten Bewertungsmöglichkeiten ergeben sich für die thermische Behandlung eines Hausmülls (h_u = 10,6 MJ/kg) in einem klassischen Müllkraftwerk nach [10.2] unter Berücksichtigung eventuell benötigter Primärenergien folgende Wirkungsgrade:

therm. Anlagenwirkungsgrad	$\eta_{t,a,GV}$ = 72 %,
therm. Primärwirkungsgrad	$\eta_{t,p,GV}$ = 69 %,
therm. Nettoprimärwirkungsgrad	$\eta_{t,n,GV}$ = 65 %,
elektr. Nettoprimärwirk. ohne Ascheeinschmelzung	$\eta_{e,n,GV}$ = 21 %.

Belastet man die Anlage mit dem Aufwand einer zusätzlichen Einschmelzanlage für die Asche, um sie in „Schlackenqualität" zu verbessern, so sinkt beim Betreiben der Einschmelzanlage mit fossilem Brennstoff der elektrische Nettoprimärwirkungsgrad auf ca. $\eta_{e,n,GV}$ = 17 % und beim Betreiben der Einschmelzanlage mit elektrischer Energie der Wirkungsgrad auf ca. $\eta_{e,n,GV}$ = 13 %.

Ausgehend von dem thermischen Anlagenwirkungsgrad ist natürlich auch eine „gemischte" Energienutzung, d.h. Nutzung als Wärme und elektrische Energie möglich (Müll**heizkraft**werk), wobei dann entsprechende Wirkungsgrade angegeben werden, die als „Nutzen" die Summe der Nutzwärmen und der elektrischen Energie beinhalten.

Zusammenfassung: Es ergeben sich für die sogenannten klassischen Verbrennungs-Verbrennungs-Verfahren, die mit Rostsystemen ausgerüstet sind, folgende Erfahrungen:

- Langjährig erprobte, sichere und ausgereifte Technik mit großer Betriebserfahrung an über 50 Anlagen,

- keine Einschränkungen der Flexibilität hinsichtlich des Durchsatzes, der Abfallzusammensetzung und des Heizwertes für typischen Hausmüll und hausmüllähnlichen Gewerbeabfall,

- die Anlagen arbeiten mit einer Verfügbarkeit von über 7500 Stunden im Jahr und sind im Betrieb sehr flexibel,

- weiter besteht noch ein erhebliches Entwicklungspotential bei der Prozeßführung auf dem Rost (siehe Kap. 12),

- eine Nachbehandlung der Reststoffe ist im Verfahren nicht integriert; sollte eine Nachbehandlung notwendig sein, sind Zusatzverfahren (z.B. Einschmelzverfahren) zu installieren.

11.1.2 Hausmüllpyrolyse

Verfahrenseinordnung Apparatetyp und Entwicklungsstand:

1. Einheit **Thermolyse** (Drehrohrsystem)

und getrennte

2. Einheit **Verbrennung** (Brennkammersystem).

Wie erwähnt arbeitet zur Zeit eine der thermischen Behandlungsanlagen in Deutschland nicht mit einem Rostsystem. Bei dem Verfahren handelt es sich um eine sogenannte Hausmüllpyrolyseanlage (Burgau, Bayern). Das Verfahren (Abb. 11.3 und 11.4) [11.20] zur thermischen Behandlung von Restabfall aus Hausmüll und Klärschlamm hat die Wertstoffseparierung und die Herstellung eines Pyrolysekokses in der **Thermolyse** (1. Einheit) sowie die anschließende **Verbrennung** (2. Einheit) ausschließlich des Pyrolysegases mit entsprechender Energienutzung zum Ziel. Auf die Anlagentechnik wird hier nur kurz eingegangen. Das Verfahren (Verfahren V2 in Tab. 10.1) besitzt in der 1. Einheit ein Drehrohrsystem und in der 2. Einheit ein Brennkammersystem zur Nachverbrennung der Prozeßgase und Flugstäube. Zur Zeit ist die Anlage in Deutschland die einzige im entsorgungstechnischen Maßstab gebaute Hausmüllpyrolyse, die eine langjährige Betriebserfahrung besitzt. Die mit zwei Linien ausgerüstete Anlage wird seit 1983 betrieben und ist für einen Durchsatz von ca. 34.000 Mg/a ausgelegt. Das Verfahren beinhaltet nach [11.20]:

266 Derzeitiger Stand der Technik von thermischen Abfallbehandlungsverfahren

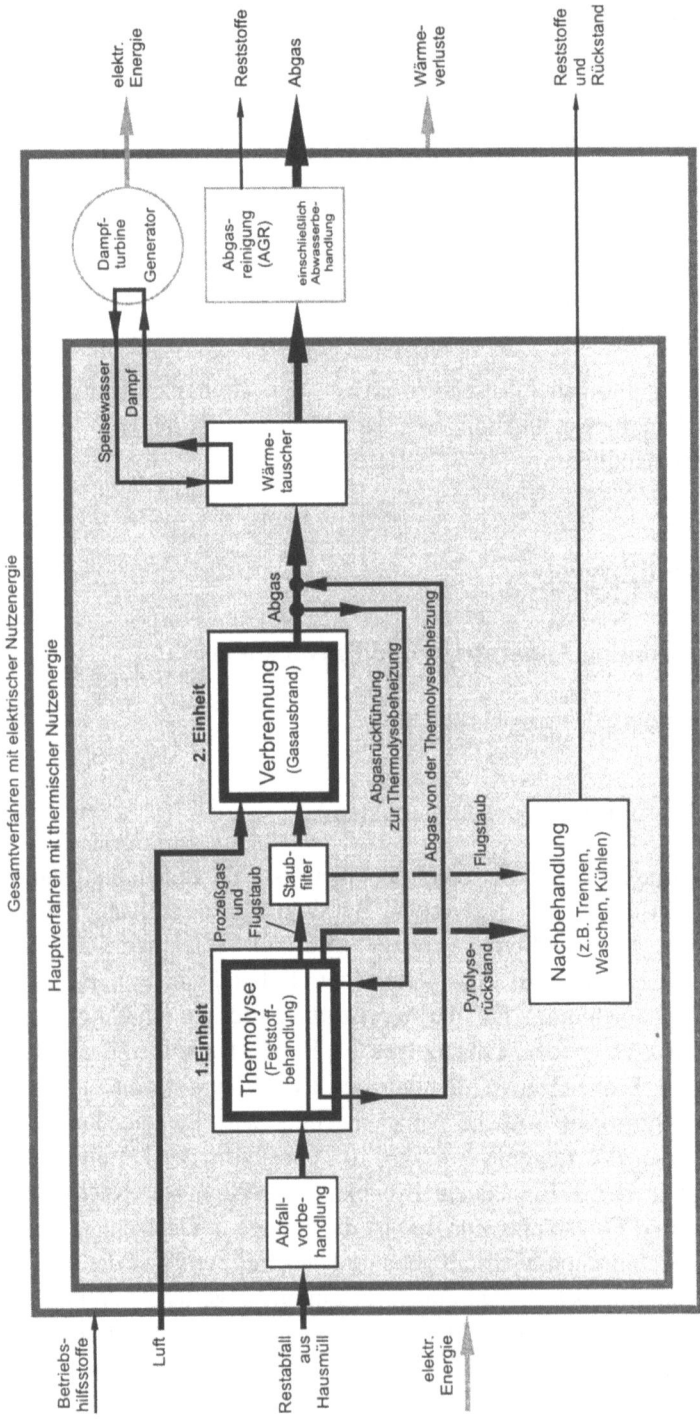

Abb. 11.3: Blockfließbild der Hausmüllpyrolyse in Burgau.

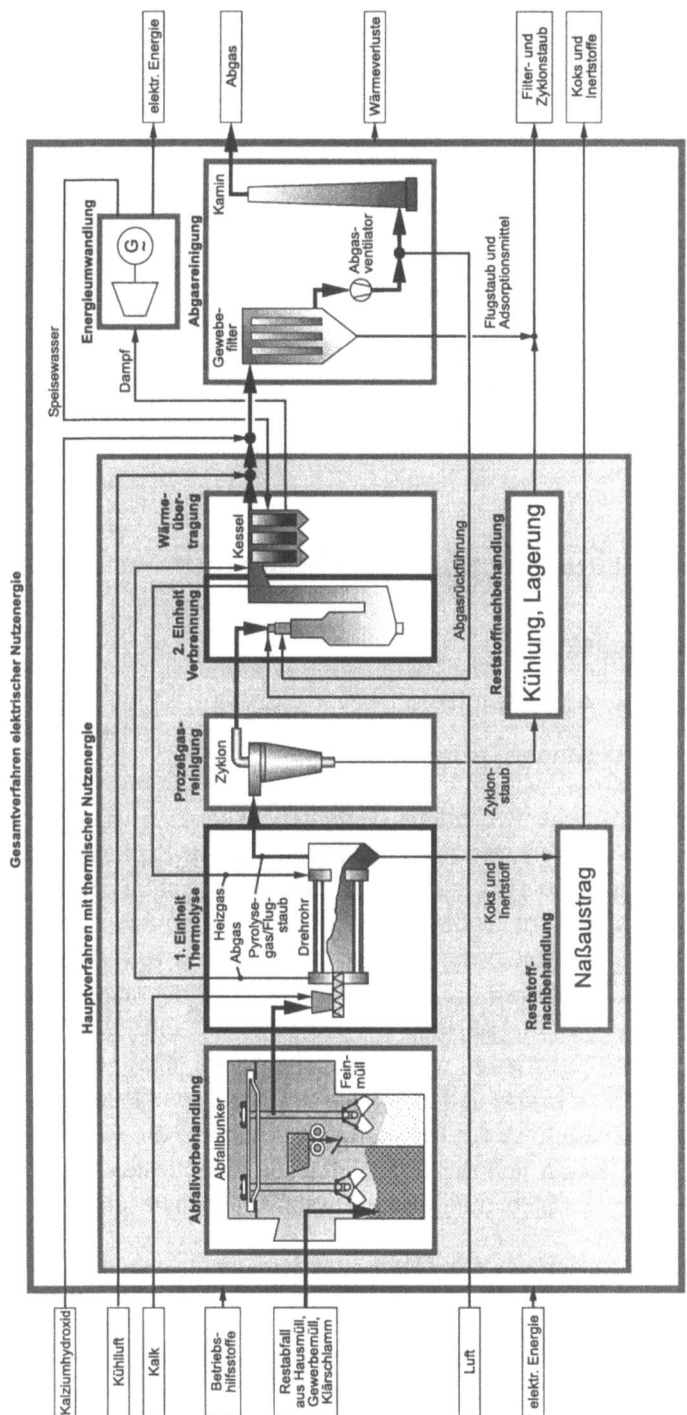

Abb. 11.4: Schematische Darstellung der Hausmüllpyrolyseanlage in Burgau [11.20].

- Die Aufgabe des zerkleinerten Restabfalls aus Hausmülls mit Klärschlamm und Kalk,
- das mit rückgeführten Abgasen indirekt beheizte Drehrohr (Thermolysetemperatur ca. 450 °C),
- den Flugstaubaustrag mit einem Pyrolysegaszyklon,
- die Nachbrennkammer zur Verbrennung der organischen Pyrolysegasinhaltsstoffe,
- Abgasenergieausnutzung im Kessel und
- Abgasreinigung.

Der anfallende Pyrolysekoks (ca. 20 Ma.-%) wird derzeit noch nicht weiter thermisch behandelt, sondern zusammen mit dem Flugstaub deponiert.

11.2 Überwachungsbedürftige Abfälle (Sonderabfall)

Verfahrenseinordnung:

1. Einheit **Verbrennung** (Feststoff)

2. Einheit **Nachverbrennung** (Flugstaub und Gase).

Das klassische thermische Behandlungsverfahren (Abb. 11.5) kann somit in die sog. Verbrennungs-Verbrennungs-Verfahren (vgl. Tab. 10.1) eingeordnet werden. Bei den überwachungsbedürftigen Abfällen (allgemein auch als Sonderabfall bezeichnet) handelt es sich um Gemische aus festen, pastösen und flüssigen Stoffen und auch um Fässer (Gebinde) mit teilweise unbekanntem Abfall (z.B. Krankenhausabfall). Die Zielstellungen der thermischen Behandlung von Sonderabfall ist die umweltgerechte Beseitigung, d.h. die Aufgabe, die mit dem Abfall eingetragenen organischen Substanzen weitgehend abzubauen, eine gezielte Senke für einzelne Schadstoffe zu bilden und damit das stoffbezogene Gefährdungspotential abzubauen, eine Inertisierung der Reststoffe zu erreichen, die freiwerdende thermische Energie zu nutzen und die Deponieflächen zu entlasten. Die Umsetzung dieser Ziele sollte unter einem minimalen Einsatz von Primärenergien erfolgen.

Apparate: Die 1. Einheit ist ein Drehrohrsystem, dem sich die 2. Einheit als Brennkammersystem anschließt.

Entwicklungsstand: Für das Verfahren hat sich das Drehrohrsystem als Apparat (siehe Abb. 9.2) für die 1. Einheit durchgesetzt.

Überwachungsbedürftige Abfälle (Sonderabfall)

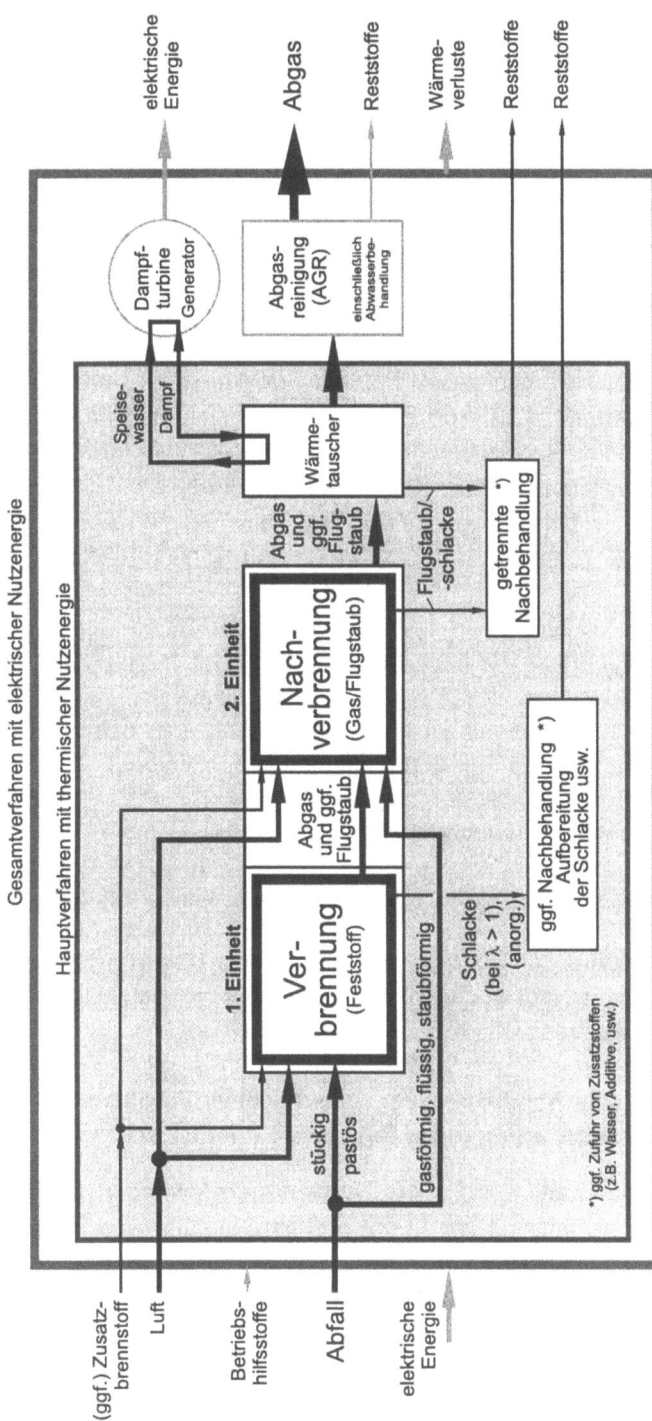

Abb. 11.5: Blockfließbild einer klassischen Sonderabfallverbrennung [4.11].

270 Derzeitiger Stand der Technik von thermischen Abfallbehandlungsverfahren

Die Technologie kommt ursprünglich aus dem Industrieofenbereich und dient dort der thermischen Stoffbehandlung (z.B. Zementherstellung). Die erste Patentschrift zur Kopplung des Drehrohres mit einer nachgeschalteten „ungekühlten" Nachbrennkammer wurde 1963 gestellt. Der erste Einsatz bei einer Sonderabfallverbrennung erfolgte 1964 [11.21].

Der Anteil an überwachungsbedürftigen Abfällen ist in den letzten Jahren stark zurückgegangen, was insbesondere in einer verstärkten Vermeidung und Verwertung begründet ist. Im Jahre 1993 fielen ca. 9,1 Mio. Mg überwachungsbedürftige Abfälle an, wovon ca. 3 Mio. Mg Abfälle einer Verwertung und ca. 6,1 Mio. Mg Abfälle einer Beseitigung zugeführt worden sind. Die Beseitigung kann durch chemisch-physikalische oder thermische Verfahren und mit über- oder untertägiger Deponierung (Ende 1995 gab es 14 öffentliche Deponien für besonders überwachungsbedürftige Abfälle [2.2]) erfolgen. Zur Zeit sind in Deutschland 32 Anlagen zur thermischen Sonderabfallbehandlung in Betrieb, die ca. 1,1 Mio. Mg Abfall/a behandeln [2.2]. Die Anlagenstandorte verteilen sich hauptsächlich auf die größeren Industriegebiete und sind zum Teil mit mehreren Linien ausgerüstet. Typische Kapazitäten pro Anlagenlinie sind 10.000 bis 35.000 Mg/a.

Verfahrenstechnik: In Abb. 11.6 ist beispielhaft eine typische Sonderabfallverbrennungsanlage (**S**onder**m**üll**v**erbrennungsanlage (SMV)) dargestellt. Die Hauptkomponenten des thermischen Hauptverfahrens sind neben dem Abfallbunker, dem Beschickungssystem hauptsächlich das Drehrohr mit dem Schlackeaustrag, die Nachbrennkammer, in der für die Verbrennung von Sonderabfall

- die gesetzlich geforderte Feuerraumtemperatur von 1200 °C und

- die vorgeschriebene Verweilzeit der Abgase von mindestens 2 Sekunden

eingehalten werden muß. Den Abschluß des thermischen Hauptverfahrens bildet die Wärmenutzung der Abgase in einem Wärmetauscher (Kesselanlage). Zusammenfassend läßt sich das Verfahren wie folgt charakterisieren:

- Es kann praktisch jede Abfallkonsistenz (einschließlich Behältern) aufgenommen werden, was in dem vorliegenden Fall oberste Priorität ist.

- Drehrohre für Sonderabfall werden mit Durchmessern zwischen 1 m bis 5 m sowie mit Längen zwischen 8 bis 12 m, in Ausnahmefällen bis 20 m ausgeführt.

Überwachungsbedürftige Abfälle (Sonderabfall)

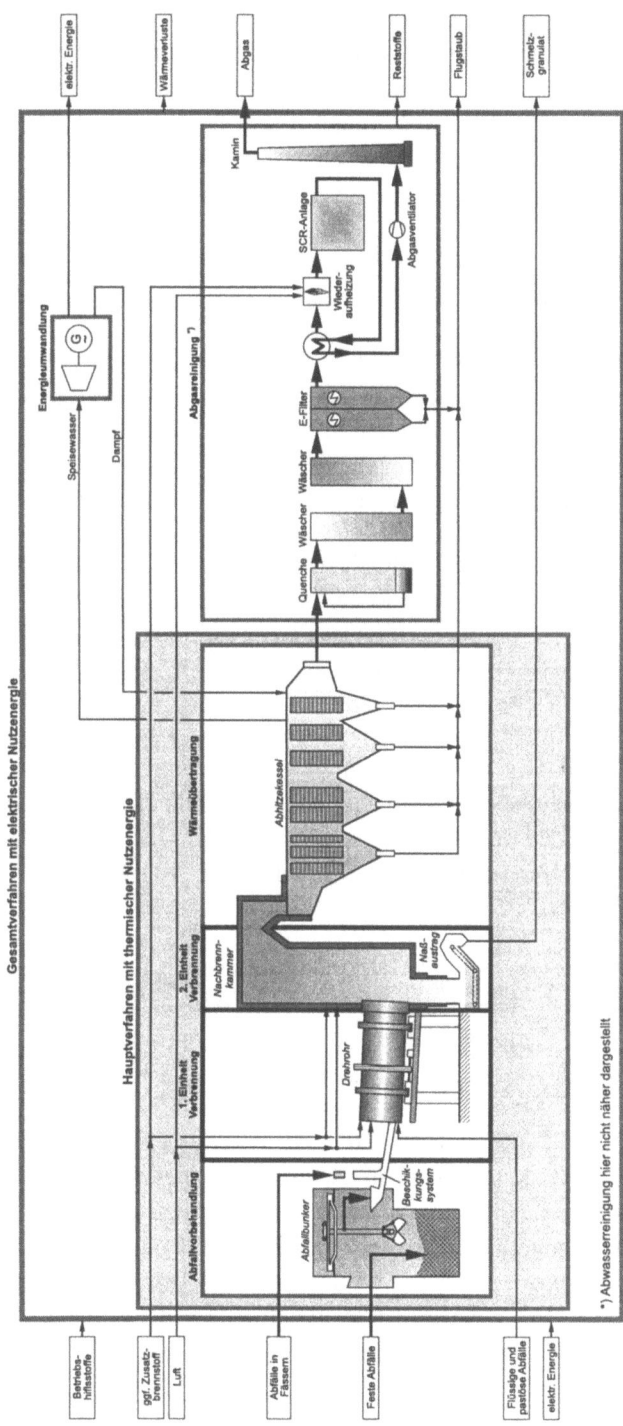

Abb. 11.6: Schematische Darstellung einer klassischen Sonderabfallverbrennung [z.B. 9.3, 11.22].

272 Derzeitiger Stand der Technik von thermischen Abfallbehandlungsverfahren

- Wenn wegen der Heterogenität der Abfälle unmittelbar nach Beschickung durch sehr schnelle Verdampfungs- und Entgasungsvorgänge große Mengen brennbarer Gase auftreten können, werden Luftzahlen um $\lambda = 1,8$ bis 2,0 eingestellt, um in solchen Fällen ausreichend Sauerstoff zur Verfügung zu stellen. Falls z.B. bei Faßbeschickung der Inhalt vorher bekannt ist, kann auch intervallartig über Düsen kurzzeitig entsprechend Zusatzsauerstoff zugegeben werden. Dadurch kann dann die Luftzahl insgesamt gesenkt werden.

- Im Gegensatz zu dem Apparat „Rost" ist der Stoffumsatz längs des Reaktionsweges weniger zu steuern.

- Die Verweilzeit (z.B. 0,5 h bis 1 h) kann durch stufenlose Drehzahlverstellung (typische Werte für Drehzahlen sind 0,05 bis 2 U/min) sowie durch den Befüllungsgrad des Rohres (z.B. typischer Weise 20 % Bedeckung des Rohrquerschnitts mit Abfall) über den Abfallmassenstrom variiert werden. Typische Abfallmassenströme liegen zwischen 0,3 bis 20 t/h.

- Das Drehrohr kann sowohl als Gleichstrom- als auch als Gegenstromapparat ausgeführt werden. Für den in der Regel heizwertreichen Sonderabfall hat sich der Gleichstrombetrieb durchgesetzt. Der Gegenstrombetrieb wird bei Abfällen mit niedrigem Heizwert ($h_u < 8$ MJ/kg) angewendet (Aufheizung des Abfalls).

- Die Temperaturen im Drehrohr liegen zwischen 900 °C und 1200 °C, teilweise auch höher. Bei niedrigen Heizwerten ist gegebenenfalls über Stützbrenner Zusatzbrennstoff zuzugeben. Es wird in jedem Fall darauf geachtet, daß je nach Zusammensetzung der Reststoffe diese als Schlacke (flüssig) abgezogen werden können. Die Herstellung der Schmelzphase ist somit im Verfahren integriert.

Die sich an das thermische Hauptverfahren anschließende Abgasanlage setzt sich hier aus den Komponenten Quenche, mehrstufiger Wäscher, E-Filter, Wiederaufheizung, SCR-Anlage, Saugzuggebläse und Kamin zusammen. Auf andere Abgasreinigungsanordnungen wird in Zusammenhang mit Kap. 12 weiter eingegangen.

Reststoffverwertung: Im Gegensatz zum Rost verlassen beim Drehrohr, wie erwähnt, die Inertstoffe den Apparat in der Regel schmelzflüssig. Die Schlacke wird im Naßaustrag abgekühlt und danach entweder deponiert oder einer Verwertung als Baustoff zugeführt. Die Art und Menge der einzelnen verbleibenden Reststoffe sind abhängig von der Abfallzusammensetzung (Sonderabfall) und variieren sehr stark. Eine entsprechende allgemeine Angabe kann daher nicht gemacht werden.

Überwachungsbedürftige Abfälle (Sonderabfall) 273

Massen- und Energiebilanzen: Die Bewertung eines Verbrennungs-Verbrennungs-Verfahrens für Sonderabfall wurde beispielhaft in [4.11] dargestellt, so daß hier nur kurz auf die Ergebnisse eingegangen werden soll. Grundlage für die Bewertung ist ein Abfallmassenstrom von 1000 kg/h mit einer Mischung aus festen, pastösen und flüssigen Sonderabfällen, die einen Mischheizwert $h_u = 10,2$ MJ/kg ergeben. Im angesprochenen Beispiel werden drei unterschiedliche Prozeßführungen verglichen, um die Mindestverbrennungstemperatur von 1200 °C einhalten zu können (vgl. auch Kap. 10.4.5):

a) Prozeßführung mit **Zusatzbrennstoff** (hier: Erdgas) und Luft als Reaktionsgas bei einem Stöchiometrieverhältnis $\lambda_{ges} = 1,8$;

b) Prozeßführung mit **Sauerstoffanreicherung** der Verbrennungsluft bei einem Stöchiometrieverhältnis $\lambda_{ges} = 1,8$;

c) Prozeßführung ohne Zusatzbrennstoff und Luft als Reaktionsgas, jedoch mit der Annahme, daß der Abfall so aufbereitet werden kann, daß ein **kleines Stöchiometrieverhältnis (λ-Reduzierung)** $\lambda_{ges} = 1,3$ möglich wird.

Mit Hilfe der in Kap. 10 näher beschriebenen Wirkungs- und Aufwandsgrade und den Massen- und Energiebilanzen für das Gesamtverfahren (in [4.11] näher dargestellt) ergibt sich für die Prozeßführung a) ein elektrischer Aufwandsgrad, unter Berücksichtigung eines elektrischen Umwandlungswirkungsgrades $\eta_{e,a,TG} = 33$ %, von $a_{e,n,GV} = -11$ % und damit von allen Varianten die ungünstigste Prozeßführung. Es handelt sich damit nur um eine thermische Entsorgung, bei der über die Energie des Abfalls hinaus zusätzlich Primärenergie bedingt durch den hohen Luftüberschuß der thermischen Behandlung zugeführt werden muß, um die gesetzlich geforderte Mindestfeuerraumtemperatur von 1200 °C in der Nachverbrennung sicherzustellen. Diese herkömmliche Methode des Einsatzes von Zusatzbrennstoffen bedingt nicht nur große Abgasreinigungsanlagen, sondern auch einen hohen zusätzlichen Aufwand an Primärenergie. Eine deutliche Verbesserung, bis hin zu einer eigenständigen Verbrennung bei geringen Heizwerten, läßt sich durch die Prozeßführung b) mittels Sauerstoffanreicherung der Verbrennungsluft erreichen. Bei dieser Prozeßführung ergibt sich für das angesprochene Beispiel ein elektrischer Nettoprimärwirkungsgrad von $\eta_{e,n,GV} = 3$ %. Noch günstiger wirkt sich die genannte Prozeßführung c) mit der Abfallaufbereitung aus, sofern es möglich ist, diese Maßnahme zu realisieren. Hierdurch kann eine Senkung der hohen Stöchiometriezahl vorgenommen werden, so daß weder Zusatzenergie noch Sauerstoff benötigt wird. Der elektrische Nettoprimärwirkungsgrad steigt bei dieser Prozeßführung auf $\eta_{e,n,GV} = 8$ %.

274   Derzeitiger Stand der Technik von thermischen Abfallbehandlungsverfahren

Mit den beiden angedeuteten Optimierungsschritten „Sauerstoffanreicherung" und „λ-Reduzierung durch Abfallaufbereitung" zeigt sich, daß auch das klassische Verbrennungs-Verbrennungs-Verfahren für „Sonderabfall" noch ein Entwicklungspotential besitzt.

Zusammenfassung: Für die thermische Sonderabfallbehandlung ergeben sich folgende Erfahrungen:

- Langjährig erprobte (seit 1964), sichere und ausgereifte Technik mit „großer" Betriebserfahrung an heute über 30 Anlagen,

- sehr große Flexibilität im Hinblick auf das Spektrum von Abfällen, den Durchsatz und den Heizwert (übliche Werte für die Zusammensetzung nach [11.23] sind z.B. 15 % feste, 30 % pastöse und 55 % flüssige Sonderabfälle mit einem mittleren Heizwert von 25 MJ/kg Abfall) ,

- Verbrennung von hochchlorierten und stark schwefelhaltigen organischen Verbindungen,

- direkte Aufgabe fester Sonderabfälle in Fässern ohne Aufheizung,

- Anlagenverfügbarkeit von ca. 7500 Stunden im Jahr,

- Nachbehandlung der Reststoffe (kontinuierlicher Schmelzfluß) ist im Verfahren integriert,

- verbleibendes Entwicklungspotential bezieht sich im wesentlichen auf die Regelung des Betriebes und die Logistik für die Beschickung mit Abfällen schnell wechselnder Konsistenz, den Einsatz der Sauerstoffanreicherung, der Senkung der Luftzahl durch Abfallvorbehandlung (falls möglich) usw.

Diesen Vorteilen stehen Nachteile gegenüber, wie z.B. nach [11.21]:

- Hohe Investitionskosten,

- starke thermische und mechanische Beanspruchungen einzelner Zonen,

- Möglichkeit des Eintrittes von Falschluft an den Abdichtungen des Drehrohres (siehe Abb. 9.3),

- mögliche Anbackungen und damit das Zuwachsen des Drehrohres.

11.3 Klärschlamm

Auf die thermische Entsorgung von Klärschlamm wird hier nur kurz eingegangen und beispielhaft auf die Literatur [2.11, 9.7, 11.24 bis 11.28] verwiesen. Durch die Erhöhung der Anzahl angeschlossener Kommunen und Industrien, insbesondere in den neuen Bundesländern und durch den Ausbau der Abwasserreinigungsverfahren, hat sich das Aufkommen an Klärschlämmen aus Kläranlagen erheblich gesteigert. Zukünftig fallen in Deutschland ca. 80 bis 85 Mio. Mg/a kommunale Klärschlämme mit ca. 3 bis 5 % TS an, die nach [11.25] zu 50 bis 60 % deponiert, rund 30 % einer landwirtschaftlichen und landschaftsbaulichen Verwertung sowie ca. 10 % einer thermischer Behandlung (ca. 300.000 Mg/TS Klärschlamm) zugeführt werden. Die thermische Behandlung von Klärschlämmen kann im wesentlichen mit folgenden Verfahren erfolgen:

a) **Gemeinsame Verbrennung (Co-Verbrennung) mit Restabfällen aus Hausmüll [z.B. 9.7] in Anlagen nach Kap. 11.1**

Aus Gründen des Geruches während des Transportes zur thermischen Behandlungsanlage wird der Schlamm zunächst anaerob stabilisiert. Es reicht eine mechanische Entwässerung aus, um den Schlamm zusammen mit dem Hausmüll (Mischung im Müllbunker) auf den Rost zu geben. Es ist auch möglich, den Schlamm über eine gesonderte Eintragswalze auf den auf dem Rost liegenden Müll (Gutbett) zu „werfen". Bis zu 20 % Klärschlamm sind anteilig möglich, ohne die Reaktionsbedingungen auf dem Rost wesentlich zu beeinflussen.

b) **Gemeinsame Verbrennung von Klärschlamm und Kohle (Co-Verbrennung) in einer Staubfeuerung [z.B. 11.27, 11.28]**

Eine weitere Möglichkeit ist die sogenannte Co-Verbrennung (Mit-Verbrennung) kommunaler Klärschlämme in Kraftwerken mit einer Kohlestaubfeuerung. Zum Einsatz kommt mechanisch entwässerter Klärschlamm mit einem TS-Gehalt von 20 bis 30 %, der den Kohlestaubmühlen mit einem Dosierverhältnis von bis zu 4 % (Massenstrom Klärschlamm (TS) / Massenstrom Kohle) zugeführt wird. Eine eventuell benötigte thermische Vortrocknung des Klärschlammes bis auf 90 % TS-Gehalt kann über energetisch günstige Wärmerückgewinnungsanlagen erfolgen. Die Verbrennung in Kraftwerken stößt nicht auf technologische Probleme, jedoch auf Schwierigkeiten der Akzeptanz bei der Genehmigung.

c) **Seperate Verbrennung (Monoverbrennung) von Klärschlamm [z.B. 2.11]**

Für die Monoverbrennung von Klärschlamm ist eine Entwässerung auf einen Trockensubstanzgehalt (TS) von mindestens 30 % erforderlich, was noch mechanisch erreicht werden kann. Ausgefaulter Schlamm (Faulschlamm) ermöglicht eine selbstgängige Verbrennung erst bei einem TS-Gehalt von oberhalb ca. 50 %. Dies erreicht man nur durch eine wenigstens teilweise thermische Trocknung. Eine Faulung ist jedoch zur Vermeidung von Geruchsbelästigung nicht notwendig, wenn ein Rohrleitungstransport des Klärschlammes zur thermischen Behandlungsanlage möglich ist.

Die Monoverbrennung des Klärschlamms kann in einem Wirbelschichtreaktor (siehe Abb. 9.12) als 1. Einheit des thermischen Hauptverfahrens erfolgen. Dabei werden Temperaturen um 800 °C bis 950 °C erreicht bzw. sind anderseits nicht zu überschreiten, um u.a. eine Ascheerweichung zu vermeiden. Die Nachverbrennung als 2. Einheit findet unmittelbar in dem Freiraum (Freeboard) oberhalb der Wirbelschicht statt. Sie ist somit unmittelbar an die Wirbelschicht gekoppelt, so daß die gesamte Stoffumsetzung praktisch in einem einzigen Reaktor erfolgt.

Als weitere Möglichkeit für die Monoverbrennung des Klärschlamms wird der Etagenofen (Abb. 9.11) genutzt. Die Arbeitsweise, die Verbrennungsluft und Abgase zum Teil im Gegenstrom zu führen, ermöglicht eine Wärmerückgewinnung und damit die Einhaltung der gesetzlich geforderten Mindestfeuerraumtemperatur.

12 Entwicklungstendenzen thermischer Abfallbehandlungsverfahren

Derzeit befindet sich eine Vielzahl von thermischen Behandlungsverfahren in der Entwicklung (Beispiele in Tab. 12.1). In Anlehnung an Tab. 10.1 wird bei der systematischen Darstellung der Verfahren wieder nach Feststoffbehandlung (stückig, pastös usw.) (1. Einheit) sowie Gas- und Staubbehandlung (2. Einheit) unterschieden. Bei einigen Verfahren ist eine zusätzliche Unterteilung der Einheiten in die Teileinheiten (a) und (b) zweckmäßig.

Nr.	Verfahren	1. Einheit (Feststoffbehandlung)	2. Einheit (Gas- und Flugstaubbehandlung)	Abbildung	Nutzungs- möglich- keiten *) (Beispiele)
T1	klassisches Verfahren für Hausmüll	Verbrennung (Rostsystem)	Verbrennung (Brennkammersystem)	Abb. 10.1 Abb. 11.1	1, 2, 3
T2	klassisches Verfahren für Sonderabfall	Verbrennung (Drehrohrsystem)	Verbrennung (Brennkammersystem)	Abb. 11.5 Abb. 11.6	1, 2, 3
T3	Weiter- entwicklung von Verfahren Nr. 1	Vergasung (Rostsystem)	Verbrennung (Brennkammersystem)	Abb. 12.9 Abb. 12.10	1, 2, 3
T4	Wikonex- Verfahren	Vergasung (Wirbelschichtreaktor)	Verbrennung (Brennkammersystem)	Abb. 12.11 Abb. 12.12	1, 2, 3
T5	VS-Verfahren	1a Vergasung (Rostsystem) 1b Verbrennung (Drehrohrsystem)	Verbrennung (Brennkammersystem)	Abb. 12.13 Abb. 12.14	1, 2, 3
T6	RCP-Verfahren	1a Vergasung (Rostsystem) 1b Verbrennung (Schmelzofen)	Verbrennung (Wirbelschichtreaktor)	Abb. 12.15 Abb. 12.16	1, 2, 3
T7	ECO-Gas- Verfahren	Vergasung (Wirbelschichtreaktor)	Vergasung (Gasspalter)	Abb. 12.17 Abb. 12.18	1, 2, 3, 4
T8	Schwel-Brenn- Verfahren	Thermolyse (Drehrohrsystem)	Verbrennung (Brennkammersystem)	Abb. 12.19 Abb. 12.20	1, 2, 3
T9	Hausmüll- pyrolyse (Burgau)	Thermolyse (Drehrohrsystem)	Verbrennung (Brennkammersystem)	Abb. 11.3 Abb. 11.4	1, 2, 3
T10	PYROPLEQ- Verfahren	Thermolyse (Drehrohrsystem)	Verbrennung (Brennkammersystem)	Abb. 12.21 Abb. 12.22	1, 2, 3
T11	Plasmox- Verfahren	Thermolyse (Drehherdofensystem)	Verbrennung (Brennkammersystem)	Abb. 12.23 Abb. 12.24	1, 2, 3
T12	PyroMelt- Verfahren	1a Thermolyse (Drehrohrsystem) 1b Verbrennung (Schmelzofen)	2a Verbrennung (Brennkammersystem) 2b Verbrennung (Brennkammersystem zur Drehrohrbeheizung)	Abb. 12.25 Abb. 12.26	1, 2, 3
T13	Thermoselect- Verfahren	1a Thermolyse (Entgasungskanal) 1b Vergasung (Schachtreaktor)	2a Vergasung (Schachtreaktor) 2b Verbrennung (Brennkammersystem zur Entgasungskanalbeheizung)	Abb. 12.27 Abb. 12.28	1, 2, 3, 4
T14	NOELL- Konversions- verfahren	Thermolyse (Drehrohrsystem)	2a Vergasung (Brennkammersystem) 2b Verbrennung (Brennkammersystem zur Drehrohrbeheizung)	Abb. 12.29 Abb. 12.30	1, 2, 3, 4

*) 1. Heizdampf (energetische Verwertung) 3. Elektrische Energie (energetische Verwertung)
   2. Prozeßdampf (stoffliche Verwertung)   4. Synthesegas (stoffliche Verwertung z.B. in Chemie-Industrie)

Tab. 12.1: Systematische Einteilung therm. Abfallbehandlungsverfahren (Beispiele).

12.1 Optimierung des klassischen Verfahrens für Restabfall aus Hausmüll

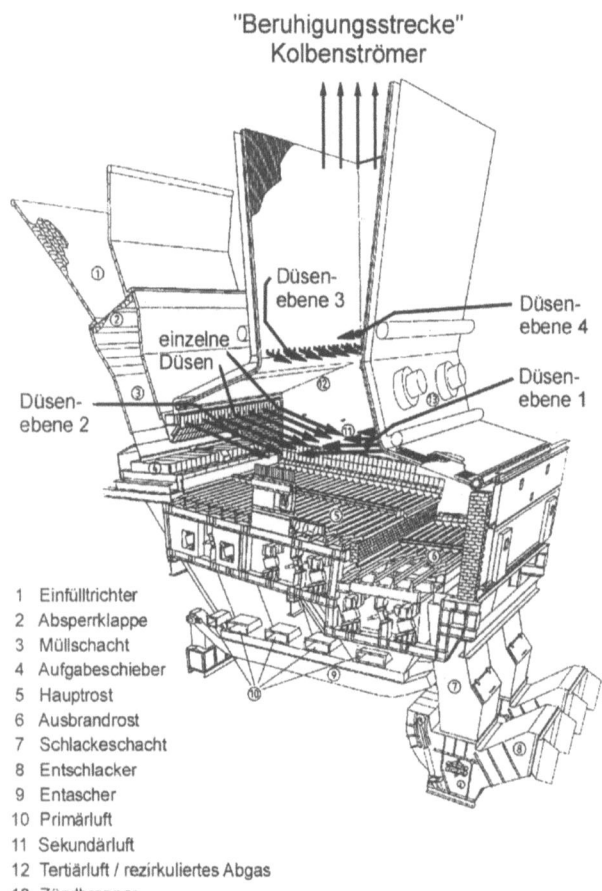

1 Einfülltrichter
2 Absperrklappe
3 Müllschacht
4 Aufgabeschieber
5 Hauptrost
6 Ausbrandrost
7 Schlackeschacht
8 Entschlacker
9 Entascher
10 Primärluft
11 Sekundärluft
12 Tertiärluft / rezirkuliertes Abgas
13 Zündbrenner

Abb. 12.1: Schematische Darstellung eines Vorschubrostes mit anschließender Nachverbrennungszone [12.1].

Das bestehende Optimierungspotential des Verfahrens für die thermische Behandlung von Restabfall aus Hausmüll (Nr.1 Tab. 12.1, im weiteren als (T1) bezeichnet) wird im folgenden ausgehend von Kap. 11.1.1 dargestellt.

Mit Hilfe der in Abb. 3.1 und in den Tab. 9.1 und 9.3 dargestellten grundsätzlichen Beeinflussungsmöglichkeiten der Haupteinflußgrößen und deren verfahrenstechnischen Umsetzung z.B. in Abb. 8.11 lassen sich für die Prozeßführung verschiedene Erweiterungen ableiten, wobei zwischen

1) Beeinflussung durch veränderte Projektierung sowie

2) Beeinflussung durch veränderte Betriebseinstellungen

unterschieden werden kann.

1) Beeinflussung durch veränderte Projektierung

1a) Durch **Trennung** (Entkopplung) der **ersten** und **zweiten Einheit** lassen sich die unterschiedlichen verfahrenstechnischen Teilaufgaben,

- Feststoffumsatz in der ersten Einheit in Bezug auf Temperaturverteilung, Ausbrand, Reststoffeigenschaften (z.B. Asche ggf. angesintert) usw.

und

- Verbrennung der aus der ersten Einheit (Rostsystem) stammenden Gase und Flugstäube in der zweiten Einheit in Bezug auf Ausbrand und Minimierung der Schadstoffe

besser optimieren. Die Trennung muß nicht geometrisch sein (bauliche Trennung), sie kann auch strömungstechnisch erfolgen. Letztere läßt sich wirksam erreichen, wenn die **Zuführung der Reaktionsgase** (sekundäre Verbrennungsluft, rückgeführtes Abgas usw.) mit Hilfe von sog. Freistrahlen erfolgt (Abb. 12.1). Dabei wird eine möglichst vollständige Überdeckung des Querschnitts (Dimensionierung von Düsenfeldern, Düsengeometrie, Eintragimpuls) durch eine hinreichende „Eindringtiefe" der Injektorstrahlen angestrebt. Günstig wirkt sich aus, wenn eine Injektoranordnung über mehrere Ebenen verwirklicht werden kann (Abb. 12.1 und 12.2). Dadurch läßt sich gleichzeitig bei genügend großem Abstand der Ebenen eine gestufte Verbrennung realisieren. Diese verfahrenstechnische Maßnahme führt zur Ausbildung einer intensiven Mischzone (Rührkesselelement) als Voraussetzung eines optimalen Ausbrandes in der sich anschließenden Zone. Diese sollte als „beruhigte" Strömungsstrecke (Kolbenströmerelement)

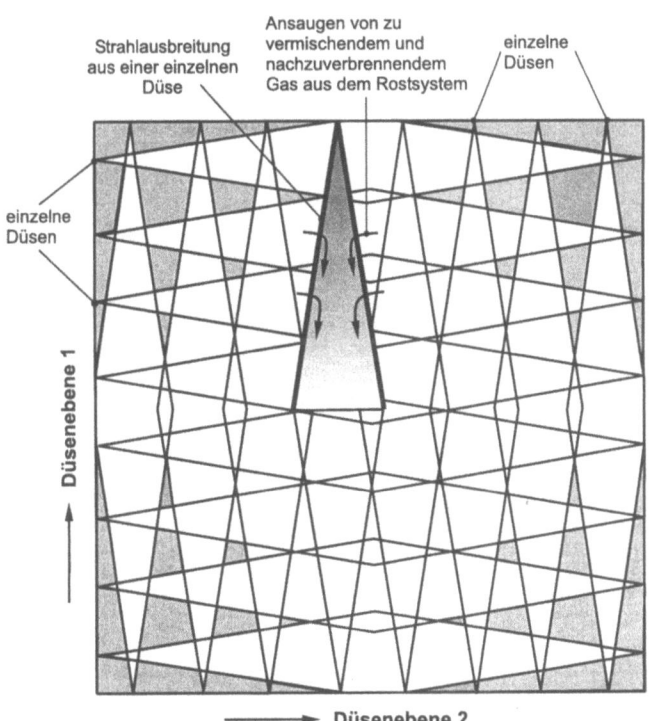

Abb. 12.2: Möglichkeiten der Anordnung von Düsenfeldern in zwei Ebenen über einem Strömungsquerschnitt zur Herstellung eines „Rührkessel" – Elementes [12.2].

280　Entwicklungstendenzen thermischer Abfallbehandlungsverfahren

ausgelegt sein. Unterstützend wirkt sich aus, wenn die Eindüsung an einem „**eingezogenen**" **Strömungsquerschnitt** erfolgt (siehe schematische Darstellung in Abb. 12.3). Abhängig von der Gesamtluftzahl λ kann man mehr oder weniger dabei auf die Zugabe von Sekundärluft verzichten und als Ersatz rückgeführte Abgase einsetzen, die einerseits den Abgasmassenstrom am Kamin reduzieren und andererseits bei „richtiger" Auslegung der Injektorstrahlen Temperaturspitzen in der Nachverbrennungszone vermeiden [z.B. 4.9].

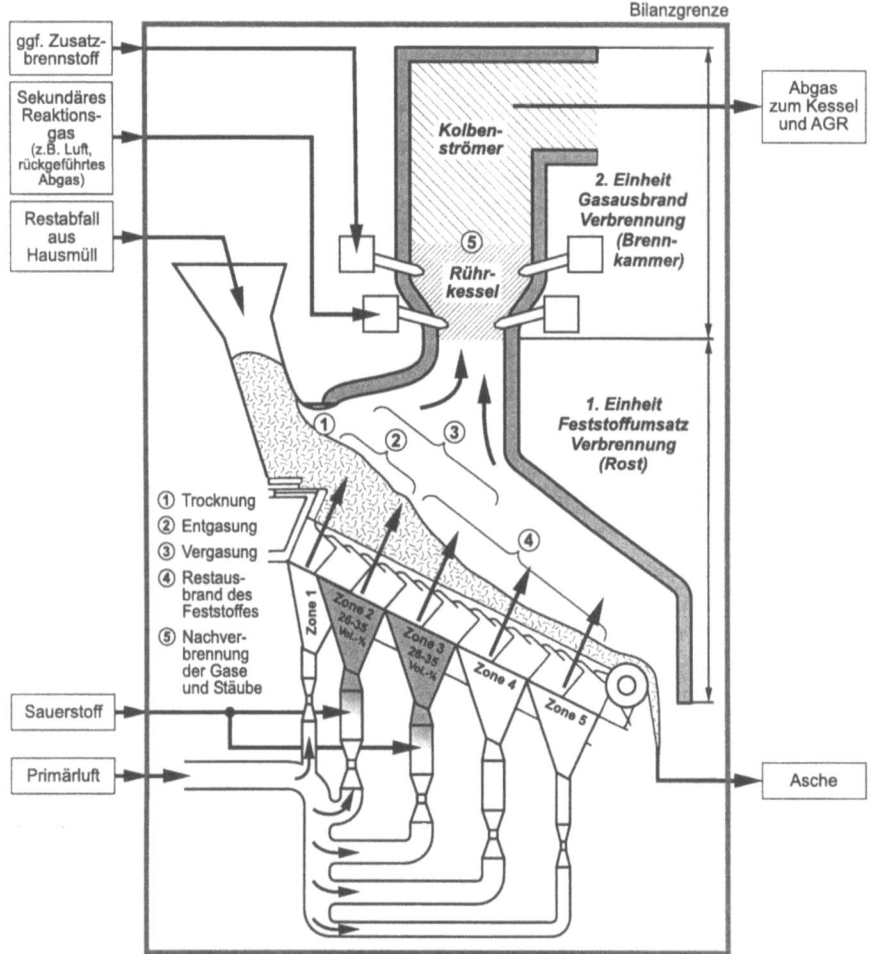

Abb. 12.3: Schematische Darstellung einer Primärreaktionsgasstufung mit Sauerstoffanreicherung (Zone 2 und 3) und strömungstechnischer Trennung von Feststoffumsatz (Rostsystem) und Gasausbrand (Brennkammersystem) [10.2].

Diese Maßnahmen führen insgesamt zu einer verminderten NO-Bildung (siehe Kap. 7). Beispielhaft hierfür zeigt Abb. 12.4 die Wirkung einer Abgasrückführung, wobei die Abgasrückführung durch Zuführung des Inertgases „Stickstoff" simuliert wird. Das Minderungspotential für NO beträgt hier ca. 50 %.

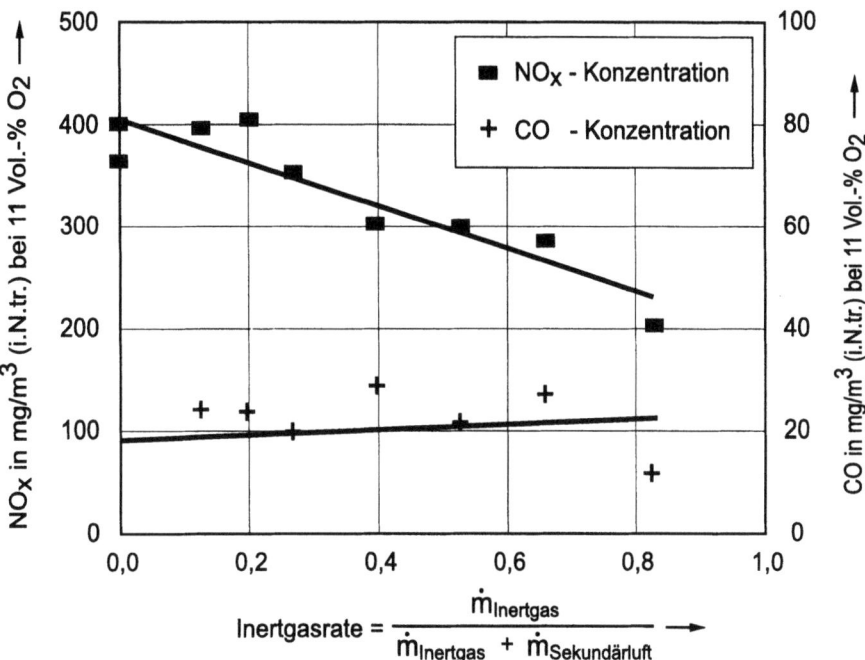

Abb. 12.4: NO_X- und CO-Rohgaskonzentration in Abhängigkeit von der Inertgasrate, d.h. in Abhängigkeit des die Sekundärluft $\dot{m}_{Sekundärluft}$ ersetzenden Inertgases $\dot{m}_{Inertgas}$ in der Nachverbrennungszone [4.9].

Eine andere als in Abb. 12.3 dargestellte Trennung zwischen 1. und 2. Einheit zeigt Abb. 12.5. Hier ist das Rührkesselelement für die Verbrennung der vom Rost stammenden Gase und Stäube bereits über der ersten Hälfte eines Walzenrostes angeordnet. Die folgende Zone stellt dann die beruhigte Ausbrandstrecke (Kolbenströmer, Nr. 6 in Abb. 12.5) dar.

1b) Durch den **Rosttyp**, wie z.B. Wander-, Walzen-, Vorschub-, Rückschubrost usw., d.h. durch die Art der Gutdurchmischung, kann auf die Prozeßführung und auf den Feststoffumsatz Einfluß genommen werden. Welchen Rosttyp man wählt, hängt in erster Linie von den gewünschten Eingriffsmöglichkeiten und der Art des Einsatzstoffes (Abfalls) ab.

1c) Eine weitere Beeinflussungsmöglichkeit kann durch die prinzipielle Anordnung der **Strömungsführung** über dem Gutbett als Gleich-, Mittel- und Gegenstrom erreicht werden (Abb. 12.6). Beim Gleichstromprinzip wird eine Verbrennung der vom Rostanfang kommenden Gase stromab angestrebt. Dagegen sollen beim Gegenstromprinzip die heißen Gase vom Rostende der Trocknungs- und Entgasungszone am Rostanfang Wärme zuführen. Die Strömungsführung über dem Rost soll künftig unmittelbar zur NO_x-Minderung durch Primärmaßnahmen genutzt werden. Dies ist jedoch noch Gegenstand der Forschung [z.B. 12.3, 12.4].

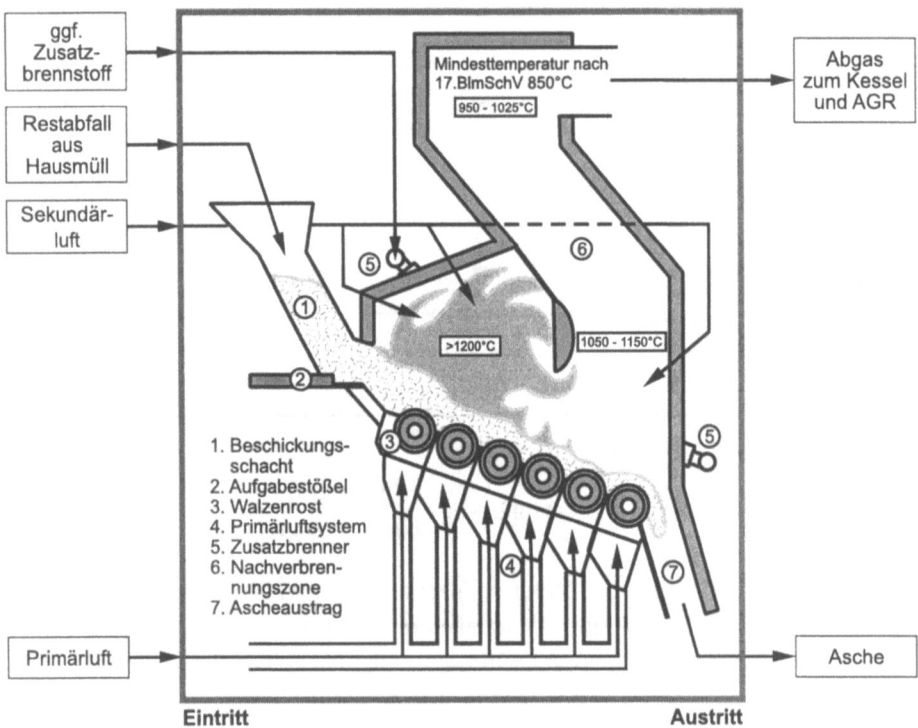

Abb. 12.5: Rostsystem nach [10.8] (Erläuterung im Text).

1d) Der Grad der Einflußmöglichkeiten läßt sich weiter durch einen **wassergekühlten Rost** [z.B. 12.1, 12.5 bis 12.8] erhöhen. Dieses Prinzip stellt einen größeren konstruktiven Aufwand dar im Vergleich zu dem Fall, daß die Kühlung nur durch Primärluft erfolgt. Es ergeben sich durch die Wasserkühlung folgende Vorteile:

- Möglichkeit der Veränderung des Primärluftstromes und dessen Verteilung, ohne auf die Kühlung der Rostkonstruktion Rücksicht nehmen zu müssen,
- Möglichkeiten der Absenkung der Abgas- und Flugstaubströme durch Verringerung des Primärluftstromes,

Optimierung des klassischen Verfahrens für Restabfall aus Hausmüll 283

- Anhebung der Bettemperatur, so daß die Asche angesintert werden kann, was z.B. im Hinblick auf das Eluatverhalten bereits ausreichend sein kann [z.B. 7.53, 9.8],
- Verringerung des Verschleißes der beweglichen Rostelemente durch Herabsetzen der thermischen Belastung,
- keine Überlastung der Rostelemente bei höheren Heizwerten (Einsatzbereich bis 28 MJ/kg [12.5]),
- Verringerung des Rostdurchfalls, da die Konstruktion geringere Dehnungsfugen zwischen den Rostelementen zuläßt,
- gleichmäßigere Luftverteilung über der gesamten Rostfläche, da Spalten vermieden werden,
- Verteilung der Kühlwirkung entsprechend der thermischen Belastung der Rostelemente in den einzelnen Zonen.

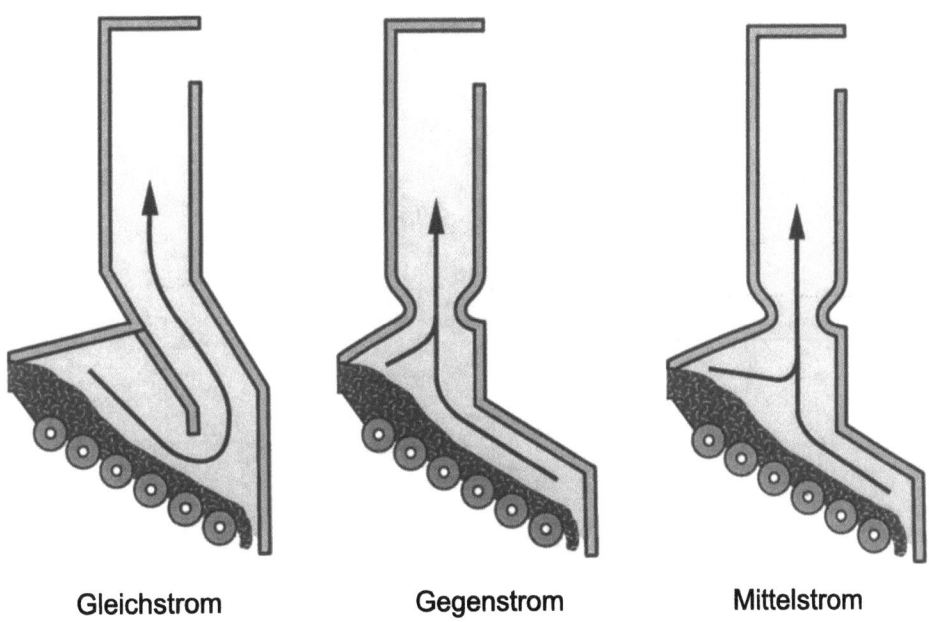

Abb. 12.6: Schematische Darstellung verschiedener Möglichkeiten der Gasführung über dem Gutbett.

1e) Weiter sind Entwicklungsarbeiten zur Prozeßregelung (Feuerungsregelung) zu nennen, um den Reaktionsweg (Feuerlänge) auf dem Rost den jeweiligen Gegebenheiten anzupassen. Dazu werden neue Grundelemente in die Prozeßregelung integriert:

- Einsatz einer **Infrarotkamera** (Abb. 12.7), die auf das Rostbett gerichtet ist und über die Ausmessung von Temperaturfeldern erkennt, wo sich jeweils die Hauptreaktionszone befindet. Diese kann dann durch Umverteilung der Primärluft, je nach Erfordernis, über die Regelung, mehr zum Rosteintritt oder Rostende verschoben werden [z.B. 12.9, 12.10].

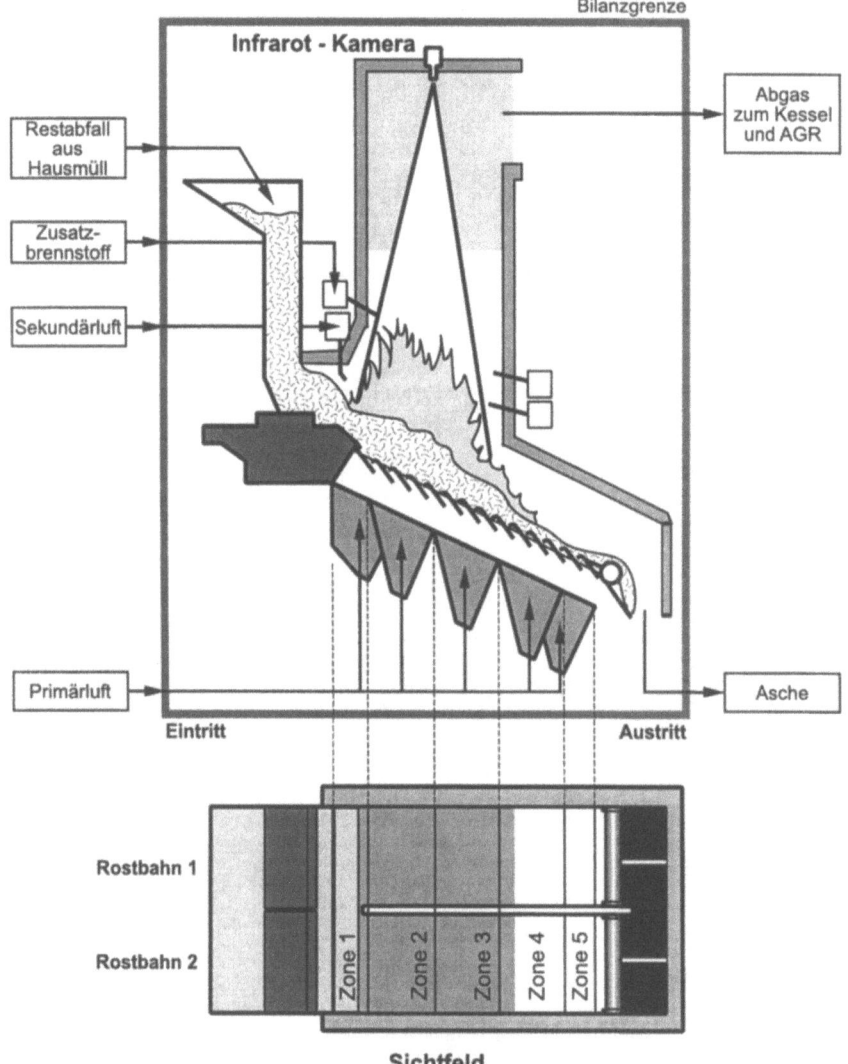

Abb. 12.7: Regelung eines Rostes mittels Infrarot-Kamera [12.9].

- Einsatz von **Infrarotpyrometern** zur Messung der mittleren Abgastemperatur (Solltemperatur) im Bereich des Gas- und Flugstaubausbrandes (Nachverbrennungszone) [12.7] und Einbindung der Meßdaten in die Prozeßregelung.

- Einsatz von **akustischer Temperaturmessung** zur Messung der mittleren Abgastemperatur (Solltemperatur) im Bereich der Nachverbrennungszone etwa für die Regelung eines SNCR-Verfahrens [12.6].

- Einsatz einer **Laser-in-situ-Messung** zur Sauerstoffkonzentrationsmessung hinter dem Kessel. Dazu wird das Meßprinzip der NIR-Spektroskopie ausgenutzt. Diese Konzentrationsmessung hat den Vorteil, daß sie berührungslos arbeitet, geringe Ansprechzeiten hat und daher prozeßnah arbeitet, Mittelwertbildungen über dem Meßpfad erlaubt und damit die Gefahr einer Gassträhnenmessung minimiert [12.6].

- Es wird daran gedacht, **mathematische Modelle** zum Feststoffumsatz auf dem Rost [z.B. 12.11 bis 12.15] im Hinblick auf die Beschreibung des dynamischen Verhaltens in die Prozeßregelung on-line zu integrieren (siehe auch Kap. 14).

- Um die vorgenannten Elemente optimal nutzen zu können, werden in Zukunft zur Prozeßregelung auch unterstützend **Fuzzy-Logic-Elemente** integriert [12.6, 12.7].

1f) Neben der Verbesserung der Apparatetechnologie und der Einführung zusätzlicher Elemente für die Prozeßführung des thermischen Hauptverfahrens werden auch zunehmend **Nachbehandlungseinheiten** für den festen Reststoff (Asche, angesinterte Asche, Schlacke) eingesetzt, auf die hier nicht näher eingegangen wird.

2) Beeinflussung durch veränderte Betriebseinstellungen

2a) In der 1. Einheit (Feststoffausbrand) können auf dem Rost entlang des Reaktionsweges über die verschiedenen Zonen durch unterschiedliche Zufuhr von primärem Reaktionsgas (in der Regel Luft, aber auch mit sauerstoffangereicherter Luft (s.o.) und rückgeführten Abgasen) der Sauerstoffpartialdruck und die Temperatur im Bett für die Trocknungs-, Entgasungs-, Vergasungs- und Verbrennungsvorgänge im Gutbett gesteuert werden (Abb. 12.3). Insgesamt ergeben sich auf dem Rost hier überstöchiometrische Verhältnisse (z.B. $\lambda = 1,3$). Mit der Variation der Primärluftverteilung und -menge (in Abb. 12.3 fünf Zuführungen) wird versucht, insbesondere bei sich ändernden Heizwerten und Massenströmen, einerseits den Feststoffausbrand zu optimieren und andererseits Temperaturen und Verweilzeiten im Raum unmittelbar über dem Bett so zu beeinflussen, daß sich die Bedingungen für den Gas- und Staubausbrand verbessern. Es ist allerdings zu bemerken, daß in der Regel die

Primärluft auch die Aufgabe hat, die Rostelemente zu kühlen. Um sie vor Überhitzung zu schützen, ist häufig der Primärluftmassenstrom so groß zu wählen, daß insgesamt maximale Bettemperaturen um 850 °C bis 950 °C nicht überschritten werden.

2b) Daneben werden Versuche mit unterschiedlicher Sauerstoffanreicherung in den verschiedenen Zonen des Rostes an industriellen Anlagen durchgeführt (z.B. O$_2$-Anreicherung (vgl. Abb. 12.3) beim sog. „Syncom"-Verfahren bis ca. 35 Vol.-% in der Hauptverbrennungszone). Damit wird ein Ausbrand für Deponieklasse I (siehe [1.2]) sichergestellt und eine Verkleinerung des Abgasstromes erreicht (Abb. 12.8). Darüber hinaus wird der durch das Bett strömende Gasstrom verkleinert, was eine Verringerung der Flugstaubmengen und des Durchmessers der Flugstaubpartikel bewirkt. Die Verkleinerung der Partikeldurchmesser bedingt wieder einen verbesserten Ausbrand bei sonst gleichbleibenden Verhältnissen.

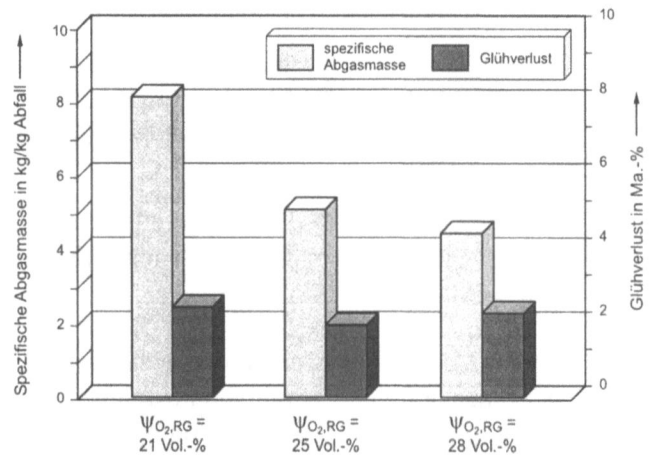

Abb. 12.8: Spezifische Abgasmasse und Glühverlust der Asche bei unterschiedlichen Sauerstoffgehalten des primären Reaktionsgases [4.9].

2c) Zonenweise Änderung der Rostelementgeschwindigkeit (Transportgeschwindigkeit) zur Änderung von Verweilzeit und Verweilzeitverhalten (z.B. 0,5 h bis 2 h) des Bettes.

2d) Regelung der Betthöhe durch zusätzliche Integration einer Hydraulikdruckmessung in den einzelnen Rostantrieben und entsprechende Optimierung der Geschwindigkeit der Beschickung (Beschickstößel) [12.5].

2e) Zugabe von Zusatzstoffen auf das Bett (Kalkprodukte zur Einbindung von Schadstoffen in die Asche usw. [z.B. 7.48].

2f) Neben den hier aufgeführten Punkten gibt es noch eine Reihe weiterer Entwicklungen auch zur Abgasreinigung, um das klassische Verfahren zur Behandlung von Restmüll aus Hausmüll weiter zu optimieren [siehe z.B. 12.16 bis 12.21].

12.2 Optimierung des klassischen Verfahrens für Sonderabfall

Das bestehende Optimierungspotential des Verfahrens für die thermische Behandlung von Sonderabfall läßt sich ausgehend von Kap. 11.1.1 wie folgt zusammenfassen:

- Man bemüht sich, durch umfangreiche Logistik bei der Abfallzufuhr (Zusammenstellung von „Abfallmenüs") und durch Abfallaufbereitung (wo es möglich ist) die stark variierenden, instationären Betriebszustände im Drehrohr zu „glätten", um z.B. den Einsatz von Zusatzbrennstoffmengen (Primärenergie) zu senken [9.5, 12.22].
- Der Einsatz von Zusatzbrennstoff (Primärenergie) kann weiter durch Sauerstoffanreicherung der Verbrennungsluft bei sonst gleichbleibenden Prozeßbedingungen gesenkt werden [4.11]. Die benötigte Primärenergie zur Sauerstofferzeugung ist wesentlich kleiner als benötigter Zusatzbrennstoff.
- Könnte man relativ stationäre Betriebszustände im Drehrohr erreichen (z.B. durch eine verbesserte Aufbereitung) und damit die Luftzahl verkleinern, so würde sich zeigen, daß wiederum diese Maßnahme unter Berücksichtigung des Primärenergieaufwandes effektiver als eine Sauerstoffanreicherung [4.11] ist.
- Weiterentwicklung der Prozeßautomation durch Einsatz von Fuzzy-Logic-Elementen und deren Unterstützung durch eine integrierte Plausibilitätsüberprüfung der Betriebsmeßdaten. Außerdem wird der Einsatz von bar-code-Lesern getestet, die entsprechende Informationen über den Einsatzstoff (Abfall) an das Prozeßleitsystem melden [9.5].

Die genannten Maßnahmen sind insbesondere vor dem Hintergrund zu sehen, daß künftig die Heizwerte des Sonderabfalls sinken werden und die festen Abfallanteile zunehmen, das Temperaturniveau (1200 °C) jedoch erhalten bleiben soll.

12.3 Weiterentwicklung des klassischen Verfahrens für Hausmüll zu einem Vergasungs-Verbrennungs-Verfahren

Verfahrenseinordnung und Apparatetyp:

1. Einheit: **Vergasung** (Rostsystem)

und getrennte

2. Einheit: **Verbrennung** (Brennkammersystem).

Bei einer **Vergasung** auf dem Rost in der 1. Einheit (z.B. Stöchiometriezahl $\lambda = 0,4$) kann, ebenso wie bei einer Verbrennung, ein sehr hoher Umsatz des Feststoffes mit einem entsprechend kleinen Glühverlust (z.B. um 1 %) der Reststoffe erreicht werden [10.2, 7.26, 7.43, 7.45, 7.47]. Pyrolysekoks wird durch Zufuhr von Sauerstoff bis mindestens zur Oxidationsstufe des Kohlenmonoxides vermieden. Die **Verbrennung** des Vergasungsgases und des Flugstaubes erfolgt in der 2. Einheit, die als Brennkammersystem ausgebildet ist, und ermöglicht eine Gesamtluftzahl von ca. $\lambda = 1,2$ mit der Folge eines sehr niedrigen Abgasmassenstromes. Abb. 12.9 zeigt das entsprechende Blockfließbild des Verfahrens. Da hier eine Weiterentwicklung der Prozeßführung mit der Apparatekombination Rostsystem und (getrenntes) Brennkammersystem betrieben wird, kann das Vergasungs-Verbrennungs-Verfahren im vorliegenden Fall auch als Weiterentwicklung der „klassischen Hausmüllverbrennung" nach Kap. 11.1.1 bezeichnet werden.

Entwicklungsstand: Ein Verfahrensbeispiel (Durchsatz 200 kg/h) für die thermische Behandlung von BRAM (**Br**ennstoff **a**us **M**üll) ist in [7.47] näher beschrieben. An einer weiteren Versuchsanlage (Abb. 12.10) werden für unterschiedliche Restabfälle, z.B. Shredderleichtgutfraktion, kontaminiertes Altholz und Restmüll, entsprechende Erprobungs- und Optimierungsversuche durchgeführt [7.26, 7.43, 7.45, 12.3]. Bei wassergekühlten Rosten werden ebenfalls Versuche mit unterstöchiometrischer Fahrweise auf dem Rost im industriellen Maßstab durchgeführt [12.5].

Verfahrensbeschreibung: Die wesentlichen Merkmale des Verfahrens lassen sich wie folgt beschreiben:

- Ein Rost erscheint zum Erreichen des Ziels eines möglichst vollständigen stückigen Feststoffumsatzes bei Vergasungsbedingungen (Vermeidung von Pyrolysekoks) insofern von Vorteil, als sich die Haupteinflußgrößen (Abb. 3.1) längs des Reaktionsweges gut steuern lassen.

- Wird die Vergasung von „üblichem Hausmüll" auf dem Rost mit über seiner Länge verteilter Primärluft so durchgeführt, daß sich eine Primärluftzahl um $\lambda_{pr} = 0,4$ bis $0,5$ ergibt, stellen sich Bettemperaturen um 850 °C bis 900 °C ein. Eine Wasserkühlung des Rostes ist dann nicht erforderlich.

- Die Reststoffe am Rostausgang können durch Aufbereitung in Metalle und Inertstoffe getrennt werden.

- Bei Primärluftzahlen von $\lambda_{pr} \approx 0,4$ bis $0,5$ ergibt sich ein ca. 600 °C bis 700 °C warmes Vergasungsgas (Prozeßgas), das einen ausreichend hohen Heizwert besitzt, um eine eigenständige gestufte Verbrennung (Sekundär- und Tertiärluft) gegebenenfalls mit Abgasrückführung (Reduzierung z.B. von CO, C_xH_y, NO_x) in einem Brennkammersystem durchzuführen. Letzteres sollte vollständig

Weiterentwicklung zu einem Vergasungs-Verbrennungs-Verfahren 289

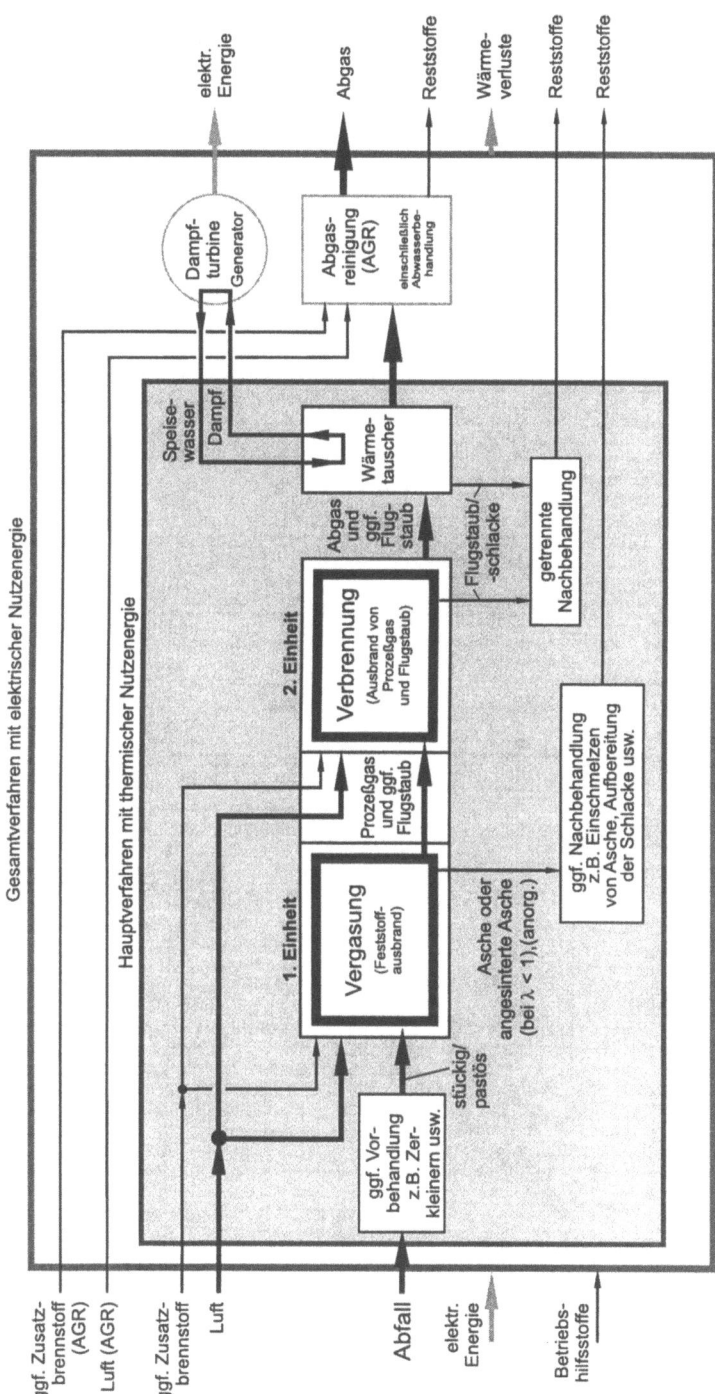

Abb. 12.9: Blockfließbild für die Weiterentwicklung einer klassischen Hausmüllverbrennung.

290 Entwicklungstendenzen thermischer Abfallbehandlungsverfahren

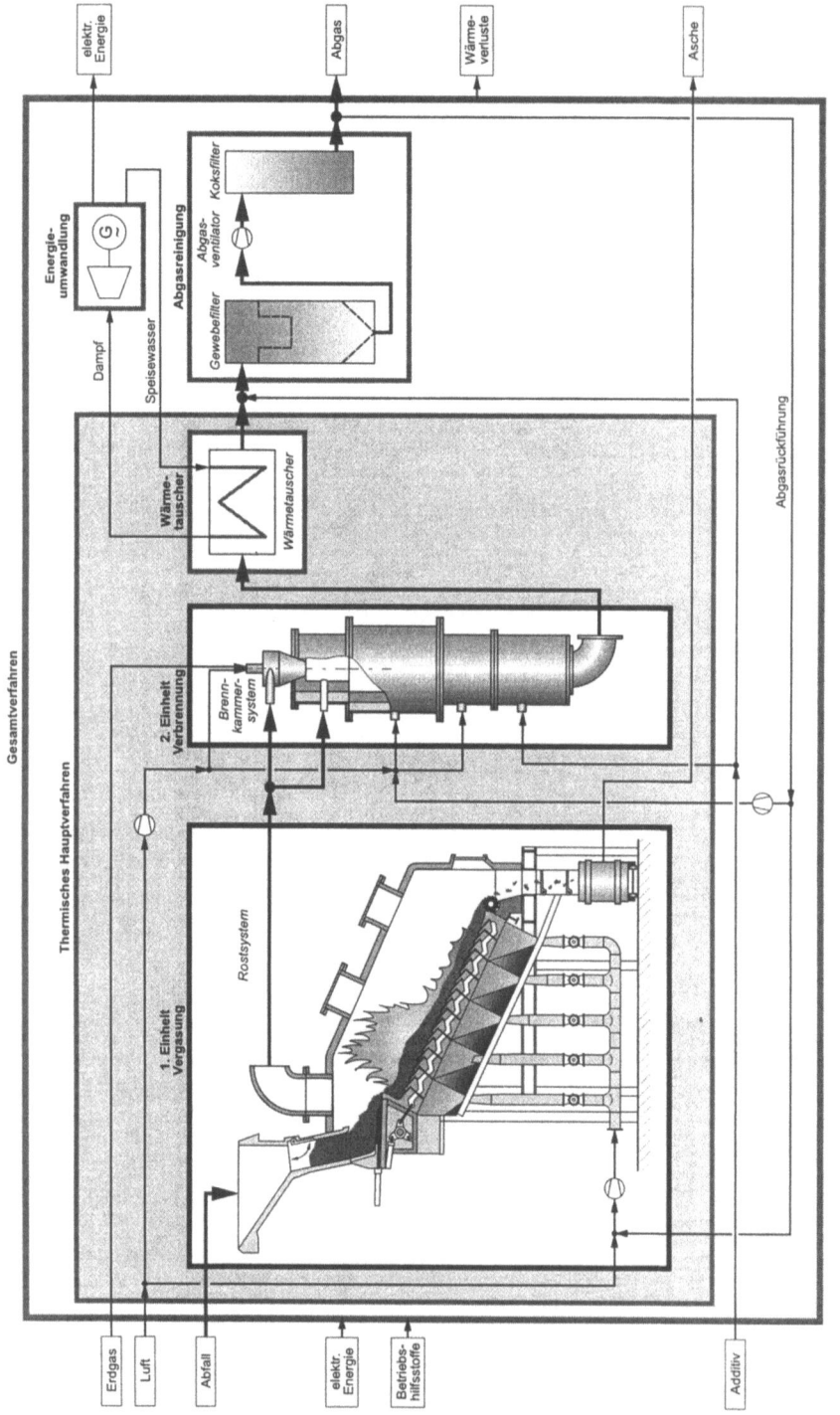

Abb. 12.10: Schematische Darstellung für die Weiterentwicklung einer klassischen Hausmüllverbrennung.

vom Rost getrennt sein, damit die Vergasung auf dem Rost und die Verbrennung im Brennkammersystem unabhängig voneinander optimierbar sind. Im Brennkammersystem stellen sich Temperaturen bis 1350 °C ein, was einen flüssigen Abzug von Inertstoffen zuließe (integrierte Schlackeerzeugung), falls diese Forderung aufgestellt würde. Das getrennte Brennkammersystem hat den weiteren Vorteil, als eigenständige Feuerung zusätzlich gasförmige, flüssige und staubförmige Rückstände aufnehmen zu können und diese thermisch zu behandeln.

- Bei einer Primärluftzahl von $\lambda_{pr} = 0,4$ bis 0,5 lassen sich Gesamtluftzahlen (einschließlich Sekundär- und ggf. Tertiärluft) um $\lambda_{ges} = 1,2$ erreichen [7.43], was im Vergleich zu den konventionellen Verfahren in Kap. 11.1 eine erhebliche Abgasreduzierung und damit auch Reduzierung von Schadstofffrachten bedeutet.

- Die geringe Primärluftzahl hat weiter eine Senkung der Durchströmungsgeschwindigkeit des Bettes und damit eine erhebliche Reduzierung des Flugstaubes zur Folge [7.43].

- Die Abgasreinigung entspricht der des klassischen Verfahrens, kann aber, bedingt durch die Reduzierung des Abgasmassenstromes, in den Abmessungen kleiner dimensioniert werden.

Reststoffverwendung: Die verbleibende **Asche** hat einen Glühverlust von < 1 Ma.-% [7.26]. Zum Eluatverhalten werden derzeit noch entsprechende Versuche durchgeführt. Da es sich bei [7.26] um eine Versuchsanlage (ca. 0,5 MW thermischer Leistung) mit nicht optimierter Abgasreinigung handelt, können über eventuell auftretende Reststoffe aus der Abgasreinigung noch keine näheren Angaben gemacht werden.

Massen- und Energiebilanzen: Erste Massen- und Energiebewertungen ergeben sich z.B. aus [2.33]. Im Gegensatz zum konventionell betriebenen Rost reduziert sich der Abgasmassenstrom um bis zu ca. 40 Ma.-%, wodurch sich gleichzeitig im Vergleich zum klassischen Verfahren der elektrische Nettoprimärwirkungsgrad der Anlage erhöht (vgl. auch Kap. 10.4.5).

12.4 Wikonex-Verfahren

Verfahrenseinordnung und Apparatetyp:

1. Einheit: **Vergasung** (Wirbelschichtreaktor)

und getrennte

2. Einheit: **Verbrennung** (Brennkammersystem).

Die 1. Einheit besteht aus einer **Vergasung** in einer zirkulierenden Wirbelschicht (ZWS) zur Erzeugung eines Prozeßgases. Für die weitere thermische Behandlung des erzeugten Prozeßgases in der 2. Einheit wird eine **Verbrennung** (Brennkammersystem) eingesetzt. Anschließend wird mit einem Abhitzekessel Dampf und daraus elektrische Energie erzeugt (Abb. 12.11 und 12.12). Dies erfolgt für den Fall, daß für das erzeugte Prozeßgas keine Infrastruktur zur stofflichen Verwertung (Chemie) vorhanden ist (sog. Insellösung) [9.12, 12.23 bis 12.28]. Für den Fall einer stofflichen Verwertung wird der in Kap. 12.7 (ECO-Gas-Verfahren) beschriebene Weg eingeschlagen.

Es ist weiter Ziel, den schmelzflüssigen Abzug einer Schlacke (integrierte Schlackebehandlung) sicherzustellen.

Entwicklungsstand: Seit 1983 werden an einer Pilotanlage (1,7 MW$_{th}$, 800 kg/h Abfall) mit Biomasse, Braun- und Steinkohle, Petrolkoks und Restabfall aus Hausmüll Versuche durchgeführt. Die Umsetzung des Wikonex-Verfahrens in eine industrielle Anlage steht noch aus.

Verfahrensbeschreibung: Das Wikonex-Verfahren in Abb. 12.12 läßt sich zusammenfassend wie folgt beschreiben:

- Vorbehandlung (homogenisieren) des Abfalls durch Zerkleinerung in einer Kaskadenmühle (< 100 mm); Abscheidung von Eisen und Nichteisenmetallen und anschließende Trocknung des Restabfalls in einem mit Dampf indirekt beheizten Trommeltrockner (< 5 Ma.-% Restfeuchte); Leitung der Trocknerbrüden in das kommunale Abwassernetz möglich; Zuführung der sog. Schleppluft aus Mahlung und Trocknung in das Brennkammersystem als Reaktionsgas (Verbrennungsluft).

- Vergasung des Restabfalls in einer ZWS bei 900 °C und ca. 5 s Verweilzeit; Verwendung vorgewärmter Luft als Vergasungsmittel, das den Düsenboden durchströmt und gleichzeitig Restabfall und Asche fluidisiert.

Wikonex-Verfahren

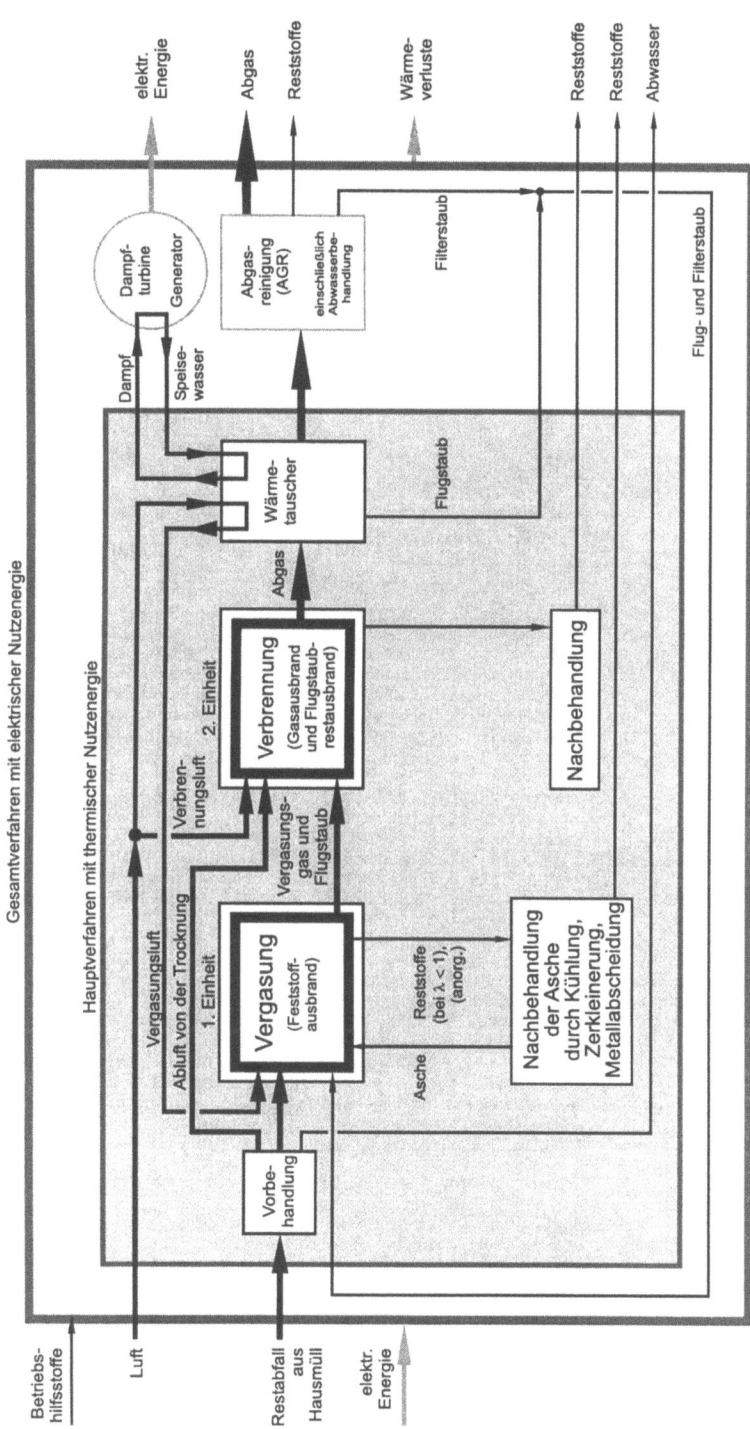

Abb. 12.11: Blockfließbild für das Wikonex-Verfahren.

294 Entwicklungstendenzen thermischer Abfallbehandlungsverfahren

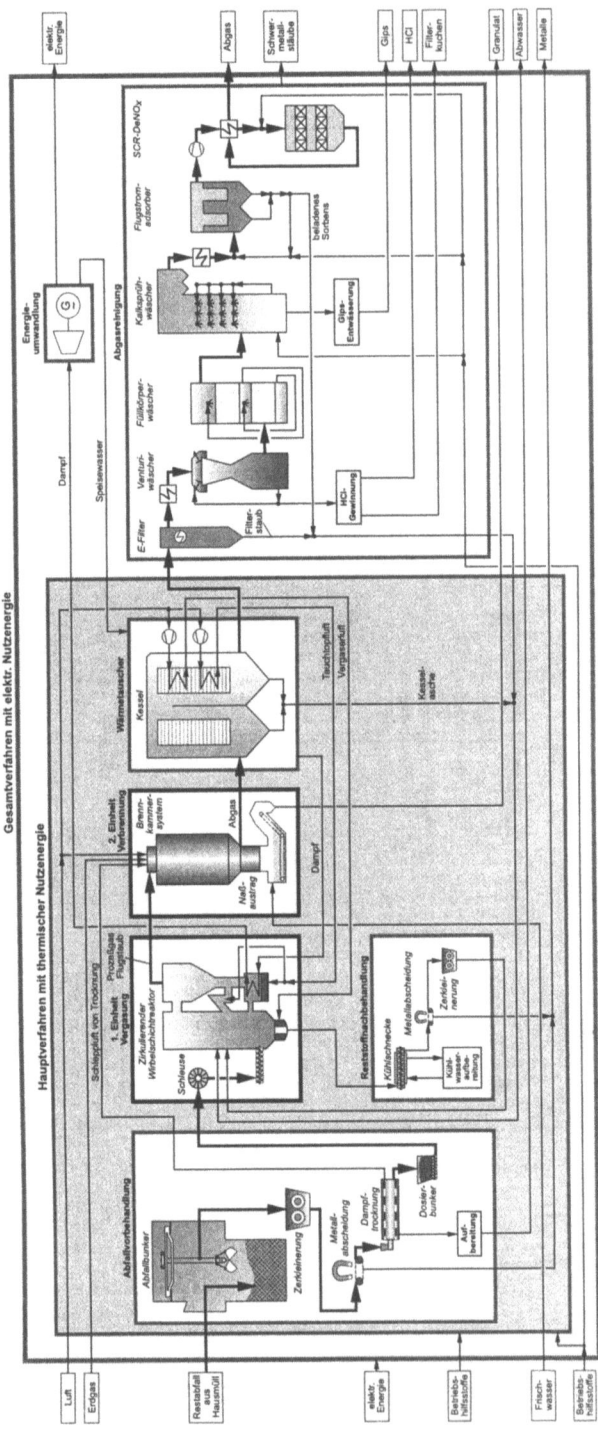

Abb. 12.12: Schematische Darstellung des Wikonex-Verfahrens [9.12, 12.23 bis 12.28].

Wikonex-Verfahren

- Abziehen von Grobasche aus dem unteren Bereich des ZWS-Reaktors mit anschließender Nachbehandlung durch Kühlung, Metallabscheidung, Rückführung der Feinasche in die Vergasungseinheit.

- Abscheidung von grobem Flugstaub in einem Zyklon und Rückführung in den Wirbelschichtreaktor.

- Wärmeauskopplung in einem Fließbettkühler zur Dampfüberhitzung (120 bar, 480 °C); Beaufschlagung des Fließbettkühlers mit vorgewärmter Luft, die anschließend zusätzlich als Vergasungsmittel mit dem Flugstaub dem Wirbelschichtreaktor zugeführt wird.

- Verbrennung des ungekühlten Prozeßgases und Restausbrand des Flugstaubes mit Luft in der 2. Einheit; letztere als separates Brennkammersystem ausgeführt; schmelzflüssiger Abzug der Reststoffe (Schlacke) bei Temperaturen von ca. 1600 °C (Hochtemperaturverbrennung); Erstarrung als Granulat in einem Wasserbad.

- Wärmeauskopplung aus Abgas in einem Abhitzekessel (Dampferzeugung, Luftvorwärmung).

- Abgasreinigung mit den Komponenten E-Filter, Venturiwäscher (HCl-Abscheidung), Füllkörperwäscher, Kalksprühwäscher (SO_2-Abscheidung), Flugstromadsorber (Dioxinabscheidung), SCR-DeNOX-Anlage (NO_x-Minderung), Rückführung von Kesselasche, Filterstaub und eines Teilstromes beladenen Sorbens aus dem Flugstromadsorber in den Wirbelschichtreaktor.

- Dampfnutzung für elektrische Energieumwandlung und Fernwärme.

Reststoffverwendung: Für die verbleibenden Reststoffe wird folgende Verwendung angegeben [12.28]:

- **Schmelzgranulat** aus der Hochtemperaturverbrennung zur Verwendung als Baumaterial,

- **Eisen** und **NE-Metalle** in einem metallurgischen Prozeß,

- **Gips** aus der SO_2-Wäsche z.B. zur Verwendung als Baustoff,

- **30 %-Salzsäure** aus der HCl-Wäsche zur Salzsäureherstellung,

- **Schwermetallstäube** aus der Abwasserbehandlung zur Deponie,

- **Waschwasser** und **Kondensat** aus der Trocknung des Abfalls ins kommunale Abwassersystem.

12.5 VS-Verfahren

Verfahrenseinordnung und Apparatetyp:

1. Einheit bestehend aus Teileinheit 1a: **Vergasung** (Rostsystem)

    und sich unmittelbar anschließender

    Teileinheit 1b: **Verbrennung** (Drehrohrsystem)

    und sich direkt anschließender

2. Einheit: die als **Verbrennung** (Brennkammersystem) ausgeführt ist.

Das VS-Verfahren ist in Abb. 12.13 und 12.14 dargestellt [12.29, 12.30]. Es hat eine integrierte Schlackebehandlung. Diese erfolgt in einem Drehrohrsystem (Teileinheit 1b). Ein Ausschleusen von Reststoffen zwischen den Prozessen **Vergasung** (Teileinheit 1a, Rost) und **Verbrennung** (Teileinheit 1b, Drehrohr) ist nicht vorgesehen. Der Ausbrand des Abgases und des Flugstaubes erfolgt in einem sich direkt anschließenden Brennkammersystem (2. Einheit) durch **Verbrennung**. Eine Energieverwertung erfolgt in Form einer Dampferzeugung und Umwandlung in elektrische Energie. Thermisch behandelt werden Restabfälle aus Hausmüll sowie Flugstäube und Klärschlämme.

Entwicklungsstand: Die Grundlage für das VS-Verfahren bildet die Kehrrichtverbrennungsanlage (KVA) Basel I [12.29], die mit einem Rost- und direkt anschließendem Drehrohrsystem ausgelegt ist. Seit 1943 werden mit 2 Linien jeweils ca. 8 Mg/h Restabfälle aus Hausmüll verbrannt. Seit 1991 werden Untersuchungen zum VS-Verfahren an der Anlage durchgeführt (8 bis 10 Mg/h), die insbesondere der Optimierung der Sinterung oder Einschmelzung der verbleibenden Reststoffe im thermischen Hauptverfahren zur Aufgabe haben.

Verfahrensbeschreibung: Die wesentlichen Merkmale des VS-Verfahrens lassen sich wie folgt beschreiben:

- Die Vorbehandlung der Restabfälle aus Hausmüll erfolgt durch Zerkleinerung und Vermischung.
- Mit Hilfe eines Beschicktrichters werden die Restabfälle aus Hausmüll und der anfallende Rostdurchfall auf einen Vorschubrost (Teileinheit 1a) aufgegeben. Dort erfolgt die Vergasung ($\lambda < 1$) der Abfälle mit Primärluft bei Temperaturen von 800 bis 1000 °C. Am Ende des Rostes können zusätzliche Abfallstoffe, wie z.B. Klärschlamm und Flugstaub dem System zugegeben werden. Eine Energieauskopplung im Bereich des Rostes ist nicht vorgesehen (feuerfeste Auskleidung der Wände). Zusätzlich kann das Rostsystem auch überstöchiometrisch als Verbrennungseinheit bei $\lambda \geq 1{,}5$ und $\vartheta = 800$ bis 1000 °C betrieben werden.

VS-Verfahren

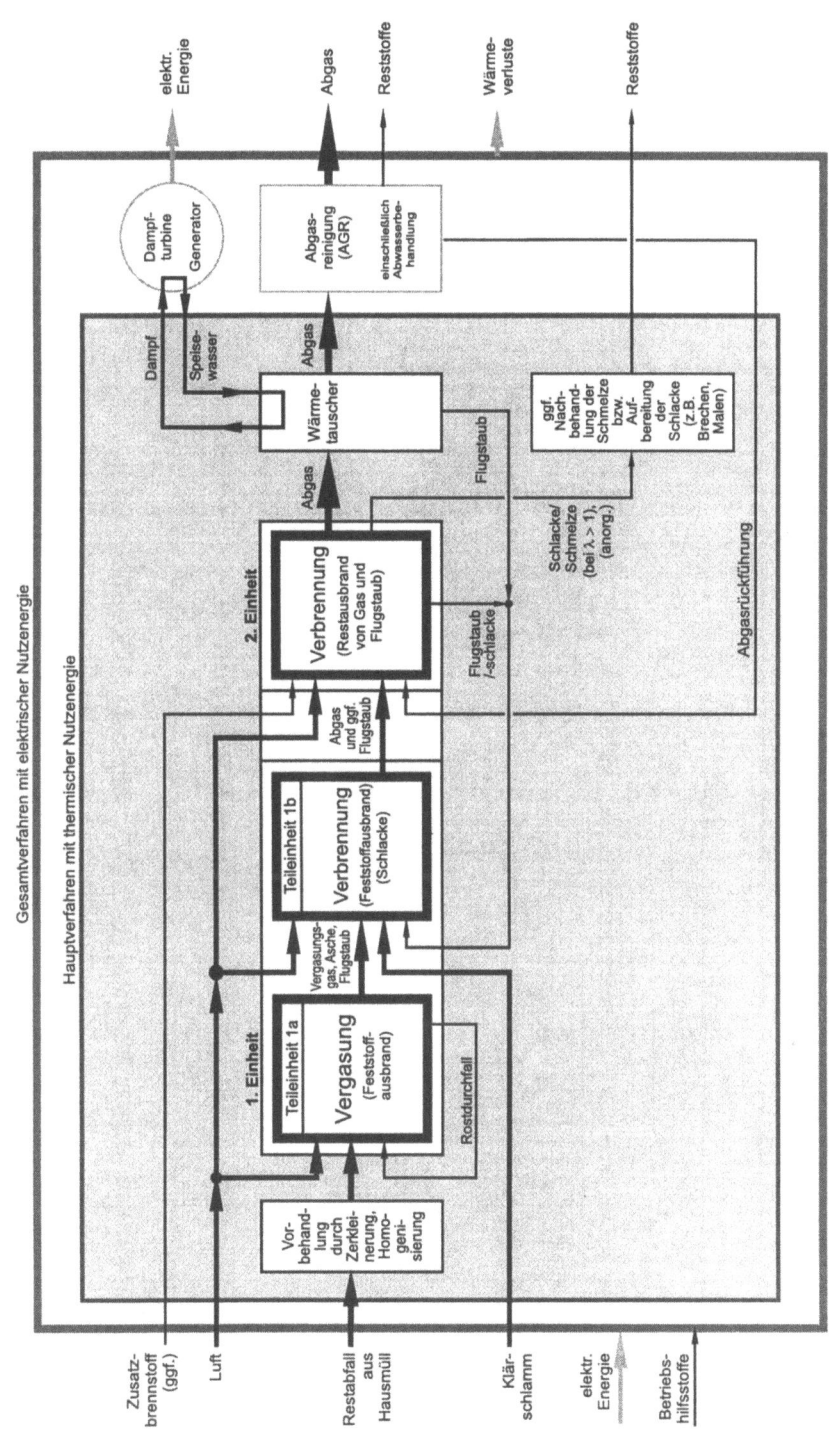

Abb. 12.13: Blockfließbild für das VS-Verfahren.

298 Entwicklungstendenzen thermischer Abfallbehandlungsverfahren

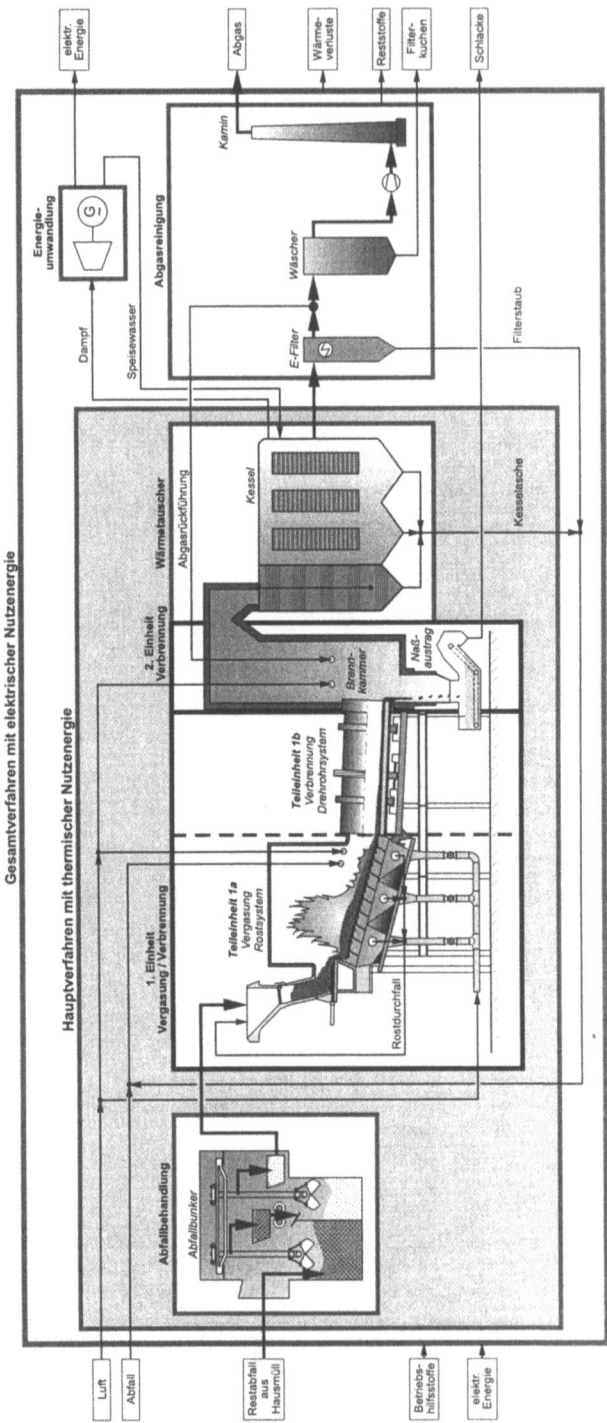

Abb. 12.14: Schematische Darstellung für das VS-Verfahren [12.29, 12.30].

- Anschließend erfolgt der Eintritt des Vergasungsgases aus der Teileinheit 1a, von zusätzlich zugeführten Abfällen und von eventuell weiteren Reststoffen in ein Drehrohrsystem (Teileinheit 1b). Durch Zuführung von sekundärer Verbrennungsluft am Übergang zum Drehrohr erfolgt der Ausbrand der festen Reststoffe und die Verbrennung des Vergasungsgases. Je nach zugeführter Luftmenge kann eine Sinterung ($\lambda \geq 1{,}4$ und $\vartheta = 1150\,°C$) oder Einschmelzung ($\lambda \geq 1{,}1$ und $\vartheta = 1150\,°C$ bis $1400\,°C$) der Reststoffe prozeßtechnisch eingestellt werden. Die angesinterte Asche oder Schlacke wird nach dem Drehrohr einer nassen Austragseinheit zugeführt.

- Der Restausbrand der Abgase und des Flugstaubes erfolgt in einem sich direkt anschließenden Brennkammersystem (2. Einheit) unter Zugabe von tertiärer Verbrennungsluft und rückgeführtem Abgas bei ca. $1000\,°C$ und $\lambda \geq 1{,}5$ (Sintern der Inertstoffe) bzw. ca. $1200\,°C$ und $\lambda \geq 1{,}3$ (Schmelzen der Inertstoffe).

- Die Wärmeauskopplung aus den Abgasen erfolgt in dem sich anschließenden Kessel. Der Dampf kann zur elektrischen Energieumwandlung oder als Prozeßdampf genutzt werden.

- Die Abgasreinigung setzt sich aus E-Filter und Wäscher zusammen. Eine zusätzliche NO_x- Minderungsmaßnahme ist nicht erforderlich [12.29].

Reststoffverwendung: Für die austretenden Reststoffe wird folgende Verwendung angegeben [12.30]:

- Die **Schlacke** (ca. 300 kg/Mg Abfall) kann im Straßenbau eingesetzt werden.
- Der **Filterkuchen** (ca. 10 kg/Mg Abfall) aus der Abgasreinigung wird deponiert.
- Die anfallenden **Filterstäube** und **Kesselaschen** (ca. 30 bis 50 kg/Mg Abfall) werden in das Drehrohrsystem zurückgeführt und eingeschmolzen, wobei Angaben über Anreicherungen und Senken von Schwermetallen fehlen.

12.6 RCP-Verfahren

Verfahrenseinordnung und Apparatetyp:

1. Einheit bestehend aus Teileinheit 1a: **Vergasung** (Rostsystem)
 und getrennter
 Teileinheit 1b: **Verbrennung** (Schmelzofen)
sowie getrennter
2. Einheit: **Verbrennung** (Wirbelschichtreaktor).

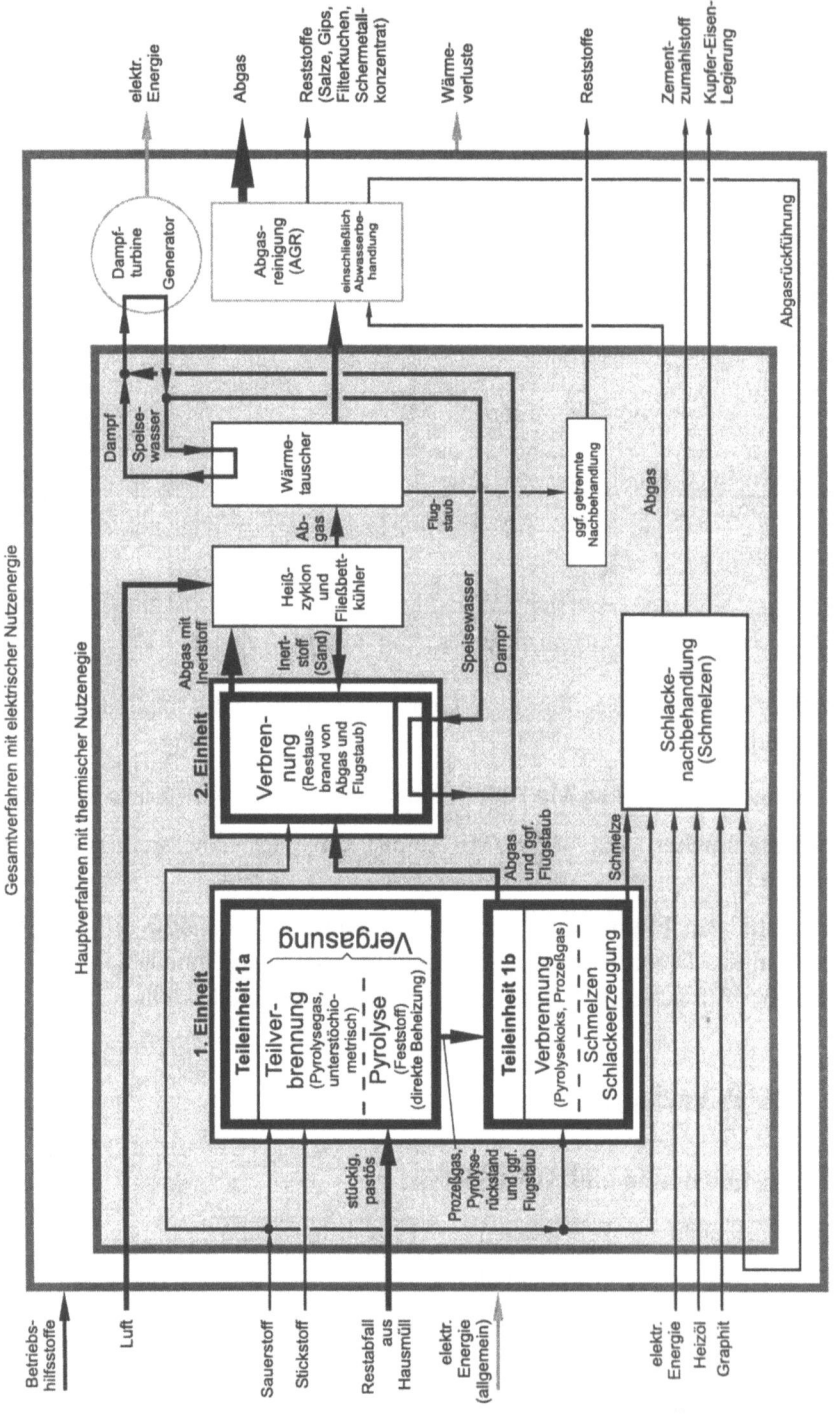

Abb. 12.15: Blockfließbild für das RCP-Verfahren.

RCP-Verfahren

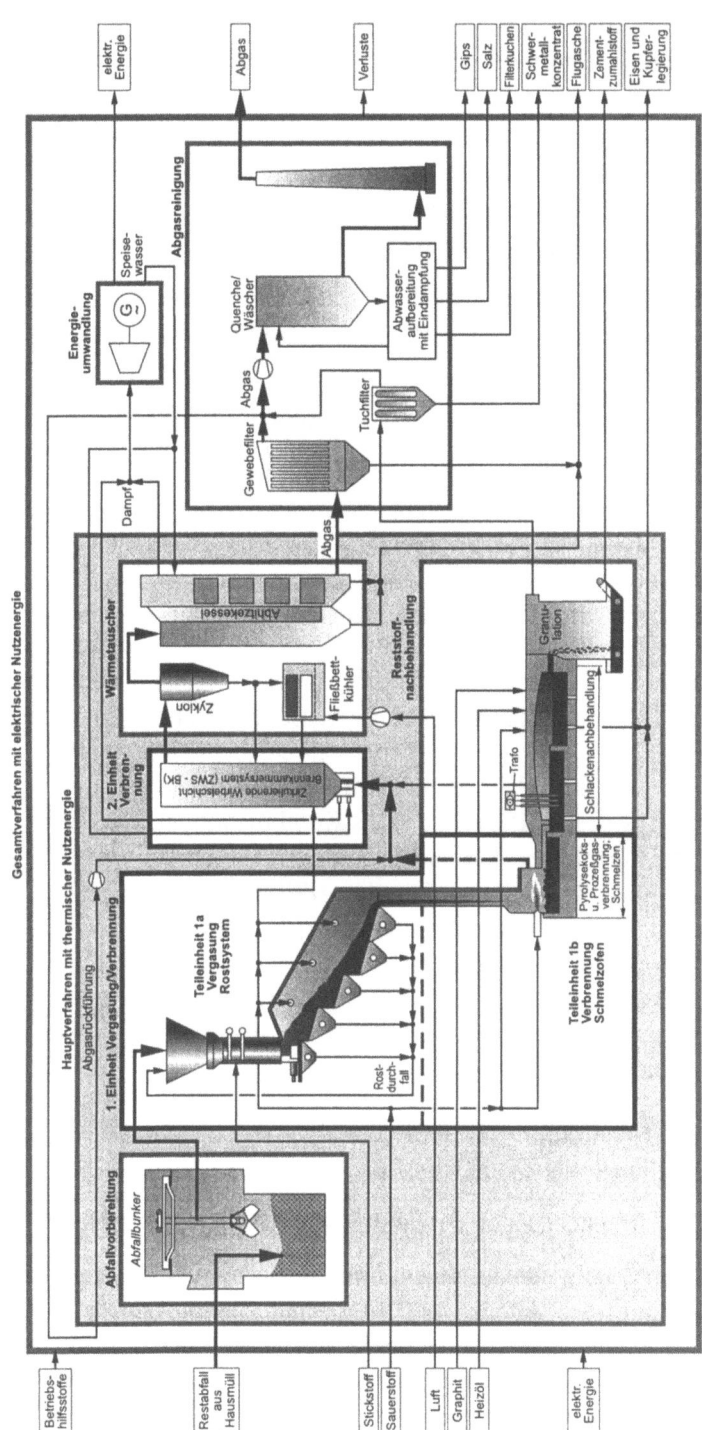

Abb. 12.16: Schematische Darstellung des RCP-Verfahrens [12.31 bis 12.36].

Bei dem RCP-Verfahren (**R**ecycled **C**lean **P**roducts) [12.31 bis 12.36] (Abb. 12.15 und 12.16) findet in der Teileinheit 1a (Rost) eine Thermolyse des Feststoffes statt. Die Energie hierzu wird durch die unterstöchiometrische Verbrennung von Pyrolysegasen (Thermolysegasen) aus dem Feststoff direkt eingekoppelt. Daher kann der Gesamtvorgang im Bereich des Rostes als **Vergasung** bezeichnet werden. In der Teileinheit 1b erfolgt die **Verbrennung** des Restkokses in einem Schmelzofen. Die 2. Einheit (zirkulierende Wirbelschicht) dient schließlich dem Ausbrand (**Verbrennung**) der Abgase und Flugstäube. Ziele des Verfahrens sind

- eine integrierte Schlackebehandlung in der Teileinheit 1b mit anschließender Wertstoffseparierung in ein schwermetallarmes Schlackegranulat und eine Eisen-Kupfer-Legierung,
- eine Minimierung des Abgasmassenstromes durch den Einsatz von reinem Sauerstoff als Oxidationsmittel,
- eine Umwandlung der Abgasenthalpie je nach Aufgabenstellung in Prozeßdampf, Heizdampf oder elektrische Energie.

Mit dem Verfahren wird Restabfall aus Hausmüll und Klärschlamm behandelt.

Entwicklungsstand: Anfang der 90er Jahre wurde das sog. Duotherm-Verfahren entwickelt, das aus den Apparaten Rost (Vergasung), Drehrohr (Verbrennung) mit schmelzflüssigem Abzug und Wirbelschichtreaktor (Verbrennung) mit Sandmatrix bestand. Um die Schlackequalität weiter zu verbessern, entstand Mitte der 90 er Jahre daraus das RCP-Verfahren als Kombination aus Duotherm-Verfahren und dem HSR-(**H**olderbank-**S**chmelz-**R**edox) Verfahren zur eigenständigen integrierten Schlackebehandlung. Für das HSR-Verfahren wird seit 1995 eine Pilotanlage mit einem Durchsatz von 500 kg/h betrieben [12.34]. Eine großtechnische Umsetzung des RCP-Verfahrens erfolgt zur Zeit mit einer Anlagekapazität von 45.000 Mg/a oder 6 Mg/h als vierte Linie zu drei konventionellen Linien eines Müllheizkraftwerkes und nutzt dabei die bestehende Abgasreinigung der klassischen Linien [12.31].

Verfahrensbeschreibung: Das RCP-Verfahren nach Abb. 12.16 läßt sich zusammenfassend wie folgt charakterisieren:

- Der Abfall wird unbehandelt der zweiteiligen 1. Einheit zugeführt.
- In der Teileinheit 1a, die aus einem direkt beheiztem Rostsystem besteht, wird die Behandlung des Abfalls mit Hilfe einer Thermolyse durchgeführt. Die Wärmeeinkopplung erfolgt dabei direkt durch eine stark unterstöchiometrische Verbrennung der entstehenden Pyrolysegase bei ca. 950 °C oberhalb des Rostbettes. Das Bett erreicht dabei Temperaturen von ca. 450 °C. Als Oxidations-

mittel (Reaktionsgas) wird oberhalb des Bettes reiner Sauerstoff über Lanzen zugeführt. Insgesamt kann daher der Vorgang im Bereich des Rostes auch als Vergasung bezeichnet werden.

- Anschließend werden das Prozeßgas, der Flugstaub und die Pyrolyserückstände einem getrennt angeordneten Schmelzofen (Einschmelzzone) zugeführt. Unter Zuführung von Sauerstoff wird das Prozeßgas vollständig oxidiert ($\lambda > 1$) und die brennbaren Bestandteile des Pyrolyserückstandes verbrannt. Bei Abgastemperaturen von 1350 bis 1450 °C werden die übrigen Reststoffe aufgeschmolzen.

- Die Nachbehandlung der Schmelze, z.B. die Entfernung verbliebener leichtflüchtiger Schwermetalle durch Abdampfung, die Verflüssigung des Kupfers und des Eisens usw. erfolgt direkt im Anschluß an den Schmelzofen in der sog. Hochtemperatur-Schlackennachbehandlung (HTS) unter reduzierenden Bedingungen (Reduktionszone, elektrisch beheizt). Die geschmolzenen Metalle setzen sich am Boden ab und werden flüssig abgezogen. In der sich anschließenden Absetzzone (fossil beheizt) erfolgt die Granulation der verbliebenen Schlacke im Wasserbett. Zur Optimierung der Schlackebehandlung stehen eine elektr. Badbeheizung, eine Graphitzuführung und Heizölbrenner mit Sauerstoff als Reaktionsgas sowie eine Abgasrückführung zur Verfügung.

- In der 2. Einheit folgen das Quenchen der heißen Abgase und des verbliebenen Flugstaubes mit Hilfe einer zirkulierenden Wirbelschicht (Sand) auf unter 1000 °C und der Ausbrand (Verbrennung) unter Zuführung von reinem Sauerstoff.

- Das permanente Abkühlen des Sandes erfolgt nach der Abscheidung in einem Zyklon in einem Fließbettkühler unter Wärmeabgabe an einen Dampfkreislauf.

- Die restliche Energieauskopplung aus den Abgasen erfolgt in einem Abhitzekessel.

- Nach der Energieauskopplung schließt sich eine konventionelle Abgasreinigung an, die z.B. zusammengesetzt ist aus Gewebefilter, Naßwäscher, Neutralisation des Waschwassers und dessen Verdampfung in einem Sprühtrockner.

Das RCP-Verfahren soll künftig für maximale Durchsatzleistungen bis 20 Mg/h (150.000 Mg/a) pro Linie konzipiert werden. Auch heizwertreiche Abfallfraktionen bis 17,5 MJ/kg sollen dann thermisch behandelt werden.

Reststoffverwendung: Nach [12.36] werden folgende Verwendungen angegeben:
- Die **Schlacke** (ca. 205 kg/Mg Abfall) wird als Zementzumahlstoff genutzt.

- Die **Eisen-Kupfer-Legierung** (ca. 13,3 kg/Mg Abfall) wird einer Kupferverhüttung zugeführt.
- **Salze, Filterkuchen** und **Schwermetallkonzentrate** werden deponiert.
- Für den **Gips** aus der Abgasreinigung ist eine stoffliche Verwertung vorgesehen.

Massen- und Energiebilanz: Als Grundlage dient eine Abfallmenge von 1000 kg mit einem Heizwert von 10,5 MJ/kg. Nach [12.33] und [12.34] ist:

elektr. Nutzenergie	= 1200 MJ/Mg Abfall
Zusatzenergie Heizöl EL	= 240 MJ/Mg Abfall
elektr. Energieumwandlungswirkungsgrad $\eta_{e,a,EKW}$	= 33,3 %
elektr. Primärwirkungsgrad $\eta_{e,p}$	= 11,1%
elektr. Nettoprimärwirkungsgrad $\eta_{e,n}$	= 10,7%
Abgasmenge	= 2650 kg/Mg Abfall
anfallende Reststoffgesamtmenge	= 247 kg/Mg Abfall

12.7 ECO-Gas-Verfahren (früher auch Öko-Gas-Verfahren)

Verfahrenseinordnung und Apparatetyp:

1. Einheit: **Vergasung** (Wirbelschichtreaktor)

und getrennte

2. Einheit: **Vergasung** (Brennkammersystem).

Verfahrensziel: Die 1. Einheit besteht aus einer **Vergasung** in einer zirkulierenden Wirbelschicht (ZWS) zur Erzeugung eines Prozeßgases. Für die weitere thermische Behandlung des erzeugten Prozeßgases wird in der 2. Einheit eine **Nachvergasung** (Brennkammersystem) eingesetzt (Abb. 12.17 und 12.18). Anschließend kann das Prozeßgas entweder einer stofflichen (Chemie) oder energetischen (z.B. Kraftwerksprozeß) Verwertung zugeführt werden [9.12, 12.23 bis 12.28] (vgl. auch Kap.12.4).

Entwicklungsstand: Seit 1983 werden an einer Pilotanlage (1,7 MW$_t$, 800 kg/h Abfall) mit Biomasse, Braun- und Steinkohle, Petrolkoks und Restabfall aus Hausmüll Versuche durchgeführt. Basierend auf diesen Ergebnissen wurde 1988 eine kommerzielle Biogaserzeugung mit 27 MW$_t$ für Rinden- und Faserschlammabfälle in Betrieb genommen. 1995 folgte eine ZWS-Vergasung mit 100 MW$_t$ für Abfallkohle, Altholz, Gummiabfälle, Brennstoff aus Müll.

ECO-Gas-Verfahren

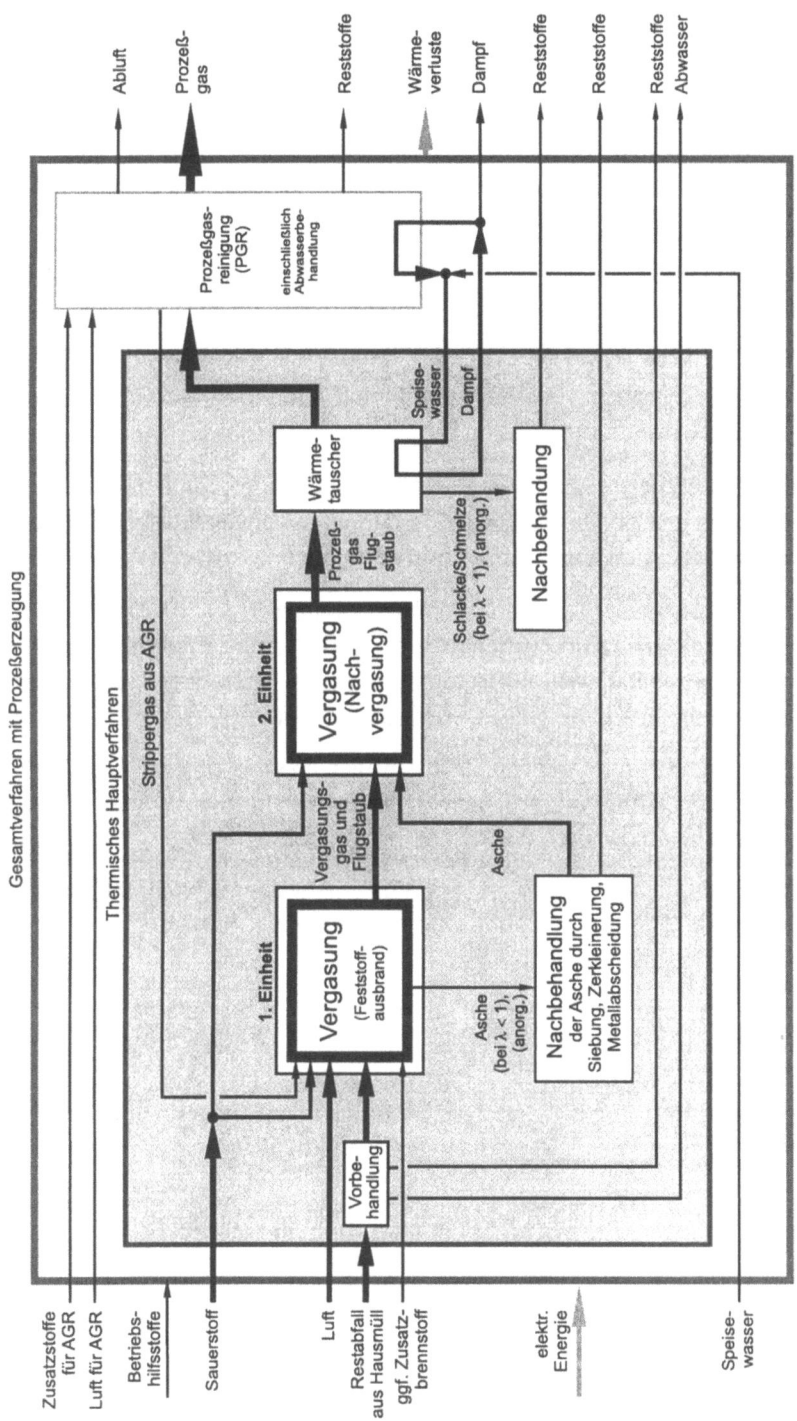

Abb. 12.17: Blockfließbild für das ECO-Gas-Verfahren.

Verfahrensbeschreibung: Das ECO-Gas-Verfahren in Abb. 12.18 läßt sich zusammenfassend wie folgt beschreiben:

- Abfallvorbehandlung ist identisch mit Wikonex-Verfahren (siehe Kap 12.4).
- Vergasung des Restabfalls in einer ZWS (1. Einheit) bei 900 °C durch mit Sauerstoff angereicherter Luft, die den Düsenboden durchströmt und gleichzeitig Restabfall und Asche fluidisiert; zusätzlich Einsatz von Strippergas aus Abwasserbehandlung.
- Abziehen von Grobasche aus dem unteren Bereich des ZWS-Reaktors mit anschließender Nachbehandlung durch Kühlung, Metallabscheidung und Rückführung der Feinanteile in die Nachvergasung.
- Abscheidung von grobem Flugstaub in einem Zyklon und Rückführung in den Wirbelschichtreaktor.
- Vergasung (zusätzliche Gasspaltung, 2. Einheit) des ungekühlten Prozeßgases, des Flugstaubes und organischer Reste in der aufgemahlenen Asche mit Sauerstoff in einem separaten Vergasungskammersystem (Gasspalter).
- Im unteren Bereich einer Strahlungskammer schmelzflüssiger Abzug der Reststoffe (Schlacke) bei Temperaturen von ca. 1400 °C und Erstarrung in einem Wasserbad zu Granulat; Wärmeauskopplung durch Erzeugung von Sattdampf mit 40 bar und damit Kühlung des Prozeßgases auf 600 °C.
- Prozeßgasreinigung mit Quench, mehrstufiger Gaswäsche und Quecksilberfilter (Adsorber); Zuführung anfallender fester Reststoffe aus Quench, Aerosol- und Venturiwäscher nach einer Filterung wieder in ZWS.
- Behandlung anfallender Abwässer in einer Abwasserbehandlung mit den Hauptelementen Fällung, Neutralisation, Ammoniak-Stripper, Eindampfer, Kondensator und Eindicker.
- Möglichkeit, gereinigtes Prozeßgas anschließend einer energetischen oder stofflichen Nutzung zuzuführen.

Reststoffverwendung: Für das erzeugte Prozeßgas und die verbleibenden Reststoffe werden folgende Verwendungen angegeben [12.25]:

- Das **Prozeßgas** (h_u = 3,2 bis 4,5 MJ/m^3, ca. 1333 m^3/Mg Abfall) kann in der chemischen Industrie oder als Brenngas zur Substitution von fossilen Energieträgern in Kraftwerken oder industriellen Verbrauchern genutzt werden.
- Das **Schmelzgranulat** (ca. 227 kg/Mg Abfall) aus der 2. Vergasungseinheit kann als Baumaterial eingesetzt werden.

ECO-Gas-Verfahren

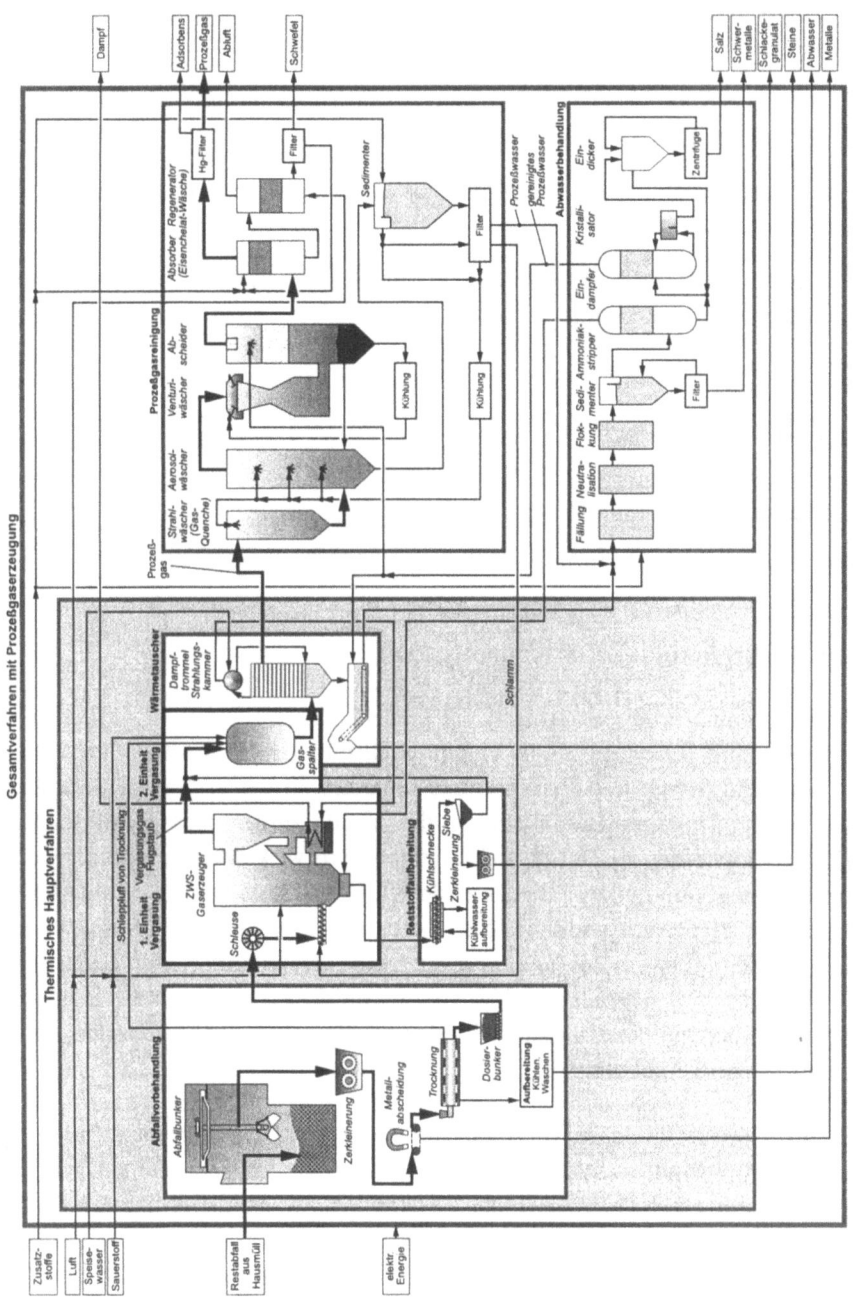

Abb. 12.18: Schematische Darstellung des ECO-Gas-Verfahrens [9.12, 12.23 bis 12.28].

- **Eisen** und **NE-Metalle** werden einem metallurgischen Prozeß zugeführt.
- Der **Elementarschwefel** (ca. 2 kg/Mg Abfall) aus der Wäsche wird als Grundstoff genutzt.
- Das **Salz** (ca. 6,7 kg/Mg Abfall) aus der Abwasserbehandlung wird zum Teil deponiert und als Elektrolysesalz verwertet.
- Der **schwermetallhaltige Reststoff** aus der Abwasserbehandlung wird deponiert.
- Das **Waschwasser** und das **Kondensat** aus der Trocknung werden an ein kommunales Abwassersystem abgegeben.

12.8 Schwel-Brenn-Verfahren

Verfahrenseinordnung und Apparatetyp:

1. Einheit: **Thermolyse** (Drehrohrsystem)

und getrennte

2. Einheit: **Verbrennung** (Brennkammersystem).

Das Schwel-Brenn-Verfahren (Abb. 12.19 und 12.20) [12.37 bis 12.41] sieht in der 1. Einheit eine **Thermolyse** in einem Drehrohr vor. Danach werden NE-Metalle, Glas und Steine und Pyrolysekoks separiert. In der sich anschließenden 2. Einheit erfolgt in einer Brennkammer die **Verbrennung** des Pyrolysegases (Schwelgases) sowie des zusätzlich aufbereiteten Pyrolysekokses bei kleiner Luftzahl, wobei nicht brennbare Bestandteile flüssig als Schlacke (integrierter Schlackeabzug) abgetrennt werden. Je nach Aufgabenstellung erfolgt weiter die Umwandlung der Abgasenthalpie in Prozeßdampf, Heizdampf oder elektrische Energie. Thermisch behandelt werden vorzugsweise Restabfall aus Hausmüll, Gewerbe- und Sperrmüllabfälle, Klärschlamm als Beimischung zu den genannten Abfällen und Deponierückbaumaterial.

Entwicklungsstand: Im Jahre 1988 wurde eine Demonstrationsanlage für einen Durchsatz von 0,2 Mg/h Restabfall aus Hausmüll in Betrieb genommen [12.40]. Seit dem September 1994 wird in Japan (Yokohama) eine Pilotanlage mit einem Durchsatz von 1 Mg/h Hausmüll betrieben. In den Jahren 1997 und 1998 hat eine Anlage mit jeweils 2 Drehrohren und einer Einzelkapazität von 5 Mg/h einen Probebetrieb durchgeführt. Behandelt werden ein Gemisch aus Restabfall aus Hausmüll, Industrie- und Gewerbemüll, Sperrmüll und Klärschlamm (mittlerer Gemischheizwert 8,4 MJ/kg).

Schwel-Brenn-Verfahren

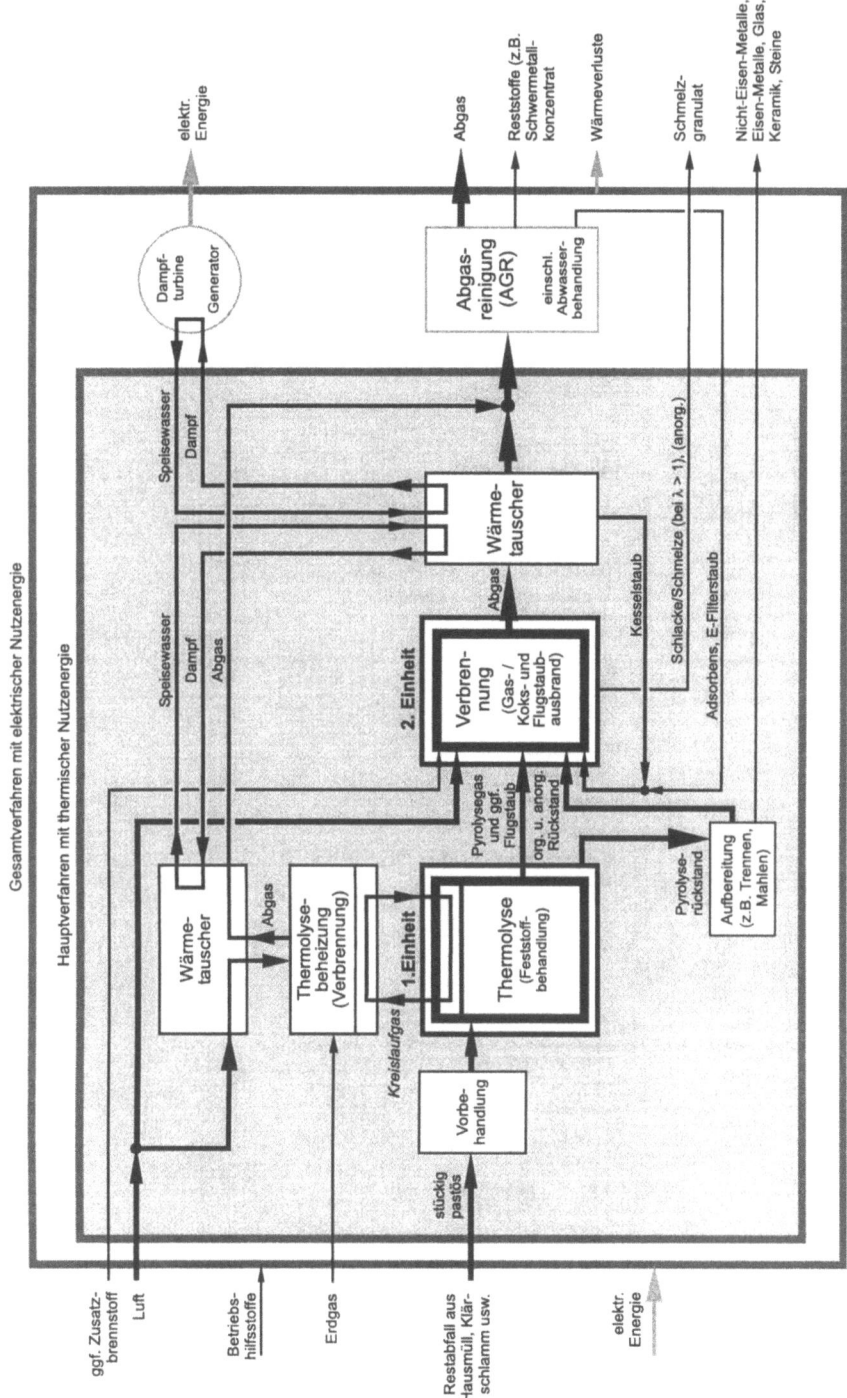

Abb. 12.19: Blockfließbild für das Schwel-Brenn-Verfahren.

310 Entwicklungstendenzen thermischer Abfallbehandlungsverfahren

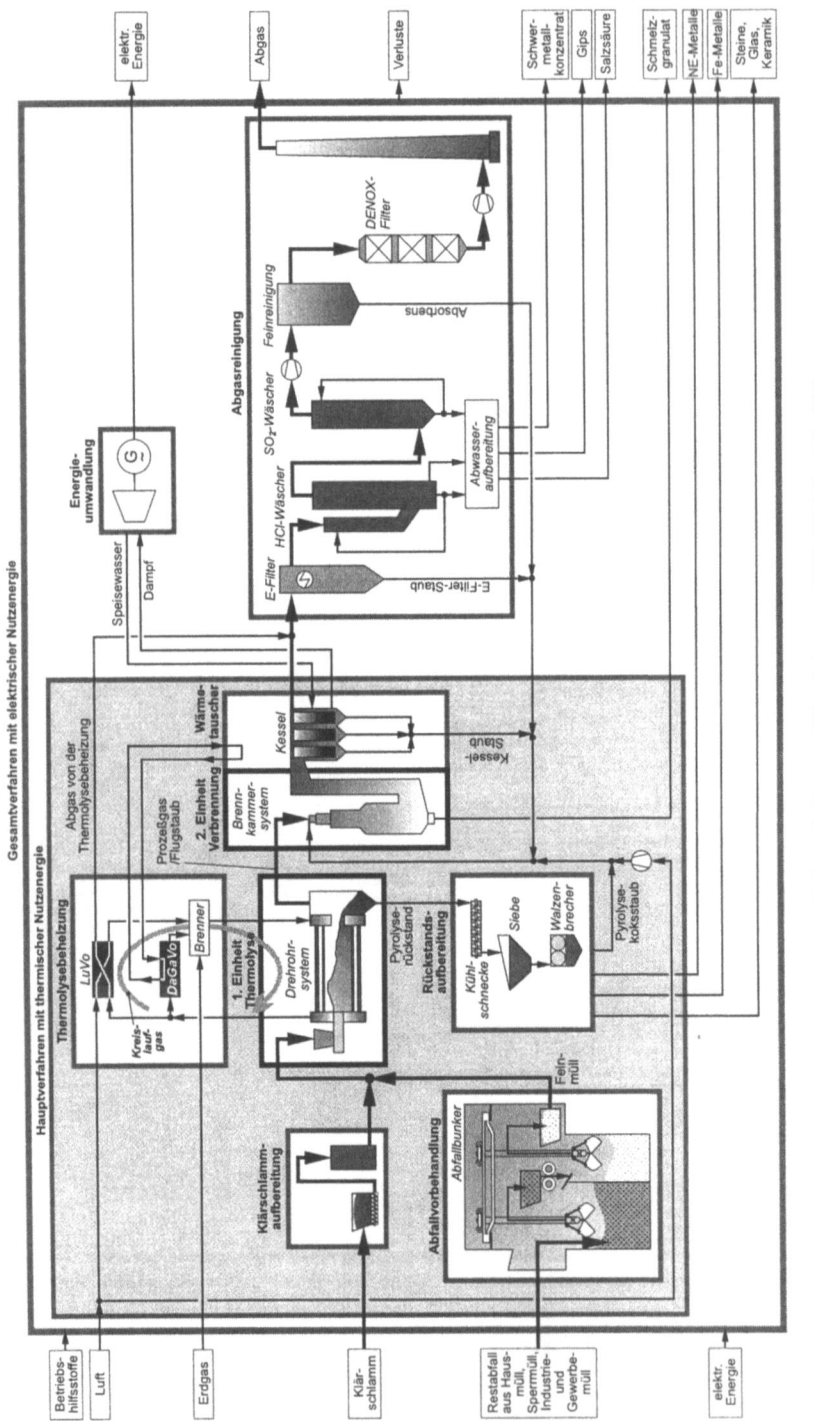

Abb. 12.20: Schematische Darstellung des Schwel-Brenn-Verfahrens [12.37 bis 12.41].

Schwel-Brenn-Verfahren

Verfahrensbeschreibung: Das Schwel-Brenn-Verfahren in Abb. 12.20 läßt sich zusammenfassend wie folgt charakterisieren:

- Abfallvorbehandlung mit einer Rotorschere zu „Feinmüll" mit einer Kantenlänge kleiner 200 mm.
- Thermolyse (sog. „Konversion", 1. Einheit) des Feinmülls in einem indirekt beheizten Drehrohr bei ca. 450 °C und Verweilzeiten um ca. 1 h; Wärmeeinkopplung mit einem Kreislaufgas, das mit Eigendampf und einer Erdgasverbrennung auf 520 °C vorgewärmt wird und anschließend durch innenliegende, schaufelförmig angeordnete Rohre im Gegenstrom strömt.
- Nachbehandlung der aus dem Drehrohr tretenden Reststoffe durch Auftrennung in Fe- und NE-Metalle, Pyrolysekoks und Inertfraktion aus Steinen, Keramik und Glas mittels Siebung, Sichtung, Magnet- und Wirbelstromabscheidung und Aufmahlung einer Feinfraktion zur Wertstoffrückgewinnung.
- Verbrennung (2. Einheit) des Pyrolysegases und des gemahlenen Pyrolysekokses (< 1 mm) in einem Brennkammersystem, das durch eine Rohrleitung getrennt vom Drehrohr (bauliche Trennung von 1. und 2. Einheit) betrieben und optimiert werden kann.
- Rückführung anfallender Filter- und Kesselstäube als auch Sorbens aus der Abgasreinigung in die Brennkammer (keine Angaben über eventuelle Anreicherungen von Kreislaufstoffen wie Schwermetallen usw.); Anpassung der Pyrolysekokszufuhr (Brennstoff) über einen Mehrstoffbrenner an die Pyrolysegasschwankungen, dadurch Verbrennung bei Luftzahlen von $\lambda = 1{,}2$ bis $1{,}3$ mit entsprechend geringen Abgasmassenströmen möglich; in Verbindung mit den Heizwerten Abgastemperaturen um 1300 °C, dadurch flüssiger Abzug der Reststoffe (Schlacke) möglich.
- Wärmeauskopplung über einen Dampfkessel.
- Abgasreinigung z.B. mit Elektrofilter, Sprühtrockner, Gewebefilter, zweistufiger Naßwäsche, Aktivkoksadsorber und $DENO_x$-Katalysator (SCR).
- Dampfnutzung für Prozeßdampf, Fernwärme, elektrische Energieumwandlung.

Reststoffverwendung: Für die austretenden Reststoffe werden folgende Verwendungsmöglichkeiten angegeben [12.38]:

- **Eisenmetalle** (45 kg/Mg Abfall) und **Nichteisenmetalle** (5 kg/Mg Abfall) werden einem metallurgischen Prozeß zugeführt.
- **Steine**, **Glas**, **Keramik** (≥ 5 mm) (gesamt 45 kg/Mg Abfall) können im Landschafts- oder Straßenbau eingesetzt werden.

- **Schmelzgranulat** (170 kg/Mg Abfall) kann als Zuschlagstoff in der Bauindustrie und im Straßenbau verwendet werden.

- Reststoffe aus der abwasserfreien Abgasreinigung sollen je nach angewendetem Verfahren einer Deponierung (**Schwermetallkonzentrat** (1 bis 3 kg/Mg Abfall)) und einer stofflichen Verwertung (**Salzsäure** (20 kg/Mg Abfall), **Gips** (13 kg/Mg Abfall)) zugeführt werden.

Massen- und Energiebilanzen: Als Grundlage wird eine Abfallmenge von 1000 kg mit einem Heizwert von 10 MJ/kg angenommen. Nach [6.5] ergeben sich die folgenden wesentlichen Daten:

elektr. Nutzenergie	= 1863 MJ/Mg Abfall
Zusatzenergie: Erdgas	= 831 MJ/Mg Abfall
elektr. Energieumwandlungswirkungsgrad $\eta_{e,EKW}$	= 33,23 %
elektr. Primärwirkungsgrad $\eta_{e,p}$	= 17,19 %
elektr. Nettoprimärwirkungsgrad $\eta_{e,n}$	= 15,9 %
Abgasmenge	= 4532 m^3/Mg Abfall
anfallende Reststoffgesamtmenge	= 243 kg/Mg Abfall

Vergleicht man diese Angaben mit denen nach [12.38], so ergibt sich für die gleiche Abfallmenge und den gleichen Abfallheizwert eine elektrische Nutzenergie von 1.980 MJ/Mg Abfall, ein trockenes Abgasvolumen von 3300 m^3/Mg Abfall und eine gesamte Reststoffmenge von 290 kg/Mg Abfall.

12.9 Optimierung für die Hausmüllpyrolyse nach Kapitel 11.1.2

Zur Zeit wird der erzeugte Pyrolysekoks deponiert, so daß für den Rückstand noch entsprechendes Optimierungspotential besteht.

12.10 PYROPLEQ-Verfahren

Verfahrenseinordnung und Apparatetyp:

1. Einheit: **Thermolyse** (Drehrohrsystem)

und getrennte

2. Einheit: **Verbrennung** (Brennkammersystem).

PYROPLEQ-Verfahren

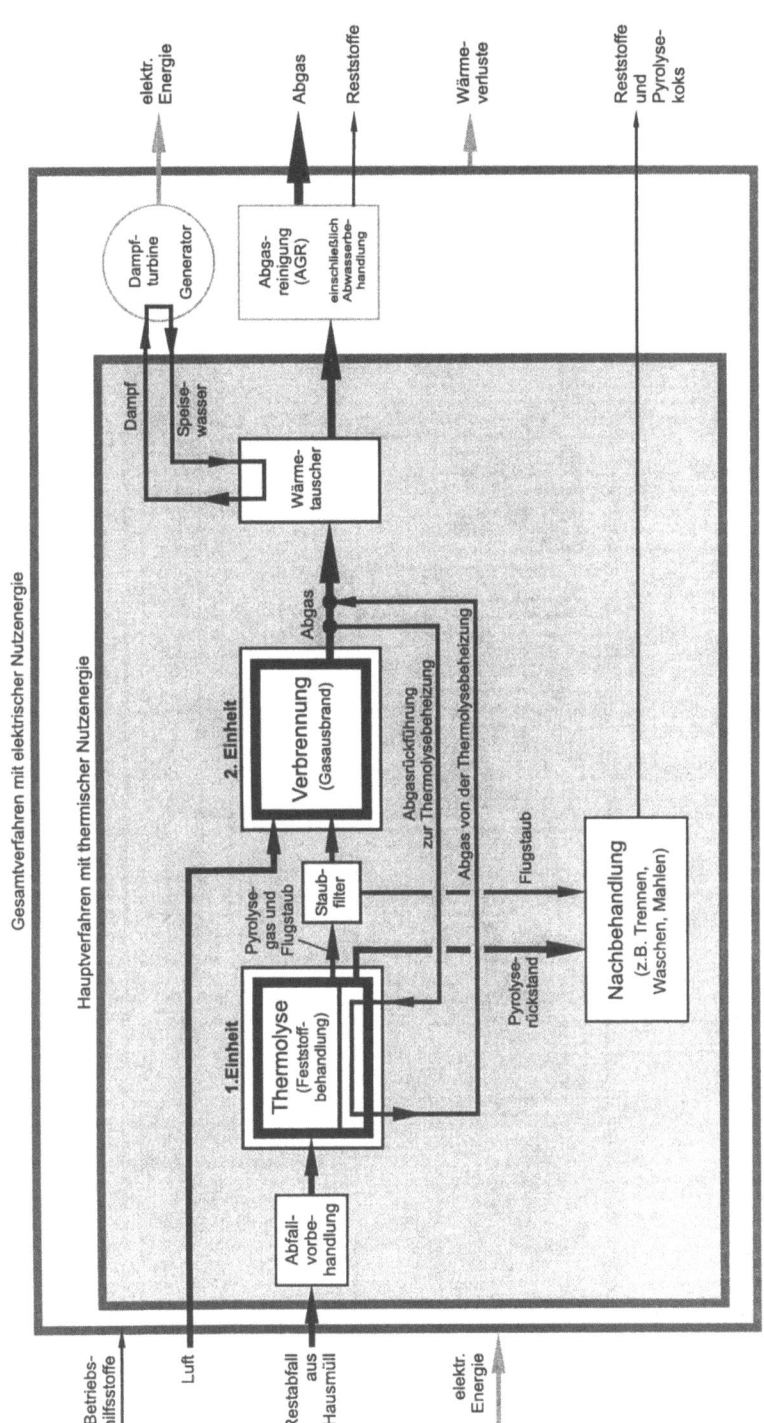

Abb. 12.21: Blockfließbild für das PYROPLEQ-Verfahren.

314 Entwicklungstendenzen thermischer Abfallbehandlungsverfahren

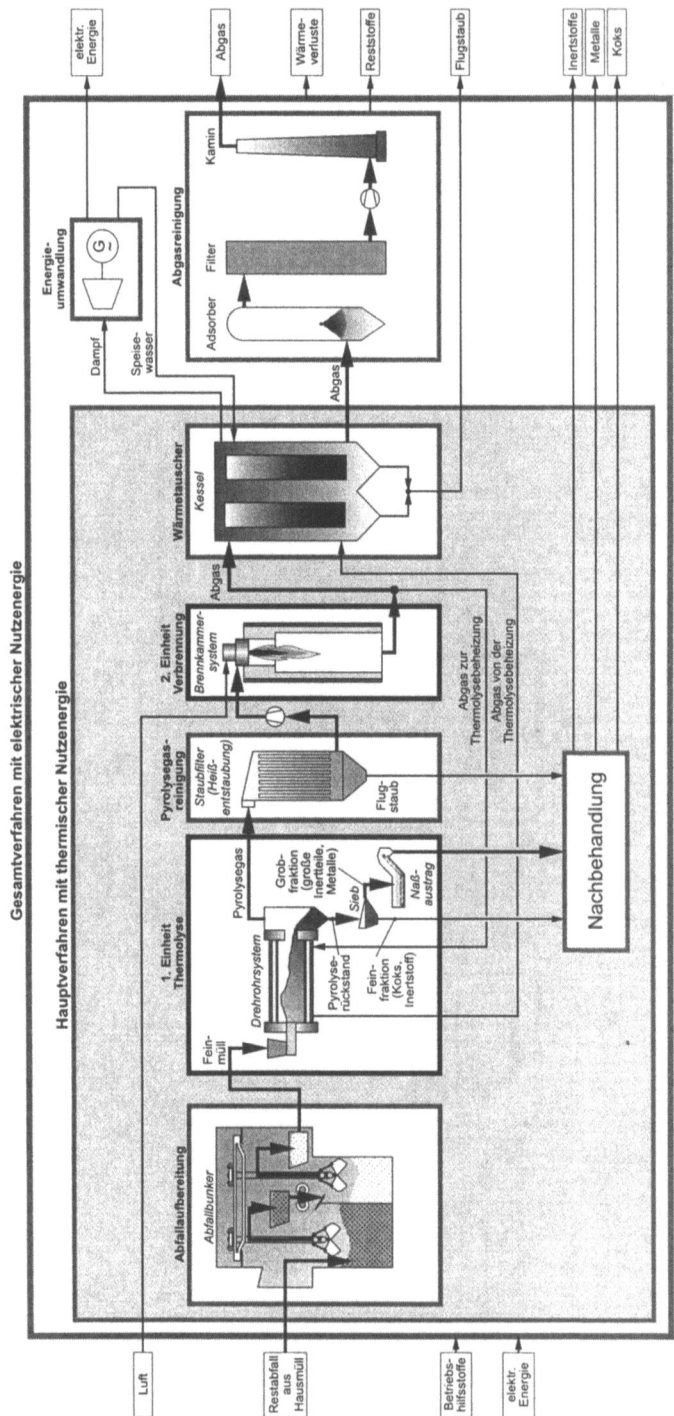

Abb. 12.22: Schematische Darstellung des PYROPLEQ-Verfahrens [12.42, 12.43].

PYROPLEQ-Verfahren

Das PYROPLEQ-Verfahren (Abb. 12.21 und 12.22) [12.42, 12.43] zur thermischen Behandlung von Restabfall aus Hausmüll hat die Wertstoffseparierung und die Herstellung eines Pyrolysekokses in der **Thermolyse** (1. Einheit) sowie die anschließende **Verbrennung** (2. Einheit) ausschließlich des Pyrolysegases mit entsprechender Energienutzung zum Ziel.

Entwicklungsstand: Das Verfahren basiert auf den Erfahrungen aus der Pyrolyse von kohlenwasserstoffhaltigen Industrierückständen zur Gewinnung von Chemierohstoffen [12.43] sowie erprobten Einzelkomponenten und Systemen. Eine Umsetzung in ein kommerzielles Gesamtverfahren ist noch nicht erfolgt.

Verfahrensbeschreibung: Das PYROPLEQ-Verfahren in Abb. 12.22 läßt sich wie folgt zusammenfassend charakterisieren:

- Vorbehandlung durch Aussortierung von Störstoffen und Zerkleinerung des Restabfalls.
- Thermolyse des Restabfalles aus Hausmüll bei 450 bis 550 °C in einem mit Abgas indirekt beheizten Drehrohrsystem ohne Einbauten.
- Nach Austrag aus dem Drehrohr folgt die Auftrennung durch Siebung in eine Feinfraktion (Koks und Inertanteil; Austrag trocken) und Grobfraktion (metallische Reststoffe, grobe Inertanteile; Austrag naß).
- Heißgasfilterung der Pyrolysegase mit keramischen Kerzen.
- Verbrennung der Pyrolysegase mit Luft bei 1200 °C in einem Brennkammersystem.
- Wärmeauskopplung aus den Abgasen in einem Dampfkessel.
- Prozeßdampfnutzung oder elektrische Energieumwandlung.
- Abgasreinigung durch Zugabe einer Mischung aus hochreaktivem Sorptionsmittel und Aktivkohle und anschließender Feinfilterung.

Reststoffverwendung: Nach [12.42] wird angegeben:

- Der **Pyrolysekoks** mit zusätzlichem Inertanteil (h_u = 10 MJ/kg, Feinfraktion) soll in einem separaten Brennkammersystem verbrannt werden, wobei ein glasartiger eluatfester Reststoff verbleiben soll. Eine weitere energetische Verwertung ist als Brennstoff in Kraftwerken oder als Substitutionsbrennstoff von fossilen Brennstoffen in Zementdrehrohröfen oder Hochöfen usw. vorgesehen.
- Das **Kupfer** und das **Eisen** nach der Thermolyseeinheit werden sortiert und einer metallurgischen Verwertung zugeführt.

- Die aussortierten **Störstoffe** (Abfallaufbereitung) werden deponiert.
- Über die weiter verbleibenden Reststoffe sind keine Aussagen gemacht.

Massen- und Energiebilanzen: Angegeben werden bei zusätzlicher thermischer Nutzung des Pyrolysekokses nach [12.42, 12.43] folgende Daten:

elektr. Nutzenergie	= 2520 MJ/Mg Abfall
Zusatzenergie:	= nicht erforderlich
elektr. Energieumwandlungswirkungsgrad $\eta_{e,EKW}$	= keine Angabe
elektr. Primärwirkungsgrad $\eta_{e,p}$	= 25 %
elektr. Nettoprimärwirkungsgrad $\eta_{e,n}$	= 25 %
Abgasmenge	= keine Angabe
anfallende Reststoffgesamtmenge	= 243 kg/Mg Abfall

12.11 Plasmox-Verfahren

Verfahrenseinordnung und Apparatetyp:

1. Einheit: **Thermolyse** (Drehherdofen)

und getrennte

2. Einheit: **Verbrennung** (Brennkammersystem).

Das Plasmox-Verfahren (Abb. 12.23 und 12.24) [12.44 bis 12.47] ist insbesondere für die thermische Behandlung von toxischen Sonderabfällen, z.B. militärischen Altlasten, kontaminierter Erde, Aschen und kontaminierten Sonderschrotten mit ggf. anschließender Verwertung der Reststoffe vorgesehen. Ziel des Verfahrens ist es, die verbliebenen festen Reststoffe nach der thermischen Behandlung, die aus **Thermolyse** (1. Einheit) in einem Drehherdofen und einer **Verbrennung** (2. Einheit) in einem Brennkammersystem besteht, schmelzflüssig abzuziehen und in eine auslaugbeständige glasartige Schlacke zu überführen.

Entwicklungsstand: Die Entwicklung des Verfahrens [12.44 bis 12.47] basiert auf Versuchen in einer Laboranlage (1987), einer Pilotanlage (1990) mit einer Durchsatzleistung von 0,3 Mg/h und einer seit 1991 betriebenen Pilotanlage. Die erste kommerzielle Anlage für die thermische Behandlung von chemischen Kampfstoffen und kontaminierten Böden für eine Durchsatzleistung von 1 Mg/h wird derzeit realisiert. Außerdem existiert eine mobile Technikumsanlage für Durchsätze bis 50 kg/h.

Plasmox-Verfahren

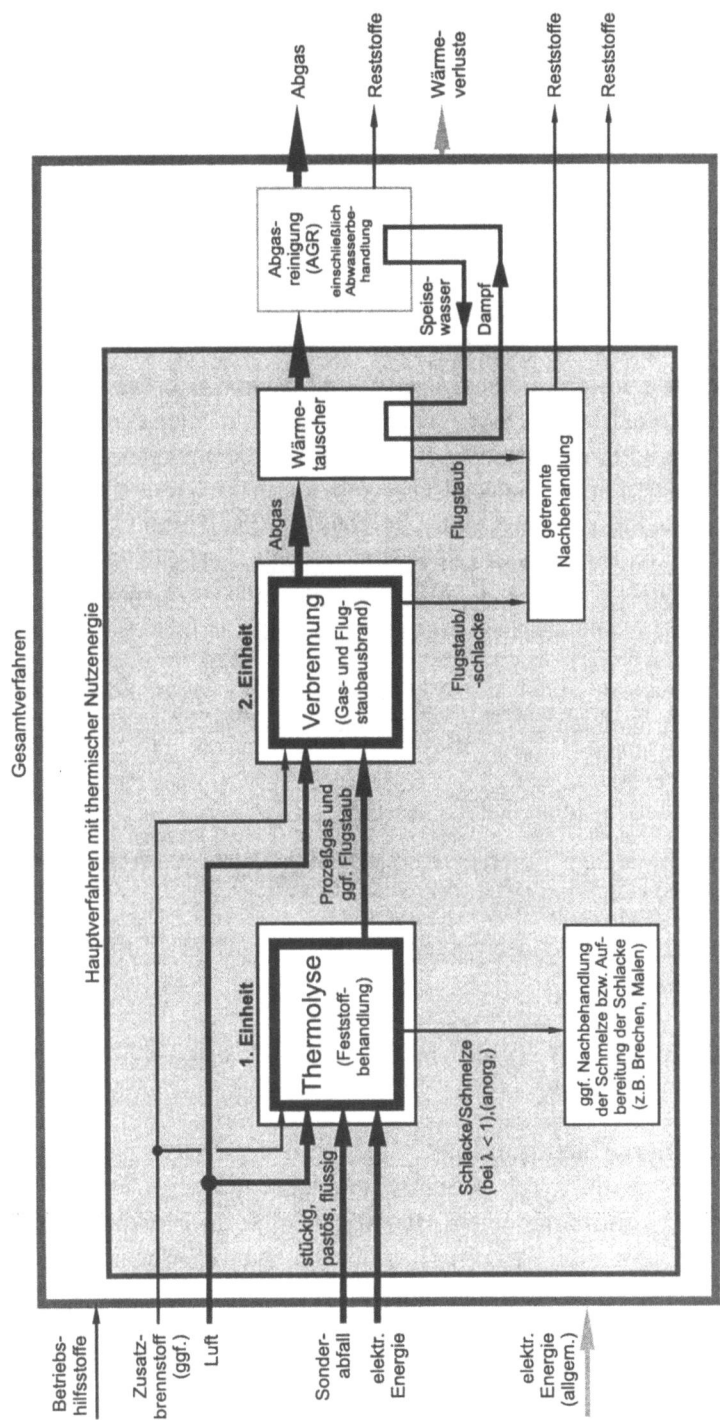

Abb. 12.23: Blockfließbild für das Plasmox-Verfahren.

Verfahrenstechnik: Das Plasmox-Verfahren in Abb. 12.24 läßt sich wie folgt kurz charakterisieren:

- Zusammenstellung der Gebinde sowie Flüssigkeiten und Flotat, z.B. aus einer Bodenwäsche.

- Verwendung von Faßbeschickung, kontinuierlicher Schneckenförderung, Dickstoffpumpen und Flüssigkeitspumpen usw. als Beschickungssysteme, die jeweils mit Spül- und Inertisierungsvorrichtungen ausgerüstet sind.

- Thermolyse des Abfalls in einem feuerfest ausgemauerten Drehherdofen; dabei handelt es sich um eine drehende Zentrifuge (senkrechte Achse), die sich mit ca. 40 U/min unter einem feststehenden Plasmabrenner hindurchdreht; Durchsatzleistung von 1 Mg/h, Fassungsvermögen von 1 m^3 und damit je nach spez. Dichte der Schmelze 1 bis 5 Mg Inhalt; Energieeinkopplung erfolgt elektrisch mit Hilfe eines Plasmabrenners; es ergeben sich Schlacketemperaturen bzw. Abstichtemperaturen für die Schlacke von ca. 1600 °C; durch Chargenbetrieb kann die Verweilzeit der sich bildenden flüssigen Phase (Schlacke) je nach Erfordernis „beliebig" festgelegt werden; für das Ablassen wird die Umdrehungsgeschwindigkeit gesenkt, dadurch sinken die Fliehkräfte und die Schlacke fließt nach innen und dort durch eine Öffnung in die Austragskammer.

- Verbrennung der anfallenden Pyrolysegase und Flugstäube mit reinem Sauerstoff oder Luft in einem getrennt angeordneten feuerfest ausgemauerten Brennkammersystem bei ca. 1200 °C.

- Dampferzeugung in einem Abhitzekessel.

- Abgasreinigungsanlage mit den Komponenten Quenche, Aerosolabscheider, mehrstufiger Naßwäsche, DENOX-Anlage.

- Dampfnutzung für die Wiederaufheizung der Abgase vor DENOX-Anlage und Abwassereindampfanlage.

Reststoffverwendung: Die als Reststoffe anfallenden **Schlacken** und **Eindampfrückstände** werden deponiert. Eine weitere Verwertung ist nicht vorgesehen.

Massen- und Energiebilanzen: In [12.47] sind einige Daten angegeben. Daraus geht hervor, daß zur thermischen Behandlung eines typischen Sonderabfalls aus der chemischen Industrie mit einem Heizwert von ca. 15,7 MJ/kg Abfall zusätzlich 4320 MJ/Mg Abfall elektrische Energie und eine nicht benannte Menge an Erdgas/Heizöl benötigt werden. Die im Verfahren freigesetzte thermische Nutzenergie wird ausschließlich für die Eigenenergiebedarfsdeckung eingesetzt. Eine Energienutzung darüber hinaus ist nicht vorgesehen. Das Verfahren soll der Entsorgung hochtoxischer Stoffe dienen.

Plasmox-Verfahren

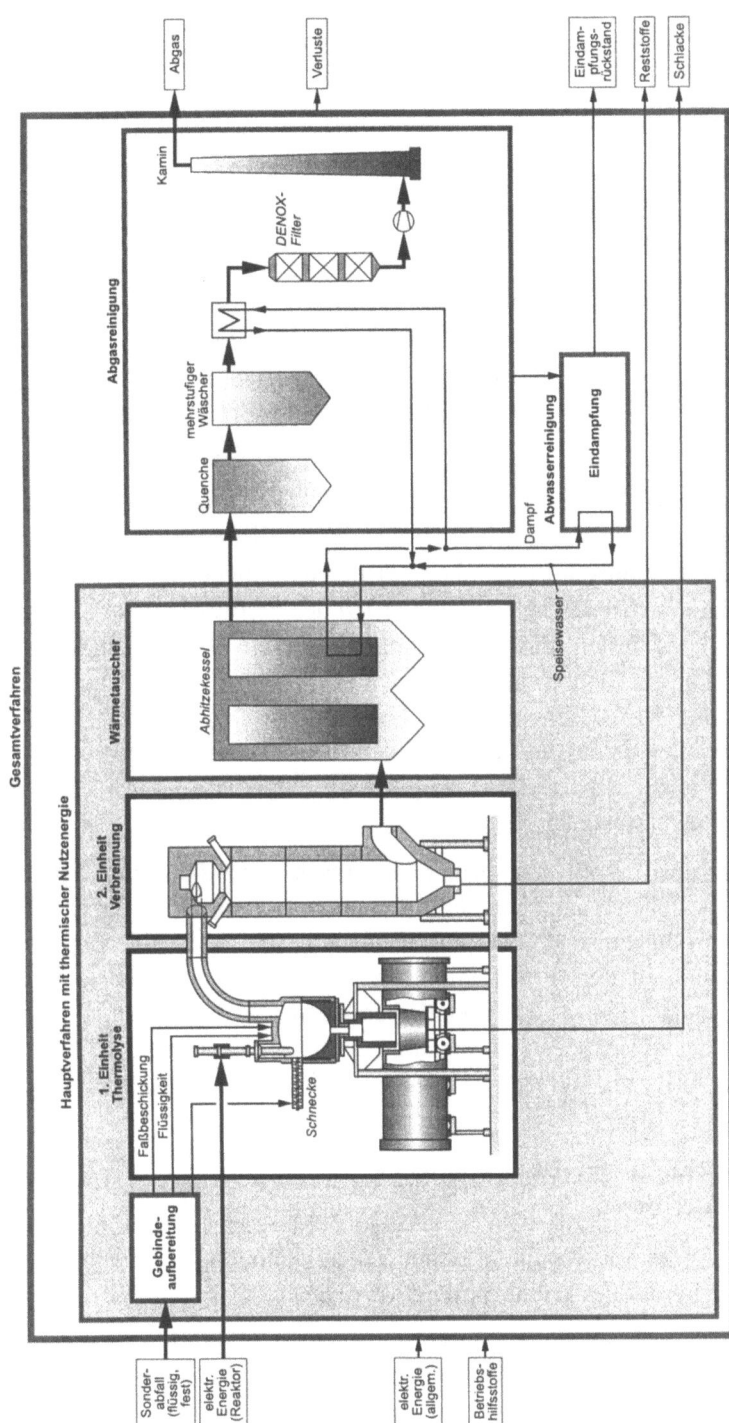

Abb. 12.24: Schematische Darstellung des Plasmox-Verfahrens [12.44 bis 12.47].

12.12 PyroMelt-Verfahren

Verfahrenseinordnung und Apparatetyp:

1. Einheit bestehend aus Teileinheit 1a: **Thermolyse** (Drehrohrsystem)
   und getrennter
   Teileinheit 1b: **Verbrennung** (Schmelzofen)

und davon getrennter

2. Einheit bestehend aus Teileinheit 2a: **Verbrennung** (Brennkammersystem)
   nach Schmelzofen
   und getrennter
   Teileinheit 2b: **Verbrennung** (Brennkammersystem)
   für Drehrohrbeheizung.

Das PyroMelt-Verfahren (Abb. 12.25 und 12.26) [9.9, 12.48, 12.49] hat zur thermischen Behandlung von Restabfall aus Hausmüll und Klärschlamm in der 1. Einheit eine **Thermolyse** (Teileinheit 1a) mit anschließender Abtrennung der Metalle und eine **Verbrennung** (Teileinheit 1b) des Pyrolysekoks mit integrierter Einschmelzung des festen Reststoffes ohne vorherige Aufmahlung in einem Schmelzofen. Die 2. Einheit umfaßt die **Verbrennung** (Teileinheit 2a) des Pyrolysegases und Nachverbrennung der Gase aus der Teileinheit 1b (detaillierte Beschreibung weiter unten) und die **Verbrennung** (Teileinheit 2b) eines Teiles des Pyrolysegases zur Drehrohrbeheizung. Eine Energienutzung etwa zur elektrischen Energieumwandlung ist vorgesehen.

Entwicklungsstand: Von den beiden Hauptsystemen (Drehrohrsystem und Schmelzofen) bestehen Langzeiterfahrungen an mehreren Großanlagen. So sind verschiedene großtechnische Thermolyseanlagen seit 1984 in Betrieb. Der Schmelzofen, auch als KSMF-Verfahren bezeichnet, dient auch als eigenständige Technik zur Einschmelzung von Filterstäuben aus der MVA, Einschmelzung von Schlacken aus der MVA oder von Schlämmen. Seit 1987 werden 8 Schmelzöfen mit einem Durchsatz bis 800 kg/h MVA-Reststoffe oder 1600 kg/h Klärschlamm (TS) betrieben [12.48].

Verfahrensbeschreibung: Das PyroMelt-Verfahren nach Abb. 12.26 läßt sich wie folgt charakterisieren:

- Es ist eine Abfallvorbehandlung durch Vorzerkleinerung (< 300 mm) mit anschließender Förderung in eine Vorlage vorgesehen.

- Es folgt die Thermolyse des Abfalls in einem indirekt beheizten Drehrohrsystem bei ca. 500 °C und eine anschließende Naßabkühlung der verbleibenden festen Reststoffe (Teileinheit 1a).

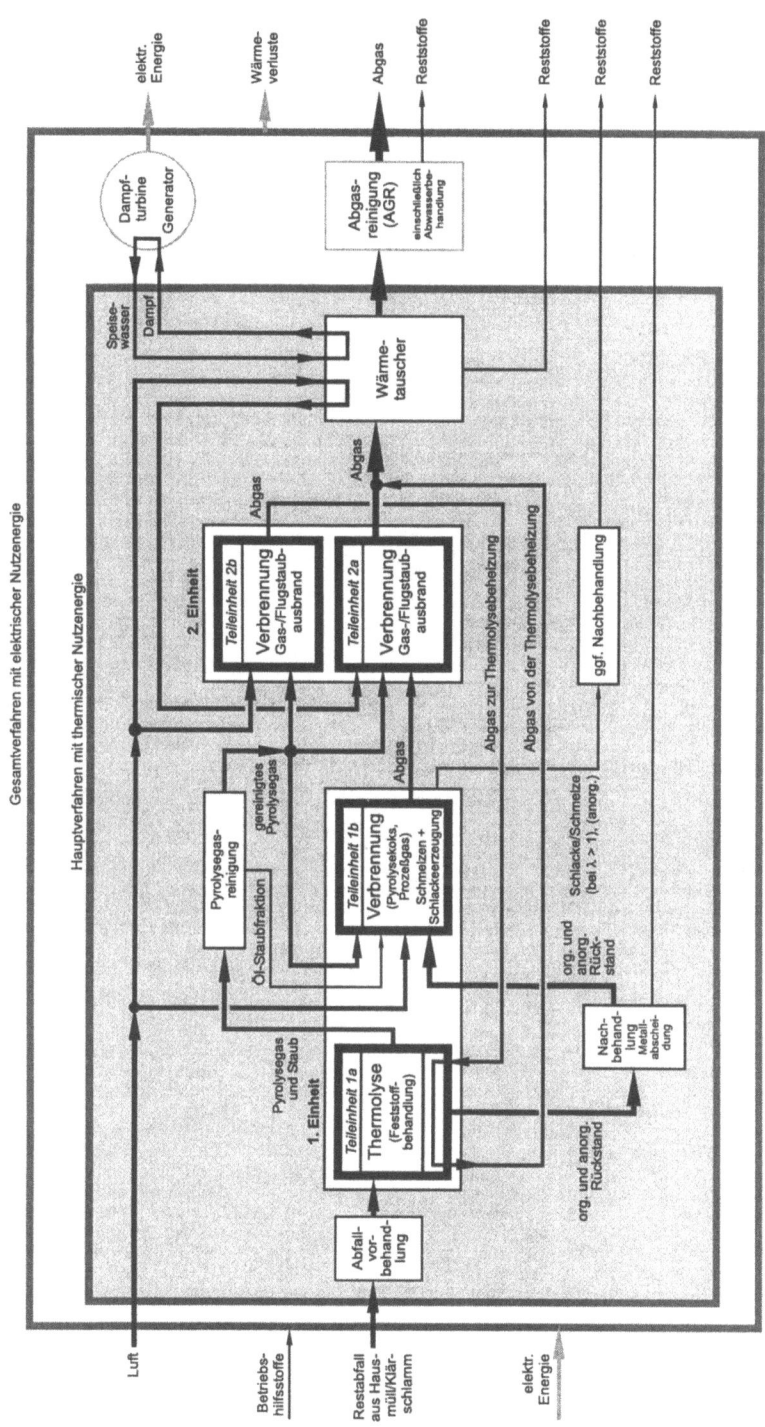

Abb. 12.25: Blockfließbild für das PyroMelt-Verfahren.

322 Entwicklungstendenzen thermischer Abfallbehandlungsverfahren

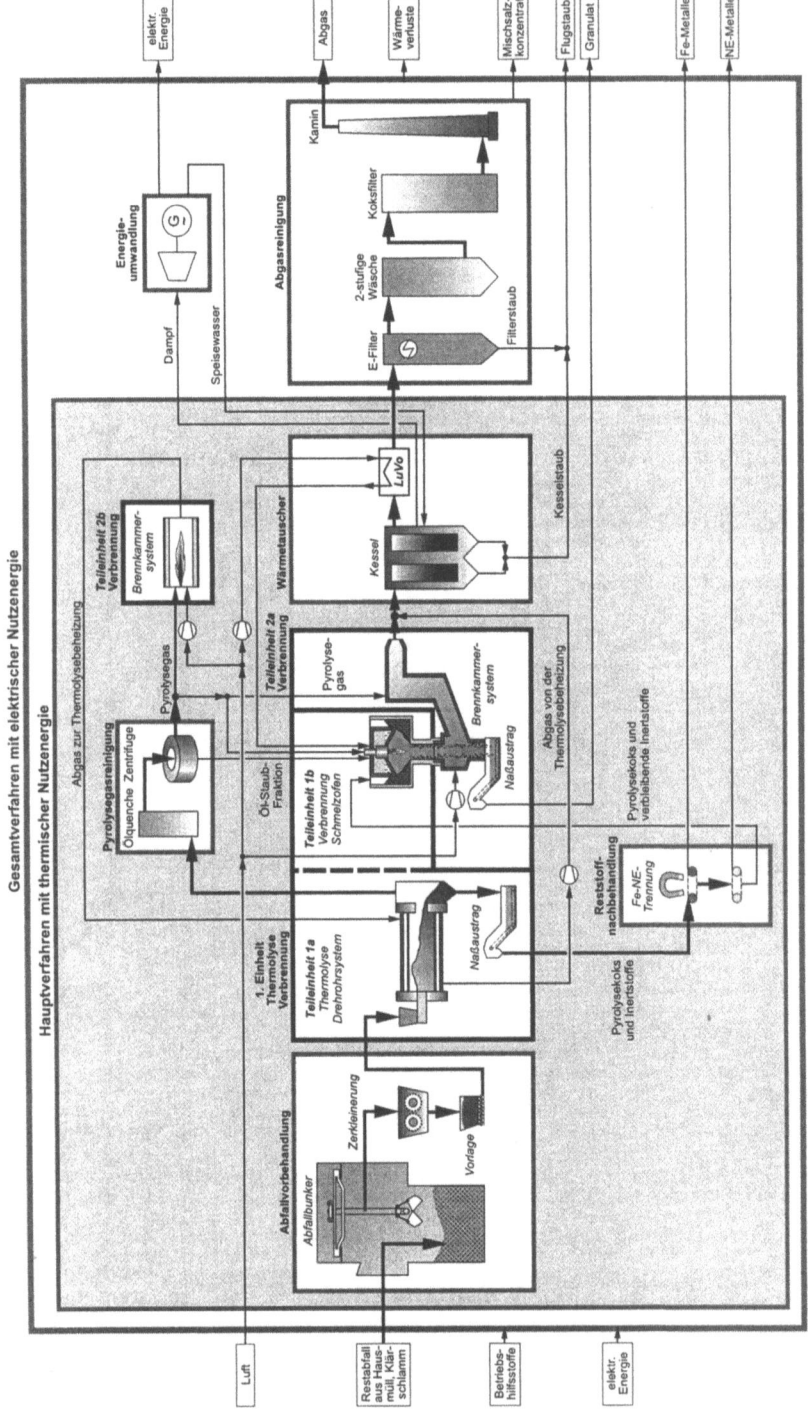

Abb. 12.26: Schematische Darstellung des PyroMelt-Verfahrens [9.9, 12.48, 12.49].

PyroMelt-Verfahren

- Die aus dem Drehrohr kommenden Reststoffe (< 50 mm) werden mittels NE- und Fe-Abscheidung aufbereitet.

- Das aus der Teileinheit 1a austretende Pyrolysegas (Prozeßgas) wird durch eine Ölquenche (ca. 150 °C) und Zentrifuge von Staub gereinigt. Dabei entsteht eine aufkonzentrierte Öl/Staub-Fraktion, die dem Schmelzofenbrenner (Teileinheit 1b) zugeführt wird.

- Die Wärmeeinkopplung für die Drehrohrbeheizung erfolgt mit einem Abgas aus der Verbrennung eines Teils (30 %) des erzeugten Pyrolysegases mit Luft (Teileinheit 2b). Das Abgas wird nach der Thermolysebeheizung dem Kessel zugeführt.

- Der Schmelzofen (Teileinheit 1b) besteht aus zwei konzentrischen Zylindern. Der äußere Zylinder rotiert mit 0,5 bis 5 U/h. Der innere läßt sich vertikal verfahren und ist mit einer wassergekühlten Ofendecke verschlossen. Der aufbereitete Pyrolysekoks und andere Reststoffe werden in dem Ringspalt der beiden Zylinder aufgegeben und durch die Rotation des äußeren Zylinders mit Hilfe von Zufuhrschaufeln gleichmäßig nach innen verteilt. Ein Hochtemperaturbrenner verbrennt zunächst das verbliebene Pyrolysegas (ca. 30 %) und die aufkonzentrierte Öl-Staub-Fraktion mit vorgewärmter Luft in einer Primärbrennkammer (λ = 0,95 bis 1,15). Die Abgase erzeugen zusammen mit dem verbrannten Pyrolysekoks Temperaturen von 1350 bis 1400 °C, so daß es zur Bildung einer schmelzflüssigen Schlacke aus den verbliebenen Reststoffen kommt. Diese fließt in einen zentralen Auslauf und tropft in das Wasserbad eines Naßentschlackers (Abb. 12.26).

- In der Sekundärbrennkammer (Teileinheit 2a) erfolgt die Nachverbrennung der Abgase und des verbliebenen Flugstaubes unter weiterer Luftzugabe (λ = 1,3 bis 1,6). Hier ergeben sich Temperaturen um 950 bis 1050 °C. Eine SNCR-Einrichtung reduziert die NO_x-Emission im Abgas.

- Das eventuell noch überschüssige Pyrolysegas wird ebenfalls der Teileinheit 2a zugegeben.

- Die Wärmeauskopplung aus den Abgasen erfolgt in einem Dampfkessel mit integriertem Luftvorwärmer.

- Es wird Prozeßdampf oder elektrische Strom erzeugt.

- Die Abgasreinigung besteht aus einem E-Filter, 2-stufiger Naßwäsche und je nach Anforderungen einem Aktivkoks- oder Zeolithadsorber.

Reststoffverwendung: Für die verbleibenden Reststoffe werden folgende Angaben gemacht [9.9]:

- Das **Schmelzgranulat** (ca. 250 kg/Mg Abfall) aus dem KSMF-Schmelzofen kann als Baumaterial eingesetzt werden.

- Die **Fe-Metalle** (ca. 45 kg/Mg Abfall) und **NE-Metalle** (ca. 5 kg/Mg Abfall) werden einem metallurgischen Prozeß zugeführt.

- Das **Mischsalzkonzentrat** (ca. 35 kg/Mg Abfall) aus der Abgasbehandlung wird deponiert.

- Der **Flugstaub** (ca. 19 kg/Mg Abfall) wird ebenfalls deponiert.

12.13 Thermoselect-Verfahren

Verfahrenseinordnung und Apparatetyp:

1. Einheit bestehend aus Teileinheit 1a: **Thermolyse** (Entgasungskanal)
und sich direkt anschließender
Teileinheit 1b: **Vergasung** (Schachtreaktor)

sowie sich weiter unmittelbar anschließender

2. Einheit bestehend aus Teileinheit 2a: **Vergasung** (Nachvergasung oberhalb des Schachtreaktors)

und einer getrennten

Teileinheit 2b: **Verbrennung** (Brennkammersystem für einen Teil des Synthesegases zur Beheizung des Entgasungskanals).

Das Thermoselect-Verfahren (Abb. 12.27 und 12.28) [10.9, 12.50 bis 12.54] hat die Synthesegaserzeugung (Prozeßgas) zur stofflichen Nutzung in der Chemie oder energetischen Nutzung z.B. zur elektrischen Stromerzeugung zum Ziel. In der 1. Einheit findet eine **Thermolyse** (Teileinheit 1a) in einem Kanal statt. Der Vorgang entspricht überwiegend einer Entgasung. Das Material gelangt aus dem Entgasungskanal direkt („unterbrechungslos") in die Teileinheit 1b, die, da das Material ein Haufwerk bildet, als Schachtreaktor bezeichnet werden kann. Hier findet eine **Vergasung** des entgasten Feststoffes unter Zufuhr von Erdgas und Sauerstoff statt. Aus der Teileinheit 1b erfolgt der schmelzflüssige Abzug einer Schlacke und einer Metallfraktion. Die aus der Teileinheit 1a und Teileinheit 1b stammenden Gase reagieren unter weiterer Zugabe von Sauerstoff und eventuell Erdgas im Freiraum des Schachtreaktors (Teileinheit 2a) zu dem beabsichtigten Synthesegas (Nachvergasung).

Thermoselect-Verfahren

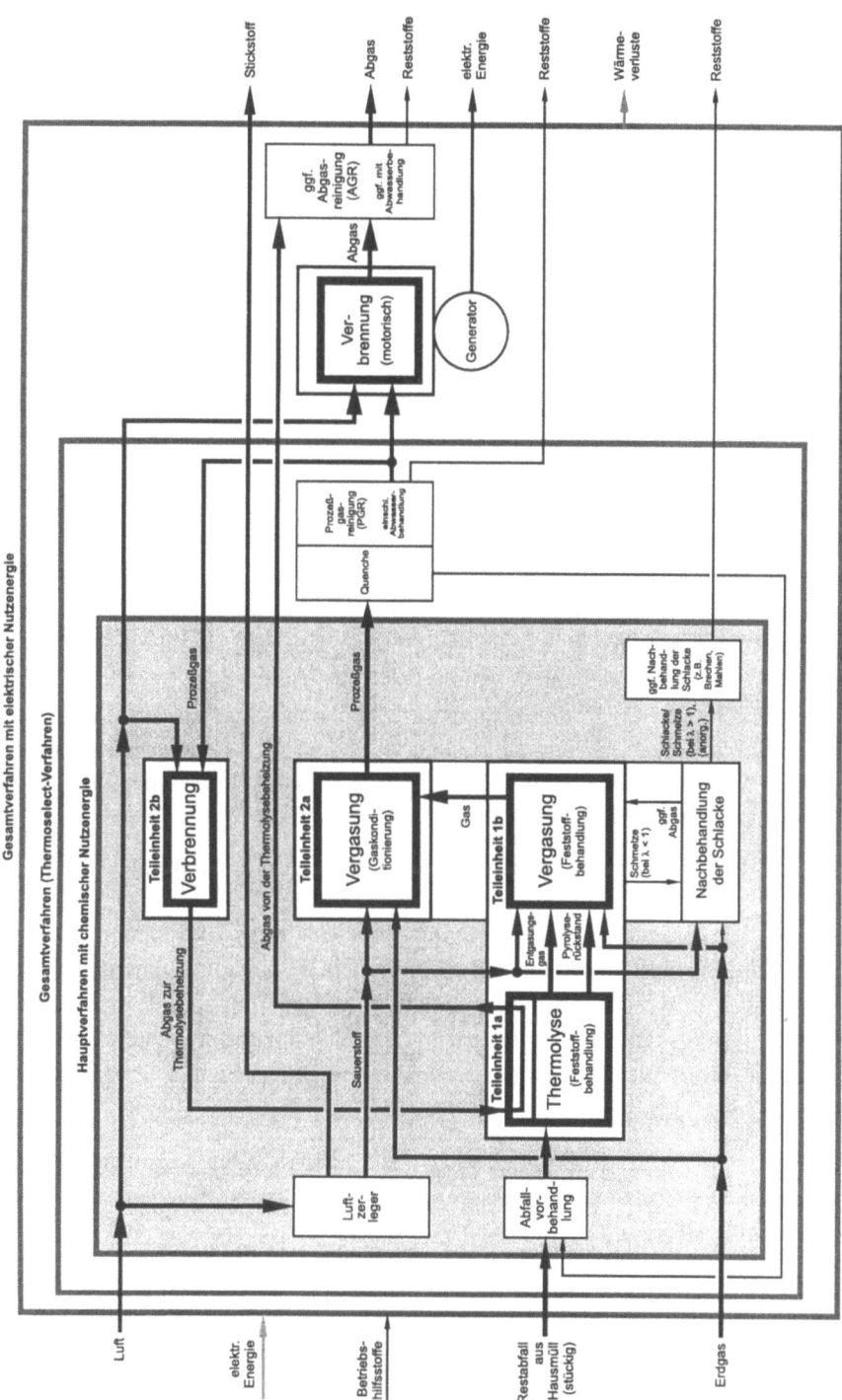

Abb. 12.27: Blockfließbild für das Thermoselect-Verfahren.

Ein Teil des erzeugten Synthesegases kann nach der Reinigung einer **Verbrennung** (Teileinheit 2b) mit Luft zugeführt werden, um mit den daraus stammenden Abgasen den Entgasungskanal zu beheizen. Bei Nutzung des Synthesegases zur elektrischen Energieumwandlung erfolgt diese z.B. in einem Gasmotor, einer Gasturbine oder einem Brennkammersystem.

Entwicklungsstand: Die Entwicklung des Verfahrens begann 1989 mit ersten Versuchen zum Verkohlungsverhalten von Hausmüll [12.53]. 1991 wurde mit dem Aufbau einer Pilotanlage begonnen und 1992 der Versuchsbetrieb aufgenommen [12.53]. Es liegen die Ergebnisse zur thermischen Behandlung von Hausmüll mit Durchsätzen bis ca. 3 t/h (Heizwert 12 bis 13 MJ/kg) unter Nutzung der Synthesegase in einem Gasmotor (Leistung 1,2 MW) vor [z.B. 10.9]. Zur Zeit befindet sich eine Anlage (2 x 10 t/h) im Probebetrieb [12.54]. Weitere Anlagen sind in Planung.

Verfahrensbeschreibung: Der Abfall wird von einer Presse verdichtet und in einen Kanal (Teileinheit 1a) geschoben, der von Abgasen beheizt wird, die durch Verbrennung (Teileinheit 2b) von eigenerzeugtem Synthesegas entstehen. Die Stoffe aus dem Entgasungskanal gelangen unmittelbar in die Teileinheit 1b eines Hochtemperaturschachtvergasungsreaktors. Im Gegensatz zu anderen Verfahren erfolgt hier also keine Zwischenbehandlung nach der Thermolyse bzw. vor Eintritt in die nächste Einheit. Im Freiraum über dem Schachtreaktor erfolgt die Gleichgewichtseinstellung der aus den Teileinheiten 1a und 1b kommenden Gase mit zusätzlichem Sauerstoff zu einem Synthesegas. Insgesamt wird daher von einem geschlossenen, unterbrechungslosen Prozeß gesprochen.

Zusammenfassend läßt sich das Verfahren wie folgt charakterisieren:

- Zu Beginn erfolgt eine Abfallverdichtung mit einer Hydraulikpresse.
- Die Thermolyse läuft in einem diskontinuierlich beschickten und indirekt beheizten Kanal im wesentlichen bis zur Entgasung (daher auch hier die Bezeichnung „Entgasungskanal"). Die Entgasungskanalbeheizung kann sowohl durch die Abgase eines Verbrennungsprozeßes mit eigenerzeugtem Prozeßgas als auch mit Erdgas erfolgen.
- Der Übergang vom Entgasungskanal in den Hochtemperaturreaktor ist geschlossen. Es folgt keine Ausschleusung von Feststoffen, Gasen, Ölen (unterbrechungslos).
- Im Freiraum des Hochtemperaturreaktors erfolgt eine Nachvergasung mittels Sauerstoff und Erdgas bei Umgebungsdruckniveau und Temperaturen um ca. 1200 °C. Wegen der Vergasung mit Sauerstoff ergeben sich im Vergleich zu einer Vergasung mit Luft kleine Synthesegasmassenströme.

Thermoselect-Verfahren

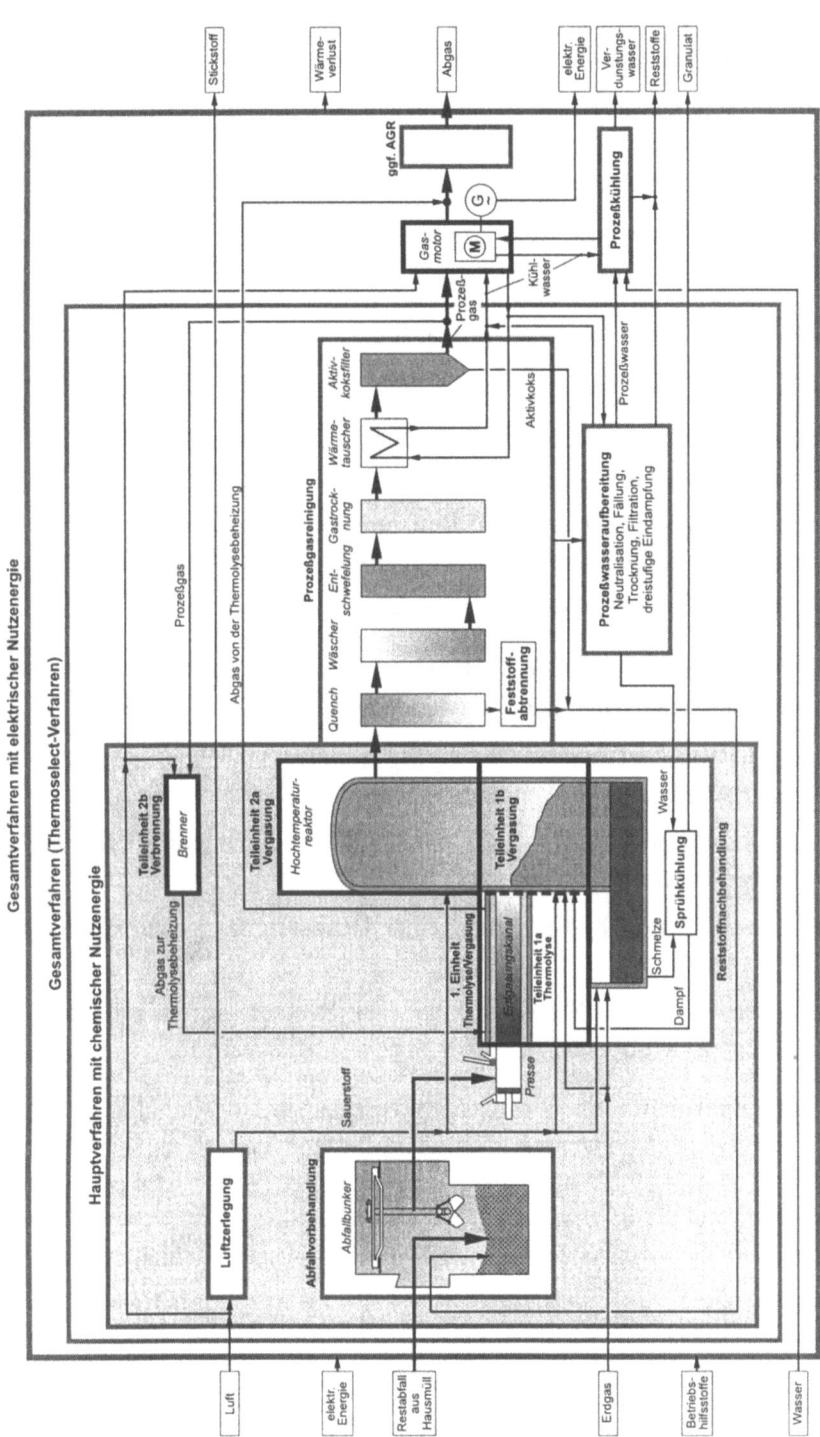

Abb. 12.28: Schematische Darstellung des Thermoselect-Verfahrens [10.9, 12.50 bis 12.54].

- Reststoffe (Inertstoffe) nach der Vergasung werden wegen der hohen Temperatur (bis 2000 °C, Erdgas-Sauerstoff-Brenner) am Fuß des Schachtreaktors schmelzflüssig abgezogen und in eine mineralische und eine metallische Fraktion getrennt.
- Die relativ kleinen Synthesegasmassenströme ergeben eine entsprechend kleine Gasreinigungsanlage (Aufbau vgl. Abb. 12.28).
- Weitere Komponenten sind die Prozeßwasseraufbereitung und die Prozeßgaskühlung (Aufbau vgl. Abb. 12.28).

Für die Verwendung des Synthesegases sind folgende Möglichkeiten vorgesehen:

- Rohstoff für die chemische Industrie bei entsprechender Infrastruktur.
- Prozeßdampferzeugung durch Verbrennung des Synthesegases mit Luft in einem Brennkammersystem,
- Verbrennung des Synthesegases mit Luft in einem Gasmotor zur elektrischen Energieumwandlung (vgl. Abb. 12.28) mit anschließender Abgasreinigung,
- weitere Option ist die Gasturbine in einem GuD-Kraftwerk usw.

Reststoffverwendung: Für die im Verfahren auftretenden Reststoffe werden von den Literaturstellen unterschiedliche Verwendungen angegeben [z.B. 10.9]:

- **Mineralische Stoffe** (Granulat, 245 kg/Mg Abfall) können z.B. als Zuschlagstoff in der Bauindustrie Verwendung finden.
- **Metallische Stoffe** (16 kg/Mg Abfall) finden in einem metallurgischen Prozeß zur Weiterverarbeitung Verwendung.
- **Mischsalze** (9 kg/Mg Abfall) werden einer Deponierung zugeführt oder z.B. als Streusalz verwendet.
- **Schwefelkuchen** (1,2 kg/Mg Abfall) aus der Synthesegasreinigung soll als Rohstoff Verwertung finden.

Massen- und Energiebilanz: Wird das Synthesegas zur Umwandlung in elektrische Energie verwendet, so werden nach [10.9] für eine Standardanlage bei einem Restmüllheizwert h_u = 10 MJ/kg, je nach Gestaltung der Wärme-Kraft-Anordnung (hier Gasmotor) und der Hilfseinrichtungen, die folgenden wesentlichen Daten für die thermische Behandlung von 1000 kg/h Restabfall aus Hausmüll angegeben:

elektr. Nutzenergie	= 1363 MJ/Mg Abfall
Zusatzenergie: Erdgas	= 1199 MJ/Mg Abfall
elektr. Energieumwandlungswirkungsgrad $\eta_{e,EKW}$	= 34 %
elektr. Primärwirkungsgrad $\eta_{e,p}$	= 12,17 %

elektr. Nettoprimärwirkungsgrad $\eta_{e,n}$	= 9,55 %
Abgasmenge	= 3573 m³/Mg Abfall
anfallende Reststoffgesamtmenge	= 271 kg/Mg Abfall

12.14 NOELL-Konversionsverfahren

Verfahrenseinordnung und Apparatetyp:

1. Einheit **Thermolyse** (Drehrohrsystem)

und getrennte

2. Einheit bestehend aus Teileinheit 2a: **Vergasung** (Brennkammersystem)

und einer getrennten

Teileinheit 2b: **Verbrennung** (Brennkammersystem) zur Drehrohrbeheizung.

Das Konversionsverfahren (Abb. 12.29 und 12.30) [12.55 bis 12.58] sieht nach der Homogenisierung des Abfalls eine **Thermolyse** (1. Einheit) vor. Danach folgt eine Wertstoffseparierung, Pyrolysekoksaufbereitung zu Staub sowie eine Pyrolysegasaufbereitung. In der Teileinheit 2a läuft anschließend mit reinem Sauerstoff eine **Flugstromvergasung** bei Drücken um 35 bar und hohen Temperaturen bis 1500 °C ab. Dadurch wird ein Abzug der Inertstoffe als Schmelze aus dem Flugstromvergasungsreaktor möglich. Ein wesentliches Ziel ist eine Synthesegaserzeugung. Ein Teil des Prozeßgases wird in einer Teileinheit 2b (**Verbrennung**) mit Luft verbrannt und das entstehende Abgas zur Thermolysebeheizung genutzt. Das verbleibende Prozeßgas soll zur stofflichen Verwertung (z.B. in der Chemie) genutzt werden, kann aber auch zur energetischen Verwertung dienen. Mit dem Verfahren werden Restabfälle aus Hausmüll sowie Klärschlämme behandelt.

Entwicklungsstand: Die beiden Elemente, Thermolyse und Flugstromvergasung, sind unabhängig voneinander entwickelt worden.
Im Jahre 1984 begann der großtechnische Versuchsbetrieb zur Thermolyse [12.58]. Ein wesentlicher Teil der Anlage ist ein indirekt beheiztes Drehrohr mit einem Durchmesser von 2,8 m und einer Länge von 28 m. Die Anlage ist für einen Durchsatz von 6 t/h Hausmüll ausgelegt. Aus einem vierjährigen Versuchsbetrieb liegen Auslegungsdaten für unterschiedliche Abfallarten (Altreifen, Kunststoffe, Shreddermüll usw.) und Erkenntnisse zur Anlagentechnik vor.
Ebenfalls 1984 wurde der großtechnische Versuchsbetrieb einer 130 MW-Flugstromvergasung zur Stadtgaserzeugung aufgenommen [12.58]. Entwicklungsschwerpunkt war die Druckvergasung von Braunkohlen (30 t/h), Altölen, Teeren und Teer-Öl-Schlämmen.

330 Entwicklungstendenzen thermischer Abfallbehandlungsverfahren

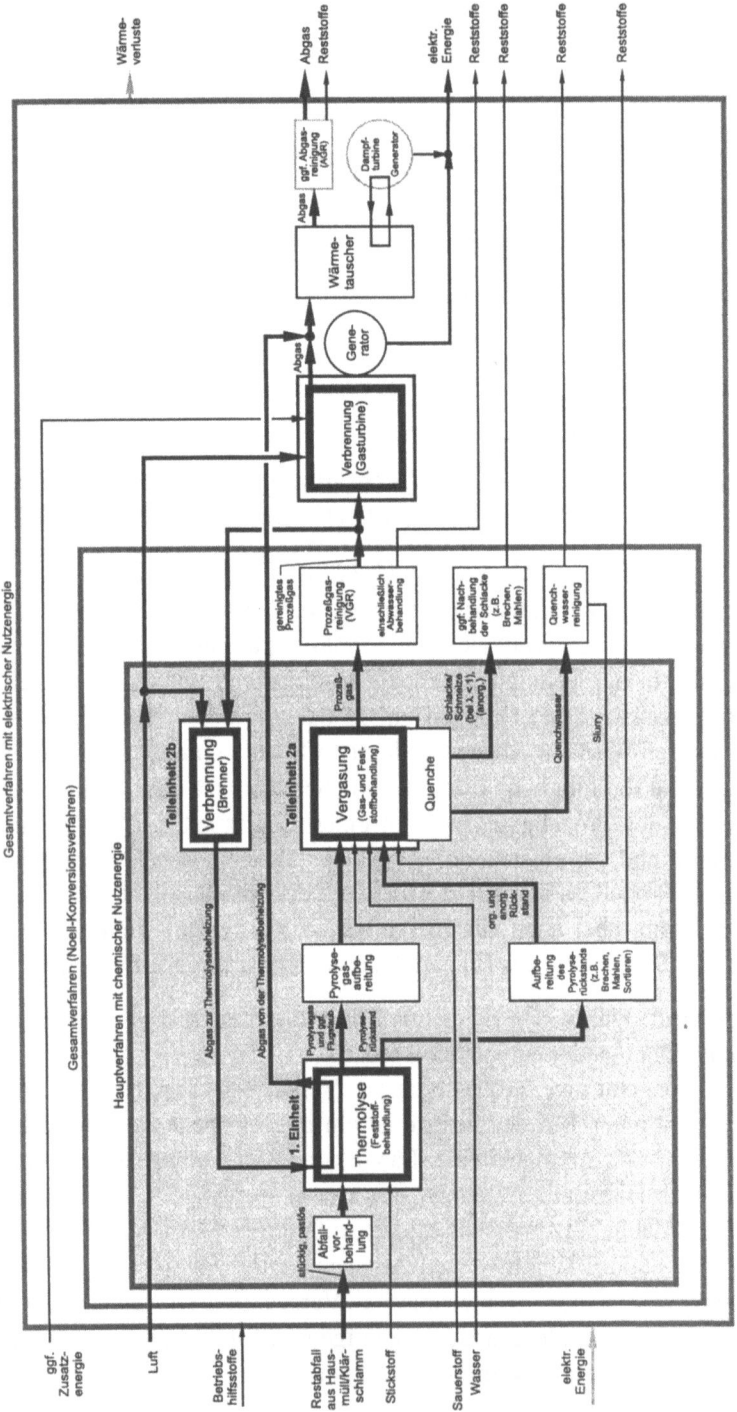

Abb. 12.29: Blockfließbild für das Noell-Konversionsverfahren.

NOELL-Konversionsverfahren

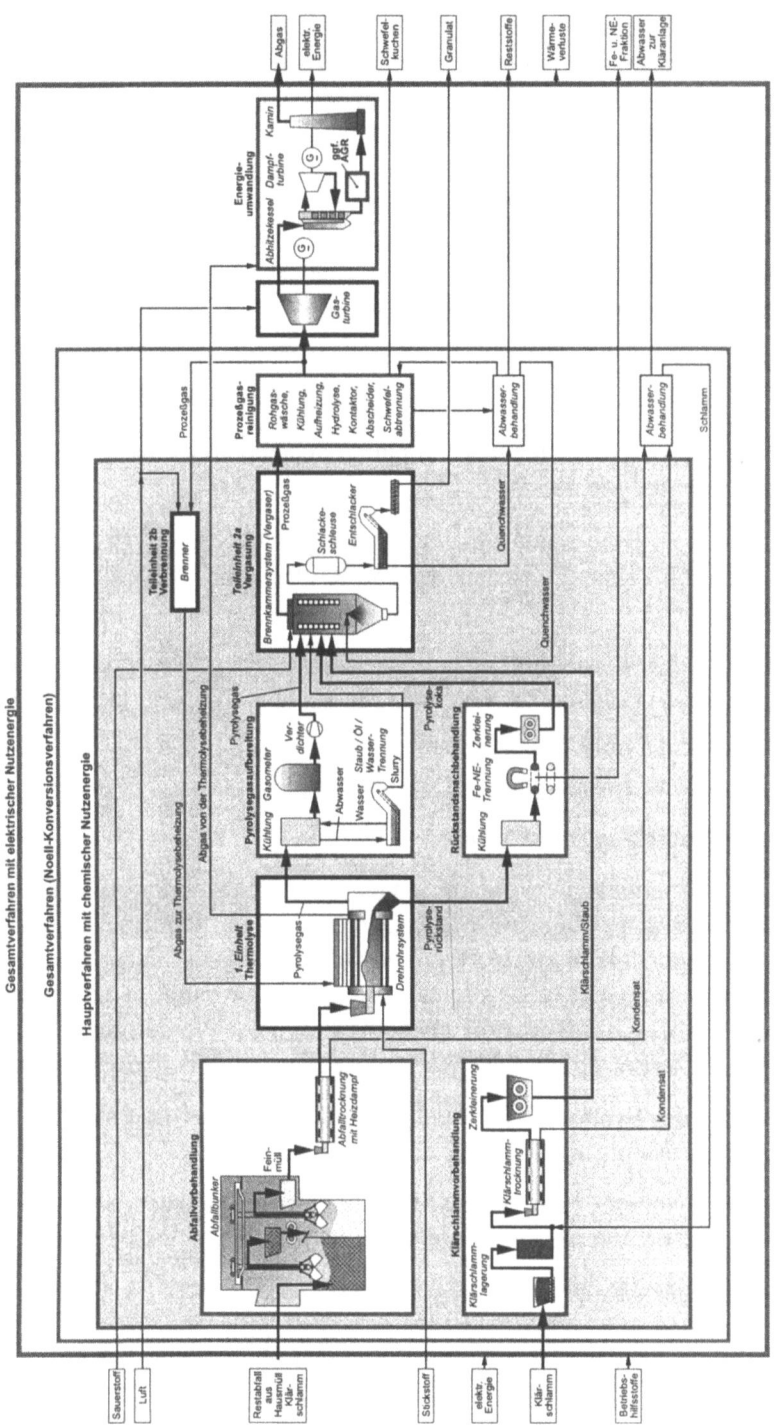

Abb. 12.30: Schematische Darstellung des Noell-Konversionsverfahrens [12.55 bis 12.58].

1993 wurde aus beiden Verfahren das NOELL-Konversionsverfahren konzipiert, in dem die Thermolyse im Drehrohr und die Flugstromvergasung in einer Brennkammer (hier Vergasungskammer) hintereinandergeschaltet wurden. Im Frühjahr 1995 wurde mit dem Bau einer Pilotanlage begonnen, die 1996 ihren Versuchsbetrieb aufnahm. Die Anlage soll die Verarbeitung von Klärschlamm und Restabfall aus Hausmüll nachweisen und ist für einen Durchsatz von 0,5 Mg/h (Trockensubstanz) konzipiert. Die großtechnische Umsetzung steht aus.

Verfahrensbeschreibung: Das NOELL-Konversionsverfahren in Abb. 12.30 läßt sich wie folgt zusammenfassend charakterisieren:

- Vorbehandlung des Restabfalls aus Hausmüll durch Zerkleinerung und Trocknung mit Heizdampf in einem zusätzlichen Drehrohrsystem,
- Vorbehandlung des Klärschlammes in einem Scheibentrockner mit Heizdampf und anschließender Mahlung,
- Thermolyse (sog. Konversion) in einem mit eigenem Synthesegas indirekt beheizten Drehrohr ohne Einbauten bei 550 °C und einer Verweilzeit von ca. einer Stunde,
- Auftrennung der Pyrolyserückstände aus dem Thermolysedrehrohr durch Magnet- und Wirbelstromabscheidung, Sieben und Mahlen in Fe-Fraktion, NE-Fraktion und Pyrolysekoks (< 1mm),
- Pyrolysegaskühlung, -reinigung und -speicherung,
- Pyrolysegasverdichtung auf 35 bar,
- getrennte oder simultane Vergasung von Pyrolysekoks, Pyrolysegas, Klärschlamm und Slurry (Wasser/Öl/Staub-Gemisch aus der Pyrolysegasreinigung) mit reinem Sauerstoff in einem Flugstromvergaser (Druck 35 bar, Temperatur 1500 °C, als senkrecht angeordnete „Brennkammer" mit wassergekühlter Rohrwand); Abzug der Reststoffe als Schlacke; kleine Vergasungsgasmassenströme durch Vergasung mit Sauerstoff im Vergleich zur Vergasung mit Luft,
- Vorreinigung des Synthesegases durch eingedüstes Wasser im unteren Bereich des Flugstromreaktors und Kühlung auf ca. 200 °C,
- mehrstufige Synthese- bzw. Vergasungsgasreinigung bestehend aus Wäscher, Kühler, Regeneratoren zur Entschwefelung,
- Aufbereitung des Abwassers.

Das verbleibende Synthesegas soll zur stofflichen Verwertung (Methanol- und Äthanolherstellung), kann aber auch zur energetischen Verwertung durch Verbren-

Sonstige Verfahren 333

nung mit Luft in einer Gasturbine oder in einem Gasmotor zur elektrischen Energieumwandlung genutzt werden. In Abb. 12.30 ist eine energetische Verwertung in einer Gasturbine (Verbrennung) und einer Dampfturbine (GuD-Teil) angedeutet.

Reststoffverwendung: Für die Reststoffe aus der thermischen Behandlung werden folgende Angaben gemacht [12.58]:

- **Eisen** und **NE-Metalle** (ca. 31 kg/Mg Abfall) werden einem metallurgischen Prozeß zugeführt,
- **Schmelzgranulat** (ca. 290 kg/Mg Abfall) aus der Hochdruckvergasung findet z.B. Verwendung im Straßenbau usw.,
- Nutzung des **Schwefelkuchens** (ca. 3,5 kg/Mg Abfall mit bis zu 75 % Schwefel) aus der Gasreinigung, z.B. zur Schwefelsäureherstellung,
- **Abwasser** (Kondensat aus der jeweiligen Trocknung ca. 230 kg/Mg Abfall) wird einer Kläranlage zugeführt,
- übrige Reststoffe (ca. 35 kg/Mg Abfall), wie z.B. **Salze** und **Schwermetallsulfide**, können als Versatzmaterial im Bergbau Verwendung finden.

Massen- und Energiebilanz: Ist die Zielstellung die Erzeugung von elektrischer Energie, ergeben sich nach [6.5] für eine Abfallmenge von 1000 kg mit einem Heizwert von 10 MJ/kg folgende wesentlichen Daten:

elektr. Nutzenergie	= 1211 MJ/Mg Abfall
Zusatzenergie: Heizöl für Gasmotor	= 258 MJ/Mg Abfall
elektr. Energieumwandlungswirkungsgrad $\eta_{e,EKW}$	= 27,93 %
elektr. Primärwirkungsgrad $\eta_{e,p}$	= 11,81 %
elektr. Nettoprimärwirkungsgrad $\eta_{e,n}$	= 11,39 %
Abgasmenge	= 3420 m^3/Mg Abfall
anfallende Reststoffgesamtmenge	= 258 kg/Mg Abfall

12.15 Sonstige Verfahren

Im folgenden soll auf einige weitere Verfahren kurz hingewiesen werden (die Aufstellung kann nicht vollständig sein).

PVCycling-Verfahren

Es handelt sich um eine Konzeptstudie zur thermischen Behandlung von Alt-PVC. In der 1. und 2. Einheit wird jeweils eine **Verbrennung** erwogen. Als verwertbare Reststoffe fallen Chlorwasserstoff und Calciumsilikat an [12.59].

PYROCOM-Verfahren

Das Verfahren benutzt in der 1. Einheit die **Thermolyse** in einem Drehrohrsystem und in der 2. Einheit die **Verbrennung** der Prozeßgase und des Pyrolysekokses in einem Brennkammersystem. Als Abfälle werden Leiterplatten eingesetzt [12.60]. Derzeit wird das Verfahren nicht weiterentwickelt.

Verfahren „Schwarze Pumpe"

Das Verfahren nutzt in der Einheit 1 die **Vergasung** (Festbettvergaser) und in der Einheit 2 ebenfalls die **Vergasung** von Stäuben und Flüssigkeiten (Flugstromvergaser) zur Erzeugung eines Prozeßgases (Synthesegas). Die Nutzung des Synthesegases erfolgt stofflich (Chemiegrundstoff) oder energetisch mit anschließender elektrischer Energiewandlung. Zum Einsatz gelangen Kunststoffe, Öle, Klärschlamm, kontaminiertes Holz, Lösungsmittel, Shredderleichtgut usw. [z.B. 3.13].

VTA-Verfahren

Das Verfahren benutzt zur thermischen Behandlung von Shredderleichtfraktion und Restabfall aus Hausmüll in der 1. Einheit eine **Thermolyse** in einem Drehrohr und eine **Vergasung** (2. Einheit) in einem Vergasungsreaktor. Es ist anschließend eine energetische Nutzung (Gasturbine) des Prozeßgases vorgesehen [12.61, 12.62].

PKA-Verfahren

Das Verfahren benutzt zur thermischen Behandlung von Restabfall aus Hausmüll in der 1. Einheit die **Thermolyse** in einem Drehrohrsystem und in der 2. Einheit die **Vergasung** in einem Gaswandler mittels einer Koksschüttung. Es ist z.B. als Option die Verbrennung des Prozeßgases in einem Gasmotor zur elektrischen Energieumwandlung vorgesehen [z.B. 12.63].

Pyroarc-Verfahren

Das Verfahren benutzt in der 1. Einheit einen Schachtreaktor für die **Vergasung** des Feststoffes mit Luft oder Sauerstoff und in der 2. Einheit die weitere **Nachvergasung** des Prozeßgases und die Vergasung von flüssigen oder gasförmig zusätzlich zugeführten Abfällen. Es können Hausmüll, Mischungen aus Holz und Kunststoff, Altreifen, Shredder-Leichtgut, Elektronikschrott, Sonderabfälle usw. thermisch behandelt werden. In der 1. Einheit erfolgt bei ca. 1500 bis 1600 °C in der sog. Partialverbrennungszone das Aufschmelzen der Reststoffe. Die Vergasung in der 2. Einheit erfolgt mit Hilfe eines Plasmagenerators, in dem ein Trägergas (z.B. Luft) mit elektrischer Energie ionisiert wird. Das sog. Plasmagas

Sonstige Verfahren

reagiert mit dem Prozeßgas und eventuell zugeführten flüssigen und gasförmigen Abfällen in einer Mischzone. Dabei werden die Inhaltsstoffe weiter zerlegt und toxische Stoffe zerstört. Das entstehende Vergasungsgas mit einem Heizwert von 4 MJ/m^3 kann z.B. anschließend einer Verbrennung mit Prozeßdampferzeugung zugeführt werden [12.64].

Thermo-Cycling-Process (TCP)

Das TCP-Verfahren ist für die thermische Behandlung von Sonderabfällen konzipiert worden. Die 1. Einheit des Verfahrens teilt sich in eine **Thermolyse** (Teileinheit 1a; Drehrohrsystem) für die thermische Vorbehandlung des Feststoffes und nach einer Aufbereitung des Rückstandes in eine **Verbrennung** (Teileinheit 1b; Drehrohrsystem) auf. In dem sich anschließenden Brennkammersystem (2. Einheit) erfolgt die **Nachverbrennung** der Gase und Flugstäube. Im Unterschied zu den bisher betrachteten Beispielen, bei denen als Reaktionsgas entweder Luft oder Sauerstoff in bestimmten Prozeßeinheiten zugeführt worden ist, wird hier zur Verbrennung eine Mischung aus Sauerstoff und erheblichen Mengen rückgeführten Abgases vorgesehen. Auf diese Weise wird im Vergleich zu einer Verbrennung mit Luft der Luftstickstoff hier durch Kohlendioxid ersetzt. Man spricht daher auch in diesem Zusammenhang von „synthetischer Luft". Mit der Menge der innerhalb des Verfahrens rückgeführten Abgase kann das Temperaturniveau gesteuert werden. Die Apparate im thermischen Hauptverfahren und z.T. auch in der Abgasreinigungsanlage müssen jedoch von ihrer Größe her die rückgeführten Abgasmengen berücksichtigen. Eine großtechnische Umsetzung des Verfahrens ist bislang nicht erfolgt [12.65].

Konvoi-Konzept

Es gibt Ansätze, die thermische Behandlung von Abfällen mit einem sog. „Konvoi-Konzept" durchzuführen. Dabei werden verschiedene Verfahren parallel betrieben und versucht, die Vorteile verschiedener Verfahren miteinander zu verbinden [12.66]. Inwieweit diese Ansätze zur Anwendung kommen bleibt abzuwarten.

13 Konzepte aus mechanischen, biologischen und thermischen Verfahrensbausteinen

Bedingt durch die Forderung nach einer energetischen und stofflichen Verwertung von Abfällen durch das Kreislaufwirtschafts- und Abfallgesetz (KrW-/AbfG) [2.1] ergibt sich künftig ein weiter Bereich der stoffspezifischen Abfallbehandlung. So zeigt Abb. 13.1 beispielhaft Grundoperationen der Abfallbehandlung für Restabfall aus Hausmüll, hausmüllähnlichem Gewerbemüll, Sperrmüll und Klärschlamm durch Kopplung von

- mechanischer und/oder biologischer Aufbereitung (Vorbehandlung),
- thermischer Abfallbehandlung und
- Produktionsprozessen.

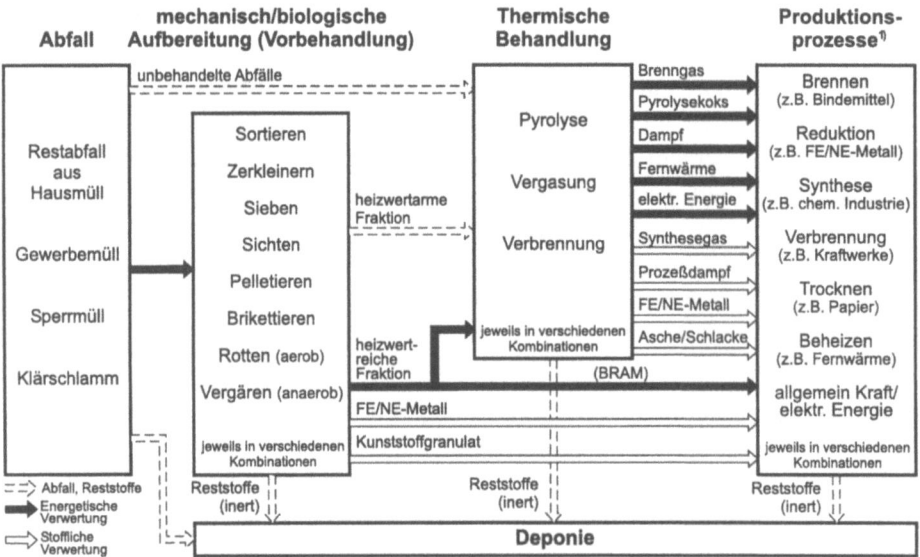

Abb. 13.1: Grundoperationen der Abfallbehandlung (Beispiele) [10.6].

Zu diesen Grundoperationen wird auf ein umfangreiches Schrifttum (mechanisch/biologische Verfahren z.B. [2.13 bis 2.32]; thermische Abfallbehandlungsverfahren (vgl. Kap. 11 und 12); Produktionsprozesse z.B. [9.1, 13.1 bis 13.7] verwiesen. Für jede Grundoperation lassen sich natürlich weitere Einteilungen anhand verschiedener Verfahren bzw. Produktionsprozesse vornehmen.

Mechanische, biologische und thermische Verfahrensbausteine 337

Im folgenden wird insbesondere auf die derzeit diskutierten sog. Verbundsysteme (Kopplung mehrerer Grundoperationen) für die Behandlung von Restabfall aus Hausmüll eingegangen (Abb. 13.2). Gekennzeichnet sind diese häufig durch die Erzeugung einer heizwertreichen und heizwertarmen Fraktion in einer MA oder MBA.

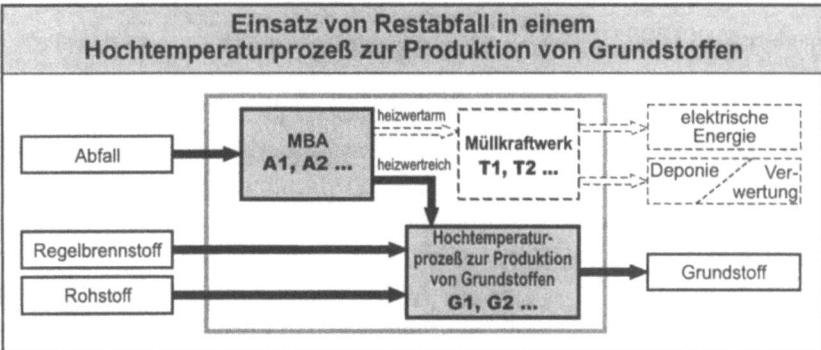
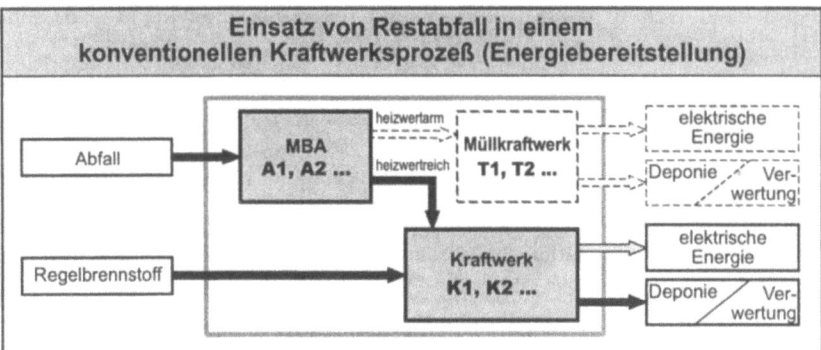

Abb. 13.2: Unterschiedliche Verbundsysteme zur thermischen Abfallbehandlung.

Die heizwertreiche Fraktion wird entweder
- einer anschließenden thermischen Behandlung in einem **Müllkraftwerk** (MKW) (Abb. 13.2 oben; Kap. 13.1),

oder

- einem Hochtemperaturprozeß zur Produktion von Grundstoffen (z.B. Zement-, Stahlherstellung usw.) (Abb.13.2 Mitte; Kap. 13.2)

oder

- einem konventionellen Kraftwerksprozeß (Energiebereitstellung, hier elektrische Energie) (Abb. 13.2 unten)

zugeführt.

Eine verbleibende heizwertarme Fraktion wird entweder deponiert oder muß je nach Beschaffenheit in einem Müllkraftwerk behandelt werden.

13.1 Einsatz in Müllkraftwerken

13.1.1 Allgemeines

Im Bereich der thermischen Behandlung des Restabfalls aus Hausmüll wird derzeit überwiegend, wie bereits erwähnt, die klassische Müllverbrennung auf dem Rost in einem Müllkraftwerk durchgeführt. Beim Hausmüll handelt es sich um ein sehr heterogenes Stoffgemisch, sowohl bezüglich seiner Zusammensetzung als auch Konsistenz, Form und Größe (vgl. Kap. 2). Diese Eigenschaften führen gewöhnlich im MKW zu relativ großen Luftzahlen und damit verbunden relativ großen Abgasmassenströmen und schwankenden Betriebszuständen. Mit dem Abfall werden außerdem erhebliche Mengen an Inertstoff (ca. 20 bis 40 Ma.-% [2.24]) und Feuchtigkeit in Form von Wasser (ca. 25 bis 35 Ma.-% [2.3]) durch die thermische Behandlungsanlage gefördert, was eine entsprechend erhöhte Anlagenkapazität bedeutet. Hohe Mengen an Inertstoff und Wasser bedeuten weiter zugehörig kleine Heizwerte.

Zur Zeit wird diskutiert, ob durch Vorschaltung einer mechanisch/biologischen Abfallbehandlung (MBA, vgl. Kap. 2.2) vor einer thermischen Behandlung insgesamt Vorteile gegenüber einer ausschließlichen thermischen Behandlung von Restabfall aus Hausmüll zu erzielen sind [13.8, 13.9]. So läßt sich durch die Vorschaltung einer MBA z.B. ein Teil der Inertstofffraktion abtrennen und einer stofflichen Verwertung im Sinne des KrW/AbfG [2.1] zuführen. Außerdem kann man durch Hintereinanderschaltung unterschiedlicher Vorbehandlungsschritte (vgl. Kap. 2) aus dem Abfall heizwertreiche und -arme Restabfälle erzeugen. Für heizwertarme Restabfälle kann eine Deponierung vorgegeben werden [z.B. 2.30], wenn sie die entsprechenden Ablagerungskriterien [1.2] erfüllen. Werden diese Kriterien nicht erreicht, muß eine thermische Behandlung im MKW ggf. mit zu-

Einsatz in Müllkraftwerken

sätzlichem Einsatz von Primärenergie erfolgen. Beim Einsatz des heizwertreichen Restabfalls in einem MKW werden Vorteile durch Reduzierung der Luftzahl, durch verbesserten Gas- und Feststoffausbrand, durch gleichmäßigere Betriebszustände, durch kleinere Abgasreinigungsanlagen, durch Verbesserung des energetischen Wirkungsgrades, durch verbesserte Lagerfähigkeit zur optimalen Anlagenauslastung usw. erwartet. Ob und in welchem Umfang dies der Fall ist, ist einzeln zu prüfen. Darüber hinaus kann die energetische Beurteilung nur in Zusammenhang mit der jeweiligen gesamten Verfahrenslinie vorgenommen werden.
Insgesamt ist für alle Verfahrenslinien gleichermaßen darauf zu achten, daß der zusätzlich („von außen") erforderliche Energieaufwand möglichst klein bleibt, daß weiter die dazu benötigten Primärenergien nicht unverhältnismäßig hohe zusätzliche Umweltbelastungen verursachen und daß möglichst wenig Zusatzstoffe für die einzelnen Behandlungsschritte eingesetzt werden müssen.
Im folgenden wird zunächst der Einfluß unterschiedlicher Vorbehandlungseinheiten auf die thermische Behandlung im MKW näher untersucht, d.h. es werden die thermischen Behandlungen ohne und mit Vorbehandlung anhand von Massen-, Stoff- und Energiebilanzen miteinander verglichen (Abb. 13.3). Dabei wird dem herkömmlichen System (klassisches MKW) jeweils ein sog. Verbundsystem gegenübergestellt.

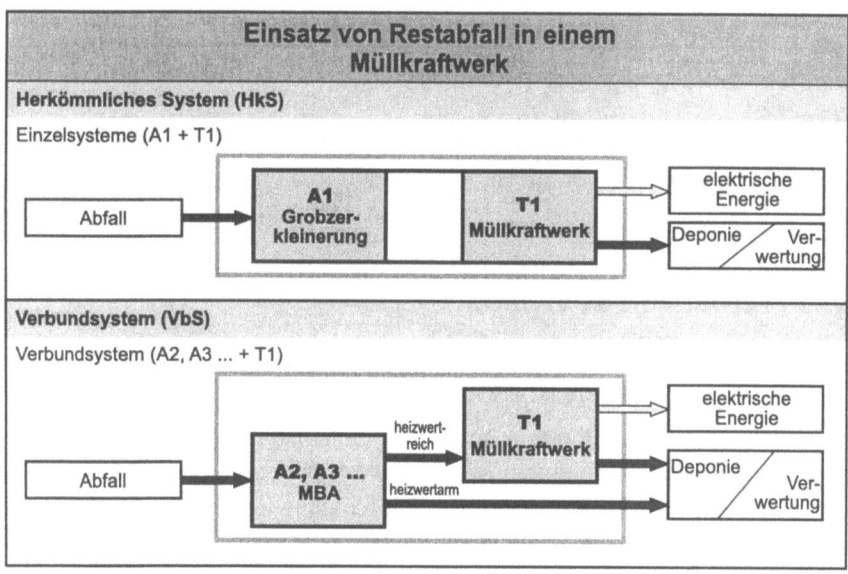

Abb. 13.3: Abfallbehandlung mit einem herkömmlichen System (Müllkraftwerk) im Vergleich zu einer Abfallbehandlung mit einem Verbundsystem bestehend aus Vorbehandlung und anschließendem Einsatz einer heizwertreichen Restabfallfraktion in einem Müllkraftwerk.

13.1.2 Herkömmliches System (HkS)

Als herkömmliches System für die thermische Behandlung von Restabfall aus Hausmüll wird die derzeit fast ausschließlich verwendete klassische Müllverbrennungsanlage (Müllkraftwerk) bezeichnet (siehe Kap. 11 und 12). Abb. 13.4 zeigt auf der linken Seite mit den entsprechenden Feststoffmassen (Balkenbreite) längs des Behandlungsweges eine vereinfachte Darstellung. Das System setzt sich danach nur aus den Grundoperationen Aufbereitung (A1) (vgl. Abb. 2.6) und einer thermischen Behandlung (T1) (vgl. Tab. 12.1) zusammen und wird nachfolgend als Verfahrenslinie (A1+T1) bezeichnet. Das bei der thermischen Behandlung entstehende Abgas wird schräg schraffiert und in die Atmosphäre abgeführt. Die Asche wird nach der thermischen Behandlung einer Magnetabscheidung zugeführt. Die aus der Verfahrenslinie austretenden Reststoffe werden drei unterschiedlichen Wertungen zugeordnet:

Verwertung hoch: Reststoff mit guten Verwertungsmöglichkeiten, z.B. Schrott, Kies usw. (waagerecht gestrichelter Balken),

Verwertung niedrig: Reststoff mit bedingter Verwertungsmöglichkeit, z.B. Asche, angesinterte Asche und Schlacke für den Straßenbau usw. (senkrecht gestrichelter Balken),

Deponie: Reststoff kann nach der derzeitigen gesetzlichen Lage nur auf einer Deponie abgelagert werden (punktierter Balken).

Da die energetische Bewertung des klassischen Müllkraftwerkes bereits ausführlich in Kap. 10 dargestellt worden ist, wird hierauf nicht mehr näher eingegangen.

13.1.3 Verbundsystem (VbS)

Die bereits in Kap. 2.2.4 beschriebenen und in Abb. 2.6 dargestellten beispielhaften Verfahrenslinien (A2) bis (A6) zur Abfallvorbehandlung werden nun in Abb. 13.4 jeweils um die thermische Behandlung der heizwertreichen Fraktion (dicke graue Umrandung) in einem Müllkraftwerk (T1) ergänzt und als sog. Verbundsysteme (A2, A3...+T1) bezeichnet. Zusätzlich wird festgelegt, daß in den Verfahrenslinien jeweils eine gleiche Schrottmenge abgetrennt und einer Verwertung (hoch) zugeführt wird. Für die aus der thermischen Behandlung kommende Asche wird angenommen, daß sie jeweils einer niedrigen Verwertungsstufe (Verwertung niedrig) zugeführt werden kann. Die verbleibenden Reststoffe aus der thermischen Behandlung, wie z.B. Filterasche und die Reststoffe der Abfallvorbehandlung, wie z.B. heizwertarme Restabfallfraktion werden deponiert.

Einsatz in Müllkraftwerken

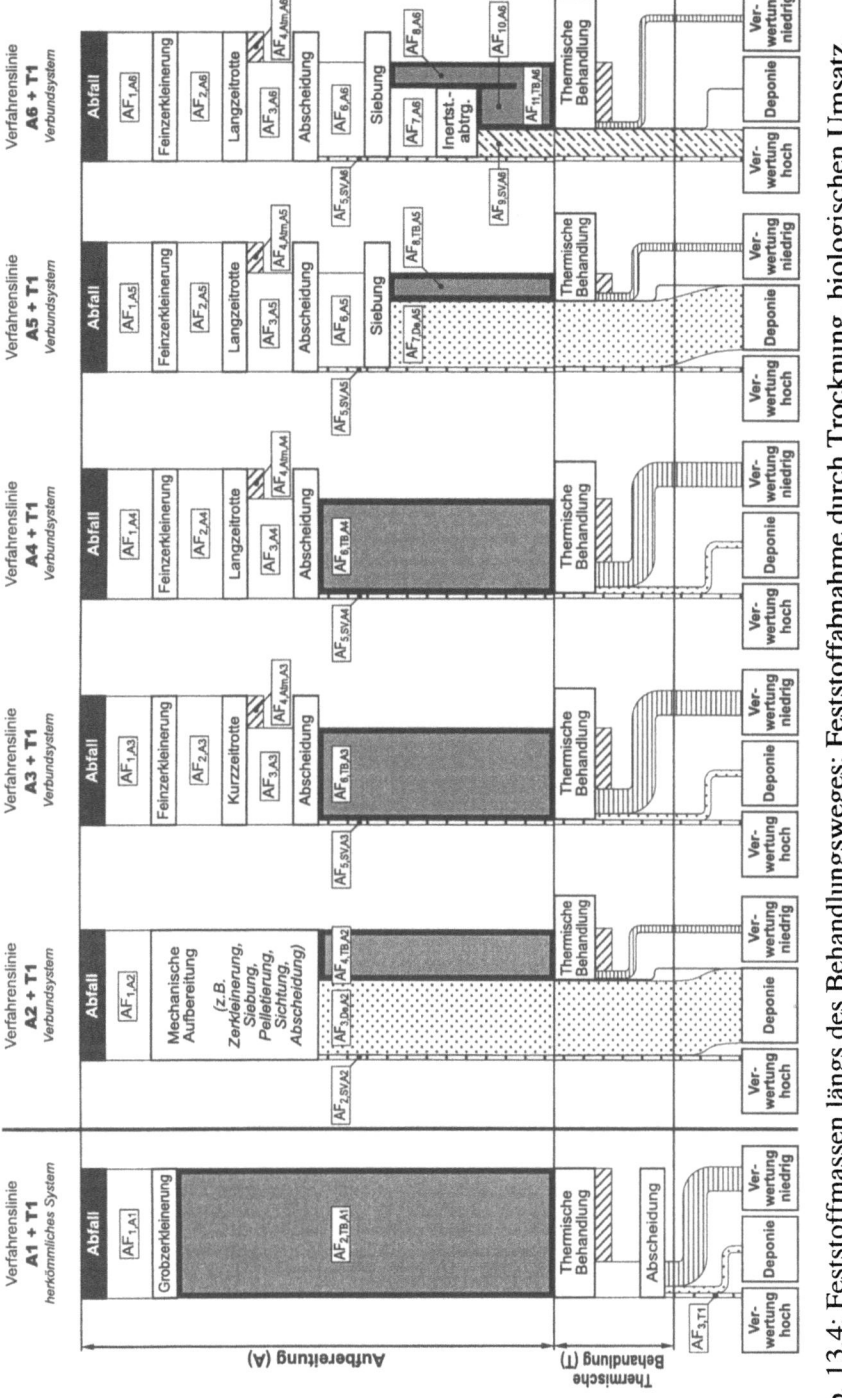

Abb. 13.4: Feststoffmassen längs des Behandlungsweges; Feststoffabnahme durch Trocknung, biologischen Umsatz, Verbrennung usw. erfolgt an den mit ▨ gekennzeichneten Stellen (Abführung in die Atmosphäre); Massen- und Energiebilanzen der verschiedenen Verfahrenslinien siehe folgende Bilder [2.33].

Bevor nun auf die eigentliche Bewertung eingegangen werden kann, folgen noch einige ergänzende Erläuterungen zur energetischen Bilanzierung (vgl. Hinweis in Tab. 2.4). Wie bereits in Kap. 2.2.4 erwähnt wurde, kann z.B. durch eine mechanische Abtrennung von Wasser oder eine Trocknung bei der Vorbehandlung der sog. Energieverteilungsfaktor Werte von „kleiner Null" oder auch „größer eins" annehmen, da in der Regel die Energiebilanzen auf Basis des Heizwertes (früher unterer Heizwert, vgl. auch Kap. 4.4.1) erstellt werden. Am Beispiel der in Abb. 2.6 dargestellten Verfahrenslinie (A3) soll dieser Sachverhalt näher erläutert werden, wobei hier die Ergebnisse der Berechnung verkürzt und gerundet in Tab. 13.1 dargestellt sind.

			1	2	3	4	5	6	7	8	9	10	
				Verfahrenslinie A3				Verfahrenslinie A3□					
					Komponentenaufteilung					Komponentenaufteilung				
		Symbol	ges. Frak-tion (ges)	Wasser (H$_2$O)	Inert-stoff (In)	Kunst-stoff (KS)	sonst. org. Komp. (org)	ges. Frak-tion (ges)	Wasser (H$_2$O)	Inert-stoff (In)	Kunst-stoff (KS)	sonst. org. Komp. (org)	Einheit
1	zur thermischen Behand-lung (TB)	bezogene Masse	m_{TB}^Δ	685	108	238	100	239	725	108	238	100	279	kg AF$_{TB}$ / Mg AF$_{A1}$
2		Heizwert	$h_{u,TB}$	11,38	-2,44	0	32,6	20,0	11,85	-2,44	0	32,6	20,0	MJ AF$_{TB}$ / kg AF$_{TB}$
3		bezogene Energie	e_{TB}^Δ	7800	-260	0	3260	4800	8590	-260	0	3260	5590	MJ AF$_{TB}$ / Mg AF$_{A1}$
4		Energieverteilungsfaktor	f_{TB}	0,975	-0,033	0	0,408	0,600	1,074	-0,033	0	0,408	0,699	1
5	zur Deponie (De)	bezogene Masse	m_{De}^Δ	0	0	0	0	0	0	0	0	0	0	kg AF$_{De}$ / Mg AF$_{A1}$
6		Heizwert	$h_{u,De}$	0	0	0	0	0	0	0	0	0	0	MJ AF$_{De}$ / kg AF$_{De}$
7		bezogene Energie	e_{De}^Δ	0	0	0	0	0	0	0	0	0	0	MJ AF$_{De}$ / Mg AF$_{A1}$
8		Energieverteilungsfaktor	f_{De}	0	0	0	0	0	0	0	0	0	0	1
9	zur stoffl. Ver-wertung (SV)	bezogene Masse	m_{SV}^Δ	35	0	35	0	0	35	0	35	0	0	kg AF$_{SV}$ / Mg AF$_{A1}$
10		Heizwert	$h_{u,SV}$	0	0	0	0	0	0	0	0	0	0	MJ AF$_{SV}$ / kg AF$_{SV}$
11		bezogene Energie	e_{SV}^Δ	0	0	0	0	0	0	0	0	0	0	MJ AF$_{SV}$ / Mg AF$_{A1}$
12		Energieverteilungsfaktor	f_{SV}	0	0	0	0	0	0	0	0	0	0	1
13	zur Atmos-phäre (Atm)	bezogene Masse	m_{Atm}^Δ	280	240	–	–	40	240	240	–	–	0	kg AF$_{Atm}$ / Mg AF$_{A1}$
14		Heizwert	$h_{u,Atm}$	0,71	-2,44	–	–	20,0	-2,44	-2,44	–	–	0	MJ AF$_{Atm}$ / kg AF$_{Atm}$
15		bezogene Energie	e_{Atm}^Δ	200	-590	–	–	790	-590	-590	–	–	0	MJ AF$_{Atm}$ / Mg AF$_{A1}$
16		Energieverteilungsfaktor	f_{Atm}	0,025	-0,074	–	–	0,099	-0,074	-0,074	–	–	0	1
17	Σ Energieverteilungsfaktoren ($f_{TB} + f_{De} + f_{SV} + f_{Atm}$)			1,000	-0,107	0	0,408	0,699	1,000	-0,107	0	0,408	0,699	1

Tab. 13.1: Vereinfachte Energiebilanz für unterschiedliche Abfallvorbehandlungsverfahren (vgl. Tab. 2.4); Werte gerundet [2.33].

Zunächst ist in der Tab. 13.1 in Spalte 1 noch einmal die Spalte für die MBA nach Verfahrenslinie (A3) aus Tab. 2.4 wiederholt. In den folgenden vier Spalten 2 bis 5 der Tab. 13.1 ist ebenfalls noch einmal die Aufteilung in die Komponenten Wasser, Inertstoff, Kunststoff und sonstige organische Komponenten wiederholt (vgl. Abb. 2.7). Die Verfahrenslinie (A3) ist durch folgende Charakteristiken gekennzeichnet:

Masse zur Atmosphäre (Linie A3): In der Verfahrenslinie (A3) (Kurzzeitrotte) wird ein Teil der organischen Komponente des Abfalles (m_{org}^Δ = 40 kgAF$_{org}$/MgAF$_1$; Zeile 13, Spalte 5 in Tab. 13.1) biologisch umgesetzt. Der in Verbindung mit dem Heizwert $h_{u,org}$ = 20,0 MJ/kgAF$_{org}$ (Zeile 14, Spalte 5) damit verbundene bez. Energieumsatz e_{org}^Δ = 790 MJAF$_{org}$/MgAF$_1$ (Zeile 15, Spalte 5)

Einsatz in Müllkraftwerken

verdunstet einen Teil der Feuchtigkeit im Abfall, nämlich die bez. Wassermasse $m_{H_2O}^{\Delta} = 240$ kg $AF_{H_2O}/MgAF_1$ (Zeile 13, Spalte 2). Hierzu ist in Verbindung mit dem „Heizwert" für flüssiges Wasser $h_{u,H_2O} = -2{,}44$ $MJAF_{H_2O}/kgAF_{H_2O}$ [1]) (Zeile 14, Spalte 2) die bez. Energie $e_{H_2O}^{\Delta} = -590$ MJ $AF_{H_2O}/MgAF_1$ (Zeile 15, Spalte 2) notwendig (negatives Vorzeichen). In Summe ergibt sich für die gesamte Fraktion „Masse zur Atmosphäre" ein bez. Energieinhalt von

$$e_{Atm,ges}^{\Delta} = 790\ MJAF_{org}/MgAF_1 - 590\ MJ\ AF_{H_2O}/MgAF_1$$
$$= 200\ MJAF_{Atm}/MgAF_1\ (\text{Zeile 15, Spalte 1}),$$

so daß sich mit Gl. (2.4) ein Energieverteilungsfaktor von

$$f_{Atm,ges} = 0{,}099 - 0{,}074 = 0{,}025\ (\text{Zeile 16, Spalte 2 bis 5})$$

ergibt.

Masse zur stofflichen Verwertung (Linie A3): Da der Inertstoff (Metall) keinen Heizwert hat ($h_{u,In} = 0$ $MJAF_{In}/kgAF_{In}$; Zeile 10, Spalte 3) ergibt sich ein bez. Energieinhalt für die gesamte Fraktion zur stofflichen Verwertung von $e_{SV,ges}^{\Delta} = 0$ (Zeile 11, Spalte 1) und damit ein Energieverteilungsfaktor $f_{SV,ges} = 0$ (Zeile 12, Spalte 1).

Masse zur Deponie (Linie A3): Hier liegt keine Fraktion vor.

Masse zur thermischen Behandlung (Linie A3): Mit Hilfe der Mischungsgleichung (siehe Kap. 4) für Feststoffe läßt sich bei bekannten Heizwerten der Komponenten (siehe Tab. 13.1) der bez. Energieinhalt der Fraktion zur thermischen Behandlung in Höhe von $e_{TB,ges}^{\Delta} = 7800$ $MJAF_{TB}/MgAF_1$ (Zeile 3, Spalte 1) bestimmen. Da nur die bez. Energie $e_{Atm,ges}^{\Delta} = 200$ $MJAF_{Atm}/MgAF_1$ (Zeile 15, Spalte 1) bei der Verfahrenslinie (A3; Kurzzeitrotte) in die Atmosphäre entweicht, wird folglich von den ursprünglich vorhandenem $e_{AF_1} = 8000$ $MJAF_1/MgAF_1$ mit $e_{TB,ges}^{\Delta} = 7800$ $MJAF_{TB}/Mg$ praktisch der gesamte Energieinhalt der thermischen Behandlung zugeführt.

In Tab. 13.1 ist nun zusätzlich die Verfahrenslinie (A3$^{\square}$) in den Spalten 6 bis 10 (Spalte 6 jeweils Angabe für die Fraktionen, Spalte 7 bis 10 Aufteilung der Fraktionen in die Komponenten) aufgenommen. Im Unterschied zur Verfahrenslinie (A3) sei nun lediglich gedanklich angenommen,

---
[1]) Dies ist die Verdampfungsenthalpie des Wassers.

- daß $m_{Atm,H_2O}^{\Delta} = 240$ kgH$_2$O/MgAF$_1$ (Zeile 13 Spalte 7) mechanisch (wie bei dem Zusammendrücken eines Schwammes) flüssig abgezogen werden können und daß das Wasser dann an der Umgebung verdunstet (trocknen des Abfalls) und

- daß kein biologischer Umsatz erfolgt.

Das bedeutet, daß nun im Vergleich zur Verfahrenslinie (A3) für die nachfolgende thermische Behandlung bei der Verfahrenslinie (A3$^\square$) der Energieinhalt der bez. Masse von $m_{Atm,org}^{\Delta} = 40$ kg$_{org}$/MgAF$_1$ der sonst. org. Komponente nämlich $e_{Atm,org}^{\Delta} = 790$ MJAF$_{org}$/MgAF$_1$ (vgl. Zeile 15, Spalte 5 mit Zeile 15, Spalte 10) mehr, d.h. insgesamt $e_{TB,ges}^{\Delta} = 7800$ MJAF$_{TB}$/MgAF$_1$ plus $e_{Atm,org}^{\Delta} = 790$ MJAF$_{org}$/MgAF$_1$ gleich $e_{TB,ges}^{\Delta} = 8590$ MJAF$_{TB}$/MgAF$_1$ (Zeile 3, Spalte 6) zur Verfügung stehen. Im Vergleich zum Anfangsenergieinhalt in Höhe von $e_{AF_1}^{\Delta} = 8000$ MJAF$_1$/MgAF$_1$ sind dies also 590 MJ/MgAF$_1$ oder 7,4 % mehr (bzw. $f_{TB} = 1,074$, Zeile 4, Spalte 6). Dieser Mehrbetrag entspricht letztlich der Verdampfungsenthalpie der bez. Masse $m_{Atm,H_2O}^{\Delta} = 240$ kgH$_2$O/MgAF$_1$, die durch die Umgebungsluft und nicht mehr durch Energiezufuhr aus dem biologischen Umsatz gedeckt wird. Gedanklich kann man sich somit bei der Verfahrenslinie (A3$^\square$) vorstellen, daß eine Lufttrocknung ohne biologischen Umsatz erfolgt. Wenn es also gelänge, den Abfall sehr schnell und vollständig ohne biologischen Umsatz zu trocknen (zu „stabilisieren"), dann würde man in diesem Beispiel einen Wert von $f_{TB} = 1,106$ bzw. $e_{TB}^{\Delta} = 8850$ MJAF$_{TB}$/MgAF$_1$ erreichen. Alle Änderungen im Vergleich zur Verfahrenslinie A3 sind in Tab. 13.1 „fett" dargestellt. Zusammenfassend läßt sich für die Verfahrenslinie (A3$^\square$) feststellen:

Masse zur Atmosphäre (Linie A3$^\square$): Bei diesem Aufbereitungsprozeß werden gedanklich 240 kg Wasser (siehe Tab. 13.1, Zeile 13, Spalte 6) mechanisch, wie beim Zusammendrücken eines Schwammes aus der Abfallfraktion abgelassen, d.h. es wird eine bez. Energie von $e_{Atm,ges}^{\Delta} = -590$ MJ AF$_{H_2O}$/MgAF$_1$ (Zeile 15, Spalte 6) entzogen. Diese Masse wird anschließend an der Atmosphäre verdunstet und ergibt damit einen negativen Energieverteilungsfaktor von $f_{Atm,ges} = -0,074$ (Zeile 16, Spalte 6).

Masse zur stofflichen Verwertung (Linie A3$^\square$): Siehe Anmerkungen zu Verfahrenslinie (A3).

Masse zur Deponie (Linie A3$^\square$): Siehe Anmerkung zu Verfahrenslinie (A3).

Masse zur thermischen Behandlung (Linie A3$^\square$): Durch die Reduzierung des Wasseranteils wird der Heizwert derart angehoben, daß der thermischen Behandlung insgesamt die bez. Energie von $e_{TB,ges}^\Delta = 8590$ MJAF$_{TB}$/MgAF$_1$ (Zeile 3, Spalte 6) zur Verfügung steht. Da diese höher ist als die bez. Anfangsabfallenergie $e_{AF_1}^\Delta$, ergibt sich ein Energieverteilungsfaktor von $f_{TB,ges} = 1{,}074$ (Zeile 4, Spalte 6). Die Summe der Energieverteilungsfaktoren ist natürlich wieder gleich eins (Zeile 17, Spalte 6).

Möchte man die Problematik bei den Energieverteilungsfaktoren mit negativen Vorzeichen oder Werten „größer als eins" umgehen, so sind die Energiebilanzen auf Grundlage des Brennwertes durchzuführen. Dies muß im Einzelfall jeweils vor Beginn der Bilanzierung entschieden werden.

13.1.4 Vergleich des herkömmlichen Systems mit Verbundsystemen

Für den Vergleich wird dem herkömmlichen System (Abb. 13.3 oben) das jeweilige Verbundsystem (Abb. 13.3 unten) gegenübergestellt.
Ausgangspunkt des Vergleiches ist die Abb. 13.4 mit dem dargestellten herkömmlichen System (A1+T1) und den unterschiedlichen Verbundsystemen (A2, A3...+T1). Eine Zusammenfassung der jeweils erzeugten heizwertreichen Fraktion (Masse m_{TB}^Δ, Heizwert $h_{u,TB}$ und Energie e_{TB}^Δ), die einer thermischen Behandlung zugeführt werden soll, zeigt Abb. 13.5 (vgl. auch Tab. 2.4). Es ist zu erkennen, wie der verbliebene Energieinhalt der Reststoffmassen im Vergleich zum Energieinhalt des Anfangsabfalls AF$_1$ bedingt durch Deponierung oder Umsatz in der Rotte (Rotteverlust) abnimmt und die Heizwerte der Fraktionen dazu korrespondieren. Insgesamt wird in Verfahrenslinie (A5+T1) die kleinste Restabfallmasse (222 kgAF$_{TB}$/MgAF$_1$) mit dem kleinsten Energieinhalt (3350 MJAF$_{TB}$/MgAF$_1$), jedoch bei höchstem Heizwert (15,09 MJ/kgAF$_{TB}$) einer thermischen Behandlung zugeführt. Dagegen verbleibt bei der Verfahrenslinie (A3+T1) (Kurzzeitrotte) der höchste Anteil des Energieinhaltes in der thermisch zu behandelnden Fraktion, bei einer Abfallmassenreduktion um ca. 31,5 Ma.-%.
Weiter sind in Abb. 13.5 die kalorischen Verbrennungstemperaturen bei einer angenommenen Luftzahl $\lambda = 1{,}9$ vergleichend gegenübergestellt. Dabei wird deutlich, daß trotz erheblichen Wasserverlustes in der Kurzzeitrotte (Verfahrenslinie (A3+T1)) die Verbrennungstemperaturen nur um 135 °C von 1030 °C auf 1165 °C steigen oder bei der Erzeugung einer heizwertreichen Fraktion in Verfahrenslinie (A5+T1) gegenüber der Verfahrenslinie (A1+T1) nur eine maximale Verbrennungstemperaturerhöhung von 170 °C, also von 1030 °C auf 1200 °C zu erreichen ist.

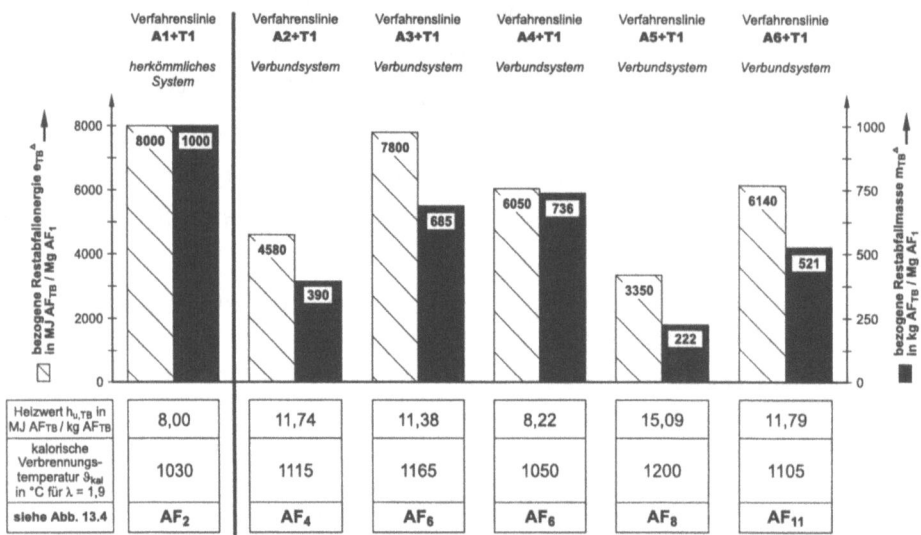

Abb. 13.5: Im Vergleich zum Anfangsabfall AF_1 ($m_{AF_1} = 1$ Mg AF_1) für die thermische Behandlung verbleibende Restabfallmasse m_{TB}^Δ (■) und zugehörige verbleibende Restabfallenergie e_{TB}^Δ (◨) (siehe Tab. 2.4) (Erklärung im Text) [2.33].

Nach der systematischen Aufteilung der einzelnen Verfahrenslinien in die wesentlichen Verfahrensbausteine erfolgt deren Modellierung und Kopplung zu einem Gesamtmodell (hier nicht näher dargestellt, siehe Kap. 10 oder [2.33]). Dabei wird die Anlagenkonfiguration der thermischen Behandlungsanlage aus Kap. 10.4 beibehalten. Mit dem Gesamtmodell lassen sich dann unter den gegebenen Randbedingungen die Massen-, Stoff- und Energiebilanzen der einzelnen Verfahrenslinien auch für andere Anfangsabfallheizwerte als bisher mit 8,0 MJ/kg angenommen, aufstellen (vgl. auch Kap. 10.4.5). So zeigt Abb. 13.6 beispielhaft das Ergebnis für die Verfahrenslinie (A4+T1) bei einem sehr niedrig gewählten Anfangsabfallheizwert $h_{u,AF_1} = 6{,}0$ MJAF_1/kgAF_1 unter Berücksichtigung der Primärenergieaufwendungen. Im Vergleich dazu ist in Abb. 10.18 die klassische Verfahrenslinie, d.h. eine Linie ohne Vorbehandlung, dargestellt. Mit den in diesem Kapitel benutzten Abkürzungen ist die Verfahrenslinie in Abb. 10.18 somit identisch mit der Verfahrenslinie (A1+T1). Bei dem dargestellten Beispiel in Abb. 13.6 zeigt sich, daß trotz der Abfallvorbehandlung bei niedrigem Anfangsabfallheizwert in der thermischen Behandlung eine Zusatzmaßnahme (hier Sauerstoffanreicherung der Verbrennungsluft, siehe Kap. 10.5) angewendet werden muß, um die geforderte Behandlungstemperatur (hier: $\vartheta_{AG,NV} = 1000$ °C) einhalten zu können.

Einsatz in Müllkraftwerken 347

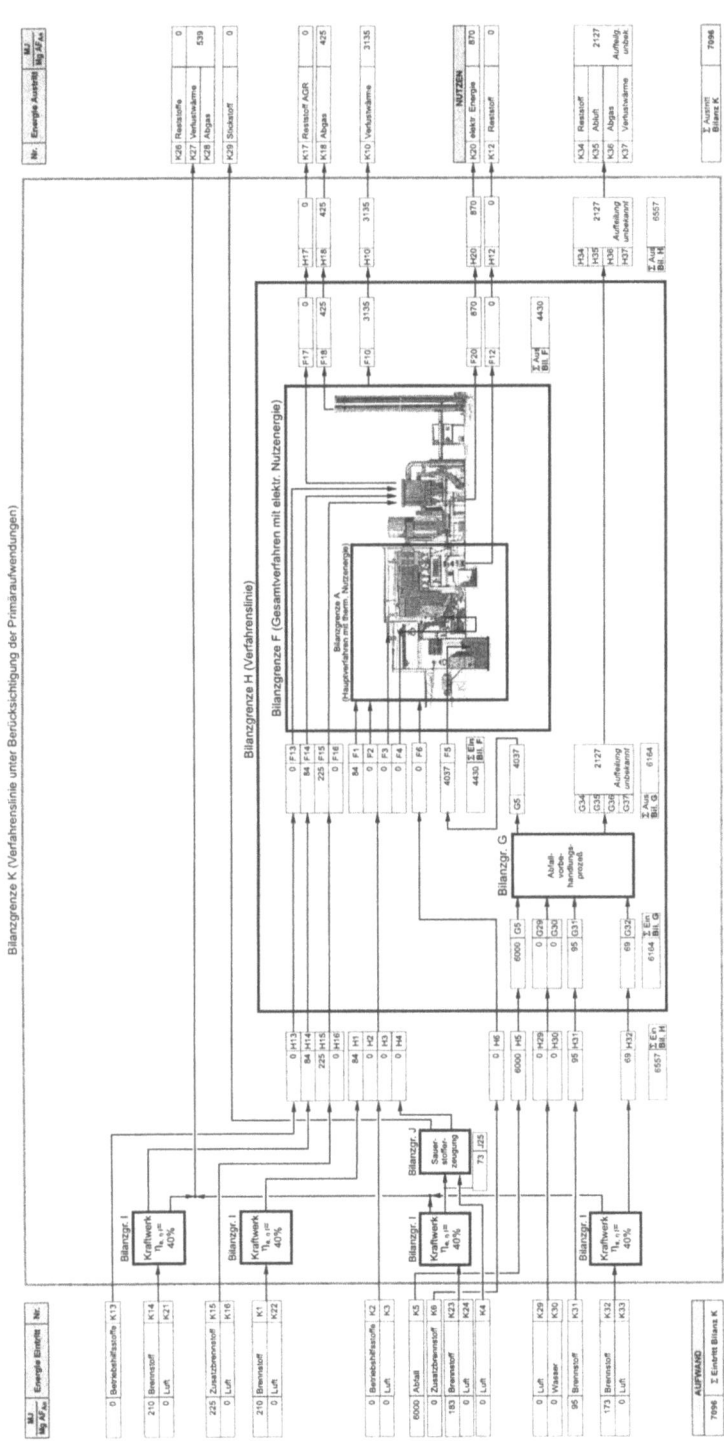

Abb. 13.6: Vereinfachte Energiebilanz der Verfahrenslinie (A4+T1) (Abb. 13.4) unter Berücksichtigung der Primäraufwendungen; Beispiel für Anfangsabfallheizwert $h_{u,AF1} = 6{,}0$ MJ AF_1/kg AF_1 (vgl. Abb. 10.18 „ohne Vorbehandlung", d.h. Verfahrenslinie (A1+T1)) [2.33].

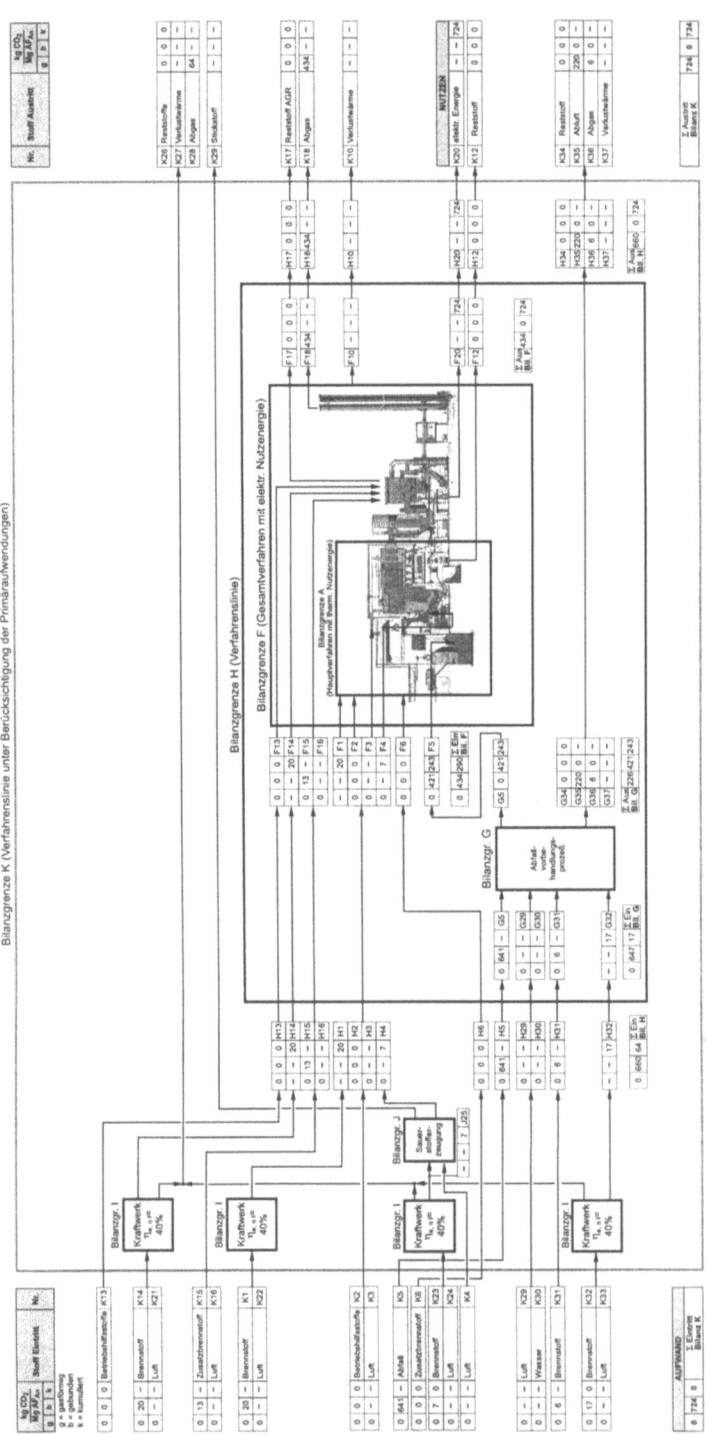

Abb. 13.7: Vereinfachte Kohlendioxidbilanz der Verfahrenslinie (A4+T1) (Abb. 13.4) unter Berücksichtigung der Primäraufwendungen; Beispiel für Anfangsabfallheizwert $h_{u,AF1} = 6{,}0$ MJ AF_1/kg AF_1 (vgl. auch Abb. 10.24 „ohne Vorbehandlung", d.h. Verfahrenslinie (A1+T1)) [2.33].

Ein Vergleich zeigt, daß sich mit der Vorbehandlung (A4) ein energetischer Nutzen für die Bilanzgrenze K von $e_e^\Delta = 870$ MJ$_e$/MgAF$_1$ und ohne Vorbehandlung (siehe Abb. 10.18, (A1+T1)) von $e_e^\Delta = 1311$ MJ$_e$/MgAF$_1$ ergibt. Letzteres ist bedingt durch den energetisch ungenutzten biologischen Umsatz bei der Verfahrenslinie (A4+T1). Für dasselbe Beispiel ist in Abb. 13.7 das Ergebnis einer vereinfachten Kohlendioxidbilanz unter Berücksichtigung des Primäraufwandes (Bilanzraum K, vgl. auch Abb. 10.24 ohne Vorbehandlung, d.h. Verfahrenslinie (A1+T1)) dargestellt. Als Teilergebnis zeigt sich für dieses Beispiel, daß insgesamt 724 kg CO_2-Menge (Abb. 13.7) freigesetzt werden und sich anschließend im Abgas und in der Abluft der MBA befinden. Die elektrische Nutzenergie (Nr. K20) erhält somit eine kumulative Belastung von 724 kg CO_2/MgAF$_1$ und liegt damit unter der Belastung von 748 kg CO_2/MgAF$_1$ der Verfahrenslinie ohne Vorbehandlung nach Abb. 10.24.

Mit Hilfe von Modellrechnungen sind nun die verschiedenen Verbundsysteme gegenübergestellt worden. Vergleicht man zunächst die elektrischen Anlagenwirkungsgrade $\eta_{e,a}$ der thermischen Behandlung (in Abb. 13.8 beispielhaft nur für die Verfahrenslinien (A1+T1), (A3+T1), (A5+T1) dargestellt), so erkennt man, daß erwartungsgemäß wegen des höchsten Heizwertes bei Verfahrenslinie (A5+T1) ab einem Anfangsabfallheizwert von ca. $h_{u,AF_1} > 7$ MJAF$_1$/Mg AF$_1$ auch der elektrische Anlagenwirkungsgrad am größten ist. Betrachtet man den elektrischen Nettoprimärwirkungsgrad η_{e,n,K^*}, d.h. den Bilanzraum K*, so ergeben sich für Verfahrenslinie (A1+T1) die besten Wirkungsgrade für den gesamten Anfangsabfallheizwertbereich, gefolgt von der Verfahrenslinie (A3+T1). Vergleicht man die Ergebnisse der Verfahrenslinie (A1+T1) mit (A3+T1), so zeigt sich bei kleinen Anfangsabfallheizwerten für die klassische Hausmüllverbrennung ein steilerer Abfall, weil hier bereits eine Sauerstoffanreicherung der Verbrennungsluft als Prozeßführung zum Einsatz kommt, um die Behandlungstemperatur (1000 °C) einhalten zu können. Diese Maßnahme ist aber für den thermisch zu behandelnden Restabfall aus Verfahrenslinie (A3+T1) noch nicht erforderlich. Insgesamt zeigt die energetische Gesamtbetrachtung (Bilanzraum K*), daß durch die Erzeugung eines heizwertreichen Restabfalls der energetische Gesamtnutzen in Abhängigkeit von der Vorbehandlung erwartungsgemäß mehr oder weniger sinkt. Weiter zeigt sich wieder, daß der Anlagenwirkungsgrad alleine für eine Bewertung nicht ausreicht. So ergeben sich z.B. zwar für die Verfahrenslinie (A5+T1) zum Teil die größten elektrischen Anlagenwirkungsgrade, aber insgesamt die niedrigsten elektrischen Nettoprimärwirkungsgrade. Dies liegt an den Energieverteilungsfaktoren, die durch den MBA-Prozeß verursacht werden (vgl. Tab. 2.4), der damit verbundenen Deponierung und dem biologischen Umsatz von Energie, wodurch für die thermische Behandlung Energie „verloren" geht.

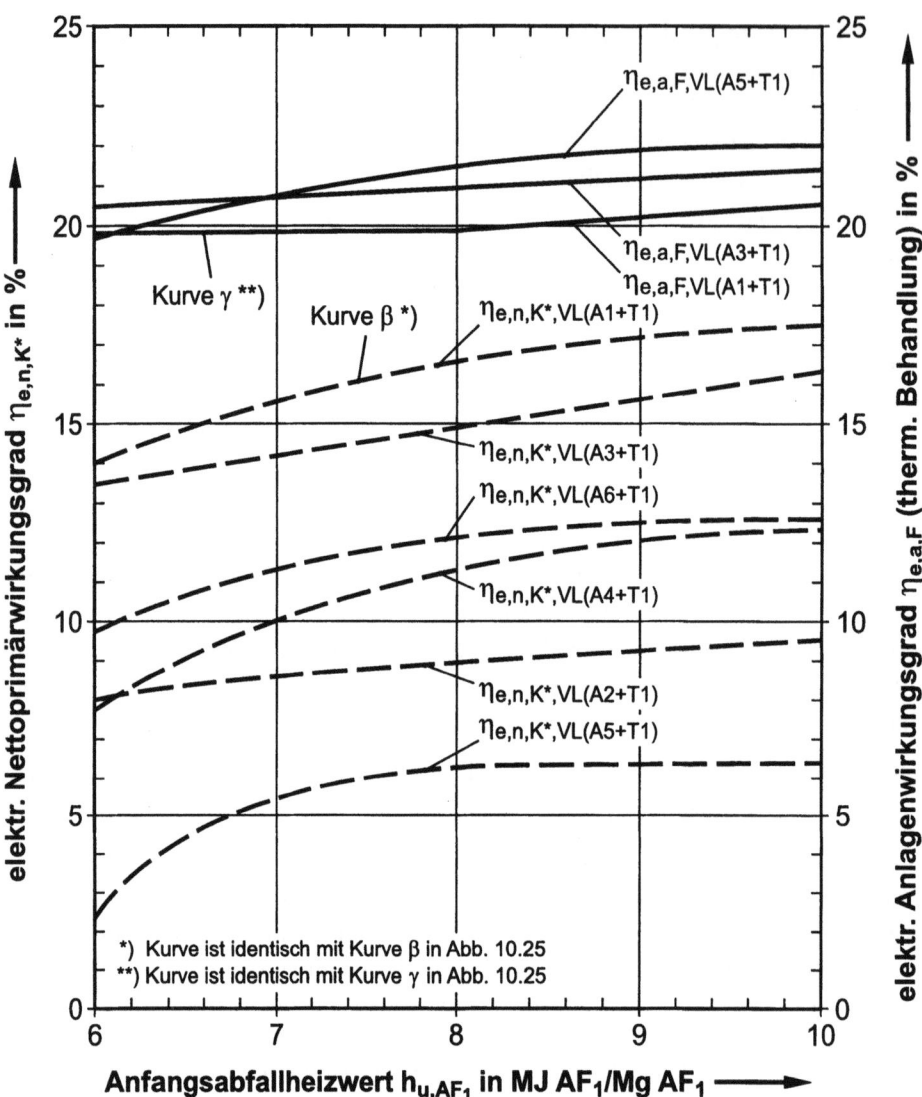

Abb. 13.8: Elektr. Nettoprimärwirkungsgrad η_{e,n,K^*} der Verfahrenslinien (Bilanzraum K*, vgl. Abb. 10.10) und elektr. Anlagenwirkungsgrad $\eta_{e,a,F}$ (therm. Behandlung, Bilanzraum F, vgl. Abb. 10.7) in Abhängigkeit vom Heizwert h_{u,AF_1} des Anfangsabfalls (Behandlungstemperatur $\vartheta_{AG,NV} = 1000\ °C = $ const. im therm. Hauptverfahren; Wirkungsgrad für die elektrische Energieumwandlung $\eta_{e,n,E} = 30\%$) [2.33].

In Abb. 13.9 sind für die Verfahrenslinien nach Abb. 13.4 die Abgasmassen $m_{AG,ges}{}^\Delta$, die Kohlendioxidmassen $m_{CO_2,ges}{}^\Delta$ (fossiler und regenerativer Anteil)

Einsatz in Müllkraftwerken 351

und die fossilen Kohlendioxidmassen $m_{CO_2,fossil,ges}{}^\Delta$, jeweils bezogen auf $m_{AF_1} = 1$ Mg Anfangsabfall AF_1, für einen Anfangsabfallheizwert von $h_{u,AF_1} = 8$ MJAF$_1$/kgAF$_1$ gegenübergestellt. Der Index „ges" bezieht sich auf die Gesamtbilanzierung der jeweiligen Verfahrenslinien einschließlich des Primärenergiebedarfs und unter Berücksichtigung dessen Rückführung (Deckung) aus bereitgestellter Eigenenergie (d.h. Betrachtung von Bilanzraum K* siehe Abb. 10.10). Im einzelnen ist anzumerken:

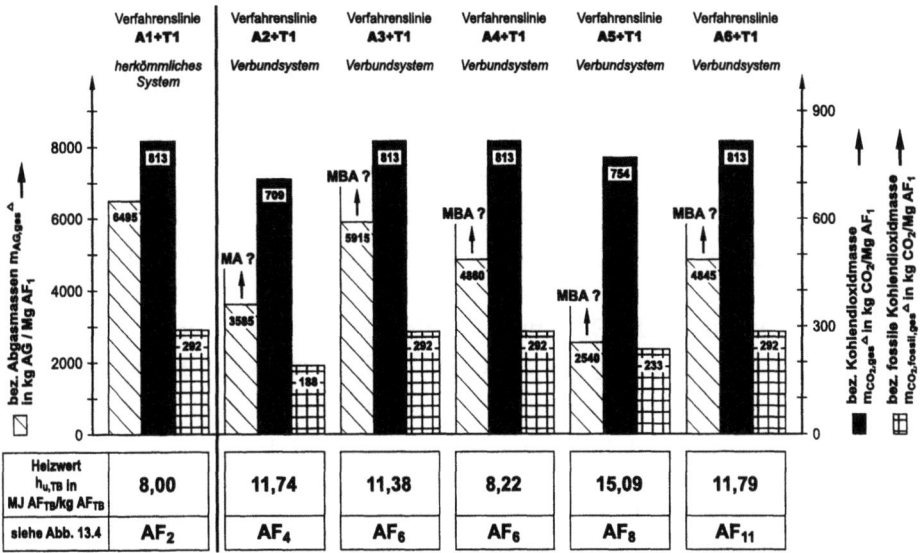

Abb. 13.9: Vergleich der Verfahrenslinien aus Abb. 13.4 in Hinblick auf die gesamte bez. Abgasmasse $m_{AG,ges}{}^\Delta$ (▧), die gesamte emitierte bez. Kohlendioxidmasse $m_{CO_2,ges}{}^\Delta$ (■) und die aus fossilen Stoffen stammende gesamte bez. Kohlendioxidmasse $m_{CO_2,fossil,ges}{}^\Delta$ (⊞) (Erklärung im Text) [2.33].

- zu $m_{AG,ges}{}^\Delta$:
  Zu den bez. Abgasmassen der thermischen Behandlung (Bilanzraum F in Abb. 10.7) sind die bez. Abluft- und/oder Abgasmassen aus der mechanisch-biologischen Vorbehandlung hinzuzuzählen. Letztere sind laut Literaturangaben erst teilweise ermittelt. Sie sind daher in Abb. 13.9 jeweils durch Fragezeichen gekennzeichnet. Diese Massen zu berücksichtigen erscheint überaus wichtig, da sie zur Beurteilung z.B. von Emissionen jeweils der gesamten Verfahrenslinie Voraussetzung sind. Ohne die gesamten Abluft- und/oder Abgasmassen können keine Emissionsfrachten angegeben werden. Hier ist somit noch ein erheblicher Forschungsbedarf vorhanden.

- zu $m_{CO_2,ges}^{\Delta}$ und $m_{CO_2,fossil,ges}^{\Delta}$:

  Die bez. Kohlendioxidmenge $m_{CO_2,ges}^{\Delta}$ ist die gesamte Kohlendioxidmenge, die jeweils an die Umgebung abgegeben wird. Zieht man von dieser Menge die sog. regenerative Kohlendioxidmenge ab, also die Menge, die aus der Oxidation regenerierbarer Anteile im Abfall, d.h. aus nachwachsenden Stoffen entsteht und die Atmosphäre folglich nicht belastet, erhält man die verbleibende bez. fossile Kohlendioxidmenge $m_{CO_2,fossil,ges}^{\Delta}$ aus den fossilen Anteilen des Abfalls. Solange durch die Energierückführung im Bilanzraum K^* (siehe Abb. 10.10) die benötigte Primärenergie aus eigener Nutzenergie (MKW) ersetzt werden kann, belasten die zugehörigen CO_2-Emissionen die Gesamtbilanz K* nicht. Da dies für die Verfahrenslinien (A1+T1), (A3+T1), (A4+T1) und (A6+T1) möglich ist, ergeben sich jeweils die gleichen CO_2-Emissionen. Wird ein Anteil an Kunststoff mit dem Restabfall, der auf die Deponie gelangt, abgelagert, ergeben sich entsprechend niedrigere bez. CO_2-Mengen $m_{CO_2,fossil,ges}^{\Delta}$ (siehe Verfahrenslinie (A2+T1) und (A5+T1)), die die Atmosphäre belasten.

Eine Zusammenfassung der Bewertung der Verfahrenslinien für einen Anfangsabfallheizwert von 8 $MJAF_1/kgAF_1$ zeigt Abb. 13.10. Dargestellt ist die insgesamt netto verbleibende bez. Nutzenergie $e_{e,ges}^{\Delta}$ (Bilanzraum K^*) der jeweiligen Verfahrenslinie (Basis jeweils 1 $MgAF_1$). Es wird deutlich, daß die Erzeugung eines heizwertreichen Restabfalls in einer Vorbehandlung den energetischen Gesamtnutzen für die hier dargestellten Verfahrenslinien – jeweils als Ganzes betrachtet – senkt. Ob eine Aufteilung der Abfälle nach Heizwerten, die über oder unter der Grenze $h_u = 11$ MJ/kgAF nach dem KrW-/AbfG [2.1] liegen, um eine Unterscheidung nach „Verwertung" ($h_u > 11$ MJ/kgAF) oder „Entsorgung" ($h_u < 11$ MJ/kgAF) vorzunehmen berechtigt ist, scheint daher fraglich. Zusätzlich zeigt die Abb. 13.10 die energiespezifische fossile Kohlendioxidmasse ($m_{CO_2,fossil,ges}$)$_{energiespez}$, d.h. bezogen auf die jeweils verbleibende bez. Nutzenergie $e_{e,ges}^{\Delta}$, für die verschiedenen Verfahrenslinien (Index zusätzlich „energiespezifisch"). Zur Einordnung dieser Größe sei auf die Werte für die Verfahrenslinie (A1+T1) mit 0,221 kg CO_2/MJ_e vor dem Hintergrund verwiesen, daß für einen „elektr. Energiemix" nach [13.10, 13.11] sich vergleichend 0,163 kg CO_2/MJ_e und für die elektrische Energieerzeugung aus Steinkohle 0,237 kg CO_2/MJ_e ergibt.

Einsatz in Müllkraftwerken 353

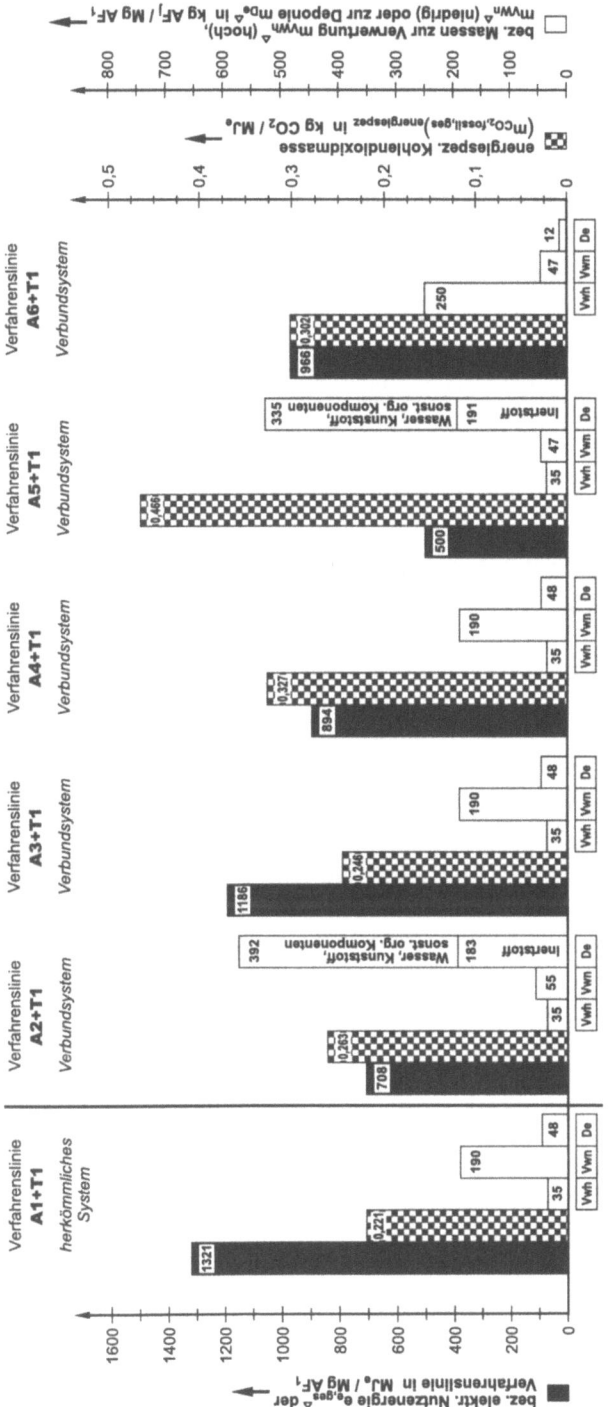

Abb. 13.10: Vergleich der Verfahrenslinien aus Abb. 13.4 in Hinblick
– auf die von der jeweiligen gesamten Verfahrenslinie abgegebene bez. elektr. Nutzenergie $e_{e,ges}^{\Delta}$ (■),
– auf die der elektr. Nettoenergieerzeugung $e_{e,ges}^{\Delta}$ bezogene Kohlendioxidmasse $(m_{CO2,ges}^{\Delta})_{energiespez.}$ = $m_{CO2,fossil,ges}^{\Delta}/e_{e,ges}^{\Delta}$ (▨),
– auf verwertbare Stoffe (bez. Massen) (hohe Verwertungsstufe m_{Vwh}^{Δ}; niedrige Verwertungsstufe m_{Vwn}^{Δ}) sowie abzulagernde bez. Massen (Deponie m_{De}^{Δ}) (☐) (Erklärung im Text)
(Bild bezieht sich auf $h_{u,AF1}$ = 8,0 MJ AF₁/kg AF₁, Behandlungstemperatur 1000 °C = const. im thermischen Hauptverfahren und $\eta_{e,n,E}$ = 30 %) [2.33].

Weiterhin sind die je nach Verfahrenslinien unterschiedlich aufgeteilten Stoffe am Austritt der Verfahrenslinien in die Kategorie „zur Deponie" m_{De}^{Δ} und die beiden qualitativen Kategorien „hohe Verwertungsstufe" m_{VWh}^{Δ} und „niedrige Verwertungsstufe" m_{VWn}^{Δ} wiedergegeben. Vor dem Hintergrund des Kreislaufwirtschafts- und Abfallgesetzes, wonach energetische und stoffliche Verwertung gleichrangig sind, kann aus Abb. 13.10 noch nicht abgelesen werden, welcher Verfahrenslinie man insgesamt den Vorzug geben sollte. Hier spielen wirtschaftliche Überlegungen die wesentliche Rolle. So sind die Erlöse aus der Energienutzung (energetische Verwertung) und der stofflichen Verwertung zu addieren. Gerade zu letzterem gibt es sehr unterschiedliche Meinungen und Berechnungsmethoden. Weiter sind natürlich Unterscheidungen zu investiven Kosten bei den unterschiedlichen Verfahrenslinien durchzuführen, um zu einem wirtschaftlichen Gesamtergebnis zu gelangen.

13.2 Einsatz in Hochtemperaturprozessen zur Produktion von Grundstoffen

Wie bereits erwähnt, wird derzeit diskutiert, eine heizwertreiche Fraktion nach einer mechanisch-biologischen Aufbereitung des Restabfalls aus Hausmüll als **Ersatzbrennstoff** (ESB) in einem **H**ochtemperaturprozeß zur **P**roduktion von **G**rundstoffen (HPG) (z.B. Zement-, Stahlherstellung usw.) einzusetzen (vgl. Abb. 13.2 Mitte). Dabei wird das Ziel einer Primärenergieeinsparung angestrebt, indem der erzeugte Ersatzbrennstoff zuvor eingesetzten Regelbrennstoff entweder ganz oder teilweise substituiert (Brennstoffsubstitution), z.B. [13.5, 13.6]. Verbleibt bei der Vorbehandlung eine heizwertarme Fraktion (in Abb. 13.2 Mitte gestrichelt dargestellt), so ist diese, ggf. mit zusätzlicher Primärenergie, in einem Müllkraftwerk thermisch zu behandeln.

13.2.1 Allgemeines

Vor dem Einsatz der heizwertreichen Fraktion in Stoffbehandlungsprozessen müssen zunächst eine Reihe von brennstofftechnischen Kriterien zwischen Ersatzbrennstoff und zu ersetzenden **R**egelbrennstoffen (RBS) vergleichend gegenübergestellt werden. Die bei einer Brennstoffsubstitution maßgeblichen Kriterien und Merkmale werden im folgenden kurz genannt.

Aus brennstofftechnischer Sicht ist ein Brennstoff im wesentlichen durch die

- **chemischen** Eigenschaften, wie z.B. Einteilung nach
  - Wasser, Inertstoff, Kunststoff, organisch abbaubare Substanzen,
  - Elementaranalyse (C, H, O, N, S usw.),
  - fixer Kohlenstoff, flüchtige Bestandteile,
  - Spurenanalyse (anorg.: Hg, Pb, Cd usw.; org.: PCB, PCDD/F usw.),
  - Ascheanalyse, Ascheerweichungspunkt usw.,
- **mechanischen** Eigenschaften, wie z.B. Dichte der brennbaren und nicht brennbaren Substanzen, Mahlbarkeit, Schütteigenschaften (Schüttdichte, -winkel, -fähigkeit), Korngrößenverteilung, Handhabung (Lagerfähigkeit (mech.), Brennstoffzufuhr, Mahlbarkeit usw.),
- **kalorischen** Eigenschaften, wie z.B. Heiz- und Brennwert, spez. Mindestluftbedarf, spez. Mindestabgasmenge, Wärmeleitfähigkeit, Wärmekapazität, adiabate Verbrennungstemperatur und
- **reaktionstechnischen** Eigenschaften, wie z.B. Zündung, Abbrandgeschwindigkeit (abhängig von flüchtigen Bestandteilen, Korngröße, Wärmeleitfähigkeit usw.), Reaktionskoeffizienten, Aktivierungsenergie, Porenradienverteilung, Diffusionskoeffizient, vereinfachte Modellansätze (siehe Kap. 14), Lagerfähigkeit usw.

gekennzeichnet.

Das Augenmerk liegt bei der Brennstoffsubstitution zunächst auf der Fragestellung nach dem Einfluß der Ersatzbrennstoffe auf die Prozeßbedingungen des jeweiligen Prozesses. Besonders werden dabei die Auswirkungen des Ersatzbrennstoffes auf Prozeßtemperaturen, Abgasmassen, Schadstofffrachten und bei Industrieöfen für die Grundstoffherstellung die spezifischen Energieaufwendungen bzw. bei Prozessen für die Energiebereitstellung in konventionellen Kraftwerken die Wirkungsgrade betrachtet. Erst danach lassen sich Möglichkeiten zur Optimierung der Prozeßführung, z.B. durch Wärmerückgewinnung oder Verbundbetrieb bei den durch Substitution entsprechend veränderten Randbedingungen diskutieren. Die Bewertung eines Ersatzbrennstoffes ist somit nicht nur von der Art des Brennstoffes selbst abhängig, sondern wird maßgeblich auch von den prozeßtechnischen Merkmalen, wie

- den Haupteinflußgrößen,
- der Wärmerückgewinnung (Luft-, Brennstoff-, Gutvorwärmung),

- der Brennstoffverteilung über dem Reaktions- bzw. Behandlungsweg,
- dem verwendeten Apparat,
- usw.

beeinflußt.

An dieser Stelle soll kurz auf die Bedeutung der Anlagenschaltung im Zusammenhang mit der Wärmerückgewinnung eingegangen werden.

Hierfür müssen entsprechende Energiebilanzen, sowohl für Anlagenteile als auch für die Gesamtanlage (Vorwärm-, Brenn- und Kühlprozesse usw.) betrachtet werden. Die Abb. 13.11 zeigt hierzu entsprechend vereinfacht ein Beispiel mit einer Luft- und Brennstoffvorwärmung und einem kontinuierlichen Durchlaufprozeß mit einem chemischen oder physikalischen Umwandlungsvorgang im Gut (Brennen von Kalk, Schmelzen von Metallen usw.). Für das Beispiel in Abb. 13.11 ergibt sich die Gesamtbilanz:

$$\dot{m}_{BS} \cdot h_{u,BS} = \dot{m}_{Gut} \cdot (\Delta h_{Rea} + c_{mi,Gut} \cdot (\vartheta_{Gut2} - \vartheta_{Gut1})) + \dot{m}_{AG} \cdot c_{mi} \cdot (\vartheta_{AG3} - \vartheta_U) + \Sigma \dot{Q}_{Verl} \quad (13\text{-}1)$$

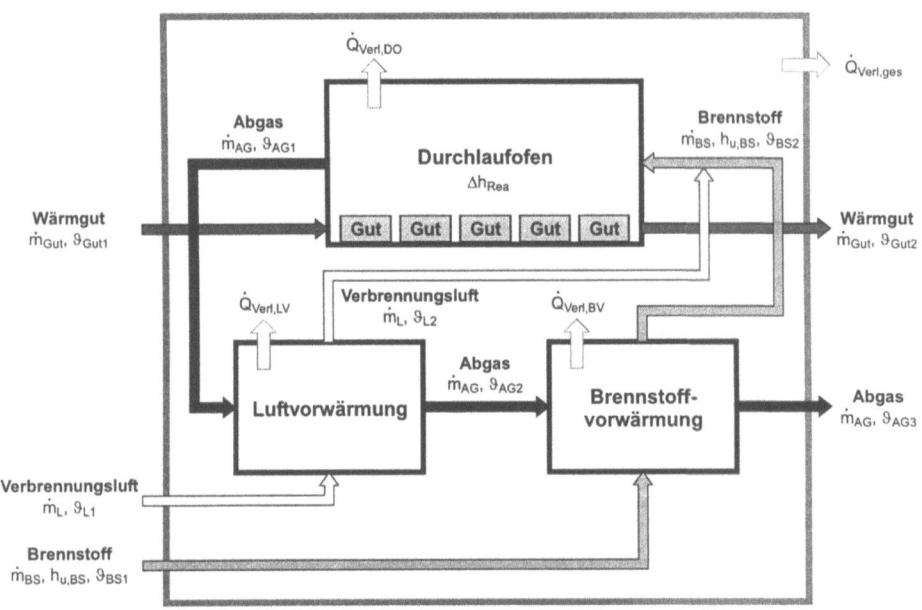

Abb. 13.11: Schematische Darstellung eines Durchlaufofens mit Luft- und Brennstoffvorwärmung.

In dem hier gewählten allgemeinen Fall wird aus dem heißen Abgas über einen Rekuperator Wärme zur Vorwärmung an die Verbrennungsluft und über einen in Reihe geschalteten zweiten Rekuperator zur Vorwärmung des Brennstoffes übertragen. Insbesondere im Zusammenhang mit der Brennstoffsubstitution ist die Frage zu stellen, inwieweit eine Luft- und/oder Brennstoffvorwärmung sinnvoll ist. Die für die Bilanzierung benötigten zu- und abgeführten Massenströme an Luft, Brennstoff und Abgas ($\dot{m}_L$, $\dot{m}_{BS}$, $\dot{m}_{AG}$) sind mit dem spezifischen Mindestluftbedarf des Brennstoffes L_{min} über die Verbrennungsrechnung unter Vernachlässigung des festen Inertanteiles des Brennstoffes (Asche, Gl. (13-3)) miteinander verknüpft:

$$\dot{m}_L = \lambda \cdot L_{min} \cdot \dot{m}_{BS} \tag{13-2}$$

$$\dot{m}_{AG} = (1 + \lambda \cdot L_{min}) \cdot \dot{m}_{BS} . \tag{13-3}$$

Für den Wirkungsgrad des Luftrekuperators gilt damit:

$$\eta_{LV} = \frac{\dot{m}_{BS} \cdot \lambda \cdot L_{min} \cdot c_{mi,L} \cdot (\vartheta_{L2} - \vartheta_{L1})}{\dot{m}_{BS} \cdot (1 + \lambda \cdot L_{min}) \cdot c_{mi} \cdot (\vartheta_{AG1} - \vartheta_U)} . \tag{13-4}$$

Für den Brennstoffrekuperator ergibt sich entsprechend:

$$\eta_{BV} = \frac{\dot{m}_{BS} \cdot c_{mi,BS} \cdot (\vartheta_{BS2} - \vartheta_{BS1})}{\dot{m}_{BS} \cdot (1 + \lambda \cdot L_{min}) \cdot c_{mi} \cdot (\vartheta_{AG2} - \vartheta_U)} . \tag{13-5}$$

Wie aus den Gl. (13-4) und (13-5) zu erkennen, sind die Wärmekapazitätsstromverhältnisse beider Rekuperatoren kleiner eins. Somit kann bei einer Gegenstromschaltung die Luft maximal bis auf $\vartheta_{L2} = \vartheta_{AG1}$ und der Brennstoff bis auf $\vartheta_{BS2} = \vartheta_{AG2}$ vorgewärmt werden. Der maximale Wirkungsgrad für die Luftvorwärmung und die Brennstoffvorwärmung ergibt sich dann unter vereinfachter Annahme, daß die Wärmekapazitäten paarweise in Gl. (13-4) und (13-5) annähernd gleich sind und für den Grenzfall eines stöchiometrischen Anlagenbetriebes mit $\lambda = 1{,}0$ für $\vartheta_{L1} = \vartheta_{BS1} = \vartheta_U$ zu [13.12]:

$$\eta_{LV,max} = \frac{L_{min}}{1 + L_{min}} \tag{13-6}$$

$$\eta_{BV,max} = \frac{1}{1 + L_{min}} . \tag{13-7}$$

Für den maximal möglichen Gesamtwirkungsgrad der Wärmerückgewinnungsanlage erhält man mit Gl. (13-6) und (13-7) für den Sonderfall adiabater Rekuperatoren:

$$\eta_{WR,max} = \frac{1 + L_{min} + L_{min}^2}{(1 + L_{min})^2} \quad . \tag{13-8}$$

Die Abb. 13.12 zeigt die maximalen Wirkungsgrade (Gl. (13-6) bis (13-8)) in Abhängigkeit von dem Mindestluftbedarf. Eine Verbesserung durch eine Brennstoffvorwärmung ergibt sich nur bei Brennstoffen mit niedrigem Mindestluftbedarf und damit in der Regel nur bei heizwertschwachen Brennstoffen. Auf die Besonderheiten im Zusammenhang mit der Wärmerückgewinnung muß selbstverständlich geachtet werden, wenn ein heizwertreicher Primärbrennstoff durch schwachkalorige Ersatzbrennstoffe substituiert werden soll.

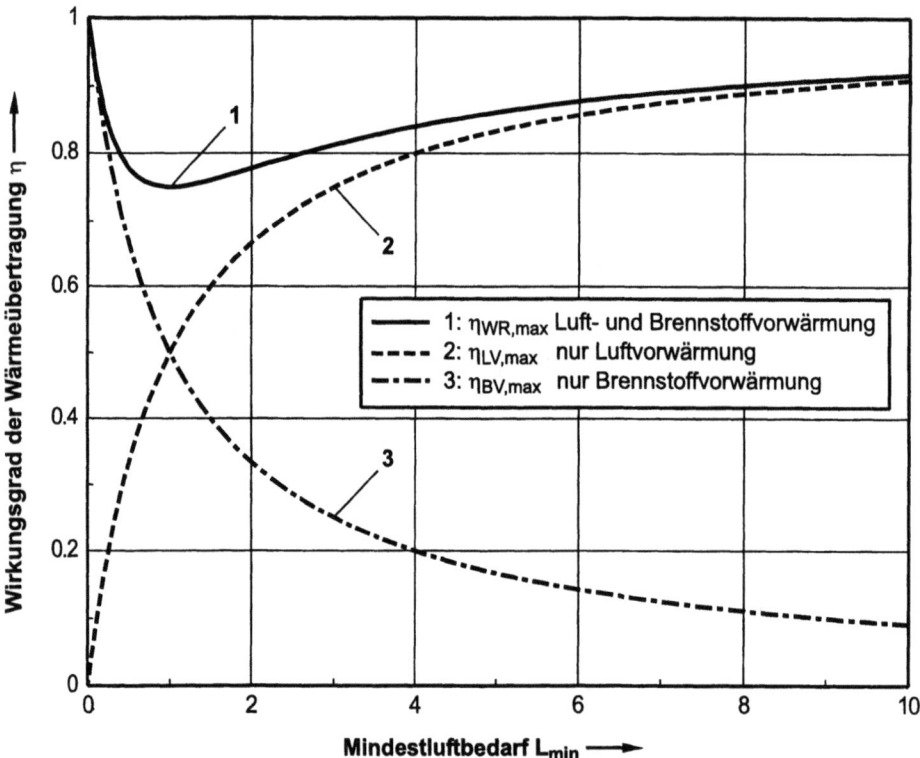

Abb.: 13.12: Maximale Wirkungsgrade für die Wärmerückgewinnung durch Luft- und/oder Brennstoffvorwärmung in Abhängigkeit vom Mindestluftbedarf des Brennstoffes [13.12].

Einsatz in Hochtemperaturprozessen zur Produktion von Grundstoffen 359

Wichtig für die Bewertung einer Brennstoffsubstitution ist weiter das sogenannte Energieaustauschverhältnis. Dieses Verhältnis drückt die Wertigkeit eines Ersatzbrennstoffes im Vergleich zu dem Primärbrennstoff aus und muß bei einer vergleichenden Bilanzierung entsprechend berücksichtigt werden. Auf die Herleitung des Energieaustauschverhältnisses wird in Kap. 14.3 näher eingegangen. Für den Fall der Substitution eines Regelbrennstoffes (RBS) durch einen Ersatzbrennstoff (EBS) ergibt sich das Energieaustauschverhältnis

$$EA = \frac{\dot{m}_{EBS} \cdot h_{u,EBS}}{\dot{m}_{RBS} \cdot h_{u,RBS}} \ . \tag{13-9}$$

Unter Vernachlässigung des festen Inertanteiles des Brennstoffes (Asche) und mit den Beziehungen aus der Verbrennungsrechnung erhält man für EA

$$EA_{RK} = \frac{\left[(1+\lambda \cdot L_{min}) \cdot \dfrac{c_{mi} \cdot (\vartheta_{kal} - \vartheta_{AG})}{h_u}\right]_{RBS}}{\left[(1+\lambda \cdot L_{min}) \cdot \dfrac{c_{mi} \cdot (\vartheta_{kal} - \vartheta_{AG})}{h_u}\right]_{EBS}} \ . \tag{13-10}$$

Wie in Kap. 14.3 dargestellt, liegen der Beziehung in Gl. (13-10) vereinfachte Annahmen zugrunde. Es zeigt sich, daß damit bereits eine gute Annäherung der Verhältnisse, wie sie in Industrieöfen anzutreffen sind, erreicht wird.
Das Energieaustauschverhältnis (Gl. (13-10)) ist im wesentlichen abhängig vom Heizwert h_u, dem Mindestluftbedarf L_{min}, der Luftzahl λ, der Luftvorwärmtemperatur ϑ_L und der ausgeführten Prozeßschaltung (hier nicht näher betrachtet, siehe Kap. 14). Ein Energieaustauschverhältnis von EA = 1 bedeutet, daß der Energieaufwand beim Substitutionsbrennstoff und beim Regelbrennstoff gleich ist (Brennstoffe sind energetisch gleichwertig). EA > 1 bedeutet, daß durch den Substitutionsbrennstoff mehr Energie und bei EA < 1 weniger Energie im Vergleich zum Regelbrennstoff eingekoppelt werden muß.
Es ist weiter sinnvoll, das sog. Brennstoffmassenaustauschverhältnis

$$BA = \frac{\dot{m}_{EBS}}{\dot{m}_{RBS}} = EA \cdot \frac{h_{u,RBS}}{h_{u,EBS}} \tag{13-11}$$

und das sog. Abgasmassenaustauschverhältnis

$$AA = \frac{\dot{m}_{AG,EBS}}{\dot{m}_{AG,RBS}} = EA \cdot \frac{h_{u,RBS}}{h_{u,EBS}} \cdot \frac{(1+\lambda \cdot L_{min})_{EBS}}{(1+\lambda \cdot L_{min})_{RBS}} = BA \cdot \frac{(1+\lambda \cdot L_{min})_{EBS}}{(1+\lambda \cdot L_{min})_{RBS}} \tag{13-12}$$

zu bilden. Da die Brennstoffsubstitution in der Regel nicht vollständig erfolgt, sondern nur ein Teil des Regelbrennstoffes durch den Ersatzbrennstoff substituiert wird, ist es sinnvoll, den zu ersetzenden Teil des Regelbrennstoffes $\dot{m}_{RBS,sub}$ auf die Masse des Regelbrennstoffes $\dot{m}_{RBS}$ zu beziehen, die ohne Substitution vorliegt. Der damit gebildete Ausdruck

$$Y = \frac{\dot{m}_{RBS,sub}}{\dot{m}_{RBS}} \tag{13-13}$$

wird Substitutionsmassenverhältnis genannt.

In Abb. 13.13 ist beispielhaft für den Regelbrennstoff Kohle ($h_{u,RBS}$ = 29,8 MJ/kg) das Energieaustauschverhältnis EA in Abhängigkeit von der Bilanztemperatur ϑ_{Bz} für verschiedene Ersatzbrennstoffe (heizwertreiche Restabfälle aus MBA mit $h_{u,EBS}$ = 8,22 MJ/kg Verfahrenslinie (A4) nach Abb. 2.4, 11,38 MJ/kg Verfahrenslinie (A3) nach Abb. 2.4, 15,09 MJ/kg Verfahrenslinie (A5) nach Abb. 2.4 und Altöl $h_{u,EBS}$ = 42,3 MJ/kg) dargestellt. Wie in Kap. 14.3 näher erläutert, ist das mit Gl. (13-10) dargestellte Energieaustauschverhältnis für viele Anwendungen bereits ausreichend.

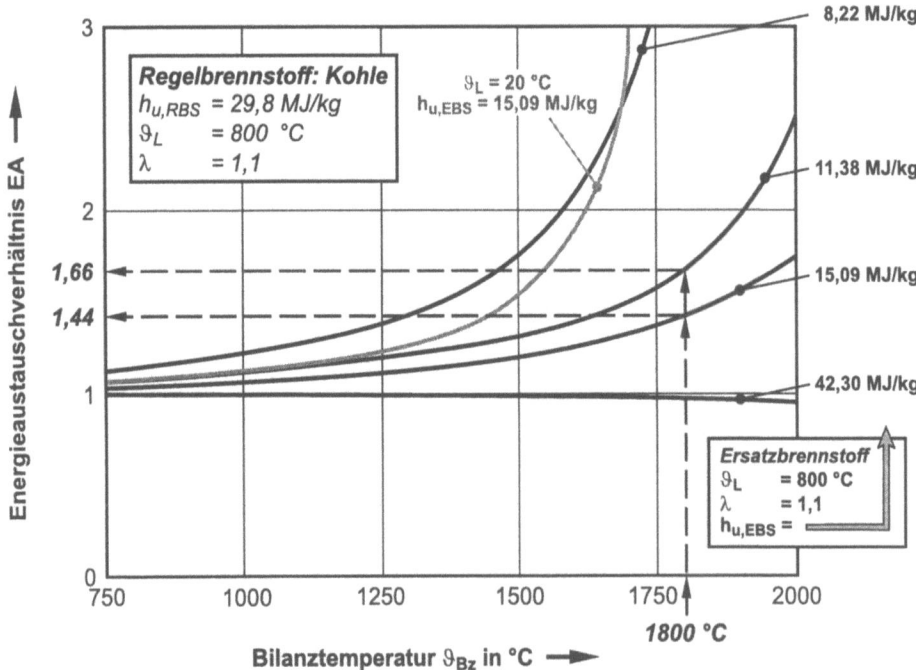

Abb. 13.13: Energieaustauschverhältnis EA in Abhängigkeit von der Bilanztemperatur ϑ_{BZ} für verschiedene Ersatzbrennstoffe (EBS) (Erklärung im Text) [z.B. 2.33, 10.6].

Wie die Abbildung zeigt, ergeben sich erwartungsgemäß bei hohen Bilanztemperaturen und Ersatzbrennstoffheizwerten, die niedriger sind als der Heizwert des Regelbrennstoffes, Energieaustauschverhältnisse, die größer als eins sind. Für den Fall, daß der Heizwert des Ersatzbrennstoffes größer als der des Regelbrennstoffes ist, nimmt das Energieaustauschverhältnis Werte kleiner eins an (siehe Abb. 13.13 für Altöl $h_{u,ESB}$ = 42,3 MJ/kg). Beispielhaft ergibt sich für einen Ersatzbrennstoff mit einem Heizwert von $h_{u,ESB}$ = 15,09 MJ/kg bei einer angenommenen Bilanztemperatur von ϑ_{Bz} = 1800 °C und einer Luftvorwärmungstemperatur von ϑ_L = 800 °C ein Energieaustauschverhältnis von ca. EA = 1,44[2]). Würde man den Ersatzbrennstoff ohne Luftvorwärmung (ϑ_L = 20 °C) einsetzen, so ist in Abb. 13.13 zu erkennen, daß die geforderte Bilanztemperatur von ϑ_{Bz} = 1800 °C mit dem Ersatzbrennstoff dann gar nicht erst erreicht werden kann. Für den betrachteten Fall ($h_{u,ESB}$ = 15,09 MJ/kg, ϑ_L = 800 °C) würde sich bei einem gewählten Substitutionsmassenverhältnis von Y = 100 % (Ersatzbrennstoff ersetzt den gesamten Regelbrennstoff) nach Gl. (13-11) ein Brennstoffmassenaustauschverhältnis von BA = 2,8 ergeben, d.h. es würden 1 kg Regelbrennstoff durch 2,8 kg Ersatzbrennstoff ersetzt werden müssen. Mit Gl. (13-12) erhielte man außerdem ein Abgasmassenaustauschverhältnis von AA = 1,6, d.h. der Abgasmassenstrom würde sich um den Faktor 1,6 und damit auch die Geschwindigkeit im Reaktor um das 1,6-fache vergrößern. Bei derartigen Werten wird bereits deutlich, daß solche Veränderungen in der Praxis nicht möglich sind, d.h. daß also aus technologischen Gründen enge Grenzen für die Substitution gesetzt sind, damit die Prozeßbedingungen, wie z.B. Geschwindigkeit im Reaktor, Wärmeübertragung usw., nicht zu stark verändert werden. Dies erklärt, warum man in der Regel nur kleine Substitutionsmassenverhältnisse (z.B. Y = 10 % bis 20 %) wählt. Weiterhin zeigt die Abb. 13.12, daß bei hohen geforderten Bilanztemperaturen eine Luftvorwärmung unbedingt erforderlich ist. In diesem Zusammenhang sei darauf hingewiesen, daß bei Energiebereitstellungsprozessen (z.B. Kraftwerksprozeß) in der Regel die Bilanztemperaturen zwischen ϑ_{Bz} = 850 °C und 1300 °C vorliegen und sich damit deutlich niedrigere Energieaustauschverhältnisse (siehe Abb. 13.13) ergeben.

Die sich durch die Substitution ergebenden Auswirkungen lassen sich zu einem großen Teil von den o.g. kalorischen Eigenschaften in Verbindung mit dem jeweils betrachteten Prozeß ableiten.

Darüber hinaus müssen die sich für das jeweilige Verfahren ergebenden Massen-, Energie- und Stoffbilanzen in Zusammenhang mit dem zugehörigen Gesamtkonzept (Verfahrensketten) als Gesamtbilanz betrachtet werden, d.h. es sind u.a. die

---

[2]) In diesem Zusammenhang sei noch einmal darauf hingewiesen, daß hier zur Darstellung nur eine vereinfachte Modellvorstellung in Form eines einzigen Rührkessels angewendet ist.

absoluten Beträge einer Energieeinsparung durch Substitution den Energieaufwendungen bei der erforderlichen Abfallaufbereitung usw. gegenüberzustellen.

13.2.2 Herkömmliches System

Die herkömmlichen Hochtemperaturprozesse zur Produktion von Grundstoffen finden allgemein in sog. Industrieöfen bei Bilanztemperaturen über 1000 °C statt. Unter Industrieöfen werden Apparate verstanden, in denen feste, aber auch flüssige und gasförmige Stoffe einer thermischen Behandlung unterzogen werden, z.B. [13.12, 13.13]. Wegen der Verwandtschaft der Industrieöfen mit den Apparaten der thermischen Behandlung von Abfällen sei hier auf Kap. 9 verwiesen. Im folgenden wird nur kurz auf die mit Brennstoff direkt befeuerten Industrieöfen eingegangen. Bei dieser Prozeßführung erfolgt die Wärmezuführung durch die Verbrennung eines Regelbrennstoffes (z.B. Erdgas, Steinkohle, Heizöl usw.) im Apparat. Dies hat zur Folge, daß eine Brennstoffsubstitution auch mit der Fragestellung einer Produktverträglichkeit verbunden ist. So kann z.B. bei aschehaltigen Regel- und Ersatzbrennstoffen auch eine entsprechende stoffliche Substitution auftreten. Insgesamt ist bei den folgenden Betrachtungen zu berücksichtigen, daß für die Prozesse zur Grundstoffherstellung der Verbrennungsvorgang zunächst auf die Produktqualität abgestimmt werden muß. Erst in zweiter Reihe ist dann auch der spez. Energiebedarf pro Produkteinheit näher zu untersuchen.

Für die folgenden Betrachtungen wird auf keinen speziellen Hochtemperaturprozeß zur Produktion von Grundstoffen eingegangen, sondern nur die Problematik schematisch mit Hilfe des bereits weiter oben betrachteten Rührkesselelementes vereinfacht in Form von Massen- und Energiebilanzen dargestellt.

13.2.3 Verbundsystem

Wie bereits angedeutet, kann ein Müllkraftwerk als Teil eines größeren Energieverbundsystems angesehen werden. Werden derartige Systeme durch zusätzliche Grundoperationen aus dem Bereich der Produktionsprozesse erweitert, stellt sich die Frage nach einer Bewertung und einem Vergleich zwischen dem sog. Verbundsystem (Abb. 13.14 unten, vgl. auch Abb. 10.11) und dem herkömmlichen System (Abb. 13.14 oben, vgl. auch Abb. 10.11).

Einsatz in Hochtemperaturprozessen zur Produktion von Grundstoffen 363

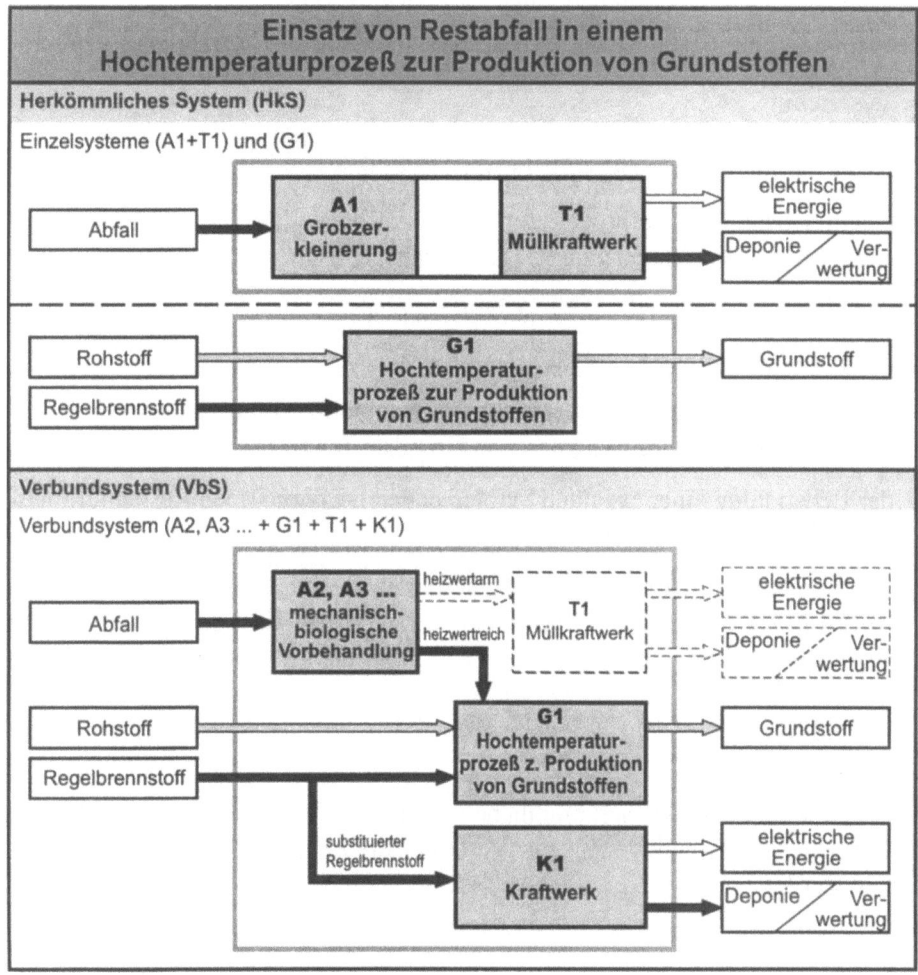

Abb. 13.14: Herkömmliches System, bestehend aus Abfallbehandlung in einem Müllkraftwerk und Regelbrennstoffeinsatz in einem Grundstoffherstellungsprozeß, im Vergleich zu einem Verbundsystem, bestehend aus Vorbehandlung und anschließendem Einsatz einer heizwertreichen Restabfallfraktion in einem Grundstoffherstellungsprozeß und einer evtl. verbleibenden heizwertarmen Restabfallfraktion in einem Müllkraftwerk (Erklärung im Text).

Die Abb. 13.14 zeigt beispielhaft einen Vergleich zwischen

- einem herkömmlichen System (HkS), bestehend aus den getrennten Einzelprozessen mit
  - dem Einsatz des Restabfalls aus Hausmüll in einem klassischen Müllkraftwerk (siehe Verfahrenslinie (A1+T1) in Abb. 13.4) und
  - einem Hochtemperaturprozeß zur Grundstoffherstellung (vereinfacht dargestellt, hier als Verfahrenslinie (G1) bezeichnet)
- und einem Verbundsystem (VbS), bestehend aus
  - einer Vorbehandlung (A2, A3...),
  - dem Einsatz einer heizwertreichen Restabfallfraktion in einem Hochtemperaturprozeß zur Produktion von Grundstoffen (G1),
  - der Behandlung einer eventuell verbleibenden heizwertarmen Restabfallfraktion in einem Müllkraftwerk (T1) und
  - der gedanklichen Umsetzung der eingesparten Regelbrennstoffenergie in elektrische Energie in einem konventionellen Kraftwerk (K1), da die energetische Gegenüberstellung der Systeme hier auf Basis der elektrischen Energie erfolgen soll und die Systeme bei gleichen Eintrittsbedingungen (Inputgleichheit) anhand unterschiedlicher Ergebnisse (am Austritt) verglichen werden sollen, wie auch in Kap. 13.1 geschehen.

Insgesamt kann damit das herkömmliche System als Verfahrenslinie (A1+T1) und (G1) sowie das Verbundsystem als Verfahrenslinie (A2, A3...+G1+T1+K1) betrachtet werden.

13.2.4 Vergleich des herkömmlichen Systems mit Verbundsystemen

Im folgenden soll der Vergleich an zwei vereinfachten Beispielen aufgezeigt werden. Dem herkömmlichen System, bestehend aus den Einzelprozessen (A1+T1) und (G1), wird das Verbundsystem (A3+G1+K1) in Abb. 13.15 sowie (A5+G1+T1+K1) in Abb. 13.16 gegenübergestellt. Grundlage für die Betrachtung sei der Einsatz eines Restabfalls aus Hausmüll mit einem Anfangsabfallheizwert von $h_{u,AF_1} = 8$ MJAF$_1$/kg AF$_1$. Eine ausführlichere Darstellung der Massen- und Energiebilanzen befindet sich in [2.33, 10.6].

Einsatz in Hochtemperaturprozessen zur Produktion von Grundstoffen 365

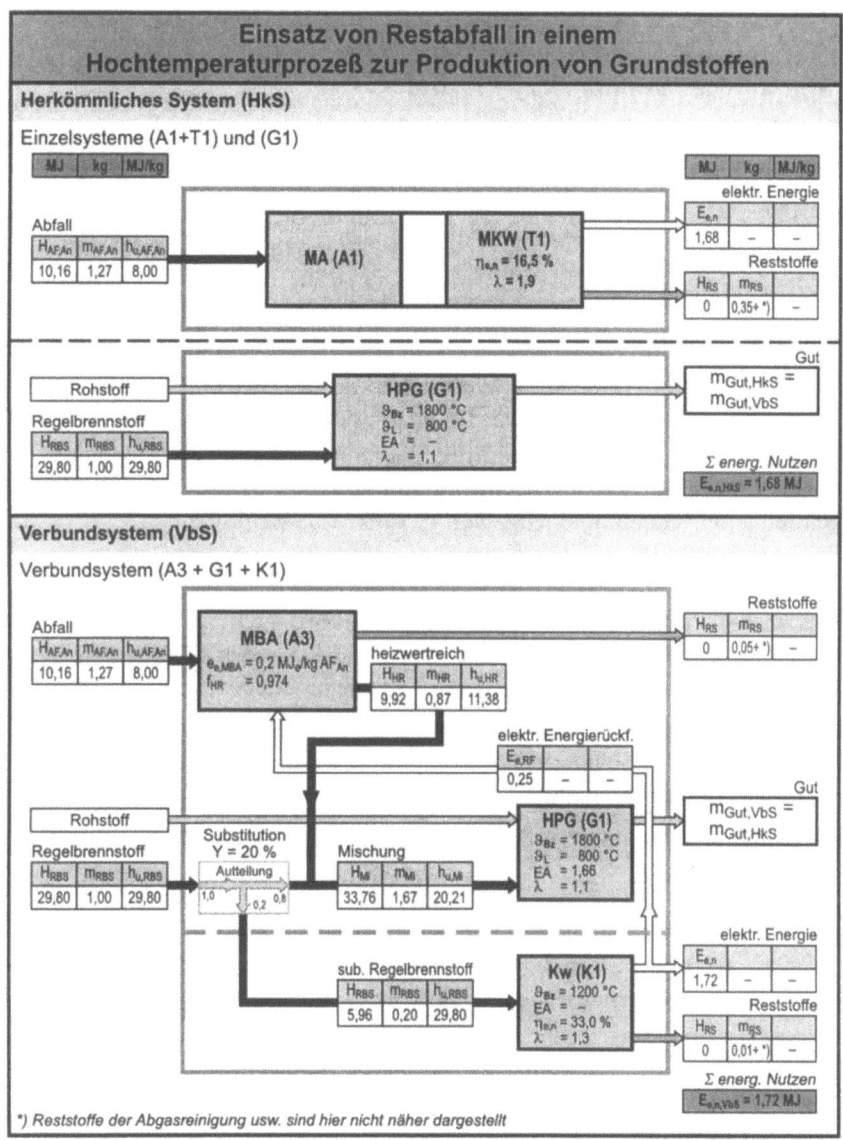

Abb. 13.15: Herkömmliches System, bestehend aus Abfallbehandlung in einem Müllkraftwerk (A1+T1) und einem Grundstoffherstellungsprozeß (G1) mit Regelbrennstoffeinsatz, im Vergleich zu einem Verbundsystem, bestehend aus Vorbehandlung (A3), anschließendem Einsatz einer heizwertreichen Restabfallfraktion in einem Grundstoffherstellungsprozeß (G1) und energetischer Umsetzung des substituierten Regelbrennstoffes in einem Kraftwerk (K1).

Beispiel (Abb. 13.15):

Herkömmliches System (A1+T1) und (G1)

Müllkraftwerk (A1+T1): Für die Modellierung werden die Randbedingungen aus Kap. 10.4 übernommen, so daß sich bei einer Luftzahl von $\lambda = 1{,}9$ ein Nettoprimärwirkungsgrad von $\eta_{e,n} = 16{,}5\,\%$ ergibt (vgl. Abb. 13.8 oder Kurve α in Abb. 10.26). Bei den verbleibenden Reststoffen wird nur der Inertanteil (Asche) aus dem Abfall und die Schrottfraktion als Summe dargestellt, alle anderen zusätzlich anfallenden Reststoffe bleiben unberücksichtigt.

Grundstoffherstellungsprozeß (G1): Für die vereinfachte Modellierung und den Vergleich wird der Hochtemperaturprozeß als einstufiges Rührkesselelement betrachtet (s.o.). Als Grundlage für die Prozeßführung wird eine Bilanztemperatur von $\vartheta_{Bz} = 1800\,°C$, eine Luftvorwärmtemperatur von $\vartheta_L = 800\,°C$ und eine Luftzahl von $\lambda = 1{,}1$ gewählt. Bei dem herkömmlichen System wird ausschließlich Regelbrennstoff (Steinkohle, Heizwert $h_{u,RBS} = 29{,}8$ MJ/kg) eingesetzt.

Verbundsystem (A3+G1+K1):

Mechanisch-biologische Abfallaufbereitung (A3)[3]: Die Erzeugung des Ersatzbrennstoffes erfolgt mit Hilfe der Verfahrenslinie (A3) (Kurzzeitrotte) nach Abb. 2.6. Der elektrische spezifische Eigenenergiebedarf der MBA betrage $e_{e,MBA} = 0{,}2$ MJ/kg AF_1. Als verbleibender Restabfall wird in der Bilanz nur der Schrott (vgl. Bild 13.4) mit aufgeführt. Alle anderen zusätzlich anfallenden Reststoffe bleiben unberücksichtigt.

Grundstoffherstellungsprozeß (G1): Hat der Ersatzbrennstoff entweder

- keine Asche
- oder wird bei Vorhandensein von Asche diese nicht in das Gut eingebunden
- oder ist die Aschemasse, falls sie in das Gut eingebunden wird, gegenüber der produzierten Gutmasse (Grundstoffmenge) vernachlässigbar (letzteres ist sehr häufig der Fall),

---

[3]) Hier ist als Vorbehandlung eines Abfalls eine mechanisch-biologische Aufbereitung (MBA) gewählt, um einen Ersatzbrennstoff zu erzeugen, der für den Einsatz im Hochtemperaturprozeß zur Grundstoffherstellung geeignet ist. Grundsätzlich kann man sich natürlich auch andere (auch thermische) Vorbehandlungsverfahren vorstellen (siehe z.B. Kap. 13.3). So kann z.B. durch ein Abfallvergasungsverfahren [z.B. 12.53, 12.57, 13.5] ein Vergasungsgas erzeugt werden, welches dann als Ersatzbrennstoff, allerdings wohl nur in unmittelbarer Nachbarschaft des Grundstoffherstellungsprozesses, dann jedoch sehr flexibel in verschiedenen Prozeßteilen, eingesetzt werden könnte. Auch bei solchen Vorbehandlungsverfahren lassen sich entsprechende Energieverteilungsfaktoren (z.B. Energie im erzeugten Sekundärbrennstoff zur Energie im anfänglich vorhandenen Abfall usw.), erforderliche Zusatzenergien usw. berücksichtigen, so daß aus dieser Sicht die vorliegende Betrachtung entsprechend auf andere Vorbehandlungsverfahren bzw. Sekundärbrennstofferzeugungsverfahren übertragen werden kann.

beziehen sich die Betrachtungen zur Brennstoffsubstitution bei gleichen Rohstoffeingangsmassenströmen auch immer auf gleiche produzierte Grundstoffmengen, d.h. die Gutmasse des Verbundsystems (VbS) ist gleich der produzierten Gutmasse des herkömmlichen Systems (HkS) ($m_{Gut,VbS} = m_{Gut,HkS}$). Dies hat zur Folge, daß man die Grundeinheit produzierten Gutes bzw. verwendeten Rohstoffes nicht mehr angeben muß und sich bei der Brennstoffsubstitution auf eine Grundeinheit des Regelbrennstoffes ($m_{RBS} = 1$ kg) beziehen kann, was im folgenden auch geschehen soll. Es wird nun bei einem angenommenen Substitutionsmassenverhältnis von $Y = 20\%$ dem GSH-Prozeß nur noch eine Regelbrennstoffmasse von $m_{RBS,HPG} = 0,8$ kg zugeführt. Der eingesparte Regelbrennstoff wird durch einen Ersatzbrennstoff (heizwertreiche Abfallfraktion, Heizwert $h_{u,EBS} = 11,38$ MJ/kg) aus der Verfahrenslinie (A3) ersetzt.

Kraftwerksprozeß (K1): Der substituierte Regelbrennstoff ($m_{RBS,sub} = 0,2$ kg) wird für den Vergleich in einem Kohlekraftwerk gedanklich bei einer Luftzahl von $\lambda = 1,3$ mit einem Nettoprimärwirkungsgrad von $\eta_{e,n} = 33,0 \%$ verstromt. Bei den verbleibenden Reststoffen wird nur der Inertanteil (Asche) aus dem Abfall dargestellt, alle anderen zusätzlich anfallenden Reststoffe bleiben unberücksichtigt.

Mit Hilfe von Modellrechnungen, die hier aus Platzgründen nicht weiter dargestellt werden (siehe Kap. 14 oder [z.B. 2.33, 10.6]), lassen sich die in Abb. 13.15 eingetragenen Werte bestimmen. Dabei ist wichtig, wiederholt darauf hinzuweisen, daß sowohl für das herkömmliche System als auch das Verbundsystem natürlich die gleichen Eingangsbedingungen im Hinblick auf die Massen und Energien gelten (sog. Inputgleichheit). So erkennt man z.B.,

- daß zum Ersatz von $m_{RBS} = 0,2$ kg Regelbrennstoff (Primärenergie) ($Y = 20 \%$) $m_{AF,An} = 1,27$ kg Anfangsabfall (Ersatzbrennstoff) erforderlich sind,

- daß bei gleicher ausgebrachten Gut- bzw. Produktmenge bei dem herkömmlichen System ein energetischer Nutzen von $E_{e,n,HkS} = 1,68$ MJ$_e$ und bei dem Verbundsystem ein energetischer Nutzen von $E_{e,n,VbS} = 1,72$ MJ$_e$ vorhanden ist, daß also in diesem Fall das Nutzenergieverhältnis $Z_e = 1,72$ MJ$_e$ / $1,68$ MJ$_e = 1,02$ (nach Gl. (10-12)) „nahe eins" ist und somit das Verbundsystem aus energetischer Sicht kaum günstiger als das herkömmliche System ist.

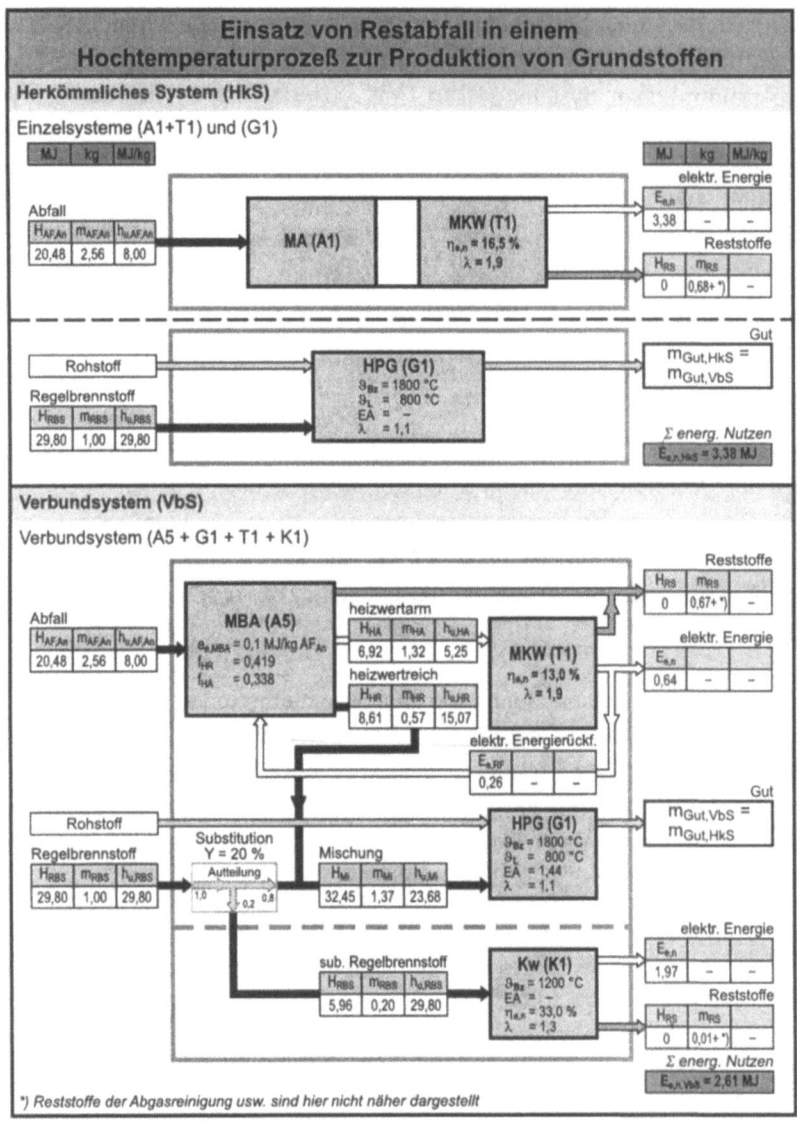

Abb. 13.16: Herkömmliches System, bestehend aus Abfallbehandlung in einem Müllkraftwerk (A1+T1) und einem Grundstoffherstellungsprozeß (G1) mit Regelbrennstoffeinsatz, im Vergleich zu einem Verbundsystem, bestehend aus Vorbehandlung (A5), anschließendem Einsatz einer heizwertreichen Restabfallfraktion in einem Grundstoffherstellungsprozeß (G1), einer heizwertarmen Restabfallfraktion in einem Müllkraftwerk (T1) und energetischer Umsetzung des substituierten Regelbrennstoffes in einem Kraftwerk (K1).

Einsatz in Hochtemperaturprozessen zur Produktion von Grundstoffen 369

Beispiel (Abb. 13.16):

In Abb. 13.16 ist die gleiche Vorgehensweise wie in Abb. 13.15 dargestellt, jedoch mit dem Unterschied, daß der Abfall hier mit der MBA (A5) (vgl. Abb. 2.6) behandelt wird. Der bei dieser MBA entstehende heizwertarme Restabfall werde jedoch abweichend von Abb. 13.4 nicht deponiert, sondern einer thermischen Behandlung in einem klassischen MKW (T1) unterzogen.
Man erkennt hier z.B.

- daß zum Ersatz von $m_{RBS} = 0{,}2$ kg Regelbrennstoff (Primärenergie) ($Y = 20\,\%$) $m_{AF,An} = 2{,}56$ kg Anfangsabfall (Ersatzbrennstoff) erforderlich sind,

- daß bei gleicher ausgebrachten Gut- bzw. Produktmenge bei dem herkömmlichen System ein energetischer Nutzen von $E_{e,n,HkS} = 3{,}38$ MJ_e und bei dem Verbundsystem ein energetischer Nutzen von $E_{e,n,VbS} = 2{,}61$ MJ_e vorhanden ist, daß also in diesem Fall das Nutzenergieverhältnis $Z_e = 2{,}61$ MJ_e / $3{,}38$ $MJ_e = 0{,}77$ (nach Gl. (10-12)) wesentlich „kleiner als eins" ist. Dies bedeutet, daß hier eine Brennstoffsubstitution sogar energetisch ungünstiger ist und damit der Abfall energetisch besser in einem MKW (A1+T1) umgesetzt werden sollte,

- daß das Müllkraftwerk im Verbundsystem wegen des kleinen Heizwertes der heizwertarmen Fraktion mit einem wesentlich schlechteren Wirkungsgrad ($\eta_{e,n} = 13{,}0\,\%$) arbeitet

- usw.

Verallgemeinerung

Nun sind die vorgestellten Beispiele natürlich nur für die gewählten Randbedingungen gültig. Das jeweilige Ergebnis der Gegenüberstellung von herkömmlichem System und Verbundsystem ist insbesondere abhängig von den Haupteinflußgrößen:

$h_{u,AF,An}$ = Heizwert des Anfangsabfallheizwertes,

$h_{u,RBS}$ = Heizwert des Regelbrennstoffes,

$\eta_{e,n,MKW,HkS}$ = elektr. Nettoprimärwirkungsgrad des klassischen Müllkraftwerkes (A1+T1), der wiederum insbesondere von dem Anfangsabfallheizwert $h_{u,AF,An}$ abhängt,

$\eta_{e,n,MKW,VbS}$ = elektr. Nettoprimärwirkungsgrad eines eventuell vorhandenen Müllkraftwerkes (T1) im Verbundsystem, der wiederum insbesondere vom Heizwert $h_{u,HA}$ des heizwertarmen Restabfalls abhängt,

$\eta_{e,n,Kw}$ = elektr. Nettoprimärwirkungsgrad des Kraftwerkes (K1), in dem Regelbrennstoff in elektr. Energie umgewandelt werden kann,

f_{HR}, f_{HA} = Energieverteilungsfaktoren für den heizwertreichen (HR) und den heizwertarmen (HA) Restabfall, die von der Art des MBA-Prozesses abhängig sind,

$e_{e,MBA}$ = elektr. Eigenenergieaufwand für den MBA-Prozeß, der von der verwendeten Technik abhängig ist,

EA = Energieaustauschverhältnis für den Ersatzbrennstoff zur Substitution des Regelbrennstoffes für den gesamten Grundstoffherstellungsprozeß (vgl. Kap. 13.2, Abhängigkeit vom Heizwert des Regelbrennstoffes $h_{u,RBS}$, vom Heizwert des heizwertreichen Restabfalls $h_{u,HR}$ (Ersatzbrennstoff), von der Bilanztemperatur ϑ_{Bz} im Grundstoffherstellungsprozeß, von der Luftvorwärmtemperatur ϑ_L, von der Prozeßschaltung des Grundstoffherstellungsprozesses usw.).

Sind die einzelnen Bausteine der Systeme berechnet (projektiert), so kann man z.B. das Verhältnis Z_e für den energetischen Nutzen von herkömmlichem System und Verbundsystem nach [2.33] in der Form

$$Z_e = \frac{E_{e,n,VbS}}{E_{e,n,HkS}} = \frac{1}{\eta_{e,n,MKW,HkS}} \cdot \left(\frac{f_{HR} \cdot \eta_{e,n,Kw}}{EA} + f_{HA} \cdot \eta_{e,n,MKW,VbS} - \frac{e_{e,MBA}}{h_{u,AF,An}} \right) \quad (13\text{-}14)$$

ausdrücken. Zur Veranschaulichung sind im folgenden Modellrechnungen für einige Parametervariationen vorgenommen worden. So erhält man beim Vergleich des Verbundsystems (A3+G1+K1) und (A5+G1+T1+K1) jeweils mit dem herkömmlichen System (A1+T1+G1) das elektr. Nutzenergieverhältnis Z_e in Abhängigkeit vom Anfangsabfallheizwert $h_{u,AF,An}$ für einen typischen Bereich des Restabfalls aus Hausmüll von $h_{u,AF,An}$ = 6 bis 12 MJ/kg AF_{An} in den Abb. 13.17 bis 13.19. Dabei sind als Parameter der elektrische Eigenbedarf der MBA $e_{e,MBA}$ (Abb 13.17), der Nettoprimärwirkungsgrad des Kraftwerkes $\eta_{e,n,Kw(K1)}$ (Abb. 13.18) und der Heizwert des Regelbrennstoffes $h_{u,RBS}$ (Abb. 13.19) gewählt. Die punktuellen Ergebnisse der vorangegangenen Beispiele in den Abb. 13.15 und 13.16 sind in den Abbildungen 13.17 bis 13.19 mit gekennzeichnet. Die auftretenden unterschiedlichen Kurvencharakteristiken der betrachteten Systeme sind im wesentlichen auf den Einfluß der Energieverteilungsfaktoren f_{HR} und f_{HA} der mechanisch-biologischen Abfallbehandlung zurückzuführen [2.33].

Einsatz in Hochtemperaturprozessen zur Produktion von Grundstoffen 371

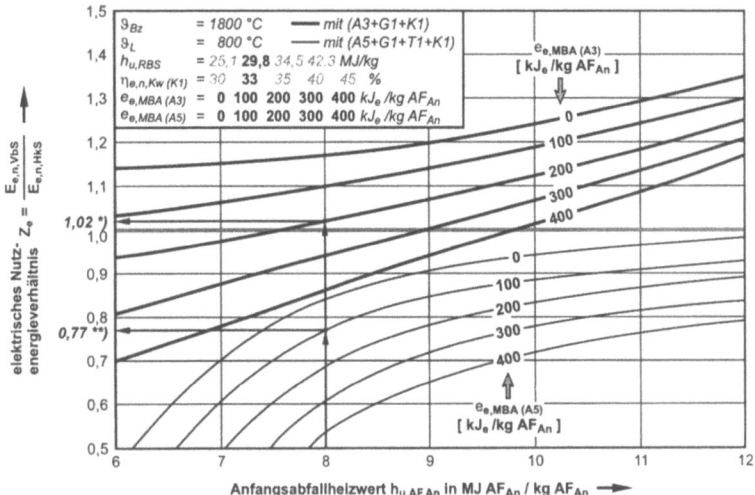

Abb. 13.17: Elektr. Nutzenergie des VbS ((A3+G1+K1) bzw. (A5+G1+T1+K1)) bezogen auf das HkS ((A1+T1) und (G1)) in Abhängigkeit vom Anfangsabfallheizwert $h_{u,AF,An}$ für verschiedene elektr. Eigenenergieaufwendungen in der MBA $e_{e,MBA(A3)}$ bzw. $e_{e,MBA(A5)}$ [2.33].
*) **Beispiel aus Abb. 13.15; **) Beispiel aus Abb. 13.16**

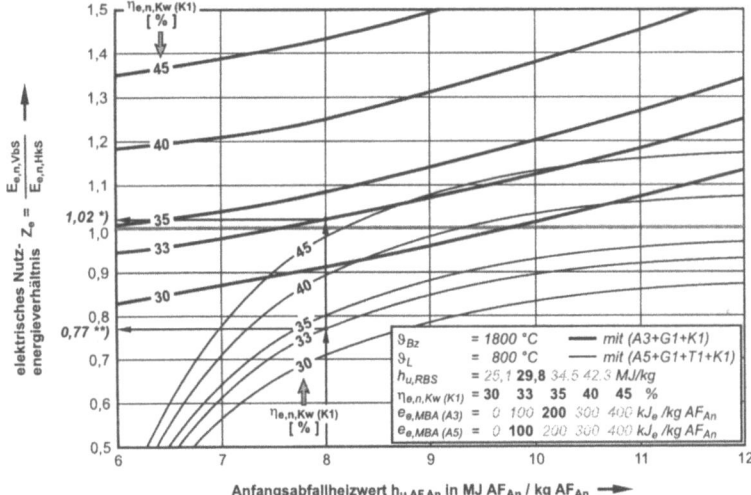

Abb. 13.18: Elektr. Nutzenergie des VbS ((A3+G1+K1) bzw. (A5+G1+T1+K1)) bezogen auf das HkS ((A1+T1) und (G1)) in Abhängigkeit vom Anfangsabfallheizwert $h_{u,AF,An}$ für verschiedene elektr. Nettoprimärkraftwerkswirkungsgrade $\eta_{e,n,Kw(K1)}$ [2.33].
*) **Beispiel aus Abb. 13.15; **) Beispiel aus Abb. 13.16**

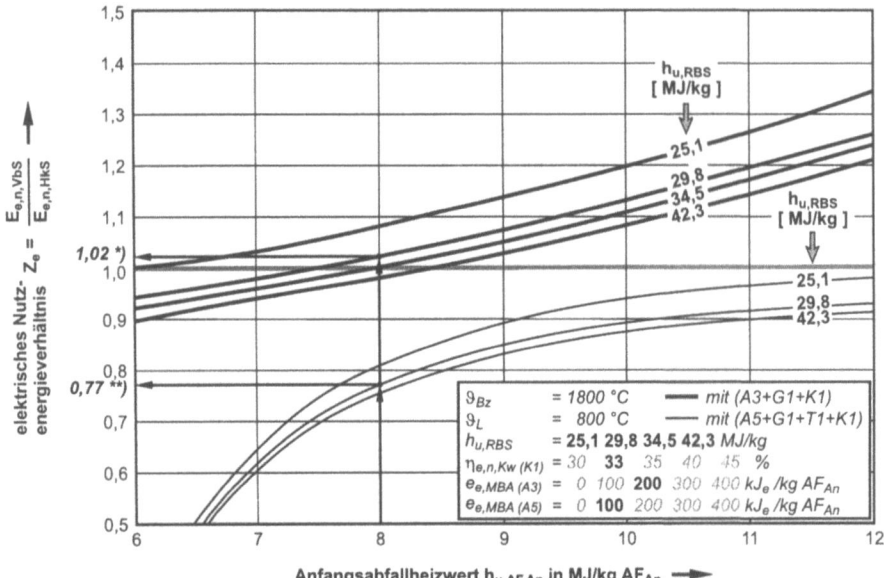

Abb. 13.19: Elektr. Nutzenergie des VbS ((A3+G1+K1) bzw. (A5+G1+T1+K1)) bezogen auf das HkS ((A1+T1) und (G1)) in Abhängigkeit vom Anfangsabfallheizwert $h_{u,AF,An}$ für verschiedene Heizwerte von Regelbrennstoffen $h_{u,RBS}$ [2.33].
*) **Beispiel aus Abb. 13.15;** **) **Beispiel aus Abb. 13.16**

13.3 Allgemeines zum Einsatzbereich von Ersatzbrennstoffen

Ersatzbrennstoffe können nicht nur in Prozessen zur Grundstoffherstellung, sondern auch in anderen Bereichen wie beispielsweise in konventionellen Kraftwerken auf Stein- oder Braunkohlebasis (Energiebereitstellung) eingesetzt werden. Hierunter fällt auch der Begriff der Co-Verbrennung [z.B. 9.1, 13.14]. Die vorangegangenen dargestellten Überlegungen sind auf solche und andere Einsatzbereiche analog zu übertragen.

Zusammenfassend ist anzumerken, daß im Vordergrund der hier dargestellten Verfahrensvergleiche und Bewertungen das prinzipielle Vorgehen und die Art der Durchführung stehen. Insofern sind die durchgeführten Vergleiche nur beispielhaft. Sie zeigen allerdings wichtige Tendenzen auf und machen deutlich, welche Einflußgrößen und geänderten Randbedingungen die Bewertung für oder gegen eine bestimmte Verfahrenslinie verschieben können.

Allgemeines zum Einsatzbereich von Ersatzbrennstoffen

Im Zusammenhang mit dem Einsatz von Ersatzbrennstoffen aus Hausmüll sei für weitere Bewertungen noch auf folgende Gesichtspunkte hingewiesen, die hier nicht weiter betrachtet werden:

- Es liegen noch keine gesicherten Erkenntnisse zur Qualitätssicherung der Ersatzbrennstoffherstellung (gleichmäßig niedriges Schadstoffniveau, gleichmäßiger Heizwert usw.) vor,

- weiter müssen die Bedingungen zur Zerstörung der Schadstoffe und der Verbleib von Schadstoffen im Zusammenhang mit Stoffflußstudien (Schadstofffrachten allgemein, Schwermetallfrachten im besonderen usw.) für die Ersatzbrennstoffherstellung und für den Einsatz der Ersatzbrennstoffe in Hochtemperaturprozessen zur Grundstoffherstellung oder in Kraftwerksprozessen (Energiebereitstellung) untersucht und den Bedingungen des Müllkraftwerkes gegenübergestellt werden,

- außerdem liegen noch keine Langzeiterfahrungen zum Korrosionsverhalten beim Einsatz von Ersatzbrennstoffen in den verschiedenen Verfahrenslinien und Prozessen vor [z.B. 13.14].

Vor diesem Hintergrund sind weitere Ergebnisse aus Modellrechnungen (Parametervariationen), experimentellen Untersuchungen an Pilotanlagen, Umsetzungen in industriellem Maßstab und wirtschaftliche Betrachtungen auf Grundlage der erstellten Sachbilanzen erforderlich, um die Machbarkeit der jeweilig dargestellten Verbundsysteme nachzuweisen.

14 Mathematische Modellierung thermischer Prozesse zur Abfallbehandlung - Beispiele

14.1 Anforderungen an mathematische Modelle für Prozesse der Abfallbehandlung

Bei den Prozessen in der Hochtemperaturverfahrenstechnik werden, wie in den vorangehenden Kapiteln beispielhaft erläutert, gasförmige, flüssige und feste Stoffe bei hohen Temperaturen in Industrieöfen und Feuerungen behandelt bzw. umgesetzt. Für die Beschreibung dieser Prozesse im Sinne mathematischer Modelle spielen dementsprechend Wärme- und Stoffübertragungsvorgänge, homogene und heterogene chemische Reaktionen und Strömungs- bzw. Transportvorgänge der Stoffe im Reaktionsraum eine wesentliche Rolle. In dem hier gesteckten Rahmen stehen mehr die Modelle im Vordergrund, die eine Beschreibung des Gesamtprozesses in einem Apparat oder Reaktor erlauben. Beispiele hierfür sind die Verbrennung in einer technischen Brennkammer und der Verbrennungs- und Vergasungsprozeß in Rostsystemen. In diese Gesamtmodelle fließen Erkenntnisse zu Einzelvorgängen, d.h. Detailmodelle, wie z.B. Diffusions- und Stoffübertragungsansätze, Modelle zum Abbrand von Einzelpartikeln usw. ein. Die Gesamtmodelle setzen sich somit aus einer Reihe von Einzelmodellen zusammen. Wichtig für den Detaillierungsgrad eines Gesamtmodells ist, daß die Genauigkeit und die Flexibilität einer mit dem Modell durchzuführenden Systemanalyse von der Genauigkeit und Verfügbarkeit der jeweils erforderlichen Daten und Randbedingungen der jeweiligen Teilmodelle bestimmt wird.

Eine wesentliche Voraussetzung bei der Beschreibung von Hochtemperaturprozessen in Brennkammer-, Rost-, Drehrohrsystemen usw. ist zunächst die Beschreibung der Bewegung und der Kräfte der jeweiligen gasförmigen, flüssigen und festen Reaktionspartner im System. Hier unterscheidet man im wesentlichen Modelle auf der Grundlage von

- Erhaltungssätzen mit Hilfe der Transportgesetze,
- Verweilzeitverteilungsverhalten und
- empirischen Zusammenhängen.

Bei der Modellierung über die Erhaltungssätze können die Transportgesetze in unterschiedlicher Weise - von sehr detailliert bei der mikroskopischen Betrachtungsweise bis hin zu zusammengefaßten, effektiven Austauschgrößen bei der makroskopischen Beschreibung - berücksichtigt werden. Ein Beispiel für effektive Austauschgrößen ist die Betrachtung des Energieaustausches bei der Mischung in turbulenten Strömungen [z.B. 14.1 bis 14.3]. Diese Vorgehensweise hat sich u.a. für die Betrachtung örtlich begrenzter Vorgänge oder für Strömungen, bei denen die Vermischung in einem zum Reaktor vergleichsweise kleinen Raum erfolgt, als geeignet erwiesen. Mit zunehmender Größe des Gebietes der Vermischung im Verhältnis zur Größe des Reaktors steigt der Aufwand für die Lösung der Transportgleichungen an.

Ist die Auflösung des Strömungs- und Reaktionsgeschehens nicht bis in den Mikromaßstab hinein erforderlich, bzw. mit unverhältnismäßig hohem Aufwand verbunden, so kann man zur Beschreibung des Vermischungs- und Verweilzeitverhaltens auf die häufig weniger aufwendige „population-balance-method" (Verweilzeit-Bilanz-Methode) [14.4] zurückgreifen. Dabei geben Verweilzeit-Funktionen Informationen bezüglich einer Fraktion und deren Aufenthaltsdauer im Reaktor. Mit diesen Modellen kann die Makromischung in einem Reaktor beschrieben werden, was in vielen Fällen bereits für die Erfassung der wesentlichen Vorgänge und der Wechselwirkungen der Haupteinflußgrößen in einem Reaktor, insbesondere im Bereich der thermischen Abfallbehandlung, ausreicht.

Empirische Modelle nutzen experimentelle Daten, die z.B. auf der Grundlage eines statistischen Versuchsplanes ermittelt worden sind und setzen diese im Sinne einer Korrelation zur Beschreibung des Prozesses ein. Hierauf wird hier jedoch nicht weiter eingegangen [z.B. 14.5].

Bei vielen Fragestellungen im Bereich der Hochtemperaturverfahrenstechnik zeichnen sich die „Verweilzeit-Bilanzmodelle" (population balance models) durch wesentlich weniger Aufwand bei der Ermittlung von Basisdaten und geringerem Rechenaufwand gegenüber der Beschreibung auf der Basis der Transportgesetze aus. Im folgenden soll daher auf einzelne Beispiele der Modellierung von Hochtemperaturprozessen eingegangen werden, bei denen die Beschreibung des Verweilzeitverhaltens im Reaktor mit Hilfe von Rührkesselelementen erfolgt. Dabei wird zunächst die Anwendung der „Verweilzeit-Bilanz-Methode" für die Beschreibung des Verweilzeitverhaltens in Reaktoren am Beispiel des Feststofftransportes in Rostsystemen näher erläutert (Kap. 14.2). Im Zusammenhang mit der Frage nach der Austauschbarkeit von Primärbrennstoffen durch Ersatzbrennstoffe aus Abfällen in Feuerungen werden dann die Wärmeübertragungsverhältnisse ohne Berücksichtigung reaktionstechnischer Gesichtspunkte betrachtet (Kap. 14.3). Abschließend wird auf die Verbrennung von Abfällen in Rostsystemen eingegangen (Kap. 14.4). Sowohl bei der Beschreibung der Wärmeübertragungsverhältnisse ohne Reaktion als auch bei der Modellierung der Verbrennungsprozesse in Brennkammer- und Rostsystemen dient das Rührkesselelement hier als Basis für die Gesamtmodellierung.

14.2 Beschreibung des Reaktorverhaltens am Beispiel des Feststofftransportes auf dem Rost

Für die mathematische Modellierung von Prozessen in Apparaten oder Reaktoren spielen Wärme- und Stoffübertragungsvorgänge, homogene und heterogene chemische Reaktionen sowie Strömungs- bzw. Transportvorgänge der Stoffe im Reaktionsraum eine wesentliche Rolle. Die Gesamtmodelle setzen sich, wie einleitend zu Kap. 14 erwähnt, aus einer Reihe von Einzelmodellen zusammen. Wichtig für den Detaillierungsgrad eines Gesamtmodells ist, daß die Genauigkeit und die Flexibilität einer mit dem Modell durchzuführenden Systemanalyse von der Genauigkeit und Verfügbarkeit der jeweils erforderlichen Daten und Randbedingungen der jeweiligen Teilmodelle bestimmt wird.

Für die Beschreibung des Verweilzeitverhaltens ist die „Verweilzeit-Bilanz-Methode" insbesondere für komplexe Abläufe bei der Verbrennung von Abfällen eine geeignete Methode. Sie wird im folgenden am Beispiel des Feststofftransportes in Rostsystemen zunächst erläutert. Für die Anwendung dieser Methode in Gesamtmodellen sei auf die folgenden Beispiele der Wärmeübertragung in Feuerungen (Kap. 14.3) und der Verbrennung in Rostsystemen (Kap. 14.4) verwiesen.

14.2.1 Feststofftransport auf dem Rost

Die Aufgaben eines bewegten Rostsystems bestehen im wesentlichen im Tragen und Transportieren der Brennstoffschüttung und in der Verteilung des Reaktionsgases (Unterwind, Primärluft). Aus konstruktiver Sicht lassen sich die bewegten Rostsysteme zunächst grob in Vorschub- und Rückschubsysteme einteilen. Die Rostsysteme sind in der Regel aus einzelnen Roststäben, die nebeneinander angeordnet jeweils eine Roststabreihe bilden, zusammengesetzt. Eine Ausnahme bilden die Walzenroste, bei denen mehrere Rostwalzen hintereinander angeordnet sind. Der Umsatz in Rostsystemen erfolgt entlang der Rostlänge in mehreren Zonen. Die wesentlichen Einflußgrößen zur Optimierung von Rostsystemen sind bereits in Kap. 9.3 beschrieben.

Das Verweilzeitverhalten wird zunächst durch den

- Einsatzstoff mit den jeweiligen Eigenschaften, wie z.B.:
  - Schüttdichte,
  - Partikelgrößenverteilung und
  - Zusammensetzung

beeinflußt. Im Zusammenhang mit der Haupteinflußgröße Verweilzeitverhalten sind darüber hinaus speziell für Rostsysteme:
- konstruktive Einflußgrößen, wie z.B.:
  - Rosttyp (Vorschubrost, Rückschubrost usw.),
  - Roststabgeometrie und
  - Neigungswinkel
- und betriebliche Einflußgrößen, wie z.B.:
  - Massenstrom,
  - Roststabgeschwindigkeit und
  - Hublänge

von Bedeutung.

Zum Verweilzeitverhalten von Rostsystemen sind gegenwärtig im Gegensatz zu Drehrohrsystemen [14.6 bis 14.8] oder Wirbelschichtreaktoren [14.9 bis 14.13] kaum umfangreiche Untersuchungen bekannt. Bei den gegenwärtig bekannten Gesamtmodellen zur Verbrennung oder Vergasung in Rostsystemen kann man grob zwischen Ansätzen mit nicht durchmischten Schüttungen [z.B. 14.14] (Kreuz-Querstrom) und mit durchmischten Schüttungen [z.B. 12.13, 14.15] unterscheiden. Insgesamt besteht derzeit noch die Aufgabe, grundsätzliche Abhängigkeiten wichtiger konstruktiver und betrieblicher Einflußgrößen, ähnlich wie das für Drehrohrsysteme und Wirbelschichtreaktoren bereits begonnen wurde, zu ermitteln.

14.2.2 Kaltmodell-Versuchsanordnung und Versuchsdurchführung

Für Grundlagenuntersuchungen zum Verweilzeitverhalten eignen sich Kaltmodelle zunächst sehr gut. So zeigt Abb. 14.1 den Aufbau eines Modellrostes. Die Zufuhr eines Modellstoffes (z.B. Holzwürfel, Keramikkugeln usw.) erfolgt über einen Beschicktisch mit einem Handschieber quasikontinuierlich. Die Roststäbe werden über Elektromotoren, deren Drehzahl über Potentiometer jeweils getrennt voneinander stufenlos einstellbar ist, bewegt. Die Geschwindigkeit der linearen Bewegung der Schubstangen bzw. der Roststäbe, angegeben in mm Hubweg/Sekunde, ist somit ebenfalls stufenlos veränderbar. Der Feststoff wird schließlich am Rostende über eine Schurre ausgetragen. Wie aus Abb. 14.1 zu erkennen ist, kann der Modellrost sowohl als Vorschub- als auch als Rückschubrost jeweils mit variabler Neigung betrieben werden. Für die Untersuchung des Verweilzeitverhaltens werden unter stationären Bedingungen jeweils in Form von Dirac-Impulsen farbig markierte Einsatzstoffe als Tracer zugeführt. Sobald der mit den farbig markierten Teilchen angereicherte Gutstrom den Austrag erreicht, wird die innerhalb des Zeitabschnittes $\Delta\tau_i$ ausgetragene Teilmasse $m_{T,i}$ der markierten Teilchen in der Gesamtmenge des Modellstoffes m_i ausgewogen und die Anzahl der markierten Teilchen $n_{T,i}$ ausgezählt.

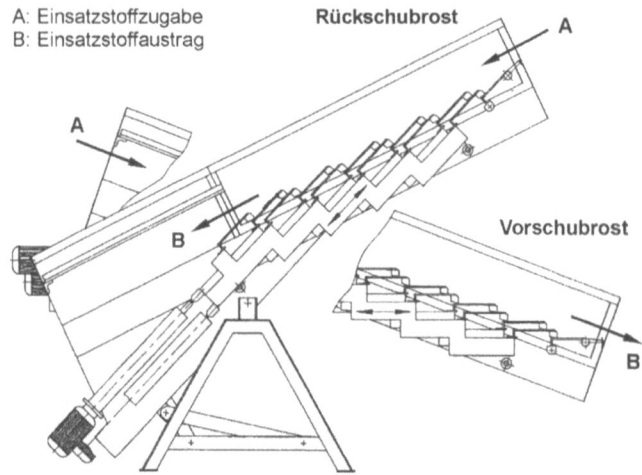

Abb. 14.1: Schematischer Aufbau eines Modellrostes mit den Versuchsstellungen für Vor- und Rückschubrost.

Für die Untersuchungen werden Modellstoffe mit den in Tab. 14.1 dargestellten Daten eingesetzt. Die Keramikkugeln und auch die Holzkugeln sind industriell hergestellt, so daß ihre Durchmesser und Massen nur geringfügig schwanken. Die zugehörigen Schüttungen können daher als Gleichkornschüttung angesehen werden. Blähton hingegen wird aufgrund der ungleichmäßigen Partikelform und Partikelgröße als Modellstoff für eine Mehrkornschüttung eingesetzt. Die Tab. 14.2 zeigt neben den Modellstoffen zusätzlich die variierten Parameter.

Modellstoff	Partikel-durchmesser [mm]	Partikelgewicht [g]	Schüttdichte [kg/m³]	Materialdichte [kg/m³]
Blähton	ca. 8 - 25	0,22 - 1,13	400	–
Holzkugeln	15	0,9 - 1	350	550
Keramikkugeln	10	1,38	1400	2200
Keramikkugeln	15	2,25 - 2,44	1300	2200
Keramikkugeln	20	9,4	1200	2200

Tab. 14.1: Ausgewählte Stoffdaten der Einsatzstoffe.

Reaktorverhalten am Beispiel des Feststofftransportes auf dem Rost 379

Apparat	Länge [mm]	Neigung [°]	Brennstoff-zusammensetzung [-]	Roststab-geschwindigkeit [mm/s]	Hublänge [mm]	Massenstrom [kg/h]
Modell-rost	1400	26: Rückschubrost 13: Vorschubrost	Blähton (MKS) Holz (GKS) Keramik (GKS) Holz/Keramik (GKS) Keramik (MKS)	0,875 1,75 3,5	70	5, 10, 20, 40 für Blähton, Holz 40, 60, 100 für Keramik
Rostpilot-anlage	2400 (3600)	26: Rückschubrost	Holz (GKS)	1,75	70, 100	20 (Holz)

Tab. 14.2: Parametervariationen bei den Verweilzeituntersuchungen
(MKS: Mehrkornschüttung, GKS: Gleichkornschüttung).

14.2.3 Ermittlung der mittleren Verweilzeit, Varianz und Rührkessel-Anzahl

Die massen- und die anzahlbezogene mittlere Verweilzeit ergibt sich aus [z.B. 14.16] den Ergebnissen des vorangegangenen Abschnitts zu

$$\bar{\tau}_m = \frac{\sum_{i=1}^{n} \tau_i \cdot m_{T,i} \cdot \Delta \tau_i}{\sum_{i=1}^{n} m_{T,i} \cdot \Delta \tau_i} \qquad (14-1)$$

und

$$\bar{\tau}_n = \frac{\sum_{i=1}^{n} \tau_i \cdot n_{T,i} \cdot \Delta \tau_i}{\sum_{i=1}^{n} n_{T,i} \cdot \Delta \tau_i} \quad . \qquad (14-2)$$

Da bei dieser Methode, insbesondere bei den Versuchen mit dem Rückschubrost-system, innerhalb einer vertretbaren Versuchsdauer nicht 100 % des aufgegebenen Tracermaterials im Austrag gefunden wird, wird die Verweilzeitverteilung $E(\tau)$ entsprechend extrapoliert. Hierfür wird eine Exponentialfunktion angenommen. Die Funktion kann u.a. mit der Masse des nach Versuchsende auf dem Rost ver-bliebenen Tracermaterials angepaßt werden. Die Extrapolation wird zu dem Zeit-punkt t beendet, bei dem sich die mittlere Verweilzeit innerhalb der letzten 15 Minuten um weniger als 1 % ändert.

Aus der mittleren Verweilzeit $\bar{\tau}$, dem Massenstrom $\dot{m}$ und der Schüttdichte des Gutes ρ_{Sch} sowie der Rostlänge l und der Rostbreite b läßt sich eine mittlere Festbetthöhe z_{theo} abschätzen:

$$z_{theo} = \frac{\bar{\tau} \cdot \dot{m}}{l \cdot b \cdot \rho_{Sch}} \quad . \tag{14-3}$$

Für die Auswertung der Verweilzeituntersuchungen wird hier weiter eine Normierung der ermittelten Größen durchgeführt [14.17]. Dabei werden die Massenströme $\dot{m}_i$ der einzelnen Versuchsserien mit dem gleichen Modellstoff und die zugehörigen theoretischen Betthöhen $z_{theo,i}$ jeweils auf die maximalen Werte einer Versuchsserie $\dot{m}_{max}$ und $z_{theo,max}$ bezogen.

An erster Stelle wird auf den Vergleich des Verweilzeitverhaltens zwischen Vorschub- und Rückschubrost eingegangen, wobei jeweils gleiche Massenströme und gleiche Modellstoffe zugrundegelegt werden. Mit den hier durchgeführten Versuchen können die bereits an anderen Stellen diskutierten grundsätzlichen Überlegungen zum Durchmischungsverhalten bzw. Verweilzeitverhalten der vorgenannten Rostsysteme bestätigt werden. Vorschubroste weisen eine wesentlich engere Verweilzeitverteilung auf als Rückschubroste. Legt man für die Verweilzeitverteilung eine Gauß-Verteilung zugrunde, was für geringe Abweichungen vom Kolbenströmer-Verhalten zulässig ist (Bo > 100), so läßt sich z.B. aus dem Abstand zwischen den Wendepunkten der Kurve die Bodensteinzahl bestimmen. Der Abstand an dieser Stelle beträgt $2 \cdot \sigma$. Die Varianz wird allgemein aus

$$\sigma^2 = \frac{\sum_{i=1}^{n}\left(\tau_i^2 \cdot m_i \cdot \Delta\tau_i\right)}{\sum_{i=1}^{n}\left(m_i \cdot \Delta\tau_i\right)} - \bar{\tau}^2 \tag{14-4}$$

bestimmt. Mit

$$\sigma_\Theta^2 = \frac{\sigma^2}{\bar{\tau}^2} \tag{14-5}$$

erhält man dann für geringe Abweichungen von der Kolbenströmer-Charakteristik aus der Gauß-Verteilung

$$\sigma_\Theta^2 = 2 \cdot \frac{D}{w \cdot L} = \frac{2}{Bo} \quad . \tag{14-6}$$

Für größere Abweichungen vom Kolbenströmer-Verhalten (Bo < 100) kann die Bodensteinzahl aus der Beziehung für den hier zutreffenden Fall einer beidseitig geschlossenen Randbedingung, d.h. Kolbenströmer-Profile am Ein- und Austritt des Reaktors, ermittelt werden

$$\sigma_\Theta^2 = 2 \cdot \frac{D}{w \cdot L} - 2 \cdot \left[\frac{D}{w \cdot L}\right]^2 \cdot \left[1 - e^{-\frac{w \cdot L}{D}}\right] \ . \tag{14-7}$$

Nähert man das Verweilzeitverhalten durch eine Hintereinanderschaltung von mehreren Rührkessel-Elementen (Rührkessel-Kaskade) an, so gilt grob als erste Abschätzung:

$$n_{RK} = 1 + \frac{Bo}{2} \qquad \text{für } Bo > 2 \tag{14-8}$$

$$n_{RK} = 1 + \sqrt{\frac{Bo^2}{4} + 1} \qquad \text{für } Bo > 8 \quad \text{bzw.} \tag{14-9}$$

$$n_{RK} = \frac{Bo}{2} \qquad \text{für } Bo > 50 \ . \tag{14-10}$$

14.2.4 Auswirkungen konstruktiver und betrieblicher Einflußgrößen auf das Verweilzeitverhalten

Je enger die Verteilung, d.h. je geringer der Abstand zwischen den Wendepunkten bzw. je kleiner die Varianz der Verteilung ist, desto größere Bodensteinzahlen ergeben sich. Entsprechend den Ergebnissen in Abb. 14.2 stellen sich bei Vorschubrosten höhere Bodensteinzahlen als bei Rückschubrosten ein. Weiter wird bei Vorschubrosten eine geringere mittlere Verweilzeit als bei Rückschubrosten ermittelt. Mit Gl. (14-3) ergibt sich daraus die gleiche Abhängigkeit für die mittlere Betthöhe. Für die Verweilzeitverteilungskurven mit dem Modellstoff Blähton sind in Abb. 14.2 die mittleren Verweilzeiten, die mittleren Betthöhen und die Bodensteinzahlen für den Vorschubrost und für den Rückschubrost jeweils mit angegeben. Die mittlere Verweilzeit des Materials ist auf dem Vorschubrost etwa halb so groß wie auf dem Rückschubrost. Die Bodensteinzahlen unterscheiden sich ca. um den Faktor 0,1. Für den axialen Dispersionskoeffizienten D ergibt sich demnach ca. ein um den Faktor 5 kleinerer Wert für den Vorschubrost im Vergleich zum Rückschubrost.

382 Mathematische Modellierung thermischer Prozesse zur Abfallbehandlung

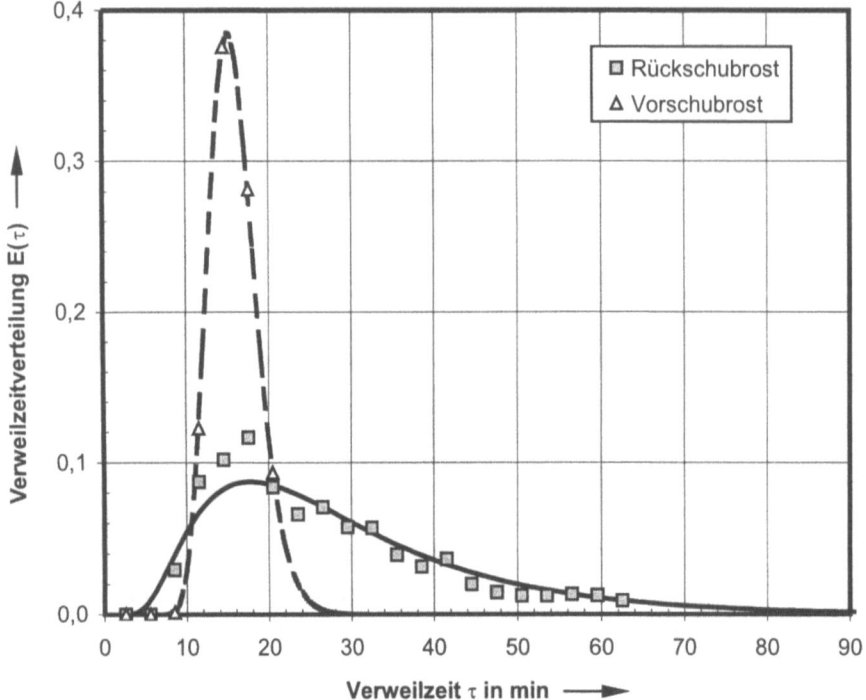

Apparat	Modell-stoff	w_{Rost} [mm/s]	$\bar{\tau}(m_{T,l})$ [min]	$\sigma^2(m_{T,l})$ [min²]	Bo [–]	z_{theo} [mm]	z_{gem} [mm]
Rückschubrost	Blähton	3,5	28,23	278,34	4,46	28,4	35,3
Vorschubrost	Blähton	3,5	15,89	8,26	60,07	14,9	23,3

Abb. 14.2: Vergleich der Verweilzeitverteilung E(τ) und daraus abgeleiteter Größen von verschiedenen Rostsystemen bei Einsatz von Blähton.

Damit werden die aus der Praxis bekannten Erfahrungen,
- daß Rückschubroste
  - eine hohe Durchmischung und
  - eine große mittlere Verweilzeit mit entsprechend
  - hohen Betthöhen aufweisen
- und daß bei Vorschubrosten umgekehrt
  - die geringere Rückvermischung zu
  - niedrigeren mittleren Verweilzeiten und entsprechend
  - kleinen Betthöhen

führt, bestätigt.

Reaktorverhalten am Beispiel des Feststofftransportes auf dem Rost 383

Mit den Gl. (14-8) bis (14-10) erhält man für das Beispiel in Abb. 14.2 für den Vorschubrost eine Rührkesselanzahl von 30 und für den Rückschubrost eine Anzahl von 4. Für den Vorschubrost ergibt sich damit näherungsweise eine Kolbenströmer-Charakteristik. Nimmt man für den Modellrost etwa 4 Luftzonen über der Länge an, so kann jede einzelne Zone des Rückschubrostes als ein Rührkesselelement angenähert werden [3.1, 7.43, 14.18].

Bis jetzt sind Untersuchungen mit gleichem Massenstrom und gleichem Modellstoff für Vorschub- und Rückschubroste (konstruktive Parameter) dargestellt. Im folgenden wird nun noch auf betriebliche Parametervariationen mit dem hier im Vordergrund stehenden Rückschubrostsystem eingegangen.

Einen wichtigen Einfluß auf das Verweilzeitverhalten übt der Massenstrom bzw. Durchsatz aus. Es wird beobachtet, daß eine Steigerung des Massenstromes ab einem bestimmten Punkt zur Ausbildung von zwei voneinander abgegrenzten Feststoffschichten führt. Die obere Feststoffschicht gleitet im wesentlichen unvermischt auf der unteren Schicht ab. Gegenüber den Versuchen mit niedrigeren Massenströmen kommt es zu einer sprunghaften Verkürzung der mittleren Verweilzeit. Dieser Zustand stellt einen unerwünschten Grenzzustand dar. Es findet keine ausreichende Durchmischung des Feststoffes statt.

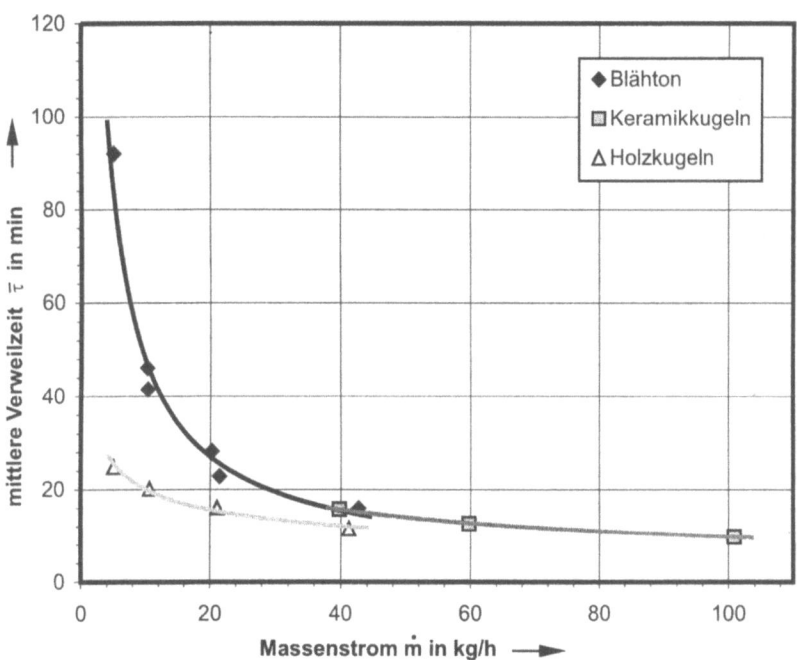

Abb. 14.3: Einfluß des Massenstroms $\dot{m}$ verschiedener Modellstoffe auf die mittlere Verweilzeit $\bar{\tau}$.

Grundsätzlich führt die Erhöhung des Massenstromes bis zu dem o.g. Grenzzustand zu einer Abnahme der mittleren Verweilzeit (Abb. 14.3). Betrachtet man zunächst die Kurve für die Mehrkornschüttung (Blähton), so läßt sich eine relativ starke Abnahme der mittleren Verweilzeit mit Steigerung des Massenstromes im Bereich eines niedrigen Durchsatzes feststellen. Mit zunehmendem Durchsatz wird die Abhängigkeit der mittleren Verweilzeit vom Massenstrom geringer. Den Punkt für 100 % Durchsatz für den Modellrost (Auslegungspunkt) kann man bei ca. 40 kg/h annehmen. In einem für den praktischen Betrieb interessanten Bereich von 70 % bis 110 % Durchsatz, gleichbedeutend einem Durchsatz von ca. 30 kg/h bis 45 kg/h bei dem Modellrost, liegt die mittlere Verweilzeit in einem Bereich von ca. 20 min bis 16 min. Die relativ geringe Abhängigkeit der mittleren Verweilzeit vom Durchsatz bei den Modellstoffen Holz- und Keramikkugeln ist auf die oben bereits beschriebene Ausbildung einer Ober- und Unterschicht zurückzuführen. Bei der Neigung des Rückschubrostes von 26 ° rollt ein Teil der Kugeln auf dem Bett ab; es besteht anders als bei den Mehrkornschüttungen eine ungenügende „Verzahnung" innerhalb der Schüttung. Es sei an dieser Stelle jedoch erwähnt, daß die Verhältnisse in der Schüttung mit Kugeln als Modellstoff nur Versuchscharakter haben, in der Praxis treten diese Verhältnisse in der Regel nicht auf.

Analog dem Vorgehen bei der Untersuchung des Massenstromeinflusses wird nun für verschiedene Modellstoffe ausgehend von einer Vergleichseinstellung jeweils die Roststabgeschwindigkeit w_{Rost} variiert. Eine niedrigere Roststabgeschwindigkeit führt entsprechend den Praxiserfahrungen zu einer Erhöhung der mittleren Verweilzeit. Diese Abhängigkeit wird in den Modellversuchen, wie die Abb. 14.4 am Beispiel der Mehrkornschüttung mit Blähton zeigt, bestätigt. Die Erhöhung der Roststabgeschwindigkeit führt zu einer engeren Verweilzeitverteilung bzw. niedrigeren Varianz. Bei gleichbleibendem Massenstrom ist mit Abnahme der Roststabgeschwindigkeit ein Anstieg der Festbetthöhen zu verzeichnen. Die Abhängigkeit der Betthöhe von der Roststabgeschwindigkeit ist am Beispiel der Holzkugeln in Abb. 14.5 dargestellt.

Der Einfluß der Roststabgeschwindigkeit kann mit den hier durchgeführten Modellversuchen wie folgt zusammengefaßt werden: Die Erhöhung der Roststabgeschwindigkeit führt zu einer Abnahme der mittleren Verweilzeit und zu einer engeren Verteilung, d.h. zu einer Abnahme der Schwankung um die jeweilige mittlere Verweilzeit. Gleichzeitig nimmt der axiale Dispersionskoeffizient, der den Grad der Rückvermischung charakterisiert, zu.

Reaktorverhalten am Beispiel des Feststofftransportes auf dem Rost 385

Apparat	Modell-stoff	w_{Rost} [mm/s]	$\bar{\tau}(m_{T,I})$ [min]	$\sigma^2(m_{T,I})$ [min^2]	Bo [-]	z_{theo} [mm]	z_{gem} [mm]
Rückschubrost	Blähton	3,5	46,13	817,5	3,4	23,2	29,7
Rückschubrost	Blähton	1,75	53,06	791,6	5,91	26,5	36,9
Rückschubrost	Blähton	0,875	68,85	1246,6	6,42	33,4	40,9

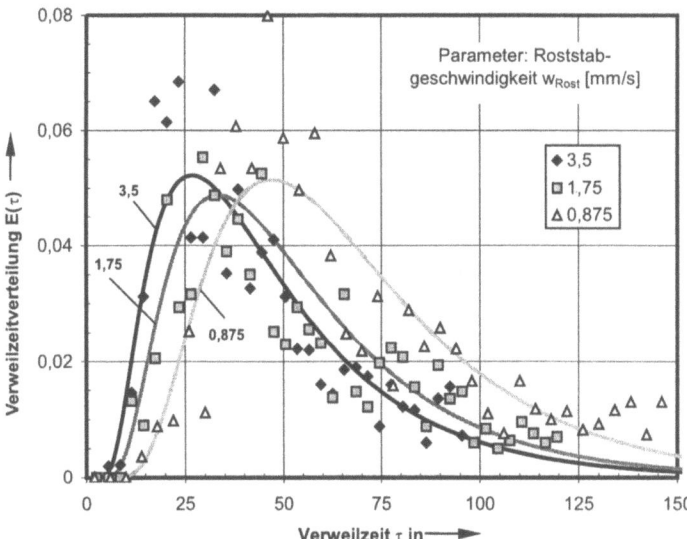

Abb. 14.4: Einfluß der Rostgeschwindigkeit w_{Rost} auf die Verweilzeit $E(\tau)$ bei Einsatz von Blähton.

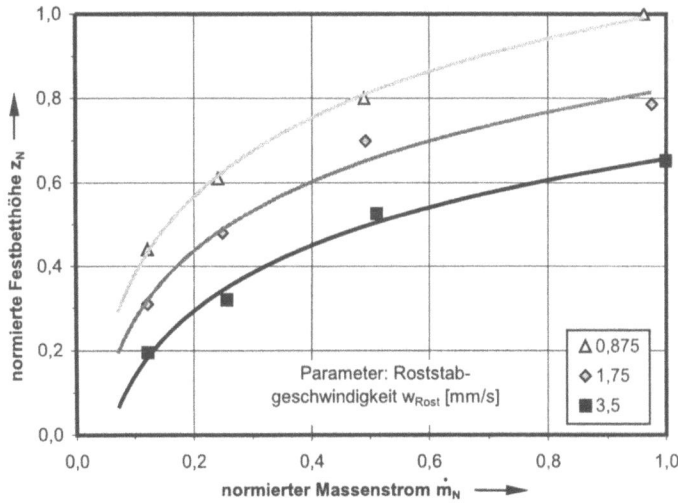

Abb. 14.5: Abhängigkeit der mittleren Festbetthöhe z_N vom Massenstrom $\dot{m}_N$ und Rostgeschwindigkeit w_{Rost} bei Einsatz von Holzkugeln.

Bei Blähton wird beobachtet, daß sich größere und damit auch schwerere Teilchen eines Modellstoffes gleicher Materialdichte schneller über die Rostlänge bewegen als kleinere, leichtere Teilchen. Dieses Phänomen ist u.a. auf die Entmischung der Partikel unterschiedlichen Durchmessers in einer Schüttung zurückzuführen und ist bereits in ähnlichen Untersuchungen beobachtet worden [14.7, 14.19]. Die kleineren Partikel fallen durch die zwischen mehreren größeren Partikeln bestehenden Lücken hindurch und reichern sich in der unteren Schicht des Festbettes an. Dies führt zu einer längeren mittleren Verweilzeit gegenüber den größeren Teilchen. Abb. 14.6 verdeutlicht dies für den Modellstoff Blähton. Es ist für den Rückschubrost und für den Vorschubrost jeweils das spezifische mittlere Gewicht der ausgetragenen Teilchen als Maß für die Partikelgröße über der Versuchszeit aufgetragen. Das spezifische Partikelgewicht ist für den Rückschubrost zu Versuchsbeginn am größten und strebt bei entsprechend langer Versuchsdauer einem endlichen Wert zu. Vergleicht man dies mit der Entmischung bei dem Vorschubrost in Abb. 14.6, so ist ein deutlicher Unterschied im zeitlichen Verlauf festzustellen. Die Entmischung wirkt sich bei dem Rückschubrost erwartungsgemäß stärker aus als bei dem Vorschubrost.

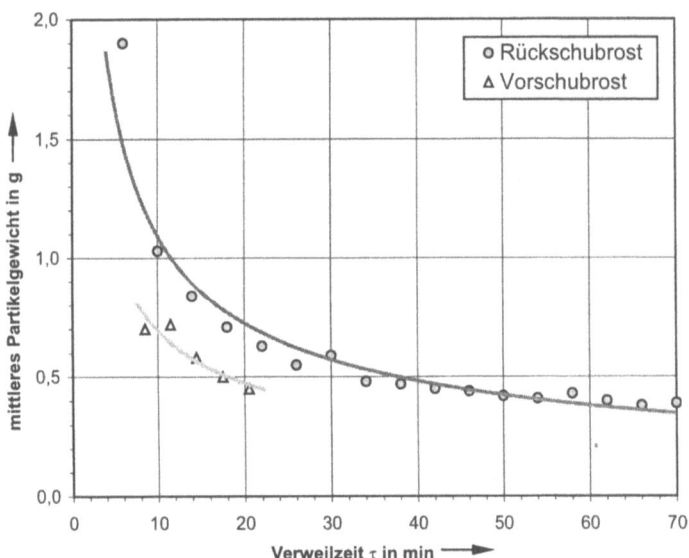

Abb. 14.6: Entmischung der Partikelgrößen bei Einsatz von Blähton in Vor- und Rückschubrostsystemen.

In ähnlicher Weise ist der Einfluß des spezifischen Partikelgewichts (Materialdichte) bei gleicher Partikelgröße mit dem Rückschubrost untersucht worden. Der Modellstoff besteht aus einer Mischung aus 70 Ma.-% Keramikkugeln und 30 Ma.-% Holzkugeln. Abb. 14.7 verdeutlicht die Ergebnisse jeweils getrennt für die Fraktion der Holz- bzw. Keramikkugeln und der Gesamtmischung. Die Holzkugeln weisen eine kürzere Verweilzeit auf als die Keramikkugeln. Dies ist zunächst überraschend, da die Materialdichte der Keramikkugeln mit 2200 kg/m^3 deutlich höher ist gegenüber den Holzkugeln mit 550 kg/m^3. Die schwereren Keramikkugeln bewegen sich aufgrund der größeren Materialdichte an die untere Schicht des Festbettes. Die leichteren Holzkugeln gelangen dadurch überwiegend an die Festbettoberfläche und werden so schneller ausgetragen. Im Hinblick auf die mittlere Verweilzeit und die Durchmischung hat offensichtlich hierbei der Mechanismus der Entmischung einen größeren Einfluß als die Schwerkraft.

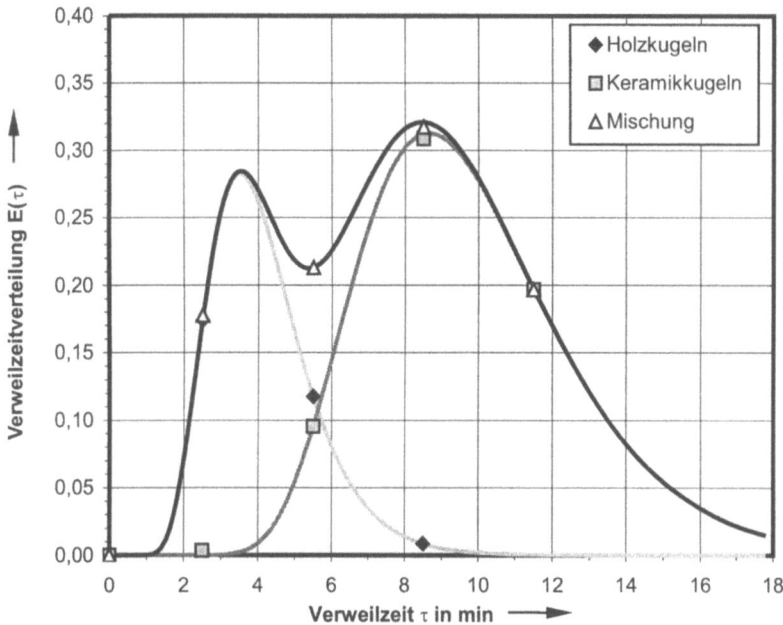

Abb. 14.7: Entmischung von Partikeln unterschiedlicher Dichte und gleicher Korngröße bei Einsatz einer Mischung aus Holz- und Keramikkugeln.

Die Ergebnisse verdeutlichen grundsätzliche Abhängigkeiten der mittleren Verweilzeit und des Verweilzeitverhaltens der untersuchten Feststoffe auf Rostsystemen von konstruktiven und betrieblichen Parametern sowie von Eigenschaften des Einsatzstoffes (Modellstoff). Die Ergebnisse bestätigen zunächst qualitative Erfahrungen der Praxis und geben darüber hinaus quantitative Anhaltspunkte zu dem Einfluß der o.g. Parameter. Es sei an dieser Stelle darauf hingewiesen, daß es sich dabei um erste Tastversuche handelt und daß eine Übertragung der Ergebnisse in die Praxis noch aussteht. Dabei ist dann auch die Veränderung des Bettes durch den Umsatz entlang der Rostlänge mit einzubeziehen.

14.3 Einsatz von fossilen Brennstoffen und von Ersatzbrennstoffen aus Abfällen in Feuerungen

14.3.1 Bewertung von Brennstoffen

Die Bewertung von Regelbrennstoffen beim Einsatz in Hochtemperaturprozessen zur Produktion von Grundstoffen, zur Energieumwandlung in Kraftwerksanlagen usw. muß anhand geeigneter brennstofftechnischer Kriterien, wie z.B. der chemischen, mechanischen, kalorischen und reaktionstechnischen Eigenschaften, jeweils in Verbindung mit charakteristischen prozeßtechnischen Merkmalen erfolgen [z.B. 10.6, 14.20] (siehe Kap. 13.2).

Dabei sind Fragen zur Prozeßführung und -optimierung und zur Energierückgewinnung durch inner- und außerbetrieblichen Energieverbund unter den veränderten Randbedingungen des Ersatzbrennstoffes zu beantworten. Aus diesen Betrachtungen ergibt sich letztlich ein Energieaustauschverhältnis, das in die Bilanzierung der Prozesse einfließt. Brennstoffeigenschaften allein reichen somit für die Beurteilung eines Ersatzbrennstoffes und die Aufstellung der Sachbilanzen als Grundlage für die ökologische Bewertung, wie sie in Kap. 10 dargestellt wurden, nicht aus.

Insbesondere in der Stahlindustrie werden Energieaustauschfaktoren schon seit langem zur Bewertung von Ersatzbrennstoffen herangezogen [14.21 bis 14.23]. In Abb. 14.8 sind zusammenfassend für einige Prozesse Energieaustauschverhältnisse bei der Substitution von Erdgas durch Hochofengas dargestellt. Bei Einsatz des Hochofengases in den Winderhitzern der Hochöfen, in Dampfkesseln und zur Unterfeuerung der Koksöfen läßt sich eine Wertigkeit WK gegenüber Erdgas von WK = 85 % bis WK = 90 % bzw. ein Energieaustauschverhältnis EA = 1/WK = 1,18 bis 1,11 erreichen. Setzt man das Hochofengas in Wärmöfen, d.h. in Prozesse mit vergleichsweise höheren Temperaturen ein, so beträgt die Wertigkeit nur WK = 30 % bis WK = 50 %. Aus dieser Wertigkeit leitet man dann eine bestimmte Strategie für die Anlagenkonzeption und für den Einsatz von sogenannten Kuppelenergieträgern ab. Es ist daher bei der Brennstoffsubstitution im Einzelfall immer zu prüfen, welches Gesamtkonzept Vorteile im Hinblick auf die Energieeinsparung erbringt. Diese Überlegungen sind auch bei der Substitution von Primärbrennstoffen durch Ersatzbrennstoffe aus Abfällen vorzunehmen. Im folgenden wird die bereits in Kap. 13.2 dargestellte vereinfachte Modellvorstellung um die Wärmeübertragungsbedingungen erweitert.

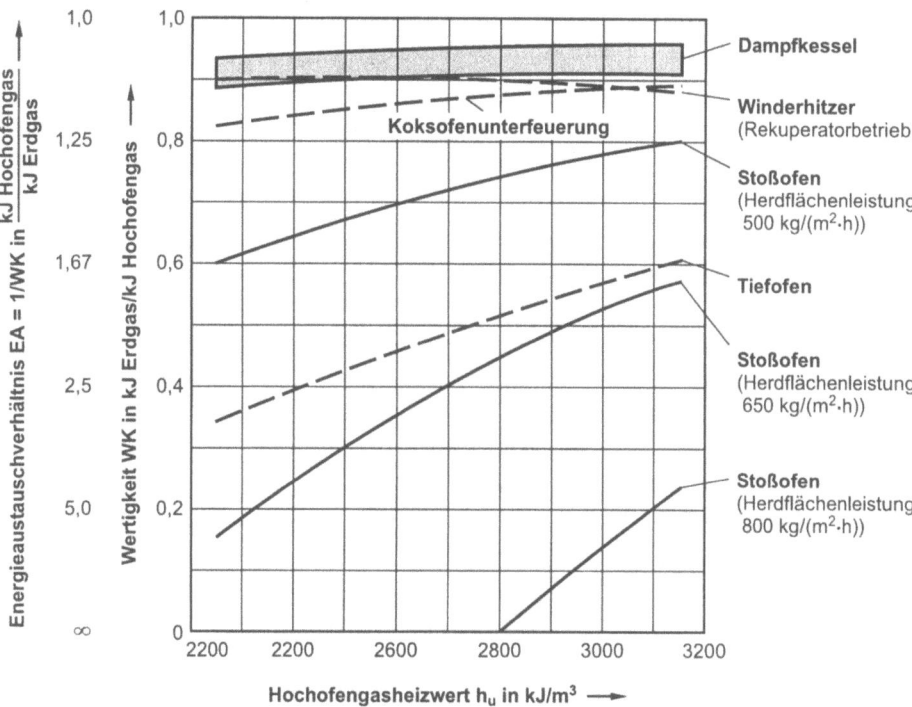

Abb. 14.8: Substitution von Erdgas durch Hochofengas bei verschiedenen Verbrauchern [14.21].

14.3.2 Energieaustauschverhältnis

Bei einer Substitution von Regelbrennstoffen durch Ersatzbrennstoffe, z.B. aus Abfällen, stellt sich in der Regel zuerst die Frage nach dem Einfluß der Ersatzbrennstoffe auf die Prozeßbedingungen des jeweiligen Prozesses. Besonders werden dabei Auswirkungen des Einsatzes von Ersatzbrennstoffen auf Prozeßtemperaturen, Abgasmassen, Schadstoffe bzw. Schadstofffrachten und spezifische Energieaufwendungen bei Industrieöfen bzw. Wirkungsgrade bei Energieumwandlungsanlagen betrachtet.

Erst danach lassen sich Möglichkeiten zur Optimierung der Prozeßführung, z.B. durch Wärmerückgewinnung oder Verbundbetrieb, bei den durch die Substitution entsprechend veränderten Randbedingungen diskutieren. Die Bewertung eines Brennstoffes ist somit nicht nur von der Art des Brennstoffes selbst abhängig, sondern wird maßgeblich auch von der Betriebsweise der Anlage sowie der Wärmerückgewinnung beeinflußt (siehe Kap. 13.2.1).

Die sich durch eine Substitution ergebenden Auswirkungen lassen sich, wie bereits dargestellt, im wesentlichen von den brennstofftechnischen Eigenschaften wie Heizwert h_u, spezifischer Mindestluftbedarf L_{min}, spezifische Abgasmenge AG_{min}, kalorischer Verbrennungstemperatur ϑ_{kal} usw. in Verbindung mit dem betrachteten Prozeß ableiten. So ist z.B. der Abgasverlust bei einem bestimmten Brennstoff um so größer, je höher die auf den Heizwert h_u bezogene Abgasmenge $\dot{m}_{AG}$ oder die Abgastemperatur ϑ_{AG} ist. Bei diesem Anstieg des Abgasverlustes kann entsprechend weniger Brennstoffenergie für den Prozeß genutzt werden und der spezifische Energieaufwand steigt.

Darüber hinaus ist der Einfluß der kalorischen Verbrennungstemperatur auf die Prozeßbedingungen in Verbindung mit den anderen vorgenannten Größen insbesondere bei Hochtemperaturprozessen zu beachten. Die Erörterung dieses Zusammenhanges ist ausführlicher in [10.55] dargestellt und wird hier deshalb nur zusammengefaßt wiedergegeben. Der Fall, daß eine Substitution in der Weise erfolgt, daß sich an den brennstofftechnischen Eigenschaften eines Ersatzbrennstoffes gegenüber dem Regelbrennstoff nichts oder nur unwesentlich etwas ändert, sei hier ausgeklammert. Bei diesem Fall ist klar, daß sich keine Auswirkungen für den Prozeß ergeben. Beispielsweise kann ein solcher Fall eintreten, wenn ein Hochofen-Gichtgas durch ein Vergasungsgas aus Abfall oder Holz ersetzt wird, sofern neben dem Heizwert auch die Wobbe-Zahl beider Gase annähernd übereinstimmen. Die Übereinstimmung im Heizwert allein ist kein ausreichendes Kriterium. So kann man zwar durch eine Mischung aus Kunststoffen und Holz einen bestimmten Anteil des Regelbrennstoffes Steinkohle ersetzen und den gleichen Heizwert wie den des Regelbrennstoffes erreichen. Es ergeben sich bei dem Ersatzbrennstoff jedoch Unterschiede im Abbrandverhalten und damit in der Temperatur- und Konzentrationsverteilung im Reaktor. Wichtig ist dabei auch die Korngröße der Brennstoffpartikel.

Um zunächst das Prinzip des Energieaustausches zu verdeutlichen, sei in einem ersten Schritt ein Abschnitt eines kontinuierlichen Industrieofens herausgegriffen und vereinfacht nur ein Rührkessel-Element (Abb. 14.9, Fall 1) betrachtet. Die zugeführte Energie ergibt sich aus dem Umsatz von Brennstoff mit Luft unter Berücksichtigung einer Brennstoff- und Luftvorwärmung. Bei den folgenden grundsätzlichen Betrachtungen bleiben Dissoziationsgleichgewichte und damit die Einstellung der theoretischen Verbrennungstemperatur ϑ_{theo}, wie sie in Kap. 4.4.3 behandelt wurde, zunächst unberücksichtigt. Damit kann für den zugeführten Gasenthalpiestrom die kalorische Verbrennungstemperatur $\vartheta_{kal,RBS}$ eingesetzt werden. Dieser Enthalpiestrom gebe in einem ideal durchmischten Ofenraum (Rührkessel) mit der Temperatur $\vartheta_{AG,RBS} \hat{=} \vartheta_{Bz,RBS}$ den Wärmestrom $\dot{Q}_{RK,RBS}$ an das Gut mit der konstanten Oberflächentemperatur $\vartheta_{Gut,RBS}$ ab.

Einsatz von fossilen Brennstoffen u. Ersatzbrennstoffen aus Abfällen in Feuerungen 391

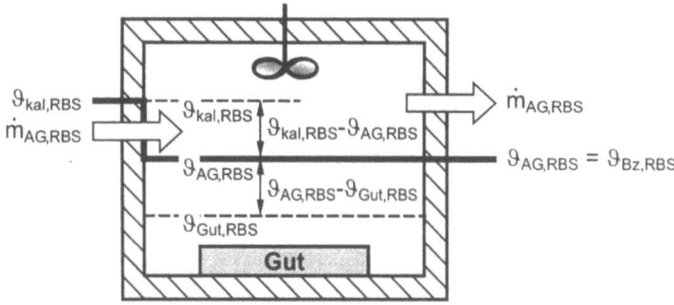

Fall 1: Regelbrennstoff $\dot{m}_{RBS}$

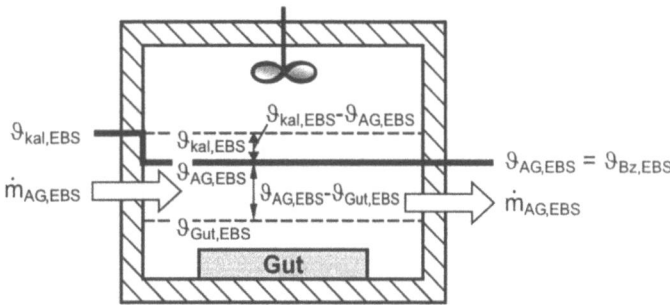

Fall 2: Ersatzbrennstoff $\dot{m}_{EBS}$

Abb. 14.9: Wärmeübertragung in Industrieöfen: Modellvorstellung ideal durchmischter Rührkesselelemente, einstufig.

Unter Vernachlässigung von Wärmeverlusten über die äußeren Wände ergibt sich somit

$$\Delta \dot{H}_{AG,RBS} = \dot{Q}_{RK,RBS} \qquad (14\text{-}11)$$

mit

$$\Delta \dot{H}_{AG,RBS} = \dot{m}_{AG,RBS} \cdot c_{mi,RBS} \cdot \left(\vartheta_{kal,RBS} - \vartheta_{AG,RBS}\right) \qquad (14\text{-}12)$$

und

$$\dot{Q}_{RK,RBS} = \alpha_{\alpha\varepsilon,RBS} \cdot A_{Gut,RBS} \cdot \left(\vartheta_{AG,RBS} - \vartheta_{Gut,RBS}\right), \qquad (14\text{-}13)$$

wobei in Gl. (14-13) der Wärmeübertragungskoeffizient $\alpha_{\alpha\varepsilon,RBS}$ Konvektion und Strahlung beinhalten soll und $A_{Gut,RBS}$ die Gutoberfläche ist.

Bei Substitution des Regelbrennstoffes (RBS, Fall 1 in Abb. 14.9) durch den Ersatzbrennstoff (EBS, Fall 2 in Abb. 14.9) besteht zunächst die Anforderung, daß die Guttemperatur $\vartheta_{Gut,RBS}$ und die Ofenleistung, d.h. der übertragene Wärmestrom $\dot{Q}_{RK,RBS}$ des Rührkessels, unverändert bleiben sollen:

392 Mathematische Modellierung thermischer Prozesse zur Abfallbehandlung

$$\vartheta_{Gut,RBS} = \vartheta_{Gut,EBS} = \vartheta_{Gut} \, , \tag{14-14}$$

$$\dot{Q}_{RK,RBS} = \dot{Q}_{RK,EBS} \, , \tag{14-15}$$

woraus sich unmittelbar mit Gl. (14-11)

$$\Delta \dot{H}_{AG,RBS} = \Delta \dot{H}_{AG,EBS} \tag{14-16}$$

ergibt.

Führt man nun ein Energieaustauschverhältnis EA ein

$$EA = \frac{\dot{m}_{EBS} \cdot h_{u,EBS}}{\dot{m}_{RBS} \cdot h_{u,RBS}} \, , \tag{14-17}$$

welches die Wertigkeit eines Ersatzbrennstoffes in Bezug auf den Regelbrennstoff aus energetischer Sicht ausdrückt, so folgt mit den Beziehungen der Verbrennungsrechnung (Kap. 4) zwischen Abgasmassenstrom $\dot{m}_{AG,RBS}$ bzw. $\dot{m}_{AG,EBS}$ aus der Brennstoffumsetzung und dem zugehörigen Brennstoffmassenstrom $\dot{m}_{RBS}$ bzw. $\dot{m}_{EBS}$ unter Vernachlässigung des festen Inertanteiles des Brennstoffes (Asche) die Beziehung in einer ausführlicheren Schreibweise für ein Rührkessel-Element (siehe auch Gl. 13-10)

$$EA_{RK} = \frac{\left[(1+\lambda \cdot L_{min}) \cdot \dfrac{c_{mi} \cdot (\vartheta_{kal} - \vartheta_{AG})}{h_u}\right]_{RBS}}{\left[(1+\lambda \cdot L_{min}) \cdot \dfrac{c_{mi} \cdot (\vartheta_{kal} - \vartheta_{AG})}{h_u}\right]_{EBS}} \, . \tag{14-18}$$

14.3.3 Einstufige Prozeßführung bei konstanten Wärmeübertragungsbedingungen

Geht man in einem ersten Schritt davon aus, daß die Wärmeübertragungsbedingungen $(\alpha_{\alpha\epsilon} \cdot A_{Gut})$ durch die Substitution nicht beeinflußt werden (statische Betrachtung), ergibt sich mit den Forderungen Gl. (14-14) und (14-15) aus der Gl. (14-13) das Zwischenergebnis, daß die Bilanztemperaturen (Abgastemperaturen) unverändert bleiben

$$\vartheta_{AG,EBS} = \vartheta_{AG,RBS} \, . \tag{14-19}$$

Die Abb. 14.10 zeigt $EA_{RK,\vartheta}$ (Index ϑ steht für „konst. Bilanztemperatur") nach Gl. (14-17) in Abhängigkeit von einer zu erreichenden Bilanztemperatur

Einsatz von fossilen Brennstoffen u. Ersatzbrennstoffen aus Abfällen in Feuerungen 393

$\vartheta_{Bz} = \vartheta_{AG}$ für den Ersatz eines Regelbrennstoffes mit $h_{u,RBS} = 25$ MJ/kg durch Ersatzbrennstoffe mit $h_{u,EBS} = 11$ MJ/kg, $h_{u,EBS} = 15$ MJ/kg, $h_{u,EBS} = 20$ MJ/kg, $h_{u,EBS} = 30$ MJ/kg und $h_{u,EBS} = 35$ MJ/kg jeweils mit und ohne Luftvorwärmung. Mit Bezug auf die Verhältnisse eines Klinkerbrennprozesses wurde die Luftvorwärmtemperatur $\vartheta_L = 950$ °C gewählt. Die Beispiele machen deutlich, daß das Energieaustauschverhältnis dann von Bedeutung ist, wenn Regelbrennstoffe mit hohem Heizwert durch Ersatzbrennstoffe mit geringem Heizwert bzw. umgekehrt ersetzt werden. Weiter erkennt man aus Abb. 14.10, daß für den Fall eines Ersatzbrennstoffes mit $h_{u,EBS} = 15$ MJ/kg nur durch eine Luftvorwärmung ($\vartheta_L = 950$ °C) Abgastemperaturen $\vartheta_{AG} > 1800$ °C erreicht werden können. Damit wird der Einfluß der Anlagenschaltung im Zusammenhang mit der Brennstoffsubstitution deutlich.

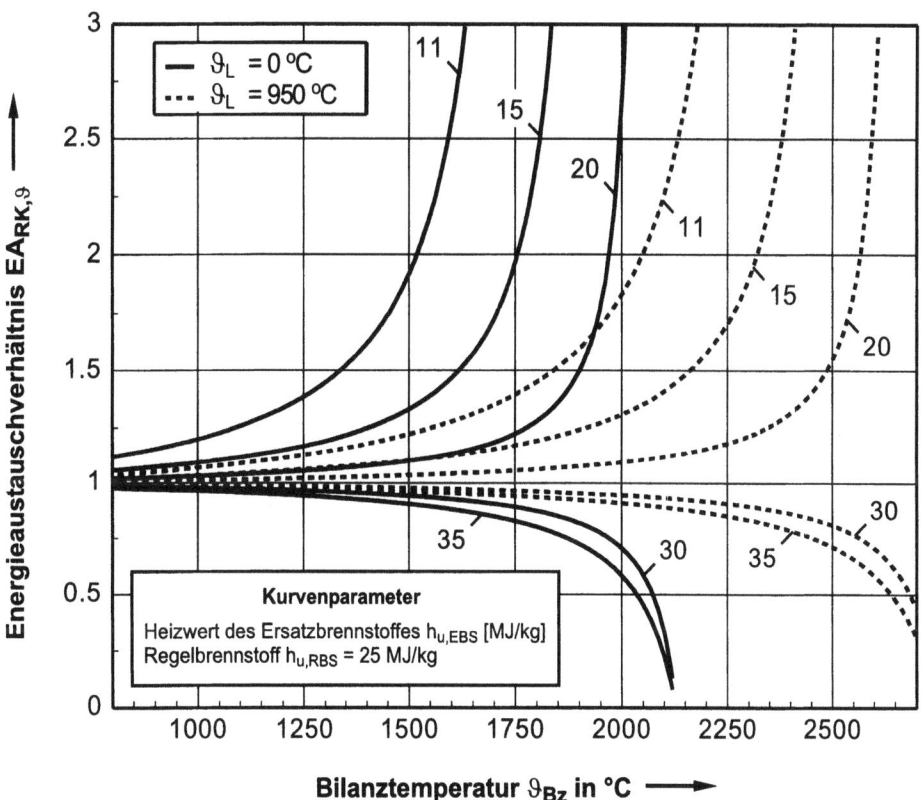

Abb. 14.10: Energieaustauschverhältnis $EA_{RK,\vartheta}$ bei statischer Betrachtung in Abhängigkeit von der Bilanztemperatur $\vartheta_{Bz} = \vartheta_{AG}$ für verschiedene Substitutionsfälle.

14.3.4 Einfluß der Wärmeübertragungsbedingungen

Mit dem Energieaustauschverhältnis sind gleichzeitig veränderte Abgasmassenströme und -zusammensetzungen verbunden; d.h. die Annahme gleichbleibender Wärmeübertragungsbedingungen ist häufig nicht mehr gerechtfertigt und damit auch nicht die in Kap. 14.3.3 gezogene Schlußfolgerung der Gl. (14-19). Damit stellen sich unterschiedliche Abgastemperaturen ($\vartheta_{AG,RBS} \neq \vartheta_{AG,EBS}$) ein. Geht man zunächst davon aus, daß die Wärme ausschließlich durch Konvektion übertragen wird, so ergibt sich für das Energieaustauschverhältnis $EA_{RK,\alpha}$ (Index α steht für sich verändernde konvektive Wärmeübergangsbedingungen bei der Brennstoffsubstitution)

$$EA_{RK,\alpha} = \frac{(1+\lambda_{RBS} \cdot L_{min,RBS}) \cdot c_{mi,AG,RBS} \cdot \dfrac{1}{\left(1+\dfrac{1}{St_{RBS}}\right)} \cdot \dfrac{(\vartheta_{kal,RBS}-\vartheta_{Gut})}{h_{u,RBS}}}{(1+\lambda_{EBS} \cdot L_{min,EBS}) \cdot c_{mi,AG,EBS} \cdot \dfrac{1}{\left(1+\dfrac{1}{St_{EBS}}\right)} \cdot \dfrac{(\vartheta_{kal,EBS}-\vartheta_{Gut})}{h_{u,EBS}}} \quad , \quad (14\text{-}20)$$

mit der Stanton-Zahl

$$St = \frac{\alpha \cdot A_{Gut}}{\dot{m}_{AG} \cdot c_{mi,AG}} = \frac{(\vartheta_{kal}-\vartheta_{AG})}{(\vartheta_{AG}-\vartheta_{Gut})} \quad . \quad (14\text{-}21)$$

Die Abb. 14.11 zeigt $EA_{RK,\alpha}$ in Abhängigkeit vom Verhältnis der Heizwerte $h_{u,EBS}/h_{u,RBS}$ für $St_{RBS} = 2$ und eine zu erreichende Guttemperatur von $\vartheta_{Gut} = 1500$ °C mit Luftvorwärmung ($\vartheta_L = 800$ °C) im Vergleich zu dem bereits vorangehend diskutierten $EA_{RK,\vartheta}$ für die statische Betrachtungsweise. Die Berücksichtigung der durch die Substitution veränderten Wärmeübertragungsbedingungen führt hier zu $EA_{RK,\alpha} < EA_{RK,\vartheta}$.

Erfolgt die Wärmeübertragung durch Strahlung anstatt durch Konvektion, so tritt an die Stelle der Stanton-Zahl die Konakow-Zahl (Ko), die das Verhältnis aus dem Kapazitätsstrom des Gases und dem durch Strahlung übertragenen Wärmestrom ausdrückt

$$Ko = \frac{\dot{m}_{AG} \cdot c_{mi,AG}}{\varepsilon_{ges} \cdot \sigma \cdot A_{Gut} \cdot T_{kal}^3} \quad . \quad (14\text{-}22)$$

Für ein Rührkesselelement erhält man dann in Abhängigkeit von den Eintritts- und den Wärmeübertragungsbedingungen sowie der zu erreichenden Guttemperatur T_{Gut} für die sich einstellende Temperatur im Ofenraum $T_{Bz} = T_{AG}$

$$\left(\frac{T_{AG}}{T_{kal}}\right)^4 = \left(\frac{T_{Gut}}{T_{kal}}\right)^4 \cdot Ko \cdot \left(1 - \frac{T_{AG}}{T_{kal}}\right). \tag{14-23}$$

Für die Ermittlung des Energieaustauschverhältnisses $EA_{RK,\varepsilon}$ kann wie bei der statischen Betrachtung die Gl. (14-18) verwendet werden. Dabei muß die Bilanztemperatur $T_{Bz} = T_{AG}$, die sich abhängig von den Wärmeübertragungsbedingungen aus Gl. (14-23) ergibt, eingesetzt werden. Bei gleichen Wärmeübertragungsverhältnissen ist im Fall der Strahlung $\varepsilon_1 = \varepsilon_2$. Ebenso wie im Fall der Konvektion mit $\alpha_1 = \alpha_2$ ergibt sich bei konstanten Wärmeübertragungsverhältnissen unter Beachtung der Forderungen der Gl. (14-14) und (14-15) die gleiche Bilanztemperatur im Substitutionsfall wie bei Einsatz von Regelbrennstoff. Das entspricht der statischen Betrachtungsweise.

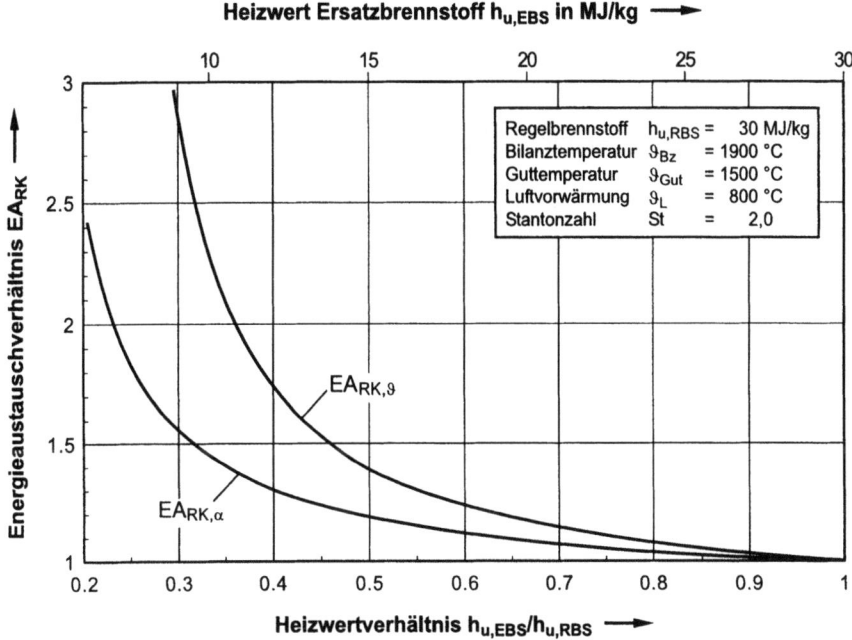

Abb. 14.11: Energieaustauschverhältnis bei statischer Betrachtung $EA_{RK,\vartheta}$ und unter Einbeziehung verschiedener Wärmeübertragungsansätze $EA_{RK,\alpha}$ in Abhängigkeit von der Brennstoffsubstitution $h_{u,EBS}/h_{u,RBS}$.

Verändern sich nun die Strahlungswärmeübertragungsverhältnisse, d.h. wird ε_2 kleiner oder größer gegenüber ε_1, so ist dies im wesentlichen auf die durch den Brennstoff beeinflußbaren Strahlungseigenschaften des Flammenkörpers und der Gase zurückzuführen, nicht jedoch auf veränderte Massenströme wie im Fall der Konvektion. Im Gesamtemissionsvermögen ε_{ges} fließen neben dem durch den

Brennstoff beeinflußbaren Anteil auch die Strahlungseigenschaften der Ofenwände (sog. Sekundärheizflächen) und des Gutes (sog. Dreieraustausch) ein. Letztere bleiben bei der Brennstoffsubstitution unveränderlich: Das Gesamtemissionsverhältnis ist bei Industrieöfen daher in der Regel wenig veränderlich. Die geringen Veränderungen des Gesamtemissionsverhältnisses bei einer Brennstoffsubstitution wirken sich dann auch nur gering auf das Energieaustauschverhältnis aus. So können bei geringfügig besseren Strahlungseigenschaften des Abgases aus der Verbrennung des Ersatzbrennstoffes im Vergleich zu dem Abgas aus dem Regelbrennstoff geringfügig bessere Energieaustauschverhältnisse auftreten und umgekehrt. Das Energieaustauschverhältnis bei Einbeziehung der Strahlung verhält sich letztlich ähnlich wie bei der o.g. statischen Betrachtungsweise und wird im Unterschied zu dem vorgenannten konvektiven Einfluß nicht zusätzlich durch den veränderten Massenstrom beeinflußt. Dominiert die Wärmeübertragung durch Strahlung gegenüber der Konvektion, so erhält man bereits mit der statischen Betrachtungsweise eine gute Näherung.

14.3.5 Mehrstufige Prozeßführung

Bisher wurde zunächst nur ein Abschnitt eines Industrieofens unter vereinfachten Bedingungen (nur ein Rührkessel-Element) hinsichtlich des Energieaustauschverhältnisses bei der Brennstoffsubstitution untersucht. Nun ist, wie bereits eingangs erwähnt, die Bewertung eines Brennstoffes nicht allein von der Art des Brennstoffes, sondern auch von der Prozeßführung und der Wärmerückgewinnung abhängig. In den Prozessen, bei denen man im Prozeßverlauf auf das Kapazitätsstromverhältnis einwirken kann, läßt sich ein zunächst erforderlicher Mehraufwand in einem nachfolgenden Prozeßabschnitt kompensieren. Bei dem folgenden Beispiel wird eine zweigestufte Brennstoffzufuhr zugrunde gelegt. Als Beispiel für eine solche Prozeßführung kann der Klinkerbrennprozeß mit der Haupt- und Zweitfeuerung angesehen werden.

In dem Bilanzschema in Abb. 14.12 sind zwei Prozeßstufen jeweils als Rührkesselelemente für den Fall I des Einsatzes von Regelbrennstoff in Stufe 1 und 2 und für den Fall II mit Zufuhr von Ersatzbrennstoff in Stufe 1 und Regelbrennstoff in Stufe 2.

Aus der Energiebilanz für den zweiten Rührkessel wird mit der statischen Betrachtung die auf den ursprünglichen Regelbrennstoffmassenstrom in der Stufe 1 bezogene Differenz der Regelbrennstoffmassenströme in der zweiten Stufe mit und ohne Substitution ermittelt [10.55] (Hochindex ◊ heißt „mit Substitution")

$$\Delta MV = \frac{\dot{m}_{RBS,2} - \dot{m}^{\lozenge}_{RBS,2}}{\dot{m}_{RBS,1}} . \tag{14-24}$$

Einsatz von fossilen Brennstoffen u. Ersatzbrennstoffen aus Abfällen in Feuerungen 397

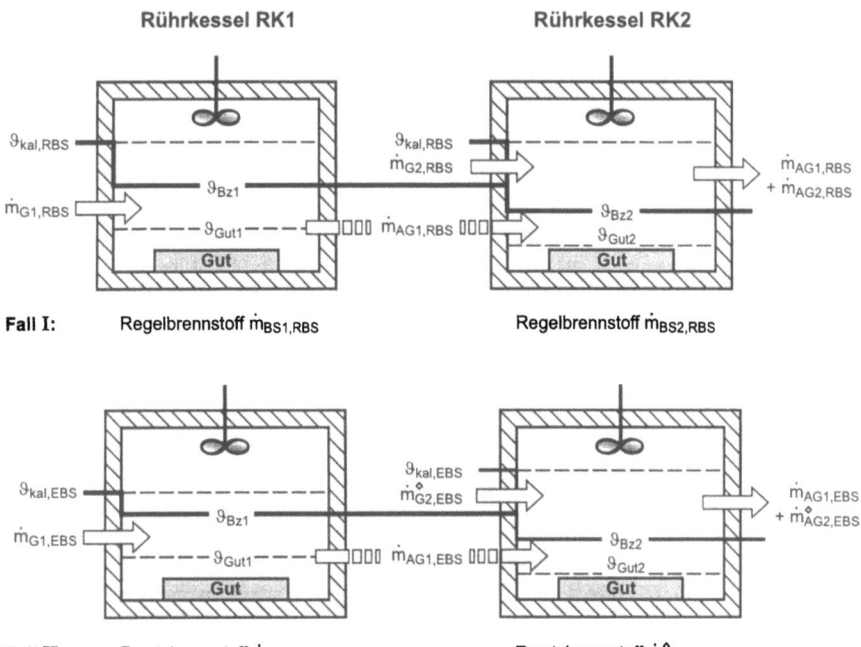

Abb. 14.12: Wärmeübertragung in Industrieöfen: Modellvorstellung ideal durchmischter Rührkesselelemente, zweistufig [10.55].

Mit dem Verhältnis der Brennstoffverteilung zwischen erster und zweiter Stufe bei ausschließlichem Primärbrennstoffeinsatz (Abb. 14.12, Fall I):

$$MG = \frac{\dot{m}_{RBS,2}}{\dot{m}_{RBS,1} + \dot{m}_{RBS,2}} \qquad (14\text{-}25)$$

und Gl. (14-24) läßt sich das Energieaustauschverhältnis für die zweite Stufe [10.55] (statische Betrachtung)

$$EA_{RK2,\vartheta} = \Delta MV \cdot \left(1 - \frac{1}{MG}\right) + 1 \qquad (14\text{-}26)$$

bilden. Da im zweiten Rührkessel keine Substitution erfolgt, ist dort $EA_{RK2,\vartheta}$ gleichzeitig das Massenstromverhältnis der sich ändernden Brennstoffströme des Primärbrennstoffes ($h_{u,RBS}$ = const). $EA_{RK2,\vartheta}$ ist von den jeweiligen Temperaturdifferenzen und der ursprünglichen Brennstoffverteilung MG abhängig. Das Energieaustauschverhältnis für beide Rührkessel-Elemente zusammen ist

$$EA_{RK12,\vartheta} = (1 - MG) \cdot EA_{RK1,\vartheta} + MG \cdot E_{RK2,\vartheta} \qquad (14\text{-}27)$$

Nimmt man nun Randbedingungen wie in Abb. 14.13 angegeben an, so ergeben sich für die Erstfeuerung (RK1), die Zweitfeuerung (RK2) und für den Gesamtprozeß (RK12) die in Abb. 14.13 dargestellten Energieaustauschverhältnisse. Der in der Erstfeuerung (erstes Rührkessel-Element) bei Einsatz von Ersatzbrennstoff im Vergleich zum Regelbrennstoff höhere Energieaufwand ($EA_{RK1,\vartheta}$) kann nun mit dem Anteil der Abgasenthalpie aus dem ersten Rührkesselelement, der oberhalb des erforderlichen Temperaturniveaus im zweiten Rührkessel-Element liegt, genutzt werden, so daß entsprechend weniger Regelbrennstoff in der zweiten Stufe $\dot{m}^{\Diamond}_{RBS,2}$ zugeführt werden muß, was dann zu Werten für $EA_{RK2,\vartheta}$ von $EA_{RK2,\vartheta} < 1$ führt. Insgesamt ergibt sich somit für den Gesamtprozeß ein Energieaustauschverhältnis $EA_{RK12,\vartheta}$, das nun wesentlich günstiger ist als $EA_{RK1,\vartheta}$. Man erkennt aus dem zahlenmäßig angegebenen Beispiel für $h_{u,EBS}/h_{u,RBS} = 0{,}8$, daß ein $EA_{RK12,\vartheta} = 1{,}012$ aus 9 % Mehraufwand in der Erstfeuerung und aus 4 % Minderaufwand in der Zweitfeuerung resultiert.

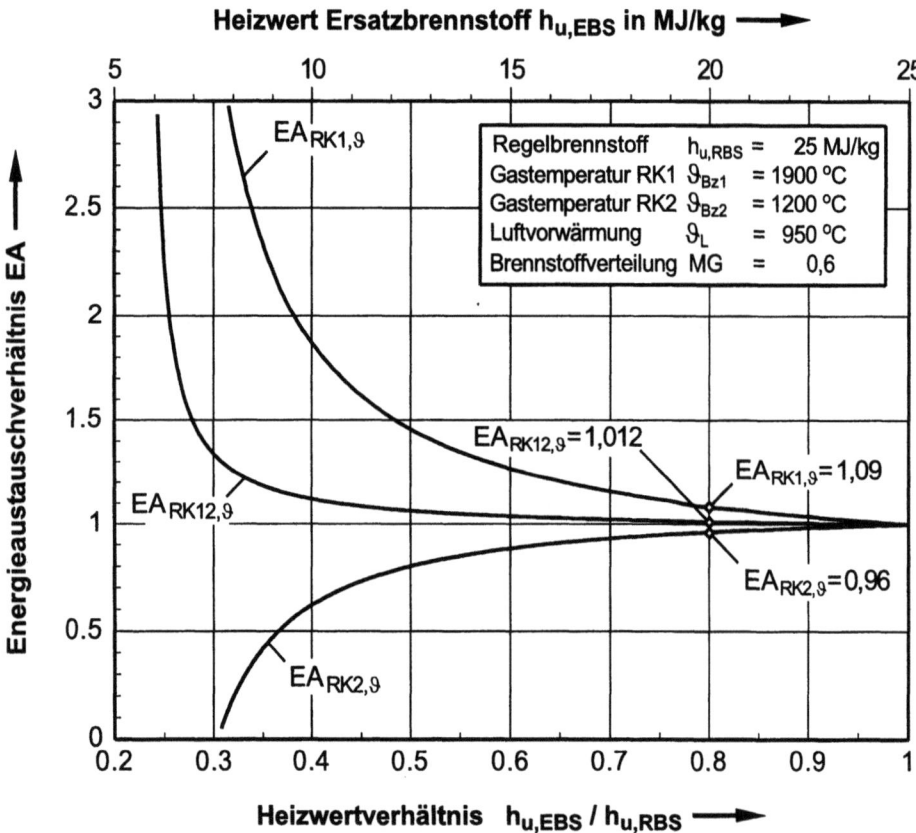

Abb. 14.13: Energieaustauschverhältnis bei statischer Betrachtung $EA_{RK,\vartheta}$ in Abhängigkeit von der Brennstoffsubstitution $h_{u,EBS}/h_{u,RBS}$ für eine Prozeßführung mit zweistufiger Brennstoffzufuhr [10.55].

Ein weiteres Beispiel zeigt die Anwendung der vorangehend erläuterten Modellvorstellungen auf ein detailliertes Prozeßmodell zur Beschreibung des Schrottvorwärmens, -schmelzens und -überhitzens bei einem erdgasbefeuerten Kupolofen (Abb. 14.14 und 14.15) [14.24]. Die Abb. 14.14 zeigt beispielhaft den Temperaturverlauf für das Einsatzgut und das Abgas. Untersucht man mit diesem Prozeßmodell nun die Auswirkungen einer Brennstoffsubstitution, so ergeben sich zusammenfassend die in Abb. 14.15 dargestellten Ergebnisse.

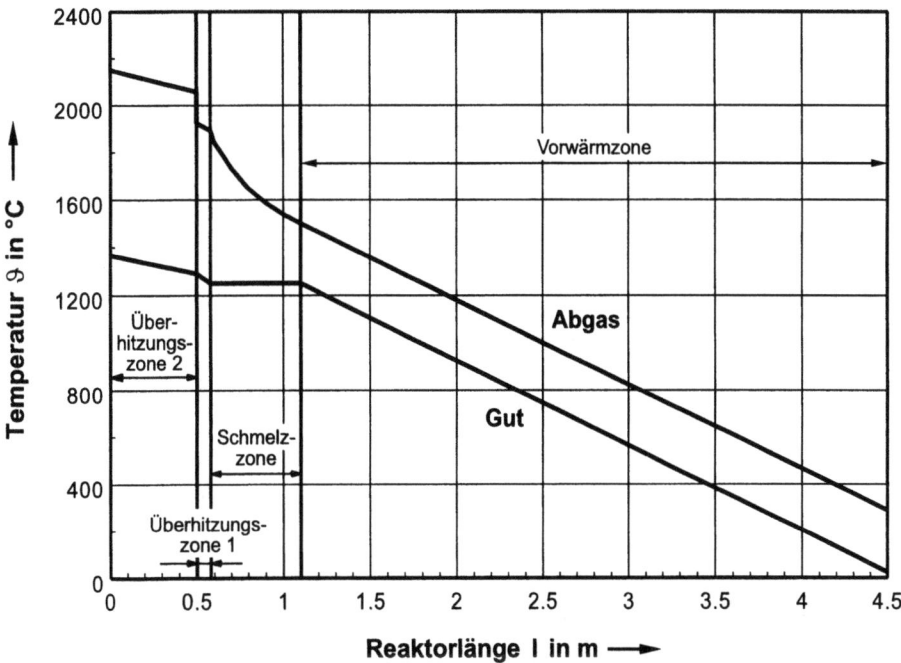

Abb. 14.14: Temperaturverlauf von Gut und Abgas in einem Erdgas befeuerten, kokslosen Kupolofen [14.24].

Bei einem Kupolofen kann die durch eine Brennstoffsubstitution entstandene Zunahme des Kapazitätsstromverhältnisses im Gegensatz zu dem in Abb. 14.13 beschriebenen Fall nicht in einer zweiten Prozeßstufe kompensiert werden. Die Austrittstemperaturen und der Massenstrom des Abgases nehmen im Substitutionsfall zu, entsprechend steigen die Verluste und das Energieaustauschverhältnis an. Man könnte nun bei Einsatz von Ersatzbrennstoff daran denken, den Abgasstrom insgesamt nach der Vorwärmzone für eine weitere Wärmerückgewinnung (z.B. für eine Luftvorwärmung) zu nutzen. Eine weitere Möglichkeit zur Absenkung des spezifischen Energieverbrauches wäre eine Teilstromentnahme des Abgasstromes nach der Schmelzzone mit nachfolgender Wärmerückgewinnung.

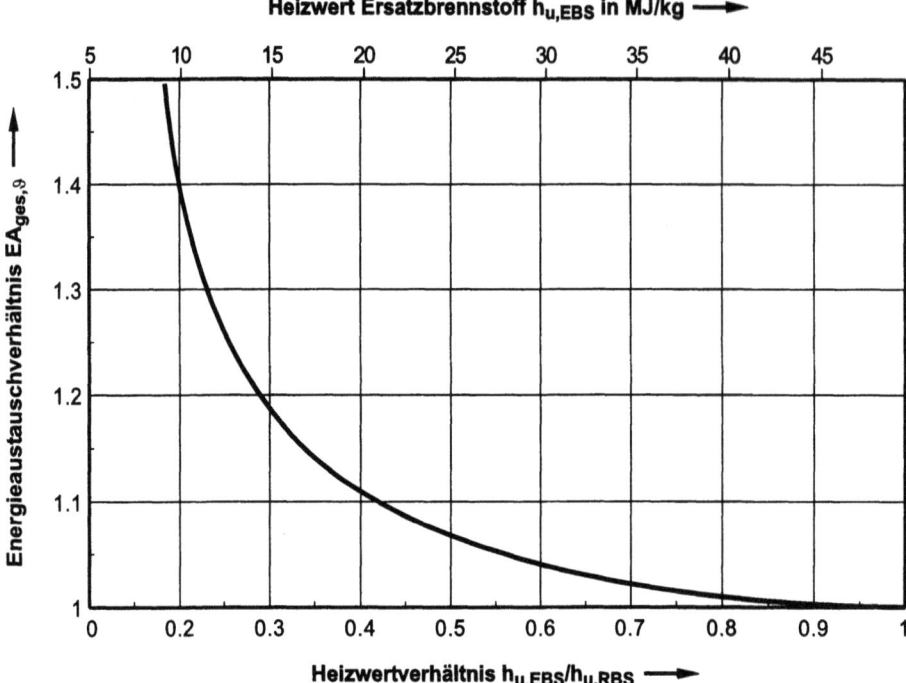

Abb. 14.15: Energieaustauschverhältnis bei statischer Betrachtung $EA_{RK,\vartheta}$ in Abhängigkeit von der Brennstoffsubstitution $h_{u,EBS}/h_{u,RBS}$ [14.24].

14.4 Vereinfachte mathematische Modellierung bei festen, stückigen Abfällen in Rostsystemen

Die mathematische Modellierung des Feststoffumsatzes in Rostsystemen ist seit mehreren Jahrzehnten ein Thema für die Forschung und Entwicklung. Die Entwicklung und Verbesserung von Modellen dient dabei, wie in anderen Fällen auch, sowohl der Unterstützung von Projektierungen, der Optimierung von Betriebsanlagen, dem besseren Verständnis von Einzelvorgängen und der Prozeßsteuerung. Ein Überblick über verschiedene Modelle ist z.B. in [14.18] enthalten. Es wird daher an dieser Stelle nur zusammenfassend darauf eingegangen.

Bereits 1916 beschreibt Nusselt [11.3] ein Modell für die Verbrennung und Vergasung in Rostsystemen. Dabei wird vereinfachend angenommen, daß sich das Brennstoffbett (Kohle) aus parallel zueinander und senkrecht zum Rost angeordneten Kohlenstoffplatten zusammensetzt. Die Reaktionsfähigkeit des Kohlenstoffs zu Kohlenstoffmonoxid und -dioxid wird als genügend hoch angenommen, so daß der Umsatz nur durch Diffusion bestimmt ist.

Mathematische Modellierung bei festen, stückigen Abfällen in Rostsystemen

Auch die Modelle zur Abfallverbrennung waren zunächst auf den Feststoffumsatz im Bett bezogen [z.B. 12.13, 12.15, 14.25, 14.26]. Sie betrachten den Feststoff auf dem Rost sowohl als nicht durchmischte Schüttung [z.B. 12.15, 14.14, 14.25] (Kreuz-Querstrom) als auch als durchmischte Schüttung [z.B. 12.13, 14.26]. Bei jüngsten Entwicklungen zur Modellierung werden die Vorgänge der Nachverbrennung mit CFD-Ansätzen einbezogen [14.27 bis 14.29]. Hierfür muß der Umsatz im Bett als Eingangsbedingung vorgegeben werden.

Insgesamt zeigt sich, daß bereits mit vereinfachten Annahmen der Verhältnisse im Bett nicht nur für Kohle, sondern auch für heterogene Stoffe wie Abfälle eine recht gute Beschreibung der realen Verhältnisse möglich ist. Es sei an dieser Stelle nochmals darauf hingewiesen, daß es für den Detaillierungsgrad eines Gesamtmodells wichtig ist, daß die Genauigkeit und die Flexibilität einer mit dem Modell durchzuführenden Systemanalyse von der Genauigkeit und Verfügbarkeit der jeweils erforderlichen Daten und Randbedingungen bestimmt wird.

Vor diesem Hintergrund wird im folgenden zusammenfassend ein vereinfachtes mathematisches Modell zur Beschreibung der Vergasung und Verbrennung von Abfällen in Rostsystemen dargestellt.

14.4.1 Modellannahmen

Das Gesamtmodell kann man grob in Reaktormodell und Modell zum Umsatz des Feststoffes unterscheiden.

Das Reaktormodell beschreibt das Verweilzeitverhalten, im vorliegenden Fall das des Feststoffes auf dem Rost. Das Verweilzeitverhalten kann zunächst unabhängig von der chemischen Kinetik usw. betrachtet werden. Auf die verschiedenen konstruktiven und betrieblichen Einflußgrößen ist bereits in Kap. 14.2 eingegangen worden. In diesem Zusammenhang wurde bereits darauf hingewiesen, daß eine kontinuierliche Beschreibung des Verweilzeitverhaltens durch eine differentielle Betrachtungsweise u.a. aufgrund der Unsicherheiten bei der Ermittlung entsprechender Feststoff-Dispersionskoeffizienten sehr schwierig ist. Bei dem Gesamtmodell ist eine analytische Lösung der Modellgleichungen ausgeschlossen, so daß eine numerische Lösung erforderlich ist. Damit ergibt sich dann, auch bei anfänglicher differentieller Betrachtungsweise, eine zonenweise Betrachtung.

Vor diesem Hintergrund wird die in Kap. 14.3 dargestellte Vorgehensweise, bei der das Reaktorverhalten durch eine Rührkesselkaskade (Abb. 14.16) angenähert wird, im vorliegenden Fall verwendet.

402   Mathematische Modellierung thermischer Prozesse zur Abfallbehandlung

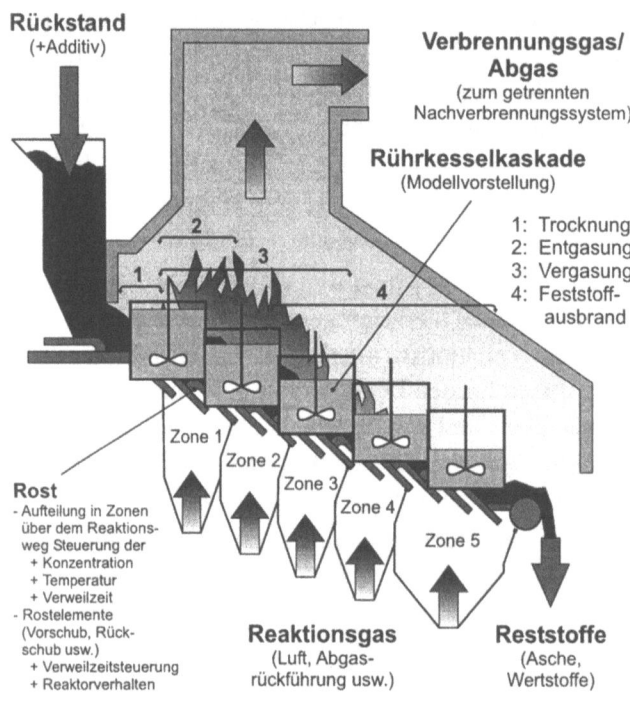

Abb. 14.16: Prozeßteilschritte beim Feststoffumsatz auf einem Rost (Modellvorstellung) [14.18].

Die Beschreibung des Umsatzes erfolgt zunächst für ein einzelnes Rührkesselelement (Zelle) mit Hilfe von Massen-, Stoff- und Energiebilanzen („Zellenmodell"). Insbesondere aufgrund der häufig heterogenen Zusammensetzung und fehlender Basisdaten werden die allgemein bekannten Teilvorgänge des Feststoffumsatzes durch einen vereinfachten Ansatz mit einem „effektiven" Gesamtreaktionskoeffizienten zusammenfassend betrachtet. Dieser wird durch Versuche an einer, eine Zelle nachbildenden, nicht bewegten Roststufe (Chargen-Prozeß) [12.13] in Verbindung mit dem Zellenmodell bestimmt.

Durch die Hintereinanderschaltung mehrerer Zellen zu der o.g. Rührkesselkaskade läßt sich dann der Feststoffumsatz für einen entlang des Rostweges bewegten Abfall beschreiben („Kontinuierliches Modell").

Ein Vergleich der Modellrechnungen mit Meßergebnissen an einer Pilotanlage [14.18] zeigt, daß mit diesem Modell sowohl stationäre Zustände als auch die nach einem sprunghaften Prozeßeingriff folgenden instationären Übergänge in einen neuen stationären Zustand tragfähig wiedergegeben werden können. Damit besteht nun die Möglichkeit, für Abfälle mit zunächst unbekanntem Verbrennungsverhalten, zunächst durch Versuche an einem Chargen-Rost zusammen mit dem „Zellenmodell" Gesamtreaktionskoeffizienten zu ermitteln und danach mit dem „Kontinuierlichen Modell" erste Aussagen bezüglich einer geeigneten Prozeßführung abzuleiten. Bei Projektierungen und Betriebsoptimierungen ist man somit nicht mehr allein auf ein empirisches Vorgehen angewiesen.

14.4.2 Zellenmodell

Für den Feststoffumsatz sind insbesondere die Teilschritte Vergasung und Restausbrand von Bedeutung. Je nach Zusammensetzung der Rückstände können diese beiden Teilschritte bis zu 90 % der Umsatzzeit beanspruchen. Die Abb. 14.17 zeigt beispielhaft den Verlauf von Temperaturen im Brennbett in verschiedenen Zonen (Meßpunkt jeweils in Zonenmitte) eines Pilot-Rückschubrostes (siehe Abb. 9.5) [14.30].

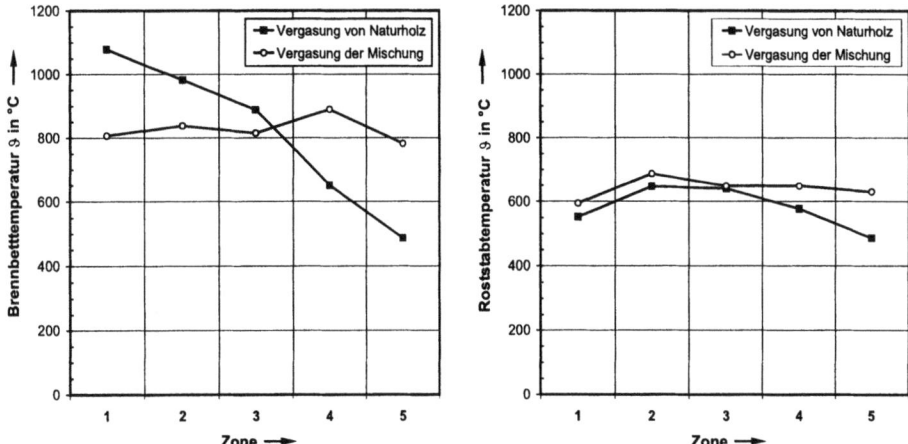

Abb. 14.17: Vergleich der Brennbett- und Roststabtemperaturen bei der Vergasung von Naturholz und einer Mischung aus 50 Ma.-% Naturholz und 50 Ma.-% Braunkohle [14.30].

Daraus können im wesentlichen zwei für die Modellannahmen wichtige Schlußfolgerungen abgeleitet werden. Erstens weisen die Bett-Temperaturen über der Höhe in den einzelnen Zonen nur geringfügige Unterschiede auf, was die Annahme eines Rührkessel-Elementes mit einheitlichen (mittleren) Größen (Temperatur, Konzentration usw.) als mittlere Bilanzgrößen rechtfertigt. Zum Zweiten kann aufgrund des Temperaturniveaus davon ausgegangen werden, daß bereits in der Zone 1 Vergasungs- und Verbrennungsreaktionen einsetzen. Darüber hinaus zeigen die aus der Rückschubrost-Pilotanlage entlang des Rostweges entnommenen Proben hinsichtlich Kohlenstoff-, Wasserstoff-, Asche- und Wassergehalt, daß bereits ab der Zone 2 nur noch Kohlenstoff vorliegt (Abb. 14.18).

404 Mathematische Modellierung thermischer Prozesse zur Abfallbehandlung

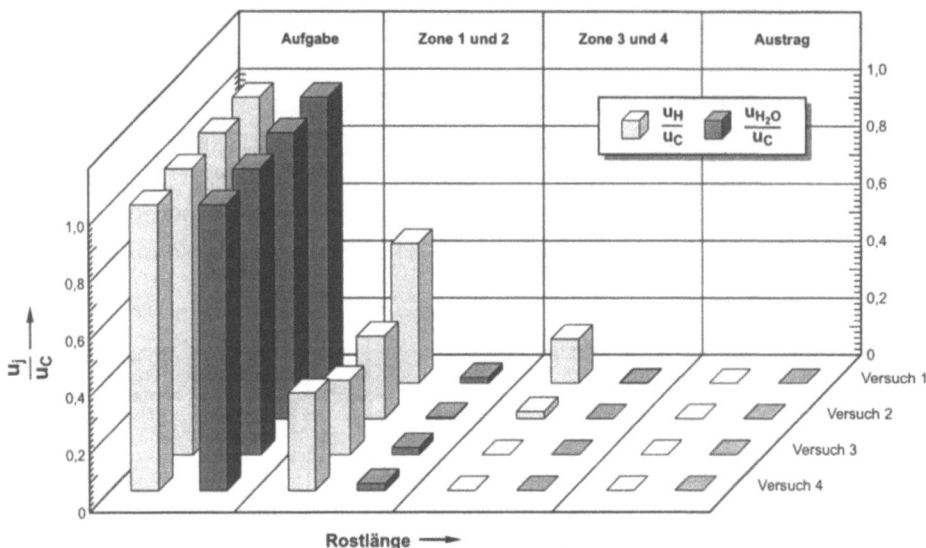

Abb. 14.18: Bezogener Umsatz von Wasserstoff u_H/u_C und Wasser u_{H2O}/u_C für aschefreien Brennstoff entlang eines Rostes (Pilotanlage: Rückschubrost).

Aus der Rührkesselkaskade in Abb. 14.16 wird daher in einem ersten Schritt ein Rührkessel-Element herausgegriffen. Das einzelne Element kann als Modellvorstellung für den Umsatz in einem Chargenrost mit geringer Betthöhe oder mit entsprechender Durchmischung dienen. Übertragen auf den kontinuierlichen Rost ergibt sich mit dem einzelnen Element oder dem Chargenrost die Betrachtungsweise eines sog. mitfahrenden Beobachters.

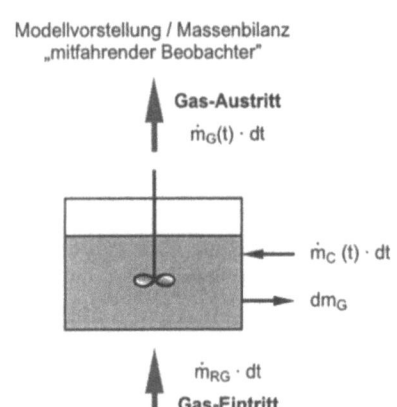

Abb. 14.19: Massenbilanz an einem Rührkessel.

Für das Element kann aufgrund der o.g. Erläuterungen zunächst weiter vereinfachend angenommen werden, daß der Brennstoff insgesamt nur aus Restkoks und Inertmaterial (Asche) besteht. Wie in Abb. 14.19 dargestellt, führt ein von unten zugeführter Reaktionsgasmassenstrom (Unterwind), abhängig von den jeweils vorherrschenden Reaktionsbedingungen (Temperatur, reaktive Oberfläche, Partikeldurchmesser usw.), zur Freisetzung des fixen Kohlenstoffes. Für das Bilanzelement in Abb. 14.19 ergibt sich die Bilanzgleichung

Mathematische Modellierung bei festen, stückigen Abfällen in Rostsystemen 405

$$\dot{m}_{RG} \cdot dt + \dot{m}_C(t) \cdot dt = \dot{m}_G(t) \cdot dt + dm_G \ . \tag{14.28}$$

Die Änderung der speicherbaren Masse dm_G kann vernachlässigt werden. Für den umgesetzten Kohlenstoffstrom $\dot{m}_C(t)$ wird der Ansatz

$$\dot{m}_C(t) = M_C \cdot A_{Ku,a}(t) \cdot k_{eff,a}(t) \cdot \frac{[p_{O_2,RG} + p_{O_2}(t)]}{2 \cdot R \cdot T(t)} \tag{14.29}$$

gewählt. Die reaktive Oberfläche $A_{Ku,a}(t)$ wird umsatzabhängig betrachtet. Dabei wird angenommen, daß der Kohlenstoff und der Inertstoff getrennt voneinander in der Schüttung vorliegen und daß das Lückenvolumen konstant bleibt. Die reaktive Oberfläche kann somit in Abhängigkeit von dem Anfangspartikeldurchmesser $d_{äq,0}$, der Anfangsmasse des Kohlenstoffes $m_{C,0}$, der Partikeldichte sowie der verbleibenden Restkohlenstoffmasse $m_{C,Re}$ ermittelt werden:

$$A_{Ku,a}(t) = \frac{6 \cdot m_{C,0}^{1/3} \cdot m_{C,Re}(t)^{2/3}}{d_{äq,0} \cdot \rho_C} \ . \tag{14.30}$$

Betrachtet man zunächst den einfachen Fall des Kohlenstoffumsatzes durch Verbrennung entsprechend der Reaktionsgleichung

$$C + O_2 \rightarrow CO_2 \ , \tag{14.31}$$

so ergibt sich für den Sauerstoffpartialdruck $p_{O_2}(t)$ aus der Sauerstoffbilanz

$$p_{O_2}(t) = p_{O_2,RG} - \frac{M_{O_2}}{M_C} \cdot \frac{\rho_{RG,n}}{\rho_{O_2,n}} \cdot \frac{\dot{m}_C(t)}{\dot{m}_{RG}} \cdot p_{ges} \ . \tag{14.32}$$

Mit den Gl. (14.29), (14.30) und (14.32) kann für den umgesetzten Kohlenstoffmassenstrom $\dot{m}_C(t)$ geschrieben werden

$$\dot{m}_C(t) = m_{C,0} \cdot \left(\frac{1}{k_{eff,a}(t)} \cdot \frac{d_{äq0} \cdot \rho_C}{6} \cdot \left(\frac{m_{C,0}}{m_{C,Re}(t)} \right)^{2/3} \cdot \frac{R \cdot T(t)}{M_C \cdot p_{ges}} + \frac{1}{2} \cdot \frac{M_{O_2}}{M_C} \cdot \frac{\rho_{RGn}}{\rho_{O_2,n}} \cdot \frac{m_{C,0}}{\dot{m}_{RG}} \right)^{-1} \cdot \frac{p_{O_2,RG}}{p_{ges}} .$$
(14.33)

Der Reaktionskoeffizient $k_{eff,a}$ in Gl. (14.29) ist ein sogenannter effektiver Reaktionskoeffizient, der im vorliegenden Fall auf die äußere Oberfläche bezogen wird. Der Reaktionskoeffizient setzt sich aus dem Anteil für die Stoffübertragung und dem für die chemische Reaktion zusammen

$$k_{eff,a}(t) = \frac{1}{\frac{1}{\beta(t)} + \frac{1}{2 \cdot k_{c,a}(t)}} \ . \tag{14.34}$$

Der Stoffübertragungskoeffizient β läßt sich aus einer entsprechenden Sherwoodfunktion [14.31] und der auf die äußere Oberfläche bezogene Reaktionskoeffizient $k_{c,a}$ über einen Arrhenius-Ansatz:

$$k_{c,a}(t) = k_{max,a} \cdot \exp\left[-\frac{E_{Ak,a}}{R \cdot T(t)}\right] \qquad (14.35)$$

ermitteln.

Der hier für den Ansatz des Feststoffumsatzes einschließlich der dabei getroffenen Vereinfachungen und Annahmen beschriebene Weg ist üblich, um komplexere Fragestellungen unmittelbar tragfähig auf industrielle Anlagen übertragen zu können. Man findet ähnliche Beispiele in vielen technischen Bereichen, wo eine komplexe Modellierung auch zu weiteren Annahmen für die zusätzlichen Randbedingungen führt und somit insgesamt letztlich kein genaueres Ergebnis erzielt wird im Vergleich zu dem ursprünglichen einfacheren Modell. Mit Bezug auf die vorliegende Problemstellung sei dies an einem allgemein bekannten Beispiel der Strömungsmechanik kurz erläutert. Für den Strömungsverlust einer Rohrströmung mit konstantem Querschnitt durch Wandreibung (Index WR) gilt die Beziehung

$$\left(\frac{dp_{Verl}}{dl}\right)_{WR} = \frac{\lambda}{d} \cdot \frac{\rho}{2} \cdot w_{mi}^2 \quad . \qquad (14\text{-}36)$$

Nun ist der Strömungsverlust keineswegs uneingeschränkt proportional dem Quadrat der mittleren Geschwindigkeit, wie es die Gl. (14-36) zunächst beschreibt. Für Strömungen mit mäßigen Geschwindigkeiten läßt sich aus der Kräftebilanz und dem Newton'schen Schubspannungsgesetz das nach seinen Entdeckern benannte Hagen-Poiseuillesche Gesetz herleiten. Umgeformt nach der mittleren Geschwindigkeit gilt für kreisrunde Durchmesser:

$$\overline{w} = \frac{2}{R^2} \cdot \int_0^R w(r) \cdot r \cdot dr = -\frac{R^2}{8 \cdot \eta} \cdot \frac{dp}{dl} \quad . \qquad (14\text{-}37)$$

Unter Beachtung von $dp/dl = -(dp_{Verl}/dl)_R$ ergibt sich für den Druckverlust bei laminarer Rohrströmung

$$\left(\frac{dp_{Verl}}{dl}\right)_R = \frac{8 \cdot \eta}{R^2} \cdot \overline{w} \quad . \qquad (14\text{-}38)$$

Demnach ist der Druckverlust proportional der mittleren Geschwindigkeit. Die Annahme in dem grundlegenden Ansatz in Gl. (14-36) einer quadratischen Proportionalität des Druckverlustes zu der Geschwindigkeit ist somit

Mathematische Modellierung bei festen, stückigen Abfällen in Rostsystemen 407

im laminaren Fall nicht mehr gegeben. Die Rohrreibungszahl ist somit keine Konstante, sondern ergibt für den laminaren Geschwindigkeitsbereich einer Rohrströmung durch Vergleich der Gl. (14-36) und (14-38) eine Darstellung

$$\lambda = \frac{32 \cdot \eta}{R \cdot \rho \cdot \overline{w}} = \frac{64}{Re} \quad . \tag{14-39}$$

Auf die Verhältnisse der turbulenten Strömung sei an dieser Stelle nicht weiter eingegangen. Aus dem für den laminaren Bereich gezeigten Beispiel geht bereits hervor, daß zunächst grundsätzliche Ansätze mit bestimmten Abhängigkeiten zwischen den Haupteinflußgrößen für die Beschreibung eines Sachverhaltes aufgestellt werden können. Abweichungen von den Abhängigkeiten zwischen den Haupteinflußgrößen bzw. Anpassungen an Meßergebnisse lassen sich dann z.B. in Beiwerten (hier z.B. Rohrreibungszahl λ) erfassen.

Übertragen auf den gewählten Ansatz für den Feststoffumsatz auf dem Rost kann man die Frage nach der Reaktionsordnung, die hier mit einer Reaktion erster Ordnung angenommen wird, beantworten. Sollte eine andere als die hier gewählte vorliegen, so wird dies durch den zu messenden effektiven Reaktionskoeffizienten berücksichtigt. Durchläuft man verschiedene Bereiche, so müssen dann die Reaktionskoeffizienten entsprechend angepaßt werden. Zur Bestimmung der Reaktionskoeffizienten sind entsprechende experimentelle Untersuchungen erforderlich. Bevor auf diese eingegangen wird, muß zunächst ergänzend zu der Massenbilanz noch auf die Energiebilanz eingegangen werden.

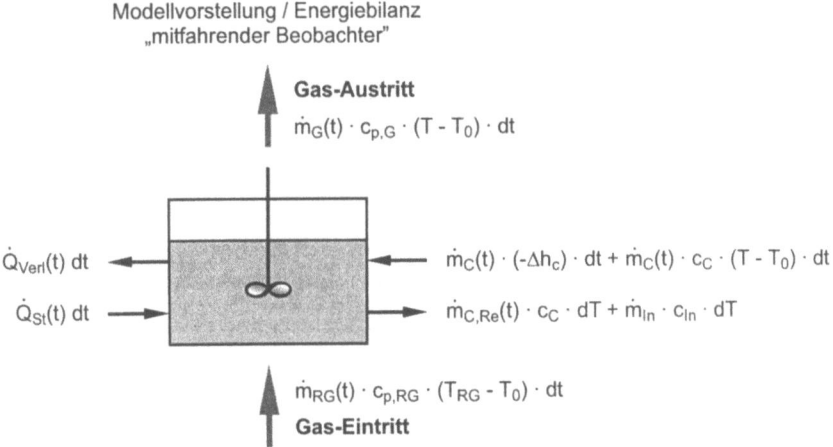

Abb. 14.20: Energiebilanz an einem Rührkessel.

In gleicher Weise wie für die Massenbilanz werden bei der Energiebilanz nur die maßgeblichen Einflüsse im Sinne einer vereinfachten Modellvorstellung berücksichtigt. Für das angenommene Rührkesselelement sind dies, wie in Abb. 14.20 dargestellt, die an die ein- und austretenden Gasmassenströme $\dot{m}_{RG}$ und $\dot{m}_G(t)$ gebundenen Enthalpieströme (A und E in Gl. (14-40)) und der Energiestrom aus der chemischen Umsetzung des Kohlenstoffmassenstromes $\dot{m}_C(t)$ als sogenanntes Quellglied (B in Gl. (14-40)). Das instationäre Verhalten wird durch die an den Restkohlenstoff $m_{C,Re}(t)$ und die an den Inertstoff m_{In} während der Aufheiz- und der Abkühlphase gebundenen Enthalpien beschrieben. Diese stellen die wesentlichen Speicher- oder Quellglieder F und G in Gl. (14-40) dar. Weiter wird die Wärmeübertragung zwischen den heißen Wänden und der Oberfläche der betrachteten Zelle über einen Strahlungswärmeübertragungsansatz ($\dot{Q}_{St}$) mit einer Bilanztemperatur, ähnlich wie bei Industrieofen-Modellansätzen üblich (siehe Kap. 14.3) und mit einem Verlustwärmestrom $\dot{Q}_{Verl}$ berücksichtigt (Glieder D und A in Gl. (14-40)). Zusammengefaßt ergibt sich damit die Energiebilanz wie folgt

$$\underbrace{\dot{m}_{RG} \cdot c_{p,RG} \cdot (T_{RG} - T_0) \cdot dt}_{A} + \underbrace{\dot{m}_C(t) \cdot (-\Delta h_c) \cdot dt}_{B} + \underbrace{\dot{m}_C(t) \cdot c_C \cdot (T - T_0) \cdot dt}_{C} + \underbrace{\dot{Q}_{St} \cdot dt}_{D} =$$

$$\underbrace{\dot{m}_G(t) \cdot c_{p,G} \cdot (T - T_0) \cdot dt}_{E} + \underbrace{m_{C,Re}(t) \cdot c_C \cdot dT}_{F} + \underbrace{m_{In} \cdot c_{In} \cdot dT}_{G} + \underbrace{\dot{Q}_{Verl} \cdot dt}_{H} . \quad (14\text{-}40)$$

Der Einfluß der einzelnen Terme in der Gl. (14-40) sei im folgenden kurz erläutert.
Die Zündung des Brennstoffes erfolgt abhängig von der mit dem Reaktionsgas zugeführten Enthalpie (Glied A in Gl. (14-40)) und der im wesentlichen durch Strahlung im Feuerraum zugeführten Energie (Glied D). Mit Einsetzen der Verbrennung wird die in dem Brennstoff gespeicherte Energie bei der Reaktion freigesetzt (Glied B). Bei einem ausreichend hohen Umsatzstrom $\dot{m}_C(t)$ werden der Feststoff (Glieder F und G) und das Gas (Glied E) entsprechend aufgeheizt und es erfolgt ein Wärmeaustausch mit der Umgebung (Glied H). Durch die Variation der Parameter $\dot{m}_{RG}$, T_{RG} und m_{In} lassen sich der Einfluß des Reaktionsgasmassenstromes, der zugehörigen Temperatur (Luftvorwärmung) und des Aschegehaltes auf die Zündung und den Ausbrand diskutieren. Wie bereits in [11.5] dargestellt, stellt die Zündung einen sogenannten Anlaufvorgang dar, der nicht nur von der Temperatur abhängig ist. Ein zu hoher Reaktionsgasmassenstrom kann eine Zündung des Bettes verhindern. Um eine Zündung zu erreichen, muß der Reaktionsgasmassenstrom vermindert oder dessen Temperatur erhöht werden. Bei der Zün-

dung muß selbstverständlich auch der Inertstoff mit aufgeheizt werden. Ein hoher Inertstoffgehalt, der am Anfang ebenso wie der Brennstoff vergleichsweise kalt ist, wirkt sich somit nachteilig auf den Verlauf der Zündung aus. Die beschriebene Wirkung des Reaktionsgasmassenstromes auf die Zündung gilt in gleicher Weise auch für den Ausbrand. Für den Inertanteil kehrt sich der Einfluß auf den Ausbrand hingegen um. Durch den mit der Masse an Brennstoff gleichzeitig abnehmendem Umsatz gegen Reaktionsende wird die freigesetzte Energie (Glied B) ebenfalls immer kleiner. Das führt, sofern die anderen Bedingungen (z.B. der Reaktionsgasmassenstrom) konstant bleiben, zu einer Temperaturabnahme. Diese wiederum hat eine Verminderung des Umsatzes zur Folge. Der Grenzfall, bei dem es aufgrund zu geringer Temperaturen zum Abbruch der Reaktionen bei noch relativ hohen Kohlenstoffgehalten kommt, wird in der Praxis als „Kaltblasen" bezeichnet. Die Temperaturabnahme wird durch die im Inertstoff während der Hauptverbrennung gespeicherte Enthalpie entsprechend verzögert. Der Restkohlenstoff bleibt damit länger in einem „heißen" Reaktionsbett eingebunden, die Gefahr des Kaltblasens wird vermindert und der Restkohlenstoffgehalt am Ende sinkt weiter ab. Ein Inertanteil ist somit keineswegs „schädlich" aus der Sicht des Restausbrandes. Die im Zusammenhang mit der Zündung und dem Ausbrand diskutierten Einflüsse sind insbesondere bei Brennstoffen mit geringen Aschegehalten (z.B. Abfallholz) zu beachten.

14.4.3 Kontinuierliches Rost-Modell

Durch die Hintereinanderschaltung der einzelnen Zellen gelangt man, wie eingangs in Kap. 14.4 dargestellt, zu dem Modellansatz für einen bewegten Rost. Das Verweilzeitverhalten kann mit den Beziehungen aus Kap. 14.2 durch ein Rührkesselkaskadenmodell beschrieben werden. Auf dieser Grundlage lassen sich Vorwärts– und Rücktransport des Feststoffes abschätzen. Dieser Feststofftransport wird, ähnlich wie in der Penetrationstheorie bei der Stoffübertragung (Gas/flüssig), als ein diskontinuierlicher Vorgang angenommen. Zu dem Zeitpunkt t^+ erfolgt, abhängig von der Rostbewegung, ein Austausch zwischen der jeweiligen Zelle i und der voranstehenden Zelle (i-1) sowie der nachfolgenden Zelle (i+1). Zum Zeitpunkt $t = t^+$ ergibt sich für das i-te Rührkessel-Element die Massenbilanz

$$m_{C,0}(t^+,i) = m_{C,Re}(t^+,i) + m_{C,vo}(t^+,i-1) + m_{C,rü}(t^+,i+1) - m_{C,vo}(t^+,i) - m_{C,rü}(t^+,i)$$
(14-41)

mit

$$m_{C,vo}(t^+,i) = \xi_{vo}(t^+,i) \cdot m_{C,Re}(t^+,i) \quad ,$$
(14-42)

$$m_{C,r\ddot{u}}(t^+,i) = \xi_{r\ddot{u}}(t^+,i) \cdot m_{C,Re}(t^+,i) \; , \tag{14-43}$$

$$m_{C,vo}(t^+,i-1) = \xi_{vo}(t^+,i-1) \cdot m_{C,Re}(t^+,i-1) \; , \tag{14-44}$$

$$m_{C,r\ddot{u}}(t^+,i+1) = \xi_{r\ddot{u}}(t^+,i+1) \cdot m_{C,Re}(t^+,i+1) \; . \tag{14-45}$$

Für den ersten Rührkessel am Rostanfang ist kein Rückschub zugelassen. Ebenso erfolgt kein Rückschub aus dem Austrag in den letzten Rührkessel am Rostende. Für den Inertstoff ergeben sich analoge Beziehungen, wie in Gl. (14-41) bis (14-45) für den Kohlenstoff.

Mit dem Feststoffaustausch ändert sich zu jeder Austauschzeit t^+ der äquivalente Durchmesser $d_{\ddot{a}q,0}(t^+,i)$. Mit den Massenanteilen der jeweiligen sich ändernden Kornfraktion kann bei einer als konstant angenommenen Dichte des Kohlenstoffes ρ_C der äquivalente Durchmesser $d_{\ddot{a}q,0}(t^+,i)$ berechnet werden

$$d_{\ddot{a}q,0}(t^+,i) = \frac{1}{\dfrac{m_{C,Re}(t^+,i) - m_{C,vo}(t^+,i) - m_{C,r\ddot{u}}(t^+,i)}{m_{C,0}(t^*,i) \cdot d_{\ddot{a}q}(t^+,i)}} + \frac{1}{\dfrac{m_{C,vo}(t^+,i-1)}{m_{C,0}(t^+,i) \cdot d_{\ddot{a}q}(t^+,i-1)}}$$

$$+ \frac{1}{\dfrac{m_{C,r\ddot{u}}(t^+,i+1)}{m_{C,0}(t^+,i) \cdot d_{\ddot{a}q}(t^+,i+1)}} \; . \tag{14-46}$$

Die zum Zeitpunkt t^+ im Rührkessel-Element i enthaltene Masse $m_{C,0}(t^+,i)$ und der äquivalente Durchmesser $d_{\ddot{a}q,0}(t^+,i)$ entsprechen bis zum Zeitpunkt $t^+ + \Delta t$ den Anfangsbedingungen $m_{C,0}$ und $d_{\ddot{a}q,0}$ in Gl. (14-33). In dieser Gleichung müssen die Daten des Reaktionsgasmassenstromes $\rho_{RG,n}$, $\dot{m}_{RG}$ und $p_{O_2,RG}$ entsprechend den Bedingungen in dem i-ten Rührkessel-Element eingesetzt werden.

In der Energiebilanz müssen die mit den jeweils ausgetauschten Massen verbundenen Enthalpien berücksichtigt werden

$$T_{St,0}(t^+,i) - T_0 = \frac{\sum (m_{C,Re/zu/ab} \cdot c_c + m_{In,zu/ab} \cdot c_{In}) \cdot (T_{St,Re/zu/ab}(t^+,i) - T_0)}{m_{C,0}(t^+,i) \cdot c_c + m_{In,0}(t^+,i) \cdot c_{In}} \; . \tag{14-47}$$

Zunächst wird der Feststoffumsatz für jedes Rührkessel-Element getrennt berechnet. Für den stationären Zustand erhält man für ein Beispiel die in Abb. 14.21 dargestellten Temperatur- und Sauerstoffkonzentrationsverläufe entlang des Rostes. Werden die aus den einzelnen Rührkessel-Elementen austretenden Gasströme zusammengefaßt und jeweils integrale Bilanztemperaturen und Konzentrationen für das Abgas gebildet, so können zeitliche Verläufe für den kontinuierlich betriebenen Rost berechnet werden.

Mathematische Modellierung bei festen, stückigen Abfällen in Rostsystemen 411

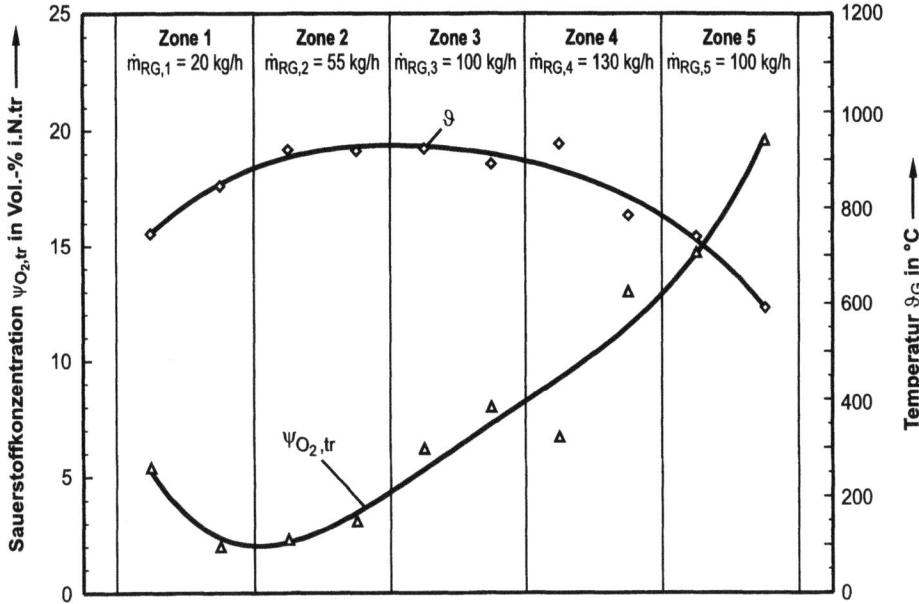

Abb. 14.21: Berechnete Sauerstoffkonzentration $\psi_{O2,tr}$ und Temperatur ϑ_G über der Rostlänge im stationären Zustand [14.18].

Die Abb. 14.22 zeigt beispielhaft Modellergebnisse im Vergleich zu experimentell an einer Rückschubrost-Pilotanlage (0,5 MW$_t$) ermittelten Ergebnissen. Untersucht wird in dem Beispiel der Fall einer Umverteilung der Verbrennungsluft für den Rost. In dem ersten stationären Zustand wird die Luft (Reaktionsgas) nur über die Unterwindzonen 3 und 4 zugeführt. Dabei stellt sich eine Sauerstoffkonzentration im Abgas von ca. $\psi_{O_2} \approx 12$ Vol.-% ein (linkes Teilbild in Abb. 14.22).

Zum Zeitpunkt t_{Va} wird eine Umverteilung der Luft in der Weise vorgenommen, daß zusätzlich zu den Zonen 3 und 4 nun auch der Unterwindzone 2 Luft zugeführt wird. Dabei bleibt der insgesamt zugeführte Luftmassenstrom nahezu konstant. Ebenfalls konstant bleiben der Brennstoffmassenstrom und die Roststabgeschwindigkeit. Die versuchstechnischen Randbedingungen sind in der Legende in Abb. 14.22 eingetragen. Mit der Luftzufuhr in Zone 2 ab dem Zeitpunkt t_{Va} steigt der Kohlenstoffumsatzstrom in dieser Zone erwartungsgemäß sprunghaft an. Da gleichzeitig in den Zonen 3 und 4 die Luftzufuhr vermindert wird, muß der Sauerstoffgehalt im Abgas zunächst absinken. Der zunehmende Feststoffumsatz in Zone 2 hat zur Folge, daß entsprechend weniger Brennstoff je Zeiteinheit in die Zonen 3 und 4 transportiert wird. Das Verhältnis von zugeführter Luft und umgesetzten Brennstoffs in diesen Zonen wird folglich größer und die integrale Sauerstoffkonzentration nimmt langsam wieder zu. Nach Erreichen des neuen stationären Zustandes ist die Sauerstoffkonzentration nahezu wieder auf dem alten Niveau vor der Änderung zum Zeitpunkt t_{Va}.

412　Mathematische Modellierung thermischer Prozesse zur Abfallbehandlung

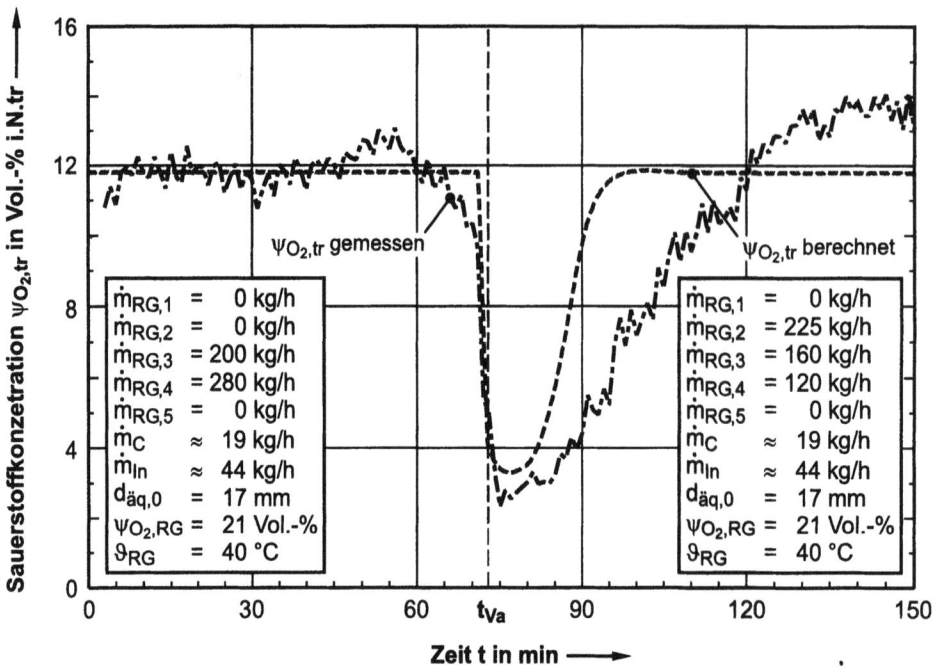

Abb. 14.22: Gemessene und berechnete Sauerstoffkonzentrationen $\psi_{O_2,tr}$ mit Umverteilung des Luftmassenstromes (Modellbrennstoff Braunkohle) [14.18].

Das Beispiel zeigt, daß man mit dem Modell sowohl stationäre Zustände als auch instationäre Übergänge nach einem Prozeßeingriff in den folgenden stationären Zustand beschreiben kann. Die experimentell ermittelten Zusammenhänge werden durch das Modell dabei tragfähig wiedergegeben. Mit der Umverteilung der Luft tritt ein „Anfachen" des Brennstoffbettes in Zone 2 ein. Mit dem Modell lassen sich weitere Fälle, wie z.B. „Kaltblasen" bei zu hoher Luftzufuhr am Rostende oder aber vergleichsweise langsame Änderungen nach Erhöhung bzw. Verringerung des Brennstoffmassenstromes untersuchen. Diese Berechnungen werden, wie in [14.18] näher dargestellt, ebenfalls durch die experimentell ermittelten Daten bestätigt.

Zusammenfassend sei erwähnt, daß für Abfälle mit zunächst noch unbekanntem Verbrennungsverhalten durch Versuche an einem Chargen-Rost in Verbindung mit dem „Zellenmodell" Gesamtreaktionskoeffizienten ermittelt und danach mit dem „Kontinuierlichen Modell" erste Aussagen bezüglich einer geeigneten Prozeßführung gegeben werden können. Bei Projektierungen und Betriebsoptimierungen ist man somit nicht mehr allein auf ein empirisches Vorgehen angewiesen.

14.4.4 Künftige Entwicklungen

Wichtig erscheinen weitere Untersuchungen zum Feststofftransport auf dem Rost. Hier müssen mit der in Kap. 14.2 dargestellten „Verweilzeit-Bilanzmethode" weitere Versuche an Kaltmodellen und mit Unterstützung von geeigneten Tracermethoden [z.B. 14.32] auch an Pilot- und Industrieanlagen, d.h. im heißen Zustand mit verschiedenen Modellfraktionen bis hin zu realem Müll durchgeführt werden.

Weiter ist die Erweiterung der Modellierung auf Vergasungsbedingungen eine wichtige Aufgabe. Hierzu liegen Ansätze vor. Es müssen jedoch die zugehörigen Reaktionskoeffizienten experimentell ermittelt und die Ansätze erweitert werden.

Darüber hinaus muß das Feststoffmodell für den kontinuierlichen Rost mit einem Feuerraummodell gekoppelt werden. Bei der Beschreibung der Prozesse im Feuerraum können in gleicher Weise wie bei dem Rost Kaskadenmodelle [z.B. 7.33, 7.35, 14.33] verwendet werden. Es lassen sich jedoch auch verschiedene CFD-Modelle [z.B. 14.28, 14.29, 14.34, 14.35] hierfür einsetzen.

Die prinzipielle Vorgehensweise - komplexe Prozesse durch vereinfachte Summenparameter zu beschreiben und diese Parameter in geeigneten Versuchseinrichtungen zu bestimmen - hat sich bei der Modellierung von Rostsystemen als tragfähig bewährt. Daher sei hier auch die Möglichkeit der Übertragung dieser Vorgehensweise auf andere Apparate, wie z.B. das Drehrohr, erwähnt. Mit der „Verweilzeit-Bilanzmethode" kann das Verweilzeitverhalten für das Reaktormodell auch beim Drehrohr bestimmt werden. Anders als beim Rost hat man beim Drehrohr kein durchströmtes, sondern ein überströmtes Bett. Dieser Sachverhalt muß bei der Stoffübertragung und den Austauschflächen entsprechend berücksichtigt werden.

Abschließend soll kurz auf die Erweiterungsmöglichkeit des methodischen Vorgehens im Hinblick auf die Einbindung von Schadstoffemissionen (z.B. NO_x) in bestehende Regelungen eingegangen werden. Bei Feuerungen, für die Regelbrennstoffe wie Erdgas, Heizöl EL usw. zum Einsatz kommen, werden Grenzwerte für Stickstoff-(NO_x)-Emissionen durch Anwendung von feuerungstechnischen Primärmaßnahmen nach dem derzeitigen Stand der Technik problemlos eingehalten. Die Optimierung der Feuerungen bezüglich der NO_x-Emission erfolgt in der Regel einmalig bei der Inbetriebnahme der Anlage. Da sich die physikalischen und chemischen Eigenschaften der Regelbrennstoffe, insbesondere die Zusammensetzung, im Zeitverlauf kaum ändern, wird letztere nicht in bestehende Regelstrecken eingebunden.

Bei Feuerungsanlagen für Brennstoffe mit im Zeitablauf veränderlicher Zusammensetzung, wie beispielsweise im Bereich der thermischen Abfallbehandlung, verändern sich die Prozessabläufe bei der Verbrennung, die entsprechend schwankende NO_x-Emissionen zur Folge haben. Brennstoffe bzw. Abfälle mit veränderlicher Zusammensetzung sind nicht nur feste Abfälle, sondern auch beispielsweise brennbare Prozeßabgase, die in verschiedenen Produktionsprozessen der chemischen Industrie anfallen, aber auch Prozeßabgase aus dem Feststoffumsatz auf einem Rost. Mit der Veränderung der Brennstoffeigenschaften ändern sich auch die Anforderungen an die Verbrennungsführung zur Minimierung der NO_x-Emissionen. Deshalb ist eine einmalige Grundeinstellung für minimale NO_x-Emissionen, wie sie bei Feuerungsanlagen für Regelbrennstoffe vorgenommen wird, nicht mehr möglich. Es wäre wünschenswert, wenn hier durch Primärmaßnahmen (Änderung der Luftstufung, Abgasrückführung usw.) die Prozeßführung durch Erweiterung der vorhandenen Anlagenregelung ständig so geändert wird, daß bei optimiertem Ausbrand auch laufend ein NO_x-Minimum erreicht werden kann.

Ziel ist daher die Entwicklung eines Konzepts zur Optimierung von NO_x-Emissionen bei Feuerungsanlagen mit zeitlich veränderlichen Eintrittsgrößen. Dieses Konzept soll bestehende Basisregelstrecken von Feuerungsanlagen ergänzen, die die Leistung, den Sauerstoffgehalt im Abgas bzw. das Luft-/Brennstoff-Verhältnis sowie den Druck regeln. Die Abb. 14.23 zeigt die Ergänzung der Regelkreise 1 (Leistung), 2 (Sauerstoff) und 3 (Druck) durch die Regelkreise 4 (Luftstufung) sowie 5 und 6 (Abgasrückführung).

Zur Integration der zusätzlichen Regelkreise ist ein geeignetes verfahrenstechnisches Prozeßmodell erforderlich, das in die Prozeßleittechnik einzubinden ist. Es ist in der Lage, Änderungen der Brennstoffzusammensetzung anhand von Messungen im Abgas zu ermitteln (Analysenmodell). Außerdem werden NO_x-Minima durch Simulation von Primärmaßnahmen vorausberechnet (Schadstoffmodell), wobei anlagenspezifische Parameter der Brennkammer, wie die Verteilung von Temperatur, Spezieskonzentrationen und die Verweilzeit über der Brennkammerlänge (Basismodell), berücksichtigt werden. Das Prozeßmodell besteht damit aus den drei Teilmodellen Basis-, Schadstoff- und Analysenmodell, die miteinander gekoppelt sind.

Zur Umsetzung der vorausberechneten NO_x-Minima an Verbrennungsanlagen in der Praxis muß die Prozeßführung der Verbrennung laufend geändert bzw. variabel den sich laufend ändernden Verhältnissen angepaßt werden. Dabei sind verschiedene Stoffströme, wie z.B.

- Brennstoffmassenstrom,

- Primärer und sekundärer Verbrennungsluftmassenstrom,

- rückzuführender Abgasmassenstrom

Mathematische Modellierung bei festen, stückigen Abfällen in Rostsystemen 415

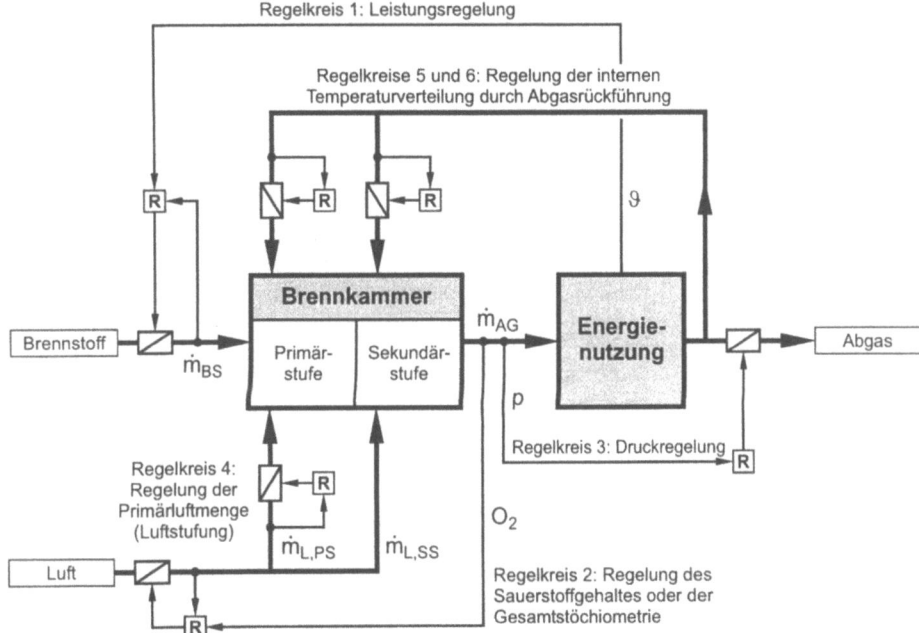

Abb. 14.23: Einbindung von Primärmaßnahmen zur NO$_X$-Minderung in die Basisregelung von Feuerungsanlagen [14.36].

über entsprechende Durchflußmengenregelkreise laufend einzustellen, so daß eine sich laufend ändernde Sollwertvorgabe für jeden Regelkreis erforderlich ist. Da die Sollwerte für jede Änderung der Betriebseinstellungen an der Verbrennungsanlage aufeinander abgestimmt werden müssen, ist eine manuelle Handhabung, wie es bei einmaligen Grundeinstellungen (s.o.) noch möglich ist, hier nicht mehr möglich. Daher wird die Vorgabe der Sollwerte nunmehr von dem Prozeßmodell übernommen (Sollwertmanagement). Dieses Vorgehen wird derzeit am Beispiel einer Brennkammerfeuerung (Pilotmaßstab bis 1 MW$_t$, siehe Abb. 8.10) erprobt [14.36]. Die Abb. 14.24 verdeutlicht, wie z.B. bei einer unbekannten Änderung des Brennstoff-N-Gehaltes eines zu entsorgenden Prozeßgases die NO$_x$-Emission durch eine zweistufige Verbrennungsführung regelungstechnisch ständig minimiert werden kann. Ausgehend von einem stationären Betriebszustand 1 wird zur Zeit t_1 der N-Gehalt des Brennstoffes (Prozeßgases) sprunghaft erhöht, wodurch die NO$_x$-Emission ansteigt. Nachdem sich zur Zeit t_2 ein neuer stationärer Betriebszustand 2 eingestellt hat, wird aus Meßwerten dieser Betriebszustand analysiert, d.h. mit einem Prozeßmodell werden Abschätzungen zur Brennstoffzusammensetzung durchgeführt. Darauf aufbauend kann dann die optimale Primärluftzahl berechnet und ein neuer Betriebspunkt 3 voreingestellt werden. Ausgehend

416   Mathematische Modellierung thermischer Prozesse zur Abfallbehandlung

von diesem Betriebspunkt wird anschließend durch Regeln, indem die Primärluftzahl stufenweise geringfügig erhöht bzw. vermindert wird, die reale optimale Primärluftzahl (Betriebspunkt 5) gesucht. Diese Vorgehensweise ist in der Zwischenzeit soweit entwickelt, daß nicht der o.g. geänderte stationäre Betriebspunkt 2 abgewartet werden muß, d.h. daß das Prozeßmodell bereits bei Änderungen der NO_x-Konzentration einzugreifen beginnt. Darüber hinaus hat sich gezeigt, daß die genannte ermittelte Voreinstellung (Betriebspunkt 3) in der Regel so gut mit dem realen Optimum (Betriebspunkt 5) übereinstimmt, daß eine Korrektur ausgehend von Betriebspunkt 3 kaum erforderlich ist.

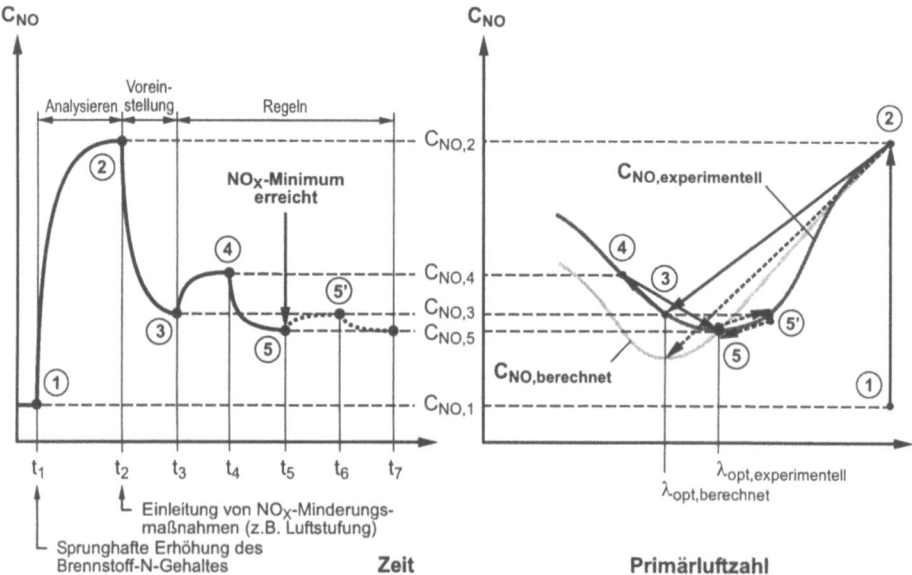

Abb. 14.24: Regelungstechnische Minimierung der NO_x-Emissionen bei unbekannter Änderung des Brennstoff-N-Gehaltes durch zweistufige Verbrennungsluftführung [14.36].

Diese Erweiterung von Regelungen in Hinblick auf Schadstoffemissionen soll künftig auch auf Rostfeuerungen, d.h. auf den Feststoffumsatz auf dem Rost wie auch auf die Nachverbrennung nach dem Rost übertragen werden.

Literatur

[1.1] Schnurer, H.: Auswirkungen des Kreislaufwirtschafts- und Abfallgesetzes auf die Müllverbrennung; Special BWK/TÜ/Umwelt (1996), Nr.10, S. 6-8.

[1.2] Dritte Allgemeine Verwaltungsvorschrift zum Abfallgesetz; Technische Anleitung zur Verwertung, Behandlung und sonstiger Entsorgung von Siedlungsabfällen (TA-Siedlungsabfall), vom 14.05.1993.

[1.3] Erste Allgemeine Verwaltungsvorschrift zum Bundes-Immissionsschutzgesetz; Technische Anleitung zur Reinhaltung der Luft (TA-Luft), vom 27.02.1986.

[1.4] Siebzehnte Verordnung zur Durchführung des Bundes-Immissionsschutzgesetz; Verordnung über Verbrennungsanlagen für Abfälle und ähnliche brennbare Stoffe (17. BImSchV), vom 23.11.1990.

[1.5] Allgemeine Rahmen-Verwaltungsvorschrift über Mindestanforderungen an das Einleiten von Abwässern in Gewässer (Rahmen-Abwasser VwV), vom 25.11.1992.

[1.6] Fodor, E. de: Elektrizität aus Kehricht; K.U.K. Hofbuchhandlung von Julius Benkö, Budapest, 1911.

[1.7] Scholz, R; Beckmann, M.; Schulenburg, F.: Thermische Verfahren zur Abfallbehandlung; Prozeßführung, Bausteine und Bewertung; VDI-Bericht 1192, Thermische Abfallentsorgung, VDI-Verlag, Düsseldorf, 1995, S. 1-78.

[1.8] Emissionsminderung bei Müllverbrennungsanlagen; Endbericht eines Verbundvorhabens zwischen der Firma MARTIN GmbH, München; NOELL GmbH, Würzburg; L. & C. Steinmüller, Gummersbach, Projektträger UBA-Berlin, 1994.

[2.1] Gesetz zur Förderung der Kreislaufwirtschaft und Sicherung der umweltverträglichen Beseitigung von Abfällen (Kreislaufwirtschafts- und Abfallgesetz -KrW-/AbfG), (1994).

[2.2] Daten zur Umwelt - Der Zustand der Umwelt in Deutschland -; Herausgeber: Bundesumweltamt, Erich Schmidt Verlag GmbH & Co., Berlin, Ausgabe 1997.

[2.3] Reimann, D.O.; Hämmerli, H.: Verbrennungstechnik für Abfälle in Theorie und Praxis; Schriftenreihe Umweltschutz, Bamberg, 1995.

[2.4] Hämmerli, H.: Grundlagen zur Berechnung von Müllfeuerungen; In: Müllverbrennung und Rauchgasreinigung, Thomé-Kozmiensky, K.J. (Hrsg.), E. Freitag-Verlag, Berlin, 1983, S. 481.

[2.5] Doedens, H.: Charakterisierung der Siedlungsabfälle zur mechanisch-biologischen Behandlung; In: Abfallwirtschaft am Wendepunkt, Thomé-Kozmiensky, K. J., TK Verlag, Neuruppin, 1997, S. 321-335.

[2.6] Schulenburg, F.; Scholz, R.: Bilanzierung und Bewertung von thermischen Abfallbehandlungsverfahren; Einfluß unterschiedlicher Abfallvorbehandlungsverfahren; VDI-Bericht 1387, Restmüllentsorgung '98, VDI-Verlag, Düsseldorf, 1998, S. 17-47.

[2.7] Scholz, R.; Beckmann, M.; Schulenburg, F.: Möglichkeiten der Verbrennungsführung bei Restmüll in Rostfeuerungsanlagen; Technische Überwachung 32 (1991) Nr.10, S. V22-V39.

[2.8] Zweite allgemeine Verwaltungsvorschrift zum Abfallgesetz; Teil 1: Technische Anleitung zur Lagerung chemisch/physikalischen und biologischen überwachungsbedürftigen Abfällen (TA-Abfall); vom 10.04.1990.

[2.9] Wintzer, D.; Leible, Ch.; Rösch, R.; Bräutigam, R.; Fürniß, B.; Sardemann, G.: Wege zur umweltverträglichen Verwertung organischer Abfälle; Forschungszentrum Karlsruhe GmbH, Institut für Technikfolgeabschätzung und Systemanalyse, Erich Schmidt Verlag GmbH & Co., Berlin, 1996.

[2.10] Jager, J.; Eckrich, C.: Schad- und Wertstoffe im Schlamm; 8. Karlsruher Flockungstage, ISWW, Universität Karlsruhe, 1994.

[2.11] Teller, M.; Püschel, M.; Wittchen, F.: Klärschlammverwertung und -behandlung Teil 1; AbfallwirtschaftsJournal 6 (1994), Nr. 10.

[2.12] Bilitewski, B.: Vorschaltanlagen vor der Verbrennung; In: Thermische Restabfallbehandlung, Bilitewski, B.; Faulstich, M.; Urban, A. (Hrsg.), Erich Schmidt Verlag GmbH & Co., Berlin, 1996, S. 92-104.

[2.13] Lindner, K.-J.; Bohlmann, J.; Prick, G.: Kalte Verfahren als Vorschaltmaßnahme vor der thermischen Verwertung /Behandlung; Tagungsband, VDI-GET Veranstaltung „Thermische Abfallbehandlung", 27.-28. Juni 1995 in Würzburg.

[2.14] Spillmann, P.: Stoffgerechte Behandlung undefinierter Restabfallmengen durch Kombination biochemischer und thermischer Behandlungsverfahren; Müll und Abfall (1994) Nr.7, S. 416-431.

Literatur

[2.15] Leschonski, K.: Das Klassieren disperser Feststoffe in gasförmigen Medien; Chem.-Ing.-Tech. 49 (1977) Nr.9, S. 708-719.

[2.16] Spillmann, P.: Aerobe Behandlungsverfahren, Ziele, Realisierungsmöglichkeiten; In: Mechanisch-biologische Behandlung von Abfällen, Zentrum für Abfallforschung-ZAF, Heft 10, Braunschweig, 1995.

[2.17] Spillmann, P.; Collins, H.-J.: Das Kaminzugverfahren; Forum-Städte-Hygiene Nr.32 (1981).

[2.18] Stegmann, R.: Anaerobe Behandlungsverfahren - Ziele, Realisierungsmöglichkeiten -; In: Mechanisch-biologische Behandlung von Abfällen, Zentrum für Abfallforschung-ZAF, Heft 10, Braunschweig, 1995.

[2.19] Wiemer, K.; Kern, M.: Mechanisch-Biologische Restabfallbehandlung nach dem Trockenstabilatverfahren, M.I.C. Baeza-Verlag, Witzenhausen, 1995.

[2.20] Biologische Restabfallbehandlung - Zentrale Komponente der Abfallwirtschaft oder lediglich Nischenlösung -; Tagungsband vom Umweltinstitut Offenbach GmbH, Fachtagung vom 19. bis 20. Juni 1997 in Offenbach.

[2.21] Mauch, W.; Reitemann, T.: Kumulierter Energieaufwand verschiedener Verfahren zur Restmüllbehandlung; In: Integrierte Abfallwirtschaft im ländlichen Raum, Fricke, Thomé-Kozmiensky, Neumüller (Hrsg.), EF-Verlag für Energie- und Umwelttechnik GmbH, 1993, S. 225-247.

[2.22] Mechanisch-biogische Behandlung von Abfällen - Erfahrungen, Erfolge, Perspektiven -. Zentrum für Abfallwirtschaft, Heft 10, Braunschweig, 1995.

[2.23] Collins, H.-J.; Maak, D.; Reiff, C.: Das Kaminzug-Verfahren als entscheidende Aktivität einer stoffstromspezifischen Restabfallbehandlung; In: Bio- und Restabfallbehandlung II, Wiemer, K.; Kern, M. (Hrsg.), Fachbuchreihe Abfall-Wirtschaft des Witzenhausen-Instituts, M.I.C. Baeza-Verlag, Witzenhausen, 1998.

[2.24] Turk, M.; Collins, H.-J.: Stoffspezifische Abfallbehandlung. Der Städtetag 10 (1996), S. 710-714.

[2.25] Doedens, H.; Cuhls, C.: MBA vor Deponie- neue Erkenntnisse aus laufenden Forschungsvorhaben. In: „Planung von mechanisch-biologischen Behandlungsanlagen". VDI-Verlag, Düsseldorf, 1997.

[2.26] Lahl, U.: Status quo und Mindeststandards für Verfahren zur mechanisch-biologischen Restabfallbehandlung. Fachtagung Umweltinstitut Offenbach GmbH: Biologische Restabfallbehandlung, 19./20. Juni 1997, Offenbach.

[2.27] Spillmann, B.; Eschkötter, H.: Das Biopuster-Verfahren als Bestandteil einer stoffstromspezifischen Restabfallbehandlung; In: Bio- und Restabfallbehandlung III, Wiemer, K.; Kern, M. (Hrsg.), Fachbuchreihe Abfall-Wirtschaft des Witzenhausen-Instituts, M.I.C. Baeza-Verlag, Witzenhausen, 1999, S. 789-808.

[2.28] Wiemer, K.; Kern, M.: Vorbehandlung zur Stabilisierung von Restabfällen zur direkten oder zeitversetzten thermischen Verwertung; UTECH Berlin 96: Zukunft der thermischen Behandlung von Rest-Abfällen, Berlin, 26. Februar 1996, Tagungsband S. 113-136.

[2.29] Leikam, K.; Stegmann, R.: Stand der Technik und Entwicklungsbedarf der mechanisch-biologischen Verfahren als Alternative und Ergänzung zur Verbrennung; In: Abfallwirtschaft am Wendepunkt, Thomé-Kozmiensky, K.J., TK Verlag, Neuruppin, 1997, S. 299-319.

[2.30] Spillmann, P.: Stoffgerechte Behandlung undefinierter Restabfallmenge durch Kombination biochemischer und thermischer Behandlungsverfahren („Bio-Select-Verfahren"); Müll und Abfall (1994) Nr. 7, S. 416-431.

[2.31] Collins, H.-J.; Münnich, K.: Stoffstromtrennung von Siedlungsabfall vor einer thermischen Behandlung zur Optimierung des Entsorgungskonzeptes; In: Stoffstromspezifische Abfallbehandlung im Hinblick auf thermische Verfahren, 13. ZAF-Seminar, Braunschweig, 1998, S. 53-62.

[2.32] Collins, H.-J.: Treatmann of waste with regard to its properties; Fresenius Environmental Bulletin, 1997.

[2.33] Schulenburg, F.: Energetische Bewertung thermischer Abfallbehandlungsanlagen unter Berücksichtigung verschiedener Prozeßführungen; Verlag Papierflieger, Clausthal-Zellerfeld, Dissertation Technische Universität Clausthal, 2000.

[2.34] Bilitewski, B.; Kümmlee, G.; Lorber, K. E.: Bilanz eines Aufbereitungsprozesses; Müll und Abfall (1985) Nr. 11, S. 369-376.

[2.35] Scholz, R.; Schulenburg, F.: Prozeßführung bei Verfahren zur thermischen Restabfallbehandlung in Kombination mit mechanisch/biologischer Vorbehandlung; UTECH Berlin 96: Zukunft der thermischen Behandlung von Reststoffen, Berlin, 26. Februar 1996.

[2.36] Turk, M.: Heizwerte von abgesiebtem Abfall; In: Mechanisch-biologische Behandlung von Abfällen, Zentrum für Abfallforschung-ZAF, Heft 10, Braunschweig, 1995.

[2.37] Schulenburg, F.; Scholz, R.: Energetische Bilanzierung von Verfahrenslinien aus mechanisch-biologischer und nachgeschalteter thermischer Abfallbehandlung; In: Stoffstromspezifische Abfallbehandlung im Hinblick auf thermische Verfahren, 13. ZAF-Seminar, Braunschweig, 1998, S. 15-52.

[3.1] Scholz, R.; Schulenburg, F.; Beckmann, M.: Kriterien zur Beurteilung thermischer Behandlungsverfahren für Rückstände; VDI-Bericht Nr. 1033, Techniken der Restmüllbehandlung, VDI-Verlag GmbH, Düsseldorf, 1993, S. 111-163.

[3.2] Heil, J.: Einfluß der Pyrolysebedingungen und der Abfallarten auf die entstandenen Podukte bei der Entgasung von Hausabfällen; Dissertation TU-Berlin, 1980.

[3.3] Künmann, R.; Schleussner, M. Bockhorn, H.: Untersuchungen zur Pyrolyse von PVC und anderen Polymeren; VDI-Berichte Nr. 922, 1991.

[3.4] Knörr, A.: Thermische Abfallbehandlung mit dem SYNCOM-Verfahren; VDI-Bericht Nr. 1192, Thermische Abfallentsorgung, VDI-Verlag GmbH, Düsseldorf, 1995, S. 221-241.

[3.5] Scholz, R.; Jeschar, R.; Schopf, N.; Klöppner, G.: Prozeßführung und Verfahrenstechnik zur schadstoffarmen Verbrennung von Abfällen; Chemie-Ingenieur-Technik 62 (1990) Nr. 11, S. 877-887.

[3.6] Kolb, T.; Sybon, G.; Leuckel, W.: Reduzierung der NOx-Bildung aus brennstoffgebundenem Stickstoff durch gestufte Verbrennungsführung. 6. Tecflam-Seminar „Schadstoffreduktion bei Verbrennungsprozessen" (1990).

[3.7] Scholz, R.; Schopf, N.: Environmental Protective Combustion Process For Waste Fuels. Proceedings of the 1st European Conference on Industrial Furnaces and Boilers, March 21.-24. 1988, Lisbon, Portugal, S. 113-117.

[3.8] Scholz, R.; Beckmann, M.: Möglichkeiten der Verbrennungsführung bei Restmüll in Rostfeuerungsanlagen; VDI-Berichte 895, VDI-Verlag, Düsseldorf, 1991, S. 69-138.

[3.9] Specht, E.; Jeschar, R.: Ermittlung der geschwindigkeitsbestimmenden Mechanismen bei der Verbrennung von dichten Kohleteilchen; VDI-Berichte 645, VDI-Verlag, Düsseldorf, 1987, S. 45-56.

[3.10] Levenspiel, O.: Chemical Reaction Engineering; John Wiley & Sons, Inc., Second Edition, 1972.

[3.11] Knacke, O.; Kubaschewski, O.; Hesselmann, K.: Thermochemical Properties of Inorganic Substances; Springer-Verlag, Berlin, Heidelberg, New York und Verlag Stahleisen m.b.H., Düsseldorf, 1991.

[3.12] BASF process for the incineration of liquid chlorinated hydrocarbons; BASF informeet, BASF Antwerpen N.V.

[3.13] Buttger, B.; Seifert, W.: Verwertung von Altkunststoffen durch Vergasungstechnik im Verwertungszentrum Schwarze Pumpe; VDI-Berichte 1288, VDI-Verlag, Düsseldorf, 1996, S. 139-157.

[4.1] Gumz, W.: Kurzes Handbuch der Brennstoff- und Feuerungstechnik. Springer Verlag, Berlin, Göttingen, Heidelberg, 1962.

[4.2] Boie, W.: Vom Brennstoff zum Rauchgas; Teubner Verlagsgesellschaft, Leipzig, 1957.

[4.3] Sprenger, E.; Hönmann, W.: Taschenbuch für Heizung und Klimatechnik; R. Oldenbourg Verlag, München, Wien, 1983.

[4.4] Thomè-Kozmiensky, K.J.: Müllverbrennung und Rauchgasreinigung; E. Freitag-Verlag, Band 7, Berlin, 1983.

[4.5] Mollier, R.: Die Gleichungen des Verbrennungsvorganges; Z. VDI 65 (1921); S. 1095-1096.

[4.6] Cerbe, G.: Grundlagen der Gastechnik; Carl Hanser Verlag, München, Wien, 1999.

[4.7] Engel, H.: Deponiegasverbrennung in Fackeln; Stuttgarter Berichte zur Abfallwirtschaft, Band 44, Erich Schmidt Verlag, Bielefeld, 1991.

[4.8] Hoffmann, G.W.; Jeschar, R.; Pötke, W.: Sauerstoffanreicherung der Brennluft an einem Stoßofen; Stahl und Eisen 105 (1985) Nr. 22, S. 1268-1274.

[4.9] Scholz, R.; Beckmann, M.; Horn, J.; Busch, M.: Thermische Behandlung von stückigen Rückständen; BWK/TÜ/Umwelt-Special, Okt. 1992, S. M22-M37.

[4.10] Fischer, R.: Abfallverbrennung mit Sauerstoff; In: Müllverbrennung und Umwelt, Thomé-Kozmiensky (Hrsg.), EF-Verlag für Energie- und Umwelttechnik, Berlin, 1989, S. 305-312.

[4.11] Scholz, R.; Beckmann, M.; Schulenburg, F.; Brinker, W.: Thermische Rückstandsbehandlungsverfahren - Aufteilung in Bausteine und Möglichkeiten der Bilanzierung; Brennstoff-Wärme-Kraft (BWK) 46 (1994) Nr.11/12, S. 469-482.

[5.1] Gumz, W.: Kurzes Handbuch der Brennstoff- und Feuerungstechnik; Springer Verlag, Berlin, Göttingen, Heidelberg, 1962.

[5.2] Meunier, J.: Vergasung fester Brennstoffe und oxydative Umwandlung von Kohlenwasserstoffen; Verlag Chemie GmbH; Weinheim/Bergstr., 1962.

[5.3] Gumz, W.: Vergasung fester Brennstoffe; Springer Verlag, Berlin, Göttingen, Heidelberg, 1952.

[5.4] Gumz; W.: Verhalten der Schwefel- und Stickstoffverbindungen bei der Vergasung und ihre rechnerische Ermittlung; Brennstoff-Wärme-Kraft 4 (1952), S. 13-16.

[6.1] Born, M.: Behandlung von Siedlungsabfällen durch Pyrolyse, Vergasung oder Verbrennung; GVC-Sitzung des Fachausschusses „Abfallbehandlung", Kloster Eberbach, 08.11.93.

[6.2] Bilitewski; Härdtle; Marek: Grundlagen der Pyrolyse von Rohstoffen; In: Pyrolyse von Abfällen; Thomé-Kozmiensky, K. J. (Hrsg.), EF-Verlag für Energie- und Umwelttechnik GmbH, Berlin, 1985.

[6.3] Mönnig, A.: Untersuchung der Entgasung verschiedener Abfallstoffe in einem Laborhorizontalrohrreaktor, Dissertation TU Berlin, 1980.

[6.4] Berghoff, R.: Zur Pyrolyse häuslicher Abfälle, Dissertation TH Aachen, 1981.

[6.5] Nels, Ch.: Beitrag der Hausmüllpyrolyse zur flächendeckenden Abfallentsorgung; In: Zukunftsaspekte der thermischen Abfallbehandlung im Rahmen abfallwirtschaftlicher Planung, 16. AWS der TU-Berlin, 1983.

[6.6] Barin, I.; Igelbüscher, A.; Zenz, F.-R.: Thermodynamische Analyse der Verfahren zur thermischen Müllentsorgung; Studie (Zeus-Studie) im Auftrag des Landesumweltamtes Nordrhein-Westfalen, 1995.

[6.7] Klose, E.; Toufar, W.: Grundlagen der Kohlepyrolyse; Lehrbrief 3 der Bergakademie Freiberg, Sektion Verfahrens- und Silikattechnik, Freiberg, 1987.

[7.1] Leuckel, W.; Römer, R.: Schadstoffe aus Verbrennungsprozessen; VDI-Bericht Nr. 346, VDI-Verlag, 1979, S. 323-347.

[7.2] Howard, B. J.; Williams, G. C.; Fine, D. H.: Kinetics of carbon monoxide oxidation in postflame gases; 14th Symp. (International) Combustion, Comb. Inst. Pittsburgh, 1973.

[7.3] Dryer, F.L.; Glassman, I.: High-Temperature Oxidation of CO and CH_4; 14th Symp. (International) Combustion, Comb. Inst. Pittsburgh, 1973.

[7.4] Hansen, W.: Ölfeuerungen - Brennstoff, Technische Einrichtung, Anwendung -; Springer Verlag, Berlin, 1970.

[7.5] Günther, R.: Verbrennung und Feuerungen; Springer Verlag, Berlin, 1974.

[7.6] Gumz, W.; Kirsch, H.; Mackowsky, M.: Schlackenkunde; Berlin 1958.

[7.7] Żelkowski, J.: Kohleverbrennung; Band 8 der Fachbuchreihe „Kraftwerkstechnik", VGB Technische Vereinigung der Großkraftwerksbetreiber e.V. (1986).

[7.8] Bockhorn, H. (Hrsg.): Soot Formation in Combustion - Mechanismus Break and Models; Springer Verlag, Berlin, Heidelberg, 1994.

[7.9] Nagle J., Stickland-Constable, R.F.: Proceedings of the Fifth Conference on Carbon; Pergamon Press, London, 1962, S. 154.

[7.10] Balthasar, M.; Bockhorn, H.; Heyl, A.; Mauß, F.: Modellierung der Bildung und Oxidation von Ruß in Diffusionsflammen mit Flamelet-Konzepten; In: Experimente und Modellierung zur heterogenen und homogenen Verbrennung, Wissenschaftliche Berichte, FZKA 6084, Forschungszentrum Karlsruhe GmbH, Karlsruhe, 1998, S. 37-54.

[7.11] Palmer, H.B.: The formation of carbon from gases; Chemistry and physics of carbon, Band 1, London 1965.

[7.12] Lee, K.B.; Thring, M.W.; Beer, J.M.: On the rate of combustion of soot in a laminar soot flame; Combustion and Flame 6 (1962), S. 137.

[7.13] Wolf, P.H.: Einführung in die Dioxin-Problematik; TÜ Technische Überwachung Bd. 30 (1989) Nr. 10, S. 369-371.

[7.14] Hasberg, W.; Römer, R.: Organische Spurenschadstoffe in Brennräumen von Anlagen zur thermischen Entsorgung; Chem.-Ing.-Tech. 60 (1988) Nr.6, S. 435-443.

[7.15] Raible, L.; Vogg, H.: Dioxine und Furane im Abweg von Müllverbrennungsanlagen; AbfallwirtschaftsJournal (1996) Nr. 3, S. 46-52.

[7.16] Dioxine; Vorkommen, Minderungsmaßnahmen, Meßtechnik; Kolloquium in Fulda, 29.-30. Oktober 1996, VDI-Bericht 1298, VDI-Verlag GmbH, Düsseldorf 1996.

[7.17] Lenoir, D.; Fiedler, H.: Bildungswege für chlorierte Dibenzo-p-dioxine und -furane bei der Abfallverbrennung; Z. Umweltchem. Ökotox. 4 (3) 1992.

[7.18] Stieglitz, L.; Vogg, H.: On formation conditions of PCDD/F in fly ash from municiple waste incinerators; Chemoshere 16 (1987), S. 1917.

[7.19] Hagenmaier, H.; Brunner, H.; Haag, H.; Kraft, M.: Coppercatylyst dechlorination/hydrogenation of polychlorinated dibenzo-p-dioxines, Polychlorinated dibenzo-p-furnanes and other chlorinated aromatic compounds; Environ. Sci. Technol. 21 (1987), S. 1085.

[7.20] Vehlow, J.; Vogg, H.: Thermische Zerstörung organischer Schadstoffe; Müllverbrennung und Umwelt, Bd. 5 (1991) S. 447.

[7.21] Ballschmiter, K.; Braunmiller, I.; Niemczyk, R.; Swerev, M.: Reaction path ways for the formation of polychloro-dibenzodioxines and –dibenzofuranes in combustion processes; Chemoshere 17 (1988), S. 995.

[7.22] Birnbaum, L.: Das Verhalten von Chloraromaten bei der Staubabscheidung in Müllverbrennungsanlagen. Tagungsband zum IUTA-Statusseminar: Stoffmanagement bei der thermischen Abfallbehandlung, Duisburg, Februar 1996.

[7.23] Vehlow, J.; Rittmeyer, C.; Vogg, H.; Mark, F.; Hayen, H.: Einfluß von Kunststoffen auf die Qualität der Restmüllverbrennung; GVC-Symposium Abfallwirtschaft Herausforderung und Chance, 17.-19. Oktober 1994, Würzburg, S. 203-219.

[7.24] Vosteen, B.; Martin, R.; Vehlow, J.: Darstellung der Verbrennungsverfahren - Verfahren zur direkten Verbrennung der Auto-Shredderleichtfraktion (Teil II); VDI Tagung: "Thermische Behandlung von Konsumgüterreststoffen am Beispiel der Altfahrzeugverwertung", Mannheim 13./14. 05. 1992.

[7.25] Beckmann, M.; Griebel, H.; Scholz, R.: Einfluß von Temperatur, Durchmischung und Verweilzeit auf den Abbau organischer Spurenstoffe bei der thermischen Behandlung von Abfallholz; DGMK-Fachtagung „Energetische und stoffliche Nutzung von Abfällen und nachwachsenden Rohstoffen"- Velen III, 20. bis 22. April 1998.

[7.26] Beckmann, M.; Scholz, R.; Wiese, C.; Busch, M.; Peppler, E.: Gasification of Waste Materials in Grate Systems; 4th European Conference of Industrial Furnaces and Boilers (INFUB), Espinho-Porto, Portugal, 01.-04. April 1997.

[7.27] Zeldovic, J.: The oxidation of nitrogen in combustion and explosions; Acta Physicochimica U.R.S.S. 21 (1946), Nr. 4, S. 577-628.

[7.28] de Soete, G.: Physikalisch-chemische Mechanismen bei der Stickstoffoxidbildung in industriellen Flammen; Gas Wärme International 30 (1981), Nr. 1, S. 15-23.

[7.29] Fenimore, C.P.: Formation of nitric oxide in premixed hydrocarbon flames; 13th Symposium (International) on Combustion, the Combustion Institute, Pittsburgh 1971, S. 373-379.

[7.30] Kolb, T.; Leuckel, W.: Untersuchungen zur Minderung der NO_x-Emission durch dreistufige Verbrennung; Chem.-Ing.-Tech. 63 (1991) Nr. 7, S. 758-759.

[7.31] Schrod, M.; Semel, J.; Steiner, R.: Verfahren zur Minderung von NO_x-Emissionen in Rauchgasen; Chem.-Ing.-Tech. 57 (1985) Nr. 9, S. 717-727.

[7.32] Kolb, T.; Sybon, G.; Leukel, W.: Reduzierung der NO_x-Bildung aus brennstoffgebundenem Stickstoff durch gestufte Verbrennungsführung; 6. TECFLAM-Seminar, Oktober 1990, Heidelberg, S. 23.

[7.33] Klöppner, G.: Zur Kinetik der NO-Bildungsmechanismen in verschiedenen Reaktortypen am Beispiel der technischen Verbrennung. Fortschrittsberichte VDI, Reihe 6: Energieerzeugung, Nr. 262. VDI Verlag GmbH, Düsseldorf 1991.

[7.34] Kremer, H.; Schulze, W.: Minderung der NO_x-Emission durch verbrennungstechnische Maßnahmen; VDI-Bericht Nr. 495, VDI-Verlag, Düsseldorf, 1984, S. 133.

[7.35] Malek, C.: Zur Bildung von Stickstoffoxid bei einer Staubfeuerung unter gleichzeitiger Berücksichtigung des Ausbrandes, CUTEC-Schriftenreihe Nr. 6, Dissertation, TU Clausthal 1993.

[7.36] Nötzold, D.; Algermissen, J.: Numerische Studie der Bildungskinetik von „prompt-NO" in Azetylen-Sauerstoff-Stickstoff-Gemischen; In: VDI-Forschungsheft, Bd. 609, VDI-Gesellschaft Energietech., 1981, S. 35-39.

[7.37] Steinebrunner, K.; Becker, R.; Seifert, H.; Scholz, R.; Sternberg, J.: Untersuchungen zur thermischen Entsorgung von NO-haltigen Ablüften; VDI-Bericht Nr. 922, VDI-Verlag, Düsseldorf, 1991, S. 223-236.

[7.38] Weichert, Chr.; Scholz, R.; Steinebrunner, K.; Seifert, H.: Verbrennung von NH_3-haltigen Prozeßgasen unter besonderer Berücksichtigung von Inertgaseinflüssen; VDI-Bericht Nr. 1193, VDI-Verlag, Düsseldorf, 1995, S. 389-400.

[7.39] Kremer, H.: Grundlage der NO_x-Entstehung und -Minderung; Gas Wärme International Band 35 (1986) Nr. 4, S. 239-246.

[7.40] Eberius, H.; Just, Th.; Kelm, S.: NO_x-Schadstoffbildung aus gebundenem Stickstoff in Propan-Luft-Flammen; VDI-Bericht Nr. 498, VDI-Verlag, Düsseldorf, 1983, S. 183-192.

[7.41] Malek, Ch.; Jeschar, R.; Scholz, R.: Verfahrenstechnik zur schadstoffarmen Verbrennung von Erdölrückständen; VDI-Bericht Nr. 922, VDI-Verlag, Düsseldorf, 1991, S. 271-282.

[7.42] Scholz, R.; Beckmann, M.; Malek, Ch.: Drallbrennkammer zur schadstoffarmen Verbrennung von schwierigen gasförmigen und flüssigen Brennstoffen; Energietechnik 40 (1990), Nr. 8, S. 292-295.

[7.43] Scholz, R.; Beckmann, M.; Schulenburg, F.: Experimental research on gasification of coarse waste on a stocker system and separate afterburning as well as optimization with the aid of a process modell; The 1994 International Incineration Conference, May 9-14, 1994, Houston, Texas USA, Proceedings by University of California, Irvine, S. 297-306.

[7.44] Beckmann, M.; Scholz, R.; Wiese, C.; Davidovic, M.: Optimization of gasification of waste materials in grate systems; 1997 International Conference on Incineration & Thermal Treatment Technologies, San Franzisco-Oakland Bay, California, 12.-16. May, 1997.

[7.45] Beckmann, M.; Scholz, R.: Vergasung von Abfällen in Rostsystemen; In: Vergasungsverfahren für die Entsorgung von Abfällen (Hrsg.) Born, M.; Berghoff, R., Springer-VDI-Verlag GmbH, Düsseldorf, 1998, S. 80-109.

[7.46] Jeschar, R.; Scholz, R.; Schopf, N.; Klöppner, G.; Malek, Ch.: Verbrennungstechnik von schwersiedenden Erdölfraktionen und Erdölrückständen und Entschwefelung bei der Verbrennung schwersiedender Erdölfraktionen und Erdölrückständen; Arbeits- und Ergebnisbericht zum SFB 134, TU Clausthal, April 1986 bis März 1989, S. 538-598.

[7.47] Jeschar, R.; Scholz, R.; Schopf, N.: Mehrstufige Prozeßführung bei der Verbrennung von BRAM; In: Müllverbrennung und Umwelt 2, Thomé-Kozmiensky, K.J. (Hrsg.), EF-Verlag für Energie- und Umwelttechnik GmbH, Berlin, 1987, S. 418-440.

[7.48] Scholz, R.; Jeschar, R.; Malek, C.; Faatz, O.: Betriebserfahrungen zur Schwefeleinbindung auf dem Rost eines Müllheizkraftwerkes; Forum Städte-Hygiene 41 (1990) Nr. 6, S. 316-319.

[7.49] Jeschar, R.; Scholz, R.; Schopf, N.: Heißentschwefelung in Drallbrennkammersystemen und einem isothermen Rohrreaktor; VDI-Berichte Nr. 574, VDI-Verlag, Düsseldorf, 1985, S. 673-687.

[7.50] Schopf, N.: Berechnungen und Versuche zur Heißentschwefelung mit Kalkadditiven unter Berücksichtigung der Verbrennungsführung, Fortschrittsberichte VDI, Reihe 15: Umwelttechnik, Dissertation, TU Clausthal, 1990.

[7.51] Vogg, H.: Verhalten von (Schwer-) Metallen bei der Verbrennung kommunaler Abfälle; Chem.-Ing.-Tech. 56 (1984) Nr. 10, S. 740-744.

[7.52] Belevi, M.: Was können Stoffflußstudien bei der Bewertung der thermischen Abfallbehandlung leisten?; VDI-Bericht 1033, VDI-Verlag GmbH, Düsseldorf, 1993, S. 261-276.

[7.53] Vehlow, J.: Reststoffbehandlung - Schadstoffsenke Thermische Abfallbehandlung -; FDBR-Symposium „Die Thermische Abfallverwertung der Zukunft", 23. Februar 1996, Rostock, S. 45-66.

[7.54] Hunsinger, H.; Merz, A.: Beeinflussung der Schlackequalität bei der Rostverbrennung von Hausmüll; GVC-Symposium Abfallwirtschaft Herausforderung und Chance, 17.-19. Okt. 1994, Würzburg, S. 185-202.

[8.1] Carlowitz, O.; Scholz, R.; Jeschar, R.: Vereinfachte Berechnung von Wirbelfäden zur Erzeugung freier Turbulenz in Mischkammern; Abhandlung der Braunschweigischen Wissenschaftlichen Gesellschaft 31 (1980), S. 7-36.

[8.2] Oswatitsch, K.: Grundlagen der Gasdynamik; Springer-Verlag, Wien, New York, 1976.

[8.3] Scholz, R.; Jeschar, R.; Carlowitz, O.: Zur Thermodynamik von Freistrahlen; Gas Wärme International 33 (1984) Nr.1, S. 22-27.

[8.4] Jeschar, R.; Scholz, R.; Schopf, N.: Klöppner, G.: Schadstoffarme Verbrennung in einem Drallkammersystem; Die Industriefeuerung 38 (1986), S. 90-95.

[8.5] Jeschar, R.; Scholz, R.; Schopf, N.; Klöppner, G.: Schadstoffarme Verbrennungsführung bei unterschiedlichen Brennstoffen am Beispiel eines Drallbrennkammersystems; Chem.-Ing.-Tech. 59 (1987) Nr.7, S. 602-603.

[8.6] Hasenkopf, O.; Nonnenmacher, A.; Auchter, E.; Hagenmaier, A.; Kraft, M.: Wirksamkeit von Primär- und Sekundärmaßnahmen zur Dioxinminderung in Müllverbrennungsanlagen; VGB Kraftwerkstechnik 67 (1987), S. 1069 ff.

[8.7] Vogg, H.; Merz, A.; Stieglitz, L.; Vehlow, I.: Chemischverfahrenstechnische Aspekte zur Dioxinreduzierung bei Abfallverbrennungsprozessen; VGB Kraftwerkstechnik 69 (1989), S. 795 ff.

[8.8] Scholz, R.; Sternberg, J.: Verfahrenstechnik der Verbrennungsführung zur Minderung von Schadstoffemissionen aus Brennkammerfeuerungen; Energie und Umwelt '94 mit Abfallverwertung und -behandlung, Freiberg 23.-25. März 1994, Tagungsband, S. 115-118.

[9.1] Schulz, W.; Hauk, R.: Kombination einer Pyrolyseanlage mit einer Steinkohlekraftwerksfeuerung; In: Stoffliche und thermische Verwertung von Abfällen in industriellen Hochtemperaturprozessen, 11. DVV-Kolloquium, Braunschweig, 1998, S. 237-246.

[9.2] Schmidt, R.: Kombinierte Anlagen, Entgasung-Vergasung-Verbrennung; FDBR-Symposium, 3. Februar 1996, Rostock. In Vortragsband: „Fakten! Die thermische Abfallverwertung der Zukunft", S. 95-111.

[9.3] Seifert, H.; Hasberg, W.; Dorn, H.: Planung einer Verbrennungsanlage für industrielle Rückstände; Chem.-Ing.-Tech. 61 (1989) Nr.4.

[9.4] Richers, U.: Thermische Behandlung von Abfällen in Drehrohröfen, Forschungszentrum Karlsruhe, Wissenschaftliche Berichte FZKA 5548, 1995.

[9.5] Joschek, H.-I.; Dorn, I.H.; Kolb, T.: Der Drehrohrofen - Die Chronik einer modernen Technik am Beispiel der BASF-Rückstandsverbrennung;VDI-Bildungswerk, Handbuch „Feuerungs-, Verbrennungs- und Vergasungstechniken, Seminar vom 4. bis 5. Mai 1995, München.

[9.6] Martin, M.: Moderne Abfallverbrennung; Abfallwirtschafts-Journal 0/88 (1988), S. 7-11.

[9.7] Reimann, D. O.: Mitverbrennung von Klärschlämmen auf dem Rost am Beispiel MHKW Bamberg; In: Thermische Restabfallbehandlung, Hrsg. Bilitewski, B.; Faulstich, M.; Urban, A., Abfallwirtschaft in Forschung und Praxis, Bd. 83, 1996, S. 120-134.

[9.8] Vehlow, J.; Pfrang-Stotz, G.; Schneider, J.: Untersuchungen über verbesserte Umweltverträglichkeit von Müllverbrennungsschlacken GVC-, Abfallbehandlung; Vortrag 8./9. Nov. 1993, Eltville.

[9.9] Rizzon, J.; Wefing, H.; Holtmeier, J.: Die Entsorgung von Reststoffen mit dem PyroMelt- und dem KSMF-Verfahren; Brennstoff-Wärme-Kraft (BWK)/TÜ/Umwelt-Spezial (1995) Nr.10, S. R39-R46.

[9.10] Hünlich, Th.; Jeschar, R.; Scholz, R.: Soptionstechnik von SO2 aus Verbrennungsabgasen bei niedrigen Temperaturen; Zement-Kalk-Gips 44 (1991) Nr.5, S. 228-237.

[9.11] Kaminsky, W.: Wertstoffrückgewinnung durch Pyrolyse von Kunststoffen in der Wirbelschicht; Entsorgungspraxis-Spezial, Nr.1, 1991, S. 17-21.

[9.12] Plass, L.; Hirschfelder, H.; Loeffler, J.: Thermische Restabfallbehandlung mittels Wirbelschichtvergasung; In: Stuttgarter Berichte zur Abfallwirtschaft; Kreislaufwirtschaftsgesetz, neue Verfahren der thermischen Abfallbehandlung und zeitgemäße Deponietechnik 1995, 67. Abfalltechnisches Kolloquium, Band 61, Erich Schmidt Verlag, 1995.

[9.13] Mergler, R.; Eschenburg, J.; Nindelt, G.: Dezentrale Abfallbehandlung in der zirkulierenden Wirbelschicht; Abfallwirtschafts Journal Nr. 3, (1997), S. 32-34.

[10.1] Society of Environmental Toxicology and Chemistry (Hrsg.): Guidelines for Life Cycle Assessment: A „Code of Practice", SETAC, Brüssel, 1993.

[10.2] Scholz, R.; Beckmann, M.; Schulenburg, F.: Entwicklungsmöglichkeiten der Prozeßführung bei Rostsystemen zur thermischen Abfallbehandlung; FDBR-Symposium, 3. Februar 1996, Rostock. In Vortragsband: „Fakten! Die thermische Abfallverwertung der Zukunft", S. 111-198.

[10.3] Mauch, W.: Kumulierter Energieaufwand verschiedener Entsorgungswege von Hausmüll; Brennstoff-Wärme-Kraft (BWK), Bd. 46 (1994) Nr.5, S. 230-232.

[10.4] Ganzheitliche Bilanzierung von Grundstoffen und Halbzeugen, Teil I Allgemeiner Teil; Forschungsstelle für Energiewirtschaft der Gesellschaft für praktische Energiekunde e.V., München, Juli 1999.

[10.5] Scholz, R.; Beckmann, M.: Substitution von Brennstoffen und Rohstoffen durch Abfälle in Hochtemperaturprozessen; In: Stoffliche und thermische Verwertung von Abfällen in industriellen Hochtemperaturprozessen, 11. DVV-Kolloquium, Braunschweig, 1998, S. 21-46.

[10.6] Beckmann, M.; Scholz, R.: Energetische Bewertung der Substitution von Brennstoffen durch Ersatzbrennstoffe aus Abfällen bei Hochtemperaturprozessen zur Stoffbehandlung, Teil 1 und Teil 2, ZKG International, 52 (1999) Nr. 6, S. 287-303 und Nr. 8, S. 411-419.

[10.7] Rosemann, H.: Theoretische und betriebliche Untersuchungen zum Brennstoffenergieverbrauch von Zementdrehofenanlagen mit Vorcalcinierung; Dissertation, TU Clausthal, 1986.

[10.8] Christmann, A.; Quitteck, G.: Die DBA-Gleichstromfeuerung mit Walzenrost; VDI-Berichte 1192, VDI-Verlag GmbH, Düsseldorf, 1995, S. 243-269.

[10.9] TÜV Energie und Umwelt GmbH. Bewertung des Thermoselect-Verfahrens; Für das Umweltministerium Baden-Württemberg, Dez. 1994.

[11.1] Arend, W.: Untersuchungen über das aerodynamische Verhalten nichtbackender Kohle auf Wanderrosten; Dissertation TH Hannover, 1933.

[11.2] Traustel, S.: Zur Berechnung von Vergasungsgleichgewichten; Feuerungstechnik 31 (1943) Nr. 7/8.

[11.3] Nusselt, W.: Die Vergasung und Verbrennung auf einem Rost; Zeitschrift des VDI, Bd.60 Nr. 6, 5.Februar 1916.

[11.4] Werkmeister, H.: Versuche über den Verbrennungsverlauf bei Steinkohlen mittlerer Korngrößen; Dissertation TH Hannover, 1932.

[11.5] Rosin, P.; Kayser, H.-G.; Fehling, R.: I: Die Zündung fester Brennstoffe auf dem Rost; II: Untersuchungen über das Zündverhalten. Berichte der Technisch-Wirtschaftlichen Sachverständigenausschüsse des Reichskohlenrates. Berlin, 1935.

[11.6] Traustel, S.: Verbrennung, Vergasung und Verschlackung; Dissertation TH Berlin, 1939.

[11.7] Marcard, W.: Rostfeuerungen; VDI-Verlag GmbH, Berlin, 1934.

[11.8] Leye, A.R.: Die Verbrennung auf dem Rost; Dissertation TH Berlin, 1933.

[11.9] Fakten!; FDBR-Nachrichten zur Abfallverwertung, Nr.5, Juli 1997.

[11.10] Schetter, G.; Martin, J.: Gemeinsame Verbrennung v. Müll und Schlamm auf dem Rückschubrost; VGB Kraftwerkstechnik 65 (1985) Nr. 11.

[11.11] Faulstich, M.: Rückstände aus der thermischen Abfallbehandlung – Behandlungs- und Verwertungsverfahren im Überblick -; In: Thermische Restabfallbehandlung, Hrsg. Bilitewski, B.; Faulstich, M.; Urban, A., Abfallwirtschaft in Forschung und Praxis, Bd. 83, 1996, S. 261-296.

[11.12] Bahadir, M.: Umweltrelevanz der Abgase und festen Rückstände von Abfallverbrennungsanlagen; In: Ist die thermische Behandlung von Abfallstoffen vermeidbar?, Zentrum für Abfallforschung ZAF, Heft 7, Braunschweig, 1992, S. 271-290.

[11.13] Vehlow, J.: Verwertung von Reststoffen aus der Abfallverbrennung; Brennstoff-Wärme-Kraft (BWK)/TÜ/Umwelt (1996), Nr. 10, S. 10-13.

[11.14] Rizzon, J.: ML-Einschmelztechnik mit dem KSHF-Prozeß unter möglichem Einsatz von z.B. Herdofenkoks; VDI-Bildungswerk Seminar 436003, 13.- 14. Januar. 1993, VDI-Verlag GmbH, Düsseldorf.

[11.16] Mayer-Schwinning, G.; Merlet, H.; Pieper, H.; Zschocher, H.: Verglasungsverfahren zur Inertisierung von Rückstandsprodukten aus der Schadgasbeseitigung bei thermischen Abfallbeseitigungsanlagen; VGB Kraftwerkstechnik 70 (1990) 4.

[11.17] Mayer-Schwinning, G.; Knoche, R.; Stegemann, B.: Weitestgehende Rauchgasreinigung von Müllverbrennungsanlagen mit Verwertung der Reststoffe; VDI Bericht Nr. 895, VDI-Verlag GmbH, Düsseldorf, 1991.

[11.18] Heinz, D.; Hugert, A.: Perspektiven der Reststoffverwertung; VDI-Bericht Nr. 1033, VDI-Verlag GmbH, Düsseldorf, 1993.

[11.19] Schumacher, W.; Gugat, J.-A.: Konzepte zur thermischen Inertisierung von Verbrennungsrückständen; (BWK)/TÜ/Umwelt (1996), Nr. 10, S. 14-17.

[11.20] Fichtel, K.: Bericht über die Müllpyrolyse – Anlage Burgau; In: Müllverbrennung und Umwelt 2, Hrsg. Thomé-Kozmiensky, K.J., EF-Verlag für Energie- und Umwelttechnik GmbH, 1992.

[11.21] Dorn, I.: Entwicklung und Bedeutung des Drehrohrofenverfahrens für die Entsorgung von Sonderabfällen in der chemischen Industrie; In: Handbuch „Verbrennungsanlagen für Sonderabfall", VDI-Bildungswerk, Mannheim, 7. und 8. September 1993.

[11.22] Schörner, W.; Wiedemann, R.: Vergleich von Abgasreinigungsverfahren bei der Verbrennung von Sonderabfall; EntsorgungsPraxis (1996) Nr. 6, S. 39-41.

[11.23] Kolb, T.; Seifert, H.: Auslegung einer Verbrennungsanlage für industrielle Reststoffe; In: Handbuch „Verbrennungsanlagen für Sonderabfall", VDI-Bildungswerk, Mannheim, 7. und 8. September 1993.

[11.24] Geißen, S.U.; Vogelpohl, A.: Klärschlammverwertung - eine Übersicht; GVC-Symposium Abfallwirtschaft Herausforderung und Chance, 17.-19. Oktober 1994, Würzburg.

[11.25] Wilderer, P.; Faulstich, M.; Kolb, F.: Die Zukunft der Klärschlammverwertung und -beseitigung; Abfallwirtschafts Journal 8 (1996), Nr. 11.

[11.26] Kassner, W.: Klärschlammverwertung –Szenario 2000-; In: Konzepte und Methoden der Klärschlammverwertung, Berichte aus Wassergüte- und Abfallwirtschaft, Technische Universität München, Hrsg.: P.A. Wilderer, E. Engelmann, F.R. Kolb, Nr. 110, Eigenverlag, München, 1992.

[11.27] Tauber, C.; Klemm, J.; Schönrok, M.: Mitverbrennung kommunaler Klärschlämme in Steinkohlekraftwerken; Energiewirtschaftliche Tagesfragen, Sonderdruck (1995), Nr. 11, S. 725-733.

[11.28] Franke, M.; Krause, T.; Wierick, H.-G.: Mitverbrennung von Klärschlamm in einem rohbraunkohlegefeuerten 815 t/h Dampferzeuger; VDI-Bericht Nr. 1387, VDI-Verlag GmbH, Düsseldorf, 1998, S. 419-426.

[12.1] Lautenschlager, G.: Moderne Rostfeuerung für die thermische Abfallbehandlung; GVC-Symposium Abfallwirtschaft Herausforderung und Chance, 17.-19. Oktober 1994, Würzburg, S. 545-550.

[12.2] Scholz, R.; Beckmann, M.; Schulenburg, F.: Möglichkeiten der Verbrennungsführung bei Restmüll in Rostfeuerungen; Brennstoff-Wärme-Kraft (BWK)/TÜ/Umwelt-Special 32 (1991) Nr. 10, S.V22-V39.

[12.3] Beckmann, M.; Scholz, R.; Davidovic, M.; Weichert, C.: Vergasung und Verbrennung von Abfallholz in Rostsystemen; VDI-Berichte 1387, VDI-Verlag GmbH, Düsseldorf, 1998, S. 395-405.

[12.4] Vogg, H.; Merz, A.; Hunsinger, H.; Walter, R.: Primäre NO_x-Minderung - Der Schlüssel für eine kostengünstige Abfallverbrennungstechnologie -; Chem. Ing. Tech. 68 (1996), Nr. 1/2, S. 147-150.

[12.5] Fritz, P.: Entwicklungspotentiale zur weiteren Verbesserung von thermischen Verfahren; In: Abfallwirtschaft am Wendepunkt, Thomé-Kozmiensky, K.J.; TK-Verlag, Neuruppin, 1997, S. 553-570.

[12.6] Becker, J.; Schäfer, W.: Entwicklungspotentiale zur weiteren Verbesserung von thermischen Verfahren; In: Abfallwirtschaft am Wendepunkt, Thomé-Kozmiensky, K.J.; TK-Verlag, Neuruppin, 1997, S. 571-596.

[12.7] Martin, J.; Knörr, A.: Entwicklungspotentiale zur weiteren Verbesserung von thermischen Verfahren; In: Abfallwirtschaft am Wendepunkt, Thomé-Kozmiensky, K.J.; TK-Verlag, Neuruppin, 1997, S. 597-624.

[12.8] Bayer, G.; Fleck, E.: Entwicklungspotentiale zur weiteren Verbesserung von thermischen Verfahren; In: Abfallwirtschaft am Wendepunkt, Thomé-Kozmiensky, K.J.; TK-Verlag, Neuruppin, 1997, S. 625-638.

[12.9] Martin, J.; Busch, M.; Horn, J.; Rampp, F.: Entwicklung einer kamerageführten Feuerungsregelung zur primärseitigen Schadstoffreduzierung; VDI-Berichte 1033, VDI-Verlag GmbH, Düsseldorf, 1993.

[12.10] Schäfers, W.; Limper, K.: Fortschrittliche Feuerungsleistungsregelung durch Einbeziehung der Fuzzy-Logik und der IR Thermografie; In: Reaktoren zur thermischen Abfallbehandlung, Thomé-Kozmiensky, K.J. (Hrsg.), EF-Verlag für Energie- und Umwelttechnik GmbH, Berlin, 1993.

[12.11] Beckmann, M.; Scholz, R.: Zum Feststoffumsatz bei Rückständen in Rostsystemen; Brennstoff-Wärme-Kraft 46 (1994), Nr.5, S. 251-277.

[12.12] Reimann, D.O.: Die Entwicklung der Rostfeuerungstechnik für die Abfallverbrennung - Vom Zellenofen zur vollautomatischen, emissions- und leistungsgeregelten Rostfeuerung. In: Reimann, D. O. (Hrsg.): Rostfeuerungen zur Abfallverbrennung. EF-Verlag für Energie und Umwelt GmbH, Berlin, 1991.

[12.13] Beckmann, M.; Scholz, R.: Simplified mathematical model of the combustion in stoker systems; 3rd European Conference on Industrial Furnaces and Boilers, 18.-21., April 1995, Lisbon, Portugal, Proceedings, Vol. 2, S. 61-70 und Modellvorstellung zum Feststoffumsatz bei Rückständen in Rostfeuerungen; GVC-Symposium Abfallwirtschaft Herausforderung und Chance, 17.-19. Oktober 1994, Würzburg, S. 251-277.

[12.14] Schetter, G.: Simulation von Feuerräumen in Müllverbrennungsanlagen; Brennstoff-Wärme-Kraft (BWK) 37 (1985) Nr. 11.

[12.15] Behrendt, T.: Thermodynamische Modellierung des Betriebsverhaltens von Hausmüllverbrennungsanlagen am Beispiel TAMARA; Fortschrittsberichte VDI, Reihe 25, Nr. 99, VDI-Verlag GmbH, Düsseldorf, 1992.

[12.16] Comfère, W.: Erfahrungen mit Abfallverbrennung; In: Thermische Restabfallbehandlung, Hrsg. Bilitewski, B.; Faulstich, M.; Urban, A., Abfallwirtschaft in Forschung und Praxis, Bd. 83, 1996, S. 105-119.

[12.17] Reimann, D.O.: Verfahrensentwicklung bei konventionellen Rostfeuerungen zur Restabfallbehandlung; UTECH Berlin '96: Zukunft der thermischen Behandlung von Rest-Abfällen, Berlin, 26. Februar 1996, Tagungsband, S. 41-54.

[12.18] Albert, F.W.: Fuzzy-Logik und ihre Anwendung in Müllheizkraftwerken; In: Thermische Abfallverwertung 1997, VGB-Fachtagung, 12. Juni 1997 in Essen.

[12.19] Büttenbender, B.; Hansen, W.: Das EVT-Müllverbrennungssystem im Hinblick auf die neuesten gesetzlichen Anforderungen; Brennstoff-Wärme-Kraft (BWK)/TÜ/Umwelt-Special (1995) Nr. 10, S. R26-R38.

[12.20] Lux, K.-P.: Müllverbrennungsroste: Neue Techniken und Anwendungen; BWK Bd. 50 (1998), Nr. 1/2, S. 43-47.

[12.21] Fritz, P.; Lorson, H.: Entwicklungspotentiale zur weiteren Verbesserung thermischer Verfahren; EntsorgungsPraxis (1998) Nr. 4, S. 37-40.

[12.22] Baumgartner, H. P.; Christill, M.; Dorn, I.; Kolb, T.; Seifert, H.: Betriebserfahrung zur Schüttgutverbesserung in einem Drehrohrofen; In: GVC-Symposium Abfallwirtschaft Herausforderung und Chance, 17.-19. Oktober 1994, in Würzburg, VDI-Gesellschaft Verfahrenstechnik und Chemieingenieurwesen, Düsseldorf, 1994, S. 173-183.

[12.23] Albrecht, J.; Hirschfelder, H.; Loeffler, J.: Brenngaserzeugung aus Hausmüll; Umwelt Bd. 26 (1996) Nr. 5, S. 36-38.

[12.24] Hirschfelder, H.; Löffler, J.: Gaserzeugung aus Biomasse und Restabfällen in der Zirkulierenden Wirbelschicht; Chem. Ing. Tech. 67 (1995) Nr. 10, S. 1323-1326.

[12.25] Brenngas aus Hausmüll, Firmenprospekt der Lurgi Energie und Umwelt GmbH.

[12.26] Restabfallentsorgung durch Gaserzeugung; Wasser, Luft und Boden (WLB) (1995) Nr. 6, S. 86-88.

[12.27] Albrecht, J.; Loeffler, J.; Reimert, R.: Restabfallvergasung mit integrierter Ascheverschlackung; In: GVC-Symposium Abfallwirtschaft Herausforderung u. Chance, 17.-19. Oktober 1994, Würzburg, VDI-Gesellschaft Verfahrenstechnik und Chemieingenieurwesen, Düsseldorf, 1994, S. 569-574.

[12.28] Loeffler, J.C.: Zirkulierende Wirbelschicht zur Erzeugung von Schwachgas; In: Vergasungsverfahren für die Entsorgung von Abfällen, Born, M.; Berghoff, R. (Hrsg.), Springer-VDI-Verlag GmbH, Düsseldorf, 1998, S. 119-132.

[12.29] Künstler, H. J.; Klukowski, Ch.; Grotefeld, V.: Der VS-Kombi-Reaktor der Firma Küpat AG; Beiheft zu Müll und Abfall (1994), Heft 31 und 32, ESV GmbH & Co., Berlin, S. 67-72.

[12.30] Künstler, H. J.; Klukowski, Ch.; Grotefeld, V.: Verbrennen, Sintern und Schmelzen im VS-Reaktor; In: Faulstich, M. (Hrsg.): Rückstände aus der Abfallverbrennung, EF-Verlag für Energie- und Umwelttechnik, Berlin, 1992, S. 439-457.

[12.31] Müller, P.: Von Roll-Technologien zur thermischen Abfallbehandlung (Rost, Wirbelschicht, RCP); In: Stoffstromspezifische Abfallbehandlung im Hinblick auf thermische Verfahren, 13. ZAF-Seminar, Braunschweig, 1998, S. 205-215.

[12.32] Brunner, M.; Rosenast, B.: Eisen im Feuer; Müllmagazin (1996) Nr.3, S. 67-69.

[12.33] Brunner, M.; Verwertbare Produkte durch thermische Abfallbehandlung; Umwelt (1996) Nr. 3, S. 48-50.

[12.34] Brunner, M.; VON ROLL Feuerungs- und Rauchgasreinigungskonzepte; VDI-Bericht Nr. 1192, VDI-Verlag GmbH, Düsseldorf, 1995, S. 271-289.

[12.35] Thermische Restabfallbehandlung mit dem DUOTHERM-Verfahren; WLB Wasser, Luft und Boden (1995) Nr. 6, S. 89-90.

[12.36] Müll-Duo; Energie Spektrum (1995) Nr.11, S. 36-38.

[12.37] Kanczarek, A.; Marko, R.: Schwel-Brenn-Anlage in Fürth kurz vor der Fertigstellung; Brennstoff-Wärme-Kraft (BWK)/TÜ/ Umwelt-Special (1996) Nr.10, S. 30-35.

[12.38] Siemens AG: Die Schwel-Brenn-Anlage - Eine Verfahrensbeschreibung, Firmenprospekt, 1996.

[12.39] Berwein, H.-J.: Siemens Schwel-Brenn-Verfahren - Thermische Reaktionsabläufe. In: Abfallwirtschaft Stoffkreisläufe, Terra Tec '95, B.G. Teubner Verlagsgesellschaft, Leipzig, 1995, S. 165-178.

[12.40] Anton, F.: Das Siemens-KWU-Schwelbrennverfahren- Stoffliche und energetische Verwendung von Restmüll; VDI-Bericht Nr. 1192, VDI-Verlag GmbH, Düsseldorf, 1995, S. 349-379.

[12.41] Depmeier, L.; Weigand, P.; Vetter, G.: Ökologische Bewertung des Schwel-Brenn-Verfahrens zur Restmüllverwertung; Müll und Abfall (1995) Nr. 7, S. 480-489.

[12.42] Hausmüllpyrolyse mit dem PYROPLEQ-Verfahren; UTA (Umwelt Technologie Aktuell) (1997) Nr. 4, S. 320- 322.

[12.43] Andreas, B.; Birckenstaedt, G.; Bracker, P.; Collin, G.; Grigoleit, G.; Michel, E.; Zander, M.: Pyrolytische Rohstoffrückgewinnung; Bundesministerium für Forschung und Technologie, Foschungsbericht, FB-T 81/017, Feb. 1981.

[12.44] Hoffelner, W.; Jermann, P.; Felix, H.; Fünfschilling, M. R.: Thermisches Plasma zur Behandlung von Sonderabfällen und zur Wertstoffrückgewinnung; UTA (Umwelt Technologie Aktuell) (1996) Nr. 1, S. 54-57.

[12.45] Fünfschilling, M.R.; Jermann, P.; Haegen, P. van der: Entsorgung von Rüstungsaltlasten: Grünes Licht für PLASMOX-Anlage in Deutschland; In: Militärische Altlasten 1995, Hrsg. Schley, H.P.; Abfallwirtschaft in Forschung und Praxis, Bd. 75, 1995, S. 243-252.

[12.46] Bretscher, H.; Brogli-Gysin, Ch.; Rippstein, J.; Dinten, O.: Plasma-Ultrahochtemperaturverfahren zur Entsorgung von Sonderabfällen; elektrowärme international 51 (1993) B1, März, S. B22-B27.

[12.47] Newsletter; Eine Publikation der MGC-Plasmox AG, Nr. 3, 1993.

[12.48] PyroMelt - die Alternative in der thermischen Abfallbehandlung; Umwelt Technologie Aktuell (UTA) (1995) Nr. 6, S. 229-232.

[12.49] PyroMelt- Kombiniertes Pyrolyse-Schmelzverfahren, Firmenprospekt der ML Entsorgungs- und Energieanlagen GmbH, Ratingen.

[12.50] Stahlberg, R.: THERMOSELECT- Energie- und Rohstoffgewinnung aus ökologischer Sicht; Wasser & Boden 48 (1996) Nr. 11, S. 24-30.

[12.51] Stahlberg, R.; Feuerriegel, U.; Weisenburger, P.; Steiger, F.: Mass and Energy Balances of the Thermoselect Demonstration Plant: Part III; Proceedings of the 17th Biennial Waste Processing Conference, Atlantic City, 1996, S. 181-202.

[12.52] Stahlberg, R.; Feuerriegel, U.: Das THERMOSELECT-Verfahren zur Energie und Rohstoffgewinnung - Konzepte, Verfahren, Kosten-; VDI-Bericht Nr. 1192, VDI-Verlag GmbH, Düsseldorf, 1995, S. 319-349.

[12.53] Häßler, G. (Hrsg.):Thermoselect - Der neue Weg, Restmüll umweltgerecht zu behandeln; Verlag Karl Goerner, Tagungsband zur Fachtagung Thermoselect, 19. Januar 1995 in Rastatt/Baden.

[12.54] Blank, P.: Erste Betriebserfahrungen mit der Thermoselect-Anlage in Karlsruhe; In: Tagungsinformationen zum 11. Kasseler Abfallforum, Bio- und Restabfallbehandlung, 20.-22. April 1999, Kassel.

[12.55] Jaeger, M.; Mayer, M.: Das NOELL-Konversionsverfahren- Bau einer Pilotanlage in Freiberg/Sachsen; Forschung, Planung und Betrieb 21 (1996) Nr. 6, S. 37-41.

[12.56] Leipnitz, Y.; Brücher, K.-W.; Hubig, M.: Das NOELL-Konversionsverfahren in seiner Anwendung am Beispiel VTA Northeim; VDI-Bericht Nr. 1192, VDI-Verlag GmbH, Düsseldorf, 1995, S. 291-317.

[12.57] Lorson, H.; Schingnitz, M.: Konversionsverfahren zur thermischen Verwertung von Rest- und Abfallstoffen; Brennstoff-Wärme-Kraft (BWK) 46 (1994) Nr. 5, S.214-217.

[12.58] Carl, J.; Schingnitz, M.: NOELL-Konversionsverfahren zur Verwertung und Entsorgung von Abfällen; EF-Verlag für Energie- und Umwelttechnik, Berlin, 1994.

[12.59] Schmidt, Chr.; Sowieja, D.: Rohstoffliche Verwertung von PVC mit Hilfe des PVCycling-Verfahrens; VDI-Bericht Nr. 1288, VDI-Verlag GmbH, Düsseldorf, 1996, S. 373-397.

[12.60] Angerer, G.; Bätcher, K.; Bars, P.: Verwertung von Elektronikschrott - Stand der Technik, Forschungs- und Technologiebedarf, Erich Schmidt Verlag, Berlin, 1993.

[12.61] Redepenning, K.-H.: Die thermische Kunststoffaufbereitung; VGB Kraftwerkstechnik 74 (1994) Nr. 8, S. 688-696.

[12.62] Redepenning, K.-H.: Thermische Abfallbehandlung mit Kombinationsverfahren - Aufbereitung, Verbrennung, Entgasung, Vergasung; GVC-Symposium Abfallwirtschaft Herausforderung und Chance, 17.-19. Oktober 1994, Würzburg, S. 539- 543.

[12.63] Bernd, M.; Wolf, C.: Aktueller Stand der Pyrolyse von Siedlungsabfällen; In: Pyrolyse von Siedlungsabfällen, LWA-Materialien, Nr.2/92, Düsseldorf, 1992.

[12.64] Nolte, B.; Spona, K.: Plasmatechnologie zur thermischen Behandlung von Abfällen; Brennstoff-Wärme-Kraft (BWK)/TÜ/Umwelt-Special (1997), Oktober, S. S10-S17.

[12.65] Teller, M.; Schumann, B.; März, H.: Verbrennungsluft-Substitution bei der Abfallverbrennung; GVC-Symposium Abfallwirtschaft Herausforderung und Chance, 17. - 19. Oktober 1994, Würzburg, S. 581- 586.

[12.66] Weinzierl, K.; Hauk, R.: Kombination von Rostfeuerung und Schwelbrenntechnik im Rahmen eines Konvoi-Konzeptes als Möglichkeit zur Kostensenkung bei der Müllentsorgung; VDI-Bericht Nr. 1192, VDI-Verlag GmbH, Düsseldorf, 1995, S. 149-165.

[13.1] Albrecht, J.; Gafron, B.; Scur, P.; Wirthwein, R.: Vergasung von Sekundärbrennstoffen in der zirkulierenden Wirbelschicht zur energetischen Nutzung für die Zementherstellung; DGMK Tagungsbericht 9802, Deutsche Wissenschaftliche Gesellschaft für Erdöl, Erdgas und Kohle e.V., Hamburg, 1998, S. 115-130.

[13.2] Sprung, S.: Umweltentlastung durch Verwertung von Sekundärrohstoffen; Zement-Kalk-Gips ZKG International 45 (1992) 5, S. 213-221.

[13.3] Junge, K.: Möglichkeiten und Grenzen der Verwertung in der Ziegelindustrie- Produktverbesserung- Anforderungen an Ersatzbrennstoffe; 2. Seminar UTECH Berlin '98, Umwelttechnologieforum, Berlin, 1998, S. 149-158.

[13.4] Schmidt, R.: Stand der Mitverbrennung von Abfallstoffen in Feuerungsanlagen; VDI-Berichte 1387, VDI Verlag GmbH, Düsseldorf, 1998, S. 249-260.

[13.5] Scur, P.: Roh- und Brennstoffsubstitution mit einer zirkulierenden Wirbelschicht im Zementwerk Rüdersdorf; In: Stoffliche und thermische Verwertung von Abfällen in industriellen Hochtemperaturprozessen, 11. DVV-Kolloquium, Braunschweig, 1998, S. 237-246.

[13.6] Weiss, W.; Janz, J.: Kunststoffverwertung im Hochofen - Ein Beitrag zum ökologischen und ökonomischen Recycling von Altkunststoffen; VDI-Berichte 1288, VDI Verlag GmbH, Düsseldorf, 1996, S. 123-138.

[13.7] Lütge, C.; Radtke, K.; Schneider, A.; Wischnewski, R.; Schiffer, H.-P.; Mark, P.: Neue Vergasungsverfahren zur stofflichen und energetischen Verwertung von Abfällen; In: Born, M.; Berghoff, R. (Hrsg.): Vergasungsverfahren für die Entsorgung von Abfällen. Springer-VDI-Verlag, Düsseldorf, 1998, S. 191-212.

[13.8]   Möglichkeiten der Kombination von mechanisch-biologischer und thermischer Behandlung von Restabfällen; Abschlußbericht und Anhang der Studie zwischen der IBA GmbH, BZL GmbH und CUTEC GmbH; Projektträger BMBF, Förderzeichen 1471114.

[13.9]   Wandschneider, J.: Verbrennung von heizwertreicher Leichtfraktion-Erste Erfahrungen aus der GAVI-VAM (Wijster); In: Bericht aus Wassergüte- und Abfallwirtschaft Technische Universität München, Berichtsheft Nr. 17, S. 241-249.

[13.10] Drake, D.-F.: Kumulierte Treibhausgasemissionen zukünftiger Energiesysteme; Springer-Verlag, Berlin, Heidelberg, New York, 1996.

[13.11] Schiffer, H.-W.: Deutscher Energiemarkt '95; Energiewirtschaftliche Tagesfragen Jg. 46 (1996) Nr. 3, S. 150-163.

[13.12] Jeschar, R.; Dombrowski, G.; Hoffmann, G.: Produktionsintegrierter Umweltschutz bei Industrieofenprozessen unter besonderer Berücksichtigung der Stahlindustrie; In: Handbuch des Umweltschutzes und der Umweltschutztechnik, Band 2: Produktions- und produktintegrierter Umweltschutz, Springer Verlag, Berlin, Heidelberg, New York, S. 323-443.

[13.13] Brunklaus, J.H.; Stepanek, F.J.: Industrieöfen; Vulkan-Verlag Essen, 1994.

[13.14] Schirmer, U.: Stoffliche und thermische Verwertung von Abfällen durch Mitverbrennung in Kraftwerken; In: Stoffliche und thermische Verwertung von Abfällen in industriellen Hochtemperaturprozessen, 11. DVV-Kolloquium, Braunschweig, 1998, S. 201-236.

[14.1]   Bird, R.B.; Stewart, W.E.; Lightfoot, E.N.: Transport Phenomena; Wiley, New York, 1960.

[14.2]   Launder, B.E.; Spalding, D.B.: Lectures in mathematical models of turbulence; Academic Press London, 1972.

[14.3]   Warnatz, J.; Maas, U.; Dibble, R.W.: Verbrennung: physikalisch-chemische Grundlagen, Modellierung und Simulation, Experimente, Schadstoffentstehung; 2. Auflage, Springer-Verlag, Berlin, Heidelberg, New York, 1997.

[14.4]   Danckwerts, P.V.: Chem. Eng. Sci., 2, 1 (1953).

[14.5]   Himmelblau, D.M.: Process Analysis by Statistical Methods; Wiley, New York.

Literatur

[14.6] Vogel, R.: Die Schüttgutbewegung in einem Modell-Drehrohr als Grundlage für die Auslegung und Beurteilung von Drehrohröfen, Teil I und II; Wissenschaftliche Zeitschrift der Hochschule für Architektur und Bauwesen Weimar, 12. Jahrgang, Heft 1, Weimar, 1965.

[14.7] Zengler, R.: Modellversuche über den Materialtransport in Drehrohröfen; Dissertation, TU Clausthal, 1974.

[14.8] Mellmann, J.: Zonales Feststoffmassenstrommodell für flammenbeheizte Drehrohrreaktoren; Dissertation, TU "Otto von Guericke" Magdeburg, 1989.

[14.9] Kunii, D.; Levenspiel, O.: Fluidization Engineering, Second Edition; Butterworth-Heinemann, Boston, London, Singapore, Sydney, Toronto, Wellington, 1991.

[14.10] Molerus, O.: Zur Strömungsmechanik des blasenbildenden Fließbetts; Chem.-Ing.-Technik 42 (1970), Nr. 7, S. 488-493.

[14.11] Demmich, J.; Bohnet, M.: Feststoffaustrag aus Wirbelschichten; Vt "Verfahrenstechnik" 12 (1978) Nr. 7, S. 430-435.

[14.12] Michel, W.; Seher, G.; Rummel, A.: Modellansätze zur Beschreibung des Verweilzeitverhaltens von feinkörnigen Gütern in Wirbelschichtanlagen; Freiberger Forschungshefte, Hrsg. Bergakademie Freiberg. Heft A705, Grundstoffverfahrenstechnik Brennstofftechnik, VEB Deutscher Verlag für Grundstoffindustrie, Leipzig, 1983, S. 45-55.

[14.13] Werther, J.: Mathematische Modellierung von Wirbelschichten; Chem.-Ing.-Technik 42 (1984) Nr. 3, S. 187-196.

[14.14] Ryu, C.; Shin, D.; Choi, S.: Simulation of Waste Bed Combustion in the Municipal Solid Waste Incinerator; 2nd International Symposium on Incineration and Flue Gas Treatment Technologies, Sheffield University, UK, 4-6 July 1999.

[14.15] Goh, Y.R.; Lim, C.N.; Zakaria, R.; Chan, K.H.; Reynolds, G.; Yang, Y.B.; Siddall, R.G.; Nasserzadeh, V.; Swithenbank, J.: Mixing, Modelling and Measurements of Incinerator Bed Combustion; 2nd International Symposium on Incineration and Flue Gas Treatment Technologies, Sheffield University, UK, 4-6 July 1999.

[14.16] Levenspiel, O.: Chemical Reaction Engineering; Third Edition, John Wiley and Sons, New York, Chichester, Weinheim, Brisbane, Singapore, Toronto, 1999.

[14.17] Danes, F.: Ein Beitrag zur Auswertung von Verweilzeitspektren; Chemietechnik, 19 (1967) 4.

[14.18] Beckmann, M.: Mathematische Modellierung und Versuche zur Prozeßführung bei der Verbrennung und Vergasung in Rostsystemen zur thermischen Rückstandsbehandlung; Dissertation, TU Clausthal, 1995.

[14.19] Ullrich, M.: Entmischungserscheinungen in Kugelschüttungen; Chemie-Ingenieur-Technik 41 (1969), S. 903-907.

[14.20] Beckmann, M.; Scholz, R.: Kriterien zur Substitution von Regelbrennstoffen durch Ersatzbrennstoffe; VDI Verlag GmbH, Düsseldorf Mai 2000, S. 35-53.

[14.21] Hoffmann, G.: Energiewirtschaft in der Stahlindustrie; Mitteilungsblatt der TU Clausthal, Heft 80, 1995.

[14.22] Lüth, F.: Bewertung verschiedener Brennstoffe; Stahl und Eisen 71 (1951), S. 327-334.

[14.23] Michalowski, M.; Wessely, R.: Berwertung der komplexen Austauschbarkeit von Brenngasen in Hüttenwerken; Arch.Eisenhüttenwesen 54 (1983) Nr.6, S. 227-229.

[14.22] Scholz, R.; Weichert, Ch.; Davies, M.: Development of an energetic processing concept for the description of the fusibility of a cokeless, natural gas-fired cupola furnace; In: International Seminar Contemporary Problems of Thermal Engineering, Gliwice-Ustron, 2-4 Sep. 1998, S. 285-310.

[14.23] Gruber, T.; Thomé-Kozmiensky, K.J.: Modell zur Verbrennung auf dem Rost; Abfallwirtschafts Journal 5(1993) 10.

[14.24] Peters, B.: A Detailed Model for Devolatization and Combustion of Waste Material in Packed Beds; 3rd European Conference on Industrial Furnaces and Boilers (INFUB), Lisbon, Portugal, 18.-21. 04. 1995.

[14.25] Krüll, F.; Kremer, H.; Wirtz, S.: Strömungsberechnung zur Bestimmung der Bereiche erhöhter Verschlackungs- und Erosionsgefahr im Kessel einer MVA; VDI-Berichte 1492, Verbrennung und Feuerung (19. Deutscher Flammentag), VDI-Verlag, Düsseldorf 1999.

[14.26] Görner, K.; Klasen, Th.; Kümmel, J.: Numerische Berechnung und Optimierung der MVA Bonn; VDI-Berichte 1492, Verbrennung und Feuerung (19. Deutscher Flammentag), VDI-Verlag, Düsseldorf 1999, S. 331-336.

[14.27] Riccius, O.; Walter, A.; Stoffel, B.: Design of Waste Incinerators utilising CFD; 2nd International Symposium on Incineration and Flue Gas Treatment Technologies, Sheffield University, UK, 4-6 July 1999.

[14.28] Beckmann, M.; Davidovic, M.; Wiese, C.; Busch, M.; Peppler, E.; Schmidt, W.: Mehrstufige Vergasung von Restmüll auf einem Rost; DBU-Abschlußbericht AZ 01746, 1998.

[14.29] Brauer, H.: Stoffaustausch einschließlich chemischer Reaktion; Verlag Sauerländer, Aarau und Frankfurt/ Main, 1971.

[14.30] Biollaz, S.; Beckmann, M.; Davidovic, M.; Jentsch, T.: Volatility of Zn and Cu in Waste Incineration: Radio-Tracer Experiments on a Pilot Incinerator; 5rd European Conference on Industrial Furnaces and Boilers (INFUB 2000), Porto, Portugal, 11.-14. April 2000, Pre-Proceedings.

[14.31] Biollaz, S.: Messen des Verweilzeitspektrums in der Nachbrennkammer von Holzfeuerungen zur Modellierung der Kohlenmonoxid-Oxidation; Dissertation ETH Zürich, Zürich 1997, Diss. ETH Nr. 12383.

[14.32] Zakaria, R.; Goh, Y.R.; Yang, Y.B.; Lim, C.N.; Goodfellow, J.; Chan, K.H.; Reynolds, G.; Ward, D.; Siddal, R.G.; Nasserzadeh, V.; Swithenbank, J.: Fundamental aspects of emissions from the burning bed in municipal solid waste incinerator; 5th European Conference on Industrial Furnaces and Boilers (INFUB 2000). Porto, Portugal, 11.-14. April 2000, Pre-Proceedings.

[14.33] Krüll, F.; Kremer, H.; Wirtz, S.: Strömungsberechnung zur Bestimmung der Bereiche erhöhter Verschlackungs- und Erosionsgefahr im Kessel einer MVA; VDI-Berichte 1492, Verbrennung und Feuerung (19. Deutscher Flammentag), VDI-Verlag, Düsseldorf 1999, S. 343-348.

[14.34] Weichert, Ch.; Scholz, R.: Einbindung von NO_x-Minderungsmaßnahmen in die Regelung von Feuerungsanlagen der thermischen Abfallbehandlung; VDI-Bericht 1492, Verbrennung und Feuerung (19. Deutscher Flammentag), VDI-Verlag, Düsseldorf 1999, S. 669-678.

Symbolverzeichnis

Lateinische Großbuchstaben:

A	Fläche, Oberfläche
AA	Abgasmassenaustauschverhältnis
AG	spezifische Abgasmenge
BA	Brennstoffmassenaustauschverhältnis
C	Konzentration
D	Dispersionskoeffizient
E	Energie, Verweilzeitverteilung
EA	Energieaustauschverhältnis
EV	Energieverhältnis
H	Enthalpie
K	Gleichgewichtskonstante
L	spezifischer Luftbedarf, charakteristische Länge
M	Molmasse
MG	Masse Brennstoff Stufe 2 bezogen auf Gesamt
MV	Masse Brennstoff Stufe 2 bezogen auf Stufe 1
O_2	spez. molekularer Sauerstoffbedarf
Q	Wärme
R	allgemeine Gaskonstante, Radius
RG	spezifische Reaktionsgasmenge
RS	spezifische Reststoffmenge
T	absolute Temperatur
V	Volumen
VG	spezifische Vergasungsgasmenge
VM	spezifische Vergasungsmittelmenge
W	Arbeit
WK	Wertigkeit
Y	Substitutionsmassenverhältnis
Z	Nutzenergieverhältnis

Lateinische Kleinbuchstaben:

a	stöchiometrischer Koeffizient, Aufwandsgrad
b	Breite
c	spez. Wärmekapazität
d	Durchmesser

Symbolverzeichnis

e	spez. Energie
f	Energieverteilungsfaktor
g	Erdbeschleunigung
h	spez. Enthalpie
k	spezifische Kohlenstoffmenge, Reaktionskoeffizient
l	Länge
m	Masse
n	Anzahl
p	Druck
r	Radial-Komponente
t	Zeit
v	spez. Volumen
w	Geschwindigkeit
x	stöchiometrischer Koeffizient, Koordinate
y	stöchiometrischer Koeffizient, Koordinate
z	Höhe

Griechische Buchstaben:

α	Wärmeübergangskoeffizient
β	Stoffübertragungskoeffizient
ε	Emissionsgrad
Δ	Differenz
η	Wirkungsgrad, dynamische Viskosität
φ	relative Feuchte
λ	Stöchiometriezahl, Rohrreibungszahl
ν	Brennstoffkenngröße
ϑ	Temperatur
ρ	Dichte
σ	Hilfsgröße, Standardabweichung, Stefan-Boltzmann-Konstante
τ	Verweilzeit
Ω	Brennstoffkenngröße, Wärmekapazitätsstromverhältnis
ω	Brennstoffkenngröße
ω^*	Brennstoffkenngröße (Wasserdampf aus Brennstoffwasserstoff)
ω^{**}	Brennstoffkenngröße (Wasserdampf aus Brennstoffeuchte)
ω^{***}	Brennstoffkenngröße (Wasserdampf aus Reaktionsgas)
ξ	Massenanteil
ψ	Volumenanteil
ζ	Brennstoffkenngröße

Indizes:

Lateinische Buchstaben:

A	Bilanzraum A
A1..A6	Abfallvorbehandlung Verfahrenslinie Nr.1 bis Nr.6
a	Anlagen, außen, Anfang
ab	abgeführt
ad	adiabat
AF	Abfall
AG	Abgas
AGR	Abgasreinigung
Ak	Aktivierung
AL	Abluft
äq	äquivalent
An	vor Beginn der Behandlung, Anfang
AP	Arbeitspunkt
Atm	Atmosphäre
Aus	Austritt
Ausb	Ausbrand
ax	axial
B	Boudouard-Reaktion, Bilanzraum B
Basis	Basis
Bezug	Bezug
BK0	Zugabeort Brennkammer 0
Brenn	brennbares
BV	Brennstoffvorwärmung
Bz	Bilanz
C	Kohlenstoff
C_2H_4	Ethen
C_2H_6	Ethan
C_3H_8	Propan
C_4H_{10}	Butan
c	chemisch
Cd	Cadmium
CH_4	Methan
Cl	Chlor
CO	Kohlenmonoxid
CO_2	Kohlendioxid

Symbolverzeichnis

Cr	Chrom
Cu	Kupfer
C_xH_y	allgemeine Kohlenwasserstoffe
D	Bilanzraum D
Da	Dampf
De	Deponie
DO	Durchlaufofen
E	Bilanzraum E
e	elektrisch
EBS	Ersatzbrennstoff
eff	effektiv
EG	Erdgas
Ein	Eintritt
EKW	Eigenkraftwerk
En	Ende
F	Bilanzraum F
f	feucht
Fe	Eisen
Fla	Flamme
fossil	fossil
G	Gas, Bilanzraum G
gem	gemessen
ges	gesamt
Grenz	Grenzwert
GV	Gesamtverfahren
Gut	Gut
H	atomarer Wasserstoff, Bilanzraum H
H_2	molekularer Wasserstoff
H_2O	Wasser
H_2S	Schwefelwasserstoff
HA	heizwertarm
Hg	Quecksilber
HkS	herkömmliches System
HM	Heizmedium
HPG	Hochtemperaturprozeß zur Produktion von Grundstoffen
HR	heizwertreich
HV	Hauptverfahren
I	Bilanzraum I
i	i-Komponente

In	Inertstoff
J	Bilanzraum J
K	Bilanzraum K
K1	Kraftwerksprozeß Verfahrenslinie Nr. 1
Ka	Kamin
kal	kalorisch
Ke	Kessel
Ku	Kugel
Kw	Kraftwerk
L	Luft
LV	Luftvorwärmung
l	Länge
lat	latent
M	Methanbildung
m	Masse
max	maximal
MBA	mechanisch biologische Aufbereitung
mes	gemessen
Mi	Mischung
mi	mittlere
min	Minimum, mindest
MKW	Müllkraftwerk
mo	molar
N	atomarer Stickstoff, normiert
N_2	molekularer Stickstoff
n	Nettoprimär, Normzustand, Anzahl
NBK	Nachbrennkammer
NBK I	Zugabeort Nachbrennkammer I
Netto	Netto
NO_2	Stickstoffdioxid
Nutz	Nutz
NV	Nachverbrennung
O	atomarer Sauerstoff
O_2	molekularer Sauerstoff
o	Brennwert, früher „oberer" Heizwert
opt	optimiert
org	organisch
p	druckabhängig, primär

Symbolverzeichnis

Pb	Blei
PG	Pyrolysegas
PS	Primärstufe
R	Reaktion
R1...R10	Reaktionsgleichung Nr.1 bis 10
r	Kondensation
RBS	Regelbrennstoff
Re	Rest
Rea	Reaktion/Stoffumwandlung
red	reduziert
RF	Rückführung
RG	Reaktionsgas
RK	Rührkesselelement
RK1	Rührkesselelement Nr. 1
RK2	Rührkesselelement Nr. 2
RK12	Rührkesselelement Nr.1 und 2
RS	Reststoff
Rü	Rückstand
rü	rückwärts
Ro	Rohstoff
Rost	Rost
S	Schwefel
Sä	Sättigung
Sch	Schütt
SE	Sauerstofferzeugung
sek	sekundär
sen	sensibel
SK	Steinkohle
SO_2	Schwefeldioxid
SS	Sekundärstufe
St	Strahlung
Stand	Standard
sub	Substitution
SV	stoffliche Verwertung
T	Tracer
t	thermisch
ta	tangential
TB	thermische Behandlung
tech	technisch
tert	tertiär

TG	Turbine und Generator
theo	theoretisch
tr	trocken
U	Umgebung
u	(unterer) Heizwert
UP	Umwandlungsprozeß
V	Volumen
Va	Variation
VbS	Verbundsystem
Verd	Verdampfung
Verl	Verlust
VG	Vergasungsgas
VL	Verfahrenslinie
VM	Vergasungsmittel
vo	vorwärts
VS	Vergasungsstoff (Brennstoff)
VWh	Verwertung hoch
VWn	Verwertung niedrig
W	Wassergas-Reaktion
WA	Wiederaufheizung
Wa	Wand
WR	Wärmerückgewinnung
x	stöchiometrischer Koeffizient
y	stöchiometrischer Koeffizient
ZB	Zusatzbrennstoff
Zn	Zink
Zu	Zusatz
zu	zugeführt
zus	zusätzlich
Zü	Zünd

Griechische Buchstaben:

α	Wärmeübergangskoeffizient
ϑ	Temperatur
ε	Emissionsgrad
Θ	normierte Zeit

Symbolverzeichnis

Hochgestellte Indizes:

A	Abzweig
O	Kreislaufmedium
R	Rückführung
·	Strom
*	Bilanzgrenze mit Primärenergiesubstitution (-rückführung)
+	Rostbewegung
-	mittlerer Wert
Δ	bezogene Größe
◊	Regelbrennstoff im RK 2 im Fall Ersatzbrennstoff im RK 2
□	geänderte Verfahrenslinie

Zahlen (Indizes):

0	Standard, Anfang
I,II,III	Numerierung
1,2,3	Numerierung
12	von 1 nach 2

Kennzahlen:

Bo	Bodenstein-Zahl
Ko	Konakow-Zahl
Re	Reynolds-Zahl
St	Stanton-Zahl

Abkürzungen:

A1, A2...	Abfallvorbehandlungsverfahren Nr. 1, Nr. 2 usw.
AF	Abfall
AG	Abgas
AGR	Abgasreinigung
AOX	absorbierbare organische Halogenverbindungen
ASGI	Zugabeort Anschlußgeometrie I
ASGII	Zugabeort Anschlußgeometrie II
ASGIII	Zugabeort Anschlußgeometrie III

AWR	Abwasserreinigung
BK0	Zugabeort Brennkammer 0
BKI	Zugabeort Brennkammer I
BKII	Zugabeort Brennkammer II
BRAM	Brennstoff aus Müll
BS	Brennstoff
CSR	Continious Stirred Reactor
DSD	Duales System Deutschland
EGI	Zugabeort Erdgas I
EGII	Zugabeort Erdgas II
G1, G2...	Grundstoffherstellungsprozeß Verfahrenslinie Nr. 1, Nr. 2 usw.
GKS	Gleichkornschüttung
GuD	Gas und Dampf
GV	Gesamtverfahren
HkS	herkömmliches System
HPG	Hochtemperaturprozeß zur Produktion von Grundstoffen
HV	Hauptverfahren
H_2O	Wasser
In	Inertstoff
K1, K2...	Kraftwerksprozeß Verfahrenslinie Nr. 1, Nr.2 usw.
KS	Kolbenströmer
Ks	Kunststoff
KU	kumulierter Bilanzraum
KW	Kohlenwasserstoffe
Kw	Kraftwerk
L	Luft
MA	mechanische Aufbereitung
MBA	mechanisch biologische Aufbereitung
MHKW	Müllheizkraftwerk
MKS	Mehrkornschüttung
MKW	Müllkraftwerk
MVA	Hausmüllverbrennungsanlage
org	organische Komponente
PCB	polychloriertes Biphenyl
PCDD	polychloriertes Dibenzodioxin
PCDF	polychloriertes Dibenzofuran
PCP	Pentachlorphenol
PFR	Plug Flow Reactor
RG	Reaktionsgas

Symbolverzeichnis

RK	Rührkessel
RS	Reststoff
SCR	selektive katalytische Reduktion
SNCR	selektive nicht katalytische Reduktion
T1, T2...	therm. Abfallbehandlung Verfahrenslinie Nr. 1, Nr. 2 usw.
TASi	Technische Anleitung Siedlungsabfall
TB	Thermische Behandlung
TEQ	Toxizitätsäquivalent (TE)
TFN	Totel-Fixed-Nitrogen
TG	Turbine und Generator
TOC	gesamter organischer Kohlenstoff
TS	Trockensubstanz
UP	Umwandlungsprozeß
VbS	Verbundsystem
VG	Vergasungsgas
VM	Vergasungsmittel
VS	Vergasungsstoff
ZWS	zirkulierende Wirbelschicht

Sachverzeichnis

A

Abbaugrad 132, 133
Abdampfreststoff 263
Abfall 20, 58
Abfallcharakterisierung **20**
Abfallmenü 26
Abfallvorbehandlung 20, **29**, 40, 342
Abfallvorwärmung 83
Abgasmasse **75**, 244, 351
Abgasmassenaustauschverhältnis **359**
Abgasmassenkonzentration **77**
Abgasmassenverhältnis **224**
Abgasmenge 70, **74**
Abgasreinigung 18, 260
Abgasrückführung 149, 161, 170, 279
Abgasvolumen **74**
Abgasvolumenkonzentration **77**
Abgaszusammensetzung 114
Abzweig **228**
Additive 57, 151, 185
Aerob Verfahren 34
Agglomeration **34**
Aktivkoksfilter 261
Akustische Temperaturmessung 285
Anaerob Verfahren 34
Anfangsabfallheizwert 23
Anlagenwirkungsgrad 208, **212**,
Apparat **172**
Aquivalenter Durchmesser **410**
Asche 263
Ascheerweichungstemperatur 160
Aufbereitung **34**
Aufwand 208, 234, 242
Aufwandsgrad 211, **216**
Ausbrand 124, **140**, 164, 279
Abbaukinetik **125**
Ausbrandzeit 128
Autoreifen 60

B

Begriffsbestimmung **20**
Beseitigung 14
Bewertung **198**, 244
Bewertungskriterien **208**
bezogene Energie 42
bezogene Masse 42
Bezugstemperatur 80
Bilanzgrenze 227
Bilanzierung **198**
Bilanzraum 244
Bilanztemperatur **85**
Bildungsrate 137
BImSchV 15
Biologische Vorbehandlung **34**, 37, 336
Bodenstein-Zahl **51**, 381
Boudouard-Reaktion **96**, 100, 104
Brennbetttemperaturen 403
Brennkammersystem 141, 144, 162, **172**
Brennstoff 58
Brennstoffeigenschaften 355
Brennstoffkenngrößen **62**
Brennstoffmassenaustauschverhältnis **395**
Brennstoff-NO **138**
Brennstoffstufung **139**, 163
Brennstoffsubstitution 354, **388**
Brennstoffvorwärmung 356
Brennwert 60, **79**

C

Calziumhydroxid 151
Calziumkarbonat 151
Chlor 185
Chlorwasserstoff **154**
CO-Abbaukinetik **125**
Co-Verbrennung 275

Sachverzeichnis 455

D
Druck **56**, 99
Dampfdruckkurve 54, 154
Dampfparameter 225
Deponie 38
Deponiegas 66
Dioxin **131**, 164
Drallbrennkammer 173
Drallströmung **156**
Drehrohrsystem **175**
Durchlaufofen **192**, 346
Durchmischung 52

E
ECO-Gas-Verfahren **304**
Effektiver Reaktionskoeffizient **405**
Einsatzstoff **45**, 118, 197
Einstufige Prozeßführung 141, 392
Elementaranalyse 22, 24, 27, 28, 59
Emissionsfracht **224**
Emissionskonzentration **224**
Energieaustauschverhältnis 210, 219, 359, 360, **388**
Energiebilanz **78**, **109**, 120, **207**, 407
Energieumwandlungsprozeß 216
Energieverteilungsfaktor **42**, 44, 370
Entschwefelungsgrad **153**
Entwicklungstendenzen 277
Erdgas **66**
Ersatzbrennstoff 222, 359, **372**, **388**
Erste Einheit **198**, 277
Etagenofen **186**

F
Falschluft 56
Feste Abfälle **59**
Feuchtes Reaktionsgas **73**
Flüssige Abfälle 59, 156
Festbetthöhe 380, 385
Festbettreaktor 93, 95
Feste Brennstoffe **59**

Feststoffumsatz 169, 176, 180, 279, 402, 410
Feststofftransport **376**, 409
Filter 261
Filterstaub 263
Flugkoks **129**
Fluorwasserstoff **154**
Flüssige Brennstoffe **59**
Freistrahl **156**
Furane **131**, 164

G
Gartenabfälle 60
Gasförmige Abfälle 65, 156
Gasförmige Brennstoff **65**
Generatorgas 66
Gesamtverfahren 198, 203
Gleichgewicht **96**, 98, 99
Gleichgewichtskonstante **96**, 103
Gleichkornschüttung 378
Glühverlust 15, 147
Grenzkurve 250
Grenzluftzahl 106
Grenzstöchiometriezahl **107**
Grenzwert 15
Grundoperationen 336
Gummi 60

H
Hausmüll 21, **22**, 60
Hausmüllpyrolyse 117, 265, 312
Hausmüllähnlicher Gewerbeabfall 21, **22**, 258
Haupteinflußgrößen **45**, **116**, 172, 369
Heißentschwefelung 151, 166
Heizöl 60
Heizwert 23, 60, **79**
Herkömmliches System **222**, 337, **340**, 345, **362**
Heterogene Wassergasreaktion **97**, 104
Hochdruckvergasung 56

Hochtemperaturbehandlung 13
Hochtemperaturprozeß zur
Produktion von Grundstoffen 221,
222, 337, **354**, 363
Hochofengas 66
Holz 60
Homogene Wassergasreaktion **98**
Homogenisierung **33**

I
Inertgas 55
Inertstoff **23**, 64
Infrarotkamera 284
Infrarotpyrometer 284

K
Kal. Verbrennungstemperatur **81**, 345
Kaltblasen 409, 412
Kaltmodell 377
Kinetik 137, 401
Klärschlamm 21, **27, 60, 275**
Klassierung **33**
Klassische Hausmüllverbrennung
201, 225, 258, 289
Klassisches Verfahren 16, 278, 287
Klassische Rostfeuerung 16
Kohlendioxid 228, 348
Kohlendioxidmasse 244, 245, 351
Kohlenmonoxid 66, **124**
Kohlenstoff 61, 62, 67
Kohlenstoffbilanz 75
Kohlenstoffmassenstrom 405
Kohlenwasserstoffe 67, **130**
Kokereigas 66
Koks 60
Koksanteil 118
Koksloser Kupolofen 399
Kolbenströmer **51**, 126, 133, 156, 279
Kompostierung **34**
Kompostierungsanlage **35**
Kondensationsenthalpie 79, 80
Konakow-Zahl **394**

Konvektion 394
Konvoi-Konzept 335
Kraftwerksprozeß 234, 338, 363
Kreislaufmedium **227**
Kumulierte Betrachtungsweise **245**
Künftige Entwicklungen 413
Kunststoffabfälle 60
Kurzzeitrotte **38**

L
Lambda (λ)-Reduzierung 248
Langzeitrotte **39**
Laser-in-situ-Messung 285
Latente Enthalpie **79**
Leder 60
Leitkomponente 125, 132
Luft 73
Luftbedarf **73**
Luftstufung **139**, 143, 149
Luftvorwärmung 356
Luftzahl 70

M
Massenbilanz 120, **203**, 404
MBA 37, 337, 338
Mech. Vorbehandlung **31**, 37, 336
Mehrkornschüttung 378
Mehrstufige Prozeßführung 141, 143,
145, 396
Methan 67
Methanbildung **97**, 100
Methanol 60
Mindestluftbedarf **72**, 358
Mindestsauerstoffbedarf **65, 69**
Mindestverkokungswärme 121
Modell 400
Modellannahmen 401
Modellierung **374**
Modellstoff 378,
Monoverbrennung 276
Müllkraftwerk 213, 223, 255,
337, **338**, 363

N
Nachverbrennungszone 18
Nachvergasung 304
Naßverfahren 261
Nettoprimärwirkungsgrad 210, **216**, **237**, 249, 350
Neue Verfahren 19, 116
NO-Bildung **135**
NOLL-Konversionsverfahren **329**
NO-Minderung **135**, 281
Normvolumen 48
NO_x-Minimum 414
Nullpunkt 207
Nutzen 208, 242
Nutzenergie 212, 237, 244, 371
Nutzenergieverhältnis **224**

O
Ökobilanz **203**
Optimierung 278, 287

P
Petrolkoks 145
PKA-Verfahren **334**
Plasmox-Verfahren **316**
Primärenergie 210, 256
Primärluftzahl 142, 416
Primärwirkungsgrad 209, **216**, **232**, 249
Primärmaßnahmen 122, **124**
Prompt-NO **140**
Prozeßkette 14
Prozeßregelung 283
Produktionsverfahren 13
Produktionsprozeß 336
Prozeßbedingung 197
Prozeßführung 50, 122, **156**, 177, 181, 253
PVCycling-Verfahren **333**
Pyroarc-Verfahren **334**
PYROCOM-Verfahren **334**
Pyrolyse 47, **115**

Pyrolysegas 47
PyroMelt-Verfahren **320**
PYROPLEQ-Verfahren **312**

Q
Quasitrockenverfahren 261

R
RCP-Verfahren **299**
Reaktorverhalten **51**, 376
Reaktionsenthalpie **221**
Reaktionsgas **50**
Reaktionsgasvorwärmung 251
Reaktionsgleichungen 94
Reaktionsweg 172
Regelbrennstoff 359
Regelkreis 415
Regelung 415
Reihenschaltung 29
Rekuperator 357
Restabfall **21**
Restabfall aus Hausmüll 37, 258, 278, 338
Restkohlenstoffmasse 405
Reststoffnachbehandlung 263
Reststoffverwertung 262
Rohbraunkohle 60
Rohrreibungszahl 407
Rohrströmung 406
Rostelemente 18
Rostfeuerung 16
Rostgeschwindigkeit 385
Rostmodell **409**
Roststabtemperatur 403
Rostsystem **179**, 376
Rosttyp 281
Rotte 34
Rotteverlust 38
Rückführung **210**, 219, **227**, 237
Rückschubrost **179**, 378, 411
Rührkessel **51**, 53, 126, 133, 156, 279, 390, 397, 402
Rührkesselanzahl 379

Ruß **129**

S
Sachbilanzen **203, 228**
Sankeydiagramm 228
Sauerstoff 63, 68, 103, 118
Sauestoffabschluß 115
Sauerstoffbilanz **76**, 405
Sauerstoffangebot **47**
Sauerstoffanreicherung **86**, 169, 248, 280, 286
Sauerstoffkonzentration 411
Schachtreaktor **194**
Schadstoffbegrenzung 162
Schadstoffentstehung **122**
Schadstoffverminderung **122**
Schmelzpunkt 25
Schüttdichte 25
Schütthöhe 25
Schüttung 93
Schwarze Pumpe **334**
Schwefel 61, 63, 66, 185
Schwefelbilanz **76**
Schwefeldioxid **151**
Schwefelwasserstoff 67
Schwel-Brenn-Verfahren **308**
Schwermetalle **154**
SCR-Verfahren 261
Sekundärbrennstoff 222
Sekundärmaßnahmen 122, **150**
Sensible Enthalpie **79**
Siedlungsabfall **21**
SNCR-Verfahren 261
SO_2-Einbindung 186
Sonderabfall 21, **26, 268**, 287
Sonderabfallmenü 27
Sondermüll 21, 270
Sonstige Abfälle 28
Sortieranalyse 23
Sortierung **32**
Sperrmüll 21, **22**, 258
Spez. Energiebedarf 221

Spez. Mindestsauerstoffvolumen **72**
Spurenanalyse 28
Stadtgas 66
Stand der Technik **258**
Stanton-Zahl **394**
Staubförmige Abfälle 156
Staubkonzentration 165, 184
Steinkohle 60
Stickstoff 63, 68, 103
Stickstoffbilanz **76**
Stickstoffoxide **135, 140,** 162
Stöchiometrie **59, 65,** 96
Stöchiometriezahl **70,** 112
Stoffbehandlungsverfahren 13
Stoffbilanz **102**, 154, **206**
Stoffliche Verwertung 38
Stoffübertragungskoeffizient 406
Stoffumwandlungsprozeß 216
Strahlung 395
Strömungsführung 281
Strömungsverlust 406
Strömungswiderstand 25
Stückige Abfälle 168, 400
Substitution 210, 354, 389
Substitutionsmassenverhältnis 360
Syncom-Verfahren 286
Systematische Darstellung 198, **227,** 277

T
TA-Luft 15
TA-Siedlungsabfall 15, 155
Teiloxidation 97
Temperatur **54**, 98, 119, 197
Temperaturniveau **160**, 165
Temperaturverteilung **160**
Textilien 60
TFN-Gehalt **143**
Theoretische Verbrennungstemperatur **85**
Thermisches Abfallbehandlungsverfahren **258, 277**

Sachverzeichnis

Thermische Behandlung 13, 16, 29, 200, 277, 336
Thermisches Hauptverfahren 198, 203
Thermische Verfahren 13
Thermisches NO **136**
Thermo-Cycling-Process **335**
Thermolyse **115**, 199, 265, 308, 312, 316, 320, 324, 329
Thermoselect **324**
TOC-Wert 15
Torf 60
Toxizitäts-Äquivalent 134
Trockener Mindestluftbedarf 81
Trockene spez. Mindestreaktionsgasvolumen **73**
Trockene Reaktionsgasmenge **72**
Trockenverfahren 261
Tunnelofen 193

U
Überstöchiometrie 49
Überwachungsbedürftige Abfälle 268
Umsatz 404
Unterstöchiometrie 48

V
Varianz 379
Verbandsformel **80**
Verbrennung 49, **58,** 183, 199
Verbrennungsrechnung **62**
Verbrennungstemperatur **81**
Verbundsystem **222**, 337, **340**, 345, **362**
Verdampfungszeit 128
Verfahren 172, 199, 253, 277
Verfahrensbaustein 199, 336
Verfahrenslinie 37, 28, 341, 345, 351, 353
Verfahrenstechnische Grundoperationen 14, 29
Vergärung 34, **35**

Vergasung 48, **92**, 184, 199, 287, 292, 296, 299, 304, 324, 329
Vergasungsmittel 92, 101
Vergasungsmittelvolumen 105
Vergasungsrechnung **101**
Vergasungsstoff 92
Vergasungsstoffmasse 105
Vergasungsgas 48, 92, 102
Vergasungsgasmenge 103
Vergasungsgasvolumen 102
Vergasungsgaszusammensetzung 114
Vergärungsanlage 36
Vergleich 345, 351, 354
Vermischung **156**, 197
Verrottung **34**
Verweilzeit 52, **53**, 120, 126, 197, **379**
Verweilzeitverhalten 376, **377**, 381
Verweilzeitverteilung 382, 385, 387
Verweilzeit-Bilanz-Methode 375
Verwertung 14, 340, 354
Vorbehandlungsverfahren 37, 336, 366
Vorlast **245**
Vorschubrost 278, 378
Vorwärmung 55
VS-Verfahren **296**
VTA-Verfahren **334**

W
Wärmeauskopplung 160, 170
Wärmerückgewinnung 358
Wärmeübertragungsbedingung 392
Wasser 64, 69
Wasserbilanz **76**
Wassereindüsung 55
Wassergehalt **74**
Wassergekühlter Rost 183, 282
Wasserstoff 61, 63, 66, 67, 68, 102
Weiterentwicklung 287
Wertigkeit 388

Wertstoffsammlung 24
Wikonex-Verfahren **292**
Wirbelschichtreaktor **190**, 276
Wirkungsgrad **208**, 222, **228**, 244, 264, 273, 357

Z
Zeitung 60
Zeldovich-Mechanismus **137**

Zellenmodell 402, **403**
Zerkleinerung **33**
Zersetzungsvorgänge 117
Zielstellung 200
Zusatzbrennstoff 248
Zusatzstoff **57**, 91
Zweite Einheit **198**, 277

MIX
Papier aus verantwortungsvollen Quellen
Paper from responsible sources
FSC® C105338

If you have any concerns about our products,
you can contact us on
ProductSafety@springernature.com

In case Publisher is established outside the EU,
the EU authorized representative is:
**Springer Nature Customer Service Center GmbH
Europaplatz 3, 69115 Heidelberg, Germany**

Printed by Libri Plureos GmbH
in Hamburg, Germany